Droemer
Knaur

Howard I. Shapiro

Knaurs großes Schwangerschaftsbuch

Droemer Knaur

Übersetzt aus dem Amerikanischen von
Margarete Längsfeld

Redaktionelle und fachliche Betreuung der deutschen Ausgabe: Ingrid Veble-Weigel und Dr. med. Bernhard Weigel

Titel der englischen Originalausgabe: The Pregnancy Book for Today's Woman

Umschlaggestaltung: Franz Wöllzenmüller
Satzarbeiten: acomp, Wemding
Druck und Bindearbeiten: Spiegel GmbH, Ulm
Printed in Germany
ISBN 3-426-26121-9

4 6 7 5 3

Für *Jean Pike,* außergewöhnliche Krankenschwester
und treue Freundin,
und für *Bette, Suzanne* und *Marjorie,* deren Liebe
mich zum Schreiben dieses Buches inspirierte

Der Verfasser dankt Dawn Devany für die Hunderte von Stunden, die sie beim Tippen und bei der Vorbereitung des Manuskripts verbracht hat. Ihrem Engagement und ihrer einwandfreien Arbeit gilt meine ganz besondere Anerkennung. Mein Dank gilt ferner Jo-Ann Friberg für ihre Hilfe beim Tippen der ersten Kapitel. Joan Sjostrom und Jean Botts, die vorzüglichen Bibliothekarinnen im Krankenhaus von Norwalk (Connecticut) haben mir geholfen, die vielen Nachschlagewerke ausfindig zu machen, die zur Vervollständigung dieser Arbeit erforderlich waren. Ich bin überzeugt, sie sind genau so froh wie ich, daß das Buch endlich fertig ist.
Dank auch Carol Cohen, meiner Verlegerin und Freundin, weil sie in den letzten zwei Jahren so geduldig mit mir gearbeitet hat. Ihre Kenntnis des Themas sowie ihr Enthusiasmus und ihre Einfühlsamkeit haben unermeßlich viel zum Erfolg dieses Buches beigetragen. Ferner danke ich Russell Galen, weil er den Stellenwert meiner Arbeit auf Anhieb erkannt hat.
Und schließlich die Ermutigung, die ich von meiner schönen Frau Bette und meinen reizenden Töchtern Suzanne und Marjorie erfuhr: Ich werde ihre Anteilnahme stets zu würdigen wissen.
Die Übersetzerin dankt Frau Dr. E. Hieber und Herrn Dr. L. Gangkofner für die fachliche Beratung.

Inhalt

4. Sexualität in der Schwangerschaft 97

5. Geschlechtskrankheiten 137

6. Reisen 171

7. Medikamente 189

8. Ernährung 225

9. Gefährdungen der Schwangerschaft durch Umwelteinflüsse und Beruf 255

10. Moderne Geburtshilfetechniken 299

11. Geburt und die Zeit danach 349

Es ist der Zweck dieses Buches, Sie mit dem normalen Verlauf einer Schwangerschaft bekannt und auf eventuelle Probleme aufmerksam zu machen. Sollten Sie Probleme oder Fragen haben, müssen Sie diese unbedingt mit Ihrem Arzt besprechen. Um sämtliche Symptome richtig diagnostizieren und behandeln zu können, ist es erforderlich, daß sich Ihr Arzt eingehend mit Ihren Sorgen befaßt.

Die Wiedergabe von Gebrauchsnamen, Handelsnamen, Warenbezeichnungen usw. in diesem Buch berechtigt – auch ohne besondere Kennzeichnung – nicht zu der Annahme, daß solche Namen im Sinne der Warenzeichen- und Warenschutzgesetzgebung als frei zu betrachten wären und daher von jedermann benutzt werden dürfen.
Handelsnamen, die im Text genannt werden, stellen eine unverbindliche Auswahl dar und erheben keinen Anspruch auf Vollständigkeit.
Obwohl bei Übersetzung und Korrektur mit größter Sorgfalt gearbeitet wurde, muß – wie immer – vor Einnahme von Medikamenten in der Schwangerschaft grundsätzlich der Arzt befragt werden.

Vorwort

Die schwangere Frau von heute hat es besser als ihre Schwester vor einem Jahrzehnt. Ist ihre Schwangerschaft unerwünscht, so hat sie vielfach die Möglichkeit, sie gefahrlos zu unterbrechen. Ist ihre Schwangerschaft erwünscht, so ist die Zeit um das Geburtsereignis herum heute eine Zeit der Vorfreude, Aufklärung und Anteilnahme statt der Angst, Unkenntnis und Isolation.

Das Verhältnis zwischen Arzt und Patientin ist dabei, sich grundlegend zu verändern. Die Ehrfurcht, die Frauen einst ihrem Gynäkologen entgegenbrachten, ist einer gesunden Skepsis gewichen. Je informierter Frauen sind, desto weniger sind sie bereit, die überhebliche »Der Doktor weiß es am besten«-Einstellung zu akzeptieren. Manchen Ärzten ist diese veränderte Haltung der Frauen unerträglich, andere finden sich widerwillig mit dem Schwinden ihrer Macht ab, während eine kleine Anzahl diese neue Bestimmtheit und das Verlangen nach Aufklärung seitens ihrer Patientinnen aufrichtig begrüßt. Sachbezogene Fragen können nicht mehr ausweichend oder herablassend beantwortet werden. Wenn die Ärzte wollen, daß die Patientinnen ihren Anordnungen Folge leisten, dann tun sie gut daran, für die Behandlung, die sie verschreiben, plausible Begründungen zu liefern.

Die von Frauen der achtziger Jahre gestellten Fragen sind anders, offener und meistens viel differenzierter als diejenigen, die ihre Mütter oder auch ihre älteren Schwestern zu stellen wagten.

»Schadet es meinem Baby, wenn ich Marihuana rauche?«

»Wie gefährlich ist es, wenn man eine Spirale trägt und schwanger wird?«

»Verursacht LSD wirklich eine Chromosomenanomalie?«

»Kann Geschlechtsverkehr vorzeitige Wehen oder eine Fehlgeburt auslösen?«

»Stimmt es, daß eine gewisse Liebestechnik am Tod mehrerer schwangerer Frauen schuld ist?«

»Ist eine Flugreise in großer Höhe während der Schwangerschaft gefährlich?«

»Soll man beim Autofahren einen Sicherheitsgurt benutzen, und wenn ja, wie sollte man ihn anlegen?«

»Welche Schutzimpfungen sind gefahrlos, wenn ich ins Ausland reise?«

»Wenn ich auf einem Flughafen eine Sicherheitsschranke passiere, schaden die radioaktiven Strahlen der Frucht?«

»Ist es gefährlich, während der Schwangerschaft einen Mikrowellenherd zu be-

nutzen? Wie steht es mit der radioaktiven Strahlung meines Farbfernsehers?«
»Können die ›modernen‹ Geschlechtskrankheiten, wie zum Beispiel Herpes oder Trachom-Viren, meinem Baby schaden?«
Hier geht es nicht um herkömmliche Schwangerschaftsthemen wie Sodbrennen, Hämorrhoiden und das Wachstum des Babys. Von dieser Sorte gibt es schon viel zu viele Bücher. Ich habe mich bemüht, die vielfältigen medizinischen, sozialen und sexuellen Probleme, mit denen die heutige Frau an jedem Tag ihrer Schwangerschaft konfrontiert wird, aufzuzeigen und eingehend zu erörtern.
Das Buch ist in Frage-und-Antwort-Form geschrieben. Viele der hier besprochenen Probleme sind diejenigen von Patientinnen, die ich als Geburtshelfer in den vergangenen fünfzehn Jahren behandelt habe. Die Fragen, die diese Frauen stellten, waren mein größter Ansporn. Ich bin tief in ihrer Schuld.

1.
Wenn die Empfängnisverhütung versagt

Wenn die Empfängnisverhütung versagt und es zur Schwangerschaft kommt, dann können schwerwiegende Probleme auftauchen. Keine Methode der Geburtenkontrolle ist hundertprozentig sicher, und selbst bei den zuverlässigsten kommt es zu ungewollten Schwangerschaften. Sämtliche Methoden, einschließlich Pille, Spirale, Sterilisation, Spermizide (samenabtötende Mittel) und selbst die Knaus-Ogino-Methode, haben ihre eigenen und möglicherweise für das ungeborene Kind und die Mutter ernsten Risiken. Leider nehmen sich nur wenige Ärzte die Zeit, Paare bei der ersten Verschreibung eines empfängnisverhütenden Mittels über eventuelle Risiken aufzuklären. In diesem Kapitel werden die Probleme erörtert, die bei einer solchen durch Versagen der Empfängnisverhütung ausgelösten Schwangerschaft entstehen können; und es wird zu jeder spezifischen Komplikation die korrekte Methode des Diagnosestellens und der Behandlung erläutert.

Antibabypillen

Wie verhindern Antibabypillen eine Schwangerschaft?

Die meisten heute auf dem Markt befindlichen Antibabypillen enthalten ein synthetisches Östrogen in Kombination mit Chemikalien, den sogenannten Gestagenen. Sie verhüten die Schwangerschaft, indem sie die Ovulation hemmen, die monatliche Ausstoßung eines Eis aus einem der beiden Eierstöcke. Die Östrogenkomponente der Pille hemmt die Absonderung der sogenannten Ausstoßungsfaktoren aus einem Teil des Zwischenhirns, dem Hypothalamus. Diese Ausstoßungsfaktoren des Hypothalamus sind wichtig zur Stimulierung der Hormone der Hirnanhangdrüse, die wiederum zur Auslösung der Ovulation auf den Eierstock einwirken. Das in der Pille enthaltene Östrogen und Gestagen verhütet die Schwangerschaft außerdem durch Veränderung des Endometriums, der Gebärmutterschleimhaut, so daß selbst dann, wenn eine Ovulation stattfände, die Einnistung eines befruchteten Eis verhindert würde. Ferner erzeugt das Gestagen einen dicken Gebärmutterschleim, der sich nicht mit Spermien verträgt, so daß

sie nicht in die Gebärmutteröffnung eindringen und diese durchwandern können.
Pillenkombinationen aus Östrogen und Gestagen werden drei Wochen lang täglich genommen, dann folgt eine Ruhewoche, während der gewöhnlich die Menstruation eintritt.
Minipillen sind empfängnisverhütende Pillen, die lediglich Gestagen enthalten. Sie verhindern nicht immer die Ovulation: Ihr empfängnisverhütender Effekt beruht vielmehr auf ihrer zweifachen Wirkungsweise, wobei der Gebärmutterschleim verdickt und die Gebärmutterschleimhaut für die Einnistung des befruchteten Eis unempfänglich gemacht wird. Im Gegensatz zu den kombinierten Pillen werden die Minipillen täglich ohne Unterbrechung genommen. Folgende Präparate sind auf dem Markt: Exlutona®, Microlut®, Micronovum®, Mikro-30 Wyeth®.

Ein großer Vorteil der Minipillen liegt darin, daß sie kein Östrogen enthalten und deshalb weniger ernste Komplikationen zur Folge haben als die kombinierten Pillen. Dennoch sind sie unbeliebt wegen der häufig auftretenden lästigen Blutungen, die bei schätzungsweise 50% der Frauen, die diese Pille nehmen, vorkommen. Überdies ist der Anteil der Schwangerschaften bei Frauen, die Minipillen nehmen, eindeutig höher als bei Frauen, die die beliebteren Kombinationen aus Östrogen und Gestagen nehmen.

Wenn ich schwanger werde, während ich die Pille nehme, ist dann die Wahrscheinlichkeit einer Eileiterschwangerschaft größer als sonst?

Das hängt von der Art der benutzten Pillen ab. Eine Schwangerschaft außerhalb der Gebärmutter nennt man Extrauterin-Gravidität. Die bei weitem häufigste Extrauterin-Gravidität ist die Eileiterschwangerschaft. Eine Ruptur (Riß) der Eileiterwand infolge einer solchen Schwangerschaft kann zu Blutungen in der Bauchhöhle und dadurch sogar zum Tod führen. Bei einer Eileiterschwangerschaft kann die Frucht in die Bauchhöhle ausgestoßen werden. Dieser Vorgang ist als Tubarabort bekannt. In überaus seltenen Fällen nistet sich die Frucht in der Bauchhöhle ein und wächst nach Ausstoßung aus dem Eileiter weiter. Man spricht dann von einer Bauchhöhlenschwangerschaft. Diese Art der Schwangerschaft muß unbedingt abgebrochen werden. (Bei einer Schwangerschaft ohne begleitende ärztliche Untersuchungen könnte eine Bauchhöhlenschwangerschaft unentdeckt bleiben, so daß die Frucht – falls keine Komplikationen auftreten – voll ausgetragen würde.)
Es ist nichts darüber bekannt, daß Benutzerinnen oraler Verhütungsmittel in der kombinierten Form bei ungewollter Empfängnis anfälliger sind für eine Extrauterin-Schwangerschaft. Doch die Daten von mindestens achtzehn verschiedenen Studien weisen eine größere Häufigkeit extrauteriner Schwangerschaften bei Frauen auf, die schwanger wurden, während sie die lediglich Gestagen enthaltende Minipille nah-

men. Bei einem in Europa hergestellten Gestagen wurde kein erhöhtes Risiko einer extrauterinen Schwangerschaft festgestellt. Der Mechanismus, der beim Gebrauch der Minipille für eine extrauterine Schwangerschaft anfälliger macht, ist nicht bekannt. Es besteht allerdings die Theorie, daß das Gestagen die Beförderung des befruchteten Eis durch den Eileiter verlangsamt. Infolgedessen neigt es dazu, sich im Eileiter statt in der Gebärmutterschleimhaut einzunisten.

Wenn Sie bei der Einnahme der lediglich Gestagen enthaltenden Minipille Unterleibsschmerzen bekommen, sollte Ihr Arzt immer die Möglichkeit einer extrauterinen Schwangerschaft in Betracht ziehen.

Wenn ich nicht merke, daß ich schwanger bin, und weiter die Pille nehme, besteht dann die Gefahr, daß die Genitalien meines weiblichen Fetus vermännlicht werden?

Ja. Es ist nicht häufig vorgekommen, aber die Möglichkeit besteht durchaus. Der Grund dafür ist, daß das Gestagen in der Pille ein synthetisches Hormon ist, das mit dem männlichen Hormon Testosteron näher verwandt ist als mit dem weiblichen Hormon Progesteron. Man nimmt an, daß die Bildung einer stark vergrößerten, einem Penis ähnelnden Klitoris und die Ausbildung von Schamlippen, die dem männlichen Skrotum ähneln, dadurch verursacht wird, daß die Gestagene zu einer Zeit die Plazenta passieren, wo diese Organe sich bilden, nämlich zwischen der siebten und zwölften Schwangerschaftswoche. Wenn Sie vor der siebten Woche mit der Pille aufhören, können Sie sicher sein, daß Ihr weiblicher Nachwuchs nicht vermännlicht wird. Kombipillen in einer Konzentration, die zu solchen Auswirkungen führen kann, sind in Deutschland aus dem Handel gezogen.

Ist bei Frauen, die in den ersten zwei Monaten nach Beginn der Pilleneinnahme ungewollt schwanger wurden oder die, ohne es zu wissen, schwanger waren, als sie mit der Pilleneinnahme begannen, das Risiko eines mißgebildeten Kindes größer als normal?

Darüber sind sich die Experten nicht einig. Seit 1973 wurde eine wachsende Häufigkeit mißgebildeter Babys bei Frauen beobachtet, die am Anfang der Schwangerschaft versehentlich Antibabypillen genommen hatten oder denen diese und andere Hormone unmittelbar vor der Empfängnis verabreicht worden waren. In manchen Fällen waren die Hormone in Pillenform oder als intramuskuläre Injektion verschrieben worden, um eine verspätete Periode herbeizuführen. In anderen Fällen wurden die Hormone verordnet, um Schwangerschaften, die zu einer Fehlgeburt zu führen drohten, zu erhalten und zu unterstützen.

1973 haben Dr. James J. Nora und Dr. Audrey H. Nora erstmals typische Anomalien beschrieben. Ihnen fiel auf, daß bei Einnahme von Hormonpräparaten nach Beginn der Schwangerschaft die überwiegende Zahl der betroffenen Kinder Knaben waren; aber der Anteil an männlichen und weiblichen Nachkommen war gleich, wenn eine Frau die Pille im Menstruationszyklus, der der Empfängnis unmittelbar vorausging, absetzte. In mehreren nachfolgenden Veröffentlichungen stellten die Noras fest, daß Frauen, die am Anfang der Schwangerschaft Hormone nehmen, mit zwei- bis viermal höherer Wahrscheinlichkeit Kinder mit einer oder mehreren Mißbildungen gebären. Die Gültigkeit dieser Feststellungen wurde von Wissenschaftlern angezweifelt, die mit Recht behaupten, daß die Anzahl der im Verlauf von vier Jahren beobachteten Patientinnen zu niedrig war, um statistisch verläßlich zu sein.

Nicht alle Forscher stimmen damit überein, daß der versehentliche Gebrauch von Antibabypillen am Anfang der Schwangerschaft die Frucht für Mißbildungen anfällig macht. Einige sehr angesehene Epidemiologen haben auf etliche Fehler in solchen Untersuchungen hingewiesen. Einer sehr umfangreichen Studie des Royal College of General Practitioners in England 1974 gelang es nicht, eine Beziehung zwischen Pilleneinnahme und angeborenen Mißbildungen nachzuweisen. Und eine amerikanische Studie kam 1971 zu dem Schluß, daß es bei den Kindern von 1250 ehemaligen Pillenbenutzerinnen und 1250 Nichtbenutzerinnen keinen bedeutsamen Unterschied in der Häufigkeit von angeborenen Mißbildungen gab. Ärzte der Universität von Helsinki berichteten 1981, daß eine Studie über die Benutzung von empfängnisverhütenden Mitteln bei 3002 Müttern mit von Geburt an mißgebildeten Kindern keine Verbindung zwischen der Einnahme der Pille und Mißbildungen zeigte. Die überzeugendste Studie, die die Verbindung zwischen Einnahme von Hormonen und angeborenen Anomalien widerlegte, wurde 1978 im *New England Journal of Medicine* veröffentlicht. Forscher an der Harvard School of Public Health untersuchten die Geburtsberichte von 7723 Babys, deren Mütter Antibabypillen genommen hatten. Im Vergleich mit einer Kontrollgruppe wurde festgestellt, daß die Anzahl der protokollierten Mißbildungen in beiden Gruppen gleich war.

Solche widersprüchlichen Berichte können eine Frau, die in dieser wichtigen Angelegenheit Rat sucht, nur verwirren. Aber es lassen sich daraus lebenswichtige Schlüsse ziehen. Erstens, das ganze Problem kann vermieden werden, wenn vor Beginn der Einnahme oraler Verhütungsmittel festgestellt wird, daß keine Schwangerschaft vorliegt. Das klingt vielleicht banal, aber Frauen und ihre Ärzte verstoßen häufig dagegen. Zweitens, Hormone sollten nicht länger für Schwangerschaftstests oder als Mittel zur Herbeiführung der Periode und selten, falls überhaupt, zur Unterstützung einer gefährdeten Schwangerschaft verwendet werden. In den seltenen Fällen, wo letzteres erforderlich ist, scheinen reine Progesteronpräparate, intramuskulär verabreicht, für die Frucht am ungefährlichsten.

Wenn Sie im Laufe eines Zyklus eine oder mehrere Pillen ausgelassen haben und nach Einnahme der letzten Pille keine Periode eintritt, lassen Sie einen Schwangerschaftstest machen, bevor Sie mit der nächsten Pillenpackung beginnen. Das Risiko für die Frucht ist am größten, wenn Sie die Einnahme der

Pillen wieder aufnehmen, obwohl Sie schwanger sind, weil die Anomalien meistens zwischen dem fünfzehnten und sechzigsten Tag der Entwicklung des Embryos auftreten.
Obwohl die meisten Fachleute weiterhin uneins sind, ob Antibabypillen am Anfang der Schwangerschaft schädlich sind oder nicht, ist sich die Mehrheit doch einig, daß vor der Empfängnis eingenommene Hormone sich nicht nachteilig auf die Frucht auswirken. Dennoch empfehlen die meisten Ärzte, nach Absetzen der Pille drei Monate lang ein anderes empfängnisverhütendes Mittel anzuwenden, bevor man es zu einer Schwangerschaft kommen läßt. Der Grund hierfür ist nicht Angst vor Mißbildungen, sondern der Wunsch seitens des Arztes, das genaue Datum der Empfängnis bestimmen zu können, weil nämlich die Periode in den ersten drei Monaten nach Absetzen der Pille zu Unregelmäßigkeiten neigt. Sollte es während dieser Zeit versehentlich zur Schwangerschaft kommen, wäre ein Schwangerschaftsabbruch aus Angst vor einer Mißbildung nicht ratsam. Schwangerschaft nach dem Gebrauch oraler Verhütungsmittel ist von verschiedenen Forschungsgruppen untersucht worden, und im folgenden werden einige interessante positive Ergebnisse beschrieben.

Hat die frühere Einnahme der Pille irgendwelche positiven Auswirkungen auf eine nachfolgende Schwangerschaft?

Ja. Zwei umfangreiche Studien in England 1976 und eine in den Vereinigten Staaten 1977 stimmen darin überein, daß unter den Frauen, die nach dem Gebrauch von Antibabypillen schwanger werden, tatsächlich etwas niedrigere Fehl- und Totgeburtraten zu verzeichnen sind. Dr. Kenneth J. Rothman von der Harvard School of Public Health untersuchte die Schwangerschaften von 8616 Frauen, die vor der Empfängnis orale Verhütungsmittel benutzten. Er stellte weniger Fehl- und Totgeburten fest. Er berichtet, daß bei Schwangerschaften, die auf den mindestens sechsmonatigen Gebrauch der Pille folgten und wo die Empfängnis innerhalb eines Monats nach Absetzen der Pille stattfand, der Anteil von Zwillingsschwangerschaften doppelt so groß war wie bei der normalen Bevölkerung. Es handelt sich dabei um Schwangerschaften mit zweieiigen Zwillingen, die durch Ovulation und Befruchtung zweier verschiedener Eier mit zwei verschiedenen Spermien zustande kommen. Eine ähnliche Studie der Yale University von 1979 berichtete, daß unter 4428 Frauen, die innerhalb der ersten zwei Monate, in denen sie orale Verhütungsmittel nahmen, schwanger wurden, sich die Zahl nicht eineiiger Zwillingsschwangerschaften verdoppelte. Andere Studien kamen zu dem Schluß, daß die Häufigkeit von Mehrlingsgeburten bei Frauen, die orale Verhütungsmittel genommen hatten, tatsächlich abnimmt. Diese Feststellung machten auch israelische Forscher in einem 1979 veröffentlichten Bericht. Die einzige Ausnahme in dieser Entwicklung war ein größerer Anteil an Zwillingsgeburten bei ehemaligen Pillenbenutzerinnen, die zur Zeit der Empfängnis im Verhältnis zu ihrer Größe unter-

gewichtig waren, bei solchen, die während der Einnahme der Pille ungewollt schwanger wurden, und bei solchen, die Präparate mit einem höheren Östrogenanteil nahmen.
Ein interessanter Bericht der Hadassah-Hebrew University in Jerusalem zeigte 1978, daß die Sterblichkeitsziffer bei Babys von ehemaligen Pillenbenutzerinnen mit 10,4 auf 1000 Geburten gegenüber 15,3 bei Frauen lag, die keine Pille genommen hatten. Die Zahl von Babys mit angeborenen Herzfehlern betrug bei Frauen, die die Pille genommen hatten, 1,7 pro 1000, verglichen mit 3,7 pro 1000 bei Frauen, die die Pille nicht genommen hatten. Eine negative Überraschung war jedoch ein höherer Wert für Mongolismus nach früherer Pilleneinnahme. Diese Chromosomenanomalie trat mit einer Häufigkeit von 3,3 pro 1000 auf, verglichen mit 1,8 pro 1000 bei Frauen, die die Pille nicht genommen hatten (siehe Kapitel 10).

Stimmt es, daß eine Frau mit größerer Wahrscheinlichkeit ein Mädchen bekommt, wenn die Empfängnis kurz nach Absetzen der Pille erfolgt?

Nein. 1974 berichtete die englische medizinische Zeitschrift *Lancet* von einer Verteilung des Geschlechts im Verhältnis von nahezu 2:1 Mädchen zu Jungen, wenn die Empfängnis unmittelbar auf den Gebrauch oraler Verhütungsmittel erfolgte, aber die Studie umfaßte weniger als 200 Schwangerschaften. 1976 konstatierte eine umfangreiche Studie der Harvard School of Public Health ein Verhältnis von 1:1 Jungen zu Mädchen bei 6000 untersuchten Geburten, die nach dem Gebrauch oraler Verhütungsmittel erfolgten.

Können Antibabypillen Vitamin- oder Mineralstoffmangel verursachen, und kann sich dieser Mangel auf eine Schwangerschaft auswirken, die kurz nach Absetzen der Pille eintritt?

Ja. Mehrere Studien haben ergeben, daß das Östrogen in oralen Verhütungsmitteln den Körper daran hindert, bestimmte wichtige Vitamine und Mineralstoffe aufzunehmen, wie z.B. Folsäure, Vitamin B6 (Pyridoxin), Vitamin B12, Riboflavin, Zink und möglicherweise Vitamin C.
Je länger eine Frau die Pille nimmt, um so wahrscheinlicher ist eine Verminderung ihres Vorrats an Folsäure, einem B-Vitamin, das zur normalen Entwicklung eines Fetus und zur Bildung von Hämoglobin erforderlich ist. Ein Mangel an Folsäure führt jedoch selten zu Anämie. Viele Fachleute empfehlen, daß Frauen, die länger als ein Jahr die Antibabypille nehmen, Nahrung mit einem reichen Anteil an Folsäure zu sich nehmen, wie Leber, Kalbfleisch, Nieren, mageres Fleisch, Hefe, rohes Blattgemüse und Säfte von Zitrusfrüchten. Andere empfehlen Vitaminergänzungen. 400 Mikrogramm sind die empfohlene tägliche Dosis. Während der Schwangerschaft erhöht sich die empfohlene tägliche Dosis an Folsäure auf 800 Mikrogramm (siehe Kapitel 8). Wenn eine Frau infolge Pillengebrauchs einen Mangel an Folsäure hat, wird dieser Mangel durch die hormonellen Veränderungen in der Schwangerschaft oft noch verschlimmert. Das könnte wäh-

rend der ersten drei Schwangerschaftsmonate zu einer riskanten Situation für die Frucht führen, denn es ist erwiesen, daß ein solcher Mangel schwerwiegende Mißbildungen verursachen kann. Wenngleich dieses Problem zugegebenermaßen selten auftritt, glauben viele Experten, daß es gänzlich vermieden werden kann, wenn alle Frauen, die über einen langen Zeitraum orale Verhütungsmittel benutzt haben, vor einer geplanten Schwangerschaft ihren Folsäureanteil im Blut bestimmen lassen.

Die meisten Forscher stimmen überein, daß sich die Konzentration von Vitamin B6 bei Frauen, die orale Verhütungsmittel benutzen, verringert. Trotz intensiver Untersuchungen ist man nicht wirklich sicher, ob ein niedriger Anteil von Vitamin B6 im Blut die Schwangerschaft einer Frau nachteilig beeinflußt. Ein Mangel an Vitamin B6 beeinträchtigt anscheinend den Glukose-(Zucker-) Stoffwechsel. Das führte verschiedene Forscher zu der Annahme, daß diabetische Anomalien, die bei manchen Frauen während der Pilleneinnahme und während der Schwangerschaft auftreten, mit einem Mangel an Vitamin B6 zusammenhängen könnten. Wenngleich nachteilige Wirkungen der Pille, wie etwa Depressionen, mit den in ihr enthaltenen Gestagenen in Zusammenhang gebracht wurden, haben einige Autoren diese Erscheinung einem Mangel an Vitamin B6 zugeschrieben. Einige Experten haben empfohlen, daß alle Frauen, die orale Verhütungsmittel benutzen, eine tägliche Dosis Vitamin B6 erhalten sollten. Die empfohlene tägliche Dosis beträgt 2 mg für Frauen, die keine Antibabypille nehmen. Eine tägliche Dosis von mehr als 10mal so hoch, nämlich 25 mg, wird Frauen empfohlen, die die Antibabypille nehmen. Das verhindert einen Mangel an Vitamin B6, wenn unmittelbar nach dem Gebrauch oraler Verhütungsmittel eine Schwangerschaft eintritt. Nahrungsmittel, die reichlich Vitamin B6 enthalten, sind Weizenkeime, Leber, Fleisch, Fisch, Nieren, Vollkornflocken, Milch, Sojabohnen, Bananen, Erdnüsse und Mais. Obgleich der Bedarf an Vitamin C (Ascorbinsäure) bei Frauen, die die Pille nehmen, noch nicht gründlich untersucht wurde, ist zu vermuten, daß er leicht ansteigt. Die Quellen für Vitamin C sind sehr zahlreich (auch in der Ernährung mittelloser Frauen), und meines Wissens hat es noch keinen Fall von ernstlichem Mangel an Vitamin C infolge einer unmittelbar nach dem Gebrauch von Antibabypillen auftretenden Schwangerschaft gegeben.

Der Blutserumgehalt an Vitamin B12 nimmt während der Anwendung oraler Verhütungsmittel ab, aber dies ist vermutlich während einer nachfolgenden Schwangerschaft nicht von klinischer Bedeutung. Perniziöse Anämie infolge eines ernsthaften Mangels an Vitamin B12 ist bei schwangeren Frauen praktisch unbekannt.

Auch der Gehalt an Riboflavin sinkt beim Gebrauch oraler Verhütungsmittel. Der Bedarf an Riboflavin wird oft eng mit dem an Vitamin B6 in Verbindung gebracht, weil beide Vitamine vom Körper auf ähnliche Weise verwertet werden (siehe Kapitel 8).

Als weitere mögliche Nebenwirkung nach Einnahme von Antibabypillen wurde ein Mangel an Zink beobachtet.

Diese Veränderung wird jedoch nicht als klinisch bedeutsam betrachtet, und es werden keine therapeutischen Dosen an Mineralstoffen empfohlen.

Kann es sein, daß während der Pilleneinnahme aufgetretene medizinische Probleme in der Schwangerschaft wieder auftreten?

Ja. Ein aufmerksamer Arzt kann manchmal vorhersagen, welche Frauen während der Schwangerschaft Schwierigkeiten haben werden, die auf ihre Reaktion auf die Pille zurückzuführen sind. Die Entstehung von Diabetes ist ein ausgezeichnetes Beispiel. Die meisten Forscher stimmen darin überein, daß orale Verhütungsmittel sich nachteilig auf Blutzucker und Insulin auswirken, und zwar bei gesunden wie bei diabetischen Frauen. Die Östrogen- und Gestagenkomponenten wurden für diese Veränderungen verantwortlich gemacht. Es wird geschätzt, daß 10% der Frauen, die vor dem Gebrauch der Pille einen normalen Glukosetoleranz- (Zukker-)Test hatten, während des Einnehmens der Pille einen anomalen Test entwickeln. Dieser »chemische Diabetes« erzeugt keine Symptome und wird nach Absetzen der Antibabypille wieder normal. Aber diese Anomalie kann wieder auftreten, wenn anfällige Frauen der hormonellen Stimulation und den Anstrengungen einer Schwangerschaft ausgesetzt sind. Ihr Arzt würde gut daran tun, Sie während der Schwangerschaft auf diesen Zustand zu untersuchen, insbesondere wenn Sie während des Gebrauchs von Antibabypillen eine Glukoseintoleranz aufwiesen.

Ein anomales Ansteigen des Blutdrucks (Hypertonie) tritt bei circa 5 bis 7% aller Frauen auf, die die Pille nehmen, und sinkt nach Absetzen der Pille innerhalb von sechs Monaten wieder auf ein normales Maß. Dementsprechend besteht bei diesen anfälligen Frauen auch eine größere Wahrscheinlichkeit, daß während der letzten drei Schwangerschaftsmonate der Blutdruck ansteigt (Präeklampsie oder Toxämie = Schwangerschafts-Toxikose). Wenn während der Einnahme der Pille bei Ihnen Hypertonie auftrat, sollten Sie während der Schwangerschaft sorgfältig beobachtet werden. Pille wie Schwangerschaft sind beide verantwortlich für Veränderungen der Blutplättchen und bestimmter Blutsubstanzen, der sogenannten Gerinnungsfaktoren. Dies wiederum kann bei einem sehr kleinen Prozentsatz empfindlicher Frauen zu entzündlichen Blutgerinnseln in den Venen von Beinen und Becken führen, der sogenannten Thrombophlebitis. Diese kann oft lebensgefährlich sein, weil sich die Gerinnsel lösen und durch den Blutkreislauf zu lebenswichtigen Organen, etwa der Lunge, wandern können, was im Nu zum Tode führen kann. Wenn Sie während der Einnahme der Pille an Thrombophlebitis gelitten haben, wird Ihr Arzt vermutlich die Behandlung mit einer Substanz, genannt Heparin, einem blutgerinnungshemmenden Mittel, in Betracht ziehen.

Bei etwa 3 von 100000 Frauen, die über Jahre hinweg die Pille nehmen, bildet sich ein gutartiger, dennoch möglicherweise tödlicher Lebertumor, das sogenannte Leberzell-Adenom oder Hepatom. Die Bildung dieses Tumors scheint mit dem Östrogen in der Pille zusammenzuhängen, und die oralen Verhütungsmittel mit dem höchsten Östrogenanteil sind die gefährlichsten. Manche Forscher meinen, die kombinierte Wirkung von Gestagen und Östrogen sei für dieses Problem verantwortlich. Am anfälligsten sind Frauen über dreißig, die länger als vier Jahre die Pille genommen haben. Der Durchbruch eines Hepatoms führt zu einer starken Bauchhöhlenblutung (intraabdominelle Blutung), und oft sind die einzigen Symptome, die diesem Verhängnis vorausgehen, ein Völlegefühl und leichte Schmerzen unter dem rechten Brustkorb oder auf der oberen rechten Seite der Bauchhöhle. Ein Hepatom vor dem Durchbruch kann meistens mittels einer Röntgenaufnahme der Leber diagnostiziert werden. Nach Absetzen der Antibabypille verkleinert sich der Tumor gewöhnlich und bleibt inaktiv.

Eine Reaktivierung des Tumors ist jedoch Tage oder gar Jahre später möglich, wenn die Pille wieder genommen wird oder eine Schwangerschaft eintritt. Es sind mehrere Todesfälle infolge Durchbruchs eines Hepatoms während der Schwangerschaft bekannt. Dabei handelte es sich um Frauen, bei denen früher ein durch die Pille verursachtes Hepatom aufgetreten war. Wenn eine Frau, bei der früher ein Hepatom aufgetreten ist, schwanger wird, ist es lebenswichtig, daß sie ihren Arzt häufig aufsucht und er ihre Bauchhöhle bei jeder vorgeburtlichen Visite abtastet, um eine Vergrößerung oder Schmerzen in der oberen Bauchhöhle festzustellen. Beim ersten Anzeichen, daß der Tumor wieder aktiv ist, muß die Schwangerschaft abgebrochen werden, um das Risiko einer weiteren Vergrößerung und eines möglicherweise tödlichen Durchbruchs zu vermeiden. Manche Ärzte raten Frauen, die einmal ein durch die Pille verursachtes Hepatom hatten, zum Kaiserschnitt, selbst wenn keine Anzeichen oder Symptome für die Reaktivierung des Tumors vorhanden sind. Der Grund hierfür ist ihre Furcht, daß das Pressen in der letzten Wehenphase eine übermäßige Spannung bei einem kleinen, unerkannten Hepatom bewirkt. Da der Durchbruch eines Hepatoms einen umfangreichen Blutaustausch erfordert, ist die Beobachtung in einem gut ausgerüsteten Krankenhaus mit einer Blutbank lebenswichtig. Es ist nicht bekannt, ob die operative Entfernung eines Hepatoms vor der Schwangerschaft eine problemlose Schwangerschaft garantiert, weil kleinere Tumore möglicherweise unter dem Einfluß der Schwangerschaftshormone wachsen können.

Überdies ist eine solche Operation selbst unter den günstigsten Umständen äußerst schwierig und möglicherweise sehr gefährlich.

Spirale

Was ist eine Spirale?

Eine Spirale wird zum Zweck der Empfängnisverhütung in die Gebärmutterhöhle eingesetzt. Moderne Spiralen bestehen aus Kunststoff und sind mit Barium überzogen, um sie durch Röntgenstrahlen sichtbar zu machen. Es gibt zwei Arten von Spiralen: nichtmedikamentöse, die nur aus Kunststoff bestehen, und medikamentöse, die Kunststoff kombiniert mit Kupfer oder Progesteron enthalten. Die meisten haben ein Nylonende oder Fäden, die vom Gebärmutterhals in die Vagina (Scheide) hineinragen. Durch Berührung des Endes oder Betrachtung mit einem Spekulum können Sie und Ihr Arzt sich versichern, daß die Spirale richtig sitzt.

Wie verhütet die Spirale eine Schwangerschaft?

Darüber gibt es verschiedene Theorien. Es ist beispielsweise bekannt, daß die Spirale in der Gebärmutterhöhle eine entzündliche Reaktion bewirkt. Das hat u.a. zur Folge, daß große, im Mikroskop sichtbare Zellen, die sogenannten Makrophagen (Freßzellen), freigesetzt werden. Diese sind nach Meinung mancher Forscher in der Lage, Spermien zu vernichten, bevor sie zur Befruchtung des Eis in den Eileiter gelangen können. Man nimmt an, daß medikamentöse Spiralen, die Kupfer und Progesteron enthalten, die Abwehr der Gebärmutterschleimhaut weiter erhöhen. Andere behaupten, daß die Makrophagen jeden Monat ein bereits befruchtetes Ei vernichten und somit einen frühen Abort verursachen.

Eine andere Theorie zur Wirkung der Spirale besagt, daß dieser Fremdkörper in der Gebärmutter die Motilität (Eigenbeweglichkeit) der Eileiter erhöht und somit bewirkt, daß sich das Ei schneller als unter normalen Umständen durch den Eileiter bewegt. Infolgedessen erreicht ein Ei, das noch nicht reif genug ist, um sich in der Gebärmutterschleimhaut einzunisten, diese vorzeitig. Es ist bekannt, daß Kupfer in hoher Konzentration dieses Anwachsen der Eileitermotilität fördert.

Was muß ich tun, wenn ich mit einer Spirale schwanger werde?

Einerlei, welchen Typus von Spirale Sie tragen – wenn Sie die Schwangerschaft fortsetzen wollen, sollte Ihr Arzt die Spirale so bald wie möglich entfernen. Hierdurch reduziert sich Ihr Risiko einer Fehlgeburt auf etwa 30%, wogegen es 50% beträgt, wenn die Spirale an Ort und Stelle bleibt. (Das Fehlgeburtsrisiko beträgt normal 10%.) Die Spirale kann durch Ultraschall leicht geortet werden, falls die Fäden nicht zu sehen sind. Diese moderne Technik hat den Vorteil, daß die Frucht keiner radioaktiven Strahlung ausgesetzt wird (siehe Kapitel 10). Wenn es beim Belassen der Spirale in der Gebärmutter nicht zu einer Frühgeburt kommt, besteht für die Frau trotzdem eine viermal größere Gefahr, daß während dieser Schwangerschaft vorzeitige Wehen eintreten.

Falls sich herausstellt, daß die in der Gebärmutter befindliche Spirale nicht entfernt werden kann, so ist Ihr Frauenarzt verpflichtet, Sie zu warnen, daß während Ihrer Schwangerschaft eine ernste und sogar lebensbedrohende Infektion auftreten kann. Allen Frauen in dieser Lage sollte die Möglichkeit einer medizinisch indizierten Schwangerschaftsunterbrechung, bei der auch die Spirale entfernt wird, angeboten werden.

Wie kann die Spirale während der Schwangerschaft eine Infektion verursachen, und welche Symptome treten dann auf?

Die Scheide enthält normalerweise eine Vielfalt von Bakterien, die häufig auch auf den Fäden der Spirale nachgewiesen werden können. Wenn diese Fäden während der Schwangerschaft in die vergrößerte Gebärmutter (Uterus) gelangen, können die daran haftenden Bakterien bei einem kleinen Prozentsatz von Frauen eine ernsthafte Infektion innerhalb der Gebärmutterhöhle verursachen. Eine solche Infektion kann sich durch den Uterusmuskel hindurch in den Beckenbereich ausbreiten. Beim Fortschreiten der Infektion können Eileiter und Eierstöcke zu einer eitrigen Masse, dem sogenannten Tuboovarialabszeß, verschmelzen. Der Durchbruch eines solchen Abszesses ist lebensgefährlich. Die Bakterien können auch in den Blutkreislauf gelangen und weiter entfernte Organe angreifen, wobei sie eine Überreaktion und ein Absinken des Blutdrucks verursachen, den sogenannten septischen Schock, der ebenfalls tödlich scin kann. Wenn bei einer Frau, die eine Spirale trägt, eine Infektion auftritt, so geschieht dies in den meisten Fällen während der ersten sechs Monate der Schwangerschaft.

Leider sind Spiralen-Infektionen häufig äußerst schwer zu diagnostizieren. Die ersten Symptome treten lediglich als allgemeine Müdigkeit, möglicherweise Atembeschwerden, verbunden mit Muskelschmerzen im ganzen Körper, Fieber, Frösteln, Kopfweh und anderen grippeähnlichen Symptomen auf. Häufig führen diese Symptome innerhalb von Stunden zum unheilbaren septischen Schock. Wenn sich Symptome im Becken zeigen, stellt sich bei den meisten Frauen mit einer Infektion eine Druckschmerzhaftigkeit über der Gebärmutter, verbunden mit eitrigem Ausfluß, ein. Andere Symptome sind Blutungen und Austreten von infiziertem Fruchtwasser aus der Scheide.

Manche Ärzte haben empfohlen, daß bei Auftreten verdächtiger Symptome, wenn jedoch keine sichere Diagnose gestellt werden kann, sofort eine Fruchtwasserentnahme (siehe Kapitel 10) erfolgen und die Fruchtwasserprobe nach Beweisen für eine Infektion, wie weiße Blutkörperchen und Bakterien, untersucht werden sollte.

Ungeachtet, wie weit die Schwangerschaft fortgeschritten ist, erfordert die Diagnose einer spiralenbedingten Infektion den sofortigen Abbruch der Schwangerschaft und eine massive Behandlung mit Antibiotika. Obgleich dies für eine Schwangerschaft im sechsten Monat hart erscheint – wenn es nicht geschieht, wird sich die Infektion rasch ausbreiten, bis selbst eine Entfernung der Gebärmutter sie nicht mehr aufhalten kann.

Kommt eine Extrauterinschwangerschaft bei Frauen, die eine Spirale tragen, häufiger vor?

Ja. Bei Frauen, die mit einer Spirale schwanger werden, besteht eine größere Wahrscheinlichkeit zu einer anomalen Schwangerschaft im Eileiter oder Eierstock als bei anderen Frauen. Beide Formen der Schwangerschaft sind Extrauterin-Schwangerschaften, und beide verursachen schwere Unterleibsblutungen und können dadurch sogar zum Tod führen. Bei Frauen, die keine Spirale tragen, beträgt die Häufigkeit einer Eileiterschwangerschaft circa vier von 1 000. Unter den Frauen, die eine Spirale tragen (mit Ausnahme der Progesteron enthaltenden), beträgt die Häufigkeit einer Extrauterin-Schwangerschaft zwischen 20 und 30 auf 1 000 Schwangerschaften, wobei die Quote sich erhöht, je länger die Spirale getragen wird. Hinzu kommt, daß erwiesen ist, daß der frühere Gebrauch dieses Verhütungsmittels eine Frau für eine extrauterine Schwangerschaft anfälliger macht. Die größere Häufigkeit einer Extrauterin-Gravidität bei Spiralenträgerinnen wird auf die größere Wahrscheinlichkeit von Eileiterentzündungen bei diesen Frauen zurückgeführt. Derartige Infektionen hindern das befruchtete Ei daran, durch den Eierstock in die Gebärmutterschleimhaut zu wandern. Infolgedessen nistet es sich im Eileiter ein und beginnt sich dort zu entwickeln. Da die Spirale zwar eine Schwangerschaft in der Gebärmutter, nicht aber im Eileiter verhindert, stellt sich selbst bei einem hohen Prozentsatz von Frauen, die keine Infektion haben und mit einer Spirale schwanger werden, eine Eileiterschwangerschaft ein.

Wenn Sie trotz Spirale schwanger werden, sollte Ihr Arzt die Diagnose einer Extrauterin-Schwangerschaft ernstlich in Erwägung ziehen. Schwangerschaftssymptome, die von Unterleibsbeschwerden und leichter dunkler Scheidenblutung begleitet sind, können auf eine extrauterine Schwangerschaft hinweisen. Eine Bewegung des Gebärmutterhalses (Muttermund), sei es durch Geschlechtsverkehr oder Beckenuntersuchung, verursacht dann meist große Schmerzen. Gelegentlich kann Ihr Arzt eine Vergrößerung des Eileiters feststellen, in dem sich die extrauterine Schwangerschaft befindet.

Häufig treten bei Frauen mit einer Extrauterin-Schwangerschaft keine typischen Schwangerschaftssymptome auf, so daß die Möglichkeit dieser Diagnose von dem untersuchenden Arzt oft übersehen wird. In einer Untersuchung von siebzig Spiralenträgerinnen, bei denen eine Extrauterin-Gravidität festgestellt wurde, waren Blutungen und Beckenschmerzen häufig der Spirale und nicht der Schwangerschaft zugeschrieben worden. Bezeichnenderweise war in mehr als 50% dieser Fälle die Spirale zwischen einer und acht Wochen vor der definitiven Diagnose einer extrauterinen Schwangerschaft entfernt worden, vermutlich in der Hoffnung, daß dies die Symptome lindern würde.

Daher ist es wichtig, daß bei Fortdauer von Blutungen und Schmerzen nach Entfernung einer Spirale das Vorliegen einer extrauterinen Schwangerschaft ernsthaft in Betracht gezogen und unbedingt ein Schwangerschaftstest durchgeführt wird.

Eine Extrauterin-Schwangerschaft im Eierstock (Ovarium) heißt Ovarialschwangerschaft. Die Symptome sind dieselben wie bei einer Eileiterschwangerschaft.

Kann die Spirale die Frucht verletzen?

Es ist nur natürlich, daß Frauen mit einer »Spiralen-Schwangerschaft« fürchten, daß der Fremdkörper Verletzungen oder Mißbildungen der Frucht verursachen könnte, indem er sich mit Gliedmaßen oder anderen Körperteilen verheddert. Glücklicherweise geschieht das nicht, weil sich die Spirale stets außerhalb der Fruchtblase befindet. Von größerem Belang ist unsere Unfähigkeit, die möglichen Gefahren von Chemikalien wie Progesteron und Kupfer in unmittelbarer Nähe des sich entwickelnden Fetus vorauszusagen.

Das *British Medical Journal* berichtete 1975 von zwei Frauen, die kupferhaltige Spiralen trugen und schwanger wurden. Beide brachten Kinder mit ähnlichen Gliedmaßendefekten zur Welt. In Bein, Arm, Hand und Fuß fehlten einige Knochen. Im Gegensatz dazu steht eine Untersuchung des Population Council von New York aus dem Jahre 1976. Dieses sehr umfangreiche Projekt umfaßte 157 Frauen, die mit einer kupferhaltigen Spirale eine Schwangerschaft voll austrugen. Unter den Kindern dieser Frauen wurde nur eine einzige unbedeutende angeborene Anomalie festgestellt, nämlich eine gutartige Geschwulst am Stimmband eines Babys. Bei keinem Kind sind Deformationen an den Gliedmaßen aufgetreten. Wichtiger noch war eine von Wissenschaftlern der *Centers for Disease Control* durchgeführte Studie. Über einen Zeitraum von sechs Jahren wurden Mütter von 96 mit verkürzten und deformierten Gliedmaßen geborenen Kindern interviewt und mit zwei Kontrollgruppen verglichen. Die Ergebnisse wurden im Januar 1979 in *Fertility and Sterility* veröffentlicht: Sie bewiesen, daß die Zahl der Gliedmaßenmißbildungen bei Babys nicht signifikant steigt, wenn deren Mütter zur Zeit der Empfängnis eine Spirale getragen hatten.

Spermizide (Spermienabtötende Mittel)

Können empfängnisverhütende Gelees, Cremes oder Schaumpräparate die Frucht schädigen?

Man bekommt spermienabtötende Präparate ohne Rezept in Form von Cremes, Gelees, Schaum, Tabletten und Suppositorien (Zäpfchen). Alle diese Präparate enthalten den spermienabtötenden Wirkstoff sowie einen Bestandteil, der das Spermium aufhält und das Spermizid im Gebärmutterhals verteilt. Praktisch alle Präparate enthalten die Spermizide Nonoxynol-9 und Octoxynol-9.

Bis vor kurzem hielt man Vaginalspermizide, selbst wenn sie ständig verwendet werden, für vollkommen harmlos. Diese Annahme wurde jedoch im Laufe der letzten drei Jahre durch etliche voneinander unabhängige Studien in Frage gestellt. Man stellte Gliedmaßenverformungen an Neugeborenen fest, deren Mütter samenabtötende Verhütungsmittel benutzt hatten. 1980 untersuchten Forscher die Fehlgeburten von Frauen, die zur Zeit der Empfängnis ein Spermizid benutzt hatten, wobei sie einen größeren Anteil an zwei tödlichen Chromosomenanomalien fanden. Sie vermuteten, daß Spermizide Spermienzellen gelegentlich nicht abtöten, sondern nur schädigen, wodurch ein anomales Spermium ein Ei befruchten könnte. Andere vertraten die Theorie, Spermizide könnten vom Blutkreislauf aufgenommen werden und das Ei vor der Empfängnis schädigen. Neuere deutsche Untersuchungen ergaben, daß 1,5% des in die Scheide eingeführten Nonoxynol-9 20 Min. nach der Anwendung in den Urinproben der Frauen nachweisbar ist. Wenn das Präparat noch länger in der Scheide blieb, betrug die Urinkonzentration 10%. Eine weitere schädliche Auswirkung des Spermizidgebrauchs könnte darin liegen, daß eine Frau ein Spermizid verwendet, ohne zu wissen, daß sie bereits schwanger ist, so daß das Spermizid möglicherweise direkt auf den Embryo einwirkt.

Die Pille »am Morgen danach«

Was ist die Pille »am Morgen danach«?

Dies ist eine Pille, die, innerhalb von 72 Stunden bei ungeschütztem Verkehr zur Zeit des Eisprungs genommen, das Überleben des befruchteten Eis mit ziemlicher Sicherheit wirksam verhindert. Das Präparat ist ein synthetisches Östrogen, was nichts anderes heißt, als daß es im Laboratorium, nicht im Körper erzeugt wird und sich in seiner chemischen Struktur von den natürlichen und den in Antibabypillen enthaltenen Östrogenen grundsätzlich unterscheidet. Diese Pille ist in Deutschland nicht erhältlich.

Wie verhindert diese Pille die Fortsetzung der Schwangerschaft?

Die Theorie besagt, daß die Pille »am Morgen danach« mehrfach als Schwangerschaftsunterbrecher wirkt. Anscheinend veranlaßt sie den Gelbkörper zu einer Funktionsstörung, so daß er nicht genügend Progesteron produziert, was zur Erhaltung einer frühen Schwangerschaft notwendig wäre. Ein Rückgang an Progesteron zeigt sich gelegentlich durch ein verfrühtes Sinken der Körpertemperatur morgens vor dem Aufstehen, der Basaltemperatur, während der zweiten Hälfte des Menstruationszyklus.
Ferner wirkt diese Pille höchstwahrscheinlich auch auf die Gebärmutterschleimhaut, wo sie einen Mangel an einem bestimmten Enzym verursacht.

Wie wirkt es sich auf den Embryo aus, wenn die Pille »am Morgen danach« versagt?

In diesem Fall dürften ihre Wirkungen im Frühstadium, was man allerdings noch nicht sicher weiß, ähnlich denen sein, die durch Antibabypillen hervorgerufen werden (siehe S. 15). Wird sie von einer Frau genommen, die nicht weiß, daß sie bereits seit ein paar Wochen schwanger ist, dann erhöht sich das Risiko von Scheiden- und Gebärmutterhalsanomalien sowie von Krebs für eine aus dieser Schwangerschaft hervorgehende Tochter.

Welche Probleme treten auf, wenn ich die »Pille danach« am Anfang der Schwangerschaft nehme und einen Sohn zur Welt bringe?

Es ist noch zu früh, um festzustellen, ob krankhafte Veränderungen, vergleichbar denen im Scheiden- und Gebärmutterhalsbereich, auch bei männlichen Kindern auftreten. Allerdings registrierte man beispielsweise 1981 bei einer Untersuchung an der Universität von Chicago, daß von 308 Männern, deren Mütter die »Pille danach« genommen hatten, bei 65% Genitalanomalien auftraten, wie z. B. anomal kleine Hoden und Penisse, und es ist zu befürchten, daß diese Männer möglicherweise einem größeren Krebsrisiko ausgesetzt sein werden.

Die Knaus-Ogino-Methode

Was ist die Knaus-Ogino-Methode?

Diese Methode, auch natürliche Familienplanung genannt, ist eine Methode zur Geburtenkontrolle, die darauf basiert, den Geschlechtsverkehr auf die Zeiten zu beschränken, in denen eine Schwangerschaft mit ziemlicher Sicherheit ausgeschlossen werden kann. Da dies die einzige von der katholischen Kirche erlaubte Methode zur Empfängnisverhütung ist, wird sie weltweit angewendet.

Die Berechnung der »sicheren« und »unsicheren« Tage im Monat kann auf verschiedene Weise erfolgen: die Kalendermethode, tägliches Messen der Basaltemperatur (Körpertemperatur morgens vor dem Aufstehen) und die Sympto-Thermal-Methode. Die heute kaum noch angewandte Kalendermethode basiert auf der Länge vorangegangener Menstruationszyklen. Genauer ist die Methode der täglichen Messung der Basaltemperatur, die darauf beruht, daß die Temperatur einer Frau nach dem Eisprung ansteigt und bis zum Beginn der Menstruation erhöht bleibt. Dieses Ansteigen der Temperatur geht auf die Freisetzung von Progesteron durch den Eierstock nach dem Eisprung zurück. Da man annimmt, daß ein Ei 24 Stunden oder länger nach dem Eisprung nicht mehr befruchtet werden kann, bedeutet das Ansteigen der Temperatur an drei aufeinanderfolgenden Tagen fast immer, daß es nicht zu einer Schwangerschaft kommt, wenn eine Frau nach dieser Zeit Geschlechtsverkehr hat.

Die Sympto-Thermal-Methode ist die genaueste. Sie kombiniert die Messung der Basaltemperatur mit veränderten körperlichen Symptomen, die auf den Eisprung hinweisen. Das wichtigste dieser Symptome ist die Konsistenz des Gebärmutterhalsschleims. Wenn der Eisprung bevorsteht, sondern die Drüsen des Gebärmutterhalses unter dem Einfluß von Östrogen eine zunehmende Menge an dünnem, wäßrigem, schmierigem und dehnbarem Schleim ab. Der Eisprung findet einen oder zwei Tage statt, bevor der Schleim die Konsistenz von rohem Eiweiß annimmt. Wenn er die maximale Dehnbarkeit (»Spinnbarkeit«) von etwa 10 cm erreicht, steht der Eisprung unmittelbar bevor oder hat soeben stattgefunden. Mit dem Ausdruck »Spinnbarkeit« beschreibt man die dehnbare Beschaffenheit des Schleims. Nach dem Eisprung wird der Schleim dick, klebrig und durchsichtig und ist nicht mehr dehnbar. Das geht auf die Wirkung des vom Gelbkörper im Eierstock produzierten Progesterons zurück. Um die Empfängnis zu verhüten, ist Enthaltsamkeit vom ersten Bemerken des dünnen Schleims bis vier Tage, nachdem er die Konsistenz von rohem Eiweiß annahm, geboten.

Wenn es bei Anwendung der Knaus-Ogino-Methode zur Schwangerschaft kommt, bestehen dann Gefahren für die Frucht?

Es gibt hinreichend Beweise für die Annahme, daß zahlreiche Schwangerschaftsprobleme wie Abort und angeborene Mißbildungen auf die Anwendung der Knaus-Ogino-Methode zurückzuführen sind. Es ist erwiesen, daß die größte Chance für eine normale Schwangerschaft besteht, wenn die Befruchtung des Eis genau zur Zeit des Eisprungs erfolgt. Die Anwender der Knaus-Ogino-Methode enthalten sich höchstwahrscheinlich während dieser Zeit und auch in den paar Tagen, die dem Eisprung vorausgehen, des Geschlechtsverkehrs. Bei einem Koitus 12 oder 24 Stunden nach dem Eisprung ist die Wahrscheinlichkeit größer, daß ein überreifes Ei befruchtet wird. Während die Befruchtung normalerweise in dem Bereich des Eileiters erfolgt, der dem Eierstock am nächsten ist, erfolgt eine verspätete Befruchtung erst, wenn das Ei im Eileiter schon eine Strecke zurückgelegt hat oder in die Gebärmutterhöhle eingetreten ist. Wenn das überreife Ei länger als normal im Eierstock zurückgehalten wird, erleidet das Ei einen strukturellen Defekt, was einen anomalen Fetus hervorbringen kann, wenn Eisprung und Befruchtung schließlich stattfinden.

Statistischen Daten zufolge, die aus drei verschiedenen, in Neu-England durchgeführten Studien stammen, treten angeborene Defekte des Zentralnervensystems bei der katholischen Bevölkerung eindeutig häufiger auf als bei der protestantischen. In der Ausgabe von *Lancet* vom 16. September 1978 berichteten zwei Forscher von einem Zusammenhang zwischen nicht häufigem Geschlechtsverkehr und einer erhöhten Häufigkeit von Mongolismus. Dieser tritt meistens auf, wenn ein bestimmtes Chromosomenpaar sich bei der Entwicklung des Eis nicht teilt. Infolgedessen hat ein Kind, das mit diesen Voraussetzungen geboren wird, ein Chromosom zuviel. In einem Leserbrief zu diesem Artikel, der in der Ausgabe vom 21. Oktober 1978 veröffentlicht wurde, wies Marie T. Mulcahy von den State Health Laboratory Services in Perth, Australien, darauf hin, daß dieser Befund möglicherweise auf die Knaus-Ogino-Methode zur Empfängnisverhütung zurückzuführen sei; als Beleg für ihr Argument führte sie Statistiken aus Australien an. In einer wissenschaftlichen Längsschnitt-Untersuchung über mongoloide Patienten, die zwischen 1966 und 1975 in Westaustralien geboren worden waren, zeigte sich, daß die Auftretenshäufigkeit mongoloider Kinder bei katholischen Frauen mehr als doppelt so hoch ist wie bei allen anderen Religionsgemeinschaften.

Dr. Richard Juberg und Mitarbeiter von der Louisiana State University untersuchten vor einiger Zeit die Wirkungen von verzögerter Befruchtung bei 33 Eltern mit Kindern, die Chromosomenanomalien wie Mongolismus hatten. Sie fanden in 24 Fällen eindeutige Beweise für eine verzögerte Befruchtung. Obgleich auch andere Faktoren gewiß dafür verantwortlich sind, ist es doch sehr wahrscheinlich, daß die Knaus-Ogino-Methode bei einigen dieser Chromosomenanomalien eine erhebliche Rolle spielt.

Schwangerschaftsabbruch

Was ist der Unterschied zwischen Absaugung und Schwangerschaftsabbruch im ersten Drittel?

Ein Schwangerschaftsabbruch in den ersten drei Monaten wird am wirkungsvollsten mit einer kleinen flexiblen Plastikkanüle oder Kürette ausgeführt, die an einem Absauginstrument befestigt ist. Die Absaugung wird gewöhnlich bei einer Frau mit einer leicht vergrößerten oder normalen Gebärmutter innerhalb von drei Wochen nach der ausgebliebenen Periode durchgeführt. In diesem frühen Stadium muß der Gebärmutterhals kaum gedehnt werden, und zur Ausschabung der Gebärmutter können Kanülen von sehr kleinem Durchmesser benutzt werden. Eine Absaugung wird meistens von Frauen gewünscht, die fürchten, schwanger zu sein, weil ihre Periode ausgeblieben ist, aber nicht wissen wollen, ob sie schwanger sind. Es muß darauf hingewiesen werden, daß das Kriterium, das nach einer Absaugung statt nach einer Unterbrechung verlangt, nicht davon abhängt, ob der Schwangerschaftstest positiv oder negativ ist. Diese Methode ist in Deutschland illegal!

Wird eine Schwangerschaft durch eine Absaugung immer zuverlässig beendet?

Eine Frau, die sich einer Absaugung unterzieht, sollte sich der Tatsache bewußt sein, daß in einem beachtlichen Prozentsatz aller Fälle die Schwangerschaft nicht beendet wird. Das kann daran liegen, daß die Fruchtblase noch klein ist und von dem Sauggerät verfehlt werden kann. Hinzu kommt, daß die kleineren Kanülen, die bei der Absaugung verwendet werden, die Fruchtblase nicht unbedingt aus der Gebärmutterwand herauslösen. Bei schätzungsweise 3% der Frauen, die sich einer Absaugung unterziehen, bleibt die Schwangerschaft intakt und wird nicht unterbrochen. Wenn die kleine 4-mm-Kanüle verwendet wird, beträgt die Häufigkeit annähernd 5%. Bei Verwendung der etwas unangenehmeren 6-mm-Kanüle jedoch ist die Quote der fortgesetzten Schwangerschaften sehr niedrig, nämlich nur noch 0,7%. Ungeachtet der verwendeten Kanülengröße sollten zwei Wochen nach einer Absaugung ein Schwangerschaftstest und eine Nachuntersuchung vorgenommen werden, um sicherzugehen, daß die Schwangerschaft abgebrochen worden ist.

Ist die Frucht, die eine Absaugung überlebt, gefährdet?

Feten, die eine mißlungene Absaugung überleben, haben eine intakte Fruchtblase, und Sie brauchen keine Deformation oder Verletzung zu befürchten. Dennoch kann die Einführung von Instrumenten in die Gebärmutterhöhle gelegentlich zu einer ernsten Infektion der Plazenta führen. Symptome dieser Komplikation treten praktisch immer innerhalb einer Woche auf und bringen eine Temperatur von über 38°, einen faul riechenden Ausfluß, unter Umständen mit Blutspuren, und Unterleibskrämpfe mit sich. Wenn sie nicht schnellstens behandelt wird, kann sich die Infektion in das Becken, die Eileiter und die Eierstöcke ausbreiten und dauernden Schaden und Verwachsungen verursachen sowie die zukünftige Fruchtbarkeit beeinträchtigen. Auch können Bakterien in den Blutkreislauf gelangen und andere Organe angreifen und sogar zum Tode führen. Diese gefährlichen Komplikationen können durch sofortige Einlieferung ins Krankenhaus, hohe Dosen intravenös verabreichter Antibiotika und Beendigung der Schwangerschaft durch Ausschabung vermieden werden. Bemühungen, eine Schwangerschaft bei Bestehen einer Gebärmutterinfektion zu erhalten, wären tollkühn und sind zum Scheitern verurteilt.

Alle Rhesus-negativen Frauen sollten innerhalb von 72 Stunden nach einer Ausschabung eine intramuskuläre Injektion von Immunglobulin erhalten, um die Bildung von Antikörpern gegen Rhesus-positive Babys in zukünftigen Schwangerschaften zu verhindern (siehe Kapitel 10). Diese Maßnahme ist nur dann nicht notwendig, wenn der Vater als Rhesus-negativ bekannt ist. In diesem Fall braucht das Medikament nicht verabreicht zu werden. Wenn Sie Rhesus-negativ sind und die Ausschabung Ihre Schwangerschaft nicht beendet hat, können Sie sicher sein, daß die Injektion von Immunglobulin nicht schadet.

Welche Komplikationen können während einer Schwangerschaft auftreten, die auf einen Abbruch im ersten Drittel folgt?

Um die meisten der möglichen Komplikationen zu vermeiden, sollte ein Schwangerschaftsabbruch im ersten Drittel zwischen der siebten und neunten Schwangerschaftswoche von der letzten Periode an gerechnet durchgeführt werden. Dies scheint der beste Zeitpunkt zu sein. Nach der zehnten Woche nehmen Komplikationen wie Blutungen, zurückgebliebene Plazentareste und Infektionen beträchtlich zu.

Gegenwärtig besteht unter den Gynäkologen eine große Kontroverse über die wichtige Frage, ob die Dehnung des Gebärmutterhalses zur Zeit einer Schwangerschaftsunterbrechung für eine Zervixinsuffizienz (Muttermundschwäche) während nachfolgender Schwangerschaften verantwortlich ist oder nicht. Eine Frau mit einem schwachen Muttermund wird wiederholt unter spontanen Abgängen im zweiten Schwangerschaftsdrittel und unter Frühgeburten zu leiden haben, weil ihr Muttermund unfähig sein wird, das Gewicht der sich vergrößernden Gebärmutter zu tragen. Die Ursache der Zervixinsuffizienz ist im allgemeinen nicht bekannt, aber möglicherweise ist eine Verletzung infolge forcierter Dehnung bei einigen Frauen für dieses Problem verantwortlich, und viele Forscher glauben, daß bei Frauen mit wiederholten Schwangerschaftsabbrüchen die Wahrscheinlichkeit für einen schwachen Muttermund besonders groß ist.

Aber die Untersuchungen überall in der ganzen Welt kommen zu vollkommen gegensätzlichen Ergebnissen. Berichte aus Ungarn, England und Japan, wo die Abtreibung seit einigen Jahren legal ist, weisen darauf hin, daß die Häufigkeit von spontanen Abgängen im zweiten Schwangerschaftsdrittel bei Frauen, bei denen früher Unterbrechungen vorgenommen wurden, bedeutend höher ist. Andere Forscher aus Japan und Jugoslawien haben einen solchen Zusammenhang nicht nachweisen können.

Im Boston Hospital for Women kamen Ärzte zu dem Schluß, daß bei Frauen, die zwei oder mehr Unterbrechungen hinter sich hatten, die Wahrscheinlichkeit einer Fehlgeburt bei zukünftigen Schwangerschaften zwei- bis dreimal höher lag. Interessanterweise schien die bei dem vorangegangenen Schwangerschaftsabbruch angewandte Technik dabei keine entscheidende Rolle zu spielen. Diese letzte Schlußfolgerung steht in krassem Gegensatz zu mehreren anderen Studien, in denen die Bedeutung der Abbruchmethode für den Erfolg oder Mißerfolg zukünftiger Schwangerschaften betont wird. Daten der Weltgesundheitsorganisation, denen Statistiken von sieben europäischen Staaten zugrunde liegen, haben gezeigt, daß die Verwendung einer scharfen Kürette statt des sanfteren modernen Saugerätes die Wahrscheinlichkeit eines nachfolgenden spontanen Abgangs im dritten Schwangerschaftsdrittel vergrößerte.

Es gibt also Wissenschaftler, die sagen, daß eine extrauterine Schwangerschaft wahrscheinlicher ist, wenn eine Frau früher eine Schwangerschaftsunterbrechung vornehmen ließ, aber Untersuchungen, die einen solchen Zusammenhang schlüssig beweisen, gibt es bis jetzt nicht. Wenn eine Unterbrechung durch eine ernste postoperative Beckeninfektion, die auch die Eierstöcke umfaßt, kompliziert wird, ist eine Eileiterschwangerschaft jedoch wahrscheinlicher. Wenn nach dem Eingriff Fieber, Leibschmerzen oder übelriechender Ausfluß auftreten, sollten Sie sofort Ihren Arzt verständigen, der durch eine angemessene Behandlung mit Antibiotika dieser Komplikation zuvorkommen dürfte.

Worauf muß eine Frau achten, bei der eine Schwangerschaftsunterbrechung im ersten Schwangerschaftsdrittel vorgenommen wurde?

Wenn früher bei Ihnen eine Schwangerschaftsunterbrechung vorgenommen wurde, muß Ihr Frauenarzt unbedingt die Einzelheiten kennen. Sie können diese Informationen aus den Krankenhausberichten oder den Akten des Arztes, der den Eingriff vornahm, erhalten. Aus diesen Berichten geht auch die Größe der verwendeten Erweiterungsinstrumente und Küretten hervor.

Während der ersten acht Schwangerschaftswochen, vom ersten Tag Ihrer letzten Periode an gerechnet, kann eine Unterbrechung mit einer 6-mm-Kunststoffkanüle ausgeführt werden. Nach der achten Woche ist es üblich, eine Kanüle mit einem äußeren Durchmesser, entsprechend – oder um 2 mm geringer – der Dauer der Schwangerschaft in Wochen, vom ersten Tag Ihrer letzten Periode an gerechnet, zu verwenden. Während des ersten Drittels sollte die Saugkürette nicht größer sein als die Uterusgröße in Wochen und 12 mm nicht überschreiten. Haben Sie zwei oder mehr Schwangerschaftsunterbrechungen hinter sich, wobei eine scharfe Kürette verwendet und Ihr Gebärmutterhals auf 12 oder mehr Millimeter gedehnt wurde, wird Ihr Arzt Ihren Gebärmutterhals während der Schwangerschaft häufiger untersuchen, um sich zu vergewissern, daß er sich nicht vorzeitig dehnt. Die Anbringung einer den Gebärmutterhals verengenden Naht (Cerclage) beim ersten Anzeichen von Zervixinsuffizienz kann oft einen Abgang im mittleren Drittel und vorzeitige Wehen verhindern.

Unterbrechung nach der zwölften Woche

Welche Probleme können bei einer schwangeren Frau auftreten, bei der früher eine Schwangerschaftsunterbrechung im zweiten Drittel vorgenommen worden war, und wie können sie behoben werden?

Um Schwangerschaften jenseits der zwölften Woche zu beenden, injizieren viele Ärzte hypertone (hochkonzentrierte) Kochsalzlösung oder Substanzen namens Prostaglandine in die Fruchthülle und warten dann das Einsetzen der Wehen und die Ausstoßung von Fetus und Plazenta ab. Prostaglandin in Form von Scheidenzäpfchen ist ebenfalls ein wirksames Mittel zur Beendigung von Schwangerschaften im mittleren Drittel.

Eine Zervixfistel, eine anomale Öffnung im Gebärmutterhals, kann durch einen Durchbruch oder eine Verletzung während eines Abbruchs im mittleren Drittel entstehen. Diese Komplikation entsteht schätzungsweise bei 0,1 bis 5% der im mittleren Drittel vorgenommenen Schwangerschaftsabbrüche und stellt sich meistens bei Frauen ein, die noch nie eine Schwangerschaft voll ausgetragen haben. Prostaglandine, entweder als Zäpfchen oder intrauterine Injektion verabreicht, können dieses Problem leichter verursachen als intrauterin gespritztes Salz, weil die Kontraktionen des Uterusmuskels, die durch diese Substanzen hervorgerufen werden, stärker und häufiger sind und dem Gebärmutterhals keine ausreichende Zeit gelassen wird, sich allmählich zu dehnen.

Fisteln sind oft schwierig zu vernähen, und selbst wenn die Operation perfekt scheint, kann eine Frau eine bleibende Zervixinsuffizienz davontragen. Wenn Sie infolge einer früheren Schwangerschaftsunterbrechung eine Zervixfistel haben, möchte Ihr Arzt vielleicht eine Naht um Ihren Gebärmutterhals anlegen. Diese Operation wird am besten in der vierzehnten Schwangerschaftswoche durchgeführt, weil dann das Risiko einer Frühgeburt überstanden und das Gewicht der Gebärmutter noch nicht so groß ist, daß sie einen übermäßigen Druck auf den Gebärmutterhals ausübt.

Die Meinungen über die beste Art der Entbindung nach einer erfolgreichen Cerclage gehen auseinander. Viele Ärzte plädieren dafür, die Naht während der Schwangerschaft bestehen zu lassen und die Entbindung mittels Kaiserschnitt vorzunehmen. Wenn Sie eine natürliche Geburt wünschen, kann die Naht in den letzten Schwangerschaftstagen durchschnitten werden, und wenn dann die Wehen einsetzen, müssen Sie ständig beobachtet werden. Ein Nachteil der natürlichen Geburt ist, daß der Druck durch den Kopf des Babys die Fistel wieder aufbrechen lassen kann. Ein zweiter Nachteil ist, daß der Eingriff bei jeder weiteren Schwangerschaft wiederholt werden muß.

Bis vor kurzem wurde allgemein angenommen, daß eine Beendigung der Schwangerschaft nach der zwölften Woche mit dem Absauggerät und anderen Instrumenten wegen des erhöhten Risikos von Blutungen, Uterusperforation, zurückbleibenden Plazentaresten und Infektionen äußerst gefährlich sei. Wenngleich einige Gynäkologen immer noch dieser Meinung sind, befürworten die meisten Ärzte jetzt doch eine Ausschabung der Gebärmutter. Manche haben diesen Eingriff sogar nach der zwanzigsten Schwangerschaftswoche vollzogen. Da die Dehnung des Gebärmutterhalses mit Instrumenten ausgeführt wird, die einen Durchmesser von mehr als 12 mm haben, befürchten viele Fachleute, daß sich die Ausschabung als verantwortlich für eine beträchtlich größere Anzahl von Frauen mit Zervixinsuffizienz erweisen wird. Selbst die glühendsten Verfechter dieser Methode geben diese Möglichkeit zu. Wenn bei Ihnen eine Ausschabung durchgeführt wurde, wird Ihr Arzt Sie häufig untersuchen wollen, um die frühesten Anzeichen vorzeitiger Dehnung Ihres Gebärmutterhalses festzustellen.

Um die Häufigkeit von Gebärmutterhalsverletzungen als Folge von Schwangerschaftsunterbrechungen im mittleren Drittel zu verringern, setzen viele Gynäkologen vor dem Eingriff neuerdings wieder Laminaria digitata, getrockneten Seetang, in den Gebärmutterhals ein. Dank ihrer hydroskopischen (wasseraufsaugenden) Eigenschaft absorbiert ein Stück sterile Laminaria die Absonderungen im Gebärmutterhals und vergrößert seinen Durchmesser über einen Zeitraum von sechs bis acht Stunden auf das Drei- bis Fünffache. So wird der Gebärmutterhals langsam und schmerzlos vor einem Abbruch entweder mittels Absaugkürette oder durch Ausschabung oder Injektion hypertoner Kochsalz-Lösung bzw. Prostaglandingaben ohne Gewalt gedehnt. Obwohl Laminaria die Häufigkeit von Gebärmutterhalsverletzungen sowie von Problemen bei nachfolgenden Schwangerschaften beträchtlich verringern kann, hat dies den einen Nachteil, daß eine etwas größere Häufigkeit von Uterusinfektionen damit verbunden sein kann. Dies trifft besonders zu, wenn sie mehr als 24 Stunden vor der Unterbrechung eingesetzt wird.

Tubensterilisation

Was ist eine Tubensterilisation?

Unter Tubensterilisation versteht man jeden operativen Eingriff an den Eileitern (Tuben), der die Befruchtung des Eis durch das Spermium verhindert. Die traditionellen Methoden umfassen in der Regel das Abbinden (Ligatur), kombiniert mit dem Herausschneiden eines Teils des Eileiters. Bei den neueren Techniken wird ein Teil des Eileiters koaguliert, d.h. verschmolzen, oder es werden elastische Bänder und Klammern um einen Abschnitt des Eileiters angebracht. Dies erfolgt durch ein Untersuchungsinstrument namens Laparoskop, das durch den Nabel in die Bauchhöhle eingeführt wird. Man kann auch durch die Scheide in die Bauchhöhle gelangen und die Eileiter abbinden, wenn hinter dem Gebärmutterhals ein Vaginalschnitt gemacht wird.
Die hochgelobte Minilaparotomie (kleiner Bauchdeckenschnitt) ist eine neue Methode der Tubenligatur (Abbinden der Eileiter) durch die Bauchhöhle, die weltweit in vielen Ländern immer beliebter wird. Bei diesem Vorgang wird ein Instrument durch den Gebärmutterhals in die Gebärmutterhöhle eingeführt, um den Uterus (Gebärmutter) gegen die untere Bauchdecke zu drücken. Ein Hautschnitt von circa 2,5 cm wird sodann direkt über der angehobenen Gebärmutter angebracht. Dann werden die Eileiter in das Operationsfeld geführt und entweder abgebunden oder beschnitten.

Kann man nach einer Tubenligatur schwanger werden?

Ja. Egal, welche Methode auch angewendet wurde, es ist tatsächlich möglich, daß eine Schwangerschaft nach Wochen oder Jahren eintritt, was bei 0,1 bis 3% aller Sterilisierungsverfahren passiert.

Wie wirkt sich eine Tubenligatur auf die Schwangerschaft aus?

Falls es zu einer Schwangerschaft kommt, dann ist das Risiko sehr groß, daß es sich um eine Extrauterin-Schwangerschaft handelt (siehe Kapitel 2). Die Techniken, die ein relativ großes Stück vom Eileiter vernichten, wie z.B. die Koagulation, führen zu höheren Raten extrauteriner Schwangerschaften, weil diese Verfahren manchmal Fisteln oder Öffnungen von der Gebärmutter zur Bauchhöhle hinterlassen, durch welche die Spermien ihren Weg zum Ende des Eileiters finden und ein Ei befruchten können. Im allgemeinen sind die meisten mechanischen Methoden der Sterilisation, wie Abbinden der Eileiter (Tubenligatur), elastische Ringe und Plastikfedern, mit bemerkenswert niedrigen Raten extrauteriner, aber einer höheren Anzahl intrauteriner Schwangerschaften verbunden. Die Statistiken lassen darauf schließen, daß eine Schwangerschaft nach einer Tubenligatur siebenmal wahrscheinlicher eine extrauterine Schwangerschaft ist, wenn der Eingriff durch die Bauchhöhle und nicht durch die Scheide vorgenommen wurde.

Hat es jemals eine Schwangerschaft nach einer Hysterektomie (Entfernung der Gebärmutter) gegeben, und wenn, wie konnte die Frucht überleben?

Es gibt etwa 20 Berichte über Extrauterin-Schwangerschaften, die nach einer operativen Entfernung der Gebärmutter auftraten, bei der nicht auch Eileiter und Eierstöcke entfernt wurden. Dazu kommt es, wenn Spermien ihren Weg durch eine kleine Öffnung in dem operativ verschlossenen Eileiter finden.

Der seltsamste Fall wurde 1979 aus Aukland (Neuseeland) berichtet. Ein gesundes, fünf Pfund schweres Mädchen wurde fünf Wochen zu früh geboren, nachdem acht Monate zuvor bei seiner Mutter eine Hysterektomie vorgenommen worden war. Die Frau war bereits zwei Tage schwanger, als ihre Gebärmutter entfernt wurde. Das befruchtete Ei, das während der Operation aus dem Eileiter fiel oder herausgelöst wurde, nistete sich im Darm ein und wurde aus dessen Blutvorrat ernährt. Das Baby wurde durch einen Bauchhöhlenschnitt entbunden.

Vasektomie

Kommt es nach einer erfolglosen Vasektomie eher zu einer anomalen Schwangerschaft?

Nein. Eine Schwangerschaft, die nach einer erfolglosen Vasektomie, also dem Beschneiden der Samenleiter (vas deferens) eines Mannes, zustande kommt, unterliegt keinem größeren Risiko in bezug auf angeborene Anomalien.

Vasektomie ist ein Eingriff, der vorgenommen wird, um die durch eine vorangegangene Vasektomie verursachte Sterilität rückgängig zu machen. Die Anwendung neuerer mikrochirurgischer Techniken durch einige Spezialisten hat Schwangerschaftsraten von mehr als 75% ohne jegliche Anzeichen von Anomalien bei der Nachkommenschaft ermöglicht.

2.
Empfängnis und Frühstadium der Schwangerschaft

Auf die Entdeckung, daß sie schwanger ist, reagiert eine Frau wohl meistens mit beispielloser Freude. Darauf folgt ein Schwall von Fragen zur Schwangerschaft. Normalerweise wird sie sich zuerst darum kümmern, einen guten Frauenarzt zu finden. Da Fragen zu unangenehmen Schwangerschaftssymptomen wie »Morgenübelkeit« und zu heikleren Problemen wie z. B. Scheidenblutungen präzise Antworten und sofortige Beachtung erfordern, sollte die Wahl des Frauenarztes nicht zufällig erfolgen. In diesem Kapitel gebe ich ein paar Tips zur Wahl des Arztes und beantworte ein paar allgemeinere Fragen zu Empfängnis und Frühstadium der Schwangerschaft. Ferner werden einfache Methoden zur Bestimmung der Größe Ihrer Gebärmutter und der Entwicklung Ihres Babys in jedem Schwangerschaftsmonat vorgestellt.

Schwangerschaftstests

Was wird bei einem Schwangerschaftstest gemessen?

Es gibt unterschiedliche Schwangerschaftstests, aber bei allen wird das Vorhandensein des Hormons Choriongonadotropin (HCG) gemessen. HCG wird von Zellen in der Plazenta produziert und ist 8 bis 9 Tage nach dem Eisprung im Serum (das ist der flüssige Teil des Blutplasmas, der nicht mehr gerinnen kann) oder im Urin einer schwangeren Frau nachweisbar. Zwischen dem zweiten und dritten Schwangerschaftsmonat erreicht es Spitzenwerte. Die Werte dieses Hormons werden in internationalen Einheiten (IE) pro ml gemessen. Zehn Tage nach der Befruchtung beträgt die durchschnittliche HCG-Konzentration im Blut annähernd 0,3 IE/ml. Sie steigert sich rasch auf 3 IE/ml bei dreißig und auf 50 bis 100 IE/ml bei fünfzig Schwangerschaftstagen.

Wie genau sind die üblichen, im Laboratorium vorgenommenen Schwangerschaftstests und die neueren, die man zu Hause machen kann?

Die zahlreichen herkömmlichen Urintests, zu denen man Kaninchen, Ratten, Mäuse und Frösche benutzte, werden heute kaum noch angewendet. Diese biologischen Tests sind von 0,5 bis 5 IE/ml HCG empfindlich; deshalb sind sie erst 14 bis 28 Tage nach der ausgebliebenen Periode wirklich zuverlässig. Ein weiterer Nachteil besteht darin, daß es bei diesen Tests mehrere Tage dauert, bis das Ergebnis zur Verfügung steht.

Die sogenannten immunologischen Schwangerschaftstests, die 1960 eingeführt wurden, sind heute die meistgebräuchlichen. Es gibt eine ganze Reihe solcher Tests. Sie alle messen die Reaktion, die eintritt, wenn in der Testsubstanz enthaltene Antikörper gegen HCG mit dem Urin einer Frau, der das HCG-Antigen enthält, in Kontakt kommen. Immunologische Tests können in Reagenzgläsern oder auf Glasplättchen vorgenommen werden. Beide Methoden haben Vor- und Nachteile. Reagenzglastests sind gewöhnlich empfindlicher als Plättchentests und können HCG-Urinwerte von 0,25 bis 1 IE/ml nachweisen. Am zuverlässigsten sind sie Anfang der zweiten Woche nach Ausbleiben der Periode. Plättchentests variieren in der Empfindlichkeit von 1 bis 5 IE/ml und sind erst ab mindestens zwei Wochen nach Ausbleiben der Periode genau. Sie sind nützlich, wenn es wichtig ist, in sehr kurzer Zeit zu einer Diagnose zu kommen, weil die Plättchen binnen 1 bis 2 Min. Ergebnisse liefern können, während es bei Reagenzglastests 30 Min. bis 2 Stunden dauert.

Die neuen Urin-Schwangerschaftstests, die man zu Hause durchführen kann, wie B-Test, Predictor und Eva-Test, sind Abwandlungen der normalen immunologischen Schwangerschaftstests und ohne Rezept in Apotheken erhältlich. Diese Tests sind sensibel auf 1 IE HCG/ml Urin und können innerhalb von Minuten von jedem, der einfache Anleitungen lesen und befolgen kann, leicht durchgeführt werden. Wenn der Heim-Schwangerschaftstest zehn Tage oder mehr nach Ausbleiben der Periode positiv ist, so ist er mit 97% Sicherheit korrekt; ist der erste Test jedoch negativ, so sinkt die Genauigkeit auf 75 bis 79%. Dieses Ergebnis verbessert sich auf 86 bzw. 91%, wenn der Test eine Woche später wiederholt wird. Es ist wichtig zu wissen, daß ein negativer Heimtest nicht unbedingt bedeutet, daß Sie nicht schwanger sind. Sie sollten unter keinen Umständen Hormone zur Herbeiführung einer verspäteten Periode nehmen, wenn der Heimtest negativ ist, weil man inzwischen alle weiblichen Hormone mit Anomalien bei der sich entwickelnden Frucht in Verbindung bringen konnte (s. Kap. 1). Ich empfehle Ihnen statt dessen dringend, nach einem negativen Test den genaueren Biozept-G Schwangerschaftstest anzuwenden (siehe S. 39). Man sollte jedoch dabei beachten, daß, egal welchen immunologischen Schwangerschaftstest man verwendet, die Fähigkeit des Tests, die niedrigen Werte von HCG bei einer Extrauterin-Schwangerschaft oder einer bevorstehenden Fehlgeburt zu entdekken, nur 33% beträgt.

Wenigen Ärzten oder Patientinnen ist klar, daß falsch-positive immunologische Schwangerschaftstests auf das Vorhandensein von Eiweiß im Urin durch eine Erkrankung oder Infektion der Nieren, auf eine Schilddrüsenüberfunktion oder auf hohe Dosen von Aspirin, Tranquilizern (Beruhigungsmittel), Antidepressiva oder krampflösenden Mitteln zurückgehen können. Falsch-positive Ergebnisse wurden ferner bei 20% der Patientinnen mit Makroglobulinen in Blut und Urin erzielt. (Makroglobuline sind Antikörper, die bei Menschen mit seltenen immunologischen Krankheiten vorkommen.) HCG ist außerdem immunologisch nicht unterscheidbar von dem Hirnanhanghormon, dem sogenannten Luteinisierungshormon (LH). Deshalb ist es bei extrem hohen LH-Werten (zwischen 0,7 und 1 IE) möglich, daß sie einen falsch-positiven immunologischen Schwangerschaftstest ergeben. Die LH-Werte sind am höchsten vor dem Eisprung und in den Wechseljahren (Menopause).

Was erkennt ein Arzt aus den neuesten Schwangerschaftstests außer der Tatsache, daß eine Frau schwanger ist oder nicht?

Der zuverlässigste Schwangerschaftstest und der einzige, der zwischen HCG und LH unterscheiden kann, ist der Radioimmunassay (RIA). Dieser unglaublich empfindliche Bluttest mißt den kleinen Anteil des HCG-Hormons, die sogenannte Beta-Untereinheit. Er kann bereits 0,003 bis 0,015 IE HCG B-subunits pro ml Serum nachweisen und ist in der Lage, das Vorhandensein einer Plazenta bereits acht bis neun Tage nach dem Eisprung zu erkennen. Durch Wiederholung des RIA in kurzen Abständen können die Ärzte heutzutage den Verlauf des Frühstadiums einer gefährdeten Schwangerschaft verfolgen. Unter normalen Umständen weist der HCG-Wert in den ersten vier Wochen nach der Empfängnis einen starken linearen Anstieg auf, wobei sich die Konzentration alle zwei Tage verdoppelt. Wenn bei einer Frau die HCG-Werte nicht nach dieser erwarteten Kurve verlaufen, besteht dringender Verdacht auf eine bevorstehende Fehlgeburt oder eine Extrauterin-Schwangerschaft. Die Anwendung dieser Methode hat eine fast 90%ige Sicherheit bei der Voraussage einer gesunden Schwangerschaft und eine 76%ige Sicherheit bei der Vorhersage einer eventuellen Fehlgeburt im ersten Schwangerschaftsdrittel erbracht. Obgleich dem RIA das HCG bei einer Extrauterin-Schwangerschaft oder drohenden Fehlgeburt selten entgehen dürfte, kann die Durchführung jedoch bis zu 36 Stunden dauern, weshalb dieses Verfahren für die Notfallsituation wertlos ist.

Der Radiorezeptor-Bluttest, besser bekannt als RRA oder Biozept-G, ist in der Lage, mit einer Genauigkeit von 98 bis 100% eine Schwangerschaft zum Zeitpunkt der ersten ausgebliebenen Periode oder des 14. Tags nach Eisprung und Empfängnis zu diagnostizieren. Schon winzige Mengen von 0,2 IE HCG pro ml Serum ergeben einen positiven Biozept-G-Test. Diese Empfindlichkeit ermöglicht es den Ärzten, anomale Schwangerschaften wie eine Extrauterin-Schwangerschaft oder eine bevorstehende Fehlgeburt frühzeitig zu erkennen. Ein Vorteil gegenüber dem B-subunit-Test besteht darin, daß genaue Ergebnisse in weniger als einer Stunde zur Verfügung stehen. Da der Biozept-G-Test nicht zwischen LH und HCG unterscheidet, kann in seltenen Fällen bei einer Frau in den Wechseljahren und bei manchen Frauen, wenn vor dem Eisprung die LH-Ausscheidung auf dem Höhepunkt ist, ein falsch-positiver Test vorkommen.

Ein einfacher, genauer und schneller Urin-Schwangerschaftstest, den viele Ärzte in ihrer Praxis anwenden, ist SENSITEX®, hergestellt von Hoffman-LaRoche. Dieser Test ist einfach anzuwenden, leicht auszuwerten, erfordert keine komplizierten Apparaturen und kann 0,25 IE/ml HCG nachweisen. Außerdem kann er innerhalb von 90 Min. durchgeführt werden und hat den Vorteil, daß es in der Reaktion kaum zu einer Verwechslung mit LH kommt. Laut einem 1981 im *Journal of Reproductive Medicine* veröffentlichten Bericht waren Ärzte in der Lage, bei 63% von Frauen, bei denen in wiederholten SENSITEX-Bestimmungen niedrige HCG-Werte festgestellt worden waren, eine eventuelle spontane Fehlgeburt vorauszusagen. Steigende Werte sagten außerdem in 92% der Fälle eine erfolgreiche Schwangerschaft voraus.

Die Wahl des Arztes

Wie finde ich einen guten Frauenarzt?

Im Idealfall sollte Ihre Suche nach einem Frauenarzt vor der Empfängnis beginnen. Für die Frau, die in einer ländlichen Umgebung lebt, in der es nicht viele Ärzte gibt, mag die Auswahl begrenzt sein. Die meisten Frauen können glücklicherweise unter einer Vielzahl von Ärzten wählen. Trotz der ihr gegebenen Möglichkeiten wählt jedoch eine Frau allzuoft einen Arzt nur auf die Empfehlung einer Nachbarin oder flüchtigen Bekannten. Doch jede schwangere Frau hat das Recht, ein wenig »herumzuschnüffeln«, um den besten Arzt zu finden, und dieses Recht sollte viel häufiger in Anspruch genommen werden.

Wichtig bei der Wahl ist die Qualifikation des Arztes. Obwohl viele Allgemeinärzte auch als Geburtshelfer tätig sind, dürften Sie bei einem Facharzt für Gynäkologie in besseren Händen sein. Die erste vorgeburtliche Untersuchung sollte eine komplette Anamnese (Krankengeschichte) einschließen und den ganzen Körper umfassen. Eine auf Brüste und Becken beschränkte Untersuchung ist unzureichend. Der Arzt muß am Anfang der Schwangerschaft Ihr Herz, Ihre Lungen und Ihre Bauchhöhle untersuchen, um jede mögliche Anomalie festzustellen. Die Beckenuntersuchung sollte sanft und umsichtig vor sich gehen; es gibt keinen Grund für den Arzt, das Spekulum nicht anzuwärmen, und wenn Sie noch nie geboren haben, sollte ein kleines Spekulum verwendet werden. Die Untersuchung ist unvollständig ohne vaginale, rektale und rektovaginale Untersuchung (Zeigefinger in die Scheide, Mittelfinger ins Rektum = Mastdarm), die mit einem gut geschmierten Handschuh vorgenommen werden sollte, um sie sowenig unangenehm wie möglich zu machen.

Nach der Untersuchung sollte eine offene Aussprache über alles erfolgen, was der Arzt festgestellt hat, sowie über sämtliche Punkte der vorgeburtlichen Behandlung. Diese Aussprache sollte im Sprechzimmer stattfinden, wenn Sie wieder angezogen sind und sich wohler fühlen. Eine Liste mit Fragen ist sowohl für den ersten sowie auch für alle folgenden Besuche zu empfehlen.

Natürlich ist die Wahl eines tüchtigen Frauenarztes keine Versicherung darauf, daß Ihr persönlicher Kontakt sich zufriedenstellend entwickelt. Deshalb ist es ratsam, zunächst einmal ein Kontaktgespräch zu vereinbaren, zu dem auch Ihr Partner mitkommen sollte. Bei diesem Gespräch sollten Sie alle für Sie persönlich wichtigen Punkte ansprechen, z. B. die Ernährung während der Schwangerschaft, Kurse zur Geburtsvorbereitung, Hausgeburt, »sanfte Geburt«, Formen der Anästhesie bei der Entbindung usw. (siehe Kapitel 11).

Junge oder Mädchen?

Kann man das Geschlecht des Kindes vorherbestimmen, und welche Methoden gibt es?

Im Laufe der Jahrhunderte wurden viele Rezepte entwickelt, um Paaren bei der Vorauswahl des Geschlechts ihrer Nachkommenschaft zu helfen. Aristoteles riet den Griechen zum Geschlechtsverkehr bei Nordwind, wenn Knaben erwünscht waren, und bei Südwind, wenn es ein Mädchen werden sollte. Hippokrates, der Vater der Medizin, glaubte, daß Knaben sich in der rechten und Mädchen in der linken Seite der Gebärmutter entwickeln. Demgemäß empfahlen seine Nachfolger, daß sich eine Frau nach dem Geschlechtsverkehr auf die rechte Seite legen sollte, um einen Knaben zu empfangen.

Das Geschlecht eines Babys wird bei der Empfängnis von seinem Vater bestimmt, wenn auch im Laufe der Geschichte immer den Frauen die Schuld gegeben wurde, wenn sie kein Kind mit dem erwünschten Geschlecht geboren hatten. Der erwachsene Mann hat zwei verschiedene Geschlechtschromosomen in seinen Körperzellen, das eine heißt X und das andere Y. Jeder Samenfaden hat nur eins von diesen Chromosomen – ein X oder ein Y. Die erwachsene Frau hat in jeder Körperzelle zwei X-Chromosomen, aber keine Y-Chromosomen, deshalb trägt ihr Ei zur zukünftigen Nachkommenschaft immer nur ein X bei. Wenn ein Samenfaden mit einem Y-Chromosom das X-Ei befruchtet, entsteht ein XY-Paar, ein Mann. Kommt jedoch ein Samenfaden mit einem X zuerst dort an, so entsteht ein XX-Paar, eine Frau (siehe Abbildung).

Die Frage, wie man das Geschlecht im voraus wählen kann, fand in den sechziger Jahren wieder starke Beachtung, als Dr. Landrum B. Shettles behauptete, unter einem Phasenkontrastmikroskop zwei Typen von Spermien unterschei-

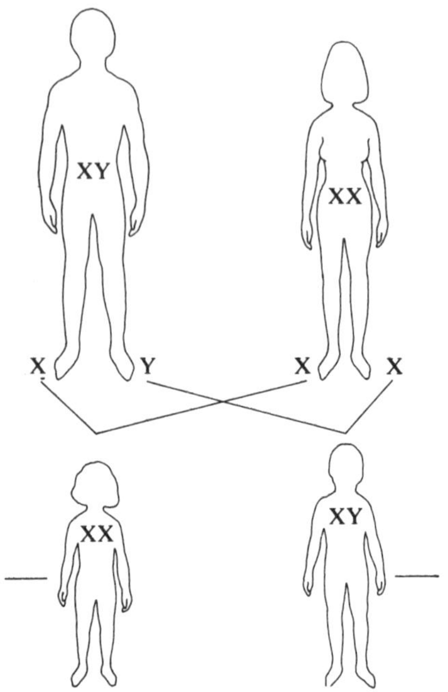

Wie das Geschlecht bestimmt wird.

den zu können: ein kleines, schnell schwimmendes, rundköpfiges, zartes Spermium mit dem männerzeugenden Y-Chromosom und ein größeres, kräftigeres, langsamer schwimmendes, ovales mit dem frauenzeugenden X-Chromosom. Aus diesen Unterschieden schloß Shettles, daß Paare, die sich einen Jungen wünschten, ihre Chancen verbessern könnten, indem sie ihren Geschlechtsverkehr so nahe wie möglich beim Moment des Eisprungs vollzögen, Spülungen mit Natriumbikarbonat und Wasser unmittelbar vor dem Verkehr vornähmen, beim Koitus eine Stellung einnähmen, bei der das Eindringen von hinten erfolgt, und bei der Frau den Orgasmus herbeiführten. Er vertrat die Theorie, daß diese Maßnahmen es ermöglichten, daß sich eine größere Zahl der schwächeren, männerzeugenden Spermien im Gebärmutterhals festsetzen. Um ein Mädchen zu empfangen, versuchte Shettles dagegen, weniger günstige Vaginalbedingungen zu schaffen, unter denen das kräftigere, frauenzeugende Spermium eine größere Überlebenswahrscheinlichkeit hätte. Um das zu erreichen, empfahl er, mit dem Geschlechtsverkehr zwei oder drei Tage vor dem Eisprung aufzuhören, dem Verkehr eine Säurespülung mit Essig und Wasser vorangehen zu lassen, die sogenannte »Missionarsstellung« einzunehmen, den Orgasmus der Frau nicht herbeizuführen, und flaches Eindringen des Mannes zur Zeit seines Orgasmus.

Obgleich sich die Leute unverzüglich daranmachten, diese Theorie zu testen, gelang es nicht, die von Shettles behauptete 80%ige Wahrscheinlichkeit bei der Vorauswahl zu erzielen. Einer der Forscher, die nach dieser Methode vorgingen, befruchtete 85 Patientinnen künstlich und sagte nur in 40% der Fälle das Geschlecht des Kindes richtig voraus.

An Shettles Behauptung, daß die Zeit des Geschlechtsverkehrs möglicherweise das Geschlecht des Babys bestimmt, scheint allerdings etwas dran zu sein. Aufzeichnungen zeigen, daß ein Übergewicht an männlichen Nachkommen von grob geschätzt 130 auf jeweils 100 weibliche bei orthodoxen Juden geboren wird, die die rituelle Trennung von Mann und Frau praktizieren; dabei ist der Geschlechtsverkehr während der Menstruation und der sieben folgenden

Tage verboten. In einer 1979 vom Hadassah-Hebrew University Medical Center in Jerusalem durchgeführten Studie registrierte Dr. Susan Harlop das Geschlecht von 3658 Babys von jüdischen Frauen, die den Brauch der Geschlechtertrennung befolgten. Bezeichnenderweise wurden mehr männliche Babys geboren, nämlich 65,5%, wenn der Geschlechtsverkehr zwei Tage nach dem Eisprung wieder aufgenommen worden war statt einen oder zwei Tage vorher. Dr. Harlop riet Paaren, die sich einen Jungen wünschten, zu Recht davon ab, den Verkehr bis nach dem Eisprung zu verzögern, da möglicherweise ein Zusammenhang besteht zwischen angeborenen Mißbildungen und der Befruchtung eines überalteten Eis (siehe Frage zur Knaus-Ogino-Methode S. 28f.).

Gibt es genaue Methoden zur Vorauswahl des Geschlechts?

Die Wissenschaftler sind heute in der Lage, X- und Y-Chromosomen anhand von Unterschieden in Größe, Gewicht, Bewegungsgeschwindigkeit und Fluoreszenz unter ultraviolettem Licht zu erkennen und zu unterscheiden. Manche behaupten, mit Zentrifugation, d.h. Schleudern von Samenproben bei hoher Geschwindigkeit, Erfolg gehabt zu haben, wobei die leichteren Spermien mit dem Y-Chromosom in der Schwebe bleiben, während die schwereren mit dem X-Chromosom auf den Boden des Reagenzglases sinken. Andere haben elektrische Trennungsmethoden angewandt, wobei man davon ausgeht, daß männliche Samenfäden normalerweise auf ihrer Oberfläche eine leichte negative Ladung haben, während weibliche Samen positiv geladen sind. Einige Wissenschaftler haben Spezialfilter und Destilliergeräte für konzentriertes Eiweiß erfunden, um eine Samenzelltrennung zu ermöglichen. Anhänger der letzteren Methode behaupten, daß die entscheidende Ejakulation, die für die künstliche Befruchtung verwendet wird, zwischen 70 und 84% Spermien mit Y-Chromosomen enthalten kann. Leider hatten bis heute die meisten Methoden wenig Erfolg bei der Isolierung und Konservierung der Spermien mit dem weiblichen X-Chromosom. Gegenwärtig dürften die meisten Fachleute sich einig sein, daß für die nächsten Jahre keine vollkommen zuverlässigen Möglichkeiten zur Vorauswahl des Geschlechts zur Verfügung stehen werden.

Ist es möglich, im Frühstadium der Schwangerschaft das Geschlecht der Frucht zu bestimmen?

Zur Zeit gibt es keine zuverlässigen Methoden, im ersten Schwangerschaftsdrittel das Geschlecht der Frucht zu bestimmen. Im zweiten Drittel, etwa in der sechzehnten Schwangerschaftswoche, kann durch Einführen einer Nadel in die Gebärmutterhöhle durch die untere Bauchdecke eine Fruchtwasserprobe entnommen werden. Dieser Vorgang, Amniozentese genannt, ist einfach und relativ schmerzlos. Wenn die Fruchtwasserzellen im Laboratorium untersucht werden, kann das Geschlecht des Fetus mit fast hundertprozentiger Sicherheit vorausgesagt werden. Die einzige wichtige Anwendung der Geschlechtsbestimmung mittels Amniozentese war bislang die medizinisch indizierte Beendigung von Schwangerschaften, bei denen ein beträchtliches Risiko besteht, daß eine Frau ein Kind mit einer geschlechtsgebundenen Funktionsstörung zur Welt bringt (siehe Kapitel 10). Überall auf der Welt bemühen sich unterdessen die Forscher, zuverlässige Methoden zur Geschlechtsbestimmung der Frucht im Frühstadium der Schwangerschaft zu entwickeln, solange eine gefahrlose Absaugung vorgenommen werden kann.

In einer einzigen, sehr vielversprechenden Studie gelang es Dr. Kurt Loewit und seinen österreichischen Kollegen 1979, das Geschlecht der Frucht anhand der Ausscheidung des Hormons Testosteron im Urin mit 92%iger Sicherheit vorauszusagen. Man stellte fest, daß der Urin von Müttern mit männlichen Feten einen bedeutend höheren Spiegel dieses Hormons hatte als der von Müttern mit weiblichen Feten. Obgleich Testosteron im Blut ebenso gemessen werden kann wie im Urin, ist es auf diese Weise nicht gelungen, das Geschlecht vorauszusagen. 1981 veröffentlichten Ärzte vom Walter Reed Army Hospital einen Bericht und schilderten Messungen von Serum-Testosteron. Sie kamen zu dem Schluß, daß es keinen bedeutenden Unterschied gibt zwischen Frauen, die einen männlichen, und solchen, die einen weiblichen Fetus in sich trugen.

In der Schweiz haben Forscher mit Erfolg das Geschlecht des Fetus mittels eines Bluttests vorausgesagt. Sie isolierten und färbten die fetalen Zellen, die in den Blutkreislauf der Mutter gelangen, ein und konnten auf diese Weise das Geschlecht des Fetus in 86% der Fälle richtig voraussagen; allerdings gelang es erst nach der 14. Schwangerschaftswoche, die Zellen exakt auszuwerten. Forscher der Stanford University haben bereits in der 12. Schwangerschaftswoche Zellen der Frucht im mütterlichen Blutkreislauf entdeckt. Sie haben sogar ausgerechnet, daß es zwischen 2 und 20 Millionen Zellen verschiedener Typen geben kann, die von der Frucht in den mütterlichen Kreislauf gelangen. Ziel dieser Wissenschaftler ist es, einen Bluttest zu entwickeln, den die Frauenärzte am Anfang der Schwangerschaft bei allen Patientinnen anwenden können, um sowohl das Geschlecht der Frucht als auch eine Reihe von chromosomalen und chemischen Anomalien festzustellen. Mit Erfolg hat man in der Volksrepublik China Untersuchungen durchgeführt, wobei Proben von Zellen verwendet wurden, die aus der Plazenta in den inneren Gebärmutterhalskanal abgestoßen werden. Diese Zellen werden auf dieselbe Weise gewonnen wie beim Pap-Abstrich (Zellabstrich zur Ermittlung von Krebs), und die Genauigkeit der Geschlechtsvoraussage beträgt derzeit 94%.

Obgleich die Tests, die man heute verwendet, um das Geschlecht der Frucht im ersten Schwangerschaftsdrittel vorauszusagen, noch als Experiment gelten müssen, würde die Vervollkommnung dieser Techniken schwerwiegende soziologische und ethische Fragen aufwerfen. Manche halten die Früherkennung einer Schädigung und die Möglichkeit des Schwangerschaftsabbruchs für einen Segen, andere nicht. Viele Menschen verurteilen zu Recht den Gebrauch der modernen medizinischen Technik, um einen möglicherweise gesunden Fetus abzutreiben, nur weil ein Paar vielleicht lieber ein Kind anderen Geschlechts hätte. Die soziologischen Auswirkungen einer weiteren Perfektion dieser Techniken gehen über den Rahmen dieses Buches hinaus, werden aber in der Zukunft sicherlich noch heiß diskutiert werden.

Die Dauer der Schwangerschaft

Wie kann ich den Zeitpunkt meiner Niederkunft genau berechnen?

Die Chancen stehen nur eins zu hundert, daß Sie Ihr Kind genau an dem von Ihnen oder Ihrem Frauenarzt berechneten Termin zur Welt bringen. Die übliche Methode zur Berechnung des erwarteten Entbindungsdatums ist die sogenannte Naegele-Regel: Sie rechnen vom ersten Tag Ihrer letzten Periode drei Monate zurück und zählen sieben Tage hinzu. Wenn Ihre letzte Periode zum Beispiel am 10. Juni begann, ergeben drei Monate zurückgerechnet März, und sieben Tage zum zehnten dazugerechnet ergibt den 17. März als Datum Ihrer Niederkunft. Dieses System funktioniert recht gut bei Frauen, die den klassischen Menstruationszyklus von 28 Tagen haben und bei denen der Eisprung am 14. Tag stattfindet. Frauen mit einem längeren Zyklus haben ihren Eisprung jedoch erst nach diesem Zeitpunkt, während Frauen mit einem kürzeren Zyklus ihn früher haben. Es gibt allerdings etwas, worauf man sich verlassen kann: die Zeitspanne zwischen Eisprung und Periode. Sie beträgt etwa 14 Tage. Wenn Ihre Periode alle 38 Tage kommt, findet der Eisprung bei Ihnen höchstwahrscheinlich am 24. Tag statt. Unter solchen Bedingungen stimmt die Naegele-Regel natürlich nur, wenn Sie diese Verzögerung durch Addieren zusätzlicher Tage ausgleichen. Wenn Sie alle 38 Tage Ihre Periode haben und Ihre letzte Periode am 10. Juni anfing, müssen Sie zu den üblichen 28 Tagen noch zehn zusätzliche Tage addieren. Der Tag Ihrer Niederkunft wäre daher der 27. März, d.h. der 17. März plus zehn Tage.

Die Verwirrung bei der Bestimmung, wie weit Ihre Schwangerschaft fortgeschritten ist, ergibt sich aus der Tatsache, daß Frauenärzte gewöhnlich die Länge Ihrer Schwangerschaft und die Größe Ihrer Gebärmutter vom ersten Tag Ihrer letzten Periode her bestimmen statt vom wirklichen Beginn der Schwangerschaft, die mit der Befruchtung unmittelbar nach dem Eisprung einsetzt. Wenn Ihr Frauenarzt oder Ihre Frauenärztin also sagt, Ihre Gebärmutter sei »zehn Wochen groß«, so meint er oder sie damit eigentlich, daß seit dem Tag der Empfängnis 8 Wochen vergangen sind. Eine Schwangerschaft dauert angeblich 40 Wochen (280 Tage) von der letzten Periode an, vorausgesetzt, daß Sie Ihre Periode alle 28 Tage bekommen. In Wirklichkeit dauert eine Schwangerschaft eher 266 Tage oder 38 Wochen. Eine weitere Quelle der Verwirrung entsteht dadurch, daß für einen Frauenarzt eine Schwangerschaft 10 Mondmonate dauert, von denen jeder 28 Tage hat, während eine Patientin

den üblichen Zeitraum von neun Kalendermonaten annimmt.
Der englische Arzt Dr. G. L. Park sammelte die Niederkunftsdaten von 2100 von ihm betreuten schwangeren Frauen und veröffentlichte seine Ergebnisse 1969. Wenn man von seinen Feststellungen ausgeht, dann kann die lange anerkannte Naegele-Regel nicht mehr voll gültig sein. Der entscheidende Punkt hierbei ist, daß bei 68% der beobachteten Frauen die Wehen nach der 40. Schwangerschaftswoche einsetzten, wobei die meisten Geburten zwischen dem Ende der 41. Woche und dem Beginn der 42. Woche lagen. Wenn die Mehrzahl der normalen Entbindungen nach der 40. Woche stattfindet, wäre es ein Unding, wenn ein Arzt in der 41. Woche nach der letzten Periode die Wehen künstlich einleiten würde, einfach aus Angst, daß das Baby übertragen wäre (siehe auch Fragen zur künstlichen Einleitung der Wehen und zur übertragenen Schwangerschaft S. 365–69).
Für Dr. Park ist die 41., 42. und 43. Schwangerschaftswoche eine Zeit, wo die Geburt nicht künstlich eingeleitet wird, es sei denn, es gibt einen plausiblen medizinischen Grund. Seine sehr niedrigen perinatalen (die Zeit kurz vor, während und nach der Entbindung betreffenden) Sterblichkeitsziffern bezeugen die Klugheit dieser Praxis. Die konsequente Folgerung aus dieser Untersuchung wäre, daß die Frauenärzte die Naegele-Regel änderten und 14 Tage statt 7 zum ersten Tag der letzten Periode hinzuzählen. Aber Dr. Parks Optimismus bezüglich Schwangerschaften, die über die 42. Woche hinausgehen, wird nicht von allen Ärzten geteilt. Zu diesem Zeitpunkt beginnt man häufig schon damit, das Wohlbefinden des Fetus elektronisch und mit Ultraschall zu überwachen (siehe Kapitel 10).

Wie lange dauerte die längste bekannte Schwangerschaft?

Es sind zahlreiche Fälle bekannt, wo die Schwangerschaft länger als 320 Tage vom Einsetzen der letzten Periode an gedauert haben soll. Es gibt einen gut dokumentierten Fall einer Schwangerschaft, die vom ersten Tag der letzten Periode an 334 Tage gedauert hat. Die Dauer einer übertragenen Schwangerschaft ist gerichtsmedizinisch von Bedeutung in solchen Fällen, wo der Ehemann zehn Monate oder länger abwesend war und die Ehelichkeit des Kindes bezweifelt wird. Im Laufe der letzten Jahre wurden Schwangerschaften von 331, 346 und 355 Tagen für ehelich erklärt, aber das liberalste Gerichtsurteil der Welt wurde 1949 in England gefällt. In diesem Fall wurde der Antrag des Ehemannes auf Scheidung abgewiesen, obwohl eine Dauer von 360 Tagen für die Schwangerschaft angenommen werden mußte! Man weiß, daß eine übertragene Schwangerschaft mit einer fetalen Mißbildung, genannt Anenzephalie, zusammenhängt. Bei dieser Mißbildung fehlt die Schädeldecke und ausgedehnte Teile des Gehirns. Einer der ungewöhnlichsten Fälle – und die längste bekannte Schwangerschaft – war ein anenzephalisches Kind, das ein Jahr und 24 Tage nach der letzten Periode der Frau durch Kaiserschnitt zur Welt kam.

Den Verlauf der Schwangerschaft beobachten

Wie kann ich das Wachstum des Kindes verfolgen?

Die aufmerksame Frau, die Erfahrung darin hat, sich selbst zu untersuchen, kann schon einen Monat nach der Empfängnis ein deutliches Weichwerden des Muttermundes feststellen. Das ist eins der frühesten Anzeichen für eine Schwangerschaft. Wenn Sie ein Spekulum haben, können Sie vielleicht eine charakteristische violette Färbung von Gebärmutterhals und Scheide beobachten, die in den ersten Schwangerschaftswochen auftritt. Das liegt an der gestiegenen Blutversorgung, der sogenannten Vaskularisation, in diesen Bereichen.

Sie können das Wachsen Ihrer Gebärmutter bei fortschreitender Schwangerschaft beobachten, wenn Sie ein paar ganz einfache Regeln befolgen. Entleeren Sie Ihre Blase und legen Sie sich auf einer flachen harten Unterlage auf den Rücken. Vom Beginn der zwölften Woche nach der letzten Periode an sollten Sie das obere Ende der Gebärmutter fühlen können. Zu diesem Zeitpunkt ist die Gebärmutter unmittelbar über dem Schambein ertastbar. Ein zweites wichtiges Merkmal ist Ihr Nabel. Wenn das obere Ende der Gebärmutter den Nabel erreicht, dürften Sie etwa in der Mitte der Schwangerschaft sein, also 20 Wochen nach Ihrer letzten Periode, und es dauert noch einmal 20 Wochen bis zu Ihrer Niederkunft. Wenn die Gebärmutter sich einen Finger breit unterhalb des Nabels befindet, sind Sie circa 18 Wochen schwanger, während ein Fingerbreit über dem Nabel eine Schwangerschaft von ungefähr 22 Wochen anzeigt. In einer Schwangerschaft von 16 Wochen reicht die Gebärmutter bis zur Mitte zwischen Schambein und Nabel. Die Abbildung zeigt die ungefähre Größe der Gebärmutter in jedem Schwangerschaftsmonat.

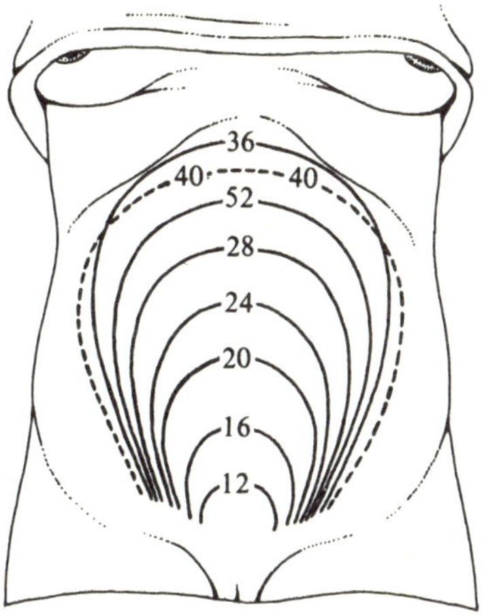

Uterushöhe in den einzelnen Wochen der Schwangerschaft

Um ganz sicher zu sein, und auch weil es Freude macht, lassen Sie von Ihrem Mann oder Partner diese Messungen die ganze Schwangerschaft hindurch aufzeichnen. Wenn Sie glauben, daß die Größe Ihrer Gebärmutter zwei oder mehr Wochen von Ihren Daten abweicht, sagen Sie es Ihrem Arzt. Eine Gebärmutter, die schneller wächst als normal, kann ein Anzeichen für Zwillinge oder ein sehr großes Baby sein, während eine Gebärmutter, die kleiner ist, als es den Daten entspricht, auf Probleme beim Wachstum des Fetus hinweisen kann.

Zur größeren Genauigkeit beim Messen der Uterushöhe können Sie ein Zentimetermaß benutzen. Zwischen der 14. und 27. Schwangerschaftswoche werden Sie feststellen, daß die Uterushöhe, oberhalb der Schambeinfuge in Zentimetern gemessen, annähernd gleich ist der Anzahl der Wochen, die Sie von der letzten Periode an gerechnet schwanger sind. Dabei sollten Sie beachten, daß die Gebärmutter im letzten Schwangerschaftsdrittel monatlich um durchschnittlich 3 cm wächst, bis eine maximale Höhe von 28 bis 36 cm erreicht ist. Geraten Sie in den letzten drei oder vier Wochen nicht in Panik, wenn die Uterushöhe plötzlich um ein paar Zentimeter abnimmt; der Kopf Ihres Babys hat sich vermutlich ins Becken gesenkt.

Kann ich Bewegungen und Herzschlag des Kindes wahrnehmen?

Wenn Sie zum ersten Mal die Kindsbewegungen spüren, haben Sie einen ausgezeichneten Anhaltspunkt dafür, wie weit Ihre Schwangerschaft fortgeschritten ist. Die meisten Frauen spüren um die 18. bis 20. Woche nach der letzten Periode ein leichtes Flattern. Frauen, die bereits schwanger waren, bemerken diese Bewegung in der 16. oder 17. Woche. Die Kindsbewegungen werden mit fortschreitender Schwangerschaft intensiver, allerdings ist die Anzahl der Bewegungen pro Tag von Fall zu Fall verschieden. Im letzten Schwangerschaftsdrittel ist es sehr wichtig, jede plötzliche Zu- oder Abnahme der Kindsbewegungen zu melden.

Wenn Ihnen ein Stethoskop zur Verfügung steht, können Sie und Ihr Partner um die 20. Schwangerschaftswoche die Herztöne des Kindes hören. Die Frequenz variiert zwischen 120 und 160 Schlägen/Min. und sollte nicht mit dem pulsierenden Geräusch Ihrer Bauchschlagader verwechselt werden, das gewöhnlich an einer Frequenz von weniger als 100 /Min. erkennbar ist. Die Frequenz der Aorta – so heißt die große Körperschlagader – ist mit dem Puls in Ihrem Handgelenk synchron. Der weitverbreitete Glaube, daß ein fetaler Herzschlag von über 140 /Min. bedeutet, daß Sie ein Mädchen bekommen, während einer von unter 140 auf einen Jungen hinweist, ist schlicht und einfach falsch. Der Herzschlag des Kindes verändert sich im Laufe der Schwangerschaft von Minute zu Minute, und Variationsbreiten zwischen 120 und 160 sind normal und in Ordnung. Ein fetaler Herzschlag unter 120 oder über 160 kann ein Hinweis auf eine Gesundheitsstörung sein und sollte Ihrem Frauenarzt unbedingt mitgeteilt werden.

Ein wichtiges Zeichen im Verlauf Ihrer Schwangerschaft ist schließlich noch häufiges Wasserlassen. Es wird durch die größer werdende Gebärmutter verursacht, die auf die Blase drückt, und setzt meistens vier bis sechs Wochen nach der letzten Periode ein. Charakteristischerweise hört es nach der 12. Woche wieder auf, wenn die Gebärmutter aus dem kleinen Becken tritt. Die Häufigkeit nimmt wieder zu, wenn der Kopf des Babys Tage oder Wochen vor dem Einsetzen der Wehen ins Becken sinkt.

Gibt es eine Methode, nach der man Größe und Gewicht des Kindes in jedem Monat der Schwangerschaft bestimmen kann?

In den ersten fünf Monaten kann man die ungefähre Größe der Frucht in Zentimetern bestimmen, indem man die Anzahl der Mondmonate von der letzten Periode an quadriert. Nach dem fünften Mondmonat der Schwangerschaft entspricht die Größe des Fetus dem Mondmonat, multipliziert mit fünf (siehe Tabelle 1). Tabelle 1 zeigt außerdem das entsprechende Durchschnittsgewicht am Ende eines jeden Schwangerschaftsmonats.

Tabelle 1
Durchschnittliche Länge und entsprechendes Durchschnittsgewicht des Kindes am Ende eines jeden Mondmonats der Schwangerschaft

Ende des Mondmonats	Länge in Zentimetern	Gramm
2	2 × 2 = 4	1,0
3	3 × 3 = 9	14,0
4	4 × 4 = 16	100,0
5	5 × 5 = 25	300,0
6	6 × 5 = 30	600,0
7	7 × 5 = 35	1000,0
8	8 × 5 = 40	1675,0
9	9 × 5 = 45	2340,0
10	10 × 5 = 50	3250,0

Morgenübelkeit

Wie kann ich Übelkeit und Erbrechen in den ersten drei Monaten der Schwangerschaft wirksam bekämpfen?

Wenngleich die Ursache nicht eindeutig feststeht, wird die Schwangerschaftsübelkeit den erhöhten Anteilen an Choriongonadotropin (HCG) im Blut zugeschrieben. Untersuchungen haben ergeben, daß bei Frauen, die während der Schwangerschaft nicht unter Übelkeit leiden, mit größerer Wahrscheinlichkeit eine Gefahr der Fehlgeburt besteht. Dementsprechend kann das plötzliche Aufhören der Übelkeit im Verlauf der ersten zwei Schwangerschaftsmonate auf eine bevorstehende Fehlgeburt hinweisen. Die Übelkeit tritt gewöhnlich erstmals am Ende des ersten Monats auf und klingt am Ende der zwölften Woche bzw. des dritten Mondmonats nach Ihrer letzten Periode ab.

Wenngleich die »Morgenübelkeit« in den ersten drei Schwangerschaftsmonaten oft ein Anzeichen für eine gesunde Schwangerschaft ist, stellt sie dennoch ein unerfreuliches und unangenehmes Problem dar. Fast die Hälfte aller schwangeren Frauen sind von Übelkeit und Erbrechen in unterschiedlicher Stärke geplagt. Obgleich die Beschwerden meistens morgens auftreten, müßte man sie bei vielen Frauen korrekterweise als »Ganztagsübelkeit« bezeichnen.

Eine Frau, die in der fünften Schwangerschaftswoche unter Morgenübelkeit leidet, findet wenig Trost in der Tatsache, daß die Symptome eventuell von selbst abklingen. Die meisten Medikamente, die Übelkeit und Erbrechen beseitigen können, haben sich als nachteilig für die Entwicklung der Frucht erwiesen, weshalb Frauenärzte und ihre Patientinnen lieber auf herkömmliche Heil- bzw. Hausmittel zurückgreifen.

Bestimmte einfache Maßnahmen können die Stärke der Morgenübelkeit beträchtlich mindern. Dazu eignen sich zum Beispiel Getränke, die weder sehr heiß noch eiskalt sind. Bouillon, Apfelsaft, Traubensaft und Cola-Getränke werden erfahrungsgemäß am besten vertragen. Flüssigkeiten, einschließlich Suppen, sind am bekömmlichsten, wenn sie zwischen den Mahlzeiten genommen werden. Sechs oder sieben leichte Imbisse, über den Tag verteilt, rufen nicht so leicht Übelkeit hervor wie zwei oder drei reichliche Mahlzeiten. Auch wenn Sie nicht hungrig sind, sollten Sie sich bemühen zu essen, weil Übelkeit mit leerem Magen noch unangenehmer sein kann. Kohlehydrathaltige Nahrungsmittel, wie Brot, Zwieback, Pellkartoffeln, werden gewöhnlich gut vertragen. Alle zwei Stunden einen trokkenen Zwieback zu essen ist ein gutes Mittel, Übelkeit zu bekämpfen. Manche Frauen haben Zwieback in ihrer Handtasche bei sich und essen immer einen, wenn ihnen schlecht wird. Stellen Sie sich Zwieback oder trockenen Toast ans Bett, als Imbiß gleich nach dem Aufwachen. Viele Frauen berichten, daß sie hartgekochte Eier gut vertragen.

Wenn Sie bemerken, daß Ihnen von bestimmten Nahrungsmitteln oder Gerüchen schlecht wird, versuchen Sie sie möglichst zu vermeiden. Meiden Sie außerdem so lange gebratene oder stark gewürzte Kost, bis Sie keine Übelkeit mehr verspüren. Manchmal fördert der Geruch von Kaffee, gebratenem Fisch oder Blumenkohl einen Anfall.

Die meisten Vitaminpräparate, die in der Schwangerschaft gegeben werden, enthalten Eisen, das Magen- und Darmschleimhaut reizen kann. Bei starker Morgenübelkeit ist es das beste, alle eisenhaltigen Präparate vorübergehend wegzulassen.

Wenn alle oben beschriebenen Maßnahmen keine Erleichterung bringen, stehen Medikamente zur Verfügung, die für die Entwicklung des Kindes ungefährlich sind. Säurebinder, sogenannte Antazida, wie Maaloxan® oder Talcid®, helfen gegen Übersäuerung des Magens. Vitamin B6, zweimal täglich in Dosen zu 50 mg genommen, wird von Gynäkologen als unschädliches und sicheres Mittel gegen Übelkeit empfohlen. Wenn die Einnahme von Vitamin B6 durch Erbrechen unmöglich wird, kann es als intramuskuläre Injektion verabreicht werden.

Ein sehr kleiner Prozentsatz Frauen erbricht bis zu ernstem Wasserentzug und Gewichtsverlust. In diesem Fall sind stärkere Medikamente erforderlich (siehe Kapitel 7). In seltenen Fällen sind sogar Krankenhausaufenthalt und intravenöse Ernährung notwendig, um das Krankheitsbild zu beherrschen und den Wasser- und Elektrolythaushalt wiederherzustellen.

Frühstadium der Schwangerschaft bei Frauen über dreißig

Mit welchen Problemen muß ich im Frühstadium der Schwangerschaft rechnen, wenn ich über dreißig bin?

Früher bekamen die meisten Frauen ihr erstes Kind mit Anfang oder Mitte 20. Heute verschieben viele Frauen die Mutterschaft, um ihre Ausbildung zu beenden und im Beruf Fuß zu fassen.

Statistisch gesehen besteht bei Frauen über dreißig ein etwas größeres Risiko von Blutungen und spontanen Fehlgeburten im ersten Drittel der Schwangerschaft. Trotzdem übersteht die überwiegende Mehrheit von Frauen zwischen 30 und 40 Schwangerschaft und Geburt mit wenig bis keinen Komplikationen. Diese Frauen sollten in ihrem Wunsch nach einer glücklichen Geburt unterstützt werden. Weit weniger optimistisch bin ich, wenn Frauen über 45 ein Kind zur Welt bringen wollen. In einer von Dr. David H. Kushner vom Columbia Hospital for Women in Washington D. C. durchgeführten Studie traten zum Beispiel bei Frauen über 45 bedeutend mehr Schwangerschaftskomplikationen auf, darunter eine alarmierende Quote von 40% spontanen Fehlgeburten.

Bei 50 bis 60% der durch spontane Fehlgeburten abgegangenen Embryonen und Feten wurden Chromosomenanomalien entdeckt. Die Wahrscheinlichkeit solcher Anomalien steigert sich progressiv mit jedem Jahr bei Frauen über 30 und Männern über 55. Auch ist bei älteren Frauen das Risiko größer, ein Kind mit Chromosomenanomalien auszutragen (siehe Kapitel 11). Dies sollte jedoch nicht als Abschreckungsmittel dienen, da eine Chromosomenanalyse aus einer Fruchtwasserprobe in der 16. Schwangerschaftswoche solche Defekte genau diagnostizieren kann. Frauen, die ein Kind mit einer Chromosomenanomalie in sich tragen, können einen medizinisch indizierten Schwangerschaftsabbruch vornehmen lassen.

Leiomyome, auch als Fibrome und Myome bekannt, sind gutartige Gebärmuttergeschwülste, die bei Frauen über 30 häufig vorkommen. Diese Geschwülste vergrößern sich oft während der Schwangerschaft und bilden sich nach der Entbindung wieder zurück. Selbst wenn eine Frau mehrere große Fibrome hat, führt das selten zu einer Fehlgeburt. Die Lage dieser Geschwülste, weniger ihre Größe, bestimmt das Risiko im Frühstadium der Schwangerschaft. Fibrome, die unmittelbar unter der Gebärmutterschleimhaut liegen, schaffen höchstwahrscheinlich Probleme. Glücklicherweise handelt es sich bei 100 Fibromen nur in weniger als 5 Fällen um solche submukösen Myome.

In seltenen Fällen wächst ein Fibrom aus seiner Blutversorgung heraus und degeneriert im Laufe der Schwangerschaft. Symptome dieser Komplikation sind Schmerzen und Druckempfindlichkeit über dem Fibrom und gelegentlich leichtes Fieber. Die Behandlung sollte schonend sein und aus schmerzstillenden Mitteln sowie Bettruhe bestehen, weil die Symptome meistens innerhalb weniger Tage abklingen.

Krankheiten wie Diabetes und hoher Blutdruck komplizieren höchstwahrscheinlich die Schwangerschaft der älteren Frau. Probleme, die hierdurch entstehen, treten aber gewöhnlich erst gegen Ende der Schwangerschaft (siehe Kapitel 11) und nicht während der ersten Monate auf.

Etwas optimistischer klingt die Feststellung mehrerer Epidemiologen, daß die Säuglingssterblichkeit bei von älteren Frauen geborenen Kindern weniger hoch ist. Warum das so ist, konnte bis jetzt nicht geklärt werden, wenngleich eine Menge Theorien darüber entwikkelt wurden.

Spontane Fehlgeburten

Sind Vaginalblutungen in den ersten drei Schwangerschaftsmonaten ein Gefahrenzeichen?

22% aller Frauen, die gesunde Kinder austragen, können am Anfang der Schwangerschaft ein- oder zweimal blutigen Ausfluß haben. Dieser kann durch das Einnisten des befruchteten Eis in die Gebärmutterschleimhaut verursacht werden und heißt dementsprechend »Einnistungsblutung«. Sie sollten jedoch jede Blutung Ihrem Arzt melden. Häufig hängt die Blutung mit einer Entzündung des Gebärmutterhalses zusammen und hat gar nichts mit der Schwangerschaft zu tun. Sie entsteht durch eine mechanische Irritation (Penis) beim Geschlechtsverkehr und ist niemals Ursache einer Fehlgeburt.

Aus unbekannten Gründen kommen Blutungen während der ersten drei Schwangerschaftsmonate bei Frauen mit einem oder mehreren Kindern (Multipara) dreimal häufiger vor als bei Frauen, die zum erstenmal schwanger sind (Primipara). Der Glaube, daß Schwangerschaftsblutungen normalerweise jeden Monat zur Zeit der erwarteten Periode auftreten, ist weit verbreitet. Das sind Märchen, vielmehr sollten Vaginalblutungen zu jeder Zeit der Schwangerschaft als anomal betrachtet und von Ihrem Frauenarzt untersucht werden. Es ist tröstlich zu wissen, daß Sie bei nur leichten und bald wieder abklingenden Blutungen gute Chancen haben, ein gesundes Baby zur Welt zu bringen. Bei einer ernsteren Blutung ist eine Fehlgeburt zu befürchten.

Wenn ich am Anfang der Schwangerschaft eine Blutung habe, die dann abklingt, kann ich dann genauso wie eine Frau, die keine Blutung hatte, mit einer gelingenden Geburt rechnen?

Vermutlich nicht. Mehrere Untersuchungen haben ergeben, daß Frauen, die am Anfang der Schwangerschaft an mehreren Tagen bluten, bedeutend häufiger Frühgeburten haben oder Babys mit angeborenen Mißbildungen gebären.

Woran erkenne ich eine möglicherweise bevorstehende Fehlgeburt?

Mit dem Ausdruck »drohender Abort« bezeichnen die Ärzte jeden blutigen Ausfluß (Vaginalblutung), der während der ersten Hälfte der Schwangerschaft auftritt. Dies ist allerdings eine sehr allgemeine Diagnose, da mindestens jede fünfte Frau am Anfang der Schwangerschaft irgendeine Blutung hat. Von diesen Frauen hat wiederum ungefähr die Hälfte eine Fehlgeburt. Den Ärzten ist es lieber, wenn eine Blutung dunkelbraun statt hellrot gefärbt ist, denn das bedeutet normalerweise, daß es sich um »altes Blut« handelt, von Blutungen, die ein paar Tage zuvor stattgefunden haben. Eine drohende Fehlgeburt kann von leichten Krämpfen oder Rückenschmerzen, ähnlich denen bei der Periode, begleitet sein. Es ist erwiesen, daß sich bei Blutungen, die länger als eine Woche anhalten, die Aussicht auf eine gesunde Schwangerschaft stark verringert.

Eine drohende Fehlgeburt wird zu einer unvermeidlichen, sobald intensive Gebärmutterkontraktionen auftreten, der Gebärmutterhals sich dehnt, die Blutungen stärker werden und dabei geronnenes (koaguliertes) Blut austritt oder die Fruchtblase platzt. Fetus und Plazenta werden in der Regel bald danach ausgestoßen. Bei frühen Schwangerschaften von acht Wochen oder weniger werden Fetus und Plazenta oft zusammen ausgestoßen. Dann spricht man von einem »vollständigen Spontanabort«. Bleibt die Plazenta ganz oder teilweise in der Gebärmutter zurück, spricht man von einem »unvollständigen Spontanabort«. In diesem Fall muß Ihr Arzt die in der Gebärmutter zurückgebliebenen Plazentareste entfernen. Trotz der Angst und Enttäuschung, die ein Spontanabort zu Hause hervorrufen mag, ist es lebenswichtig, daß Sie alles ausgestoßene Gewebe in einem Glasgefäß sammeln und zu Ihrem Frauenarzt bringen. Jede Art von Alkohol oder Formalin kann in das Gefäß gegeben werden, um die Gewebeteile zu konservieren. Wenn Ihr Frauenarzt feststellt, daß Sie die ganze Fruchtblase ausgestoßen haben, ist eine Ausschabung oder Absaugung zur Entfernung zurückgebliebener Reste vielleicht nicht notwendig. Außerdem können Ihr Arzt und der Pathologe im Krankenhaus das Gewebe untersuchen, um die mögliche Ursache Ihrer Fehlgeburt festzustellen.

Wie wird ein drohender Abort in den ersten drei Schwangerschaftsmonaten behandelt?

Es gibt keinen überzeugenden Nachweis, daß irgendwelche Behandlung den Verlauf einer bevorstehenden Fehlgeburt änderte. Deshalb wäre es eine äußerst grausame Strafe, wenn ein Frauenarzt Bettruhe verordnen würde. Ein Orgasmus kann Gebärmutterkontraktionen verursachen und sollte bis mindestens zwei Wochen nach Aufhören der Blutung vermieden werden. Denken Sie daran, es ist der Orgasmus, nicht eine von Geschlechtsverkehr eventuell herrührende Verletzung durch den Penis, der zur Fehlgeburt führt, und ein durch Erregung der Klitoris herbeigeführter Orgasmus kann ebenso schädlich sein. Studien haben übrigens ergeben, daß ein durch Selbstbefriedigung herbeigeführter Orgasmus intensivere Kontraktionen hervorrufen kann als ein durch Geschlechtsverkehr herbeigeführter.

Gelegentlich kann eine leichte Blutung ohne Krämpfe wochenlang anhalten, und die Frau leidet die ganze Zeit darunter, daß sie nicht weiß, ob die Aussichten für ihre Schwangerschaft gut sind. Wöchentliche Untersuchungen durch den Frauenarzt können zwar bei der Feststellung helfen, ob eine Schwangerschaft normal verläuft und die Gebärmutter sich vergrößert, aber die Anwendung von Ultraschall ist viel genauer (siehe Kapitel 10). Mit Hilfe dieser modernen Technik kann man entdecken, ob die Fruchtblase normal geformt und intakt ist. Wenn eine Fehlgeburt droht, kann eine Fehlentwicklung der Fruchtblase genau erkannt werden. Gelegentlich sind die Ergebnisse nicht eindeutig interpretierbar, aber eine erneute Ultraschalluntersuchung eine Woche später wird praktisch immer das richtige Ergebnis liefern. Es gibt eine Ultraschallmethode, die sogenannte Real-Zeit-Methode (siehe Kapitel 10), mit der sich die Kindsbewegungen schon in der siebten Schwangerschaftswoche wahrnehmen lassen. Wenn in oder nach der siebten Woche keine Kindsbewegungen vorliegen, ist das oft ein zuverlässiges Anzeichen für eine unvermeidliche Fehlgeburt. Laut einem 1980 in *Obstetrics and Gynecology* veröffentlichten Bericht haben Ärzte der Bowman Gray School of Medicine in North Carolina mit Hilfe von Ultraschall Frauen untersucht, bei denen eine Fehlgeburt drohte. Bei nur 2 von 65 Frauen, die dann tatsächlich eine Fehlgeburt hatten, waren Kindsbewegungen aufgetreten, während 72 von 74 Schwangerschaften mit Kindsbewegungen ausgetragen wurden.

Wenn die Diagnose einer kranken Schwangerschaft durch Ultraschall bestätigt wird, kann die Schwangerschaft durch Ausschabung abgebrochen werden.

Laufende HCG-Bestimmungen können ebenfalls dazu dienen, eine drohende Fehlgeburt vorauszusagen. Wenn die HCG-Werte über einen Zeitraum von mehreren Tagen nicht merklich ansteigen, ist dies ein Anzeichen für eine eventuelle Fehlgeburt. Ein Arzt sollte aber nicht allein aufgrund dieser Information handeln, sondern die Diagnose durch Ultraschall sichern, bevor er die Schwangerschaft abbricht.

Die Aussicht auf eine erfolgreiche Schwangerschaft angesichts heftiger Vaginalblutungen und starker Krämpfe ist gering. Unter solchen Umständen ist eine Beendigung der Schwangerschaft mittels Ausschabung angezeigt.

Frauen, die von Natur aus zu Fehlgeburten neigen, sollten nicht mit oral und intramuskulär zu verabreichenden Progesteron- und Gestagenpräparaten behandelt werden. Diese Form der Behandlung hat sich nicht als vorteilhaft erwiesen und kann sogar die Häufigkeit von angeborenen Mißbildungen vergrößern (siehe Kapitel 1).

Wie groß ist die Gefahr einer Fehlgeburt, und warum kommt es dazu?

Der Ausdruck »Fehlgeburt« bezeichnet das, was die Ärzte einen »Spontanabort« nennen, eine natürliche Beendigung der Schwangerschaft, wenn die Frucht noch nicht genügend entwickelt ist, um zu überleben. 10 bis 15% aller Schwangerschaften enden mit einem Spontanabort, und in etwa 9 von 10 Fällen geschieht dies innerhalb der ersten 3 Monate.

Die häufigste Ursache für einen Spontanabort ist anscheinend eine Anomalie in der Entwicklung des Eis (ovum), so daß es lebensunfähig ist. Mikroskopische Untersuchungen der Chromosomenstruktur dieser Aborte haben in 50 bis 60% der Fälle schwere Chromosomenanomalien ergeben. Bei manchen Frauen kann ein Orgasmus Gebärmutterkontraktionen und nachfolgende Ausstoßung eines normalen Fetus bewirken (siehe Kapitel 4). Spontane Fehlgeburten, die durch ein schlecht eingenistetes Ei hervorgerufen werden, treten in den ersten Schwangerschaftswochen auf.

Auch angeborene anatomische Anomalien der Gebärmutter wie eine Doppelung der Gebärmutter durch eine Gewebebrücke oder eine Trennwand können eine Frühgeburt verursachen. Gelegentlich ist eine ungewöhnlich kleine Gebärmutter nicht in der Lage, eine fortschreitende Schwangerschaft zu halten.

Myome oder Fibrome, gutartige Geschwülste an der Gebärmutterwand, können in seltenen Fällen ebenfalls für eine spontane Fehlgeburt verantwortlich sein. Infektionen und Vernarbungen der Gebärmutterschleimhaut haben unter Umständen eine ähnliche Wirkung. Eine spontane Frühgeburt tritt bekanntlich auf, wenn der Gelbkörper des Eierstocks nicht genügend Progesteron zur Unterstützung einer frühen Schwangerschaft produziert. Endokrine Störungen, beispielsweise der Schilddrüse oder Diabetes, sowie eine Anzahl von Systemerkrankungen können Ursachen spontaner Fehlgeburten sein. Bei 1% aller Fälle ist eine anomale Chromosomenanordnung eines der beiden scheinbar normalen Elternteile schuld.

Spontane Fehlgeburten nach dem ersten Schwangerschaftsdrittel sind selten das Resultat eines schlecht eingenisteten Eis oder einer fetalen Chromosomenanomalie. Die Ursache ist oft unbekannt. Eine Schwächung des Gebärmutterhalses, Zervixinsuffizienz genannt, hat schon zu vielen Abgängen im zweiten Schwangerschaftsdrittel geführt.

Können seelische oder körperliche Belastungen in den ersten drei Schwangerschaftsmonaten zu einer spontanen Fehlgeburt führen?

Nein. Im Gegensatz zur landläufigen Meinung gibt es keinen Beweis, daß traumatische Einwirkungen seelischer oder körperlicher Art eine Frühgeburt auslösen können. Auf der Suche nach einer Erklärung für eine Frühgeburt wird vielleicht ein bestimmtes Ereignis mit der bald danach folgenden Fehlgeburt spekulativ in Zusammenhang gebracht. In der medizinischen Literatur gibt es jedoch viele Beispiele von schweren traumatischen Erlebnissen, die nicht zum Abgang führten. Zudem erfolgen die meisten spontanen Fehlgeburten erst einige Zeit nach dem Absterben des Fetus. Würde eine Fehlgeburt durch traumatisierende Einwirkungen ausgelöst, dann müßten die traumatisierenden Ereignisse dem Abgang unmittelbar vorausgehen. Da die Gebärmutter sich bis zur zwölften Schwangerschaftswoche noch unterhalb des Schambeins befindet, wäre es vor diesem Zeitpunkt nahezu unmöglich, daß eine körperliche Verletzung den Fetus schädigt.

Wie lange muß man nach einem Spontanabort warten, bevor man wieder schwanger werden kann?

Ein Paar kann zwei Wochen nach einer spontanen Fehlgeburt den Geschlechtsverkehr wiederaufnehmen; aber die meisten Ärzte raten, mindestens zwei Menstruationszyklen abzuwarten, bevor man versucht, wieder schwanger zu werden. Es ist nämlich wichtig, daß Ihr Arzt den Tag Ihres Eisprungs und der Empfängnis genau berechnen kann. Mit diesem Wissen ist es einfacher festzustellen, ob Ihre Gebärmutter sich entsprechend dem angenommenen Datum Ihrer Empfängnis vergrößert. Dies ist besonders wichtig, wenn erneut Anzeichen für eine drohende Fehlgeburt auftreten.

Wenn ich einmal eine spontane Fehlgeburt hatte, ist es dann sehr wahrscheinlich, daß ich bei meiner nächsten Schwangerschaft wieder eine habe?

Nach einer spontanen Fehlgeburt haben Sie die gleichen Chancen für eine neue, gelingende Schwangerschaft wie eine Frau, die nie eine Fehlgeburt hatte. Das Risiko einer wiederholten Fehlgeburt ist allerdings bei einem chromosomal normalen Abort etwas größer als bei einem anomalen. Am größten ist das Risiko, etwa 35 bis 50%, wenn der Abort chromosomal normal ist *und* die Mutter keine Kinder lebend geboren hat. Aber selbst wenn Sie zwei aufeinanderfolgende spontane Fehlgeburten hatten, ist es tröstlich zu wissen, daß Ihr Risiko, daß es ein drittes Mal geschieht, nur um 5% größer ist als bei der Normalbevölkerung. Drei oder vier Fehlgeburten hintereinander nennt man einen »habituellen (gewohnheitsmäßigen) Abort«. In den USA sind 5% aller spontanen Fehlgeburten habituell. Nach drei solchen aufeinanderfolgenden Aborten beträgt das Risiko eines vierten ungefähr 32%, bzw. 17 bis 22% mehr als bei der Normalbevölkerung, da liegt die Quote nämlich bei 10 bis 15%. Auch bei habituellem Abort können die Ursachen jedesmal anders sein und müssen daher in jedem einzelnen Fall von Ihrem Frauenarzt untersucht werden. Überweisung an einen Genetiker ist unbedingt erforderlich, weil circa 7% aller Frauen mit habituellem Abort oder ihre Männer Chromosomenanomalien aufweisen, die eine erfolgreiche Schwangerschaft unmöglich machen. Spina bifida (Spaltwirbel) ist eine angeborene Wirbelsäulenanomalie, die auf einem unvollständigen Verschluß des knöchernen Rükkenmarkkanals beruht. Sie ist oft mit einem Hydrozephalus (Wasserkopf) verbunden, einer anomalen Vergrößerung des Kopfes beim Fetus. Eine 1979 im *British Medical Journal* veröffentlichte Untersuchung bestätigte den Befund, daß diese Anomalie bedeutend häufiger bei Frauen vorkommt, die vorher eine oder mehrere spontane Fehlgeburten hatten.

Anomale Schwangerschaften

Wie kann ich eine Extrauterin-Schwangerschaft von einem drohenden Abort unterscheiden?

Eine Extrauterin-Schwangerschaft entwickelt sich außerhalb der Gebärmutterschleimhaut. Solche Schwangerschaften treten in der Bauchhöhle, im Eierstock und im Gebärmutterhals auf. Die häufigste Form ist jedoch die Eileiterschwangerschaft. (Aus diesem Grund wird der Ausdruck Extrauterin-Schwangerschaft häufig als Synonym für Eileiterschwangerschaft gebraucht.) Krämpfe, Beckenschmerzen und Scheidenblutungen sind Symptome, die sowohl bei Extrauterin-Graviditäten als auch bei drohenden Fehlgeburten auftreten. Infolgedessen wird oft eine ektopische Schwangerschaft irrtümlich als drohende Fehlgeburt diagnostiziert, da diese weit häufiger vorkommt. Ungefähr eine von 100 Schwangerschaften entwickelt sich außerhalb der Gebärmutter, und wenn Ihr Arzt keinen dringenden Verdacht auf diesen Befund hat, wird er sie nicht erkennen.

Die innere Blutung, die entweder vom Durchbruch der Extrauterin-Schwangerschaft durch die Eileiterwand oder von der Verlagerung der Schwangerschaft aus dem Eileiter in die Bauchhöhle herrührt, stellt eine weit größere Bedrohung für das Leben einer Frau dar als die starke Vaginalblutung, die bei einer spontanen Fehlgeburt auftreten kann.

Im Idealfall wird eine Extrauterin-Schwangerschaft vor dem Durchbruch und bevor innere Blutungen auftreten erkannt. Das ist möglich, wenn Sie und Ihr Arzt aufmerksam auf bestimmte Unterschiede in der Symptomatik einer Extrauterin-Gravidität und einer drohenden Fehlgeburt achten. Obgleich beide Ereignisse von Unterleibsschmerzen begleitet werden, ist der Schmerz bei einem Spontanabort gewöhnlich milder, außerdem eher rhythmisch, und er sitzt im Unterbauch. Bei einer Eileiterschwangerschaft kann der Schmerz auf der Seite des betroffenen Eileiters auftreten, außerdem ist er in der Regel viel heftiger. Die äußere Vaginalblutung, die bei einer Extrauterin-Schwangerschaft auftritt, ist gewöhnlich nicht stark. Sie ist von dunkler Farbe, während die mit einer drohenden Fehlgeburt verbundene Blutung meistens stärker ist und geronnenes Blut enthält. Eine vorsichtige Beckenuntersuchung durch Ihren Arzt wird meistens weiteren Aufschluß über die richtige Diagnose geben. Charakteristisch für eine Extrauterin-Schwangerschaft sind extreme Schmerzen, sobald der Muttermund bewegt wird. Obwohl die Gebärmutter sich durch den Einfluß von Schwangerschaftshormonen auch bei einer Eileiterschwangerschaft leicht vergrößern kann, wird sie jedoch größer und weicher, wenn es sich um eine intrauterine Schwangerschaft handelt. Gelegentlich kann der Arzt die von einer Extrauterin-Schwangerschaft herrührende Vergrößerung des Eileiters ertasten, aber in den meisten Fällen läßt sich auf diese Weise keine eindeutige Diagnose erstellen. Wie bereits in Kapitel 1 erwähnt: Wenn Sie eine Spirale tragen, sollten die hier beschriebenen Symptome für Ihren Frauenarzt ein Warnsignal sein, daß eine Extrauterin-Schwangerschaft ernsthaft in Betracht gezogen werden muß.

Die Ruptur (das Platzen) einer Extrauterin-Schwangerschaft ist ein lebensgefährlicher Notfall. Charakteristisch sind plötzliche starke Unterleibsschmerzen, die häufig als scharf, stechend oder ziehend beschrieben werden. Symptome für einen bevorstehenden Schock, wie Übelkeit, Schwindel und Ohnmacht, folgen bald. In diesem Stadium muß sofort operiert, die Schwangerschaft entfernt und die Blutung gestillt werden. Dies erfordert häufig eine Entfernung des betreffenden Eierstocks. Meistens sind Bluttransfusionen notwendig, um den großen Blutverlust durch die Tubenruptur (Ruptur einer Eileiterschwangerschaft) auszugleichen. Die moderne technische Ausrüstung ermöglicht es den Ärzten, die meisten Extrauterin-Schwangerschaften vor der Ruptur zu erkennen. Dies geschieht mit Hilfe der empfindlicheren

Schwangerschaftstests wie Biocept-G® und HCG-Bestimmung, um das Vorhandensein einer Schwangerschaft zu erkennen. Die Untersuchung wird vervollständigt mit Ultraschall und Laparoskopie zur Feststellung der Lage.

Sind Schwangerschaften, die auf künstliche Befruchtung folgen, zu einem größeren Prozentsatz anomal?

Für Nachkommen aus künstlicher Befruchtung besteht kein größeres Risiko hinsichtlich angeborener Anomalien als für natürlich empfangene Nachkommen. In jüngster Zeit entscheiden sich viele Männer, die sich einer Vasektomie (Sterilisation) unterziehen, zuvor mehrere Ejakulationen in speziellen Samenbanken, den sogenannten Kryobanken, aufzubewahren. Der Samen wird in Glyzerol konserviert und dann in flüssigem Nitrogen bei −197 °C gefroren. So hält er monate- bis jahrelang. Wenn ein Paar zu einem späteren Zeitpunkt Kinder haben möchte, kann der Samen aufgetaut und zur Zeit des Eisprungs für eine künstliche Befruchtung verwendet werden.

Mehrere Forscher haben festgestellt, daß Schwangerschaften nach einer Befruchtung mit aufgetautem Samen gesünder sein können als auf natürlichem Wege zustande gekommene. Der Grund dafür ist vermutlich, daß das Gefrieren schwache und ungesunde Spermien abzutöten vermag. Eine Studie der University of Arkansas, die 1000 durch aufgetautes Sperma empfangene Kinder umfaßte, ergab, daß weniger als 1% von ihnen angeborene Mißbildungen hatten, verglichen mit 2 bis 3% bei der normalen Bevölkerung. Und die Fehlgeburtsrate betrug bei der künstlich befruchteten Gruppe weniger als 6%, verglichen mit den 10 bis 15%, die normalerweise üblich sind.

Ein weiterer Vorteil der Kryobanken ist, daß es heute möglich ist, Sperma von Männern zu lagern, die sich einer Prostataoperation oder einer chemischen Behandlung und radioaktiven Bestrahlung zur Krebsbekämpfung unterziehen müssen. Diese Verfahren machen einen Mann für immer steril. In der Zeit zwischen Diagnose und Behandlung kann ein Mann sein gesundes Sperma zum späteren Gebrauch konservieren lassen. Man braucht gewöhnlich drei bis sechs Ejakulationen, um genügend Samen für künstliche Befruchtungsversuche in sechs Zyklen zu gewinnen. Dies dürfte einem Paar eine ausreichende Chance für eine Schwangerschaft verschaffen. Die Empfängnisrate von Spendern, deren Samen das Gefrieren gut verträgt, ist annähernd 90%, aber bei nur 37% der Patienten ist es möglich, den Samen einzufrieren und aufzutauen und dabei noch einen ausreichenden Prozentsatz beweglicher Spermien zu erhalten.

Da mit der Möglichkeit gerechnet werden muß, daß der Samen eines Mannes die Lagerung im gefrorenen Zustand nicht überlebt, führen die Kryobanken routinemäßig bei jeder Samenprobe eine Gefrier- und Auftauanalyse durch, bevor sie den Samen zur Lagerung annehmen.

Haben Kinder, deren Mütter »Fruchtbarkeitspillen« genommen haben, häufiger angeborene Mißbildungen?

Es gab früher und gibt heute viele Frauen, die keinen Eisprung haben. In den letzten zehn Jahren wurden neue Medikamente entwickelt, die sogenannten »Fruchtbarkeitspillen«, die es diesen Frauen ermöglichen, doch schwanger zu werden. Es ist ein weitverbreitetes Mißverständnis, daß Medikamente, die den Eisprung herbeiführen, ein Allheilmittel sind für jegliche Art von Unfruchtbarkeit. Sie fördern tatsächlich nicht die Fruchtbarkeit bei Frauen, deren Eisprung regelmäßig stattfindet. Wenn Ihr Frauenarzt feststellt, daß Sie trotz Eisprung nicht fruchtbar sind, dann ist mit der Einnahme dieser Medikamente nichts gewonnen.

Das bekannteste und sicherste unter diesen Medikamenten ist Clomiphen (Handelsname Dyneric®). Es wird in Pillenform über einen Zeitraum von fünf oder mehr Tagen genommen. Man nimmt an, daß seine Wirkung darauf beruht, daß es den Hypothalamus (Teil des Zwischenhirns) anregt, seine Releasing-Hormone auszuschütten. Eine der möglichen Komplikationen bei dieser Therapie ist eine größere Häufigkeit zweieiiger Zwillinge, weil öfter mal mehr als ein Ei ausgestoßen wird.

Obwohl sich Clomiphen als Mittel zur Herbeiführung des Eisprungs bewährt hat, gibt es Anhaltspunkte dafür, daß es sich nachteilig auf die Entwicklung der Frucht auswirken kann, wenn es versehentlich nach Eintritt einer Schwangerschaft verabreicht wird. Aus diesem Grund ist es unbedingt erforderlich, daß Sie sich vergewissern, ob Sie schwanger sind oder nicht, bevor Sie mit einer derartigen Behandlung beginnen.

Einige Frauen, bei denen mit Clomiphen kein Eisprung herbeigeführt werden kann oder bei denen eine Funktionsstörung der Hirnanhangdrüse vorliegt, werden mit Hilfe des menschlichen Geschlechtshormons Gonadotropin (z. B. Pergonal 500®) schwanger. Dieses Medikament besteht aus den Hirnanhanghormonen FSH (follikelstimulierendes Hormon) und LH (luteinisierendes Hormon). Es wird – erstaunlicherweise – aus dem Urin von Frauen in den Wechseljahren hergestellt, der reich an diesen beiden Hormonen ist. Über einen Zeitraum von ein oder zwei Wochen täglich als intramuskuläre Injektion verabreicht, veranlaßt das Präparat den Follikel (Zellhülle des Eis) im Eierstock zu reifen. Der Eisprung wird dann durch zusätzliche Injektion des Schwangerschaftshormons HCG ausgelöst. Zahlreiche Untersuchungen haben ergeben, daß Schwangerschaften, die durch diese Behandlung herbeigeführt werden, kein größeres Risiko zu angeborenen Anomalien bergen, wenn auch die Rate spontaner Fehlgeburten vielleicht ein wenig ansteigt. Was schwerer wiegt, ist das Risiko zu Mehrlingsgeburten, das etwa 20% betragen kann. Gewöhnlich wird es sich um Zwillingsschwangerschaften handeln, aber auch Mehrlingsgeburten von drei oder mehr Kindern (wie in den Medien berichtet) können vorkommen. Wenn Pergonal und HCG nicht vorsichtig dosiert werden, kann das für eine Frau schwerwiegende Folgen haben, bedingt durch die Hyperstimulation der Eierstöcke.

Bromocryptin (Pravidel®) dient neuerdings zur Behandlung von Amenorrhö (Ausbleiben der Monatsblutung) und Galaktorrhö (Milchabsonderung). In beiden Fällen liegt eine Funktionsstörung vor, unter anderem der Freisetzungsfaktoren (Releasing-Hormone) des Hypothalamus, die ja notwendig sind, um den Prozeß des Eisprungs in Gang zu setzen. Ein Freisetzungsfaktor des Hypothalamus hindert die Hirnanhangdrüse, Prolaktin abzusondern, das Hormon, das Galaktorrhö verursacht. Bromocryptin senkt die Prolaktinwerte und ermöglicht die Wiederherstellung des normalen Ovulationsrhythmus (Ovulation = Eisprung). Dieses Medikament wird neuerdings auch zur Behandlung der Unfruchtbarkeit eingesetzt, und einige Frauen sind während der Behandlung schwanger geworden. Darüber hinaus wurde es erfolgreich zur Beendigung des Milchflusses (Abstillen) und zur Behandlung des Milchstaus nach der Geburt eingesetzt. Die Sicherheit von Bromocryptin bei versehentlicher Einnahme am Anfang einer Schwangerschaft steht noch nicht endgültig fest. Eine wissenschaftliche Erhebung an 500 Kindern, deren Mütter während der Einnahme von Bromocryptin schwanger geworden waren, ergab jedoch keine größere Häufigkeit spontaner Fehlgeburten oder angeborenen Anomalien. Eingehende Untersuchungen mit Ratten und Kaninchen haben ebenfalls keinen Zusammenhang zwischen angeborenen Mißbildungen und der Einnahme dieses Medikaments erkennen lassen.

Interessante Schwangerschaftsstatistiken

Bis zu welchem Alter ist eine Schwangerschaft möglich?

Eine erfolgreiche Schwangerschaft bei Frauen über 50 ist selten. Obgleich ein Viertel aller Frauen über 50 regelmäßige Monatsblutungen haben und der Eisprung bei ihnen mikroskopisch nachgewiesen ist, ist eine Schwangerschaft selten erfolgreich, weil der Gelbkörper des Eierstocks nicht genügend Progesteron produzieren kann, um sie zu unterstützen. In den Geburtsstatistiken von über 100 Jahren wird nur von 26 Frauen über 50 mit erfolgreichen Schwangerschaften berichtet. Die älteste Mutter darunter war eine 63jährige Frau!

Wie schwer waren das größte und das kleinste Baby?

Das kleinste bekannte überlebende Neugeborene war ein Mädchen, das am 2. August 1979 im Albert Einstein Medical College in New York geboren wurde und kaum 425 g wog. Die fortgeschrittene Technik hat es Kinderärzten ermöglicht, viele Säuglinge mit ähnlich niedrigem Gewicht zu retten, die bis vor kurzem zum Sterben verurteilt waren.

Das schwerste jemals geborene Baby war ein totgeborenes Mädchen, das 1916 mit einem Gewicht von 23 Pfd. zur Welt kam, aber die Geburt eines Babys von mehr als 12 Pfd. ist äußerst selten. Ich habe neulich eine Frau von einem 11pfündigen Jungen entbunden. Erstaunlicherweise wog seine Mutter vor der Schwangerschaft nur 90 Pfd.

3.
Sport und körperliche Fitness

Es ist noch gar nicht so lange her, daß die Freude an sportlicher Aktivität und der Wunsch, sich körperlich fit zu halten, als reine Männersache galten; selbst Frauen mit einer natürlichen Begabung und mit Liebe zum Sport verzichteten darauf, weil sie Angst hatten, daß man sie für unweiblich hielt.

Die Zeiten haben sich geändert! In den letzten zehn Jahren hat eine immense Anzahl von Frauen angefangen, alle möglichen Arten von Sport zu treiben. Das liegt sicherlich daran, daß wir ein gestiegenes Bewußtsein dafür entwickelt haben, wie wichtig die körperliche Leistungsfähigkeit für unser gesamtes Wohlbefinden ist. Zu einem weitaus bedeutsameren Teil aber hat hier der Einfluß der Frauenbewegung eine Rolle gespielt. Frauen, die früher meinten, den Männern körperlich unterlegen zu sein, lachen sich heute ins Fäustchen, wenn sie bei einem Marathonlauf an einem Mann vorbeisprinten. Das Eindringen der Frauen in die Welt des Sports ging so rapide vonstatten, daß es noch kaum unvoreingenommene Untersuchungen zur Erfassung und Bestimmung der Eignung einer Frau zu sportlicher Betätigung gibt.

Sportbezogene Aspekte in der Gesundheit der Frauen wurden von vielen Frauenärzten übersehen oder übergangen. Viele der alten Ammenmärchen von der schädlichen Wirkung körperlicher Betätigung während der Schwangerschaft bestehen noch immer. Andere, ebenso falsch informierte Leute glauben wiederum, daß überhaupt keine Grenzen für körperliche Betätigung während der Schwangerschaft gesetzt werden sollten. Dieser Rat ist noch viel gefährlicher. Dieses Kapitel liefert praktische Informationen und Ratschläge zu den Auswirkungen von sportlicher und generell körperlicher Betätigung auf die schwangere Frau.

Höchstgrenzen

Wie kann ich meine persönliche Belastbarkeitsgrenze während der Schwangerschaft feststellen?

Leider stehen noch nicht genügend Daten zur Verfügung, um gültige Schlüsse zu ziehen. Die meisten Fachleute stimmen jedoch überein, daß das für jede schwangere Frau richtige Trainingsmaß von ihrer Fitness und dem Umfang ihrer Aktivitäten vor der Schwangerschaft bestimmt wird. Die körperlich trainierte

Frau kann die meisten Aktivitäten in vollem oder leicht reduziertem Umfang wie vor der Schwangerschaft fortsetzen; aber es ist vermutlich nicht ratsam zu versuchen, diese Grenzen zu überschreiten. Frauen, die extrem viel sitzen, tut leichte und allmählich gesteigerte Bewegung gut wie Spazierengehen, Wassergymnastik, Bewegungsübungen (siehe S. 63–69). All diese Bewegungsarten sind ungefährlich und eignen sich vorzüglich dazu, die körperliche Kraft und Beweglichkeit zu steigern. Sie können allen Frauen empfohlen werden.

Bevor Sie während der Schwangerschaft mit einem Übungsprogramm beginnen, müssen Sie sich unbedingt von Ihrem Frauenarzt vollständig durchuntersuchen lassen und seine Zustimmung einholen. Im Idealfall beginnen Sie vor der Schwangerschaft mit einem Fitnessprogramm. Sofern Sie das nicht getan haben, können Sie sich während der Schwangerschaft einem gemäßigten Belastungstest auf einem Ergometer-Fahrrad unterziehen, um Ihre Ausdauer zu bestimmen. Diese Untersuchung kann von einem Sportarzt vorgenommen werden, und die Ergebnisse helfen bei der Aufstellung eines auf Ihre persönlichen Fähigkeiten zugeschnittenen Übungsprogramms. Wenn diese Übungen für Herz und Kreislauf einen Nutzen haben sollen, dann müssen sie ein Ansteigen der Herzfrequenz auf mindestens 150 Schläge/Min. über eine Zeit von wenigstens 30 Min. hervorrufen, Übungen zum Aufwärmen und Abkühlen nicht mitgerechnet. Sie sollten mindestens dreimal wöchentlich, also jeden zweiten Tag, trainieren, aber nicht mehr als 60 Min. pro Tag bzw. sechs Tage in der Woche. Durch Anwendung einer komplexen Formel für Ihren Ruhe-Puls und die Maximalfrequenz bei anstrengender Aktivität kann der Sportarzt eine Ziel- oder ideale Herzfrequenz bestimmen, die Sie bei jeder Übungsfolge einhalten sollten.

Wie kann ich meine Übungstoleranz ohne therapeutische Anleitung bestimmen?

Sie können Ihre Belastbarkeitsgrenze leicht selber bestimmen, wenn Sie ein paar Grundregeln verstehen und anwenden. Der Puls ist ein grobes Maß dafür, wieviel Sauerstoff und Nährstoffe Ihr Herz momentan durch Ihren Körper pumpt. Das Messen des Pulses geschieht einfach, indem Sie Zeige- und Mittelfinger unmittelbar auf die Unterseite des Handgelenks an der Daumenseite legen. Er kann auch am Hals, direkt unter dem Kiefergelenk, gemessen werden. (Geben Sie acht, daß Sie an dieser Stelle nicht zu fest drücken, weil Sie sonst den Blutstrom hemmen und Schwindel verursachen können.) Wenn Sie 10 Sek. lang die Pulsschläge zählen und dann mit 6 multiplizieren, erhalten Sie die Anzahl Ihrer Herzschläge pro Minute. Den Ruhe-Puls bestimmen Sie am besten morgens vor dem Aufstehen. Dies ist eine wichtige Messung, die Ihnen sagt, wie schwer Ihr Herz arbeitet, um Sie am Leben zu erhalten. Während der durchschnittliche Ruhe-Puls bei Frauen zwischen 78 und 84 /Min. liegt, ist ein Ruhe-Puls von weniger als 50 bei Läuferinnen und anderen durchtrainierten Sportlerinnen nichts Ungewöhnliches. Sie müssen sich der Tatsache bewußt sein, daß der Ruhe-Puls während der Schwangerschaft um 10 bis 15 Schläge/Min. ansteigt. Er kann auch nach einer Mahlzeit höher sein und besonders, wenn Sie Tee oder Kaffee getrunken haben. Starke Gefühlsreaktionen, Fieber und Geschlechtsverkehr erhöhen den Puls ebenfalls.

Der Puls, der unmittelbar nach Beendigung einer Übung gemessen wird, ist Ihre Belastungsfrequenz. Die maximale Herzfrequenz (MHF) ist die höchste während einer Übung erreichbare Herzfrequenz. (Die MHF steht in direktem Zusammenhang mit dem Alter, und je älter man wird, um so niedriger sollte die MHF sein.) Es ist gefährlich und unklug, sich während der Schwangerschaft bis zur Erschöpfung anzustrengen, um die MHF zu bestimmen. Sie können sie auch mit Hilfe einer Formel errechnen: *220 Schläge/Min. minus Anzahl der Jahre ist gleich angenommene MHF.*

Sie sollten sich nicht vornehmen, während der Übungen Ihre MHF zu erreichen. Streben Sie vielmehr Ihre Ziel-Herzfrequenz an, das ist die Frequenz, die ein genügendes Maß an Übungen möglich macht, wobei Ihr Kreislauf und Ihre Atmung wirkungsvoll angeregt werden. Je nach Ihrer früheren körperlichen Verfassung dürfte das zwischen 60 und 85% Ihrer MHF betragen. Eine Frau in schlechter körperlicher Verfassung darf eine Ziel-Herzfrequenz von 70% nicht überschreiten. Für Ihr kardiovaskuläres System ist es am vorteilhaftesten, wenn Sie ungeachtet Ihrer körperlichen Verfassung diese Zielfrequenz für mindestens 30 Min. pro Übungsfolge beibehalten. Tabelle 2 zeigt die Ziel-Herzfrequenz auf, die Sie aufgrund Ihrer körperlichen Kondition anstreben sollten.

Tabelle 2 Ziel-Herzfrequenz für Frauen aufgrund ihrer körperlichen Kondition

Ziel-Herzfrequenz (in % von MHF)	
60%	– Neue Teilnehmerinnen an dem Programm, die vorher nie geübt haben
70%	– Wer länger als fünf Wochen zweimal wöchentlich an einem Kreislauftraining teilgenommen hat
80%	– Wer regelmäßig an einem Kreislauftraining teilgenommen hat
85%	– Sportlerinnen mit guter Kondition

Tabelle 3 ist eine Aufstellung der ungefähren MHF in bezug auf das Alter als auch der entsprechenden Ziel-Herzfrequenz für Frauen mit guter und mit schlechter Kondition.

Die Fähigkeit zum Trainieren läßt ge-

Tabelle 3 Maximale Herzfrequenz und angenommene Ziel-Herzfrequenz bei Frauen aufgrund ihrer körperlichen Verfassung

Alter	MHF/min	MHF/10 sec	Ziel-Herzfrequenz keine Kondition (60% MHF für 10 sec)	Ziel-Herzfrequenz gute Kondition (85% MHF für 10 sec)
20–25	200	33	20	28
26–30	190	32	19	27
31–35	185	31	18	26
36–40	180	30	18	25
41–45	175	29	17	25
46–50	170	28	17	24

wöhnlich im Laufe der ersten drei Schwangerschaftsmonate beträchtlich nach. Das geht auf Übelkeit, Erbrechen und allgemeines Unwohlsein zurück, die im ersten Drittel so häufig auftreten. Seien Sie nicht enttäuscht, denn nach dem dritten Monat erreichen Sie konditionsmäßig beinahe den gleichen Stand wie vor der Schwangerschaft. Ungeachtet Ihrer körperlichen Kondition sind Sie gut beraten, wenn Sie in den ersten drei Monaten etwas zurückhaltend sind.

Auswirkungen von körperlichem Training auf die Schwangerschaft

Stimmt es, daß sich körperlich trainierte Frauen mit Schwangerschaft und Wehen leichter tun als Frauen, die sich körperlich nicht viel bewegen?

Obwohl im allgemeinen angenommen wird, daß gut trainierte Frauen mit den Wehen besser zurechtkommen als diejenigen, die sich körperlich nicht soviel bewegen, ist es wissenschaftlich nicht erwiesen. Die wenigen veröffentlichten Studien sind widersprüchlich. 1974 berichtete das *American Journal of Obstetrics and Gynecology* von der Arbeit zweier Forscher an der University of California in San Diego, die 54 Frauen zwischen der 35. und 37. Schwangerschaftswoche mit einem Ergometer-Fahrrad getestet haben. Als Dauer der Schwangerschaft, Komplikationen, Gesundheit und Gewicht ihrer neugeborenen Babys verglichen wurden, schnitten überraschenderweise die Frauen mit der schlechtesten Fitnesspunktzahl ebenso gut ab wie die körperlich trainierten. Auch war die Länge der Wehen bei den Frauen, die ihr erstes Kind bekamen, in den beiden Gruppen kaum unterschiedlich. Die Wehen der Frauen, die bereits geboren und die körperlich trainiert hatten, waren jedoch bedeutend kürzer.

Kann zuviel Bewegung am Anfang der Schwangerschaft eine Fehlgeburt auslösen?

Nein. Nach einer Fehlgeburt haben die Frauen oft Schuldgefühle, weil sie zuviel Tennis gespielt haben oder zu viele Kilometer gejoggt sind – oder über einen längeren Zeitraum gestanden haben oder gegangen sind. Dies sind Ammenmärchen. Untersuchungen abgegangener Feten zeigen deutlich, daß ein sehr hoher Prozentsatz anomal entwickelt ist oder schwerwiegende chromosomale Defekte hat.

Kann sich zuviel Bewegung nachteilig auf die Schwangerschaft auswirken?

Man hat festgestellt, daß durch übermäßige Bewegung das sauerstoffhaltige Blut bevorzugt in Muskulatur und Haut geleitet wird – auf Kosten der Gebärmutter. Es gibt zwar keine Untersuchungen darüber, wie angestrengt eine Frau unbedenklich trainieren kann, ohne die Blutversorgung ihrer Gebärmutter zu gefährden; man weiß jedoch, daß längere Minderdurchblutung dazu beiträgt, daß eine Frau ein kleineres Baby zur Welt bringt. Es wäre daher unklug, über das gewohnte Maß hinaus zu trainieren.

Erhöhte Körpertemperatur (Hyperthermie) ist ebenfalls ein Problem, das durch übermäßige Bewegung verursacht werden kann (siehe Frage zu erhöhter Körpertemperatur durch Bewegung, heißes Duschen oder Dampfbäder, S. 55).

Glücklicherweise kommt man in der Gynäkologie immer mehr davon ab, Schwangerschaft als einen krankhaften Zustand zu behandeln. Die Einnistung eines gesunden Eis in die Gebärmutterschleimhaut ist sehr fest; das Ei löst sich nicht so leicht. Das können Millionen Frauen bestätigen, die (vor der Legalisierung des Schwangerschaftsabbruchs) stundenlang auf und ab gehüpft sind und auf diese Weise versuchten, ihre unerwünschte Schwangerschaft loszuwerden.

Kann ein Schlag auf den Unterleib oder ein Sturz eine Fehlgeburt verursachen?

Vor der zwölften Schwangerschaftswoche, von der letzten Periode an gerechnet, steht die Gebärmutter nicht über die Höhe der Schambeinfuge hinaus (siehe S. 45). Bis zu diesem Zeitpunkt kann sie nicht durch einen Schlag auf den Unterleib verletzt werden, und Sportarten wie Gymnastik oder sogar Wettkampf-Skilauf können ohne weiteres betrieben werden. Nach der 12. Schwangerschaftswoche hebt sich die Gebärmutter weit genug, daß man sie ertasten kann. In diesem Stadium ist die Möglichkeit einer Gebärmutterverletzung durch einen direkten Schlag zwar größer, aber immer noch unwahrscheinlich. Eine Verletzung des Fetus ist noch weniger wahrscheinlich, weil das Fruchtwasser wie ein schützendes Kissen wirkt. Dennoch ist es vermutlich das beste, Sportarten zu vermeiden, bei denen ein direkter Schlag auf den Unterleib vorkommen könnte. Viele Frauen empfinden das Training nach dem fünften Monat als unangenehm, weil die Gebärmutter sich zusehends vergrößert und beim Laufen auf und ab hüpft. Diese Art von Bewegung ist jedoch nicht schädlich für das Baby.

Ihr Risiko, sich während sportlicher Aktivitäten zu verletzen, steigt mit fortschreitender Schwangerschaft. Egal, wie beweglich Sie sind, Sie werden mit jedem Monat weniger flink, und jede Betätigung, bei der Sturzgefahr besteht, sollten Sie meiden.

Kann sich die Anstrengung bei sportlichen Wettkämpfen nachteilig auf meine Schwangerschaft auswirken?

Das »Triumphgefühl des Sieges und die Qual der Niederlage« haben immer wieder zur Glorifizierung des Sports geführt. Aber der Stress bei intensivem sportlichem Wettkampf kann für die Entwicklung des Fetus schädlich sein. Unter emotionalem Stress, einerlei welcher Ursache, schüttet der Körper größere Mengen chemischer Stoffe aus, sogenannte Katecholamine. Gesteigerte Katecholaminwerte haben eine verringerte Versorgung der Gebärmutter mit Blut zur Folge, was für den Fetus wiederum eine verminderte Sauerstoffzufuhr bedeutet. In einer Untersuchung aus dem Jahr 1970 wurde festgestellt, daß von 150 gesunden schwangeren Frauen, die ihr erstes Baby bekamen, ängstliche Mütter Kinder mit niedrigerem Geburtsgewicht zur Welt brachten. In einem 1979 veröffentlichten Bericht stellten englische Ärzte fest, daß 67% der Frauen, die zwischen vier und sieben Wochen vor dem errechneten Termin entbunden hatten, unter starkem seelischem Stress gestanden hatten, was die Wehen vorzeitig ausgelöst haben könnte. Von den Frauen, die noch früher entbunden hatten, berichteten 84%, daß sie vor dem Einsetzen der Wehen schweren seelischen Traumen ausgesetzt waren. Zum Vergleich: Nur 43% der Frauen, die voll ausgetragene Babys zur Welt brachten, hatten vor den Wehen unter starker seelischer Spannung gestanden. Andere Forscher haben einen unmittelbaren Zusammenhang zwischen Angstzuständen und vorzeitigen Totgeburten festgestellt. In gewisser Weise scheinen einige dieser Studien den Volksglauben zu unterstützen, daß eine schwangere Frau, die erschrickt oder große Angst hat, »ihr Baby verlieren« kann. Aufgrund dieser Berichte ist die schwangere Sportlerin am besten beraten, wenn sie den Sport genießt, aber nicht unbedingt danach strebt zu siegen.

Kann erhöhte Körpertemperatur durch Sport, heißes Duschen oder Dampfbäder Mißbildungen hervorrufen?

Es gibt keinen endgültigen Beweis, aber es sind etliche beunruhigende Artikel erschienen, in denen vermutet wird, daß Frauen, die im ersten Schwangerschaftsdrittel sich so verausgaben, daß sie sich überhitzen, das Risiko eingehen, Nachkommen mit Defekten des Zentralnervensystems zur Welt zu bringen. Eine Reihe von Rückenmarkanomalien und die fehlerhafte Entwicklung von Hirn und Schädel der Frucht könnten mit einer länger anhaltenden erhöhten Körpertemperatur (Hyperthermie) der Mutter zusammenhängen. Die kritischste Zeit für das Entstehen dieser Anomalien scheinen die dritte, vierte und fünfte Schwangerschaftswoche zu sein, aber es wird auch von Anomalien berichtet, die nach einer Hyperthermie in der 14. Woche auftraten. Die normale Körpertemperatur beträgt 37 °C, und ein Ansteigen über 38,9 °C scheint mit Anomalien zusammenzuhängen. Außerdem ist zwischenzeitliches hohes Fieber nicht so bedrohlich für die Frucht wie anhaltend erhöhte Temperatur.

Bei manchen Marathonläufern tritt erhöhte Temperatur bis hin zu hohem Fieber auf, aber es wurde noch keine objektive Studie über die Nachkommen von Marathonläuferinnen durchgeführt.

Jede Hyperthermie kann ungeachtet ihrer Ursache jeweils dieselben Anomalien bewirken. In einer Studie wurde berichtet, daß 7 von 63 Frauen, die Kinder mit Anenzephalie (Fehlen von Hirn und Schädel) zur Welt gebracht hatten, am Anfang der Schwangerschaft hohes Fieber gehabt hatten. Bei den meisten war das Fieber infolge Virus- bzw. Bakterieninfektionen aufgetreten, aber die Körpertemperatur zweier Frauen war möglicherweise mehrmals erhöht gewesen, weil sie in der Sauna gewesen waren. Ärzte aus Dartmouth und von den University of Washington Medical Schools berichteten 1981, daß hyperthermiegeschädigte Kinder ähnlich geartete Gesichtsdeformationen und

Störungen des Zentralnervensystems aufwiesen. Geistesgestörtheit, schlaffe Muskulatur, anomal kleine Schädelknochen um Auge, Nase und Ohr sowie Gaumen- und Lippenspalte wurden beobachtet. In einer australischen Untersuchung an 602 Babys, die mit Defekten des Zentralnervensystems geboren wurden, stellten die Forscher bei im Frühling geborenen Kindern eine um 26% höhere Quote fest als bei den Babys einer Kontrollgruppe, die in anderen Jahreszeiten geboren waren. Im Herbst geborene Babys wiesen eine um 28% niedrigere Quote auf. Dr. Gordon Parker vermutete, daß dieser jahreszeitliche Unterschied durch mütterliche Hyperthermie zustande kam, die natürlich mit größerer Wahrscheinlichkeit auftritt, wenn die ersten drei Schwangerschaftsmonate im Sommer liegen, und er riet seinen Patientinnen, anstrengende Übungen bei heißem Wetter zu vermeiden, in den ersten drei Schwangerschaftsmonaten nicht in die Sauna zu gehen und bei Krankheiten, die hohes Fieber verursachen, die Temperatur niedrig zu halten. Es ist interessant, daß kürzlich Aspirin zum Sündenbock für bestimmte angeborene Mißbildungen gemacht wurde (siehe Kapitel 7). Dr. Parker weist darauf hin, daß Fieber und nicht Aspirin die Ursache für diese Störungen sein könnte.

Es wurden bis jetzt keine Höchstgrenzen für die Dauer eines heißen Bades oder eines Saunaaufenthalts während der Schwangerschaft festgesetzt. Eine Gruppe Ärzte hat jedoch empfohlen, daß eine Frau 15 Min. in einem Bad von 39 °C oder 10 Min. in einem Bad von 41 °C bleiben kann, ohne zu riskieren, daß ihre Körpertemperatur über den kritischen Wert von 38,9 °C ansteigt. Bei Saunabädern dauert es länger, bis die kritische Grenze erreicht ist, weil hier Verdunstung und Feuchtigkeitsniederschlag eine Rolle spielen. Das mag erklären, warum es in Finnland, wo der Saunaaufenthalt werdender Mütter gewöhnlich auf 6 bis 12 Min. begrenzt ist, keinerlei mit Hyperthermie verbundenen Mißbildungsprobleme gibt.

Solange nicht mehr Beweise zur Verfügung stehen, möchte ich schwangeren Frauen dringend raten, keine sehr heißen Bäder oder Duschen zu nehmen und während der kritischen Entwicklungszeit des Zentralnervensystems Sauna und Dampfbäder zu meiden. Die Temperatur im Dampfbad beträgt durchschnittlich 40 °C bis 55 °C, und die durchschnittliche Aufenthaltszeit liegt zwischen 5 und 20 Min. Einige Forscher haben festgestellt, daß die Rektaltemperatur im Dampfbad von den normalen 37 °C auf 37,6 °C bis 40 °C ansteigt, je nach Temperatur und Feuchtigkeit sowie Aufenthaltszeit. In einem Fall von Mißbildung des Zentralnervensystems, die auf Dampfbadaufenthalt zurückging, hatte eine Frau viermal in der fünften Woche nach der Empfängnis jeweils 45 Min. dort zugebracht. Bei einem dieser Aufenthalte war das Dampfbad 43 °C heiß gewesen.

Wie wirkt sich Sport auf Labortests aus?

Nach hartem Training können einige wichtige Bluttests vorübergehend verändert ausfallen. Diese Werte normalisieren sich gewöhnlich innerhalb von

48 Stunden wieder. Wenn ein Bluttest erhöhte Serumaktivität von drei wichtigen Enzymen anzeigt – man bezeichnet diese Enzyme mit den Kürzeln LDH, GOT und CPK –, dann ist das für die Diagnose einer Vielzahl von Krankheiten ein wichtiger Hinweis. Alle diese Werte sind aber auch unmittelbar nach anstrengendem Training extrem hoch. Messungen des Harnsäurespiegels im Blut helfen bei der Diagnose und Behandlung von Präeklampsie (Schwangerschaftstoxikose) im letzten Schwangerschaftsdrittel. Doch auch intensive körperliche Aktivität kann die Harnsäurewerte ansteigen lassen. Eine weitere mit Sport verbundene Veränderung ist eine Verminderung des Hämoglobingehalts im Blut (des Farbstoffs der roten Blutkörperchen). Das liegt daran, daß das Gesamtvolumen des Blutplasmas im Verhältnis zur Anzahl der roten Blutkörperchen zunimmt. Infolgedessen kann ein Arzt den falschen Eindruck gewinnen, daß eine schwangere Läuferin anämisch (blutarm) ist, obwohl die Anzahl ihrer roten Blutkörperchen in Wirklichkeit nicht abgenommen hat.

Nichtschwangere Frauen, die keine Periode haben (Amenorrhö) und hart trainieren, haben einen niedrigen Östrogen-Spiegel. FSH (*F*ollikel*s*timulierendes *H*ormon) und LH (*L*uteinisierendes *H*ormon) sind die zwei für den Eisprung zuständigen Hirnanhanghormone. Ersteres ist bei Läuferinnen niedrig und letzteres ungewöhnlich hoch. Testosteron, Cortison und Prolaktin sind drei wichtige Hormone, deren Werte unmittelbar nach dem Laufen erhöht sind. Nach einer Ruhezeit von zwölf Stunden werden die Werte jedoch wieder normal. TSH (*t*hyreo*s*timulating *h*ormone) wird von der Hirnanhangdrüse freigesetzt und regt die Schilddrüse zur Ausschüttung ihrer Hormone an. Man hat bei Läuferinnen mit Amenorrhö erniedrigte Werte von TSH festgestellt, hat dies aber nicht mit einer Schilddrüsenunterfunktion in Verbindung gebracht.

Was ist das Karpaltunnel-Syndrom?

Der Karpaltunnel ist eine Engstelle im Bereich des Handwurzelknochens, durch welche der Hauptnerv zur Hand verläuft, der sogenannte Medianus (Mittelarmnerv). Als Karpaltunnel-Syndrom bezeichnet man Brennen, Schmerzen, Steifheit, Taubheit und Kribbeln in den Händen, die auftreten, wenn der Mittelarmnerv durch die ihn umgebenden Bänder im Handgelenk komprimiert wird. Es kann aus verschiedenen Krankheitsbildern hervorgehen, kommt aber auch in der Schwangerschaft häufig vor, wenn eine durch Ödeme verursachte Schwellung der Hände und Handgelenke den Medianus zusammendrückt. Bei 10% aller schwangeren Frauen finden sich Symptome des Karpaltunnel-Syndroms. Das hängt oft mit sportlicher Betätigung zusammen und wird durch Aktivitäten begünstigt, die eine hohe, bzw. sich ständig wiederholende Belastung der Handgelenke mit sich bringen. Viele Schwangere, die angeln gehen und Tennis oder Golf spielen, werden feststellen, daß die Symptome gegen Ende des Tages zunehmen. Andere Frauen wachen mitten in der Nacht auf und schütteln ihre »eingeschlafenen« Hände. Gelegentlich kann

der Schmerz bis in den Ellbogen oder sogar in die Schultern ausstrahlen.
Weil das Karpaltunnel-Syndrom in der Schwangerschaft gutartig ist und nach der Entbindung wieder abklingt, ist ein korrigierender Eingriff selten angezeigt. Von den vielen sogenannten Heilmitteln für diese Beschwerden ist das beste, Tätigkeiten zu vermeiden, die ständig sich wiederholende Handbewegungen erfordern. Eine durch einen Orthopäden angelegte und dem Handgelenk angepaßte Schiene bringt bedeutende Erleichterung. Wenn nur eine Hand betroffen ist, schläft man am besten auf der anderen Seite. Eine salzarme Diät hilft Handschwellungen (Ödeme) zu beseitigen, ebenso ein mildes harntreibendes Mittel (»Wassertabletten«). Harntreibende Mittel sollten während der Schwangerschaft zwar möglichst nicht verordnet werden, aber ein Karpaltunnel-Syndrom ist einer der wenigen Fälle, wo die Vorteile die Nachteile bei weitem überwiegen.

Was ist Hämaturie, und wie hängt sie mit körperlicher Erschöpfung zusammen?

Hämaturie ist ein anomaler Zustand, wo sich rote Blutkörperchen im Urin befinden. Wenn es viele sind, färbt sich der Urin rot. Sind es nur wenige, bleibt der Urin von klarer gelber Farbe, aber die roten Blutkörperchen können durch eine mikroskopische Urinanalyse trotzdem entdeckt werden. Außerdem fallen Schnelltests zum Nachweis von Eiweiß im Urin positiv aus, wenn rote Blutkörperchen beigemengt sind. Zwar deutet die Anwesenheit von roten Blutkörperchen im Urin oft auf ernste Erkrankungen der Harnwege wie Steine, Infektionen, oder gar maligne Prozesse (Krebs) hin, aber im Zusammenhang mit sportlicher Betätigung kommt Hämaturie auch häufig vor und ist dann gutartig. Wenn Sie Joggerin sind und Ihr Urintest kurz nach dem Laufen im Hinblick auf rote Blutkörperchen oder Eiweiß positiv ausfällt, gibt es zunächst keinen Grund zur Besorgnis. Lassen Sie den Test aber etwa 48 Stunden später von Ihrem Frauenarzt wiederholen.

Beschränkungen und Vorsichtsmaßnahmen

Für welche Knochen- und Gelenkverletzungen ist die schwangere Sportlerin am meisten anfällig?

Die schwangere Sportlerin erleidet dieselben Knochen- und Gelenkverletzungen wie die nichtschwangere. Allerdings ist die Verletzungswahrscheinlichkeit größer, weil das in der Schwangerschaft produzierte Progesteron die Stabilität der Gelenke herabsetzt.
Die häufigsten Sportverletzungen sind Verstauchungen und Zerrungen. Eine Verstauchung (Distorsion) ist eine Überdehnung oder ein Einreißen der Gelenkkapselbänder, die von Knochen zu Knochen ziehen. Sie entsteht, wenn das Gelenk durch eine unphysiologische Bewegung momentan luxiert (ausgekugelt). Diese Luxation ist keine vollständige. Die Gelenkflächen stellen sich sofort wieder richtig zueinander; man spricht daher nur von einer Subluxa-

tion. Der Begriff Zerrung meint dagegen, daß die Verbindung von Muskel und Knochen, die Sehne, überdehnt und womöglich eingerissen ist. Frauen sind anscheinend besonders anfällig für Verstauchungen der Fußknöchel und der Finger; auch Knieverstauchungen sind bei weiblichen Skiläufern weit häufiger als bei männlichen. Die am häufigsten von unvollständigen Luxationen betroffenen Gelenke sind bei Sportlerinnen Knöchel, Knie, Ellbogen und Handgelenk.

Die beiden Schambeine werden in der Mitte des Schambereichs durch ein starkes Ligament (Band) miteinander verbunden. Diese Stelle heißt Schambeinfuge. Das Ligament erschlafft während der Schwangerschaft unter dem Einfluß von Progesteron, so daß die zwei Knochen beträchtlich auseinanderstehen können. Eine Frau mit einer hochgradigen sogenannten Symphysendehiszenz (Dehnung der Schambeinfuge) kann die Bewegung der Knochen beim Gehen oder bei Übungen, die mit Beinbewegungen verbunden sind, spüren. Gelegentlich kann ein strammer Gürtel die Bewegung der Symphyse einschränken und das unangenehme Gefühl lindern, aber häufig verursacht die Bewegung starke Schmerzen, so daß mit fortschreitender Schwangerschaft alle Aktivitäten eingeschränkt werden müssen.

Inwiefern wird durch die schwangerschaftsbedingten körperlichen Veränderungen die Fähigkeit einer Frau zu sportlicher Betätigung eingeschränkt?

Obgleich fanatische Befürworter von körperlicher Fitness schnell mit dem Hinweis bei der Hand sind, daß Evonne Goolagong Cawley im vierten Monat Profitennis spielte, daß die Skiläuferin Andrea Mead Lawrence 1952 auf der Winterolympiade zwei Goldmedaillen im alpinen Lauf gewann, als sie im dritten Monat war, und daß May Jones im neunten Monat 20 km lief, sind dies ganz und gar ungewöhnliche Ereignisse und brauchen auch von den begeistertsten oder tüchtigsten schwangeren Sportlerinnen nicht nachgeahmt zu werden. Körperliche Aktivität sollte zu jeder Schwangerschaft gehören, aber man muß die natürlichen Veränderungen des Körpers kennen, die Hochleistungen einschränken. Es ist viel vernünftiger, solche, den veränderten physiologischen Gegebenheiten angepaßte Übungen zu absolvieren, statt mit falschem Ehrgeiz sich selbst womöglich zu schaden.

Die wichtigsten Veränderungen während der Schwangerschaft betreffen Herz und Kreislauf. Das Herz-Minutenvolumen, ein Maß für die vom Herzen geleistete Arbeit, steigt im ersten Schwangerschaftsdrittel an. Das zeigt auch Ihr Ruhepuls an, der typischerweise in der Schwangerschaft um 10 bis 15 Schläge/Min. ansteigt. Sie müssen diese Tatsache berücksichtigen, wenn Sie Ihre Pulsreaktion auf anstrengendes Training messen. Bei 90% aller Frauen tritt in der Schwangerschaft infolge der größeren Kreislaufbelastung ein leichtes Herzgeräusch auf. Es ist harmlos und klingt bald nach der Entbindung wieder ab, kann aber den untersuchenden Arzt verwirren, wenn er nicht weiß, daß Sie schwanger sind. Während der Schwangerschaft neigt das zirkulierende Blut leichter dazu, sich in kleinen Gefäßen an der Peripherie zu stauen. Infolgedessen hat bei plötzlichem Wechsel der Körperhaltung, insbesondere des Kopfes, das sauerstoffhaltige Blut eventuell nicht genug Zeit, das Gehirn zu erreichen, was zu plötzlicher Benommenheit und Schwindel führen kann.

Wenn eine Schwangere (7. bis 10. Monat) auf dem Rücken liegt, drückt die vergrößerte Gebärmutter noch mehr als sonst auf die Beckenvenen und die untere Hohlvene (Vena cava), in der das gesamte Blut aus der unteren Körperhälfte zum Herzen zurückfließt. Dieser Rückstau kann zu einem gefährlichen Abfall des Blutdrucks führen, dem sogenannten Cava-Kompressionssyndrom. Deshalb sollten Sie in den letzten vier Schwangerschaftsmonaten nicht längere Zeit auf dem Rücken liegend ruhen oder turnen. Es ist viel besser, wenn Sie auf der linken Seite liegen. In dieser Lage wird die Vena cava nicht mehr zusammengedrückt.

Der Druck in den Beinvenen vergrößert sich während der Schwangerschaft um mindestens das Dreifache. Die Neigung zu Blutstauungen in den unteren Extremitäten im letzten Abschnitt der Schwangerschaft geht allein auf den Druck der vergrößerten Gebärmutter auf die Beckenvenen zurück. Dies ist von großer Wichtigkeit, denn es trägt zu einer weiteren unangenehmen Begleiterscheinung gegen Ende der Schwangerschaft bei: Ödeme (Wassereinlagerungen) im Knöchelbereich. Auch die Entstehung von Krampfadern an den Beinen und der Scham sowie die Vergrößerung von Hämorrhoiden während der Schwangerschaft hängen mit dem venösen Rückstau zusammen. Allerdings ist die Anfälligkeit der einzelnen Frauen für diese Probleme sehr unterschiedlich.

Veränderungen der Atmung treten schon früh in der Schwangerschaft auf und werden häufig als Kurzatmigkeit oder gesteigertes Atmungsbedürfnis empfunden. Man glaubt, daß die vermehrte Atemarbeit darauf zurückzuführen ist, daß das Atmungszentrum im Gehirn durch das Hormon Progesteron angeregt wird. Die Atemfrequenz nimmt etwas zu. In den letzten zwei Schwangerschaftsmonaten kann das Atmen schwieriger werden, weil die vergrößerte Gebärmutter das Zwerchfell anhebt und dadurch die Ausdehnung der Lungen einschränkt.

Gastrointestinale (Magen und Darm betreffende) Veränderungen können eine Schwangere in ihrer körperlichen Bewegungsfähigkeit stark einschränken. Übelkeit und Erbrechen sind morgens gewöhnlich am schlimmsten, halten aber mitunter den ganzen Tag an. Glücklicherweise klingt dieses Symptom meistens gegen Ende des dritten Schwangerschaftsmonats ab. Sodbrennen, eine der häufigsten Beschwerden von schwangeren Frauen, wird durch den Reflux von Magensaft aus dem Magen in den unteren Teil der Speiseröhre verursacht. Starker Speichelfluß ist für manche schwangeren Frauen eine weitere Quelle des Verdrusses. Die Ursache dieser übermäßigen Anregung der Speicheldrüsen ist unbekannt, aber manchen Frauen hilft es, wenn sie den Verzehr stärkehaltiger Nahrungsmittel einschränken.

Die meisten Frauen verspüren am Anfang der Schwangerschaft eine ungewöhnliche Müdigkeit und ein größeres Schlafbedürfnis, und auch Kopfschmerzen treten häufig auf. Die Ursache all dieser Beschwerden ist unbekannt, doch glücklicherweise klingen sie meistens nach dem dritten Monat ab. Sie sind nicht neurotisch, wenn Sie diese Beschwerden haben, und brauchen kein Schuldgefühl zu haben, wenn Sie sich ausruhen, statt zu trainieren, solange diese Symptome andauern.

Der Druck der größer werdenden Gebärmutter auf die Blase kann während der Schwangerschaft zu unfreiwilligem und häufigem Wasserlassen führen. Das ist in den ersten zwölf Schwangerschaftswochen durchaus normal. Nach dem dritten Monat verschwindet dieses Problem, tritt aber erneut auf, wenn sich der Kopf des Kindes im Laufe des letzten Schwangerschaftsmonats ins Becken senkt. In vielen Büchern, die sich mit körperlicher Fitness und Schwangerschaft befassen, wird diese Unannehmlichkeit, die sogar die aktive Teilnahme am Sport unmöglich machen kann, leider zu wenig besprochen.

Die sportlich aktive Schwangere muß sich an tiefgreifende Skelett- und Muskelveränderungen anpassen. Es ändert sich vor allem auch ihr Schwerpunkt, der sich, je nach Gewichtszunahme und entsprechendem vergrößertem Leibesumfang, nach vorne verlagert. Dadurch kann die Geschicklichkeit in Sportarten, die Balance erfordern, wie Gymnastik, Skilaufen und Tauchen, beeinträchtigt werden. Die meisten schwangeren Frauen haben mehr oder weniger starke Rückenschmerzen. Diese treten in geringerem Maße nach großer Anstrengung oder Ermüdung sowie ausgedehntem Bücken, Heben oder Wandern auf. Eine Lordose (eine Vorwärtskrümmung der Wirbelsäule) kann sich durch das Schwererwerden der Gebärmutter verschlimmern. Eine Lordose ist bei manchen Frauen mit einer starken Belastung der Rückenmuskulatur verbunden, die diese statisch schwache Stelle der Wirbelsäule stützt. Um die Muskulatur nicht zu sehr zu beanspruchen, ist es gelegentlich notwendig, alle Aktivitäten einzuschränken, die eine plötzliche Vorwärtsbewegung erfordern. Diese Belastung durch die Haltung setzt gewöhnlich um den fünften Monat herum ein, wird aber spätestens um den siebten Monat herum bemerkt. Bei manchen Frauen tritt eine Erschlaffung der Ligamente ein, welche die beiden Schambeinknochen zusammenhalten. Gehen kann dann sehr schmerzhaft werden. Die Verbindung von Lendenwirbelsäule und Kreuzbein sowie die Ligamente im Beckenbereich erschlaffen bei allen schwangeren Frauen. Man führt das auf die hohen Progesteronspiegel im Serum zurück. Sehr häufig wird das nach dem siebten Monat bemerkt, und Sportverletzungen infolge Bändererschlaffung treten höchstwahrscheinlich nach dieser Zeit auf. Aus diesem Grund empfehlen die meisten Frauenärzte, anstrengende Übungen nach dem siebten Monat einzuschränken.

Das Brustgewebe wird durch hormonelle Veränderungen merklich umgebaut. Wenn auch die schwangere Sportlerin ihre Brüste schützen soll, übersteigt doch die Angst vor einer Brustverletzung bei weitem die tatsächliche Gefährdung. Die Brüste einer Schwangeren sind schwer, drüsenreich und müssen auch bei leichten Übungen ausreichend gestützt werden. Dafür gibt es Spezial-BHs. Ein Hemd kann die Brustwarzen durch Reibung reizen. Das kommt nicht nur bei weiblichen, sondern auch bei männlichen Läufern vor. Warzenabschürfungen können zwar zu einem ernsten Problem werden, weil sich die Brustwarzen im Laufe der Schwangerschaft vergrößern, können aber durch das Tragen von Haftbandagen oder Stilleinlagen beim Laufen gemildert werden. Schwangere Frauen sollen ermutigt werden, Sport zu treiben und ihre körperliche Fitness zu erhalten, aber alle Vorzüge derartiger Aktivitäten gehen verloren, wenn keine entsprechenden Vorsichtsmaßnahmen getroffen werden.

Bei Rückenschmerzen aufgrund einer Schwangerschaftslordose können Sie sich Erleichterung verschaffen, wenn Sie auf einer festen bis harten Matratze schlafen oder einen Lattenrost unter Ihre Matratze legen. Psychoprophylaktische Übungen sind ebenfalls gut zur Linderung von Rückenschmerzen. Ödeme, Schwellungen an Knöcheln und Füßen, sind eine physiologische (normale) Schwangerschaftserscheinung, die durch den Druck der sich vergrößernden Gebärmutter auf die großen Venen im Bauchraum hervorgerufen wird und einen Rückstau in den unteren Extremitäten bewirkt. Er tritt besonders bei warmem Wetter in Erscheinung. Harntreibende Mittel (Diuretika) sollten von Schwangeren möglichst nicht zur Behandlung von Ödemen im Knöchelbereich genommen werden. Ich erwähne sie hier lediglich, weil ich die Einnahme mißbillige und davon abrate. Solche Ödeme gehen wieder zurück, wenn Sie sich für 24 Stunden mit hochgelagerten Beinen auf die linke Seite ins Bett legen. So drückt die Gebärmutter nicht auf die Blutgefäße des Beckens. Das Hochlagern muß vielleicht alle paar Tage wiederholt werden, ist aber viel besser als die Einnahme von Diuretika.

Sport unter extrem heißen und feuchten Bedingungen kann starkes Unwohlsein und Schwindel verursachen, weil der Körper nicht in der Lage ist, sich angemessen abzukühlen. Sportwissenschaftler sagen, daß der Körper sein Bedürfnis nach Flüssigkeit erst anzeigt, wenn er ein bis zwei Liter Wasser verloren hat: Deshalb warten Sie nicht mit dem Trinken, bis Sie durstig sind. Wenn Sie bei heißem Wetter Sport treiben, lautet die Faustregel: Alle 10 bis 15 Min. ¼ bis ½ l Flüssigkeit trinken. Dann sind Sie vor Wasserentzug geschützt. Eisgekühlte Getränke sind am besten, weil sie schneller aufgenommen werden als körperwarme. Im Gegensatz zur landläufigen Meinung ruft das Lutschen von Eiswürfeln keine Krämpfe hervor, vielmehr kann es helfen, Flüssigkeit rasch aufzunehmen. Handelsübliche Getränke und Fruchtsäfte sollten mit der halben oder gar zweidrittel Menge Wasser verdünnt werden, weil der in ihnen enthaltene Zucker Krämpfe verursachen und die Wasseraufnahme des Körpers verlangsamen kann. Nehmen Sie niemals Salztabletten, wenn Sie trainieren, weil diese die Gefahr der Austrocknung erhöhen können.

Starke Transpiration, verbunden mit hoher Luftfeuchtigkeit, macht die schwangere Frau anfällig für lästige Pilzinfektionen (Candida albicans, Soor) in der Scheide. Diese Mykose läßt sich zwar auch während der Schwangerschaft leicht behandeln, kann aber sehr lästig sein. Epidermophytia inguinalis ist eine oberflächliche Pilzinfektion der Haut im Genitalbereich. Sie tritt meistens unter Bedingungen auf, die ein Ansteigen der Feuchtigkeit begünstigen. Früher glaubte man, daß sie nur bei männlichen Sportlern vorkäme, Gynäkologen stellen jedoch diese Beschwerden oft bei ihren körperlich aktiven Patientinnen fest. Die Pilzinfektion geht wieder zurück, wenn man Unterwäsche aus Baumwolle und locker sitzende Jogging-Shorts trägt und Training unter extrem feuchten Bedingungen vermeidet. Ausgedehnte heiße Bäder erhöhen ebenfalls die Schweißabsonderung und sollten vermieden werden. Training bei kaltem Wetter scheint für die Schwangerschaft nicht schädlich zu sein. Aber wenn eine Frau in großen Höhen trainiert, muß sie mit verminderter Sauerstoffversorgung des Fetus rechnen, was vermutlich zur Geburt eines kleineren Babys führt.

Welche medizinischen Gründe hindern eine schwangere Frau daran, aktiv Sport zu treiben?

Wie bereits erwähnt, fragen Sie Ihren Frauenarzt um Rat, bevor Sie während der Schwangerschaft ein Sport- oder Trainingsprogramm beginnen oder fortsetzen. Die Entscheidung, wie aktiv eine Frau sein darf, wenn sie krank ist (z. B. Diabetes oder Herzleiden), ist schwer und kann vielleicht erst nach der Beratung durch einen oder mehrere Spezialisten getroffen werden. So ist maßvoll betriebener Sport beispielsweise oft gut für eine Frau mit Diabetes, zuviel körperliche Aktivität kann dagegen zu schwerwiegenden Stoffwechselstörungen führen. Der Insulinbedarf steigt während der Schwangerschaft stark an, und dies muß zusammen mit vielen anderen Faktoren berücksichtigt werden. Ähnlich erfordert die Behandlung einer herzkranken Frau häufige Beratungen durch einen Herzspezialisten. Obgleich eine vollzählige Aufführung der Vielfalt medizinischer Probleme über den Rahmen dieses Buches hinausgeht, ist es wichtig, daran zu erinnern, daß der Schweregrad vieler Krankheiten aufgrund hormoneller Veränderungen während der Schwangerschaft wechselt. Krankheiten, die jahrelang inaktiv waren, können plötzlich wieder aufflammen, während andere Beschwerden (z. B. Arthritis) merklich zurückgehen.

Komplikationen im Verlauf der Schwangerschaft können ebenfalls eine Einschränkung körperlicher Aktivitäten gebieten. Vaginalblutungen in der zweiten Schwangerschaftshälfte können auf eine falsch sitzende Plazenta hindeuten – z. B. im unteren Uterinsegment (Placenta praevia) – oder die vorzeitige Ablösung der Plazenta (Abruptio placentae) signalisieren. Unter diesen Umständen sollten körperliche Aktivitäten strikt eingeschränkt werden. Frauen mit hohem Blutdruck (Hypertonie) sollten ebenfalls kürzer treten. Gelegentlich können die zur Behandlung von Hypertonie genommenen Medikamente zu Schwindel und Gleichgewichtsstörungen führen. Die schwangerschaftsspezifische Form der Hypertonie heißt Präeklampsie. Frauen mit Präeklampsie brauchen Bettruhe und sorgfältige ärztliche Beobachtung.

In den ersten drei Schwangerschaftsmonaten dürfte sportliche Betätigung die Fehlgeburt kaum beschleunigen. Ganz anders liegt jedoch der Fall nach dem dritten Monat, wenn eine Frau eine Zervixinsuffizienz hat. Sowohl vor einem korrigierenden Eingriff am Muttermund (Zervix) als auch danach muß Sport jeder Art vermieden werden. Eine Schwächung der Ligamente, die die Gebärmutter stützen, kann gelegentlich zu Gebärmuttervorfall führen. Dies kann vor allem bei Frauen der Fall sein, die bereits früher schwanger waren. Der Muttermund kann durch die Scheidenöffnung dringen und ein Pessar notwendig machen, das ihn und die Gebärmutter stützt. Frauen mit starkem Gebärmuttervorfall sollten sich während der Schwangerschaft nicht sportlich betätigen.

Welche Vorsichtsmaßnahmen muß ich treffen, wenn ich Sport treibe?

Die körperlichen Veränderungen während der Schwangerschaft betreffen Herz, Atmung, Körperhaltung und Gewicht. Außerdem erschlaffen die Bänder. Wenn Sie sich all dieser Vorgänge bewußt sind und sie akzeptieren, dann können Sie während der Schwangerschaft unbedenklich und mit Spaß am Sport trainieren. Sie können jede Sportart, die Sie vor der Schwangerschaft betrieben haben, in genau oder fast demselben Maße fortsetzen wie vor der Schwangerschaft (Ausnahmen siehe Fragen zu bestimmten Sportarten).

Übungen, die einen plötzlichen Wechsel der Kopfhaltung erfordern, sollten wegen potentiellen Schwindels vermieden werden, der sich aus den oben beschriebenen kardiovaskulären Schwangerschaftsveränderungen ergeben kann. Denken Sie auch daran, in der zweiten Schwangerschaftshälfte nicht längere Zeit auf dem Rücken zu turnen. Diese Stellung kann nicht nur Ihren Blutdruck senken, sondern auch Ihrem Baby schaden. Während es gut ist, den Kreislauf bis zu einem gewissen Grad zu belasten, ist es unklug, sich über Ihre festgesetzte Ziel-Herzfrequenz hinaus zu verausgaben. Die Bewegung der Beine während der Schwangerschaft – egal bei welcher Sportart – ist gut für den Kreislauf und verbessert den venösen Rückstrom aus den unteren Extremitäten. Wenn Sie anfällig für Krampfadern sind, tragen Sie Stützstrümpfe und -strumpfhosen, das unterstützt den Kreislauf.

Ungeachtet der Sportart, die Sie während der Schwangerschaft betreiben, können Sie das Risiko von Verletzungen der Bänder, Muskeln und Sehnen niedrig halten, wenn Sie vor dem Training geeignete Aufwärm- und Lockerungsübungen machen (siehe S. 90–96). Maximale körperliche Aktivität darf auch nicht abrupt abgebrochen werden, sondern sollte langsam auslaufen. Dieses langsame Abklingen nennt man Abkühlungsphase.

Übungen und Sportarten für die schwangere Frau

Wie wirken sich bestimmte Sportarten auf die Schwangerschaft aus?

Skilanglauf kann für die schwangere Frau eine belebende Übung sein, die sie mit reichlich Sauerstoff versorgt. Wenn Sie eine erfahrene Abfahrtsläuferin sind, wählen Sie einen Abhang, der eine Stufe unter Ihrem normalen Schwierigkeitsgrad liegt; mit anderen Worten, wenn Sie eine geübte Skiläuferin sind, sollten Sie höchstens mittelschwere Abfahrten machen. Viele Unfälle passieren auf vereistem Gelände, deshalb ist es das beste, nur unter optimalen Bedingungen skizulaufen. Auch Zusammenstöße sind häufig; versuchen Sie deshalb vornehmlich an Wochentagen skizulaufen, wenn die Berge weniger bevölkert sind. Vermeiden Sie abruptes Wechseln der Kopfhaltung, was Schwindel verursachen kann. Weil Skilaufen in großer Höhe die Sauerstoffversorgung des Fetus vermindern kann (siehe Kapitel 5), bleiben Sie unter 2000 m über dem Meeresspiegel.

Schlittschuhlaufen sollte kein Problem sein, wenn Sie eine erfahrene Läuferin sind, wenngleich die Verlagerungen Ihres Schwerpunktes zu Balanceschwierigkeiten führen kann. Es ist gut, wenn Sie dicke Kleidung als Puffer gegen Stürze tragen. Knöchel- und Fußödeme, verbunden mit verstärkter Erschlaffung der Bänder, machen Sie anfälliger für Verletzungen an Fuß- und Kniegelenk. Daher ist es besser, während der Schwangerschaft nicht schlittschuhlaufen zu lernen.

Kegeln ist ein Sport, der hinsichtlich Sauerstoffversorgung wenig zu bieten hat. Dennoch ist er eine bei schwangeren Frauen beliebte und ungefährliche Freizeitaktivität.

Das Gehen und die Bewegung beim Golf sind ausgezeichnete Übungen, aber versuchen Sie nicht, während der Schwangerschaft Ihren Golfschwung zu verbessern. Viele schwangere Golfspielerinnen müssen ihren Schwung nach dem fünften Monat drastisch abflachen, um ihren wachsenden Leibesumfang auszugleichen. Golf sollte unbedingt in lose sitzender Kleidung gespielt und an sehr heißen und feuchten Tagen vermieden werden.

Spiele mit Schlägern wie Squash und Tennis stellen für die schwangere Frau ausgezeichnete Übungen dar, die sie mit Sauerstoff versorgen. Wenn Einzelspiele zu anstrengend sind, spielen Sie vielleicht lieber Doppelsquash, Paddeltennis mit kurzem Schläger und Schaumgummiball oder Tennisdoppel. Tenniseinzel verschafft mehr Bewegung als Doppel, erfordert aber erstklassige Kondition. Ich rate meinen Patientinnen, nach dem fünften Schwangerschaftsmonat nur noch Doppel zu spielen.

Einerlei, welchen Sport Sie betreiben, denken Sie daran, es aus Spaß zu tun und nie mit der ungesunden Wettkampfeinstellung, um jeden Preis zu gewinnen. Eine solche Einstellung kann Ihrem Kind wirklich schaden (siehe S. 65 f.).

Welche Sportarten eignen sich am besten für die schwangere Frau?

Es gibt reichlich Beweise, daß dem Kreislaufsystem am besten mit sogenannten Aerobic-Übungen gedient ist. Aerobic bedeutet wörtlich »mit Sauerstoff«, und Aerobic-Übungen sind solche, bei denen eine starke Anreicherung mit Sauerstoff angestrebt wird, der dann an das Zellgewebe abgegeben wird. Aerobic-Übungen bekommen Ihren Lungen gut, weil Sie mit weniger Anstrengung mehr Luft aufnehmen können. Ihr Herz wird gestärkt, weil es mit weniger Schlägen mehr Blut pumpen kann. Zu den Aerobic-Bewegungsarten gehören Wandern, Joggen, Radfahren, Schwimmen, Skilanglauf, Basketball, Squash. Alle diese Sportarten beziehen den ganzen Körper in den rhythmischen und ständigen Bewegungsablauf ein. Schwimmen und Radfahren sind am besten, weil sie gewichtsunabhängig sind, das heißt, Sie müssen dabei Ihr Körpergewicht nicht stützen. Gewichtsabhängige Übungen dagegen verlangen, daß das Körpergewicht gestützt wird. Sie müssen daher mit fortschreitender Schwangerschaft für ein und dieselbe Leistung mehr Kraft aufbringen.

Gemeinschaftssportarten wie Golf, Tennis, Volleyball und Kegeln sind aerobisch nicht so wertvoll wie die oben genannten. Isometrische Übungen, Gewichtheben und Bodenturnen verbessern Kraft und Beweglichkeit, bringen aber aerobisch am wenigsten. Aerobic-Tanzen ist eine reizvolle Alternative zu dem Stumpfsinn einer strengen Turnstunde. Es vereint die graziösen Bewegungen des Tanzes mit den für den Körper wohltuenden Wirkungen aerobischer Übungen. Aerobic-Gymnastik ist vom Aerobic-Tanzen abgeleitet und verbindet Tanz mit Bodenturnen, Muskeldehnungen und Streckübungen.

Welche Sportarten sollten während der Schwangerschaft gemieden werden?

Ausgesprochen gefährlich ist Wasserski. Diesen Sport sollten Sie am besten ganz meiden. Die medizinische Literatur berichtet von etlichen schwerwiegenden Scham- und Scheidenverletzungen sowie Hämatomen (Blutansammlungen), die durch den Schlag von einem Wasserski verursacht wurden. Außerdem hat ein Sturz ins Wasser bei großem Tempo einige Male dazu geführt, daß Wasser rasch durch die Scheide und den Muttermund in Gebärmutter und Eileiter eindrang. Spritzer von diesem Wasser, die ins Becken gelangten, haben Bauchfellentzündungen oder Unterleibsinfektionen verursacht. Außerdem berichtet die medizinische Literatur von einer Frühgeburt bald nach einer unfreiwilligen Scheidenspülung beim Wasserskilaufen. Ungewollte Klistiere infolge eines Sturzes beim Wasserskilaufen kommen ziemlich häufig vor, verursachen aber selten mehr als leichtes Unwohlsein. Es wurde jedoch auch von einer Perforation des Darms infolge eines solchen Unfalls berichtet. Die normalen Badeanzüge, die von den meisten Wasserskiläuferinnen getragen werden, lassen zu, daß Wasser unter hohem Druck in Mastdarm und Scheide eindringt. Wenn Sie trotz gegenteiliger Ratschläge Wasserski laufen wollen, ist es viel sicherer, statt eines normalen Badeanzugs

einen Taucheranzug oder eine Gummihose zu tragen.
Sporttauchen erfreut sich großer Beliebtheit, und viele Frauen betätigen sich heute als Sport- oder Berufstaucherinnen oder tauchen zu wissenschaftlichen Zwecken. Die meisten Experten auf dem Gebiet der Tauchmedizin stimmen jedoch darin überein, daß die Schwangerschaft nicht die richtige Zeit ist, um das Sporttauchen zu erlernen. Die Frage, ob es gefährlich ist, während der Schwangerschaft mit Sporttauchen fortzufahren, ist zur Zeit noch unbeantwortet, aber ein 1979 durchgeführter Tierversuch ergab, daß Sporttauchen für den Fetus eventuell gefährlich sein kann. Die Forscher beobachteten die Nabelarterien von Schafsfeten in der Gebärmutter beim Tauchen bei unterschiedlichen Tiefen und Tauchzeiten inklusive Dekompressionsdauer. In größeren Tiefen starben die Schafsfeten an massiven intravaskulären (in den Blutgefäßen) Luftblasen, obgleich die Mütter keine Blasen im Blutkreislauf hatten. Die menschliche Plazenta ist in ihrer Struktur ähnlich wie beim Schaf, und weil Menschen gewöhnlich für die Druckfallkrankheit (Caisson- oder auch Dekompressionskrankheit) anfälliger sind als Schafe, schlossen die Autoren, daß auch der menschliche Fetus dafür anfällig ist. Aufgrund der Ergebnisse dieser Studie sollte also das Tauchen in der Schwangerschaft vermieden werden. Wenn Sie dennoch darauf bestehen zu tauchen, gehen Sie nicht tiefer als 20 m, und bleiben Sie nur kurze Zeit unten. Eine interessante und bis jetzt unerklärliche Beobachtung wurde 1982 veröffentlicht: daß nämlich mit Tauchern verheiratete Frauen mit zweimal größerer Wahrscheinlichkeit ein Mädchen zur Welt bringen als einen Jungen.
Reiten ist ein weiterer Sport, der während der Schwangerschaft besser vermieden werden sollte. Es gibt keine objektiven Studien, die beweisen, daß die schaukelnde Bewegung eines Pferdes dem gut geschützten Fetus abträglich ist, aber abgesehen von der Sturzgefahr ist die schwangere Reiterin anfälliger für eine Sehnenscheidenentzündung des Schenkelmuskels (Adductor longus). Dieser Muskel ist mit der Schambeinfuge verbunden. Symptome für eine Entzündung sind Schmerzen und Druckempfindlichkeit im Vulva-Bereich (Scham). Das sind die häufigsten Beschwerden im Beckenbereich bei nichtschwangeren Reiterinnen. Während der Schwangerschaft schmerzen sie noch mehr, weil die Ligamente schlaffer sind und die Schambeinfuge deshalb nicht mehr so stabil ist.
Im Sportunterricht gesammelte Daten haben ergeben, daß Frauen die meisten Sportverletzungen beim Basketballspielen bekommen, dicht gefolgt von Volleyball und Gymnastik. Die Sportarten, welche die schlimmsten Verletzungen hervorrufen, einschließlich schwerer Brüche, Kopfverletzungen und Verrenkungen, sind Basketball, Hockey, Softball und Gymnastik. Eine Beteiligung an diesen Sportarten während der Schwangerschaft, einerlei wie intensiv, wäre unklug.

Ist kinetisches Turnen für eine schwangere Frau zu empfehlen?

Ja. Kinetik ist eine Sportart, die Bodenturnen, Yoga und isometrische Übungen miteinander verbindet, um dem Körper zu Kraft und Ausdauer zu verhelfen. Laut ihrer Erfinderin Gail Pudaloff ist Kinetik ideal für die Schwangere, die in Form bleiben möchte, aber nicht dieselben anstrengenden und erschöpfenden Sportarten betreiben kann wie Frauen mit besserer Kondition. Kinetische Bewegungen sind nicht schwungvoll und haben zum Ziel, mit einem Minimum an Anstrengung stärkere und festere Muskeln zu entwickeln. Man konzentriert sich auf bestimmte Muskelgruppen und bearbeitet sie Abschnitt für Abschnitt mit langsamen, kleinen, beherrschten Bewegungen. Frau Pudaloff betont, daß richtiges Atmen wichtig ist, wenn kinetische Übungen Erfolg haben sollen. Sie rät den Frauen, tief Atem zu holen, wenn sie bei einer Bewegung die Maximalstreckung erreichen, und die Luft dann für 2 oder 3 Sek. anzuhalten, mit dem Ziel, im Lauf der Zeit 5 Sek. zu schaffen.

Ist Wandern in der Schwangerschaft eine gute Bewegungsübung?

Ja. Eigentlich ist Wandern kein Sport, aber es ist trotzdem eine ausgezeichnete Methode, körperlich fit zu werden, ohne Verletzungen zu riskieren, die beim Joggen auftreten können. Wandern ist besonders für unsportliche Frauen geeignet, für Frauen mit Übergewicht und solche, die viel sitzen. Regelmäßig betrieben, kann Wandern eine übermäßige Gewichtszunahme während der Schwangerschaft verhindern. Bei einer einstündigen Wanderung von 5 km verbraucht eine 145 Pfd. schwere Frau durchschnittlich 285 Kalorien. Eine 110 Pfd. schwere Frau verbraucht dabei ungefähr 215 Kalorien (siehe Kapitel 8). In einem 1980 veröffentlichten Bericht konstatierten Ärzte von der medizinischen Fakultät der Universität von Tel Aviv eine merkliche Verbesserung der körperlichen Fitness innerhalb drei bis vier Wochen, wenn ihre Patientinnen an fünf Tagen in der Woche täglich eine halbe Stunde mit einem Tempo von 5 km/h wanderten und dabei eine 6 Pfd. schwere Last trugen.

Wenn Sie nicht gerade eine ideale Kondition haben und während der Schwangerschaft wandern möchten, fangen Sie unbedingt langsam an. Sie können mit 20 Min. in einem Tempo von 3 km/h beginnen und allmählich bis zu 5 oder 6 km/h auf mindestens eine halbe Stunde steigern. Um ein Höchstmaß an Profit zu erzielen, müssen Sie tüchtig ausschreiten, nicht schlendern, und sollten sich so weit anstrengen, daß Sie Ihre Herzfrequenz auf mindestens 130 Schläge/Min. steigern. Die Fitness kann noch erhöht werden, wenn Sie einen Rucksack, eine Einkaufstasche oder einen Aktenkoffer von 5 bis 12 Pfd. Gewicht tragen.

Wandern ist eine ausgezeichnete Übung – jeder kann mitmachen. Sie können es tun, wann es Ihnen paßt, und es erfordert keine besondere Ausrüstung außer einem Paar guter Schuhe.

Wie wirkt sich Jogging auf Mutter und Kind aus?

In einer sorgfältig durchgeführten Studie der Universität von Hawaii, die 1978 veröffentlicht wurde, hielt Dr. Rudolph H. Dressendorfer die Auswirkungen eines anstrengenden Jogging-Programms auf eine Frau fest, die er vier Jahre lang, zwei Schwangerschaften eingeschlossen, beobachtete. Er stellte keine Störung bei Mutter und Kind fest, obwohl die mütterliche Herzfrequenz mitunter 95% ihrer maximalen Herzfrequenz erreichte. Vielmehr konnte die werdende Mutter durch ein sorgfältig ausgearbeitetes Übungsprogramm ihre maximale Sauerstoffaufnahme und ihre Ausdauer auf ein über dem Normalen liegendes Niveau erhöhen. Obwohl ihr Übungsplan Langstreckenläufe von 10 bis 30 km enthielt, blieb sie die vier Jahre hindurch gesund. Beide Schwangerschaften endeten mit der Geburt von gesunden Kindern, die über 6 Pfd. wogen. Frauen sollten aber aus dieser Studie keine voreiligen Schlüsse ziehen, weil sie nur eine einzige – wenn auch genau beobachtete – Versuchsperson umfaßt.

Anders als Dr. Dressendorfers Versuchsperson laufen die meisten Frauen bescheidene Strecken von 1,5 bis 3 km an mehreren Tagen in der Woche. Die Sicherheit bei diesem Betätigungsgrad wurde in einem Artikel bewertet, der im März 1982 im *American Journal of Obstetrics and Gynecology* erschien. Die Ärzte beurteilten den Zustand der Feten bei sieben schwangeren Frauen, die ungefähr dreimal in der Woche 2 km joggten. Während der letzten drei Schwangerschaftsmonate wurde die Herzfrequenz des Fetus mehrmals vor und unmittelbar nach dem Joggen elektronisch gemessen. Normalerweise, das war auch bei allen sieben Läuferinnen der Fall, liegt sie zwischen 120 und 160 Schlägen/Min. Nach dem Joggen stieg sie auf zwischen 180 und 204 Schläge/Min. an, und es dauerte durchschnittlich 22 Min., bis die Herzfrequenz wieder das Ausgangsniveau erreicht hatte. Ein Test, der aufzeigt, ob der Fetus gefährdet ist (siehe Kapitel 11), wurde ebenfalls vor und unmittelbar nach dem Joggen durchgeführt. Die 30 durchgeführten Tests ergaben ausnahmslos Normalbefunde. Diese Diagnosen wurden bei der Entbindung bestätigt. Die Autoren schlossen daraus, daß es vermutlich ungefährlich ist, wenn werdende Mütter maßvoll joggen; aber sie stellten fest, daß auch ein alternativer und gegensätzlicher Schluß gezogen werden könnte: Die nach dem Joggen gleichbleibende erhöhte fetale Herzfrequenz ist nämlich Ausdruck eines Kompensationsmechanismus, der wiederum womöglich eine Reaktion auf eine bisher unentdeckte Überbeanspruchung des Fetus darstellt.

Es gibt kaum wissenschaftliche Beweise dafür, daß Joggen einer Schwangerschaft guttut. Die meisten Sportmediziner stimmen darin überein, daß Sport, bis zum Stadium der Hyperthermie (stark erhöhte Körpertemperatur) betrieben, im ersten Schwangerschaftsdrittel zu Mißbildungen führen kann (siehe Frage zur Hyperthermie S. 66f.). Angestrengtes Laufen am Ende der Schwangerschaft kann außerdem den Blutstrom in die Beinmuskulatur auf Kosten der

Gebärmutter umleiten, wodurch unter Umständen die Plazenta und letztlich die Frucht zuwenig Sauerstoff erhält. Eine gesunde Frucht wird dadurch wohl kaum in Mitleidenschaft gezogen werden, eine gefährdete allerdings kann erheblichen Schaden nehmen.

Welche körperlichen Probleme können bei einer Joggerin auftreten?

Die Lockerung von Knie- und Fußgelenken während der Schwangerschaft, die vermutlich auf das Ansteigen des Progesteronhormonspiegels in dieser Zeit zurückgeht, macht die schwangere Joggerin anfälliger für Gelenksverletzungen als die nichtschwangere. Schon eine leichte Gewichtszunahme kann ausreichen, um einen Gelenkschaden zu verursachen. Die ständige Hüpfbewegung beim Joggen kann zudem die Bauchmuskeln und Beckenbänder strapazieren. Eine Stützstrumpfhose ist zwar von Nutzen, wichtiger aber ist, daß Sie richtig joggen, um Muskel- und Bänderverletzungen zu vermeiden. Neulinge sollten erfahrene Joggerinnen bitten, ihren Stil zu begutachten und wenn nötig zu korrigieren.

Ödeme (Wassereinlagerungen im Gewebe) insbesondere im Knöchelbereich sind am Ende der Schwangerschaft eine normale Erscheinung, die durch den Druck der vergrößerten Gebärmutter auf die großen Venen im Bauchraum und den daraus resultierenden Rückstau in den unteren Extremitäten verursacht wird. Da Ödeme die Beweglichkeit der Gelenke einschränken, ist die Verletzungswahrscheinlichkeit größer. Wenn eine Schwangere mit Ödemen an Fuß und Knöchel einen Bänderriß hat oder sich den Fuß verstaucht, verläuft die Heilung langsamer, als wenn kein Ödem vorhanden wäre. In solchen Fällen kann es mehrere Monate dauern, bis eine Verstauchung heilt.

Um das Risiko von Knie- und Fußverletzungen niedrig zu halten, sollten Sie gute Jogging-Schuhe tragen und nicht zu lange auf hartem Untergrund laufen. Machen Sie vor dem Laufen ausreichende Aufwärm- und Lockerungsübungen (siehe Übungen S. 90–96), und lassen Sie hinterher eine Abkühlphase folgen.

Allmählich zunehmende Lordose, eine Vorwärtskrümmung der Wirbelsäule, ist ein Hauptproblem der schwangeren Joggerin. Mit zunehmender Vergrößerung der Gebärmutter werden die Rükkenmuskeln bei dem Versuch, eine normale Haltung zu bewahren, mehr und mehr strapaziert. Dieser Zustand macht sich ab dem sechsten Schwangerschaftsmonat besonders deutlich bemerkbar. Bei Rückenschmerzen durch Schwangerschaftslordose können Sie sich Erleichterung verschaffen, indem Sie auf einer festen bis harten Matratze schlafen oder einen Lattenrost unterlegen. Auch psychoprophylaktische Übungen (siehe S. 90) eignen sich dazu.

Bei männlichen wie bei weiblichen Läufern kommt es vor, daß sich die Brustwarzen entzünden, weil durch das Hemd ein ständiger Reiz ausgeübt wird. Bei diesen sogenannten »Joggerwarzen« können Rötungen und Blutungen auftreten. In der Schwangerschaft, wo die Brustwarzen vergrößert sind, kann das zu einem ernsten Problem werden. Wenn Sie einen eigens für Sportlerinnen entwickelten BH und Haftbandagen bzw. Stilleinlagen beim Laufen tragen, müßte die Reizung wieder zurückgehen. Auch das Einschmieren der Brustwarzen mit Vaseline oder ein Schutzverband kann helfen. Außerdem sollten Sie Hemden aus satinartigem, glattem Material tragen, z. B. solche aus synthetischem Stoff.

Es gibt keine wissenschaftliche Bestätigung für die Behauptung, daß Joggen in der Schwangerschaft wesentlich dazu beiträgt, daß sich die Brüste senken und daß Beckenmuskulatur und Gewebe, die Gebärmutter und Blase stützen, geschwächt werden. Dennoch ist allen Frauen zu empfehlen, beim Joggen einen guten, stützenden BH zu tragen, um Brustschmerzen und Prellungen zu vermeiden, die durch zu starkes Auf-und-ab-Wippen der Brüste verursacht werden können.

Entgegen der Behauptung, daß Joggen für die Schwächung des Beckenstützgewebes sowie Gebärmutter- und Blasenvorfall verantwortlich sei, haben amerikanische Gynäkologen bei ihren nichtschwangeren Joggerinnen kein vermehrtes Auftreten von Gebärmutter- und Blasenvorfall festgestellt. Vielmehr wurde berichtet, daß es 25% der Frauen mit Symptomen, die auf Blasenvorfall schließen ließen, besser ging, als sie mit einem Laufprogramm begannen.

Unwillkürlicher Harnabgang bei sportlicher Betätigung, bei der man sein Gewicht tragen muß (z.B. Joggen), kann während der Schwangerschaft durch den Druck der vergrößerten Gebärmutter auf die Blase vermehrt auftreten. Schwangere Joggerinnen sollten beim Laufen eine Einlage tragen. Das Harntröpfeln kann während der Schwangerschaft auch vorkommen, wenn Sie lachen und niesen (aber das ist kein Grund, darauf zu verzichten).

Wenn Sie nach der Entbindung Gebärmutter- oder Blasenvorfall haben, können Sie sicher sein, daß er von Ihrem Kind und nicht durch sportliche Aktivitäten verursacht wurde. Ob bei Ihnen ein solcher Organvorfall auftritt oder nicht, hängt von der Stärke des Bindegewebes und der Muskulatur ab, die Ihre Gebärmutter und Ihre Blase stützt. Viele Frauen verfügen noch nach fünf oder mehr Kindern über eine bessere Beckenstützmuskulatur als manche, die nur ein Kind haben. Vererbung spielt hierbei eine wichtige Rolle: Wenn Ihre Mutter in Verbindung mit Kindergebären einen Uterus- oder Blasenvorfall hatte, ist die Wahrscheinlichkeit sehr groß, daß Sie ihn auch bekommen.

Ist Schwimmen oder Tauchen in der Schwangerschaft ungefährlich?

Frauen äußern oft die Befürchtung, daß beim Schwimmen Wasser in die Scheide eindringen und eine Infektion verursachen könnte, vor allem in den letzten Monaten der Schwangerschaft. Solche Befürchtungen sind grundlos. Das können Sie sich beweisen, indem Sie einen Tampon einführen und sehen, ob er beim Schwimmen naß wird. Der äußere Teil kann zwar ein wenig feucht werden, aber Sie werden feststellen, daß der größte Teil des Tampons trocken bleibt. Durch einen Sprung aus großer Höhe können Wasser und Luft in die Scheide eindringen. Man sollte solche Sprünge daher besser unterlassen. Kopfsprünge sind jedoch, zumindest in den ersten drei Schwangerschaftsmonaten, ungefährlich, weil die Gebärmutter noch nicht über die Schambeinhöhe hinausragt und somit gut geschützt ist. Später sollten Sie dann allerdings keinen Kopfsprung mehr wagen, selbst wenn eine Verletzung Ihres Kindes durch eine unfreiwillige Bauchlandung auf dem Wasser höchst unwahrscheinlich ist, weil das Fruchtwasser, von dem das Baby umgeben ist, den Aufprall dämpft.

Um die Einwirkung von Sporttauchen auf die Schwangerschaft zu ermitteln, wurden 1980 in einer Untersuchung 208 Taucherinnen erfaßt. Man kam zu dem Schluß, daß die Feten von Frauen, die während der Schwangerschaft tauchten, mehr Anomalien erlitten als die Feten von Schwangeren, die nicht tauchten. Besonders gefährlich scheinen tiefe Tauchgänge zu sein, die Dekompressionszeiten erforderlich machen. Aufgrund dieser Studien folgern die meisten Fachleute, daß Tauchen während der Schwangerschaft vermieden werden sollte. Wenn Sie jedoch unbedingt tauchen wollen, sollten Sie nicht tiefer als etwa 20 m gehen und die Dauer eines Tauchgangs kurz halten.

Was trägt man beim Sport?

Was ziehe ich am besten beim Sport an, so daß ich mich wohl fühlen kann und gleichzeitig Verletzungen vorbeuge?

Da Fuß- und Knöchelverletzungen beim Laufen während der Schwangerschaft besonders leicht auftreten können, ist es wichtig, gut gepolsterte, richtig sitzende Jogging-Schuhe zu tragen. Statt in alten Tennisschuhen zu laufen, kaufen Sie lieber Schuhe, die eigens zum Laufen entworfen wurden. Probieren Sie Schuhe beim Kauf immer über Sportsocken aus Baumwolle an, und tragen Sie diese dicken Socken beim Laufen, um Blasenbildung zu vermeiden.

Trotz guten Schuhwerks verletzen viele Joggerinnen sich an Hüften, Knien, Fußknöcheln, Knochen und Muskeln, weil sie beim Laufen die Füße falsch belasten. Diese Fehlstellung, oft als »Plattfüße« mißdeutet, kann durch Spezialeinlagen leicht korrigiert werden. Diese Einlagen beugen auch Marschfrakturen (Ermüdungsbruch) von Bein und Knie sowie Hüftbeschwerden vor.

Gutsitzende Stützstrumpfhosen und -strümpfe tragen zum Rückgang von Fuß- und Knöchelödemen bei und verhindern Blutstauungen (Krampfadern) in den Beinvenen.

Zur Vorbeugung gegen Pilzinfektionen im Genitalbereich (siehe Kapitel 6) sollten Sie Baumwollschlüpfer oder Schlüpfer mit Baumwolleinlagen tragen.

Ein Umstandsgürtel gibt dem größer werdenden Bauch der Schwangeren beim Turnen zusätzlichen Halt.

Wegen der hormonellen Veränderungen, die die Brüste erheblich größer werden lassen, ist ein gut stützender BH unbedingt erforderlich. Untersuchungen haben gezeigt, daß normale BHs für Sportlerinnen, insbesondere für schwangere, unzureichend sind. Die Hersteller haben seit einiger Zeit extra gut stützende »Sport-BHs« auf den Markt gebracht. Wählen Sie einen, der nicht zu stramm ist, so daß er die Brustbewegung begrenzt, aber das Gewebe nicht einschnürt. Dr. Christine Haycock, eine Ärztin, die auf diesem Gebiet geforscht hat, empfiehlt, bei der Anprobe eines BHs auf und ab zu springen. Ein richtig sitzender BH erlaubt ein leichtes Hüpfen der Brüste ohne Schmerzen. Vergewissern Sie sich unbedingt, daß alle Metallverschlüsse verdeckt sind, damit sie nicht scheuern, und daß die Nähte gepolstert sind. Dr. Haycock empfiehlt nichtelastische Träger. Die Träger sollten breit sein, damit sie weder rutschen noch einschneiden. Der Rücken muß breit sein und tief sitzen, um ausreichend zu stützen. Aus mehreren Teilen zugeschnittene BHs sind besser als solche aus einem Stück. BH-Körbchen aus reiner Baumwolle sind solchen aus Kunstfaser vorzuziehen, weil sie den Schweiß am besten aufsaugen und weniger scheuern. Manche Frauen mit großen Brüsten ziehen BHs mit Drahtbügeln vor. Solche Büstenhalter sind jedoch nicht zu empfehlen, weil sie einschneiden können.

Wassersport

Welche Wassersportarten sind für Schwangere am besten geeignet?

Ungeachtet Ihrer Fähigkeiten werden Sie von den positiven aerobischen Wirkungen beim Schwimmen während der Schwangerschaft profitieren. Wenn Sie in einem Schwimmbecken Bahnen schwimmen, ist es wichtig, daß Sie Ihr Tempo mäßigen und sich nicht bis zur Erschöpfung verausgaben. Selbst als Nichtschwimmerin oder als schlechte Schwimmerin können Sie Wasserübungen für schwangere Frauen machen. Die Übungen sind leicht und strengen Muskeln, Sehnen und Bänder nicht an. Unten finden Sie ein Schwangerschafts-Schwimmprogramm.

Schwangerschafts-Wasserübungen
1. Aufwärmen

a) Laufen Sie in brusthohem Wasser, die Hände auf den Schultern, in einem großen Kreis; laufen Sie in der Gegenrichtung zurück.
b) Stellen Sie sich in brusthohes Wasser. In leichter Grätschstellung schieben Sie mit ausgestreckten Armen das Wasser mit beiden Händen von einer Seite auf die andere. Greifen Sie mehrmals nach oben in die Luft.
c) Strecken Sie die Arme seitlich aus, und kreisen Sie, zuerst mit den Fingern, dann mit den Händen, Unterarmen und den ganzen Armen. Wechseln Sie die Richtung. Zum Schluß schieben Sie wieder das Wasser von einer Seite auf die andere.
d) Laufen Sie zum Beckenrand.

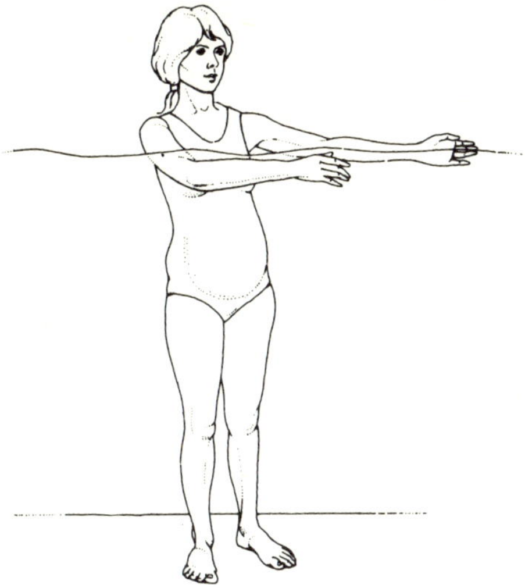

Aufwärmen

2. Taille

Stellen Sie sich breitbeinig hin, halten Sie sich mit einer Hand am Beckenrand fest. Führen Sie die andere Hand über den Kopf, und machen Sie zehn Seitenbeugen. Dasselbe nach der anderen Seite.

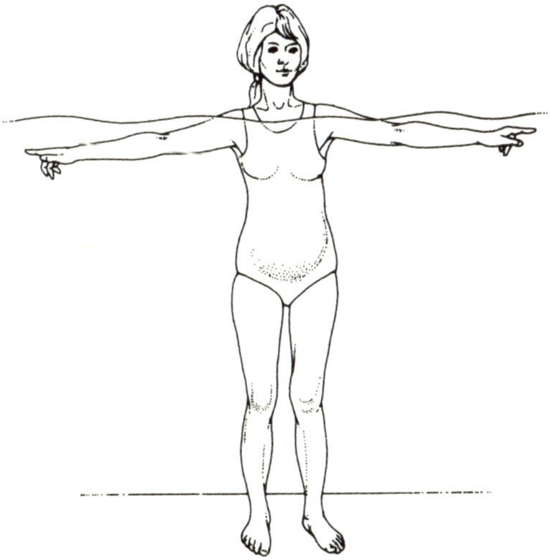

Aufwärmen

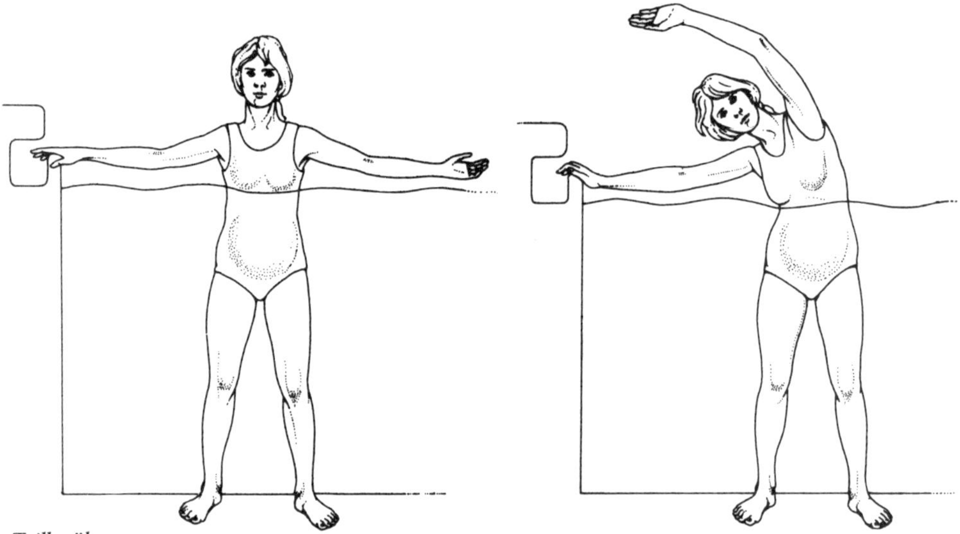

Taillenübungen

3. Becken und Schenkel

Halten Sie sich mit der rechten Hand und dem Unterarm am Beckenrand fest, strecken Sie den linken Fuß nach vorn aus, so daß er die Wand berührt, führen Sie ihn zur Seite, nach hinten, nach unten und wieder hinauf zur Wand. Zehnmal. Stellen Sie denselben Fuß an die Wand, und greifen Sie zehnmal an Ihren Fuß. Drehen Sie sich um, und wiederholen Sie die Übung mit dem anderen Fuß.

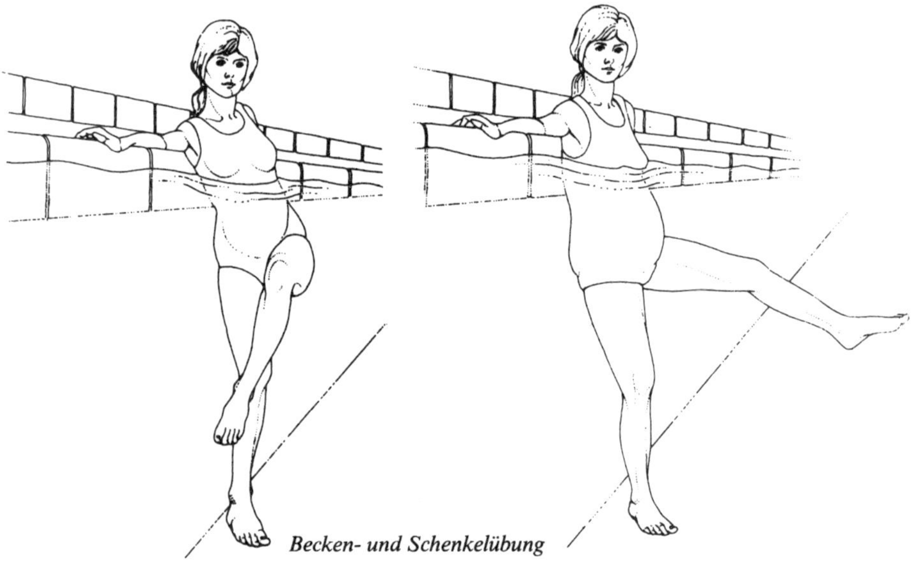

Becken- und Schenkelübung

4. Allgemeine Ausdauer
Gehen Sie in einem großen Kreis, und machen Sie dabei Kraulbewegungen mit den Armen. Gehen Sie in der Gegenrichtung zurück.

5. Beinmuskeln und Becken

a) Hängen Sie sich am Beckenrand ein, und machen Sie mit den Beinen Radfahrbewegungen vorwärts. Dann mit den Knien nach auswärts. Dann rückwärts. Um Krämpfe zu vermeiden, strecken Sie die Zehen nicht aus.

Beinmuskel- und Beckenübung

b) Gehen Sie in einem großen Kreis, und machen Sie dabei mit den Armen Brustschwimmbewegungen; gehen Sie in der Gegenrichtung zurück.

6. Bauch

a) Hängen Sie sich am Beckenrand ein, den Rücken dicht an der Wand, heben Sie dann beide Beine vorwärts hoch. Spreizen Sie die Beine, führen Sie sie zusammen und nach unten. Den Rücken immer noch dicht an der Wand, heben Sie die Beine, beugen Sie die Knie, strecken Sie die Beine aus, und senken Sie sie langsam. Wiederholen Sie beide Übungen fünfmal.

b) Gehen Sie in einem großen Kreis, und bewegen Sie dabei die Arme wie beim Schmetterlingsschwimmen. Gehen Sie in der Gegenrichtung zurück.

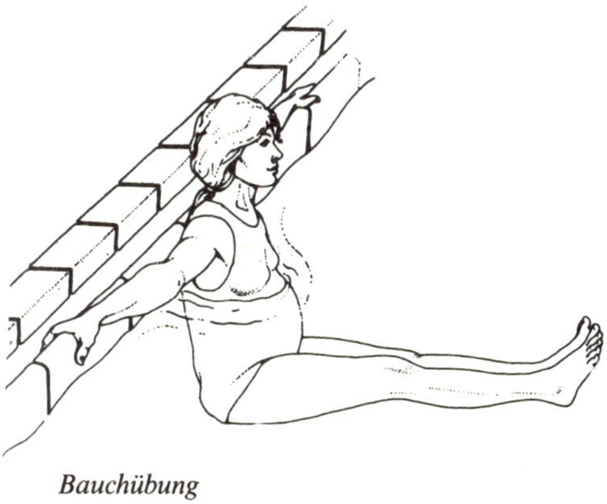

Bauchübung

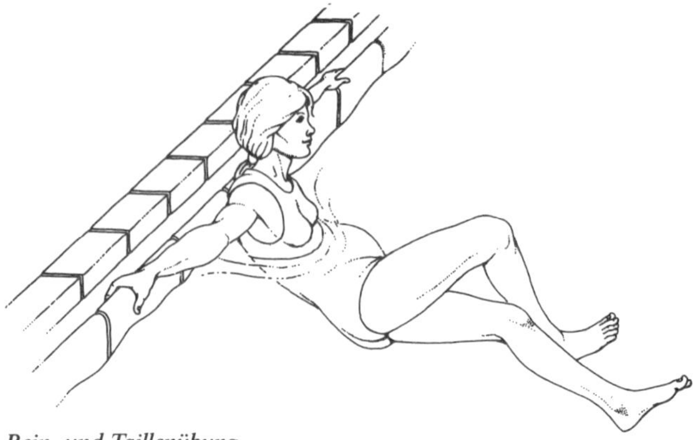

Bein- und Taillenübung

7. Beine und Taille
Halten Sie sich am Beckenrand fest, und machen Sie mit den Beinen Radfahrbewegungen über Kreuz.

8. Becken und Innenschenkel
Halten Sie sich, das Gesicht zur Wand, mit beiden Händen fest, nehmen Sie die Arme zwischen die Beine, und gehen Sie so die Wand hinauf (»Froschgang«).

9. Krampfadern

a) Heben Sie ein Bein, ziehen Sie mit dem Fuß, ausgestreckt nach vorn und seitlich zur Wand, kleine Kreise. Wiederholen Sie die Übung mit dem anderen Fuß.

b) Gehen Sie in einem großen Kreis, greifen Sie dabei gut gestreckt in die Luft. Gehen Sie in der Gegenrichtung zurück.
c) Zum Abschluß machen Sie zwei oder drei Schwimmzüge mit je einem Schwimmbrett unter dem Arm. Bei Rückenproblemen oder im Endstadium der Schwangerschaft schwimmen Sie auf dem Rücken.

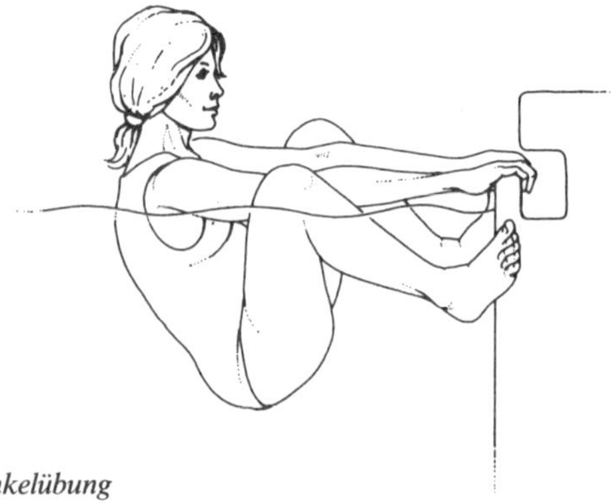

Becken- und Innenschenkelübung

Krampfaderübung

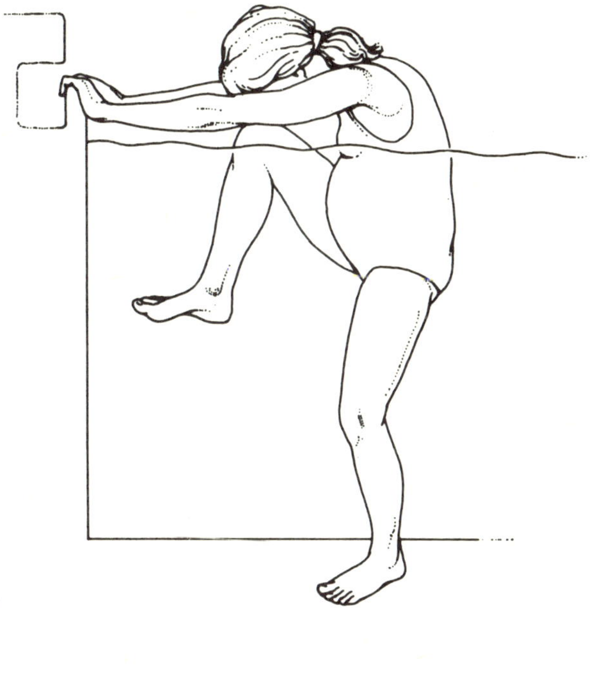

Knie-an-die-Nase

10. Beine und Schenkel
Stützen Sie sich mit beiden Händen an der Wand ab, und bringen Sie das Knie hoch zum Gesicht. Strecken Sie die Zehen nicht aus. Senken Sie das Bein, und heben Sie es wieder bis an die Wasseroberfläche. Machen Sie dies viermal mit jedem Bein.

Übungsprogramm für eine gesündere Schwangerschaft

Welche Übungen sind für eine gesündere Schwangerschaft zu empfehlen?

Frauen, die in der Schwangerschaft regelmäßig und vernünftig turnen, verspüren häufig ein größeres seelisches und körperliches Wohlbefinden. Richtig ausgeführte Lockerungsübungen entspannen die Muskeln, kräftigen die Beine und vermehren Kraft und Elastizität von Schultern und Ellbogen. Die Muskeln und Sehnen von Beinen, Rücken und Schultern sind besonders anfällig für Zerrungen, und ein regelmäßiges Trainingsprogramm, bei dem auf sorgsame Streckung dieser Muskeln geachtet wird, kann die meisten Sportverletzungen verhindern. Heftige Ruckbewegungen haben höchstens den umgekehrten, nämlich einen verhärtenden Effekt auf die Muskeln und sollten vermieden werden. Die Streckübungen sollen langsam und sorgfältig ausgeführt werden, wobei der Körper einige Sekunden lang in der gestreckten Position gehalten wird. Viele dieser Übungen machen Frauen, die sich nach der Geburtsmethode von Lamaze richten. Neben den eindeutigen physischen Vorzügen bringen diese Übungen auch psychische Entspannung und Zufriedenheit.

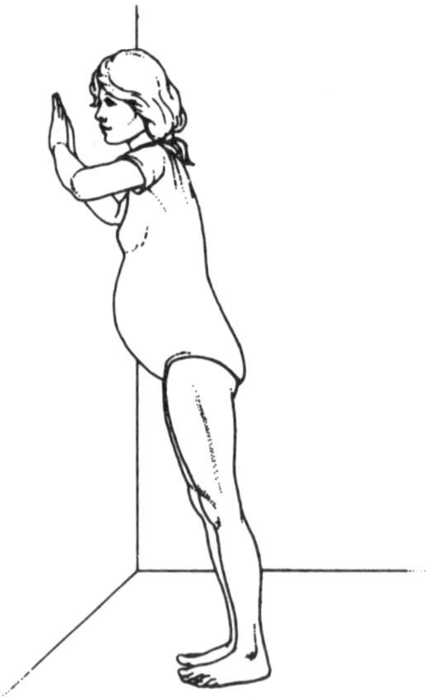

Stemmübungen an der Wand

Bein- und Schenkelübungen
Um Wadenmuskulatur und Achillessehne elastisch zu machen, sind Stemmübungen an der Wand hervorragend geeignet. Stellen Sie sich in einem Abstand von 30 bis 40 cm mit dem Gesicht zur Wand. Legen Sie die Handflächen an die Wand, halten Sie die Fersen auf dem Boden, die Knie durchgedrückt, Arme und Rücken gerade. Dann beugen Sie die Ellbogen, und bewegen Sie den Oberkörper zur Wand, bis Ihre Brust dagegen drückt. Sie müßten ein Ziehen in den Wadenmuskeln spüren. Halten Sie in dieser Position 10 Sek. aus, stemmen Sie sich langsam von der Wand ab, und wiederholen Sie die Übung zehnmal. Sie sollten sie so lange jeden Mor-

gen und jeden Abend durchführen, bis Sie kein Ziehen mehr in den Wadenmuskeln spüren. Sobald Ihre Muskeln geschmeidiger werden, können Sie den Wandabstand auf 60 cm vergrößern.

Verletzungen der Schenkelmuskulatur und -sehnen können sehr schmerzhaft und hinderlich sein. Diese Übung zur Steigerung der Geschmeidigkeit der Schenkelmuskulatur ist einfach: aus dem Stand mit durchgedrückten Knien den Körper in der Taille mit den Fingern den Boden berühren. Halten Sie diese Position 10 Sek. lang aus, und wiederholen Sie die Übung täglich viermal. Wenn Sie mit geschlossenen Füßen den Boden nicht berühren können, ist es erlaubt, die Beine zu spreizen, vorausgesetzt, daß Sie die Knie nicht beugen. Dies ist die sogenannte Spreizstreckung.

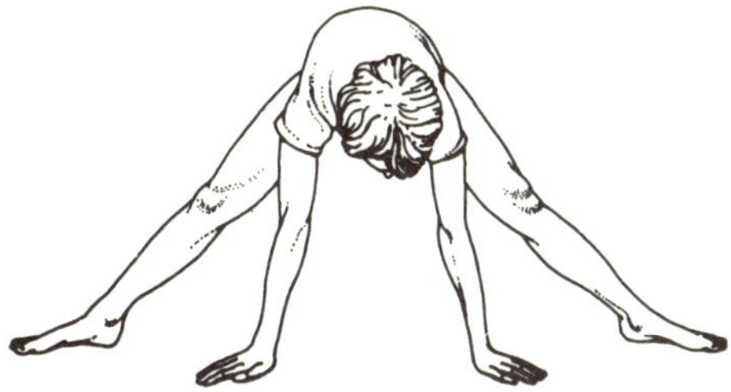

Spreizstreckung

Sollte auch die Spreizstreckung zu schwierig sein, besonders nach dem fünften Schwangerschaftsmonat, legen Sie einen Fuß, mit der Ferse aufliegend, auf einen niedrigen Tisch, wobei Sie unbedingt das Knie mit den Händen gestreckt halten müssen. Beugen Sie dann das andere Knie, bis das Bein auf dem Tisch gerade aufliegt, wobei der Fuß zu

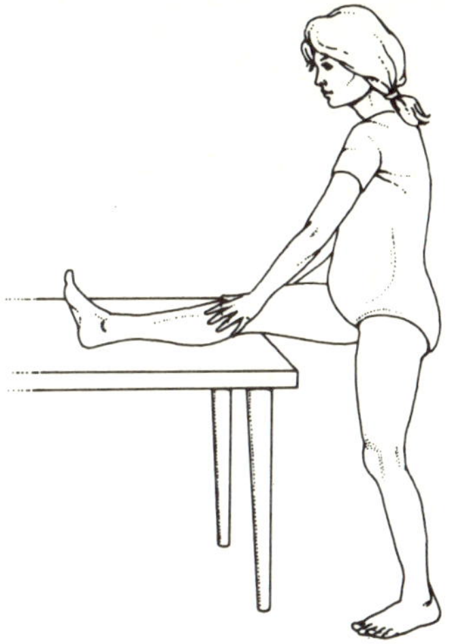

Schenkelstreckung auf der Tischplatte

Ihrem Gesicht hin zeigen soll. Wiederholen Sie das einmal täglich, mit jedem Bein fünfmal, bis die Spannung in den Schenkeln nachläßt. Sobald Sie diese Übung beherrschen, können Sie versuchen, sich über den gehobenen Fuß nach vorn zu beugen und in dieser Position bis zehn zu zählen.

Die Streckung im Hürdensitz fördert ebenfalls die Dehnung der Beugemuskulatur an Ihren Beinen. Dazu setzen Sie sich mit einem ausgestreckten Bein, das andere seitlich angewinkelt, auf den Boden. Beugen Sie sich nach vorn, und fassen Sie den Fuß des ausgestreckten Beins. Halten Sie diese Position, bis Sie bis zehn gezählt haben, und lassen Sie dann los. Machen Sie dies einmal täglich, mit jedem Bein fünfmal.

Eine andere Übung ist gut für die Vorderseite des Oberschenkels: Stützen Sie sich im Stand mit einer Hand an eine Wand oder einen Tisch, und fassen Sie

Streckung im Hürdensitz

mit der anderen Hand Ihren Knöchel. Ziehen Sie den Fuß zurück, bis Sie entweder mit der Ferse Ihr Gesäß berühren oder ein Ziehen im Oberschenkel spüren. Diese Übung sollte fünfmal mit jedem Fuß wiederholt werden, wobei Sie jedesmal bis zehn zählen, und zwar einmal täglich, so lange, bis das Ziehen in den Schenkeln verschwindet.

Rücken- und Bauchübungen

Es gibt mehrere Übungen, die eigens zur Kräftigung und Entspannung der Bauchmuskeln und der unteren Rükkenpartie entwickelt wurden und die der Vorwärtskrümmung der Wirbelsäule während der Schwangerschaft entgegenwirken. Wenn diese Übungen sorgfältig durchgeführt werden, können die Schmerzen, die häufig bei Schwangerschaftslordose auftreten, merklich gelindert werden. Zum Beckenheben legen Sie sich mit angezogenen Knien auf den Rücken, die Füße auf den Boden gestemmt. In dieser Stellung spannen Sie Gesäß und Bauchmuskeln an und kreisen mit dem Becken rückwärts, dann aufwärts, wobei Sie die Hüften vom Boden abheben. Halten Sie diese Position, bis Sie bis zehn gezählt haben, lassen Sie locker, und ruhen Sie, bis Sie bis fünf gezählt haben. Diese Übung können Sie zwanzigmal täglich wiederholen.

Aufsetzen mit angezogenen Beinen wird wie abgebildet durchgeführt, niemals mit durchgestreckten Knien. Machen Sie die Übung zehnmal täglich und steigern Sie allmählich auf dreißigmal. Bevor Sie sich aus der liegenden Position erheben, senken Sie das Kinn auf die Brust und atmen Sie mit Beginn des Aufsetzens tief aus. Das Aufsetzen fällt Ihnen leichter, wenn Sie die Hände zu den Knien ausstrecken. Sobald Sie dies beherrschen, versuchen Sie, sich mit vor der Brust gekreuzten Armen, eine Hand auf jeder Schulter, aufzusetzen.

Eine gute Übung zur Muskelentspannung nach dem Aufsetzen ist das Hüftdrehen. Legen Sie sich mit gebeugten Knien auf den Rücken, und bewegen Sie die Knie langsam von einer Seite auf die andere, wobei Sie den Kopf in die entgegengesetzte Richtung drehen. Be-

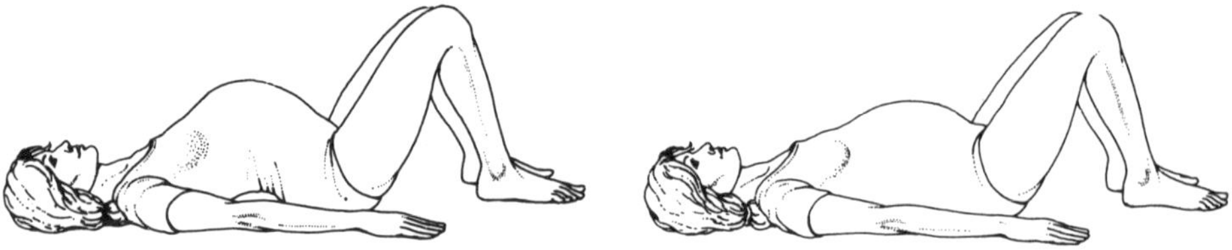

Beckenheben

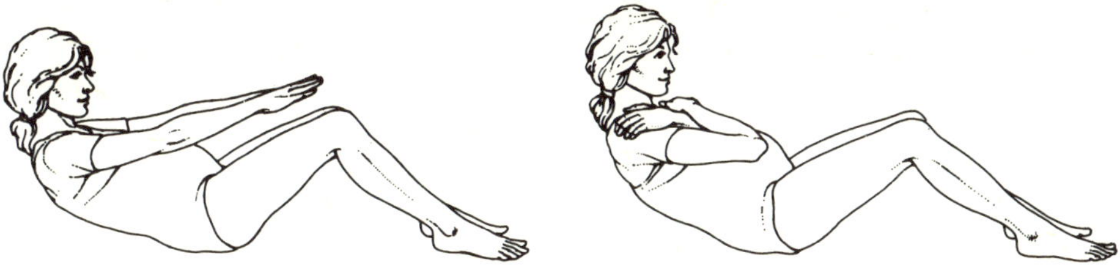

Aufsetzen mit angezogenen Beinen

ginnen Sie mit 30 Sek., und steigern Sie allmählich auf 1 Min.
Zu den besten Übungen zur Vorbeugung und Linderung von Schmerzen in der unteren Rückenpartie während der Schwangerschaft gehören das Kniepressen sowie Curls. Zum Kniepressen legen Sie sich flach auf den Rücken und ziehen ein Knie zur Brust, wobei Sie es mit der Hand in dieser Stellung halten. Zählen Sie so bis fünf, und machen Sie das mit jedem Bein fünfmal. Anschließend ziehen Sie beide Beine fünfmal gleichzeitig an. Führen Sie diese Übungen langsam, nicht ruckartig durch.

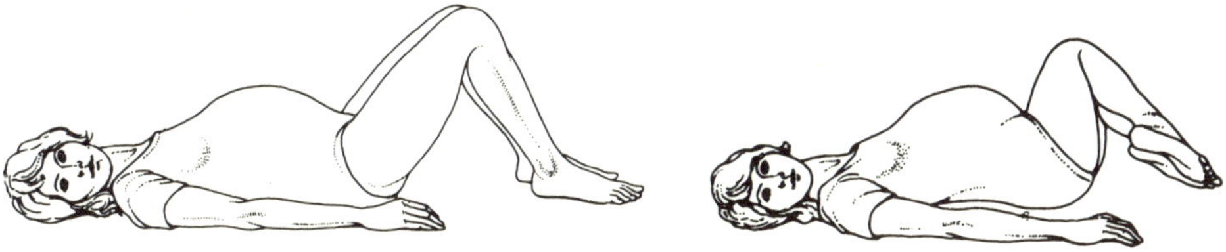

Hüftdrehen

Für das Zusammenrollen mit angezogenen Knien legen Sie sich auf den Rükken; bringen Sie die Knie an die Brust und den Kopf an die Knie. Atmen Sie dabei aus, und zählen Sie in dieser Stellung bis sechs. Lassen Sie los, und wiederholen Sie die Übung viermal.

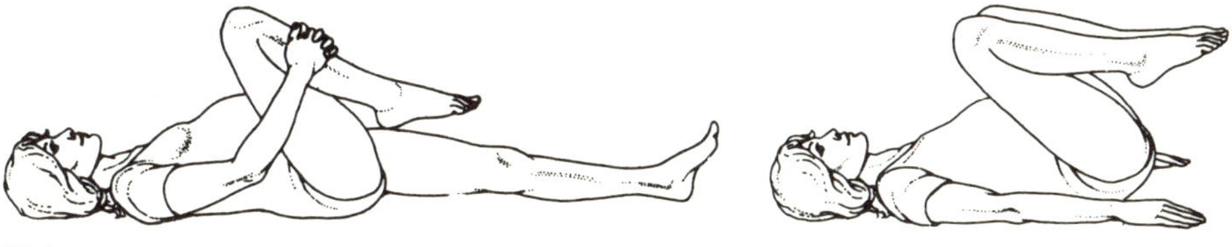

Kniepressen

Zusammenrollen mit angezogenen Knien

Schulterübungen

Mit einem einfachen Gerät können Sie zu Hause Ihre Schultermuskeln dehnen. Hängen Sie eine Rolle (Flaschenzug) an einen Handtuchhaken, und ziehen Sie ein knapp 2 m langes Seil oder eine feste Schnur durch die Rolle. Sie greifen mit jeder Hand ein Ende des Seils und ziehen jeweils mit einer Hand ein Ende zu sich heran, während der andere Arm dem Zug nach oben nachgibt, so weit, wie es gerade noch bequem ist. Drücken Sie dabei die Ellbogen durch. Ziehen Sie Ihre Arme täglich zwanzigmal hintereinander herauf und herunter.

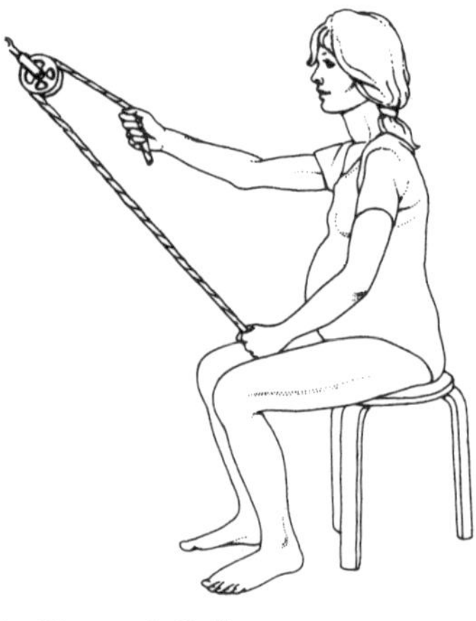

Schulterübung mit Rolle

Übungen mit Gewichten

Der Orthopäde Dr. James A. Nicholas empfiehlt Frauen, die besonders ihre Beine kräftigen wollen, mit Gewichten zu trainieren. Wenn diese Übungen vorsichtig durchgeführt werden, sehe ich keinen Grund, warum eine schwangere Frau nicht davon profitieren sollte. Sie können auch nur ein Bein trainieren, falls es infolge einer früheren Verletzung schwächer ist als das andere. Eine teure Ausrüstung ist nicht erforderlich; Sie benötigen lediglich ein paar Gewichte, z. B. ganze oder halbe Ziegelsteine von 700 g bis 4½ Pfd. Zuggewichte und Metallgewichte, durch die man einen Gürtel ziehen kann, sind ebenfalls gut geeignet. Dr. Nicholas empfiehlt eine alte Handtasche, einen Eimer, einen Mehlsack oder ein anderes Behältnis für die Gewichte sowie einen Gürtel oder Riemen, um die Gewichte zu befestigen.

Zur Kräftigung der Schenkel setzen Sie sich auf einen hohen Tisch und lassen die Beine herabhängen. Legen Sie ein zusammengefaltetes Handtuch unter den Schenkel an der Tischkante. Hängen Sie ein bequem zu hebendes Gewicht an einen Fuß. Für den Anfang sollten es nicht mehr als knapp 10 Pfd. sein. Heben Sie den Schenkel etwa 10 cm vom Tisch, und halten Sie ihn so 1 Sek., dann gehen Sie in die Ausgangsstellung zurück. Hören Sie auf, wenn Sie Schmerzen haben. Wenn nicht, führen Sie die Übung mit jedem Bein zehnmal durch. Sie können allmählich auf 20 Hebungen mit jedem Bein steigern und mehr Gewichte zufügen, sollten aber während der Schwangerschaft nicht mehr als circa 13 Pfd. heben.

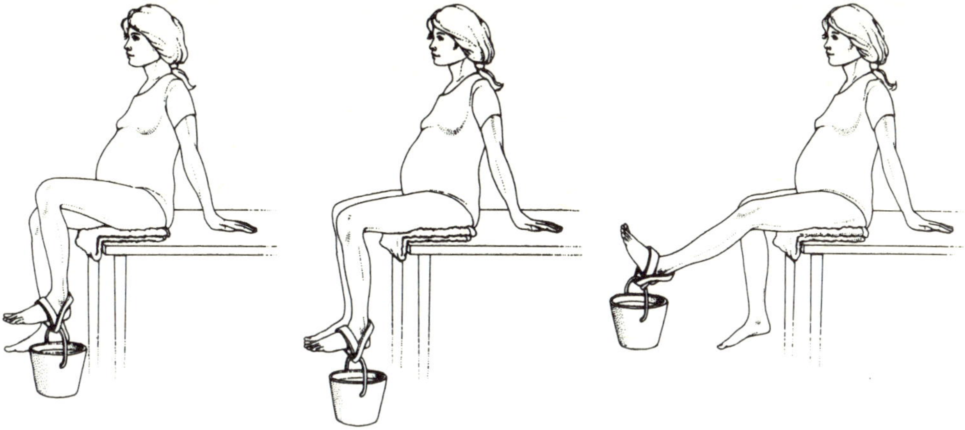

Oberschenkelübung mit Gewicht rechts: Beinübung mit Gewicht

Zur Kräftigung der Beine nehmen Sie dieselbe Stellung ein. Fangen Sie mit höchstens 10 Pfd. an. Strecken Sie das Bein aus, und halten Sie es 1 Sek. in der gestreckten Position. Gehen Sie dann für 1 Sek. in die Ausgangsposition zurück, und halten Sie es wieder 1 Sek. Es ist wichtig, daß das Gewicht nicht auf und ab schwingt. Wiederholen Sie die Übung je nach Ihrer Kraft sechs- bis zehnmal, und wiederholen Sie dann die beiden Übungen noch zweimal mit einer Ruhepause von 2 Min. zwischen jeweils 6 bis 10 Hebungen.

Gewichtheben in der Seitenlage dient der Kräftigung von Beinen und Hüften, sollte aber nur mit einem Gewicht von maximal 5 Pfd. ausgeführt werden.

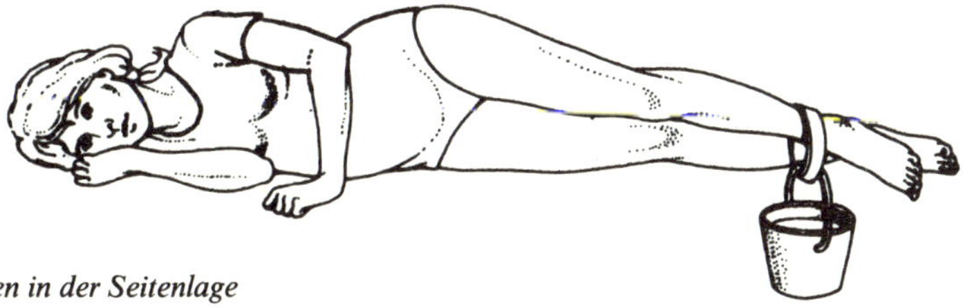

Gewichtheben in der Seitenlage

Heben Sie das Bein ungefähr 30 cm von einer Bank oder einem niedrigen Tisch. Halten Sie 1 Sek. an, und gehen Sie in die Ausgangsstellung zurück. Das sollte zehnmal mit jedem Bein ausgeführt werden, gefolgt von einer zweiminütigen Ruhepause. Steigern Sie allmählich bis zu 30mal mit jedem Bein.

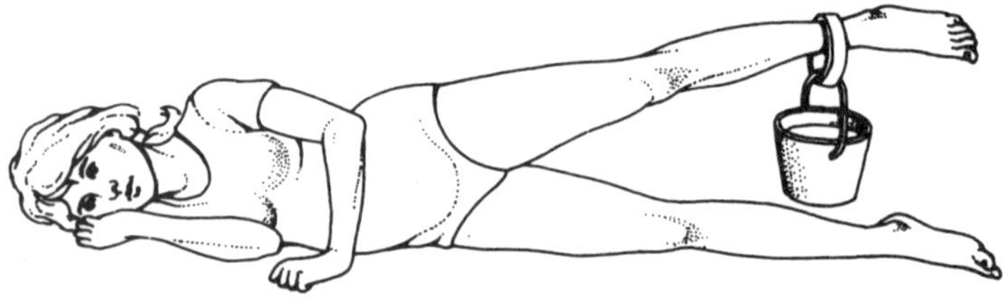

Gewichtheben in der Seitenlage

Ist der Wert des Geschlechtsverkehrs als Bewegungsübung jemals untersucht worden?

Neuere Forschungen empfehlen den Geschlechtsverkehr als ausgezeichnete Übung. Wissenschaftler haben festgestellt, daß eine Frau beim Koitus ungefähr 100 Kalorien verbraucht; dies variiert allerdings je nach Leidenschaft und Temperament Ihrerseits sowie Ausdauer und Geschicklichkeit Ihres Partners. Im Durchschnitt entspricht die verbrauchte Energie einem forschen Spaziergang um einen Großstadthäuserblock.

Kein Schwangerschaftsthema hat mehr Neugier und Mißverständnisse hervorgerufen als Sexualität. Im nächsten Kapitel möchte ich versuchen, einige Vorurteile zu diesem wichtigen Thema auszuräumen.

4.
Sexualität in der Schwangerschaft

Hippokrates war der erste, der behauptete, Geschlechtsverkehr könne zu einer Fehlgeburt führen. Seitdem hat das Wissen um die medizinischen Aspekte der Sexualität in der Schwangerschaft kaum Fortschritte gemacht. Selbst die modernsten Lehrbücher zur Frauenheilkunde widmen diesem wichtigen Thema lediglich ein paar Zeilen, mit dem Ergebnis, daß die Mehrheit der heute praktizierenden Frauenärzte weniger über Sexualität weiß als ihre Patientinnen. Nur wenige Ärzte sprechen mit ihren schwangeren Patientinnen über Sexualverhalten oder alternative Stellungen beim Koitus; und andere Liebestechniken als der Geschlechtsverkehr werden auch nur selten erwähnt.
Die Medizin hat William H. Masters und Virginia E. Johnson viel zu verdanken. Bei der Erforschung der menschlichen Sexualität haben sie Pionierarbeit geleistet. Direktes Ergebnis ihrer wegweisenden Arbeit war, daß viele Tabus und Mißverständnisse hinsichtlich der Sexualität bei schwangeren und nichtschwangeren Frauen ausgeräumt und durch größere Offenheit zwischen Frauen und ihren Ärzten ersetzt werden konnten. Hoffen wir, daß die jungen Frauenärzte der 80er Jahre dahin kommen, ebenfalls größeres Bewußtsein und breiteres Wissen von den physischen und emotionalen Aspekten der Sexualität in der Schwangerschaft und in der Zeit danach zu entwickeln.
Auf viele Fragen zur Sexualität gibt es, im Gegensatz zu anderen medizinischen Themen in diesem Buch, keine direkten Antworten. Das, was wir bis jetzt über dieses wichtige Thema wissen und was ich hier behandeln werde, entnehme ich der vorhandenen Literatur.

Der Orgasmus der Frau

Was weiß man über den Orgasmus der Frau, und worin unterscheidet er sich bei schwangeren und nichtschwangeren Frauen?
Wir beziehen unser Wissen über den Orgasmus der Frau aus den umfangreichen Untersuchungen von Masters und Johnson. Sie machten bei schwangeren und nichtschwangeren Frauen vier deutlich unterscheidbare aufeinanderfolgende Phasen aus: Erregungsphase, Plateauphase, Orgasmusphase, Rückbildungsphase. Jede Phase ist durch Veränderungen in Brüsten, äußeren Genitalien, inneren Genitalien und Scheide gekennzeichnet.

Die Erregungsphase

Am Anfang der sexuellen Reaktion schwellen die Brüste an, weil sich das Blut in ihnen staut. Die Brustwarzen richten sich auf. Im Genitalbereich wird die Klitoris länger und breiter, und die inneren Schamlippen werden größer und wölben sich nach außen.

Gleichzeitig mit diesen äußeren Veränderungen wird die Scheide gleitfähig, wird länger und dehnt sich. Gebärmutter und Muttermund rutschen jetzt höher ins Becken, um dem Penis Platz zu machen.

Die Scheide wird in der Regel 10 bis 30 Sek. nach Beginn der sexuellen Stimulation gleitfähig. Jahrelang wurde den Ärzten beigebracht, daß das Feuchtwerden (Lubrikation) von den Schleimdrüsen in der Zervixschleimhaut und den zwei Bartholinischen Drüsen an der Scheidenöffnung bewirkt werde. Masters und Johnson haben gezeigt, daß die Scheidenlubrikation aus Flüssigkeit besteht, die von den übervollen und erweiterten Gefäßen in den Scheidenwänden abgesondert wird.

Masters und Johnson haben die Erregungsphase bei sechs schwangeren Frauen untersucht, von denen drei ihr erstes Baby erwarteten. Diese Frauen waren auch schon beobachtet worden, bevor sie schwanger waren. Masters und Johnson stellten fest, daß sich die Schwellreaktionen von Brüsten und Genitalien während der Erregungsphase mit den von der Schwangerschaft herrührenden hormonalen Veränderungen überlagern. Daher kann der Blutstau in den vergrößerten Brüsten Empfindlichkeit und Schmerzen verursachen. Dies war besonders im ersten Schwangerschaftsdrittel der Fall und vor allem bei den Frauen, die ihr erstes Kind bekamen. Im zweiten und dritten Schwangerschaftsdrittel gingen die Klagen dieser Frauen über eine Empfindlichkeit der Brüste merklich zurück. Die Geschlechtsorgane der Frau, die ihr erstes Kind erwartet, verändern sich während der Schwangerschaft in der Erregungsphase kaum. Bei Frauen, die ihr zweites Kind erwarten oder schon mehr Kinder hatten, schwellen die großen und kleinen Schamlippen sehr stark an. Im dritten Schwangerschaftsdrittel sind die äußeren Genitalien aufgrund der Schwangerschaft so geschwollen, daß es schwer zu beurteilen ist, ob eine weitere Schwellung durch sexuelle Stimulation eintritt.

Alle sechs Frauen berichteten von einem merklichen Ansteigen der Scheidenlubrikation, die am Ende des ersten Schwangerschaftsdrittels einsetzte und die ganze Schwangerschaft hindurch anhielt. Die Gleitfähigkeit der Scheide aufgrund sexueller Stimulation stellt sich darüber hinaus während der Schwangerschaft schneller ein und ist stärker.

Die Plateauphase

Die bei der nichtschwangeren Frau in der Erregungsphase auftretenden körperlichen Veränderungen setzen sich in der Plateauphase in intensiverer Form fort. Die Brüste schwellen weiter an. Der Warzenhof vergrößert sich ebenfalls merklich und vermittelt den Eindruck, als ob die Warze kleiner wäre als in der Erregungsphase. Für die Plateauphase ist charakteristisch, daß die Blutgefäße um das äußere Drittel der Scheide sich prall mit Blut füllen, und zwar so stark, daß der Durchmesser der äußeren Scheidenöffnung um mindestens ein Drittel gegenüber der Erregungsphase kleiner wird. Masters und Johnson bezeichneten diesen äußeren Bereich als orgasmusspezifisches Areal (orgasmic platform).

Eine weitere bedeutende Veränderung in der Plateauphase ist der Rückzug der Klitoris unter die von den zwei kleinen Schamlippen gebildete Kappe. In diesem Stadium ist die Klitoris oft nur schwer auszumachen, und sie ist so empfindlich, daß eine direkte Berührung unangenehm sein kann.

Am Ende der Plateauphase beginnen sich die übrigen Muskeln im Körper zu spannen, die Pupillen weiten sich, und häufig wird der Frau kurz vorm Orgasmus schwindelig.

Die Plateauphasen bei schwangeren und nichtschwangeren Frauen unterscheiden sich aber hauptsächlich darin, daß der Blutstau im äußeren Scheidenbereich in der Schwangerschaft viel ausgeprägter ist. Bei den beobachteten Frauen, die zum ersten Mal schwanger waren, wurde eine um 75% verkleinerte Scheidenöffnung festgestellt. Diese Reaktion war bei den Frauen, die schon mehrfach geboren hatten, noch stärker. Bei ihnen war die Vagina so sehr durchblutet, daß sich die beiden seitlichen Wände der Scheide berührten. Dies war um so ausgeprägter, je weiter die Schwangerschaft fortschritt, und das erklärt, warum manche Paare klagen, es sei »kein Platz« oder die Scheide sei »zu eng«, wenn sie sich vereinigen wollen.

Die Orgasmusphase

Die Hauptmerkmale des weiblichen Orgasmus sind bei allen Frauen gleich und werden durch direkte oder indirekte Stimulation der Klitoris ausgelöst. Während des Orgasmus zieht sich der gut durchblutete äußere Teil der Scheide in regelmäßigen Abständen von 0,8 Sek. heftig zusammen. Die Gesamtzahl der Kontraktionen variiert bei jedem Orgasmus zwischen drei bis fünfzehn Kontraktionen, wobei die Pause zwischen den Kontraktionen nach den ersten drei bis sechs länger wird. Die Anzahl der Kontraktionen des orgasmusspezifischen Areals ist von Fall zu Fall und von Frau zu Frau verschieden. Ein mäßiger Orgasmus besteht gewöhnlich aus drei bis fünf Kontraktionen, ein intensiver dagegen aus acht bis fünfzehn.

Außerdem zieht sich die Gebärmutter alle paar Sekunden in regelmäßigen Abständen zusammen. Die Gebärmutterkontraktionen sind weniger häufig als die Kontraktionen des orgasmusspezifischen Areals; sie beginnen gewöhnlich 2 oder 4 Sek. nach dem Einsetzen des Orgasmus und können noch einige Minuten nach dem Orgasmus andauern. Masters und Johnson haben die interessante Beobachtung gemacht, daß die Gebärmutterkontraktionen bei Selbstbefriedigung intensiver waren und länger dauerten als bei Geschlechtsverkehr.

Was sich noch während des Orgasmus verändert: Die Klitoris zieht sich noch mehr zurück, der Afterschließmuskel kontrahiert sich, die Zehen werden zusammengekrallt und Puls und Atmung beschleunigt. Ein Orgasmus dauert selten länger als 10 bis 15 Sek.

Einen wesentlichen Unterschied konnten Masters und Johnson zwischen dem Orgasmus einer schwangeren Frau und dem einer nichtschwangeren Frau feststellen. Im letzten Schwangerschaftsdrittel, insbesondere während der letzten vier Wochen, kann beim Gebärmuttermuskel statt normaler orgasmischer Kontraktionen eine krampfhafte Dauerkontraktion ohne Entspannung eintreten. Derartige Kontraktionen können im letzten Monat der Schwangerschaft 1 Min. lang andauern und sich noch eine halbe Stunde nach dem Orgasmus wiederholen. Masters und Johnson beobachteten, daß die fetale Herzfrequenz bei solchen Kontraktionen leicht absank, aber sonst fanden sie keinen Beweis für eine fetale Gefährdung. Andere Forscher teilen ihren Optimismus nicht.

Die Rückbildungsphase

Auf den Orgasmus folgt eine Zeit der Ruhe und Entspannung. Bei der nichtschwangeren Frau fließt das Blut, das die Brust- und Beckenadern füllt, langsam in die anderen Körperbereiche ab, und es stellen sich wieder Normalbedingungen ein.

Die Rückbildungsphase ist für die schwangere Frau unangenehm, weil die starke Durchblutung des Beckenbereichs nach dem Orgasmus nur sehr langsam abklingt. Masters und Johnson zufolge wird dieser Zustand mit fortschreitender Schwangerschaft immer schlimmer. Im zweiten Schwangerschaftsdrittel dauerte das Abklingen des Blutstaus bei Frauen, die ihr erstes Kind erwarteten, 10 bis 15 Min., bei den anderen etwa 30 bis 45 Min. Im dritten Schwangerschaftsdrittel kann es vorkommen, daß der Blutstau nach dem Orgasmus überhaupt nicht zurückgeht. Die Schwangere erlebt dann oft starke sexuelle Gefühle; die anhaltende Spannung kann aber auch frustrierend sein. Alle sechs von Masters und Johnson gründlich beobachteten Schwangeren verspürten während dieser Zeit keine Lösung der sexuellen Spannung, obgleich drei von ihnen zum erstenmal plötzlich fähig waren, mehrere Orgasmen nacheinander zu erleben.

Was ist die Grafenbergsche Stelle, und was hat sie mit dem Orgasmus der Frau zu tun?

Die Grafenbergsche Stelle ist ein erotisch sensibler Bereich. Sie liegt direkt unterhalb der Harnröhre an der vorderen Scheidenwand ungefähr 2 cm tiefer innerhalb der Scheide als der Innenrand des Schambeins. Diese Stelle wurde erstmals 1950 von einem Mann gleichen Namens beschrieben, aber erst 1982 wurde ihr Vorhandensein bei Hunderten von Frauen bestätigt. Die Grafenbergsche Stelle wird erst dann sichtbar, wenn man sie stimuliert und sie direkt unterhalb der Harnröhre zu einem kleinen, knötchenartigen Gebilde anschwillt. Bei manchen Frauen führt weitere Stimulierung gleichzeitig zum Orgasmus und zur Ausscheidung einer geringen Flüssigkeitsmenge aus der Harnröhre. Eine Analyse dieser Flüssigkeit hat ergeben, daß sie in ihrer chemischen Zusammensetzung der Prostataflüssigkeit gleicht, die der Mann beim Orgasmus ausstößt. Bei elektronischen Messungen von orgasmischen Gebär-

mutterkontraktionen nach Reizung der Grafenbergschen Stelle hat man festgestellt, daß sie viel intensiver waren als diejenigen, die durch einen klitoralen Orgasmus ausgelöst werden.
Die Wiederentdeckung der Grafenbergschen Stelle hat das Freudsche Vorurteil hinsichtlich des Vaginalorgasmus neu belebt. Freud behauptete, dieser sei reifer und echter als der Klitorisorgasmus, den er als unreif und neurotisch bezeichnete. Damit steht er in direktem Gegensatz zu den Erkenntnissen zeitgenössischer Sexualforscher wie etwa Masters und Johnson, die den Vaginalorgasmus als einen Mythos bezeichnen und glauben, daß klitorale Stimulierung mit jedem weiblichen Orgasmus verbunden ist.

Nachlassen der Sexualität in der Schwangerschaft

Läßt in der Schwangerschaft das Interesse der Frau am Sex nach?

Gewöhnlich schon. Viele Männer glauben fälschlicherweise, daß das Ansteigen des Hormonspiegels im ersten Schwangerschaftsdrittel, das die Brüste größer und die Körperformen üppiger macht, während dieser Zeit ein verstärktes sexuelles Interesse bewirkt. Weit gefehlt! Unangenehme körperliche Erscheinungen am Anfang der Schwangerschaft, wie Übelkeit, Erbrechen und Müdigkeit, verleiden vielen Frauen den Sex. Masters und Johnson interviewten 111 schwangere Frauen, um mehr über den Zusammenhang von sexuellem Interesse und sexueller Reaktion in jedem Schwangerschaftsdrittel zu erfahren. Sie folgerten, daß bei Frauen, die ihr erstes Baby erwarteten, in den ersten Monaten das sexuelle Interesse sehr häufig merklich nachläßt, genauso wie die Befriedigung durch den Geschlechtsakt.
Im zweiten Schwangerschaftsdrittel berichteten die meisten Frauen von einem deutlichen Ansteigen des erotischen Empfindens sowie der Befriedigung durch den Geschlechtsakt. Von 101 in dieser Zeit beobachteten Frauen stellten 82 diese positive Wirkung fest.
Masters und Johnson hatten Schwierigkeiten bei der Untersuchung der Sexualität im letzten Schwangerschaftsdrittel, weil die Ärzte den Frauen für diese Zeit vom Geschlechtsverkehr abgeraten hatten. Von den wenigen Frauen, die übrigblieben, berichtete die Mehrheit, daß ihr sexuelles Interesse während der letzten drei Monate allmählich nachließ.
Demnach zeigte die Sexualität der von Masters und Johnson beobachteten Frauen einen Berg-und-Tal-Effekt: im ersten Schwangerschaftsdrittel niedrig, während der nächsten drei Monate stark betont, und im letzten Drittel wieder schwach.
Andere Forscher stimmen nicht mit Masters und Johnson überein. Fast alle Studien ergaben, daß bei den meisten Frauen während der Schwangerschaft die sexuellen Aktivitäten, die Lust (Libido) und die Befriedigung stetig abnehmen. Zwar haben manche Forscher ein leichtes Ansteigen sexueller Betätigung im zweiten Drittel gegenüber dem ersten festgestellt, doch bei den meisten Frauen ist das sexuelle Interesse weit geringer als vor der Schwangerschaft.

Woran liegt es hauptsächlich, daß die sexuelle Lust der Frau während der Schwangerschaft abnimmt?

Zahlreiche miteinander in Beziehung stehende körperliche und seelische Veränderungen können die Sexualität einer Frau während der Schwangerschaft beeinträchtigen. Schwangere, die gebeten wurden, die Faktoren aufzuzählen, die in erster Linie ihr verändertes Sexualverhalten bestimmten, nannten am häufigsten körperliches Unbehagen (46%), Angst, das Baby zu verletzen (27%) und körperliche Unbeholfenheit (17%). Ungefähr ein Drittel der Frauen hatte von ihren Gynäkologen den Rat bekommen, vor dem errechneten Datum der Niederkunft keinen Geschlechtsverkehr zu haben, wobei die Angaben zwischen zwei und acht Wochen schwankten. Dessenungeachtet gaben nur 8% der Frauen den Rat ihres Arztes und nur 4% Attraktivitätsverlust in den Augen ihres Partners als Grund für ihr verändertes Sexualverhalten an.

Wie bereits erwähnt, kann die starke Durchblutung und das Anschwellen der Brüste während der Schwangerschaft starke Empfindlichkeit und Schmerzen verursachen, vor allem an Warzen und Warzenhöfen. Die Tatsache, daß dieser Bereich nun tabu ist, ist für die Partner häufig frustrierend.

Die während der Schwangerschaft stärker durchbluteten Vaginalwände können beim Koitus ein unangenehmes Gefühl der »Enge« erzeugen. Ein weiterer Punkt, der selten angesprochen wird, ist der vermehrte Ausfluß in der Schwangerschaft. Viele Frauen stellen einen schärferen Geruch ihres Scheidensekrets fest, den sie häufig als unangenehm und peinlich bei der oralen Stimulierung von Vulva und Vagina beschreiben, so daß ihnen an dieser Liebestechnik weniger gelegen ist. Eine Pilzinfektion mit sogenannten »Hefe«-Pilzen (Candida albicans, Soor) verursacht während der Schwangerschaft häufig eine Reizung von Vulva und Vagina und führt zu Ausfluß. Obgleich dies nichts Ernstes ist und leicht behandelt werden kann (siehe Kapitel 5), kann es für eine Frau ärgerlich sein und ihr Interesse sowie ihre Beteiligung am Sex dämpfen.

Die Gebärmutterkontraktionen, die in der Schwangerschaft dem Orgasmus folgen, können bei manchen Frauen eine halbe Stunde andauern. Manchmal sind diese Kontraktionen dermaßen schmerzhaft (das sogenannte Postorgasmus-Syndrom), daß manche Schwangere lieber ganz auf sexuelle Intimitäten verzichten.

Die hormonellen Veränderungen in der Schwangerschaft bewirken oft spürbare Änderungen in der Blutversorgung des Muttermundes. Blutspritzer vom Muttermund nach einem Koitus mit tiefem Eindringen sind harmlos, können aber sehr beängstigend sein für ein Paar, das vom Arzt nicht auf diese Erscheinung hingewiesen wurde.

Welche sonstigen Faktoren können die Sexualität der Frau während der Schwangerschaft hemmen?

Die meisten Schwangeren stellen fest, daß sie verstärkt mit ihrem Körper beschäftigt sind, sich unsicher fühlen und ein gesteigertes Bedürfnis nach Zärtlichkeit haben statt nach sexuellem Kontakt. Anscheinend senkt die Schwangerschaft die erotische Komponente der weiblichen Sexualfunktionen und steigert das Zärtlichkeitsbedürfnis.

Das größte Schutzbedürfnis und die stärkste Empfindlichkeit scheinen in den zehn Wochen vor der Geburt zu bestehen. In dieser Zeit sind Zärtlichkeit und emotionale Unterstützung für das seelische Wohlergehen der meisten Schwangeren besonders wichtig. Es ist traurig, daß viele Männer für dieses elementare und starke Verlangen kein Verständnis haben.

Viele Frauen haben eine Abneigung gegen sexuell fordernde Männer, die ihre verminderte Lust auf Koitus und Orgasmus nicht verstehen und akzeptieren können. Mehrere Untersuchungen haben erwiesen, daß Schwangere, deren Interesse an sexuellem Kontakt nachläßt, dazu neigen, ihre Männer öfter durch Masturbation zu befriedigen. Für manche Paare ist dies eine akzeptable Form, sich zu lieben, aber viele Frauen haben etwas dagegen, ihre »egoistischen« Männer dauernd zu »bedienen«.

10 von 19 Frauen, die von Dr. Celia J. Falicov, University of Chicago, interviewt wurden, hatten Angst, durch den Koitus das Kind zu verletzen und eine Fehlgeburt auszulösen, selbst wenn sie erkannten, daß diese Angst grundlos war. Einige Frauen berichteten, daß sie, aus Angst davor, das Kind zu verletzen, den Orgasmus unbewußt zurückhielten. Viele andere Untersuchungen bestätigten, daß diese Angst weit verbreitet ist und die ganze Schwangerschaft hindurch besteht.

Was geschieht mit der Sexualität des Mannes während der Schwangerschaft seiner Partnerin?

Die Schwangerschaft ist für die meisten Männer eine anstrengende Zeit. Die verschiedensten Gefühle können sich einstellen. Gefühle der Abhängigkeit oder kindlicher Anhänglichkeit wechseln mit dem Erleben der eigenen Männlichkeit. Mitunter wird auch das Bild der leiblichen Mutter auf die schwangere Partnerin übertragen. Vielen Männern fällt der plötzliche Wechsel von dem gewohnten Lebensstil zu neuen – nicht nur wirtschaftlichen – Verantwortlichkeiten und Belastungen schwer.

Die überwiegende Zahl der Untersuchungen zeigt deutlich, daß bei den meisten Männern das Verlangen nach sexueller Intimität mit ihren Frauen abnimmt, vor allem wenn die Schwangerschaft fortschreitet und auch nach außen sichtbar wird. Die sexuelle Reaktion des Mannes wird von verschiedenen Faktoren bestimmt, und der wichtigste davon ist die Sexualität seiner Frau. Wird sie von unangenehmen Symptomen geplagt oder beschäftigt sie sich total mit ihrem ungeborenen Baby, so wirkt das nachteilig auf die Leidenschaft des Mannes. Selbst ein verständiger Mann wird sich ein wenig bedroht fühlen und eifersüchtig sein auf dieses neue Wesen, das plötzlich eine bislang glückliche Beziehung stört. Unter solchen Umständen zieht er es vielleicht vor, keine Forderungen an seine Frau zu stellen. Andere Männer, die von ihren Frauen zum Orgasmus stimuliert werden, ohne daß diese selbst sexuelle

Befriedigung erfahren, berichten oft von Schuldgefühlen, weil sie ihr Verlangen nicht gezügelt haben. Manche Männer fühlen eine stärkere sexuelle Attraktion infolge der größeren Brüste und runderen Körperformen ihrer Frauen, aber dieses Interesse wird gewöhnlich nicht erwidert. Mehrmalige Zurückweisung seiner sexuellen Annäherungsversuche kann frustrierend sein, und statt zu riskieren, wiederholt abgewiesen zu werden, gibt ein Mann seine Versuche vielleicht lieber auf. Aber auch das Gegenteil kann der Fall sein: Die größeren Brüste einer Frau, die geschwollene Scheidenschleimhaut, erhöhte Scheidenlubrikation und schärferer Geruch während der Schwangerschaft können auf manche Männer so abstoßend wirken, daß sie keine Erektion mehr haben und sexuelle Funktionsstörungen bekommen.

Die Angst vor einer Verletzung des Fetus wird häufig als Grund für das nachlassende Interesse eines Mannes am Koitus während der Schwangerschaft genannt. Diese Angst ist am stärksten nach dem ersten Auftreten der Kindsbewegungen, die ungefähr in der 20. Schwangerschaftswoche einsetzen. Viele Männer begreifen jetzt erst richtig, daß das Baby ein lebendes menschliches Wesen ist. Bei manchen unreifen Männern ist die Angst, das Kind zu verletzen, nur vordergründig; dahinter verbergen sich ambivalente Gefühle gegenüber der Schwangerschaft sowie feindselige gegenüber der Frau und dem ungeborenen Kind.

So seltsam es scheinen mag: Manche Männer meiden den Koitus aus einer irrationalen Angst, daß das Kind sie beobachten könnte oder versucht, ihren Penis zu packen oder gar hineinzubeißen. Auch wenn diese Männer selber finden, ihre Ängste seien ja eigentlich lächerlich, können manche sie nicht überwinden.

Viele zukünftige Väter berichten, daß sie durch die extreme Empfindlichkeit der Brüste ihrer Frauen frustriert sind, weil dadurch die manuelle und orale Stimulierung ausgeschlossen ist. Andere erklären, daß sie oralen Kontakt mit den Genitalien ihrer Frauen (Cunnilingus) meiden, wegen vermehrter Scheidenlubrikation und stärkeren Ausflusses, die nach übereinstimmender Aussage der meisten Männer weder einen angenehmen Geschmack noch Geruch haben. Überdies kann, wie bereits erwähnt, nach dem Geschlechtsverkehr eine leichte Blutung des Muttermundes auftreten. Obgleich diese selten etwas Ernstes bedeutet, kann sie doch zu der Zurückhaltung und sexuellen Entfremdung eines Mannes beitragen.

Psychiater haben die sexuellen Funktionsstörungen mancher Männer während der Schwangerschaft aus dem sogenannten »Madonna-Image« oder dem »Mutter-Geliebte-Konflikt« erklärt. Man hat die Theorie aufgestellt, daß diese Männer aufgrund dessen, was ihnen früher beigebracht wurde, alle schwangeren Frauen mit der Reinheit der Madonna assoziieren. Unbewußt kommt Sex mit jemandem, der so sichtlich Mutter ist, einem Inzest gleich.

Es ist erwiesen, daß 10% der zukünftigen Väter während der Schwangerschaft ihrer Frauen tatsächlich körperliche Symptome haben. Am häufigsten werden Appetitlosigkeit, Übelkeit und Sodbrennen beobachtet. Diese Symptome spiegeln offenbar den Wunsch des Mannes wider, an einem Erlebnis teilzuhaben, an dessen Zustandekommen er stark mitgewirkt hat.

Was kann ein Paar tun, um eine sexuelle Krise während der Schwangerschaft zu vermeiden?

Probleme bei der sexuellen Anpassung an die Schwangerschaft können die Beständigkeit der schönsten, gefestigtsten Beziehung bedrohen. Ein Paar, das sich von Anfang an der Möglichkeit der schwächeren Libido und Sexualität der Frau während der Schwangerschaft bewußt ist, wird nicht wegen unrealistischer Vorstellungen über das Sexualleben in dieser Zeit enttäuscht sein.

In einem ausgezeichneten Artikel, der im September 1979 in der Zeitschrift *The Female Patient* veröffentlicht wurde, wies Dr. Elizabeth Wales auf die Tatsache hin, daß die meisten Männer kein Verständnis dafür haben, daß Frauen während der Schwangerschaft Zärtlichkeit lieber ist als sexuelle Stimulation. Typisch für viele Konflikte und Mißverständnisse ist folgender Ablauf: Die Frau nimmt körperlichen Kontakt auf, weil sie Zärtlichkeit sucht. Ihr Partner deutet ihr Verhalten als Aufforderung zum Geschlechtsverkehr und sucht seinerseits den Sexualkontakt, der zum Orgasmus führt. Sie wiederum findet seine Zudringlichkeit fordernd und egoistisch und reagiert mit Zurückweisung seiner Annäherungsversuche, worauf er beleidigt, verwirrt und verärgert ist. Man muß einem Mann helfen, damit er begreift, daß die Worte »Heute abend nicht« nicht bedeuten: »Ich liebe dich nicht.«

Masters und Johnson haben den hübschen Ausdruck »Pleasuring« (etwa: sich vergnügen) eingeführt, um zu beschreiben, wie ein Mann und eine Frau miteinander sinnlich sein können ohne jeden Zwang, zum Orgasmus zu kommen. Intime Berührungen, insbesondere in der Schwangerschaft, müssen nicht unbedingt zum Orgasmus führen. Es gibt viele Arten, wie ein Mann seine Liebe mitteilen kann, und oft können eine Umarmung, ein Kuß auf die Wange, ein Rückenstreicheln oder eine Massage für eine schwangere Frau mehr bedeuten und befriedigender sein als ein intensiver Orgasmus.

Der Schlüssel zur Vermeidung einer sexuellen Krise in der Schwangerschaft ist gute Verständigung. Wenn eine Frau kein Verlangen nach Geschlechtsverkehr hat, sollte sie in der Lage sein, dies zu sagen. Der Mann sollte ermutigt werden, seinen Gefühlen Luft zu machen, statt sie in sich hineinzufressen und zu einem späteren Zeitpunkt wütend herauszulassen. Am besten ist es, wenn ein Paar in der zweiten Schwangerschaftshälfte verschiedene Stellungen ausprobiert, die einen angenehmen Geschlechtsverkehr ermöglichen. Stellungen, die ein tiefes Eindringen verhindern, sind nicht nur angenehmer für die Frau, sondern helfen auch, lästige Blutungen der oberflächlichen Kapillaren (»Bluthaargefäße«) des Muttermundes zu vermeiden. Das Wissen, daß der Orgasmus unangenehme Gebärmutterkontraktionen bewirken kann, hilft den meisten Frauen, ihre Ängste zu zerstreuen. Es sollte auch offen über Liebestechniken ohne Koitus gesprochen werden. Wenn ein Mann plötzlich wegen der starken Lubrikation seiner Frau vom Cunnilingus (Oralverkehr) abgestoßen wird, dann kann ihm das Wissen darüber hinweghelfen, daß dies nichts Ungewöhnliches ist und bei den meisten werdenden Vätern vorkommt. Manche Männer können oralen Sex trotzdem genießen, indem sie ihn auf den trockeneren Klitorisbereich beschränken und Schamlippen und Scheide mit den Fingern stimulieren. Eine Frau, die sich ihrer vermehrten Ausscheidung und des schärferen Geruchs bewußt ist, kann unmittelbar vor dem Verkehr duschen oder die Vulva waschen. Es ist auch ein hilfreicher Tip, vor dem Verkehr ein natürliches Öl wie Kokos- oder Sesamöl, auf die Vulva aufzutragen. Ein Paar sollte auch wissen, daß es durchaus üblich ist, sich selbst und den Partner zu befriedigen, wenn das Interesse am Koitus nachläßt. Die Schuldgefühle, die viele Menschen bei dem natürlichen und harmlosen Akt der Masturbation haben, sind völlig unbegründet.

Wenn Ihr Frauenarzt Ihnen in irgendeinem Stadium der Schwangerschaft rät, den Geschlechtsverkehr zu meiden, fragen Sie ihn nach dem Grund und der Zeitspanne, für welche die Einschränkung gilt, und ob Alternativen ohne Koitus, die zum Orgasmus führen, ungefährlich sind.

Wie können unangenehme Gerüche im Genitalbereich vermieden werden?

In den letzten Jahren ist eine Reihe von Duftwässerchen, Intimsprays für die Frau, Cremes und Gelees auf den Markt gekommen, mit Moschus-, Patschuli-, Rosen- oder Kamillenduft. Aller Werbung für diese Produkte zum Trotz sind Wasser und Seife viel wirkungsvoller für die Hygiene im Intimbereich und zur Erweckung männlichen sexuellen Interesses als all diese möglicherweise Reizungen hervorrufenden Mittel. Schwangere wie nichtschwangere Frauen sollten es mit ihrer Intimhygiene sehr genau nehmen und Schamlippen wie Damm (Perineum) einmal täglich mit einer milden, nicht parfümierten und nicht desodorierenden Seife waschen, gründlich spülen und trocknen. Bei der Reinigung des Perineums nach Blasenentleerung sollte zuerst der Schamlippenbereich und dann der Analbereich gesäubert werden.

Übermäßige Schweißabsonderung und starker Geruch im Genitalbereich können vom Tragen enger Miederhosen, Jeans oder anderer Hosen herrühren. Unterwäsche, Strumpfhosen und Miederhosen aus synthetischen Fasern nehmen keine Feuchtigkeit auf und halten daher die Feuchtigkeit der Scheidenabsonderungen sowie den Schweiß zurück. Diese Feuchtigkeit wirkt als Reiz auf Vulva und Perineum und verursacht Scheuern und Brennen. Die schwangere Frau ist äußerst anfällig für Pilzinfektionen (Soor) infolge übermäßiger Feuchtigkeit im Genitalbereich (siehe S. 61).

Gibt es Frauen und Männer, die auf Hygienesprays allergisch sind?

Ja. Dermatologen wie Gynäkologen haben bei beiden Geschlechtern häufig allergische Reaktionen sowohl auf Prä-

parate für die Intimhygiene als auch auf sexuell stimulierende Substanzen beobachtet. Es kann das Treibgas, es können aber auch die Bestandteile dieser Sprays Reizungen der Vulva, der Scheide und des Penis verursachen. Frauen, die diese Präparate benutzen, erleiden mitunter schwere Entzündungen oder um sich greifende bakterielle Infektionen im Genitalbereich.
Gleitmittel für die Scheide bzw. den Penis können zuweilen eine allergische Reaktion (Kontaktdermatitis) hervorrufen.

Warum haben manche Frauen während der Schwangerschaft einen stärkeren Geschlechtstrieb?

Während der Schwangerschaft erlebt die Frau vielschichtige Veränderungen körperlicher, hormoneller und seelischer Art, und infolgedessen ist es äußerst schwierig, Frauen in dieser Hinsicht zu kategorisieren. Wissenschaftler haben jedoch festgestellt, daß die meisten Frauen, die während der Schwangerschaft Freude an Erotik, sexueller Aktivität und Orgasmus haben, auch im nichtschwangeren Zustand ein starkes Interesse am Sex haben. Diese Frauen masturbieren nicht nur häufiger, wenn sie nicht schwanger sind, sondern tun dies auch während der Schwangerschaft weit häufiger als die Frauen, deren sexuelles Interesse während dieser Zeit erlahmt. Frauen mit einer liberalen Einstellung zum Sex und solche, die mit ihrer Sexualität zufrieden sind, sind viel eher bereit, während der Schwangerschaft eine Vielfalt von nichtkoitalen sexuellen Handlungen vorzunehmen und verschiedene Koitusstellungen auszuprobieren. Es gibt aber auch viele sehr sinnliche Frauen, die während der Schwangerschaft ablehnend reagieren.

Stimmt es, daß manche frigiden Frauen während der Schwangerschaft ein erstaunliches Interesse am Sex entwickeln?

Nein. Das ist ein Ammenmärchen. Mehrere Untersuchungen ergaben, daß Frauen, die selten oder nie einen Orgasmus haben, in der Schwangerschaft bedeutend seltener Geschlechtsverkehr und Orgasmus haben.

Kommt es oft vor, daß Männer ein außereheliches Verhältnis beginnen, wenn ihre Frauen schwanger sind?

Auch wenn es keinen schlüssigen Beweis dafür gibt: Mehrere Forscher haben festgestellt, daß Männer aller Wahrscheinlichkeit nach eher während der Schwangerschaft ihrer Frau zum erstenmal »fremdgehen«, vor allem dann, wenn vorher keine sexuelle Harmonie bestanden hat. Die zwei häufigsten Motive der Männer für ihre Untreue sind unzureichendes Sexualleben sowohl vor wie während der Schwangerschaft und erzwungene sexuelle Enthaltsamkeit, die ihren Frauen vom Frauenarzt verordnet wurde. Eine große Zahl Männer suchten außereheliche Abenteuer, weil sie sich von ihren Frauen vernachlässigt fühlten. Ihre Partnerinnen waren so sehr mit ihrer Schwangerschaft beschäftigt, daß sie für die emotionalen Bedürfnisse ihrer Männer keine Zeit fanden.
1966 interviewten Masters und Johnson

79 Männer, von denen 12 berichteten, daß sie während der Schwangerschaft außereheliche Entspannung fanden, während 6 weitere dies direkt nach der Entbindung taten. In einer anderen Untersuchung hatten sich 8 von 110 Männern Geliebte genommen. Eine beträchtlich größere Anzahl berichtete, sie hätten mehr Zeit als sonst damit verbracht, an eine außereheliche Beziehung zu denken und sich heimliche und exotische sexuelle Erlebnisse herbeizuphantasieren.

Die meisten Psychologen kommen zu dem Schluß, wenn ein Paar keine Eheschwierigkeiten hat, so stehen die Chancen über 90% dafür, daß ein Ehemann sich während der Schwangerschaft seiner Frau keine Geliebte nimmt. Um sexuelle Spannungen zu lösen, masturbieren viele Männer in der Schwangerschaft häufiger. In einer Untersuchung wurde festgestellt, daß Männer im ersten und dritten Schwangerschaftsdrittel ihrer Frau, wenn der Geschlechtsverkehr seltener wird, dazu neigen, bedeutend häufiger zu masturbieren. Leider haben viele Männer wegen der Selbstbefriedigung Schuldgefühle, dabei ist es eine gesunde und akzeptable Methode, sexuelle Energie umzusetzen.

Koitusstellungen

Welche Koitusstellungen sind in der Schwangerschaft am günstigsten?

Die vor der Schwangerschaft und in den ersten beiden Dritteln am häufigsten angewandte traditionelle Position, wobei der Mann oben liegt, ist durch den wachsenden Leibesumfang der Frau am Ende der Schwangerschaft kaum mehr möglich. Viele Frauen finden die Position Seite-an-Seite am angenehmsten. Das Eindringen von hinten und solche Stellungen, bei denen die Frau oben ist, werden in den letzten drei Monaten zunehmend bevorzugt, sind aber nicht so beliebt wie die mit dem Mann oben.

Die Position Mann-oben kann durchaus angewandt werden, wenn der Mann dabei halb auf der Seite liegt, so daß sein Gewicht zum größeren Teil nicht auf der Gebärmutter der Schwangeren lastet. Eine bequemere Variante dieser Stellung ist für viele Paare, wenn der Mann am Fußende oder an der Seite des Bettes kniet, während die Frau so auf dem Rücken liegt, daß ihr Gesäß auf der Bettkante ruht und sie mit den Füßen den Boden berührt. Der Höhe des Bettes und der Größe des Mannes kann sie sich ganz gut anpassen, indem sie ein oder mehrere Kissen unter ihr Gesäß oder seine Knie legt. Diese Stellung nimmt das ganze Gewicht des Mannes vom Bauch der Frau und gibt ihm mehr Freiheit zur Stimulierung ihrer Brüste und Klitoris als die übliche Stellung.

Variationen der Seite-an-Seite-Stellung sind gegen Ende der Schwangerschaft sehr beliebt, weil sie ein flaches Eindringen des Penis ermöglichen. Das ist besonders wichtig im letzten Monat, wenn der Kopf des Babys in Mitleidenschaft gezogen werden könnte oder sich bereits weit unten im Becken befindet, so daß ein tiefes Eindringen schmerzhaft ist.

Viele Frauen bevorzugen am Ende der

Schwangerschaft die Position oben, weil dabei kein Gewicht auf ihnen lastet und sie kontrollieren können, wie tief der Penis eindringt.

Männer finden die zahlreichen Variationen des Eindringens von hinten oft sehr erregend und äußerst befriedigend. Viele meiner schwangeren Patientinnen haben jedoch erklärt, daß ihnen die Intimität des Kontakts von Gesicht zu Gesicht lieber ist. Die häufigste Variation des Eindringens von hinten ist die sogenannte »Motorradstellung«, bei der sich das Paar Seite an Seite kuschelt. In dieser Stellung kann der Mann nicht tief eindringen, weil er hinter der Frau liegt und nicht soviel Kraft hat. Ein weiterer Vorteil ist, daß diese Stellung bequem ist und dennoch Brust und Klitorisreizung ermöglicht. Die Frau kann es sich zusätzlich bequem machen und dafür sorgen, daß der Penis glatter eindringen kann, wenn sie z. B. mit Hilfe eines oder zweier Kissen ihr oberes Bein anhebt.

Das Eindringen von hinten ist auch möglich, wenn sich die Frau dabei auf Knie und Ellbogen stützt. Einige Frauen finden diese Stellung gegen Ende der Schwangerschaft günstig und sogar befriedigend, die meisten dagegen finden sie unbequem und halten sie nicht länger als ein paar Minuten aus. Das Eindringen von hinten im Sitzen, wobei die Frau auf dem Schoß des Mannes sitzt, ist bequemer und angenehmer. Vergewissern Sie sich, daß der Stuhl, die Bank oder der Tisch, worauf Sie sich setzen wollen, stabil genug ist, um Ihrer beider Gewicht zu halten.

Das Eindringen von hinten im Stehen hat mehrere Nachteile. Ein Hauptproblem ist, daß der Mann oft größer ist als die Frau und in die Hocke gehen muß, um in sie einzudringen. Der Eintrittswinkel des Penis ist am angenehmsten, wenn die Frau sich so weit wie möglich nach vorn beugt, aber hierin ist sie in der zweiten Schwangerschaftshälfte erheblich eingeschränkt. Für die maximale Bequemlichkeit dieser Stellung ist es hilfreich, wenn die Frau ihren Kopf auf ein Kissen stützen kann, das unter ihr auf einem stabilen Tisch oder Pult liegt.

Mögliche Gefahren beim Sex in der Schwangerschaft

Kann Sperma eine Fehlgeburt verursachen?

Viele Körperzellen, einschließlich der Spermien, enthalten Substanzen, die sogenannten Prostaglandine. Man hat Prostaglandine auch im Laboratorium, also synthetisch, hergestellt. Sie werden in der Medizin zur Herbeiführung eines Schwangerschaftsabbruchs benutzt, da sie starke Gebärmutterkontraktionen auslösen können, die zur Ausstoßung der Frucht führen. Man hat Spekulationen darüber angestellt, inwiefern Prostaglandine von Spermien, die durch die Scheidenwand aufgenommen werden, an wiederholten Fehlgeburten und vorzeitigen Wehen schuld gewesen sein könnten. Man hat auch überlegt, daß es theoretisch möglich sein müßte, dies zu verhindern, indem der Mann beim Geschlechtsverkehr in der Schwangerschaft ein Kondom trägt.

Die große Mehrzahl der Forscher wi-

derlegt diese Theorie. Man hat ausgerechnet, daß – um genügend Prostaglandine in die Scheide abzugeben, so daß eine Fehlgeburt und vorzeitige Wehen ausgelöst würden – immerhin 15 gleichzeitige Ejakulationen von gleicher Stärke erforderlich wären. Es wird auch ausgeschlossen, daß bei einer Ejakulation verschluckte Prostaglandine resorbiert werden und wehenähnliche Kontraktionen verursachen können.
Wie bereits erwähnt, kann der Orgasmus selbst viel eher unerwünschte Gebärmutterkontraktionen verursachen als Prostaglandine aus einer Ejakulation, und Masters und Johnson haben gezeigt, daß die Gebärmutterkontraktionen bei einem durch Masturbation herbeigeführten Orgasmus viel intensiver sind als diejenigen, die von einem koitalen Orgasmus herrühren.

Können orgasmusbedingte Gebärmutterkontraktionen in den ersten drei Schwangerschaftsmonaten eine Fehlgeburt verursachen?

Es gibt praktisch keine wissenschaftlichen Untersuchungen, die nachweisen könnten, daß der Orgasmus in den ersten drei Schwangerschaftsmonaten das Risiko einer spontanen Fehlgeburt erhöht. Die herrschende Meinung ist, daß es sehr selten vorkommt, daß ein koitaler oder nichtkoitaler Orgasmus Hauptauslöser einer spontanen Fehlgeburt ist. Wenn eine Frau jedoch schon mehrere Fehlgeburten hatte oder nach einem Orgasmus starke und schmerzhafte Gebärmutterkontraktionen bekommt, ist Abstinenz für mindestens die ersten zwölf Schwangerschaftswochen das beste. Wenn nach einem Orgasmus Blutungen auftreten und Ihr Arzt bei einer Vaginaluntersuchung mit dem Spekulum feststellen kann, daß das Blut aus der Gebärmutter fließt und nicht aus den Kapillaren des Muttermundes, was harmlos ist, so ist es ratsam, im ersten Schwangerschaftsdrittel jeden weiteren Orgasmus zu vermeiden.

Können orgasmusbedingte Gebärmutterkontraktionen vorzeitige Wehen auslösen?

Ja. Jährlich werden Zehntausende Kinder zu früh geboren, und die Frühgeburten sind signifikant häufiger mit ernsten körperlichen und geistigen Schäden verbunden. In der Medizin ist man sich weitgehend einig, daß dann eine Frühgeburt vorliegt, wenn eine Schwangerschaft weniger als 37 Wochen dauerte und/oder das Neugeborene 2500 g oder weniger wiegt.
Dr. Robert C. Goodlin vom Stanford University Medical Center hat als einer der ersten Ärzte in einem im September 1969 in *Lancet* veröffentlichten Brief auf die Möglichkeit hingewiesen, daß ein Orgasmus im zweiten und dritten Schwangerschaftsdrittel vorzeitige Wehen wahrscheinlicher macht. Von 25 beobachteten Frauen berichteten 21 von schmerzhaften Gebärmutterkontraktionen sowie Schmerzen und Druck in Rücken oder Becken nach einem Koitus mit Orgasmus. Von sechs Frauen, die vier oder mehr Wochen zu früh entbanden, glaubten vier, daß ihre vorzeitigen Wehen vermutlich mit dem Orgasmus eingesetzt hatten. Derselben Meinung waren auch drei von fünf Frauen, bei

denen die Fruchtblase vor dem Einsetzen der Wehen platzte. (Dabei geht eine große Menge Fruchtwasser durch die Scheide ab. Die Wehen setzen oft innerhalb von 24 Stunden nach diesem Vorgang ein. Wenn das aber nicht der Fall ist, müssen die Wehen manchmal künstlich eingeleitet werden, um einer Infektion von Kind und Mutter zuvorzukommen.)

1971 erweiterten Dr. Goodlin und Mitarbeiter ihre Untersuchung. Sie machten Interviews mit 200 Frauen. Insgesamt 155 (77%) der Frauen aus dieser Gruppe hatten im zweiten und dritten Schwangerschaftsdrittel Orgasmen. Von diesen 155 Frauen klagten 127, eine erstaunlich hohe Zahl, über Beschwerden nach dem Orgasmus in Form von Gebärmutterkontraktionen, Schmerzen oder Druck im Becken, Rückenschmerzen und Schmerzen in den Oberschenkeln. Die Häufigkeit vorzeitiger Wehen bis zur 37. Schwangerschaftswoche wird bei der Normalbevölkerung auf 10% geschätzt. Bei den von Goodlin und Mitarbeitern befragten Frauen, die nach der 32. Schwangerschaftswoche einen Orgasmus hatten, betrug die Häufigkeit vorzeitiger Wehen 21%.

In derselben Untersuchung hielt Dr. Goodlin fest, daß ein Koitus ohne Orgasmus in keinem Zusammenhang mit vorzeitigen Wehen steht. Im Zuge einer anderen Untersuchung baten Dr. Goodlin und Mitarbeiter fünf Frauen, bei denen durch eine Scheidenuntersuchung festgestellt wurde, daß sie »reif« für die Wehen waren, zu einer bestimmten Zeit einen Orgasmus auszulösen. Zwei von fünf Frauen wurden innerhalb drei Stunden nach dem Orgasmus und eine dritte innerhalb von neun Stunden nach dem Orgasmus mit Wehen ins Krankenhaus eingeliefert. Bei einer vierten Frau traten »falsche« Wehen auf, die bald wieder aufhörten.

Masters und Johnson konnten zwar nicht nachweisen, daß Schwangere, die Orgasmen hatten, häufiger Frühgeburten erlitten. Sie bemerkten jedoch, daß vier Frauen, die nicht in ihre Untersuchung einbezogen waren, nahezu identische Erfahrungen machten wie die fünf von Goodlin untersuchten Frauen. Alle vier Frauen befanden sich höchstens achtzehn Tage vor dem Datum ihrer Niederkunft, und bei dreien setzten die Wehen unmittelbar nach dem Geschlechtsverkehr mit Orgasmus ein. Die vierte Frau löste die Wehen innerhalb von Minuten nach einer Masturbation mit mehrfachem Orgasmus aus.

Eine Bestätigung für den von Goodlin beobachteten Zusammenhang von Orgasmus und Frühgeburt wurde im August 1979 in *Fertility and Sterility* veröffentlicht. Dr. Nathaniel N. Wagner und Dr. Julius C. Butler verglichen das Sexualleben von 19 Müttern frühgeborener Kinder mit einer Kontrollgruppe von 19 Frauen, die voll ausgetragene Kinder geboren hatten. 14 von den 19 Müttern mit frühgeborenen Babys, das sind 74%, berichteten, daß sie im ersten Schwangerschaftsdrittel zwischen 75 und 100% der Fälle beim Koitus einen Orgasmus hatten, während nur 7, das sind 37% der Kontrollgruppe, so häufig einen Orgasmus erlebten. Obgleich Orgasmen im Verlauf der Schwangerschaft seltener werden, hatten Mütter mit frühgeborenen Kindern insgesamt mehr.

1979 veröffentlichte Dr. Richard P. Perkins von der University of New Mexico School of Medicine detaillierte sexuelle und gynäkologische Daten von 155 Frauen, die kurz vorher entbunden hatten. Aus den Antworten auf seinen Fragebogen schloß Dr. Perkins, daß sexuelle Aktivität, ungeachtet der angewandten Technik, keinen Einfluß darauf hat, ob die Fruchtblase vorzeitig platzt, die Wehen vorzeitig einsetzen und das Kind ein niedriges Geburtsgewicht hat. Eine überraschende Feststellung war, daß insbesondere Schwangere, die durch Masturbation zu Orgasmen kamen, eine *niedrigere* Häufigkeit frühgeborener Kinder hatten als Frauen, die keinen Orgasmus hatten. Dieser Zusammenhang schien für sämtliche Stadien der Schwangerschaft zuzutreffen. Hinzu kam, daß mehr Frauen, die innerhalb 24 Stunden vor den Wehen Geschlechtsverkehr hatten, mit geplatzter Fruchtblase eingeliefert wurden, wenn ihre letzte sexuelle Stimulation ohne Orgasmus geblieben war. Diese Feststellungen führten Dr. Perkins zu der Theorie, daß sexuell unerfüllte Frauen anfälliger für vorzeitige Wehen sind als solche, die regelmäßige befriedigende sexuelle Beziehungen haben. Mit anderen Worten, Dr. Perkins glaubt, wenn Sie im dritten Schwangerschaftsdrittel Sex haben wollen, dann tun Sie's mit Gefühl oder gar nicht. Im Gegensatz zu anderen Forschern wie z. B. Masters und Johnson beobachtete Dr. Perkins keinen so starken Zusammenhang zwischen dem Orgasmus und Gebärmutterkontraktionen. Obgleich die Frauen nach einem Koitus mit Orgasmus mehr Kontraktionen feststellten als bei jeder anderen Form von sexueller Aktivität und Reaktion, schien der Koitus selbst ein ebenso starkes Stimulans für Gebärmutterkontraktionen zu sein wie der Orgasmus.

Eine Bestätigung für Dr. Perkins' Befunde findet sich in einem im Juli 1982 in *Lancet* veröffentlichten Artikel. In einer zusammenfassenden Auswertung von nahezu 11 000 Schwangerschaften stellten die Ärzte abschließend fest, daß es keinen Zusammenhang gibt zwischen Koitus im dritten Schwangerschaftsdrittel und der Häufigkeit vorzeitiger Wehen, der Anzahl von Kindern mit niedrigem Geburtsgewicht oder perinataler Mortalität. (Die Perinatalperiode ist die Zeit zwischen der 28. Schwangerschaftswoche und dem 7. Lebenstag des Neugeborenen.)

Angesichts dieser gegensätzlichen Feststellungen ist es schwierig, Frauen hinsichtlich der Zusammenhänge von Geschlechtsverkehr, Orgasmus und vorzeitigen Wehen richtig zu beraten. Es scheint jedoch eine kleine Zahl anfälliger Frauen zu geben, die infolge ihrer sexuellen Aktivität vorzeitig entbinden werden. Wenn Sie bereits ein Kind zu früh geboren haben, wäre es vernünftig, in den letzten drei Schwangerschaftsmonaten einen Orgasmus zu vermeiden.

Können orgasmusbedingte Gebärmutterkontraktionen dem Fetus schaden?

Es ist erwiesen, daß orgasmusbedingte Gebärmutterkontraktionen die Sauerstoffversorgung des Fetus vorübergehend leicht herabsetzen. Das wiederum kann die fetale Herzfrequenz verlangsamen. Die meisten Fachleute meinen jedoch, daß dies kaum Konsequenzen hat. Die Ungefährlichkeit eines Orgasmus im Spätstadium der Schwangerschaft wurde in einer Untersuchung demonstriert, wo eine Frau im neunten Monat 106 Min. lang in einem Krankenhaus an ein Ultraschallgerät angeschlossen wurde. Während dieser Zeit brachte ihr Mann sie fünfmal manuell zum Orgasmus. Bei jedem Orgasmus sank die fetale Herzfrequenz, und die Intensität der Gebärmutterkontraktionen stieg progressiv an. Die Frau gebar ein paar Tage später ein körperlich und geistig gesundes Kind von 7½ Pfd.

Vor einiger Zeit wurde in unwissenschaftlichen und rein theoretischen Berichten behauptet, daß der Sauerstoffmangel des Fetus während des Orgasmus zu einem niedrigeren Intelligenzquotienten beim Neugeborenen und zu schweren geistigen Behinderungen führe. Manche Paare berichteten von einer Zunahme der Kindsbewegungen beim koitalen und nichtkoitalen Orgasmus. Nur wenige Ärzte nahmen diese Behauptungen ernst, bis 1979 in *Lancet* unter der Überschrift »Verursacht Geschlechtsverkehr Schäden beim Fetus?« ein Brief vom St. Bartholomew's Hospital Medical College of England erschien. Von 70 Frauen, die ihr erstes Kind geboren hatten, hatten 30 in den vier Wochen vor der Entbindung Verkehr, während 40 sich enthielten. Die Forscher stellten bei den Frauen, die Verkehr hatten, anhand des Apgar-Index (siehe S. 326, 352) und anhand der Verfärbung des Fruchtwassers durch Mekonium (»Kindspech«) eine größere Häufigkeit von Asphyxie (drohende Erstickung) des Fetus fest. Diese Untersuchung umfaßte nur eine kleine Anzahl Frauen, und ich stimme mit den Autoren darin überein, daß unbedingt weitere Untersuchungen angestellt werden müssen.

Kann durch den Geschlechtsakt während der Schwangerschaft das Infektionsrisiko zunehmen?

Zu diesem Thema führte Dr. Richard L. Naeye vom Pennsylvania State University College of Medicine eine vielbeachtete Untersuchung durch. Er analysierte zwischen 1959 und 1966 26886 Schwangerschaften, um die Beziehung zwischen Koitus in der zweiten Schwangerschaftshälfte und der Häufigkeit einer Fruchtwasserinfektion zu ermitteln. Dr. Naeye stellte eine Häufigkeit von 156 Infektionen auf 1000 Geburten fest, wenn die Mütter in dem Monat vor der Entbindung ein- oder mehrmals wöchentlich Verkehr hatten, verglichen mit 117 Infektionen auf 1000 Geburten, wenn kein Verkehr stattgefunden hatte. Von noch größerer Bedeutung war aber, daß von den Kindern mit Infektionen 11% starben, wenn Koitus stattgefunden hatte; von den Kindern, deren Mütter enthaltsam gewesen waren, starben nur 2,4%. Bei Babys, deren Mütter in dem Monat vor Einsetzen der Wehen Geschlechtsverkehr gehabt hatten, war die Wahrscheinlichkeit von Frühgeburtsfolgen, wie niedriger Apgar-Index, Respiratory distress (Atemnot) und Gelbsucht, doppelt so hoch.

Es ist bekannt, daß das Fruchtwasser starke antibakterielle Substanzen enthält, die eine Vielzahl von Bakterien zerstören können. Diese Substanzen sind erstmals am Ende des dritten Monats nachweisbar. Ihre antibakterielle Wirksamkeit wächst bis zum Ende der Schwangerschaft ständig, weil die Konzentration ständig zunimmt. Man hat die Theorie aufgestellt, daß eine Infektion dann auftritt, wenn Spermien oder Enzyme im Spermium es den Bakterien ermöglichen, durch den schützenden Schleim des Muttermundes in die Fruchtblase einzudringen. Wenn zu viele Bakterien ins Fruchtwasser gelangen, können sie den bakterienabtötenden Schutzmechanismus ausschalten, und eine Infektion breitet sich aus. Da die Konzentration dieser bakterienabtötenden Substanzen mit fortschreitender Schwangerschaft steigt, müßte auch ihre Fähigkeit zur Bekämpfung größerer Mengen von Bakterien steigen. Eine Bestätigung dieser Theorie wurde bei den von Dr. Naeye beobachteten Frauen mikroskopisch erbracht. In der 20. bis 24. Schwangerschaftswoche wurde bei 82% der Frauen mit akuter Entzündung die Ausbreitung des Krankheitsprozesses mikroskopisch nachgewiesen. Diese Quote sank bei Frauen in der 25. bis 28. Woche auf 78% und bei Frauen in der 29. bis 38. Woche auf 63%.

Dr. Naeye beobachtete darüber hinaus einen zweiten Häufigkeitsgipfel von durch Verkehr verursachten Fruchtwasserinfektionen, und zwar nach der 38. Schwangerschaftswoche. Bei Frauen, die mindestens einmal in der Woche Verkehr hatten, bestand ein um 50% größeres Risiko, sich eine ernste Fruchtwasserinfektion zuzuziehen, als bei Frauen, die während dieser Zeit keinen Verkehr hatten. Er vermutete, daß dies möglicherweise an der Eröffnung und dem Verstreichen des Muttermundes lag, was normalerweise in den letzten Wochen vor Einsetzen der Wehen geschieht. Aufgrund dieser Veränderungen des Muttermundes steigt das Risiko, daß Samen und Bakterien aus Scheide und Muttermund in die Fruchtblase gelangen.

Wie soll sich eine Schwangere zum Geschlechtsverkehr in der zweiten Schwangerschaftshälfte verhalten?

Selbst die erfahrensten Fachleute wissen nicht recht, welchen Rat sie ihren Patientinnen zu diesem Thema geben sollen. Dr. Naeye führt augenblicklich eine Untersuchung durch, um herauszufinden, ob die Verwendung von Kondomen während der Schwangerschaft die Zahl der Infektionen der Fruchtblase verringert und die Aussichten für infizierte Babys verbessern kann. Er hegt allerdings die Befürchtung, daß andere Komplikationen, die bei diesen Babys auftreten, wie Respiratory distress (Atemnot) und Gelbsucht, nicht immer mit der Infektion zusammenhängen und durch die bloße Verwendung eines Kondoms nicht sonderlich zurückgehen werden. Nach der Veröffentlichung seines Artikels sagte Dr. Naeye, daß er nichts davon halte, in der Schwangerschaft zu längerer Enthaltsamkeit zu raten, einfach wegen der ehelichen Disharmonie, die daraus entstehen kann. Während die meisten Frauenärzte in den letzten Schwangerschaftswochen eine gewisse Enthaltsamkeit empfehlen, meint Dr. Naeye, es sei sinnvoller, vom fünften bis siebten Monat enthaltsam zu sein, wenn die bakterienbekämpfenden

Substanzen im Fruchtwasser die geringste Konzentration aufweisen.
Einige von Dr. Naeyes Untersuchungsmethoden und Schlußfolgerungen wurden von mehreren Forschern angegriffen. Zum Beispiel beruhte sein Kriterium zur Diagnose einer Infektion auf dem Nachweis einer geringen Anzahl weißer Blutkörperchen im Fruchtwasser. Dieser Befund deutet jedoch nicht zwingend auf eine Infektion der Fruchtblase oder des Babys hin. Einige Pathologen diagnostizieren eine Fruchtwasserinfektion erst dann, wenn eine beträchtliche Zahl weißer Blutkörperchen vorhanden ist. Der einzige definitive Beweis für eine Infektion ist aber eine positive Bakterienkultur. Dr. Naeye räumte ein, daß er sich bei seiner Diagnose nicht auf einen solchen Beweis stützte. Eine weitere Kritik an seiner sehr beachteten Arbeit ist, daß nichts über die Länge der Wehen bei den beobachteten Frauen gesagt wird, über Komplikationen während der Wehen oder darüber, wieviel Zeit zwischen dem Platzen der Fruchtblase und der Entbindung vergangen ist. Das ist schade, denn der letzte dieser Faktoren korreliert mit dem Auftreten einer Infektion. Eine gründliche Untersuchung von 10 477 Geburten aus dem Jahre 1981 widerspricht ebenfalls Dr. Naeyes Schlußfolgerungen: Die Ärzte konnten keine schädlichen Wechselwirkungen zwischen Koitus im Spätstadium der Schwangerschaft und der Entstehung einer Fruchtwasserinfektion feststellen.
Diese widersprüchlichen Befunde haben bei Paaren, die wissen wollten, wie sie sich in der Schwangerschaft sexuell verhalten sollen, zu Unsicherheit und Angst geführt, und sie haben außerdem die Forscher, die sich mit Schwangerenfürsorge und Sexualität beschäftigen, vor grundlegende Fragen gestellt. Von Psychologen durchgeführte Untersuchungen haben bestätigt, daß ernste Gefühlskonflikte und Spannungen entstehen können, wenn über längere Zeit Abstinenz verordnet wird. Andererseits kann ein Paar, das die Infektion seines Neugeborenen dem Geschlechtsverkehr zuschreibt, von weit schlimmeren und länger andauernden Schuldgefühlen geplagt werden.
Wenn auch weitere Untersuchungen notwendig sind, bevor gültige Ratschläge erteilt werden können: Es gibt ein paar vernünftige Richtlinien, an die sich eine Frau halten sollte. Frauen, die schon einmal eine Frühgeburt und vorzeitige Wehen hatten, und Frauen, bei denen der Arzt bei einer Untersuchung feststellt, daß sich der Muttermund vorzeitig geöffnet hat, sollten Orgasmus wie auch Geschlechtsverkehr in den letzten drei Schwangerschaftsmonaten vermeiden. Abstinenz ist ebenso bei den Frauen ratsam, bei denen die Fruchtblase vorzeitig geplatzt ist. Wenn eine Frau früher trotz koitalem wie auch nichtkoitalem Orgasmus in der Schwangerschaft ein oder mehr gesunde, voll ausgetragene Kinder geboren hat, wäre es töricht, wenn ein Arzt während einer weiteren Schwangerschaft auf längerer Enthaltsamkeit bestünde. Aller Wahrscheinlichkeit nach wird ihre gegenwärtige Schwangerschaft in jeder Hinsicht normal verlaufen, und sie wird wohl kaum einen ärztlichen Rat befolgen, der ihrer persönlichen Erfahrung widerspricht.

Wie verbreitet ist Analverkehr, und was ist daran für die schwangere Frau gefährlich?

In einer 1975 durchgeführten Untersuchung betrug die Häufigkeit des Analverkehrs 3%. In einer jüngeren Untersuchung von 528 verheirateten Frauen unter 35 Jahren hatten circa 25% diese Art von Verkehr ein- oder mehrmals betrieben, aber nur 8% betrachteten Analverkehr als regelmäßigen, häufig angewandten und angenehmen Teil ihres Sexuallebens. Vor wenigen Jahren wurde diese Form sexueller Aktivität noch als Perversion betrachtet, aber heutzutage haben viele Menschen regelmäßig Analverkehr, und noch viel mehr probieren ihn aus. Manche Paare benutzen diese Methode als Alternative zum Vaginalverkehr, insbesondere in der Mitte des Menstruationszyklus.

Die häufigste durch Analverkehr verursachte Verletzung ist ein Riß in der Haut und der Schleimhaut des Rektums. Dies kann meistens durch die Anwendung eines Gleitmittels verhindert werden, das vor dem Eindringen auf Penis und After aufgetragen wird. Durch grobes und kräftiges Einführen und heftiges Stoßen des Penis kann leichter eine Verletzung entstehen als durch ein Mißverhältnis der Größen von After und Penis. Der den After umgebende Schließmuskel kann sanft und allmählich gedehnt werden, so daß er den durchschnittlichen und auch den größten Penis leicht umschließen kann.

Viele Fachärzte glauben, daß wiederholter Analverkehr bereits vorhandene Beschwerden des Rektums wie Entzündung (Kolitis) und Hämorrhoiden verschlimmern kann, selten aber die Ursache solcher Krankheiten ist. Allerdings wird die starke Erweiterung der analen Blutgefäße und das Unbehagen, das diese Hämorrhoiden mit sich bringen, die in der Schwangerschaft bei so gut wie allen Frauen – mehr oder weniger stark ausgeprägt – auftreten, noch viel schlimmer durch Analverkehr. Während das Dehnen des Sphinkter ani (Schließmuskels) für manche Frauen unangenehm ist, empfinden andere es als erotisch. Bei wiederholtem Analverkehr kann der Schließmuskel überdehnt werden und seine Spannung verlieren, was die Hämorrhoiden verstärkt. Bei einem geringen Prozentsatz von Frauen gehen dadurch ungewollt Blähungen ab, mitunter auch Rektalschleim (oder etwas Stuhl).

Es ist ein weitverbreitetes Ammenmärchen, daß die rektale Lubrikation vor dem Geschlechtsverkehr vergleichbar mit der vaginalen wäre. Die Lubrikation des Rektums ist äußerst spärlich, und ein eventueller Ausfluß ist meistens das Ergebnis einer entzündlichen Reaktion aufgrund einer Verletzung bei einem früheren Analkoitus. Ein wenig Rektalschleim fließt auch aus, wenn geschwächte Schließmuskeln den Schleim nicht im After halten können.

Rektum und After beherbergen gewöhnlich massenhaft Bakterien, die beim Analverkehr in die Harnröhre des Mannes eindringen können. Zudem ist jede Hautabschürfung, jeder Riß oder jedes Wundsein am Penis eine potentielle Brutstätte für diese Bakterien. Wenn Analverkehr unmittelbar vor Vaginalverkehr erfolgt, kann es zu einer bakteriellen Verunreinigung der Vagina, einem Scheidenkatarrh (Vaginitis) kommen. Symptom hierfür ist ein wäßriger, meist übelriechender, lästiger Ausfluß. Bei der nichtschwangeren Frau erfordert diese Form der Vaginitis, obgleich sie meist ungefährlich ist, eine Behandlung mit Antibiotika. In der Schwangerschaft ist diese Art von Infektion möglicherweise gefährlicher, weil sie sich bis in den Muttermund und in die Fruchtblase ausbreiten kann. Bloßes Waschen des Penis mit Wasser und Seife zwischen vaginalem und analem Verkehr genügt in der Regel nicht, um alle Bakterien zu entfernen, ist aber besser als gar keine Wäsche.

Wenn Bakterien sich in der Harnröhre des Mannes vermehren, können sie hier eine Entzündung (Urethritis) verursachen, auch wenn der Penis gründlich mit Wasser und Seife gewaschen wird. Wenig gelblicher Ausfluß, häufiges Urinieren und Brennen dabei sowie trüber Urin sind Anzeichen für diese Form von Urethritis. Gelegentlich können diese Symptome von erhöhter Temperatur und Frösteln begleitet sein. Eine Frau bekommt durch Vaginalverkehr wahrscheinlich dann viel eher eine Vaginitis, wenn ihr Partner erst einmal eine manifeste Urethritis hat. Die einzig wirksame Vorsichtsmaßnahme besteht darin, daß der Mann entweder beim Analkoitus ein Kondom trägt oder daß er jeden Verkehr entweder ausschließlich auf die Vagina oder den After beschränkt. Wenn man einen Finger ins Rektum eingeführt hatte, ist es wichtig, daran zu denken, ähnliche hygienische Vorsichtsmaßnahmen zu treffen, so daß die Scheide nicht infiziert wird. Zumindest sollte der Finger gründlich mit Wasser und Seife gewaschen und der Nagel mit einer Bürste gereinigt werden, bevor man den Finger in die Scheide einführt. Anilingus nennt man das Lecken des Afters als erotisches Stimulans. Wenn Cunnilingus unmittelbar auf Anilingus folgt, können ebenfalls Bakterien in die Scheide übertragen werden.

Wie der Vaginalverkehr sollte auch der Analverkehr in der Schwangerschaft unterbleiben, wenn eine Frau Vaginalblutungen unbekannter Ursache hat, wenn eine Ultraschalluntersuchung zeigt, daß die Plazenta tief liegt oder den inneren Muttermund vollständig bedeckt (Placenta praevia), wenn die Fruchtblase geplatzt ist und Fruchtwasser austritt und wenn Erfahrungen mit einer früheren Schwangerschaft und eine Vaginaluntersuchung darauf hindeuten, daß der Muttermund sich vorzeitig verkürzt und öffnet.

Kann ein Arzt feststellen, ob ich Analverkehr habe, und gibt es einen Grund, warum er es wissen muß?

Wenn der Afterschließmuskel übermäßig gedehnt ist, zeugt das gewöhnlich von häufigem Analverkehr. Ist er nicht gedehnt, machen manche Ärzte den sogenannten Sphinkter-Entspannungs-Test. Hierzu legen sie den Zeigefinger sanft an den After, um festzustellen, ob sich der Schließmuskel fast reflexartig entspannt und dehnt. (Während der Arzt, der diesen Test erstmals beschrieb, behauptete, der Test sei so gut wie unfehlbar, scheint er mir eher ein Anzeichen dafür zu sein, wie gut sich eine Patientin bei einer Untersuchung entspannen kann und wie gut das Arzt-Patient-

Verhältnis ist. Meiner Meinung nach sagt der Test nichts über ihre Vorliebe für Analverkehr aus.)
Statt zu mutmaßen, ob eine Patientin Analverkehr pflegt oder nicht, wäre es einfacher, sie zu fragen. Leider halten viele Ärzte diese Frage für tabu, dabei könnte ein Arzt anhand dieser Information seine Patientinnen über die verschiedenen hygienischen Vorsichtsmaßnahmen aufklären, die getroffen werden müssen, um Infektionen und Verletzungen zu verhüten.

Kann erotische Stimulierung durch ein Klistier vorzeitige Wehen verursachen?

Ein Klysmaphiler ist ein Mensch, der bei einem Einlauf (Klistier) starkes erotisches Vergnügen empfindet. Manche tun dies bei ihrem Partner. Manche Paare machen es gegenseitig. Entgegen der landläufigen Meinung lösen in der Schwangerschaft verabreichte Klistiere keine vorzeitigen Wehen aus, höchstens lästige Blutungen aus Hämorrhoiden, die meist harmlos sind. Bei Komplikationen wie nicht abgeklärter Blutung aus dem Uterus, einem vorzeitig verstrichenen und erweiterten Muttermund, einer tiefliegenden Plazenta oder einer Placenta praevia (Plazenta, die den inneren Muttermund bedeckt) sollten keine Klistiere verwendet werden.

Ist oral-genitaler Kontakt in der Schwangerschaft gefährlich?

Es gibt keinen medizinischen Grund, oral-genitalen Kontakt in der Schwangerschaft einzustellen. Es gibt allerdings eine etwas bizarre Art des oral-genitalen Kontaktes, die Sie unbedingt unterlassen sollten. Viele schwangere Frauen sind daran gestorben, daß ihre Liebhaber ihnen forciert Luft in die Scheide geblasen haben. Wenn der Mund fest an die Scheidenöffnung einer Schwangeren gepreßt wird und die ausgeatmete Luft auf diese Weise unter Druck gehalten wird, kann die Luft über die vergrößerten und erweiterten Adern von Scheide und Muttermund in den Blutkreislauf eindringen, in Form kleiner Bläschen zu Herz, Lunge und Hirn wandern und augenblicklich zum Tode führen. Wenn sich Luft auf diese Art durch das Kreislaufsystem bewegt, spricht man von Luftembolie.
Mir sind keine Fälle von Luftembolie bei nichtschwangeren Frauen bekannt, die diese Form sexuellen Kontakts praktiziert haben. Frauen, die sich auf diese Weise sexuell stimulieren lassen, erklären, daß das Lustgefühl aus der Entspannung der Vagina nach dem Freiwerden der unter Druck stehenden Luft kommt. Meinem Gefühl nach kann das Sexualleben sowohl schwangerer als auch nichtschwangerer Frauen auch ohne diese Prozedur ganz zufriedenstellend sein.

Kann auf ähnliche Weise Luft eindringen, wenn eine Frau in der Schwangerschaft Spülungen macht oder ein Bidet benutzt?

Todesfälle durch Luftembolie hat es eine ganze Menge gegeben. Die Frauen hatten mit einer Spritze eine Spülung vorgenommen, meistens mit der Absicht, eine Abtreibung herbeizuführen. In wenigstens vier Fällen aber wurde die Spülung anscheinend aus hygienischen Gründen vorgenommen. Deshalb lehne ich Spülungen während der Schwangerschaft ab und erkläre meinen Patientinnen, daß ihr vermehrter Ausfluß eine normale Körperreaktion ist und keine Behandlung erfordert. Wenn ein Ausfluß jedoch heftiges Jucken verursacht oder übel riecht, ist er anomal und muß behandelt werden. Ungeachtet der Ursache kann aber jeder Ausfluß in der Schwangerschaft ohne Anwendung einer Spülung behandelt werden (siehe Frage zu Vaginitis S. 161).

Bei der Reinigung auf einem Bidet reizt der Wasserstrahl nur die Vulva. Da keine Luft unter Druck in die Scheide eindringt, ist die Benutzung eines Bidets in der Schwangerschaft völlig ungefährlich.

Kann eine Frau gegen den Samen eines Mannes allergisch sein?

Obgleich es nicht oft vorkommt, wird immer wieder von Frauen berichtet, die gegen Samenflüssigkeit allergisch sind, und bei einigen beginnt diese Überempfindlichkeit während der Schwangerschaft. Allergische Reaktionen treten niemals beim oder nach dem ersten Kontakt mit der Samenflüssigkeit auf; es bedarf mehrerer Kontakte, bis eine Frau überempfindlich wird. Eine leichte Spermienallergie ist auf Scham und Scheide beschränkt, bei einer schweren Allergie reagiert der ganze Körper.

Bis vor kurzem bestand die Behandlung einer Spermienallergie darin, daß ein Mann bei jedem Koitus ein Kondom trug. Wenn eine Schwangerschaft gewünscht wurde und eine Frau eine schwere Allergie hatte, mußte man am Tag des Eisprungs, wenn der Koitus ohne Kondom stattfand, Adrenalin zur intravenösen Injektion am Bett bereithalten! Eine praktikablere Lösung dieses Problems wurde neulich von Wissenschaftlern an der University of California in San Francisco vorgeschlagen, die mit Erfolg die schwere allergische Reaktion reduzieren konnten, indem sie der Frau zweimal wöchentlich über einen Zeitraum von mehreren Monaten verdünnte Samenflüssigkeit ihres Mannes in die Haut injizierten. Diese Therapie (Desensibilisierung) scheint ein vielversprechender Ansatz zur Heilung dieses bedauerlichen und ungewöhnlichen Leidens zu sein.

Ist es gefährlich, in der Schwangerschaft einen Vibrator zur sexuellen Befriedigung zu benutzen?

Es gibt ein breites Angebot von batteriebetriebenen Massagestäben, sogenannten Vibratoren. Externe Vibratoren werden zur Reizung von Schamlippen und Klitoris benutzt. Werden sie zu heftig angewandt, können sie Schürfungen oder ein Hämatom (Blutansammlung unter der Haut) verursachen. Vorsichtig angewandt, können sie jedoch in der Schwangerschaft ohne weiteres benutzt werden. Man sollte aber unbedingt wissen, daß ein von einem Vibrator erzeugter Orgasmus Gebärmutterkontraktionen von größerer Intensität hervorbringen kann als ein beim Koitus erzeugter. Wenn diese Kontraktionen sehr unangenehm sind oder wenn bei einer Frau früher schon einmal vorzeitige Wehen aufgetreten sind, sollte man lieber darauf verzichten, einen Vibrator zu benutzen.

Frauen, die sich intravaginaler Vibratoren bedienen, sei dringend geraten, dies während der Schwangerschaft zu unterlassen. Wenn ein Paar darauf besteht, diese Geräte zu benutzen, muß das Einführen unbedingt langsam und sehr vorsichtig geschehen, weil die Scheidenschleimhaut in dieser Zeit gefäßreicher und geschwollen ist. Wenn eine Frau bei Benutzung eines intravaginalen Vibrators oben liegt, kann sie Druck und Tempo beim Einführen besser regulieren und so Schürfungen, Risse und Hämatome der Scheidenwand verhüten. Durch gründliches Einschmieren mit einem Gleitmittel kann man das Risiko solcher Verletzungen ebenfalls klein halten.

Kann Bruststimulation Wehen auslösen?

Mehrere interessante Untersuchungen haben bestätigt, daß die Wehen durch Bruststimulation erfolgreich eingeleitet werden können. Im Altertum haben die Leute tatsächlich einen Säugling an die Brust einer Frau in den Wehen angelegt, um die Kontraktionen anzuregen und die Entbindung zu beschleunigen. Frauen, die ihre Babys stillen, können ohne weiteres gleichzeitig Gebärmutterkontraktionen wahrnehmen, die sogenannten »Nachwehen«, und wenn man gleich nach der Entbindung mit dem Stillen anfängt, verringert das den Blutverlust nach der Geburt, weil die Gebärmutter besser kontrahiert bleibt. Die Reizung der Brust setzt einen Mechanismus in Gang: Der hintere Teil der Hirnanhangdrüse wird stimuliert. Daraufhin setzt diese Drüse Oxytozin frei, ein Hormon, das den Gebärmuttermuskel zu Kontraktionen anregt. Oxytozin ist dasselbe Hormon, mit dem die Ärzte die Wehen einleiten.

Die wohl vollständigste Untersuchung über Geburtseinleitung durch Bruststimulation wurde 1973 von Dr. A. Jhirad und Dr. T. Vago vom Barzilai Medical Centre, Ashkelon/Israel durchgeführt. Sie versuchten, mit elektrischen Milchpumpen die Brust zu stimulieren, um bei 204 Patientinnen zur Zeit ihrer errechneten Niederkunft die Geburt einzuleiten. Bei 142 Frauen, also 69,6%, gelang dies. Die Zeit zwischen dem Beginn der Bruststimulation und der Entbindung betrug durchschnittlich achteinhalb Stunden, wobei 52 Frauen binnen sechs oder weniger Stunden entbanden. Die Frauen mit der höchsten Kinderzahl sprachen am besten an und hatten die kürzesten Wehen; bei den Frauen, die fünf oder mehr voll ausgetragene Kinder geboren hatten, wurde mit Bruststimulation eine Erfolgsquote von 73% erzielt. Dieses Ergebnis ist von großem praktischen Wert, weil die üblichen medizinischen Methoden zur Geburtseinleitung möglicherweise gefährlich sind, da bei einer Frau, deren Gebärmutter durch frühere Geburten geschwächt ist, das Risiko einer Uterusruptur (Gebärmutterriß) erhöht ist.

Ein weiterer von Dr. Jhirad und Dr. Vago festgestellter Vorteil der Bruststimulation war, daß bei all diesen Frauen in der Nachgeburtsphase kein Milchstau auftrat, aber die Milchproduktion in der Zeit nach der Geburt trotzdem reichlich war. Bei einigen meiner Patientinnen haben die Männer erfolgreich durch sanfte manuelle Stimulation der Brustwarzen die Wehen eingeleitet. Um eine Reizung zu vermeiden, sollte eine fetthaltige Creme auf Warzen und Warzenhof aufgetragen werden. Wenn Sie eine unkomplizierte Schwangerschaft haben und das Datum Ihrer Niederkunft da oder überschritten ist, kann es nicht schaden, diese Technik auszuprobieren. Neuerdings benutzen einige Ärzte Bruststimulation im letzten Schwangerschaftsdrittel als Test, um festzustellen, ob es dem Kind gutgeht (siehe Kapitel 10).

Sexualität nach der Geburt

Stimmt es, daß manche Frauen bei der Geburt einen Orgasmus haben?

Einige phantasiebegabte Autoren haben die letzte anstrengende Wehenphase als ein sinnliches oder sogar orgasmisches Erlebnis geschildert. Meine Beobachtungen und vorsichtigen Befragungen Hunderter von Frauen während der letzten Jahre bestätigten diesen Eindruck in keiner Weise. Dic am häufigsten genannte Empfindung ist intensiver Schmerz, gefolgt von Erschöpfungsgefühlen und Erleichterung.

Ab wann kann man nach der Entbindung wieder Geschlechtsverkehr haben?

Entgegen den Empfehlungen der meisten Ärzte ist es wissenschaftlich nicht erwiesen, daß ein Paar sechs Wochen warten muß, bevor es den Geschlechtsverkehr wieder aufnehmen darf. Nach einer unkomplizierten natürlichen Geburt, bei der es zu keiner Scheidenverletzung kam und kein Dammschnitt vorgenommen wurde, dürfte eine Aufnahme des Koitus zwei Wochen nach der Geburt vollkommen ungefährlich sein. Ein gutes Anzeichen, wann man wieder Verkehr haben kann, sind Menge und Beschaffenheit des Wochenflusses, der sogenannten Lochia. In den ersten Tagen nach der Entbindung besteht sie aus einer blutdurchsetzten Flüssigkeit, der Lochia rubra. Diese wird bald zu einer blasseren Flüssigkeit namens Lochia serosa. Nach zehn bis vierzehn Tagen schließlich wird sie zur Lochia alba, die von weißer Farbe ist und nur in kleinen Mengen austritt. Zu diesem Zeitpunkt ist der Muttermund meistens wieder geschlossen. Es besteht dann keine Infektionsgefahr mehr, und der Verkehr kann wieder aufgenommen werden. Hat der Wochenfluß jedoch einen unangenehmen Geruch, dann kann eine Infektion des Endometriums (Gebärmutterschleimhaut) vorliegen. Eine fortwährend rötliche Farbe über mehr als zwei Wochen ist oft das Zeichen für einen Plazentarest, der nicht ausgestoßen wurde, oder ein Hinweis darauf, daß sich die Gebärmutter an der Stelle, wo die Plazenta saß, nicht richtig zusammengezogen hat. In beiden Fällen kann eine Ausschabung erforderlich sein. Am besten vermeiden Sie den Koitus, bis Ihr Frauenarzt diese Symptome beurteilt hat.

Wenn bei Ihnen ein Dammschnitt vorgenommen oder ein Riß vernäht wurde, haben sich die Fäden meistens nach drei Wochen vollständig aufgelöst. Zu diesem Zeitpunkt können Sie behutsam mit dem Geschlechtsverkehr beginnen, und wenn Sie dabei keine Unannehmlichkeiten spüren, besteht kein Grund zur Enthaltsamkeit.

Nach einem Kaiserschnitt braucht die Wunde gewöhnlich zwei Wochen, um zu verheilen. Wenn keine Komplikationen auftreten, dürfte ein Verkehr nach dieser Zeit ungefährlich sein.

Was nichtkoitale Liebestechniken betrifft, empfehle ich meinen Patientinnen, die eine natürliche Geburt hatten, nicht zu bald nach der Geburt mit Cunnilungus zu beginnen. Der Mund enthält viele, teilweise potentiell schädliche Bakterien, die, wenn sie in einen von der Geburt herrührenden Riß der Harnröhre, Scham oder Scheide gelangen, eine Infektion verursachen können. Wenn Sie weniger als drei Wochen nach der Entbindung oral-genitalen Sex vollziehen wollen, untersuchen Sie vorher Vulva und Vagina sorgfältig mit einem Handspiegel auf Anzeichen für einen nicht verheilten Riß. Wenn Sie das nicht können, suchen Sie Ihren Frauenarzt auf.

Manche Frauenärzte glauben, daß beim Liebesspiel Bakterien aus dem Mund des Mannes in die Brustwarzen der stillenden Frau eindringen können. Wenn diese Bakterien sich vermehren, entzündet sich unter Umständen die Brust. Im Gegensatz dazu haben Babys und Mütter gewöhnlich dieselbe Bakterienflora; deshalb ist beim Stillen das Risiko, neue und andere Bakterien aufzunehmen, minimal.

Wie reagieren Frauen in der Zeit nach der Geburt auf sexuelle Erregung, und was ist anders im Vergleich zu vorher?

Die bereits erwähnten sechs Frauen, die während ihrer Schwangerschaft von Masters und Johnson gründlich beobachtet wurden, sind auch nach ihrer sexuellen Reaktion zwischen der vierten und sechsten Woche, zwischen der sechsten und achten Woche und am Ende des dritten Monats nach der Geburt befragt worden.

Obwohl vier der sechs Frauen innerhalb der ersten Nachgeburtserhebung eine Rückkehr des erotischen Interesses schilderten, stellten Masters und Johnson fest, daß die Sexualorgane langsamer und weniger intensiv reagierten als vor der Schwangerschaft. Die Schwellreaktion der Schamlippen, die normalerweise in der Erregungsphase einsetzt, verzögerte sich bis in die Plateauphase hinein. Die Scheidenlubrikation entwickelte sich langsam, und die Menge war in der Nachgeburtszeit bedeutend geringer. Die inneren zwei Drittel der Scheide dehnten sich langsamer, und auch die Schwellung, die bei sexueller Erregung eintritt, war weniger stark. Obgleich die Schleimhäute der Scheide aller sechs Frauen atrophisch (verdünnt) waren, war dies bei den drei stillenden Frauen am stärksten ausgeprägt. Der Grund, warum die Vagina einer stillenden Frau der einer Frau nach der Menopause gleicht, ist der, daß die normale, für die hormonelle Stimulation zuständige Verbindung zwischen Hypothalamus (Teil des Zwischenhirns) und Hypophyse (Hirnanhangdrüse) unterbrochen wird, wenn eine Frau stillt. Das von der Hirnanhangdrüse produzierte Hormon Prolaktin ist für die Milchproduktion zuständig, verhindert jedoch auch die Freisetzung anderer Hormone, die die Eierstöcke zur Bildung von Östrogen anregen. Östrogen aber festigt die Scheidenschleimhaut.

Masters und Johnson stellten bei den Patientinnen, die zwischen der vierten und sechsten Nachgeburtswoche befragt wurden, auch ein kleineres orgasmusspezifisches Areal in der Plateauphase sowie eine deutlich verringerte Intensität und Dauer der beim Orgasmus auftretenden Gebärmutterkontraktionen fest.

Bei der Nachgeburtserhebung in der sechsten bis achten Woche zeigten die sechs beobachteten Frauen im wesentlichen dieselben physiologischen Reaktionen wie in der vierten bis sechsten Woche. Am Ende des dritten Monats nach der Geburt änderte sich das Bild jedoch völlig. Bei allen sechs Frauen setzte die Produktion des Hormons Östrogen wieder ein, und die Sexualität nahm wieder die Formen wie vor der Schwangerschaft an. Die damit verbundenen positiven Auswirkungen umfaßten auch die Festigung der Scheidenschleimhaut, rasche Schwellreaktion der beiden Schamlippen bei sexueller Stimulation, reichliche und rasche Bildung von Scheidenlubrikation und volle Dehnbarkeit der Scheide. Alle sechs Frauen hatten wieder einen Orgasmus mit Kontraktionen von normaler Intensität und Häufigkeit.

Verändern sich in der frühen Nachgeburtsphase die Brüste bei sexueller Stimulation?

Im Gegensatz zur verstärkten Schwellreaktion der Brüste bei sexueller Stimulation in der Schwangerschaft werden in der Nachgeburtszeit wenige oder gar keine physiologischen Veränderungen festgestellt. Wenn die Milchproduktion medikamentös durch Hormone gedrosselt wurde, kann es nach der Entbindung sechs Monate dauern, bevor bei sexueller Stimulation sich eine deutliche Schwellreaktion der Brüste einstellt. Die Brüste stillender Frauen vergrößern sich ebenfalls nicht während der Erregungsphase oder bei hoher sexueller Spannung. Bei manchen Frauen spritzt unkontrolliert Milch aus beiden Brustwarzen, sobald sie sexuell erregt sind; bei anderen ist dies nur beim Orgasmus der Fall.

Wie beeinflussen diese nachgeburtlichen Veränderungen die subjektive Einstellung einer Frau zu ihrer Sexualität in dieser Zeit?

Es muß nicht eigens betont werden, daß Frauen in der Nachgeburtszeit sexuell sehr unterschiedlich reagieren. Bei vielen kehrt das erotische Interesse innerhalb von vier Wochen zurück, wenn auch physiologische Tests ergeben, daß sie beim Sex nicht so viel Spaß haben. Je nachdem, wieviel einer Frau ihr Partner bedeutet, kann die subjektive Bewertung ihres Orgasmus höher ausfallen, auch wenn die Messung der physiologischen Reaktion ein Absinken der Intensität und Erregbarkeit ergibt. Aus diesem Grunde werden die Frauen, die nach der Geburt den Verkehr wieder aufnehmen, oft sexuell voll befriedigt, obwohl ihre Funktionen noch nicht wieder das Niveau von vor der Schwangerschaft erreicht haben.

Was ist ausschlaggebend dafür, daß die Freude am Sex bald wieder zurückkehrt?

Aus Befragungen von 101 Frauen im dritten Monat nach der Entbindung schlossen Masters und Johnson, daß Erotik bei Frauen nicht mit dem Alter der Frau oder der Zahl ihrer Kinder zusammenhängen muß, sondern darauf bezogen werden kann, ob sie stillt oder nicht. Das größte sexuelle Interesse in der Nachgeburtszeit konnte man bei einer Gruppe von 24 stillenden Müttern feststellen. Die stärkste Erotik war bei den stillenden Frauen zu verzeichnen, bei denen es am längsten dauerte, bis die Eierstöcke ihre Funktion wieder aufnahmen und es zur Menstruation kam. Während von den 24 stillenden Frauen alle sagten, das Saugen ihrer Babys sei sexuell stimulierend, sagten sechs von ihnen, sie möchten unbedingt so schnell wie möglich die normale eheliche Beziehung mit ihren Männern wiederaufnehmen, um Schuldgefühle wegen perverser sexueller Interessen loszuwerden. Patientinnen von mir haben ähnliche Sorgen geäußert. Es dürfte beruhigend sein zu wissen, daß erotische Empfindungen beim Stillen vollkommen normal sind, und es gibt absolut keinen Grund, deswegen Schuldgefühle zu haben.

Dr. Celia Falicov, University of Chicago, machte die interessante Feststellung, daß die meisten Frauen den Geschlechtsverkehr mehr genossen, obwohl sie ihn weniger häufig vollzogen. Masters und Johnson sind zu ähnlichen Schlußfolgerungen gekommen. Die Gründe hierfür sind verschieden, aber die Mehrzahl der Interviewten sagte aus, daß Schwangerschaft, Wehen und Entbindung ihnen halfen, ihre Scheu gegenüber den Körperfunktionen zu überwinden, und daß sie nach der Geburt weniger gehemmt waren.

Wie verbreitet sind sexuelle Funktionsstörungen in der ersten Zeit nach der Geburt, und wie kommt es dazu?

Sexuelle Funktionsstörungen in der ersten Zeit nach der Geburt sind ein weitaus größeres Problem, als allgemein angenommen wird. Von den 101 von Masters und Johnson zu Beginn des dritten Monats nach der Entbindung befragten Frauen gaben z. B. 47 einen niedrigen oder beinahe gar keinen Grad von Sexualität an. Die angeführten Gründe waren Anspannung und Ermüdung bei der Sorge für das neugeborene Baby, Schmerzen beim Versuch, den Geschlechtsverkehr wiederaufzunehmen, Beschwerden in Verbindung mit dem Anschwellen der Brust, ständiger Ausfluß und Angst vor Schwangerschaft. Frau Dr. Falicov kam bei ihrer Untersuchung von 18 Frauen zu ähnlichen Ergebnissen.

Man sollte das bange Gefühl nicht unterschätzen, das die meisten Frauen beim Gedanken an die Wiederaufnahme des Geschlechtsverkehrs in der Nachgeburtszeit überkommt.

Wenn eine Frau befürchtet, daß ihr Dammschnitt nicht vollständig geheilt ist, und sogar dann, wenn sie weiß, daß alle Fäden aufgelöst sind, kann sie wider besseres Wissen fürchten, der Koitus könnte schmerzhaft sein. Das kann zu Vaginismus (schmerzhafte Scheidenkrämpfe) führen, weil sich die Scheidenwände kontrahieren. Ist diese psychische Reaktion sehr stark, schließen sich die Scheidenwände unter Umständen völlig, so daß das Eindringen äußerst schwierig, wenn nicht gar unmöglich ist. Andere Frauen sind besorgt, daß ihre Scheidenschleimhaut durch die Umstellung auf die Geburt des Babys überdehnt ist.

Nur wenige Ärzte erklären ihren Patientinnen, daß die Scheidenschleimhaut einer stillenden Frau in den meisten Fällen der einer Frau nach der Menopause (Wechseljahre) gleicht: Sie ist dünn, atrophisch (verkümmert) und leidet an Östrogenmangel. Ohne Östrogen sind die Scheidenwände nicht fest genug, und der Geschlechtsverkehr kann unangenehm und sogar schmerzhaft sein.

Für viele Frauen ist das Stillen ein höchst sinnliches Erlebnis, das sich auf ihre sexuelle Beziehung überträgt. Andere jedoch berichten von einer immensen Empfindlichkeit von Brüsten und Warzen, so daß die üblichen Liebkosungen eines Partners unangenehm sein können. Darüber hinaus kommt es, wie bereits erwähnt, bei stillenden Frauen häufig beim Orgasmus oder sobald sie sexuell erregt sind, zu unkontrollierbarem Spritzen von Milch aus den Brustwarzen.

Was kann man bei sexuellen Problemen und sexuellen Funktionsstörungen in der Zeit nach der Geburt tun?

Eine gute Verständigung ist das beste Mittel für die Partner, um mit den Problemen nachgeburtlicher sexueller Funktionsstörungen fertig zu werden. Es ist wichtig, über diese Gefühle und Frustrationen zu sprechen, und die Männer müssen die Tatsache begreifen und respektieren, daß viele Frauen in den ersten acht Wochen nach der Entbindung einfach kein Interesse an der Wiederaufnahme sexueller Kontakte haben. Für viele Frauen und Männer bedeutet Sex mehr als nur Geschlechtsverkehr: Berührung, Liebkosung, Streicheln, gemeinsame Verantwortung und ein Verständnis dafür, warum der geliebte Mensch zu einer bestimmten Zeit auf eine bestimmte Weise fühlt. Die Sorge um ein neugeborenes Baby bringt viele Frauen anfangs immer wieder an den Rand der Erschöpfung. Kein Wunder, daß der Geschlechtstrieb in dieser Zeit abnimmt. Manche Forscher glauben, daß der Mangel an Östrogen und Progesteron bei einigen Frauen ebenfalls zum Rückgang der sexuellen Lust nach der Geburt beiträgt. Ich habe allen meinen Patientinnen empfohlen, jede Woche ein paar Stunden zu erübrigen, um mit ihrem Partner allein auszugehen, damit sie Gelegenheit haben, sich in einer ruhigen Umgebung angstfrei aufeinander einzustellen.

Manche Frauen schieben die Wiederaufnahme des Sexuallebens hinaus oder erreichen keinen Orgasmus, weil sie fürchten, wieder schwanger zu werden. Empfängnisverhütung nach der Geburt sollte mit dem Frauenarzt besprochen werden, bevor eine Frau das Krankenhaus verläßt, damit entsprechende Vorsichtsmaßnahmen getroffen und Befürchtungen zerstreut werden können.

Die meistverbreitete Furcht in der Zeit nach der Geburt ist, daß der Koitus im Bereich des Dammschnitts schlimme Schmerzen verursachen könnte. Aus diesem Grund muß ein Mann bei den ersten Versuchen äußerst sanft vorgehen. Gelegentlich können die Stiche tatsächlich zu weit gefaßt worden sein und die Scheide verkleinert haben. Der Arzt kann dann einer Frau zeigen, wie man die Scheidenöffnung zu Hause mit einem Dilatator (Erweiterungsinstrument) aus Kunststoff oder mit einem Spekulum vorsichtig dehnt. Wenn die Angst vor einer Verletzung durch den Koitus so stark ist, daß sie Scheidenkrämpfe (Vaginismus) verursacht, sollte der Frauenarzt in der Lage sein, der Frau und ihrem Partner zu zeigen, wie sie dieses Problem auf sanfte Weise überwinden können, zuerst mit den Fingern, dann mit zunehmend größeren Dilatatoren.

Um die Beschwerden im Zusammenhang mit dem Dammschnitt auf ein Minimum zu reduzieren, versuchen Sie, Ihre Stellungen beim Verkehr zu variieren. Frauen mit einem mediolateralen Dammschnitt, der zu einer Seite hin verläuft, hilft es, wenn ihr Partner sich an die gegenüberliegende Seite lehnt. Die meisten Dammschnitte verlaufen median (in der Mittellinie). Dieser Schnitt ist angenehmer und heilt meistens schneller und mit einer kleineren Narbe. Versuchen Sie es trotzdem mit einer Stellung, bei der der Penis gegen den vorderen Teil von Scheide und Klitoris drückt und nicht auf den weichen Teil weiter hinten. Probieren Sie die Stellungen, bei denen die Frau die Tiefe des Eindringens wie auch den Punkt des maximalen Penisdrucks kontrollieren kann. Hierfür eignen sich am besten die Positionen Seite-an-Seite, Frau-oben und die »Motorrad«-Stellung.

Die durch Östrogenmangel bedingte fehlende Scheidenlubrikation, bei stillenden Frauen am stärksten ausgeprägt, kann durch reichliche Verwendung eines Gleitmittels oder natürlicher Öle wie Sesam- und Kokosöl ausgeglichen werden.

Wenn es Sie stört, daß bei sexueller Erregung Milch aus den Brustwarzen spritzt, versuchen Sie einen BH oder Stilleinlagen zu tragen, die genügend Druck ausüben, um den Milchfluß zu unterdrücken oder zumindest aufzusaugen. Eine ausgezeichnete Idee ist es, das Baby unmittelbar vor dem Verkehr zu stillen; das hat den doppelten Vorteil, die austretende Milchmenge zu verringern und die Möglichkeit der Unterbrechung durch ein hungriges Baby zu reduzieren. Doch so hilfreich diese Empfehlungen sein mögen, die beste Medizin gegen sexuelle Funktionsstörungen nach der Geburt ist die Zeit. Geduld, Liebe, Verständnis und Kommunikation werden auch die schwierigsten Probleme überwinden.

Haben Sie Ratschläge für Paare, bei denen die sexuellen Funktionsstörungen über die unmittelbar auf die Geburt folgende Zeit hinausreichen?

Ich habe die Erfahrung gemacht, daß die überwiegende Mehrheit der Paare, die vor der Schwangerschaft ein gut funktionierendes Sexualleben hatten, innerhalb eines angemessenen Zeitraums zu ihrem alten Lustniveau zurückfindet. Die meisten Sexualtherapeuten sind der Meinung, daß die ersten sechs Wochen nach der Geburt nicht die geeignete Zeit sind, um Hilfe zu suchen, zumal wenn ein Paar vor der Schwangerschaft eine gute sexuelle Beziehung hatte. Durch die Schwangerschaft kommt es vorübergehend zu zahlreichen emotionalen und physischen Veränderungen, die oft von selbst verschwinden und somit eine Therapie überflüssig machen. Während der Schwangerschaft und in der Zeit nach der Geburt können geringfügige sexuelle Probleme größer und schwieriger erscheinen, als sie es in Wirklichkeit sind.

Eine beträchtliche Anzahl von Paaren hat jedoch sexuelle Schwierigkeiten, deren Ursachen tiefer liegen und die schon vor der Schwangerschaft bestanden. Probleme bei Männern, wie vorzeitiger Erguß, Impotenz und Unfähigkeit, eine Erektion zu halten, sowie Funktionsstörungen bei Frauen, z.B. die Unfähigkeit, sexuelle Empfindungen an sich selbst wahrzunehmen oder einen Orgasmus zu erleben, müssen behandelt werden. Zwar ist die Schwangerschaft nicht die richtige Zeit für diese Art von Therapie, es besteht jedoch kein Grund, die Behandlung länger als sechs Wochen nach der Geburt hinauszuschieben. Ohne Hilfe werden diese Probleme nicht plötzlich von selbst verschwinden, sondern sie werden nur noch schlimmer.

Drogen zur Steigerung des sexuellen Erlebens und ihre Wirkung auf die Schwangerschaft

Wie wirken Aphrodisiaka bei einer schwangeren Frau?

Aphrodisiaka steigern das sexuelle Lustempfinden. Von alters her haben Liebende vergeblich nach dem vollkommenen Aphrodisiakum gesucht. Allzuoft schon haben Frauen ein solches Mittel versehentlich genommen, bevor sie wußten, daß sie schwanger waren. Andere nehmen diese Präparate in der törichten Absicht, den in der Schwangerschaft schwindenden Geschlechtstrieb zu steigern.

Kokain

Die illegale Droge Kokain ist ein sehr beliebtes und teures Aphrodisiakum. Es wirkt auf das periphere Nervensystem. Die Blutgefäße verengen sich. Kokain regt aber auch das Zentralnervensystem stark an und verschafft dem Konsumenten ungewohnt viel Energie. Darauf beruht die Steigerung der sexuellen Lustempfindung. Diesen Vorgang bezeichnet man als »Rush«. Die Reaktion auf Kokain ist bei jedem Konsumenten anders. Auch wenn kaum wissenschaftliche Befunde zu der Wirkung dieser Droge vorliegen, so berichtet doch die Mehrheit der Männer und Frauen, die sich ihrer bedienen, von einer Steigerung des sexuellen Erlebens. Manche Männer behaupten, wenn sie Kokain schnupfen, mehrere Orgasmen haben zu können, ohne daß die Erektion nachließe. Ein Phänomen, das die meisten Männer selten, wenn überhaupt erleben. Kokain wurde auch als äußerliches Anästhetikum verwendet, das, auf die Spitze von Penis oder Klitoris aufgetragen, die Empfindlichkeit verringert und ein längeres und variationsreicheres Liebesspiel ermöglicht.

Kokain-Konsumenten gehen immer mehr dazu über, die Droge zu rauchen statt zu schnupfen. Das ist sehr gefährlich, weil eine viel größere Menge Kokain rasch in den Kreislauf gelangt. Es wird berichtet, daß Kokain-Rauchen von starker Angst, Verfolgungswahn, akustischen und optischen Halluzinationen sowie Psychosen begleitet ist.

Bis jetzt ist kein Fall bekannt, daß eine Frau, die in der Schwangerschaft Kokain konsumierte, ein mißgebildetes Kind geboren hätte. Bei Laborversuchen an Mäusen, denen man in der Frühschwangerschaft geringe Dosen Kokain gegeben hatte, hat man jedoch vor kurzem die Entwicklung von Mißbildungen beobachtet. Die Mißbildungen traten unter anderem an Augen, Gehirn und Knochen auf. Es besteht auch die Möglichkeit, daß die durch Kokain bewirkte Verengung der Blutgefäße im späteren Stadium der Schwangerschaft den Blutstrom zum Fetus verringert. Man weiß, daß Frauen, die an Krankheiten leiden, bei denen eine Verengung der Gebärmutterarterien auftritt, mit größerer Wahrscheinlichkeit frühgeborene und im Wachstum zurückgebliebene Kinder zur Welt bringen. Aus diesem Grund sollte in der Schwangerschaft zu keiner Zeit Kokain genommen werden.

Marihuana, Haschisch

Cannabis-Zubereitungen wie Marihuana und Haschisch, auch als »Gras« bzw. »Pot« bekannt, sind äußerst beliebte Drogen zur Steigerung der sexuellen Empfindung. Die Stärke einer bestimmten Präparation hängt von der THC-Konzentration ab (THC = Δ^9 – Tetrahydrocannabinol), dem wirksamsten Bestandteil der Droge. Es gibt Konsumenten, die sich nach dem Rauchen von Marihuana sinnlicher, erotischer und erregter fühlen. Die Mehrheit der Untersuchungen kommt jedoch zu dem Schluß, daß diese Droge den Geschlechtstrieb oder die Häufigkeit des Verkehrs entweder hemmt oder kaum beeinflußt. Diejenigen, die finden, daß Marihuana sich positiv auf die Sexualität auswirkt, behaupten, daß es das Gefühl vermittelt, der Geschlechtsakt dauere länger, obwohl das vermutlich nicht der Fall ist. Konsumenten von Marihuana behaupten auch, daß sie sich in gesteigertem Maße auf die einzelnen Phasen des Geschlechtsaktes konzentrieren und gegen alle störenden Einflüsse abschirmen können.

Mehrere Studien zeigen, daß bei Männern, die täglich Marihuana rauchen, mit größerer Wahrscheinlichkeit der Testosteronspiegel signifikant abfallen kann als bei Kontrollpersonen. (Testosteron ist das männliche Geschlechtshormon.) Das kann zu Impotenz oder Unfruchtbarkeit führen. Sobald Marihuana abgesetzt wurde, war die Spermienbeweglichkeit zwei Wochen später wieder sichtlich besser geworden, obgleich keine vollständige Restitution festgestellt wurde.

Die Forscher sind zu dem Schluß gekommen, daß Unfruchtbarkeit und andere die Fortpflanzung und die endokrinen (inneren) Drüsen betreffende Probleme häufiger bei Frauen auftreten, die Marihuana rauchen. Obgleich es keinen zwingenden Beweis gibt, daß Marihuana Chromosomenschäden an Ei- oder Samenzelle hervorruft, ergaben Untersuchungen an Nagetieren und Affen, daß der Konsum von Marihuana und reinem THC den Fetus vergiften und auch das Neugeborene töten kann. Obgleich man nur wenig Erfahrung mit Frauen hat, die in der Schwangerschaft diese Droge rauchen, stellte ein kanadischer Forscher kürzlich fest, daß bei denen, die während der Schwangerschaft fünf oder mehr Joints in der Woche rauchen, eine größere Wahrscheinlichkeit besteht, ein Kind mit Symptomen wie Tremor (Muskelzittern), Schreckhaftigkeit, schrilles Schreien sowie anomale Seh- und Hörreaktionen zur Welt zu bringen. Ferner wurde festgestellt, daß die Schwere der Symptome beim Neugeborenen in direktem Zusammenhang mit der von seiner Mutter gerauchten Marihuanamenge stand. Große Sorge bereitete die Tatsache, daß Tremor und übermäßige Schreckhaftigkeit im Alter von neun Tagen immer noch vorhanden waren und daß die Sehstörungen länger als 30 Tage anhielten. Es wurde kein nachteiliger Einfluß von Marihuana auf den Verlauf von Schwangerschaft oder Entbindung, auf den Apgar-Index des Babys (siehe S. 326, 352), auf Geburtsgewicht, Größe oder Kopfumfang festgestellt. 1982 untersuchten Ärzte der University of California, Los Angeles, an 35 Schwangerschaften die Wirkung von Marihuana. Sie stellten fest, daß das Fruchtwasser von Marihuana-Konsumentinnen mehr Mekonium (grünliches Kindspech) enthielt, was unter Umständen auf Fetal distress hinweist. Marihuana-Konsumentinnen hatten auch viel häufiger überaus lange und schwere Wehen als Nichtkonsumentinnen. Kürzlich stellten Forscher der Boston University School of Medicine fest, daß Frauen, die Marihuana rauchen, mit größerer Wahrscheinlichkeit kleinere Kinder und Kinder mit Anomalien ähnlich denen beim fetalen Alkoholsyndrom (siehe S. 118) zur Welt bringen.

Man weiß, daß THC durch die Plazenta von der Mutter in den Fetus gelangt und auch in die Muttermilch übertritt. Saugende männliche Nachkommen von Nagetieren, denen man nach der Geburt sechs Tage lang Marihuana gegeben hatte, wiesen Veränderungen der Drüsensekretion und des Verhaltens auf. Bei Menschen gibt es etliche wissenschaftlich bisher nicht gestützte Berichte von Benommenheit bei Säuglingen, wenn ihre Mütter vor dem Stillen Marihuana geraucht hatten.

Die anatomische und physiologische Reaktion von Affen ist derjenigen von Menschen sehr ähnlich. Daher sind die Ergebnisse von Forschungsexperimenten an diesen Tieren von größerer Bedeutung als die solcher Untersuchungen an niedrigeren Tierarten. In einer 1979 veröffentlichten Studie der University of California wurde berichtet, daß man Affen THC entsprechend einer Dosis von zwei Marihuanazigaretten pro Tag verabreichte. Bei 40% dieser Tiere traten Fortpflanzungsstörungen auf (unter anderem Tod des Fetus, Totgeburten und Säuglingssterblichkeit) gegenüber 11% in der Kontrollgruppe. Obwohl alle Feten und Jungen der mit THC behandelten Affen normal schienen, kamen bei genauerer Untersuchung Entwicklungsanomalien im Nerven-, Herz- und Gefäß- sowie Urogenitalsystem zum Vorschein. Diese Defekte gingen häufig mit Anomalien der Plazenta einher.

Diese Daten scheinen bedrohlich genug, um schwangere Frauen selbst vom gelegentlichen Marihuana- und Haschischkonsum abzuhalten. Das haschischrauchende Paar, das eine Schwangerschaft wünscht, sollte, mindestens zwei Wochen, besser noch einen Monat bevor es das Kind zeugt, die Droge absetzen.

Amphetamine

Amphetamine, auch als »Speed« oder »Uppers« bekannt, sind süchtigmachende Drogen, die das Zentralnervensystem stimulieren, die erregen und euphorisch machen.

Es gibt sehr unterschiedliche Aussagen darüber, ob Amphetamine das sexuelle Erleben fördern. Die meisten Wissenschaftler glauben, daß diese Drogen bei gelegentlichem Gebrauch zwar die sexuelle Lust erhöhen können, jedoch den Geschlechtstrieb des chronisch Süchtigen schwächen.

Amphetamine sollten von der nichtschwangeren Frau, wenn überhaupt, äußerst selten und von der Schwangeren niemals genommen werden. Laborversuche an Tieren legen nahe, daß Amphetamine der Entwicklung des Fetus schaden und Anomalien hervorrufen können (siehe Kapitel 7). Amphetamine sind besonders gefährlich, weil sie einen erheblichen Anstieg des Blutdrucks verursachen können, was vor allem für diejenigen Frauen bedenklich ist, die infolge von Präeklampsie ohnehin einen leicht erhöhten Blutdruck haben.

Barbiturate

Barbiturate, auch als »Downers« bekannt, wirken beruhigend und einschläfernd auf das Zentralnervensystem. Bekannte Barbitursäure-Derivate sind Phenobarbital (z. B. Luminal®), Heptabarbital (Medomin®) und Pentobarbital (z. B. Nembutal®). Längerer Gebrauch führt zu physischer und psychischer Abhängigkeit. Der Entzug ist schwieriger und gefährlicher als bei Narkotika. Wenn die Sexualität durch Barbiturate überhaupt gesteigert wird, dann höchstens deshalb, weil deren beruhigende Wirkung auch Hemmungen nimmt. Barbiturate wirken bis acht Stunden.

Sowohl Tierversuche als auch Untersuchungen schwangerer Frauen geben Anlaß zu der Vermutung, daß der Gebrauch von Barbituraten in den ersten drei Schwangerschaftsmonaten die Wahrscheinlichkeit fetaler Anomalien erhöht (siehe Kapitel 7). Wenn Barbiturate innerhalb acht Stunden vor der Entbindung genommen werden, kann die Droge durch die Plazenta dringen

und beim Neugeborenen Schläfrigkeit und Atemdepression (Unterdrückung der Atmung) hervorrufen. Das kann sehr gefährlich für das Kind sein.
Obwohl bekannt ist, daß Barbiturate in die Muttermilch übergehen, berichtet die medizinische Literatur nur von einem einzigen Fall bedenklicher Benommenheit bei einem Säugling nach dem Stillen.

Tranquilizer

In kleinen Dosen und nur kurzfristig angewandt, können bestimmte Tranquilizer (Substanzen, die Angstzustände lindern) das erotische Verlangen stimulieren und enthemmend wirken. Über längere Zeit benutzt, unterdrücken sie die Erotik. Längere Anwendung führt zu physischer und psychischer Abhängigkeit. Die bekanntesten Vertreter dieser Gruppe sind Meprobamat (z. B. Cyrpon®) und die Benzodiazepine wie Chlordiazepoxid (z. B. Librium®) und Diazepam (z. B. Valium®).
Keines dieser Mittel sollte während des ersten Schwangerschaftsdrittels genommen werden, weil sie Mißbildungen verursachen können. Außerdem können diese Mittel, wenn sie einer Frau in den Wehen verabreicht werden, über die Plazenta in den Fetus übergehen und beim Neugeborenen Benommenheit, anomal niedrige Körpertemperatur, schwachen Muskeltonus sowie Atemdepression hervorrufen.
Eine stillende Frau muß unbedingt wissen, daß die Konzentration von Meprobamat in ihrer Milch zwei- bis viermal höher ist als in ihrem Blutkreislauf. Chlordiazepoxid und Diazepam gelangen in geringeren Konzentrationen in die Muttermilch, aber Untersuchungen haben ergeben, daß Kinder Diazepam langsamer verstoffwechseln als Erwachsene, was möglicherweise zur Ansammlung dieses Präparats im Körper eines Babys führen kann. Stillende Mütter, die Diazepam nehmen, können auf diese Weise Benommenheit bei ihren Säuglingen hervorrufen.

Halluzinogene

Halluzinogene sind Drogen, deren Konsum zwar nicht zu physischer Abhängigkeit oder Entzugserscheinungen führt, jedoch bleibende emotionale Schäden und psychische Abhängigkeit hervorrufen kann. Zu den bekanntesten Drogen dieser Gruppe gehören LSD (*L*yserg*s*äure*d*iäthylamid), Peyotl (eine meskalinhaltige Kakteenart) und PCP (Phencyclidin-Hydrochlorid).
LSD ist die stärkste und wohl auch gefährlichste halluzinogene Droge. Ein LSD-Trip kann acht bis zwölf Stunden dauern, und während dieser Zeit kann der Kontakt zur Realität völlig verlorengehen. Die Wirkungen von LSD auf die Frucht sind intensiver untersucht worden als die der meisten anderen Medikamente. Mehrere Forscher haben bei Frauen, die LSD nehmen, und ihren Kindern Chromosomenbrüche nachgewiesen. Von 44 Frauen einer Studie, die vor und während der Schwangerschaft LSD genommen hatten, brachten sechs (13,5%) Kinder mit schweren Mißbildungen der unteren und oberen Extremitäten zur Welt. Außerdem hatten fünf von 21 abgegangenen Feten von LSD-Konsumentinnen ähnliche Mißbildun-

gen. Die Häufigkeit dieser Defekte beträgt bei der Normalbevölkerung lediglich 0,1%. Es ist erschreckend, daß die von LSD verursachten Schäden willkürlich sind; man kann nicht voraussagen, welche Kinder gegen Verstümmelungen immun sind und welche nicht. Die von der Mutter genommene Dosis LSD ist augenscheinlich kein bestimmender Faktor.

Wenn eine Frau bei oder nach der Empfängnis LSD genommen hat, ist ein ärztlich eingeleiteter Schwangerschaftsabbruch zu empfehlen. Ist die Schwangerschaft schon über die 14. Woche hinaus, können mit einer Amniozentese (siehe Kapitel 10) die fetalen Chromosomen analysiert werden. Die Chromosomen, die aus im Fruchtwasser enthaltenen Zellen isoliert wurden, werden auf Anomalien hin untersucht. Dies ist aber durchaus nicht narrensicher, weil nicht alle LSD-geschädigten Kinder Chromosomenbrüche haben.

Peyotl verursacht keine Chromosomenschäden. Der Stamm der Huichol-Indianer in Nordmexiko hat eine 1600 Jahre alte Tradition bezüglich der Einnahme von Peyotl. Forscher der University of California haben Mitglieder dieses Indianerstammes untersucht und bei Eltern, die Peyotl nehmen, oder ihren Kindern keine Chromosomenanomalien entdecken können.

Phencyclidin-Hydrochlorid oder PCP, auch als »Angle dust« bekannt, kann lebensbedrohliche Komata und Atemdepressionen verursachen. Unlängst wurde in der medizinischen Literatur vom Fall eines Kindes berichtet, dessen Mutter während der Schwangerschaft täglich PCP genommen hatte. Bei der Geburt zeigte das Baby Atemdepression, Lethargie, heftiges Muskelzittern, Unterernährung und anomale Augenbewegungen. Sein Gesicht hatte eine ungewöhnliche dreieckige Form mit spitzem Kinn und einem anomalen Winkel zum Kiefer hin. Wenn es auch keine weiteren Untersuchungen hinsichtlich ähnlicher Säuglingsanomalien gibt, müssen sie dennoch als Möglichkeit in Betracht gezogen werden. Neuere experimentelle Untersuchungen haben ergeben, daß die Konzentration von PCP in der Muttermilch zehnmal höher sein kann als im mütterlichen Blutkreislauf.

Narkotika

Narkotika lindern Schmerzen, heben die Stimmung, wirken Depressionen entgegen, machen euphorisch, beruhigen und führen den Schlaf herbei. Längerer Gebrauch verursacht starke physische und psychische Abhängigkeit. Zu dieser Gruppe gehören Heroin, Morphin, Methadon (Levomethadon = L-Polamidon®), Opium, Kodein und Pethidin (Dolantin®).

Heroin ist die gefährlichste unter diesen Drogen. Heroin-Konsumenten berichten, daß sexuelle Begegnungen am Anfang überaus befriedigend sind. Bei längerer Abhängigkeit verlieren jedoch beide Geschlechter die Lust am Sex.

Einige Forscher behaupten, daß Betäubungsmittelsucht Chromosomenanomalien zur Folge hat. In einer umfangreichen Studie an 99 methadon- bzw. heroinabhängigen schwangeren Frauen und ihren Babys wurde sowohl bei den Müttern als auch bei ihren Kindern ein bedeutend höherer Prozentsatz an chromosomal geschädigten Zellen festgestellt als bei der Normalbevölkerung. Interessanterweise korrelierten diese Chromosomenveränderungen nicht mit Dosierung oder Dauer des Konsums. Ähnliche Versuche an Tieren haben dies bestätigt.

Man schätzt, daß lediglich 10 bis 20% aller drogenabhängigen Schwangeren zur Schwangerschaftsvorsorge gehen. Hiervon meldet sich ein Drittel erst kurz vor der Entbindung. Frauen, die bei der Einlieferung ins Krankenhaus nicht heimlich einen Vorrat an Heroin einschmuggeln, zeigen innerhalb von 24 Stunden nach der Entbindung Entzugserscheinungen wie Übelkeit, Zittern, Leibschmerzen und Krämpfe. Um dies zu verhindern, verlassen die meisten Süchtigen das Krankenhaus gleich nach der Entbindung, es sei denn, sie werden auf Methadon gesetzt. Obwohl Methadon vermutlich noch süchtiger macht als Heroin, besitzt es die Eigenschaft, das durch Heroin erzeugte »High«-sein zu blockieren, ohne physische Entzugserscheinungen zu verursachen. Es kann unter ärztlicher Aufsicht als tägliche Dosis verabreicht werden. Aus diesem Grunde ist es wichtig, Heroin in der Schwangerschaft so bald wie möglich durch Methadon zu ersetzen.

Bei süchtigen Frauen kommt es bedeutend häufiger zu Komplikationen während der Schwangerschaft, z.B. zu extrauteriner Schwangerschaft, niedrigem Geburtsgewicht, vorzeitigem Platzen der Fruchtblase, Blutvergiftung, Abruptio placentae (vorzeitiges Ablösen der Plazenta, verursacht durch eine Blutung zwischen Plazenta und Uteruswand) sowie Mehrlingsgeburten.

Besonders tragisch ist es, wenn bereits das Neugeborene süchtig ist: Narkotika gelangen via Plazenta in den kindlichen Kreislauf. Schätzungsweise 70% aller Babys von süchtigen Müttern zeigen innerhalb weniger Stunden nach der Geburt das eine oder andere Anzeichen von Entzugserscheinungen: Erregbarkeit, Tremor, Erbrechen, schrilles Schreien, Niesen, Hyperaktivität, Atemdepression und Diarrhö (Durchfall). Diese Babys müssen von erfahrenem, geschultem Personal gepflegt werden, und selbst dann beträgt die Sterblichkeitsrate noch etwa 3 bis 5%.

Viele drogenabhängige Frauen versuchen durch Prostitution das Geld für ihre Drogen aufzubringen. Infolgedessen infizieren sie sich leicht mit Geschlechtskrankheiten wie Syphilis, Gonorrhö oder Herpes, die während der Schwangerschaft oder bei der Geburt auf ihre Kinder übertragen werden können. Eine Untersuchung ergab, daß bei 20% der süchtigen Schwangeren der Syphilis-Test positiv war.

Alle Narkotika können mit der Muttermilch auf das Kind übergehen, aber bei keiner Droge ist die Konzentration so hoch wie bei Heroin. Die medizinische Literatur berichtet von Kindern heroinsüchtiger Mütter, die Entzugserscheinungen zeigten, wenn das Stillen verzögert oder wenn abgestillt wurde. Stillende Mütter, die auf Methadon gesetzt sind, brauchen nicht abzustillen, weil die vom Säugling aufgenommene tägliche Durchschnittsdosis minimal ist. Die spärlichen Berichte über Morphium und Kodein lassen ebenfalls den Schluß zu, daß diese Narkotika nicht oder nur in Spuren in die Muttermilch gelangen.

Spanische Fliegen sollen das wirksamste Aphrodisiakum sein, stimmt das?

Jeder halbwüchsige Junge kennt die Legende von der frigiden Frau, die sich nach Anwendung Spanischer Fliegen in eine sexbesessene Nymphomanin verwandelte; in meiner Jugendzeit gab es immer irgendwo einen verrückten Nachbarn, der behauptete, heimlich einen Vorrat davon zu besitzen. Selbst heute werden auf der Straße viele Drogen unter diesem Namen angeboten. Spanische Fliegen gibt es wirklich; ihr wissenschaftlicher Name ist Kanthariden. Allerdings ist der aus den getrockneten Insekten gewonnene Puder kein Aphrodisiakum, sondern ein Reizstoff und Gift. Auf die Geschlechtsteile aufgetragen, verursacht er eine starke entzündliche Reizung der Vulva, Vagina, Blase und Harnröhre, was bleibende Schäden an Genitalien und Nieren verursachen und sogar zum Tod führen kann.

Kann Vitamin E sexuelle Lust und Potenz steigern?

Nein. Seit das Vitamin E 1923 entdeckt wurde, hat man immer wieder behauptet, daß es alles von Schluckauf bis zu Hämorrhoiden kuriert. Keine dieser Behauptungen wurde jemals wissenschaftlich erhärtet, aber die Ammenmärchen halten sich hartnäckig. In Wirklichkeit ist Vitamin E etwas ganz Alltägliches; es kommt in fast allen Nahrungsmitteln vor, am konzentriertesten in Pflanzenölen wie Saflor-, Weizenkeim- und Erdnußöl. Ein Vitamin-E-Mangel ist hierzulande so gut wie unbekannt.

Es ist absolut nichts Wahres an dem weitverbreiteten Glauben, daß Vitamin E die sexuelle Potenz steigert; statt dessen spricht einiges dafür, daß es in hohen Dosen die Funktion der Fortpflanzungsorgane beeinträchtigt.

Wirkt Alkohol aphrodisierend?

In kleinen Mengen hat Alkohol eine stimulierende Wirkung auf das sexuelle Verlangen sowohl bei Männern als auch bei Frauen. Alkohol dämpft die Funktion der Gehirnzentren, welche Angst, Verlangen und anerzogene Hemmungen steuern.

Wieviel Alkohol kann man während der Schwangerschaft unbesorgt trinken?

Die alten Römer glaubten, daß ein Kind, das im Rauschzustand gezeugt wurde, geschädigt ist. Bei den Karthagern war es Braut und Bräutigam in der Hochzeitsnacht verboten, Wein zu trinken. Man hatte Angst, daß ein behindertes Kind gezeugt würde. Dieser vernünftige Rat wurde Tausende von Jahren mißachtet. Noch bis vor kurzem wurde Alkohol intravenös verabreicht, sogar mit einigem Erfolg, wenn es darum ging, vorzeitige Wehen zu verhindern oder zu unterbrechen. 1968 wurde der Zusammenhang zwischen mütterlichem Alkoholgenuß und einer Vielzahl von Entwicklungsanomalien beim Neugeborenen endgültig nachgewiesen. Der Ausdruck »fetales Alkoholsyndrom« wurde 1973 geprägt, um die schweren Mißbildungen, vor- und nachgeburtlichen Wachstumshemmungen und dauernden geistigen und psychomotorischen Schäden von Kindern alkoholsüchtiger Mütter zu beschreiben. Beim fetalen Alkoholsyndrom gibt es folgende typische Gesichtsbildung: kleiner Kopfumfang (Mikrozephalie), Unterentwicklung der Kiefer (Mikrognathie), tiefsitzende Ohren, Anomalien der Augenlider sowie Unterentwicklung des Nasenrückens. Neben diesen auffälligen Merkmalen wurden bei 50% der Kinder Mißbildungen an Knochen und Gelenken, anomale Handlinien, Herzfehler sowie Anomalien der weiblichen Geschlechtsteile festgestellt.

Neben dem fetalen Alkoholsyndrom fand man noch andere Folgen des Alkoholkonsums in der Schwangerschaft: Bei Frauen, die trinken, ist das Risiko spontaner Fehlgeburten, Totgeburten und Frühgeburten signifikant erhöht. Außerdem gebären solche Frauen öfter Babys mit niedrigem Geburtsgewicht und retardiertem Wachstum.

Zwar konzentrierten sich die meisten Untersuchungen auf chronisch alkoholsüchtige Frauen mit einem 40%igen oder höheren Risiko für fetale Anomalien; doch man hat festgestellt, daß auch sporadischer, aber übermäßiger Alkoholgenuß in kritischen Stadien der Schwangerschaft mitunter ein trauriges Ergebnis hat. Schon geringe Mengen Alkohol können gefährlich sein. Ärzte der Columbia University New York stellten in jüngster Zeit eine erhöhte Quote spontaner Fehlgeburten bei Frauen fest, die nur zweimal wöchentlich einen einzigen Drink zu sich nahmen. Als die verschiedenen Drinks aufgeschlüsselt wurden, stellten die Forscher fest, daß bei Frauen, die Wein und Spirituosen zu sich nahmen, ein größeres Fehlgeburtsrisiko bestand als bei denen, die Bier bevorzugten. Verantwortlich ist vermutlich die höhere Alkoholkonzentration in Wein und Spirituosen. In einer 1980 vom National Institute of Child Health and Development durchgeführten Untersuchung kamen die Ärzte zu dem Schluß, daß Fehlgeburten zwischen der 15. und 27. Schwangerschaftswoche häufiger bei Frauen vorkommen, die täglich einen oder zwei Drinks zu sich nehmen. Bei Frauen, die sich durchschnittlich weniger als einen Drink pro Tag gestatten, liegt die Quote niedriger.

Der weitverbreitete Glaube, daß Alkohol harmlos ist, wenn man gut ißt, stimmt absolut nicht. In der Literatur wird mehrfach von alkoholsüchtigen Frauen berichtet, die trotz der Tatsache, daß sie sich in der Schwangerschaft ausgezeichnet ernährten, Babys mit den charakteristischen Merkmalen des fetalen Alkoholsyndroms zur Welt brachten. Aus diesem Grunde sage ich meinen Patientinnen, wenn sie mich fragen, wieviel sie in der Schwangerschaft ohne Bedenken trinken können, daß Enthaltsamkeit die beste Garantie ist. Schwangere Frauen sollten sämtliche alkoholischen Getränke sowie alkoholhaltige Speisen und Medikamente meiden. Solange es keine sicheren Richtwerte für den Alkoholgenuß in der Schwangerschaft gibt, kann man sagen: Sechs Drinks pro Tag reichen aus, um den Fetus im Höchstmaß zu gefährden, und zwei Drinks täglich bringen ein erhöhtes Risiko an Wachstums- und Entwicklungsanomalien mit sich.

Das fetale Alkoholsyndrom hat man in

seltenen Fällen auch an Babys von ehemals alkoholsüchtigen Müttern beobachtet, die während der Schwangerschaft enthaltsam waren. In den meisten Fällen jedoch wird durch Abstinenz oder erhebliche Reduzierung des Alkoholkonsums in der Schwangerschaft einschließlich des letzten Drittels die Gefahr für das Kind erheblich gemindert.

Bis 1979 hatte man keine Erklärung dafür, warum viele Frauen, die schwere Trinkerinnen sind, normale Babys gebären, während andere, die verschwindend wenig trinken, anomale Kinder zur Welt bringen. Experten vertreten heute die Theorie, daß der Grund hierfür nicht im Alkohol selbst liegt, sondern in einem seiner Abbauprodukte, dem sogenannten Azetaldehyd. Es ist bekannt, daß eine hohe Konzentration dieses chemischen Stoffs im Blut Zellschäden und fetale Anomalien verursachen kann. Die meisten Menschen erreichen einen so hohen Gehalt nach Alkoholkonsum nie, weil sie Azetaldehyd im Kreislauf rasch abbauen. Manche Menschen haben jedoch eine ererbte oder erworbene Stoffwechselstörung: Sie können den Azetaldehydgehalt im Blut, selbst nach geringem Alkoholgenuß, nicht rasch genug senken.

In Zukunft ist es vielleicht möglich, die Frauen herauszufiltern, die in der Schwangerschaft unbeschadet trinken können, sowie diejenigen, die sich enthalten müssen, indem man einfach mißt, wie schnell sie Alkohol verstoffwechseln.

Alkohol wird in geringen Mengen in die Muttermilch abgesondert. Mäßiger Konsum alkoholischer Getränke bei einer stillenden Mutter scheint kaum eine Wirkung auf den Säugling zu haben; allerdings ist ein Fall bekannt, wo ein Säugling Symptome von Trunkenheit und einen hohen Blutalkoholspiegel aufwies, nachdem die Mutter 0,7 l Portwein getrunken hatte. In einem anderen tragischen Fall hatte eine gutmeinende Mutter pro Tag sieben Biere sowie andere alkoholische Getränke zu sich genommen, um ihre Milchmenge zu erhöhen. Ihre vier Monate alte Tochter wurde fettleibig, lethargisch und blieb im Wachstum zurück. Dies besserte sich drastisch, als die Mutter den Alkoholgenuß einschränkte.

5.
Geschlechtskrankheiten

Mit der sexuellen Freizügigkeit der letzten zehn Jahre nahmen leider auch die Geschlechtskrankheiten beängstigend zu. Unter venerischen, d.h. ansteckenden, meist durch Geschlechtsverkehr erworbenen Krankheiten verstand man früher vor allem Syphilis und Gonorrhö (Tripper). Andere Krankheiten, wie Herpes oder von Mykoplasmen und Chlamydien verursachte, fanden erst in jüngster Zeit bei den Medizinern Beachtung. Nach neuesten Schätzungen gibt es etwa 20 verschiedene Krankheiten, die durch Geschlechtsverkehr übertragen werden. Die Anfälligkeit für präkanzeröse (potentiell krebsige) und karzinomatöse (manifest krebsige) Erkrankungen des Muttermundes hängt stark mit den sexuellen Gepflogenheiten einer Frau zusammen. Daher darf man auch diese Krankheiten zu den venerischen rechnen. Wenn man nach der Definition geht, dann bezieht sich der Ausdruck venerische Krankheiten lediglich auf die durch Geschlechtsverkehr verbreiteten Krankheiten. In Anbetracht der sexuellen Vorlieben der modernen Gesellschaft erscheint es uns jedoch zutreffender, von »durch Sexualkontakt übertragenen Krankheiten« zu sprechen. Dieser Ausdruck ist genauer, denn er bezieht sich auch auf die zahlreichen Leiden, die nicht allein durch Vaginalverkehr, sondern ebenso durch Analverkehr, oral-genitalen Kontakt und Anilingus auf andere übertragen werden.

Viele Frauen wissen z.B. überhaupt nicht, welche durch Sexualkontakt übertragenen Krankheiten ihnen und ihren Kindern schaden können. Noch betrüblicher ist, daß auch sehr viele Ärzte mit den sich verändernden Übertragungsarten von Krankheiten nicht vertraut sind. Noch 1975 erschienene medizinische Lehrbücher nehmen Krankheiten wie penizillinresistente Gonorrhö und nichtgonorrhoische Entzündung der Harnröhre (Urethritis) kaum zur Kenntnis. So manche Therapien, die noch 1970 als korrekt bei einer Vielzahl von Geschlechtskrankheiten galten, reichen heute in vielen Fällen nicht mehr aus. Viele Ärzte verschwenden mehr Zeit damit, Moralpredigten zu halten, als ihre Patientinnen zu verstehen und wirksamer zu behandeln. Die Frau, die fürchtet, eine Geschlechtskrankheit zu haben, ist nicht sonderlich an einem Vortrag über die Lasterhaftigkeit der Promiskuität (Geschlechtsverkehr mit wechselnden Partnern) interessiert. Auf der anderen Seite kann die Scheu eines Arztes, sich bei einer verheirateten Patientin nach ihrem Sexualleben zu erkundigen, eine genaue Diagnose ihrer Krankheit nur verzögern.

Während einige Geschlechtskrankheiten den Fetus oder das Neugeborene kaum bedrohen, können andere tödlich sein und erfordern sofortige Entdekkung und Behandlung. Einige dieser Krankheiten weisen absolut keine Symptome auf, was die Diagnose besonders erschwert. In diesem Kapitel werden die modernen Methoden der Diagnose und Behandlung der für die schwangere Frau und ihr Baby relevanten Geschlechtskrankheiten erörtert.

Syphilis

Wodurch wird Syphilis verursacht, und welches sind die Symptome?

Syphilis wird durch ein spiralförmiges, mikroskopisch kleines Bakterium, eine sogenannte Spirochäte, verursacht, deren wissenschaftlicher Name Treponema pallidum lautet.

Zur Übertragung der Syphilis muß die Haut oder Schleimhaut einer anfälligen Person mit derjenigen einer infizierten Person in Berührung kommen. Die Inkubationszeit (die Zeit zwischen der Infektion und dem Auftreten der ersten Symptome) kann zwischen zehn und 90 Tagen dauern. Üblich sind jedoch zwei bis vier Wochen.

Das Anfangsstadium ist meistens durch eine oberflächliche Schädigung der Haut an einer oder mehreren Stellen charakterisiert. Die Läsionen breiten sich bald aus und bilden ein nichtschmerzendes Geschwür mit hartem Rand, den sogenannten Primäraffekt. Ein Primäraffekt wimmelt von Millionen hochinfektiöser Bakterien. Da es ein nichtschmerzendes Geschwür ist, bleibt es oft unbemerkt, und die Spirochäten werden beim koitalen und nichtkoitalen Kontakt weiter verbreitet. Die meisten Primäraffekte treten an den Genitalien auf; sie bilden sich jedoch auch auf Lippen, Zunge, Fingern, Brustwarzen oder After, wenn diese in direkten Kontakt mit Spirochäten gekommen sind. Die Lymphknoten im Bereich um einen Primäraffekt sind meistens vergrößert, aber nicht druckschmerzhaft.

Ein unbehandelter Primäraffekt heilt innerhalb von drei bis acht Wochen langsam ab und hinterläßt eine dünne Narbe. Mit seinem Verschwinden endet das Primärstadium der Krankheit, was oft fälschlicherweise als Zeichen gewertet wird, daß alles in Ordnung ist. Doch innerhalb von drei Monaten nach der Heilung setzt gewöhnlich das Sekundärstadium ein. Es kann aber auch um viele Monate oder gar Jahre verzögert sein. Wenn es sich bemerkbar macht, bedeutet dies, daß sich die Spirochäten nun im ganzen Körper verbreitet haben.

Die Symptome der Syphilis im Sekundärstadium sind unterschiedlich, aber gewöhnlich tritt an Rumpf, Handflächen und Fußsohlen ein oft schuppiger Hautausschlag auf. Gelegentlich ist er an feuchten Hautflächen wie unter den Armen, an Genitalien und After besonders stark. Manchmal fallen stellenweise die Haare aus. Mundschleimhaut und besonders die Zunge können in diesem Stadium der Syphilis erbsgroße, perlmuttfarbene Papeln aufweisen, die starkes Halsweh verursachen. Diese Haut- und Schleimhautläsionen sind alle stark infektiös. Während im Primärstadium der Syphilis nur die Lymphknoten an den betroffenen Körperstellen vergrößert sind, tritt bei 50% der Personen mit Syphilis im Sekundärstadium eine allgemeine Vergrößerung der Lymphknoten im ganzen Körper auf: in der Leistengegend, unter den Armen, im Nacken und am Hals. Da die Krankheit sich im Sekundärstadium über den ganzen Körper ausbreitet, wird sie oft von allgemeinen Symptomen wie Kopfweh, Schwäche, Appetitlosigkeit sowie Schmerzen in den Röhrenknochen, Muskeln und Gelenken begleitet.

Erstaunlicherweise verschwinden die Läsionen des Sekundärstadiums binnen zwei bis sechs Wochen, ohne Narben zu hinterlassen. Darauf folgt eine Latenzzeit (Ruhezeit), in der die Krankheit klinisch stumm bleibt. In den ersten zwei Jahren dieser Periode, der sogenannten frühen latenten Syphilis, ist der Befallene meist nicht infektiös, es sei denn, er erleidet einen Rückfall. Nach dem zweiten Jahr tritt die Krankheit in die späte Latenzzeit ein, und auch da ist sie nicht ansteckend.

Drei bis zehn Jahre nach Krankheitsbeginn zeigen sich die ersten Symptome der Spätsyphilis (Tertiärstadium). Diese ist eine verheerende Krankheit und kann so gut wie jedes Körperorgan auf Dauer schädigen.

Charakteristisch für dieses Stadium ist das sogenannte Gumma, eine destruierend wachsende Geschwulst, die 1 mm bis mehrere Zentimeter im Durchmesser erreichen kann. Gummen treten gewöhnlich in Gruppen an jeder beliebigen Stelle der Haut oder der Schleimhäute auf, wie Mund, Kehle, Gaumen, Rachen, Kehlkopf und Nasenscheidewand. Sie können aber auch an Knochen, ins Muskelgewebe, Magen, Darm, in Leber, Milz, Lungen und Nieren und sogar den Genitalien auftreten. Wenn Gummen Gebilde wie den harten Gaumen oder die Nasenscheidewand in Mitleidenschaft ziehen, zerstören sie die stützenden Knochen und Knorpel und verursachen bleibende Deformierungen.

Ungefähr 10% aller Patienten mit Syphilis im Tertiärstadium erleiden Dauerschäden am Herzmuskel und an den Klappen des Herzens, der Aorta, Lungenarterie und Hohlvene, welches die drei Hauptblutgefäße sind, die das Blut zum und vom Herzen wegtransportieren. Treponema pallidum kann auch Hirn und Rückenmark befallen, was die verschiedensten Lähmungen und Zellanomalien verursacht.

Wie wirkt sich Syphilis auf die Schwangerschaft aus?

Am Anfang ist die Frucht normalerweise vor den Verheerungen der Syphilis gut geschützt, und zwar durch eine Zellschicht, die sogenannten Langhans-Zellen, die sich bis zur 18. Schwangerschaftswoche in der Plazenta befinden. Danach lösen sich die Langhans-Zellen auf, und Spirochäten können nun via Plazenta in den fetalen Blutstrom gelangen. (Eine neuere mikroskopische Entdeckung legt nahe, daß die Langhans-Zellen nicht soviel Schutz bieten, wie vordem angenommen wurde, da man in den Körpern von Embryonen, die im er-

sten Schwangerschaftsdrittel abgegangen waren, Treponema pallidum nachweisen konnte.)
Eine schwerwiegende Syphilisinfektion der Frucht kann zu einer Totgeburt führen. Solch schwere Infektionen ereignen sich meist dann, wenn die Mutter gerade ein Primär- oder frühes Sekundärstadium durchmacht.
Bei einer Infektion des Neugeborenen spricht man von angeborener Syphilis. Diese ist bei der Geburt unter Umständen schwer zu entdecken, weil körperliche Anzeichen und Symptome gewöhnlich mehrere Wochen nicht in Erscheinung treten und sich mitunter erst später in der Kindheit entwickeln. Wenn Syphilis bei der Geburt sichtbar ist, handelt es sich meistens um eine schwere Infektion.
Der Begriff »frühe angeborene Syphilis« bezeichnet die nicht behandelte Syphilis bei Kindern bis zum Alter von zwei Jahren. Eines der häufigsten Anzeichen dieses Stadiums ist ein Hautausschlag, der dem des erwachsenen Syphilitikers ähnelt. Ebenso häufig ist der schnüffelnde Atem und schleimige Sekretion aus Nase und Kehle, die das Atmen und Saugen erschwert und die Haut reizt, die mit dem Sekret in Berührung kommt. Auch Anämie, Entzündung der Röhrenknochen sowie Vergrößerung von Leber und Milz werden beobachtet.
Die »späte angeborene Syphilis« besteht über das Alter von zwei Jahren hinaus. Die Krankheit ist in diesem Stadium nicht ansteckend, kann aber verheerende Wirkungen haben: Entzündung der Hornhaut des Auges, ungewöhnliche Zahnkonturen, Taubheit, Knochen- und Gelenkdeformationen, rissige Haut, Einbeziehung des Zentralnervensystems und Schädigung der Herzklappen.

Wie wird Syphilis diagnostiziert?

Eine wunde Stelle oder ein Geschwür im Genitalbereich, After, Mund oder auf der Zunge, ein generalisiertes Exanthem (Hautausschlag), Halsschmerzen oder vergrößerte Lymphknoten sollten Ihren Arzt veranlassen, serologische Tests auf Syphilis vornehmen zu lassen. Die einfachste Methode ist, Patienten mit unspezifischen Tests zu untersuchen (Kardiolipin-Reaktion KBR, WAR, Kolmer-Reaktion KR, MKR, MBR, RPR, VDRL). Innerhalb von sieben Tagen nach dem ersten Auftreten des Geschwürs erhält man bei so gut wie allen Patienten mit Syphilis ein positives Testergebnis. In einem sehr kleinen Prozentsatz der Fälle kann es vorkommen, daß es 21 Tage dauert, ehe ein solcher Test positiv wird. Man muß aber wissen, daß aufgrund dieser bloßen Voruntersuchung eine falsch-positive Syphilisdiagnose möglich ist. Beschwerden wie infektiöse Mononukleose (Drüsenfieber), akute Infektionen, Erkrankungen der Atemwege, Malaria, sogenannte Kollagenosen wie Schmetterlingsflechte und Arthritis, ja sogar eine Schwangerschaft können positive Syphilistests erzeugen. Ebenso können bestimmte Impfungen und Immunisierungen sowie Heroinsucht eine falsch-positive Reaktion bewirken.
Deshalb müssen spezifische Tests, sogenannte Treponema-Antikörper-Tests, durchgeführt werden, um die positive

Diagnose des vorläufigen Tests zu bestätigen (TPJ, FTA-ABS, TPHA, AMHA-TP). Eine positive Reaktion auf die spezifischen Tests sichert die Syphilisdiagnose, während ein negatives Testergebnis bedeutet, daß der Kardiolipin-Test nicht aufgrund einer Syphilis positiv ausgefallen war.

Die Syphilisdiagnose kann auch durch einen Abstrich von einem Geschwür mittels eines Wattetupfers und eines Glasplättchens vorgenommen werden. Unter einem gewöhnlichen Mikroskop erscheint mit Hilfe einer Spezialtechnik, dem sogenannten Dunkelfeld-Präparat, der Erreger weiß vor einem dunklen Hintergrund.

Wie kann man angeborene Syphilis verhindern?

Das Risiko einer angeborenen Syphilis beim Baby ist minimal, wenn die Syphilis der Mutter vor der Entbindung hinreichend behandelt wird. Selbst wenn während der Schwangerschaft keine Infektion mehr vorliegt, erhalten die meisten gesunden Neugeborenen einen Teil der mütterlichen Antikörper über die Plazenta. Diese sogenannten 7-S-Antikörper sind für eine zunächst vorhandene Reagibilität gegenüber Syphilis-Tests verantwortlich, die innerhalb des ersten Lebensjahres verschwindet.

Wenn der Titer eines Neugeborenen über den der Mutter ansteigt, ist dies ein Zeichen, daß das Baby eine aktive angeborene Syphilis hat, die sofort behandelt werden muß. Infizierte Säuglinge haben bei der Geburt häufig keine Symptome, und dieser Bluttest kann negativ ausfallen, wenn die Mutter sich erst spät in der Schwangerschaft infiziert hat. Ein viel genauerer Bluttest zur Entdeckung von Syphilis beim Neugeborenen ist ein Verfahren mit fluoreszierenden Antikörpern, das wiederum große Antikörper, das Immunglobulin M, nachweist. Da diese Antikörper zu groß sind, um die Plazenta zu durchqueren, zeigt ihr Vorhandensein beim Neugeborenen eine aktive Infektion an. Säuglinge müssen auch dann mit Antibiotika behandelt werden, wenn Symptome dieser Krankheit vorhanden sind oder wiederkehren, wenn die Behandlung der Mutter unzureichend war oder über ihre Art nichts bekannt ist, wenn der Titer (Maß für die Konzentration von Antikörpern) eines Syphilis-Tests entweder ansteigt oder nicht deutlich absinkt oder wenn eine adäquate Nachuntersuchung des Säuglings nicht gewährleistet ist.

Wie wird Syphilis korrekt behandelt?

Penicillin ist die Therapie der Wahl für alle Stadien der Syphilis. Zum Glück hat Treponema pallidum keine Resistenz gegen dieses Antibiotikum entwikkelt. Doch glauben viele Leute fälschlicherweise, ein »Penicillinschuß« allein brächte sofortige Heilung. So einfach ist es nicht, da Penicillin nicht gleich Penicillin ist. Glücklicherweise sind alle Penicillinarten in der Schwangerschaft ungefährlich.

Wie wird Syphilis behandelt, wenn jemand gegen Penicillin allergisch ist?

0,3 bis 1% der Bevölkerung sind allergisch gegen Penicillin, und auf 1000 behandelte Personen kommen 1 bis 3 Fälle mit lebensgefährlichen Reaktionen. Man kann in solchen Fällen auf Tetracyclin und Erythromycin ausweichen, mit der Einschränkung, daß Tetracyclin Schwangeren oder Säuglingen niemals gegeben werden darf, weil es die Knochen des Fetus schädigen und die bleibenden Zähne bläulich verfärben kann. Erythromycin dagegen ist für Mutter und Kind ungefährlich, wenngleich noch nicht genau feststeht, wie es auf das Kind wirkt.

Gonorrhö

Wodurch wird Gonorrhö verursacht, und welches sind die Symptome bei einer Frau?

Gonorrhö wird durch Erreger, die sogenannten Gonokokken oder Neisseria gonorrhoeae verursacht. Die Gonorrhö-Erreger liegen in Form von Diplokokken vor, das heißt, es treten immer zwei (diplo) dicht aneinanderliegende, kugelförmige (coccus) Erreger auf, die unter dem Mikroskop gut erkennbar sind. Eine rasche mikroskopische Identifizierung derselben ist mit Hilfe der sogenannten Gramfärbung möglich.
Ein Problem bei der Kontrolle der Verbreitung von Gonorrhö ist die Tatsache, daß schätzungsweise 30 bis 70% aller männlichen Infektionsträger überhaupt keine Symptome haben. Diese sogenannten asymptomatischen Überträger können aber ihren Partner anstecken. Andere wiederum, die typische Krankheitszeichen aufweisen, halten sie mitunter geheim und übertragen die Infektion weiter. Von den Frauen, die sich diese Krankheit zugezogen haben, sind etwa 80% asymptomatische Überträger. Die Infektion tritt zuerst an der Gebärmutterschleimhaut auf, wobei die Harnröhre oft mit einbezogen ist. (Die Scheidenwände sind dagegen vollkommen resistent.) Zu den Symptomen gehört ein eitriger Ausfluß aus dem Gebärmutterhals, verbunden mit häufigem und schmerzhaftem Wasserlassen. Gelblicher Ausfluß und Entzündung der Drüsen neben der Harnröhrenöffnung und auf beiden Seiten der Scheidenöffnung können ebenfalls vorkommen. Wird die Krankheit längere Zeit nicht behandelt, steigen die Gonokokken vom Gebärmutterhals aus in die Eileiter auf, wo sie schwere Infektionen und bleibende Schäden verursachen. Wird weiterhin nicht behandelt, tritt über die Enden der Eileiter Eiter in die Bauchhöhle aus, und es kommt zur akuten Entzündung des kleinen Beckens. Symptome für eine solche Entzündung sind Fieber und starke Unterleibsschmerzen. Häufig verkleben Eileiter und Eierstock zu einer entzündeten Masse, dem sogenannten Tuboovarialabszeß. Ein spontaner Durchbruch eines Tuboovarialabszesses innerhalb des Bauchraumes ist lebensgefährlich und muß umgehend operiert werden.
Nach der akuten Phase der Gonorrhö kann über Jahre hinweg immer wieder ein entzündlicher Prozeß aufflammen. Man spricht dann von chronischer Adnexitis (Entzündung von Eileitern und Eierstöcken). Hieran sind meistens nicht mehr Gonokokken beteiligt, sondern Erreger, die in Geweben gedeihen, die durch eine frühere Infektion geschä-

digt sind. Frauen, die an chronischer Adnexitis leiden, haben oft Schmerzen, die von Verwachsungen durch Narbengewebe herrühren, z. B. zwischen Darm und Beckenorganen. Oft bringt nur eine Hysterektomie (Herausoperieren der Gebärmutter) mit zusätzlicher Entfernung von Eileitern und Eierstöcken die einzige dauerhafte Heilung.

Bei gesunden Frauen findet die Befruchtung normalerweise im äußeren Drittel des Eileiters statt. Das befruchtete Ei wandert dann ins Endometrium (Gebärmutterschleimhaut), wo es sich einnistet und wächst. Aber eine Vernarbung nach einer Gonorrhö-Infektion kann die Eileiter völlig undurchgängig machen und die Befruchtung des Eis durch die Samenzelle verhindern. Ist der Eileiter nur teilweise verklebt, kann das Spermium zwar unter Umständen noch zum Ovum gelangen, aber das befruchtete Ei gelangt womöglich nicht schnell genug durch die vernarbte Tube ins Endometrium. Hierdurch besteht bei Frauen, die irgendwann Gonorrhö hatten, ein erheblich größeres Risiko einer Eileiterschwangerschaft.

Gonokokken können auch in den Blutkreislauf übertreten und in entferntere Körperregionen befördert werden, dann verursachen sie mitunter Entzündungen der großen Gelenke. Knie-, Hand- und Fußgelenk werden am häufigsten von dieser Gonokokken-Arthritis befallen. Symptome hierfür sind Schmerzhaftigkeit, Schwellung und Rötung des Gelenks, verbunden mit Fieber. Außerdem kann sich an jeder Stelle des Körpers ein unspezifischer Hautausschlag bilden. In ganz seltenen Fällen verursacht Gonorrhö Myokarditis (Entzündung des Herzmuskels), Perikarditis (Entzündung des Herzbeutels) und Endokarditis (Entzündung der Herzinnenhaut). Außerdem sind Fälle von Uveitis (Entzündung der Iris des Auges), Meningitis (Hirnhautentzündung), Perihepatitis (Entzündung des Bauchfellüberzuges der Leber), Leberabszessen, Glomerulonephritis (Nierenentzündung), Myositis (Muskelentzündung), Pneumonie (Lungenentzündung) und Osteomyelitis (Entzündung des Knochenmarks) bekanntgeworden.

Häufig tritt diese Geschlechtskrankheit auch in Form der gonorrhoischen Pharyngitis (Entzündung der Rachenschleimhaut) zwei bis drei Tage nach Fellatio mit einem infektiösen Mann auf. Der Erreger siedelt sich mit Vorliebe im hinteren Rachenraum, insbesondere um die Mandeln herum an. Neben der Pharyngitis entwickelt sich eine Tonsilitis (Mandelentzündung) mit vergrößerten Kieferwinkel-Lymphknoten. Gonorrhoische Proktitis ist eine Entzündung des Mastdarms, die nach Analverkehr mit einem infektiösen Mann auftreten kann.

Wie wirkt sich Gonorrhö in der Schwangerschaft aus?

Ein Schleimpfropf in der Schleimhaut des Gebärmutterhalses verhindert das Eindringen von Neisseria gonorrhoeae in Gebärmutterhöhle und Eileiter einer schwangeren Frau. Aus diesem Grunde kommt eine akute Adnexitis durch Gonorrhö in der Schwangerschaft so gut wie nie vor. Die Bakterien bleiben vielmehr bis zur Entbindung, wenn der schützende Schleimpfropf abgeht, im

Gebärmutterhalskanal. Dann können sie nach oben wandern und die Eileiter infizieren. Wenn innerhalb von acht bis zehn Tagen nach der Entbindung Beckenschmerzen, Fieber und eitriger Ausfluß auftreten, muß man an eine gonorrhoische Adnexitis denken.

Wie wird Gonorrhö bei der schwangeren Frau diagnostiziert?

Gewöhnlich haben Frauen viele harmlose Bakterien in Scheide, Gebärmutterhals und Harnröhre. Deshalb gibt der nach Gram gefärbte Abstrich keinen endgültigen Aufschluß. Aufgrund der Ergebnisse der Gramfärbung allein sollte also keine Behandlung erfolgen. Definitiv beweisen läßt sich die Gonorrhö der Frau nur, indem man die vermuteten Gonokokken anzüchtet (Thayer-Martin-Test, Vergärungsproben), oder mittels immunologischer Methoden.

Gonorrhö bei einer Schwangeren kann ohne Schaden durch Anzüchten der Keime eines Abstriches des Gebärmutterhalskanals diagnostiziert werden. Eine negative Kultur am Ende der Schwangerschaft ist ein sicheres Zeichen, daß das Baby auf seinem Weg durch den Geburtskanal sich nicht mit Gonokokken infiziert. Wenn Verdacht auf gonorrhoische Pharyngitis oder Proktitis besteht, kann man die Diagnose sichern, indem man Kulturen anlegt mit Material aus dem betroffenen Bereich.

Wie wirkt sich eine Gonorrhö der Mutter auf das Neugeborene aus?

Wenn zur Zeit der Entbindung im Gebärmutterhalskanal Gonokokken sind, werden die Augen des Neugeborenen infiziert. Das kann zu starker Entzündung und Vernarbung der Hornhaut führen. Wird die Entzündung nicht sofort behandelt, kann dauernde Blindheit die Folge sein. Die Frühsymptome einer gonorrhoischen Augeninfektion – geschwollene und entzündete Augenlider, Hornhauttrübung und eine gelbliche Absonderung aus beiden Augen – erscheinen gewöhnlich zwei bis drei Tage nach der Entbindung.

Ein jüngst unter solchen Neugeborenen entdecktes Krankheitsbild ist eine Infektion der oberen Atemwege. Es entsteht, wenn das Baby infektiöses Sekret beim Durchgang durch den Geburtskanal während der Wehen schluckt, und läßt sich mit Penicillin heilen.

Wird ein Kind geboren, dessen Mutter Gonorrhö hat, besteht für das Baby ein hohes Infektionsrisiko, und es muß augenblicklich mit einer einzigen intravenösen oder intramuskulären Injektion von Penicillin G behandelt werden.

Wenn ein Neugeborenes sich eine gonorrhoische Augeninfektion zuzieht, muß man es sofort isolieren, weil eine solche Infektion hochgradig ansteckend ist. Penicillin-G-Kristallsuspension ist zu verabreichen, und die Augen müssen mit einer verdünnten Salzlösung gespült werden.

Postgonorrhoische und nichtgonorrhoische Urethritis

Was ist postgonorrhoische Urethritis?

Postgonorrhoische Urethritis (PGU, Harnröhrenentzündung) ist ein Harnröhrenausfluß beim Mann nach erfolgreicher Behandlung einer Gonorrhö mit Antibiotika. In diesem Ausfluß lassen sich keine Gonokokken nachweisen.

Bis vor kurzem konnten die Ärzte nicht verstehen, warum manche Männer PGU bekommen und andere nicht. Heute glauben die Bakteriologen, daß Männer mit PGU in der Harnröhre noch andere Erreger als Gonorrhö-Bakterien haben. Diese Erreger sind resistent gegen Penicillin. Sie können eine Urethritis verursachen, auch wenn keine Gonorrhö vorliegt. Die Erreger, die PGU erzeugen, sind außerdem für die NGU zuständig.

Was ist nichtgonorrhoische Urethritis?

Nichtgonorrhoische Urethritis (NGU) ist eine Harnröhrenentzündung beim Mann, die durch andere Erreger als Neisseria gonorrhoeae verursacht wird. Obwohl sicherlich etliche Erreger als Auslöser der NGU in Frage kommen, hat man bisher nur einen, Chlamydia trachomatis, eindeutig nachweisen können. Erreger namens Mykoplasmen wurden ebenfalls mit NGU in Verbindung gebracht, aber diese Beziehung ist nicht eindeutig erwiesen.

Kann ein Mann nichtgonorrhoische Urethritis durch Geschlechtsverkehr übertragen?

Ja. Chlamydien werden von der Harnröhre eines Mannes beim Koitus auf Zervix und Vagina (Gebärmutterhals und Scheide) einer Frau übertragen. Die meisten Frauen, die den Erreger in Vagina und Zervix haben, zeigen keinerlei Symptome und erfreuen sich bester Gesundheit. Aber mehr als die Hälfte der Frauen mit Chlamydia trachomatis in der Harnröhre haben Symptome wie Brennen beim Wasserlassen und häufiges Urinieren. In den letzten Jahren äußerten Epidemiologen die Befürchtung, daß bei manchen Frauen, die Kontakte mit an NGU leidenden Männern haben, eine Entzündung der Bartholinischen Drüsen an der Scheidenöffnung, Zervixkatarrh (Entzündung des Gebärmutterhalses), Salpingitis (Eileiterentzündung) und Adnexitis (Entzündung der Eileiter und Eierstöcke) auftreten können. Chlamydien erhöhen auch das Risiko von Fruchtwasserinfektionen, vorzeitigen Wehen und Totgeburten.

Wie wirkt sich eine Infektion der Mutter mit Chlamydien auf ein neugeborenes Baby aus?

Babys können sich beim Weg durch den Geburtskanal mit diesem Erreger infizieren. Das am häufigsten auftretende Symptom ist eine charakteristische Augeninfektion, die angeborene Einschlußkonjunktivitis. Die Symptome wie Augenrötung und eitrige Sekretion der Bindehaut (Konjunktiva) treten gewöhnlich nicht vor der zweiten oder

dritten Lebenswoche auf. (Ganz anders verläuft die gonorrhoische Augeninfektion, die viel gefährlicher ist. Sie tritt schon nach ein bis drei Tagen auf.) Durch Chlamydien bedingte Augenentzündungen behandelt man mit Sulfonamid- oder Tetracyclinsalbe zwei oder drei Wochen lang. Manche Fachärzte ziehen die orale Gabe von Erythromycin vor. Im Gegensatz zur gonorrhoischen Entzündung hinterläßt die Einschlußkonjunktivitis keine Narben oder Blindheit.
Außer Augenentzündungen können Chlamydien beim Neugeborenen auch Lungenentzündung, Mittelohrentzündung sowie Entzündungen von Nase und Rachen verursachen. Ferner wurden langsamere Gewichtszunahme sowie Magen- und Darminfektionen beobachtet.

Wie wirken sich Mykoplasmen auf die Schwangerschaft aus?

Wenngleich man den Mykoplasmen die Schuld für eine Vielzahl von Schwangerschaftskomplikationen gab, gibt es keine umfangreichen, sorgfältig durchgeführten Studien, die einen derartigen Zusammenhang bestätigten. Man weiß, daß die Erreger Endometritis, also Gebärmutterschleimhaut-Entzündung, hervorrufen und aus der Gebärmutterschleimhaut in den Blutkreislauf gelangen können. Man hat auch Mykoplasmen aus Blutkreislauf, Fruchtwasser und Plazenta von Patientinnen isoliert, die nach einer Fehlgeburt oder Entbindung Fieber bekommen hatten. Der Zusammenhang zwischen genitalen Mykoplasma-Infektionen und oft wiederkehrenden spontanen Fehlgeburten aber ist nicht bewiesen.

Wie werden Chlamydien- und Mikroplasmen-Infektionen korrekt behandelt?

Durch Chlamydien oder Mykoplasmen verursachte NGU wird normalerweise mit Tetracyclin behandelt. Da Tetracycline aber in der Schwangerschaft nicht genommen werden dürfen, kann statt dessen für 14 Tage mit Erythromycin behandelt werden. Das Mycoplasma hominis ist allerdings gegen Erythromycin resistent. In diesem Fall können Antibiotika wie Gentamycin oder Spectinomycin gegeben werden. Infizierte Partner müssen gleichzeitig behandelt werden, um eine Wiederansteckung zu verhindern.

Herpes

Was ist Herpes?

Herpes genitalis, eine Herpes-Infektion der äußeren Geschlechtsteile von Mann und Frau, breitet sich in jüngster Zeit immer mehr aus.
Das Herpes-Virus gehört zu den sogenannten DNS-Viren (DNS = Desoxyribonukleinsäure: genetisches Material). Dieses Virus kann durch sexuellen und nichtsexuellen Kontakt von einer Person auf die andere übertragen werden. Weitere DNS-Viren sind das Zytomegalie-Virus (CMV), das Epstein-Barr-Virus (EBV) und das Varicella-Zoster-Virus.

Die Abkürzung HVH steht für Herpesvirus hominis und ist gleichbedeutend mit dem Herpes-simplex-Virus. Man unterscheidet zwei Subtypen. HVH Subtyp 1 verursacht den Herpes labialis, ein Ausschlag, der immer wiederkehrt, mit Bläschen und Krusten an Mund und Lippen. Bis vor kurzem glaubte man, daß HVH Subtyp 1 nur »oberhalb der Gürtellinie« vorkäme und nicht durch Geschlechtsverkehr übertragen würde, weil dieser Subtyp sehr oft auch bei kleinen Kindern auftritt. Heute gibt es jedoch genügend Beweise dafür, daß sich viele sexuell aktive Männer und Frauen diesen Virustyp im Genital- und Rektalbereich durch oral-genitalen und oral-analen Kontakt holen.

Das Herpesvirus hominis Subtyp 2 bewirkt Herpes genitalis. Es wird meistens durch Geschlechtsverkehr übertragen, vermehrt sich aber auch häufig auf Mund und Lippen von Personen, die mit einem infizierten Partner oral-genitalen Kontakt hatten.

Die Gruppe der DNS-Viren nennt man umgangssprachlich auch »Liebesviren«. Das beste Beispiel hierfür ist das Epstein-Barr-Virus, das infektiöse Mononukleose (Pfeiffer-Drüsenfieber) verursacht. Man nimmt an, daß es hauptsächlich durch Küssen übertragen wird. Vom Zytomegalie-Virus weiß man, daß es sich durch Geschlechtsverkehr verbreitet.

Obgleich Windpocken und Gürtelrose nicht durch Geschlechtsverkehr übertragen werden, bedarf es doch eines nahen Kontaktes mit einer infektiösen Person, damit das Herpes-Zoster-Virus übertragen wird.

An welchen Symptomen ist eine Erstinfektion mit Herpes genitalis bei der Frau zu erkennen?

Nach Geschlechtsverkehr mit einem infektiösen Mann dauert es meistens drei bis sieben Tage, bis sich die Krankheit manifestiert. Es ist allerdings auch vorgekommen, daß diese Zeit nur 24 Stunden oder auch zwölf Tage betrug. Das Virus bildet zunächst ein kleines, fast unsichtbares Bläschen an der Haut der äußeren Geschlechtsorgane. Ein solches Bläschen kann Millionen Viren enthalten, die sich vermehren und neue Bläschen erzeugen. Zu Beginn dieser Erstinfektion sind die Symptome häufig sehr schwach, und eine Frau bemerkt vielleicht nur ein leichtes Jucken oder eine milde Reizung. In diesem Stadium wird das Leiden häufig als Candida-Infektion verkannt.

Die äußeren Geschlechtsorgane werden bald darauf von einem sehr schmerzhaften Ausschlag mit Bläschenbildung befallen, der oft mit einer Schwellung des gesamten Genitalbereichs verbunden ist. Die einzelnen Läsionen verbinden sich oft zu größeren Arealen, die sich innerhalb von ein bis zwei Tagen in nässende, schmerzhafte Erosionen (oberflächliche Gewebsverluste der Haut) verwandeln. Jetzt ist die Krankheit am ansteckendsten. Fünf Tage nach Bildung der Geschwüre läßt der Schmerz allmählich nach. Das Herpes-genitalis-Virus befällt aber nicht nur die äußeren Geschlechtsorgane, sondern häufig auch Scheide und Gebärmutterhals, wo es einen eitrigen, brennenden, wäßrigen Ausfluß hervorrufen kann. Die Harnröhre ist besonders empfindlich. Das

Virus erzeugt Bläschen und Geschwüre in den Harnwegen, was beim Wasserlassen starkes Brennen verursacht. Dieser Schmerz wird noch intensiver, wenn Urin mit dem Ausschlag im äußeren Vaginalbereich in Berührung kommt. Bei manchen Frauen ist der Schmerz beim Wasserlassen so stark, daß sie den Urin lieber zurückhalten. Dann muß man einen Katheter einsetzen, um die Blase auf diesem Wege zu entleeren.

Das akute Stadium der Erkrankung kann von Frösteln, leichtem Fieber, Kopfweh, schmerzhafter Vergrößerung der Leisten-Lymphknoten, dumpfem Schmerz in beiden Beinen und allgemeiner Müdigkeit begleitet sein.

Eine spontane Heilung der Erosionen setzt meistens zehn Tage nach Krankheitsbeginn ein und ist meistens in drei bis sechs Wochen ohne Narbenbildung abgeschlossen. In seltenen Fällen kann eine nachfolgende bakterielle Infektion an der Stelle, wo die Erosionen waren, nicht nur den Heilungsprozeß verzögern, sondern auch die Bildung bleibender Narben verursachen.

Für die Glücklicheren bleibt der erste Herpes-Befall auch der einzige. Bei ungefähr ein bis zwei Drittel der Betroffenen jedoch bricht die Krankheit immer wieder aus. Man hat die Theorie aufgestellt, daß das Virus zu den Nerven unmittelbar unter den befallenen Hautpartien wandert und von hier aus über die Nervenbahnen zu den zentralen Nervenzellen (Sakralganglien), die vor dem Kreuzbein liegen. In diesen Nervenzellen verharrt es für unterschiedlich lange Zeit. Wird das Virus reaktiviert, beginnt es sich in den Nervenzellen zu vermehren und wandert den Weg über die Nervenbahn zurück zu der Hautpartie der Genitalien, die von eben diesem Nerv versorgt wird. Auf diese Weise treten die Herpes-Bläschen immer wieder an derselben Körperstelle auf. Anders als die erste Infektion, welche den gesamten Genitalbereich einbeziehen kann, erscheinen beim Rezidiv (wiederkehrende Erkrankung) gewöhnlich nur einzelne Bläschen oder kleine Bläschengruppen.

Das erste Rezidiv tritt gewöhnlich innerhalb von acht Wochen nach vollständigem Abheilen der Erstinfektion auf. In einigen Fällen aber brach die Infektion erst zwei Jahre oder noch später erstmals wieder aus. Die Rezidiv-Häufigkeit ist unterschiedlich. Manche bekommen alle zwei Wochen, manche alle paar Jahre eins. Der häufigste Rhythmus von rezidivierendem Herpes ist vier- bis fünfmal im ersten Jahr, zwei- bis dreimal im folgenden Jahr und spontanes Ausbleiben während des dritten Jahres oder danach; allerdings gibt es auch viele Menschen, die Zeit ihres Lebens unter Rezidiven zu leiden haben. Anders als bei der Primärinfektion heilen die Bläschen der wiederkehrenden Erkrankung innerhalb von zehn Tagen vollständig ab.

Wie kommt es zu ständig wiederkehrenden Herpes-Erkrankungen?

Es ist nicht bekannt, was das Virus plötzlich reaktiviert. Der Vorgang an sich hat aber nichts mit Sexualität zu tun. Andere Krankheiten, Erschöpfung, Schlaflosigkeit, emotionale Erschütterungen, Fieber, Klimawechsel, ausgedehnte Sonnenbäder, Menstruation und die ihr vorausgehende Spannung – das alles sind Faktoren, die bei einer anfälligen Person ein Rezidiv auslösen können. Tritt die Krankheit nach Geschlechtsverkehr wieder auf, so ist dies gewöhnlich einer direkten Verletzung oder Reizung des Genitalbereichs zuzuschreiben, wie sie durch Penis, Spülung oder Vibrator erfolgen kann, und weniger einer erneuten Infektion.

Wie wird Herpes diagnostiziert?

Eine Herpes-Infektion kann anhand verschiedener Tests diagnostiziert werden. Für einen einfachen Test benötigt man etwas Material von einem Geschwür oder einer Blase, legt es auf ein Glasplättchen, färbt es und betrachtet es unter dem Mikroskop. Zwar ist das Herpes-Virus zu klein, um unter einem gewöhnlichen Mikroskop erkannt zu werden, aber es ruft in den infizierten Zellen eine charakteristische Reaktion hervor, die mit dem Mikroskop mühelos gesehen werden kann. So sind im Nukleus (Zellkern) der infizierten Zellen winzige Substanzen eingelagert, sogenannte intranukleare Einschlüsse. Außerdem sind große Entzündungs-Zellen, die sogenannten mehrkernigen Riesenzellen, vorhanden, die den Verdacht auf Herpes erhärten. Die Viren könnten zwar unter einem Elektronenmikroskop gesehen werden, aber nur ganz wenige Labors haben dieses teure Gerät.

Wenn Material aus einem herpesverdächtigen Bläschen mit fluoreszierenden herpesspezifischen Antikörpern behandelt wird und mit ihnen reagiert (was man unter dem Fluoreszenz-Mikroskop sehen kann), ist die Diagnose bestätigt. Der zuverlässigste Test für HVH Subtyp 1 oder 2 ist die Kultur eines Abstrichs. Gedeihen die Herpes-Viren auf dem Nährboden, dann verändert sich dieser innerhalb von 48 Stunden charakteristisch. Subtyp 1 kann gelegentlich von Subtyp 2 unterschieden werden, weil er eine kleinere Markierung im Nährboden produziert. Wenn man das Material innerhalb von 48 Stunden nach der Herpes-Eruption gewinnt, läßt sich das Virus am ehesten nachweisen.

Wenn ein Arzt nichts anderes zur Verfügung hat, können die charakteristischen intranuklearen Einschlüsse und mehrkernigen Riesenzellen mit Hilfe eines Abstrichs und anschließender Mikroskopie entdeckt werden. Dieses Verfahren hat jedoch im Vergleich zur Kulturmethode eine sehr hohe Quote an falschen Ergebnissen. Das wiegt in Situationen wie etwa dem letzten Schwangerschaftsmonat, wo die Herpes-Diagnose von großer Bedeutung ist, um so schwerer.

Welche Behandlung ist bei Herpes zu empfehlen?

Man kennt kein Heilmittel gegen Herpes-genitalis-Infektionen. Auf die Bläschen aufzutragende Lösungen können das Leiden nicht auf Dauer heilen, weil das Virus im inaktiven Stadium in den Nerven unter der Haut weiterlebt. Verschiedene Mittel erleichtern jedoch die Symptome und verkürzen gelegentlich die Krankheitsdauer, wie beispielsweise Alkohol- und Ätherumschläge, Betaisodona, Idoxuridin, Adeninarabinosid,

Zink, 2-Deoxy-d-Glukose, Nonoxynol-9 und Adenosinmonophosphat. Weitere empfohlene Mittel sind unter anderem die Aminosäure Lysin, oral verabreicht, sowie eine Vielzahl von intramuskulären Vakzinen (Schutzimpfungen). Wenn alle örtlich anzuwendenden Medikamente bei rezidivierendem Herpes versagen, empfehlen manche Ärzte, die Bläschen unter örtlicher Betäubung operativ zu entfernen. Auch die Laserbehandlung hat begeisterte Anhänger.

Bis heute ist ein Antivirusmittel namens Acyclovir (Zovirax®) die meistversprechende Therapie bei Herpes genitalis. Es ist als Salbe erhältlich, die sieben Tage lang sechsmal täglich alle drei Stunden auf die betroffenen Stellen aufgetragen wird. Am besten wird binnen acht Stunden nach dem ersten Erscheinen der Bläschen mit der Behandlung begonnen.

Die Wirkung von Acyclovir beruht darauf, daß es einer anderen Substanz ähnelt, die das Herpes-Virus zur Fortpflanzung braucht. Das Virus nimmt Acyclovir als falsche Komponente für Wachstum und Fortpflanzung der Zellen auf und ist dann nicht mehr in der Lage, sich zu vermehren.

In klinischen Versuchen hat sich gezeigt, daß Acyclovir bei einer beträchtlichen Anzahl Frauen mit Herpes-Erstinfektion die Heilung beschleunigt und den Krankheitsverlauf verkürzt. Dagegen gibt es keinen überzeugenden Nachweis dafür, daß es einer Frau mit rezidivierendem Herpes hilft. Bei fortgesetztem Gebrauch neigt das Herpes-Virus zur Entwicklung einer Resistenz gegen die Behandlung mit Acyclovir.

Ob Acyclovir während der Schwangerschaft unbedenklich ist, weiß man noch nicht, aber bescheidene Dosen, die Ratten, Mäusen und Kaninchen verabreicht wurden, haben nicht schädlich gewirkt. Werden jedoch übermäßig hohe Dosen gegeben, hindert das Medikament anscheinend das befruchtete Ei, sich in der Gebärmutterschleimhaut einzunisten. Es ist noch nicht bekannt, ob Acyclovir in die Muttermilch gelangt.

Was kann eine Frau tun, um die starken Schmerzen bei einer Herpes-Erstinfektion zu lindern?

Zu wissen, daß der akute Anfall vorübergeht, ist nur ein geringer Trost für einen Menschen, der an Herpes genitalis leidet. Milde Schmerzmittel nützen nichts; zur Schmerzerleichterung eignen sich am besten Narkotika wie z. B. Kodein. Kompressen mit kalter Burow-Lösung können lindernd wirken. Kalte Umschläge mit Kaliumpermanganat in einer Lösung von 1 zu 8000 oder 1 zu 12000 sind ein altes und wirkungsvolles Mittel. Die Umschläge können täglich mehrmals gemacht werden. Der starke Schmerz beim Wasserlassen kann gelindert werden, wenn während des Wasserlassens kaltes Wasser vorsichtig über den Damm gegossen wird. Wasserlassen im Stehen hilft, den Urinfluß von den Erosionen an den Schamlippen wegzuleiten. Viele Ärzte empfehlen, im heißen Wannenbad zu urinieren, aber ich rate meinen Patientinnen im akuten Stadium von Herpes genitalis davon ab. Langes und häufiges Baden weicht die Haut auf. Es hat sich erwiesen, daß sich

der Herpes auf den aufgeweichten Stellen ausbreiten kann.
In ein Handtuch gewickelte Eiswürfel bringen Erleichterung, wenn sie (90 Min. lang) auf den Damm gelegt werden. Dies ist ein einfaches Hausmittel, das die Symptome sowohl einer Primärinfektion als auch eines Rezidivs lindert. Manche Forscher nehmen sogar an, daß die Kälte die Heilung der Bläschen beschleunigt.
Es ist wichtig, die Wunden so sauber und trocken wie möglich zu halten, um eine nachfolgende bakterielle Infektion zu verhindern. Dies kann durch ein zweimal täglich genommenes heißes Sitzbad erreicht werden. Die Wunden soll man vorsichtig mit einer keimtötenden Seife wie Betasiodona waschen. Am besten tupft man die Vulva trocken, statt die Haut mit einem Handtuch abzureiben. Ein Haartrockner ist ein gutes Mittel, um die Erosionen trocken zu halten, ohne die Haut zu reizen oder die Infektion zu verbreiten. Frauen sollten ausschließlich kochbare Baumwollunterwäsche tragen und auf Unterwäsche und Strumpfhosen aus Kunstfasern verzichten, weil diese die Feuchtigkeit nicht aufsaugen und die Luftzirkulation verhindern.
Es hat sich erwiesen, daß die Heilung der Bläschen sich verzögert, wenn sie mit Cremes oder Salben bedeckt werden. Wenn allerdings die Erosionen um den Ausgang der Harnröhre durch Wasserlassen gereizt werden, kann das Auftragen einer dünnen Schicht Xylocain-Salbe die Symptome lindern helfen. Xylocain-Salbe dient dazu, Haut und Schleimhaut oberflächlich zu anästhesieren (betäuben).

Sind schwangere Frauen für Infektionen mit Herpes genitalis anfälliger als nichtschwangere Frauen?

Ja. Die Epidemiologen glauben, daß die Schwangere für Infektionen mit Herpes-genitalis-Viren mindestens dreimal anfälliger ist als die Nichtschwangere. Zwar hat jede dritte mit Herpes infizierte Schwangere keinen sichtbaren Ausschlag; aber wenn in der Schwangerschaft Symptome vorhanden sind, dann sind sie schlimmer und bleiben über einen längeren Zeitraum bestehen.

Wie wirkt sich Herpes genitalis im Frühstadium der Schwangerschaft aus?

Wenn bei einer Frau in der ersten Schwangerschaftshälfte eine alte Herpes-genitalis-Infektion wieder aufbricht, kann sie sicher sein, daß für das Kind kein Risiko einer Infektion oder einer angeborenen Mißbildung besteht. Mütter, die früher Herpes hatten, haben meistens den Antikörper Immunglobulin G im Blut, der so klein ist, daß er in der Schwangerschaft durch die Plazenta auf den Fetus übertragen werden kann. Der Immunglobulin-G-Spiegel des Kindes ist bei der Geburt gleich dem der Mutter. Erst gegen Ende des dritten Lebensmonats verschwinden diese Antikörper aus dem Blutkreislauf des Neugeborenen. Man muß jedoch wissen, daß Immunglobulin-G-Antikörper einem Kind wenig Schutz vor Herpes bieten, wenn es sich diesen beim Geburtsakt zuzieht.
Falls eine Frau sich in den ersten 20 Schwangerschaftswochen zum ersten

Mal mit Herpes genitalis infiziert, erhöht sie ihr Risiko für eine spontane Fehlgeburt. TORCH ist ein Kurzwort für eine Gruppe von Krankheiten – Toxoplasmose, Röteln, Cytomegalie (Zytomegalie) und Herpes –, die einem Kind schaden können, wenn sich die Mutter erstmals am Anfang der Schwangerschaft mit einer dieser Infektionen auseinandersetzen muß. TORCH-Erreger wurden mit einem erhöhten Risiko zu Fehlgeburt, Totgeburt, Frühgeburt und niedrigem Geburtsgewicht in Verbindung gebracht. Weitere mögliche Schädigungen des Neugeborenen sind Lethargie, Unterernährung, gestörte Blutgerinnung, vergrößerte Leber und Milz, Verkalkungen in der Leber, Anämie, Lungenentzündung, Hautausschlag, Myokarditis (Entzündung des Herzmuskels), grauer Star, Chorioretinitis (Entzündung der Ader- und Netzhaut des Auges) und Krankheiten des Nervensystems, wie Enzephalitis (Gehirnentzündung), Mikrozephalie (anomal kleiner Schädel), Hydrozephalie (Wasserkopf), geistige Zurückgebliebenheit und Verkalkungen im Schädel. Aber anders als bei Feten, die am Anfang der Schwangerschaft mit Röteln, Toxoplasmose oder Zytomegalie zu tun haben, ist das Risiko für einen Fetus, der mit Herpes in Berührung kommt, so gering, daß nach Meinung der meisten Epidemiologen die Schwangerschaft nicht abgebrochen werden muß.

Welche Probleme können auftreten, wenn eine Frau in der zweiten Schwangerschaftshälfte Herpes genitalis hat?

Wenn eine Frau sich nach der zwanzigsten Schwangerschaftswoche eine Herpes-Primärinfektion zuzieht, beträgt das Risiko für eine Fehlgeburt etwa 35%. Bei Frauen mit chronisch rezidivierendem Herpes ist das Risiko einer Frühgeburt nicht so groß.

Zwar gibt es in der medizinischen Literatur Fälle, wo ein Herpes-Virus in der zweiten Schwangerschaftshälfte über die Plazenta von der Mutter auf das Baby übertragen wurde, aber diese Fälle sind äußerst selten. Während der Passage des Geburtskanals infiziert sich das Kind, falls Viren vorhanden sind, so gut wie immer. Die Fruchtblase schützt das Baby zunächst. Platzt diese jedoch, kann das Virus das ungeborene Kind innerhalb von vier bis sechs Stunden infizieren.

In den USA sterben jährlich mindestens 1000 Babys durch Herpes genitalis, der bei der Geburt von infektiösen Müttern auf sie übertragen wurde. Das Risiko, daß ein Neugeborenes das Virus von einer infektiösen Mutter erwirbt, beträgt etwa 50%. 60 bis 90% der infizierten Babys sterben oder erleiden schwere und dauernde Behinderungen. HVH Subtyp 2 verursacht drei Viertel aller Herpes-Infektionen bei Neugeborenen und Subtyp 1 das restliche Viertel. Der Schweregrad der Infektion ist derselbe, einerlei, mit welchem Virus sich das Kind infiziert. Die Möglichkeit, daß ein Arzt Herpes bei der Mutter diagnostiziert, wird dadurch erschwert, daß ein Drittel der infektiösen schwangeren

Frauen keine äußerlich sichtbaren Affektionen aufweist. Ein verbreiteter Irrtum, der unbedingt ausgeräumt werden muß, besagt, das Baby einer Mutter mit chronischem Herpes sei gegen die Infektion immun. Das ist aber vollkommener Unsinn. Alle Babys, egal, ob ihre Mütter eine Primärinfektion oder rezidivierenden Herpes haben, können sich anstecken und an Herpes sterben, wenn sie sich die Krankheit bei der Geburt zuziehen.

Wie kann man Babys vor Herpes-Schäden schützen?

Wenn eine schwangere Frau nie Herpes hatte, muß sie unbedingt ungeschützten Geschlechtsverkehr mit einem Mann meiden, der an dieser Krankheit leiden könnte. Der Koitus ist vermutlich ungefährlich, wenn der Mann ein Kondom trägt, das die infektiöse Stelle vollkommen bedeckt. Nicht schmerzende Wunden in der Mundhöhle bleiben häufig unbemerkt, werden sie aber bei einem Mann entdeckt, muß das Paar auf Cunnilingus verzichten. Auch kann sich eine Frau im Genitalbereich mit ihrem eigenem Herpes labialis anstecken, wenn sie die Erreger zuvor auf Mund oder Geschlechtsorgane ihres Partners übertragen hat. Anfällige Schwangere müssen engen Kontakt mit Kindern, die vielleicht Herpes haben, meiden.

Wenn eine Frau mit sichtbaren Herpes-Läsionen im Genitalbereich Wehen bekommt, kann das Baby durch eine Schnittentbindung vor den Gefahren einer Infektion bewahrt werden. Wenn Herpes-Bläschen vorhanden sind und die Fruchtblase vor weniger als vier Stunden geplatzt ist, kann ein Kaiserschnitt ebenfalls einer Infektion vorbeugen. Diese Maßnahme bringt aber wahrscheinlich nichts mehr, wenn zwischen dem Platzen der Fruchtblase und dem Eingriff mehr als sechs Stunden vergangen sind. Die Diagnose von Herpes genitalis bei einer in den Wehen befindlichen Frau ist wohl die einzige dermatologische Gefahr, die mir bekannt ist. Wenn die Bläschen nicht herpesspezifisch sind und die Diagnose nicht eindeutig ist, muß der Geburtshelfer augenblicklich einen Dermatologen zu Rate ziehen. Die Zeit reicht zwar nicht aus, das Virus zu kultivieren, aber es hilft schon, die Bläschen abzukratzen und nach mehrkernigen Riesenzellen und intranuklearen Einschlüssen zu untersuchen. Läßt sich die Diagnose auch dann nicht eindeutig stellen, ist ein Kaiserschnitt der Gefährdung des Kindes durch eine natürliche Geburt vorzuziehen.

Wenigstens ein Drittel der Frauen mit Herpes genitalis haben zur Zeit der Entbindung keine Symptome. Vorsichtige Befragung durch einen Arzt wird aber meistens zutage fördern, daß die Frau früher an Herpes genitalis gelitten hat. Auch wenn die frühere Infektion mehrere Jahre vor der gegenwärtigen Schwangerschaft lag, kann das Virus aktiviert werden und jederzeit über die Nervenbahn zur Haut wandern. Hatte einer der Partner gar rezidivierenden Herpes genitalis oder hat der Mann mit oralem Herpes Cunnilingus praktiziert, müssen im letzten Monat vor der erwarteten Niederkunft wöchentlich Kulturen von Material aus Scheide und Muttermund angelegt werden. Ist eine Kul-

tur positiv, muß vor oder beim Einsetzen der Wehen ein Kaiserschnitt gemacht werden. Nur einen Abstrich zu machen, statt eine Kultur anzulegen, ist unzureichend und deckt wenigstens die Hälfte aller Fälle von asymptomatischem Herpes genitalis nicht auf.
Die Kopfschwarten-Elektrode (siehe Kapitel 10) zur Überwachung des Befindens des Babys während der Geburt sollte dann nicht eingesetzt werden, wenn die Mutter Herpes genitalis haben könnte; es sei denn, eine aktive Herpes-Infektion ist eindeutig ausgeschlossen. Die medizinische Literatur berichtet von Fällen, in denen sich Babys auf diese Weise als Neugeborene Herpes zugezogen haben.
Der Herpes des Neugeborenen ist hochgradig ansteckend. Säuglinge, bei denen auch nur der geringste Verdacht besteht, daß sie sich infiziert haben, müssen von den anderen Babys auf der Säuglingsstation isoliert und zwei Wochen lang sorgfältig daraufhin beobachtet werden, ob die Infektion tatsächlich abgeheilt ist. Steht unmittelbar nach einer natürlichen Geburt fest, daß eine Mutter Herpes genitalis hat, müssen die Augen des Babys sofort mit einer antiviralen Salbe behandelt werden, um einer ernsten Infektion vorzubeugen. Bei diesen Babys müssen Proben von Mund, Augen, Nase, Rachen, Blut, Urin, Stuhl und Rückenmarksflüssigkeit (Liquor) genommen und auf Viren hin untersucht werden. Wie bereits erwähnt, werden Immunglobulin-G-Antikörper gegen Herpes via Plazenta von der Mutter auf das Kind übertragen; ihr Vorhandensein ist kein Anzeichen für eine aktive Infektion des Babys. Immunglobulin-M-Antikörper dagegen sind vom Fetus produzierte Antikörper, die zu groß sind, um durch die Plazenta wandern zu können. Werden diese bei der Geburt im Blut des Babys gefunden, so wurden sie vom Kind als Reaktion auf eine spezifische Infektion produziert.
Eine interessante Beobachtung: 10% der HVH-Subtyp-1-Infektionen bei Neugeborenen stammen nicht von der Mutter. Dies kann bedeuten, daß die Infektionen zum Teil von Beschäftigten in Kreißsaal und Säuglingsstation übertragen werden.

Karzinomatöse und präkanzeröse Krankheiten des Gebärmutterhalses

Wieso wird Gebärmutterhalskrebs als Geschlechtskrankheit bezeichnet?

Der wesentlichste Faktor für Krebs des Gebärmutterhalses ist Geschlechtsverkehr in sehr jungen Jahren. Der Gebärmutterhals ist während der Pubertät und der Teenager-Zeit starken hormonalen Schwankungen unterworfen, die – warum, weiß man nicht – die Zervix anfällig machen, irgendwann einmal krebsig zu entarten. Die sexuelle Revolution der 60er und 70er Jahre hat dazu geführt, daß bedeutend mehr Frauen in jüngerem Alter Geschlechtsverkehr haben. In der Folge stellten Gynäkologen bei jungen Frauen ein epidemieartiges Ansteigen von krankhaften Befunden, anomale Abstrichbefunde und mikroskopisch kleine präkanzeröse (Vorstufe zum Krebs) Veränderungen wie Dysplasie (Zellen bauen sich in Richtung Krebs um) und Carcinoma in situ (Oberflächenkarzinom, noch kein invasives Wachstum). Eine kalifornische Studie ergab, daß im Jahre 1951 von den Patientinnen mit Gebärmutterhalskrebs nur 30% jünger als 25 Jahre waren. 1968 dagegen waren es 93%.

Wie wird Gebärmutterhalskrebs diagnostiziert?

Der Pap-Abstrich, genannt nach seinem Erfinder Dr. George Papanicolaou, ist eine schmerzlose Untersuchung, die hauptsächlich zur Entdeckung von Gebärmutterhalskrebs eingesetzt wird. Für einen Pap-Abstrich streicht man mit einem Wattestäbchen oder einem Plastikbzw. Holzspatel um den Gebärmutterhals. Das so gewonnene Zellmaterial wird auf ein Glasplättchen gegeben, fixiert und auf anomale und karzinomatöse Zellen hin untersucht.

Was tun bei anomalem Pap-Abstrich?

Leider wird das Problem des anomalen Pap-Abstrichs häufig unzureichend gehandhabt. Ärzte, die mit diesem Dilemma konfrontiert sind, wiederholen den Pap-Abstrich meistens in der unrealistischen Hoffnung, daß er wieder normal wird. Wenn die wiederholten Abstriche anomal blieben, wurde bis vor kurzem eine sogenannte Konisation vorgenommen. Hierzu hat man ein großes keilförmiges Stück aus dem Gewebe des Gebärmutterhalses entfernt, um festzustellen, ob mikroskopisch kleine karzinomatöse oder präkanzeröse Veränderungen vorliegen. Die Konisation hat zwar eine diagnostische Genauigkeit von mindestens 95%, kann aber bei der Schwangeren zu ernsten Komplikationen führen, unter anderem zu Blutungen, Platzen der Fruchtblase mit anschließender Infektion oder Fehlgeburt sowie Zervixinsuffizienz mit vorzeitigen Wehen. Diese möglichen Komplikationen, das Risiko einer Anästhesie und Krankenhausaufenthalt können vermieden werden, wenn in der ärztlichen Praxis eine Untersuchung des Gebärmutterhalses mit einem sogenannten Kolposkop durchgeführt wird. Mit diesem Gerät kann man die Schleimhaut bei 10- bis 30facher Vergrößerung betrachten. Ein mit dieser Methode vertrauter Arzt kann anomale Stellen am Gebärmutterhals mühelos erkennen und winzige Gewebeproben entnehmen, ohne die Schwangerschaft zu gefährden. *Wenn Ihr Pap-Abstrich zu irgendeiner Zeit in der Schwangerschaft anomal ist, sollten Sie daher auf Kolposkopie anstelle von Konisation bestehen.*

Ein Gebärmutterhalskrebs entwickelt sich langsam über einen Zeitraum von mehreren Jahren. Daher kann die Behandlung präkanzeröser Veränderungen wie Dysplasie und Carcinoma in situ auf ein paar Wochen nach der Entbindung verschoben werden. Liegt bereits ein manifestes Karzinom (mit invasivem Wachstum) vor, was äußerst selten ist, muß man sofort etwas unternehmen. Krebsvorsorge in der Schwangerschaft ist unerläßlich, denn diese Krankheit breitet sich schnell aus und ist lebensgefährlich. Wenn in den ersten sechs Schwangerschaftsmonaten manifester Krebs diagnostiziert wird, muß er sofort in Form einer radikalen Hysterektomie (Gebärmutterentfernung) oder Bestrahlung ohne Rücksicht auf die Frucht behandelt werden. Wenn er erst im dritten Schwangerschaftsdrittel festgestellt wird, muß das Überleben des Fetus in Betracht gezogen werden. Sobald feststeht, daß das Kind eine reale Überlebenschance hat, sollte man innerhalb der letzten acht Wochen mittels Kaiserschnitt entbinden. Eine Radikaloperation oder Bestrahlung des Uterus sollte unmittelbar nach der Entbindung vorgenommen werden. Würde das Baby auf natürlichem Weg durch einen karzinomatösen Gebärmutterhals zur Welt kommen, verbreiten sich unter Umständen einzelne Krebszellen in das benachbarte Gewebe oder gelangen in den Blutkreislauf der Mutter und mindern so die Heilungschancen.

Zytomegalie

Was ist Zytomegalie, und wie beeinflußt sie die Schwangerschaft?

Das Zytomegalie-Virus (ZMV) gehört zu der Gruppe der sogenannten DNS-Viren. Wie Herpes kann es durch sexuellen und nichtsexuellen Kontakt von einer Person auf die andere übertragen werden. Die Inkubationszeit beträgt ein bis drei Monate. Die meisten Erwachsenen, die sich dieses Virus zuziehen, haben keine Ahnung, daß sie infiziert sind. Wenn Symptome auftreten, ähneln sie denen von infektiöser Mononukleose (Pfeiffer-Drüsenfieber); zu ihnen gehören Erschöpfung und allgemeine Vergrößerung der Lymphknoten.

Zytomegalie ist die häufigste durch Bluttransfusion übertragene Krankheit. Daß sie auch durch Geschlechtsverkehr übertragen werden kann, ist eine relativ neue Entdeckung. Es gibt überzeugende Beweise, daß diese Infektion nach der Pubertät mit zunehmender sexueller Aktivität häufiger vorkommt. Man hat das Virus aus Speichel, Blut, Urin und Samen sexuell aktiver Personen isoliert. Es wird im Gegensatz zu anderen venerischen Erregern oft unerkannt übertragen, da Männer und Frauen, die es beherbergen, keine Symptome aufweisen.

Man vermutet, daß das größte Risiko angeborener, durch das Zytomegalie-Virus verursachter Schäden (Hör-, Lern- und neurologische Störungen) für Babys von Müttern besteht, die unmittelbar vor der Empfängnis oder in den ersten vier Schwangerschaftsmonaten erstmals mit dem Virus in Berührung kamen. Diese angeborenen Schäden können verheerend sein. Infizierte Neugeborene sind oft anämisch (blutarm) und haben zuwenig Blutplättchen. Viele haben daher Purpura (multiple Hautblutungen infolge Blutplättchenmangels). Vergrößerte Leber und Milz sowie Lungenentzündung werden ebenfalls häufig beobachtet. Das Zentralnervensystem scheint äußerst anfällig zu sein. Von den Kindern, die bei der Geburt Symptome aufweisen, behalten 50 bis 75% bleibende und schwere neurologische Schäden wie Mikrozephalie (anomal kleiner Kopf), Krampfanfälle, Taubheit, Blindheit und psychomotorische Störungen. Zweifellos werden viele Kinder mit einer Infektion geboren, die gänzlich unbemerkt bleibt. Diese

Kinder könnten jedoch einen Teil der Menschen ausmachen, die später an Lernschwierigkeiten, Verhaltensstörungen oder Gehörverlust leiden. Man kann davon ausgehen, daß infizierte Kinder, die im Alter von zwei Jahren neurologisch unauffällig sind, im späteren Leben nicht wesentlich beeinträchtigt sein werden.

Die Schwere der Erkrankung beim Neugeborenen hängt davon ab, zu welcher Zeit in der Schwangerschaft es mit dem Zytomegalie-Virus in Berührung kam. Der größte Schaden entsteht im ersten Schwangerschaftsdrittel, leichtere Behinderungen dagegen treten wahrscheinlich im zweiten Drittel auf. Der Fetus ist auch im letzten Drittel nicht sicher. In einigen Fällen können leichte geistige Retardierung, Wahrnehmungsstörungen und chronische Infektionen entstehen. Kinder mit chronischer Zytomegalie sind selbstverständlich infektiös. Immerhin ist es tröstlich zu wissen, daß der durch eine Primärinfektion entstandene Schaden für folgende Schwangerschaften nicht mehr zu befürchten ist, wenngleich die Mutter das Virus womöglich noch immer im Körper hat.

Ein Kind kann sich auch während des Geburtsakts das Virus zuziehen. Obgleich diese Babys meistens keine Krankheit im klinischen Sinne bekommen, können sie das Virus zwölf bis 18 Monate lang verbreiten. Es wurde auch von Fällen berichtet, in denen das Virus durch die Milch einer infizierten Mutter auf das Baby übertragen wurde.

Wie wird Zytomegalie verhütet und behandelt?

Man kann Zytomegalie nicht behandeln. Da die Infektion bei Erwachsenen völlig asymptomatisch verläuft, besteht für eine Schwangere kein Grund, das Vorhandensein einer solchen Infektion zu vermuten. Eine routinemäßige Kultivierung von Zellmaterial des Gebärmutterhalses im Hinblick auf Zytomegalie-Viren im ersten Schwangerschaftsdrittel ist nicht zu empfehlen, denn selbst wenn man das Virus nachweisen könnte, wüßte man immer noch nicht, wann die Primärinfektion, im Hinblick auf das Datum der Empfängnis, stattgefunden hat. Außerdem wäre die einzig mögliche Behandlung ein Schwangerschaftsabbruch. Der würde allerdings höchstwahrscheinlich unnötigerweise erfolgen, denn nur im Fall einer Primärinfektion hätte man Schäden verhindert. Neue Bluttests zur Entdeckung von Zytomegalievirus-Antikörpern werden zur Zeit entwickelt. Sobald sie zur Verfügung stehen, können Frauen, die gerade eine Primärinfektion durchmachen, herausgefischt werden.

Um einen Zytomegalie-Erstkontakt in der Schwangerschaft zu verhüten, kann eine Frau eine einfache, aber wirksame Vorsichtsmaßnahme treffen, nämlich zumindest vor der geplanten Empfängnis und in den ersten drei Schwangerschaftsmonaten Kontakt mit einem neuen Sexualpartner meiden, und zwar auch oral-genitalen Sex, da das Virus im Speichel von infizierten Personen enthalten sein kann.

Gibt es spezielle Schutzimpfungen oder Medikamente gegen Zytomegalie?

Noch nicht. Ein im Experimentierstadium befindlicher Zytomegalie-Impfstoff wird zur Zeit in den USA, Japan und England erprobt.

Wie kann bei einem Baby die Verdachtsdiagnose Zytomegalie abgeklärt werden?

Das Virus läßt sich höchstwahrscheinlich aus dem Urin des Babys isolieren; auch im Speichel ist es enthalten. Kulturen brauchen mitunter volle sechs Wochen, bevor sie ausgewertet werden können. Das Virus kann auch durch Untersuchung des Urins unter einem Elektronenmikroskop genau diagnostiziert werden. Schneller als die Kultur ist ein Bluttest, der Zytomegalie-spezifische IgM(Immunoglobulin M)-Antikörper mißt. Diese Antikörper sind zu groß, als daß sie die Plazenta passieren könnten, und weisen somit die akute Infektion des Neugeborenen nach.
Seit neuestem gibt es einen Schnelltest. Aus irgendeinem seltsamen Grund vermag der Rheumafaktor-Test, mit dem man rheumatoide Arthritis und andere Leiden abklärt, auch ungefähr 40% der Kinder zu identifizieren, deren Zytomegalie bei der Geburt noch asymptomatisch ist und normalerweise erst viel später entdeckt würde. Ein Blutstropfen aus Nabelschnur oder Ferse des Kindes ist alles, was für diesen einfachen Test benötigt wird. Wenngleich ein positiver Test nicht unbedingt ein Beweis ist, daß das Baby Zytomegalie hat, macht er den Arzt doch aufmerksam, so daß präzisere Untersuchungen, wie etwa die Urinkultur, durchgeführt werden können.

Beta-hämolysierende Streptokokken

Was sind Beta-hämolysierende Streptokokken der Gruppe B, und wie wirken sie sich auf die Schwangerschaft aus?

Die Bakteriologen haben die Betahämolysierenden Streptokokken der Gruppe B schon vor vielen Jahren identifiziert, aber erst Anfang der 60er Jahre wurden diese Erreger im weiblichen Harn- und Genitalbereich entdeckt. Damals berichteten die Forscher erstmals, daß Beta-hämolysierende Streptokokken der Gruppe B durch Geschlechtsverkehr übertragen werden können und mit einer größeren Häufigkeit spontaner Fehl-, Tot- und Frühgeburten sowie Infektionen des Neugeborenen verbunden sind. Einige Bakteriologen glauben, daß dieses Bakterium als Infektions- und Todesursache bei Neugeborenen eine bedeutende Rolle spielt. Der Erreger wird meistens während des Geburtsakts auf das Baby übertragen, aber es wurde mehrmals auch von Fällen berichtet, wo er schon vor Einsetzen der Wehen eine Infektion herbeiführte. Man nimmt an, daß dies beim Koitus der Fall sein kann, wenn Bakterien durch den normalerweise schützenden Gebärmutterschleim dringen. Frühgeborene bekommen die Krankheit häufiger als voll ausgetragene Kinder; sie sterben auch öfter daran, und zwar in 70 gegenüber 33% der Fälle.

Verspätete Diagnose und Behandlung ist der Hauptgrund für die hohe Sterblichkeitsrate der Neugeborenen, die sich mit Beta-hämolysierenden Streptokokken der Gruppe B angesteckt haben. Meist ist das erste Anzeichen für eine Infektion schneller und schwerer Atem, der wegen seiner Ähnlichkeit mit dem häufiger vorkommenden Atemnotsyndrom (siehe Kapitel 11) mit diesem verwechselt werden kann. Innerhalb von Stunden kann sich dies zu einer schweren und unheilbaren Infektion ausweiten. Wenn die Bakterien die Hirn- und Rückenmarkshaut befallen, erleiden 50% der Babys bleibende neurologische Schäden.

Wie kann man eine Infektion mit Beta-hämolysierenden Streptokokken der Gruppe B beim Neugeborenen verhüten?

Manche Fachleute empfehlen, daß an allen Schwangeren Abstriche von Uterus, Zervix und Vagina genommen und allen Frauen mit positiver Kultur sowie deren Partnern Antibiotika verordnet werden sollen. Andere sind genau gegenteiliger Ansicht: Kulturen seien unnötig, und eine Behandlung sei nicht in der Lage, die Erreger in Vagina und Zervix komplett auszurotten. Vor kurzem wurde nachgewiesen, daß sich die Erreger manchmal im Darmtrakt der Frau sammeln. Das kann die Quelle für eine immer wiederkehrende Scheideninfektion sein. Beta-hämolysierende Streptokokken der Gruppe B scheinen besonders während der Schwangerschaft gegen eine Behandlung resistent zu sein. Interessant ist auch die Beobachtung, daß der Erreger aus bisher unbekannten Gründen bei der Hälfte aller Frauen mit positiven Kulturen ohne Behandlung aus dem Genitalbereich verschwindet. Und obwohl zwei Drittel der Kinder von Müttern mit positiven Kulturen ebenfalls positive Kulturen haben, erkranken weniger als 1% dieser Neugeborenen. Aus diesem Grund sind viele Kinderärzte dafür, Kultur-positive Säuglinge zunächst nur zu beobachten und erst beim ersten Anzeichen von Atemnot zu behandeln.

Listeriose

Was ist Listeriose, und wie wirkt sie sich auf die Schwangerschaft aus?

Listeria monocytogenes ist ein Bakterium, das Feten gefährlich werden kann. Man weiß bis jetzt nicht, wie es übertragen wird; man hat aber Hinweise, daß Geschlechtsverkehr eine Möglichkeit sein könnte.

Neuere Untersuchungen lassen vermuten, daß Schwangere, insbesondere im zweiten oder dritten Drittel, für Listeriose vermehrt anfällig sind. Eine genaue Diagnose wird dadurch erschwert, daß es keine spezifischen Symptome gibt, die diese Krankheit von einer Virusinfektion (z.B. Grippe) unterscheiden. Infizierte Frauen können Fieber, Frösteln, Muskelziehen und Rückenschmerzen bekommen. Bei anderen treten möglicherweise überhaupt keine Symptome auf.

Listeriose der Mutter kann schwere Folgen für die Frucht und das neugeborene

Kind haben. Es besteht keine Einigkeit darüber, ob Listeriose für wiederholte spontane Fehlgeburten verantwortlich ist oder nicht. Infiziertes Fruchtwasser kann zu vorzeitigen Wehen und sogar zum Tod des Fetus führen. Manche bei der Geburt scheinbar gesunden Babys zeigen Wochen später Symptome wie Fieber, Reizbarkeit und Unterernährung. Bei anderen können sofort schwere Atembeschwerden, Hypothermie (zu niedrige Körpertemperatur), Vergrößerung der Leber, Kreislaufbeschwerden und gelegentlich Hautausschlag oder Bindehautentzündungen auftreten. In seltenen Fällen verursacht die Infektion Meningitis (Hirnhautentzündung). Manche Kinder sterben daran.

Wie wird Listeriose diagnostiziert und behandelt?

Die Krankheit wird selten erkannt. Bei allen Schwangeren mit Fieber oder grippeähnlichen Symptomen und auch bei denen, die öfters eine unerklärliche Fehlgeburt hatten, sollten Abstriche von Vagina und Zervix genommen und Blutkulturen angelegt werden. Listeria monocytogenes gedeiht auf Nährboden bestens und kann innerhalb von 48 Stunden identifiziert werden. Wenn bei einem Neugeborenen Listerioseverdacht besteht, müssen sogleich nach der Geburt Proben von Blut, Magen- und Rachensekret entnommen und untersucht werden.

Listeriose bei Mutter und Neugeborenem läßt sich mit verschiedenen Antibiotika wie Penicillin, Ampicillin, Kanamycin und Gentamicin behandeln. Infiziert sich ein Baby unmittelbar nach der Geburt, muß man, um einen Rückfall zu vermeiden, mindestens 3 Wochen lang Antibiotika geben.

Vaginitis

Wodurch wird Vaginitis verursacht?

Ganze Bände voll falscher Informationen wurden über Diagnose und Behandlung der Vaginitis geschrieben. Infolgedessen herrscht Verwirrung darüber, wie eine Frau sich die verschiedenen Formen der Vaginitis zuziehen kann, welche Methoden zur Unterscheidung der einzelnen Formen angewendet werden sollen, und vor allem, welche Behandlung je nach Erscheinungsbild angemessen wäre.

Drei Typen von Vaginitis können die sexuell aktive Frau befallen: Trichomoniasis, Candidiasis und unspezifische Vaginitis. Die Erreger sind alle mit dem Mikroskop zu erkennen. Trichomoniasis wird durch das Protozoon Trichomonas vaginalis, Candidiasis durch den hefeähnlichen Pilz Candida albicans verursacht. Für die nichtspezifische Vaginitis kommen viele Bakterien in Frage – meist aber ein Erreger namens Haemophilus vaginalis.

Wie wird Trichomoniasis übertragen, und was sind die Symptome?

Trichomoniasis, wenngleich harmlos, ist ein echtes sexuell übertragbares Leiden. Sie ist die bei weitem häufigste Form der Vaginitis (Entzündung der Scheide).

Die Inkubationszeit beträgt normalerweise eine bis drei Wochen. Dann tritt ein übelriechender, schaumiger, weißer, gelber oder grüner Ausfluß auf, häufig verbunden mit Juckreiz. Vagina und Zervix sind oft rot und entzündet.

Obgleich die alte Behauptung »Ich hab's mir auf der Toilette geholt« für die meisten durch Geschlechtsverkehr übertragenen Krankheiten nicht zutrifft, kann sie in seltenen Fällen bei Trichomonas vaginalis stimmen. Der Erreger kann bei Raumtemperatur mehrere Stunden überleben, vornehmlich auf feuchten Flächen. Ein Wasserspritzer aus der Toilettenschüssel, in dem es womöglich von Trichomonas vaginalis wimmelt, kann genügen, sich anzustekken. Frauen sind gut beraten, wenn sie eine öffentliche Toilette vor der Benutzung durchspülen und den Sitz sorgfältig abwischen.

Wie wird Trichomoniasis diagnostiziert und behandelt?

Die einfachste und schnellste Art, die Diagnose zu stellen, ist, den Ausfluß mikroskopisch zu untersuchen. Trichomonas vaginalis sieht charakteristisch aus. Sie bewegt sich mit Hilfe ihres peitschenähnlichen Schwanzes auf der Stelle. Frauen, denen der übelriechende Ausfluß peinlich ist, machen häufig vor der gynäkologischen Untersuchung eine Spülung. Das reduziert allerdings die Zahl der Erreger und erschwert dadurch ihren Nachweis. Am besten wird wenigstens drei Tage vor der Untersuchung keine Spülung mehr vorgenommen.

Metronidazol (z. B. Arilin®, Clont®, Flagyl®) ist das einzige wirksame Medikament gegen Trichomonas vaginalis. Zur Verhütung einer Wiederansteckung muß der Partner mitbehandelt werden. Metronidazol ist kein harmloses Medikament und sollte nicht leichtfertig oder routinemäßig immer dann verschrieben werden, wenn sich jemand erneut infiziert hat. Das Mittel kann die Anzahl der weißen Blutkörperchen verringern, die zur Bekämpfung von Infektionen notwendig sind. Mehrere Tierversuche lassen vermuten, daß Metronidazol karzinogen (krebserzeugend) sein kann. Es sollte nicht verordnet werden, wenn jemand Antikoagulantien (die Blutgerinnung hemmende Mittel) nimmt, weil es die Wirkung dieser Medikamente verstärkt und zu Blutungen führen kann. Die überwiegende Zahl der Patientinnen verträgt die Behandlung. Wenn Sie Metronidazol nicht nehmen wollen, was verständlich wäre, können tägliche Spülungen mit einer Säurelösung (etwa zwei Eßlöffel weißer Essig auf einen Liter warmes Wasser) die Symptome vorübergehend mildern. Der Erreger überlebt nämlich am besten, wenn das Scheidensekret weniger sauer ist als normal. In der Schwangerschaft sollen allerdings keine Scheidenspülungen vorgenommen werden.

Nach einer erfolgreichen Trichomoniasis-Behandlung kann eine Candidiasis auftreten, weil die Therapie das Scheidenmilieu verändert. Wenn der übelriechende schaumige Ausfluß, wie er für Trichomoniasis typisch ist, durch einen weißlichen, klebrigen und juckenden, nicht übelriechenden Ausfluß ersetzt wird, dann kann man sicher sein, daß es sich um eine Candidiasis handelt.

Wie wirkt sich Trichomoniasis auf die Schwangerschaft aus, und wie wird die Infektion in dieser Zeit behandelt?

Trichomonas vaginalis ist für Feten und Neugeborene gewöhnlich harmlos. Hunderte von Frauen haben in den ersten drei Schwangerschaftsmonaten Metronidazol genommen, ohne daß dadurch fetale Anomalien aufgetreten wären. Da das Mittel aber in hoher Konzentration vom mütterlichen in den fetalen Blutkreislauf übergeht, wird es nur für das zweite und dritte Drittel empfohlen. Viele Frauenärzte sind jedoch dagegen, es überhaupt während der Schwangerschaft zu verschreiben, weil man den Trichomonaden auch anderweitig beikommt. Werden Sie aber im zweiten und dritten Drittel mit Metronidazol behandelt, so ist die Sieben-Tage-Kur ratsamer als die eintägige Kurztherapie, weil das Mittel bei letzterer in höheren Konzentrationen in den fetalen Blutkreislauf gelangt.

Spülungen sind in der Schwangerschaft gefährlich und sollten bei der Schwangeren nicht zur Trichomoniasis-Behandlung vorgenommen werden. Salben und Vaginalzäpfchen sind ungefährlich, tragen aber kaum dazu bei, das Leiden zu heilen oder die Symptome zu lindern. Mit Clotrimazol (Canesten®) kann man in der Schwangerschaft eine Candidiasis behandeln (siehe S. 164). Es gibt Hinweise, daß eine Sieben-Tage-Therapie mit Clotrimazolsalbe oder Vaginaltabletten in 50% der Fälle Trichomoniasis heilt. Bis vor kurzem wurde Betaisodona-Gel häufig zur Behandlung von Vaginitis in der Schwangerschaft benutzt. Es hat sich jedoch gezeigt, daß das in diesem Produkt enthaltene Jod rasch durch die entzündlich geschwollene Scheidenwand der Schwangeren dringt und in ihren Blutkreislauf gelangt. Der hohe Jodgehalt im Blut der Mutter kann die Schilddrüsenfunktion des Fetus stören und Kropfbildung sowie Hypothyreose (Schilddrüsenunterfunktion) bewirken. Aus diesem Grund sollte in der Schwangerschaft kein jodhaltiges Desinfektionsmittel zur Behandlung von Vaginitis benutzt werden.

Wie kann Trichomoniasis bei einer stillenden Mutter behandelt werden?

Die mit Trichomonaden infizierte stillende Frau kann Vaginal-Cremes mit Spülungen kombinieren. Sie sollte jedoch auf Metronidazol verzichten, weil es in hoher Konzentration in die Muttermilch gelangt und weil die möglichen schädlichen Auswirkungen dieses Medikaments auf den Säugling noch nicht hinreichend untersucht worden sind. In einer 1981 durchgeführten Studie nahmen stillende Frauen eine einzige Dosis von 2 g Metronidazol. Danach wurde die Konzentration des Medikamentes in der Muttermilch gemessen. Zwei Stunden später war sie am höchsten und ließ im Laufe der nächsten 12 bis 24 Stunden nach. Die Verfasser dieser Studie schlossen daraus, daß eine stillende Frau das Medikament in einer einzigen Dosis nehmen kann, wenn sie für 12 bis 24 Stunden nach Einnahme des Mittels das Stillen vorübergehend einstellt.

Was ist Candidiasis der Scheide?

Die Candidiasis der Scheide ist eine sehr verbreitete Art der Vaginitis, die durch einen mikroskopisch kleinen Pilz namens Candida albicans verursacht wird. Dieser Erreger, der normalerweise in der Scheide von circa 30% der gesunden Frauen zu finden ist, ruft nur dann Vaginitis-Symptome hervor, wenn er die anderen Mikroorganismen überwuchert. Die Candidiasis ist durch einen dicken, weißen, kremigen Ausfluß gekennzeichnet, der oft trockenem Quark ähnelt und nicht übelriechend ist. Sie juckt stark. Die Vulva schwillt stark an und rötet sich. Geschlechtsverkehr kann wegen zu trockener Scheide schmerzhaft sein.

Gibt es Frauen, die für die Scheiden-Candidiasis anfälliger sind als andere?

Candidiasis kann immer dann entstehen, wenn die normale Mikrobenflora der Vagina gestört ist. Das kann geschehen, wenn jemand Antibiotika (insbesondere Tetrazykline) nimmt, weil sie nicht nur die Infektion eindämmen, sondern auch die üblichen in der Scheide vorhandenen Bakterien, die sogenannten Döderlein-Stäbchen, vernichten. Die Döderlein-Stäbchen erhalten den normalen pH-Wert und verhindern ein übermäßiges Pilzwachstum. Hohe Zuckerkonzentrationen begünstigen das Wachstum von Candida albicans ebenfalls. Aus diesem Grund sind Diabetiker für wiederkehrende Candidosen besonders anfällig. Diese Infektionen können für den Arzt ein erster Hinweis sein, daß eine Frau Diabetes hat oder sich im Vorstadium von Diabetes befindet. Durch die hormonalen Veränderungen in der Schwangerschaft steigt die Häufigkeit der Candidosen signifikant an. Emotionale Spannungen sind ein wesentlicher Faktor; dieses Leiden tritt mit größerer Wahrscheinlichkeit bei denjenigen Frauen wiederholt auf, die unter starkem Stress leben.

Die Candidosen häufen sich auch dann, wenn das Wetter warm und feucht ist. Frauen, die oft duschen, häufig ausgedehnte Wannenbäder nehmen, Strumpfhosen und engsitzende nichtbaumwollene Unterwäsche tragen oder in nassen Badeanzügen herumsitzen, sind besonders anfällig.

Wird die Candidiasis oft durch Geschlechtsverkehr übertragen?

Nein. Individuelle Anfälligkeit für die Infektion ist ein weitaus wichtigerer Faktor als die sexuellen Gepflogenheiten, wenngleich oral-genitaler Sex wiederholte Infektionen begünstigt. Bei manchen Männern entzündet sich nach dem Koitus mit einer infektiösen Frau der Penis.

Wie wirkt sich Candida albicans auf den Fetus und das Neugeborene aus?

Candida albicans der Mutter schadet dem Fetus nicht. Jedoch kann sich das Baby infizieren, wenn es während der Wehen den Geburtskanal passiert. Das erkennt man an weißen Flecken im Mund des Neugeborenen. Man spricht dann von Soor. Dieser entwickelt sich ungefähr innerhalb von acht Tagen nach der Geburt. Dermatitis (Hautentzündung) am Gesäß kann ebenfalls auftreten. Beides ist harmlos und ohne Schwierigkeiten zu behandeln. Die seltenen Fälle von schweren Candida-albicans-Infektionen mit Lungenentzündung bei Neugeborenen betrafen nur Babys, die bereits durch eine schwere Krankheit oder Infektion geschwächt waren.

Kommt die Candidiasis in der Schwangerschaft häufig vor, und wie wird sie behandelt?

Scheiden-Candidosen gehören zu den häufigsten Problemen der Schwangerschaft und sind der meistverbreitete Typus von Vaginitis.
Der starke Juckreiz ist sehr unangenehm. Kaltes Wasser, Eispackungen oder Hamamelis-Kompressen helfen. Wenn das Jucken trotzdem nicht nachläßt, probieren Sie es mit einem Kolloidbad: Zwei Tassen Stärkemehl und eine halbe Tasse Natriumbikarbonat in einer halb mit warmem Wasser gefüllten Wanne. Ebenso gut ist das kolloidale Hafermehl Avena (Avena-Bad). Dieses Präparat kann rezeptfrei in der Apotheke erworben werden und sollte für mögliche Notfälle immer im Haus sein.
Früher benutzte Borpräparate sind größtenteils aus dem Handel und nicht mehr zu empfehlen. Die besten Heilungsergebnisse werden mit einer zweiprozentigen Myconazol-Vaginalsalbe erzielt (Dakar®, Epimonistat® etc.). Sie wird eine Woche lang täglich aufgetragen. Erhebliche Linderung tritt oft schon binnen 24 bis 48 Stunden ein. Dann gibt es noch Nystatin, ein Antipilz-Antibiotikum (Biofanal®, Candido-Hermal®, Moronal®). Die Heilungsquoten sind ausgezeichnet, aber nicht so gut wie bei Myconazol. Eine Tablette wird zwei Wochen lang zweimal täglich tief in die Scheide eingeführt. Bei hartnäckigeren Fällen sollte man die Behandlung auf einen Monat ausdehnen. Nystatin ist auch als Salbe zur Behandlung gereizter Hautstellen der Vulva erhältlich. Der Mundsoor des Neugeborenen wird viermal täglich mit Nystatin-Suspension behandelt. Der große Vorteil von Myconazol und Nystatin ist, daß beide unbedenklich während Schwangerschaft und Stillzeit genommen werden können. Ein weiteres wirksames Mittel gegen Candida albicans ist Clotrimazol (Canesten®, Eparol®). Sieben Tage lang wird täglich eine Vaginal-Tablette eingeführt. Clotrimazol ist auch als Salbe erhältlich, die auf die gereizten Stellen der Vulva aufgetragen wird.

Was ist eine unspezifische Vaginitis, und wie wirkt sie sich auf die Schwangerschaft aus?

Unspezifische Vaginitis ist eine durch Geschlechtsverkehr übertragene Form der Vaginitis, die durch keinen spezifischen Bakterientypus verursacht wird. Zwischen drei und sechs Erreger können aus der Vagina isoliert werden – meist Haemophilus vaginalis. Das häufigste Symptom ist übler Scheidengeruch mit einem gelben bis graugrünen Ausfluß, dessen Konsistenz dick oder wäßrig sein kann und oft wie eine dünne Paste aussieht. Jucken oder Brennen der Vagina und Schmerzen beim Wasserlassen kommen ebenfalls vor. Die Diagnose läßt sich einfach stellen, indem man die Bakterien mikroskopisch nachweist und von einer Probe des Ausflusses eine Kultur züchtet.

Am besten wirkt Metronidazol, mit dem man auch die Trichomoniasis behandelt. Weniger günstige Ergebnisse wurden mit den Antibiotika Ampicillin, Tetrazyklin und Cephalosporin erzielt. Um Rezidive zu verhindern, muß der Partner mitbehandelt werden. Viele Ärzte kombinieren orale Antibiotika mit lokalen.

Glücklicherweise ist die unspezifische Vaginitis für den sich entwickelnden Fetus und das Baby harmlos. Wenn eine Frau während der Schwangerschaft diesen Typus von Vaginitis hat, ist eine Behandlung mit Ampicillin zu empfehlen; Metronidazol und Tetracyclin sollen in dieser Zeit nicht eingenommen werden.

Genitalwarzen

Was sind Genitalwarzen, und wie werden sie behandelt?

Genitalwarzen (Condylomata acuminata) verursacht ein durch Geschlechtsverkehr übertragenes Virus (Kondylom-Virus), das dem der gewöhnlichen Hautwarze gleicht. Die durchschnittliche Inkubationszeit beträgt ungefähr drei Monate, kann aber zwischen sechs Wochen und acht Monaten schwanken. Bei Frauen treten die Warzen meistens auf der ganzen Vulva und dem Perineum (Damm) auf. Sie jucken, aber schmerzen nicht. Weniger übliche Stellen sind Zervix und Vagina, wo möglicherweise keine Symptome auftreten. Manche Pathologen glauben, daß das Kondylom-Virus für anomale Abstriche und präkarzinomatöse und karzinomatöse (krebsige) Veränderungen im Gebärmutterhals verantwortlich ist. Das charakteristische Aussehen der Genitalwarzen macht die Diagnose einfach. In seltenen Fällen können sie mit den Gewebeveränderungen einer Syphilis im Sekundärstadium verwechselt werden, aber dies kann durch einen Syphilis-Bluttest oder eine Gewebeuntersuchung der Warze leicht aufgeklärt werden.

Am besten ätzt man die Warzen mit einer 25%igen Podophyllin-Lösung. Wenn die Therapie anschlägt, müßten die Warzen innerhalb von zwei Wochen verschwinden. Oft ist eine Wiederholung der Behandlung erforderlich. Manche Ärzte haben ausgezeichnete Ergebnisse mit Trichloressigsäure und flüssigem Nitrogen erzielt. Größere Warzen können bei örtlicher Betäubung herausgeschnitten oder ausgebrannt, durch Vereisen entfernt und neuerdings mit Laser verkocht werden. Man hat auch schon, mit unterschiedlichem Erfolg, geimpft.

Verändern sich Genitalwarzen während der Schwangerschaft, und wie werden sie in dieser Zeit behandelt?

Genitalwarzen neigen dazu, in der Schwangerschaft enorm zu wachsen und nach der Entbindung wieder ihre alte Größe anzunehmen. Gelegentlich werden sie so gewaltig, daß sie tatsächlich den Geburtskanal blockieren und eine normale, natürliche Geburt behindern. Keiner kennt den genauen Grund für das enorme Wachsen von veneri-

schen Warzen während der Schwangerschaft, aber man hat die Theorie aufgestellt, daß die vermehrte Feuchtigkeit der Vulva, der erhöhte Östrogenspiegel und die stärkere Durchblutung von Vulva und Vagina zu diesem Phänomen beitragen.
Das Hauptproblem bei der Behandlung von Genitalwarzen in der Schwangerschaft ist, daß der Gebrauch von Podophyllin nicht ratsam ist. In mehreren Fällen trat die Substanz in den Blutkreislauf über, was sowohl der Mutter als auch dem Fetus schadet. Eine Entfernung der Warzen ist ebenfalls schwierig wegen ihrer enormen Größe und dem erhöhten Risiko von Blutungen. Die meisten Ärzte sind dafür, sie während der Schwangerschaft überhaupt nicht zu behandeln oder nur die kleineren Warzen in den ersten drei Monaten zu entfernen. Andere brennen alle Warzen ungeachtet ihrer Größe zu jeder Zeit aus. Die meisten Warzen, einerlei wie groß, blockieren den Geburtskanal nicht. Wenn sie es doch einmal tun, muß ein Kaiserschnitt vorgenommen werden.
Bis 1973 glaubte man, daß ein Kind, das einen mit Warzen bewachsenen Geburtskanal passiert, nicht in Gefahr sei, sich das Virus zuzuziehen. Dann fiel den Forschern ein Zusammenhang auf zwischen Warzen bei Müttern und gutartigen Gewächsen (Papillomen) in Kehlkopf und Luftröhre mancher Kinder von solchen Müttern. Wenn dieser Zusammenhang gesichert ist, wird in Zukunft möglicherweise für die Frau, die zur Zeit der Entbindung Genitalwarzen hat, ein Kaiserschnitt empfohlen.

Hepatitis

Was ist Hepatitis, und wie kann sie durch sexuellen Kontakt übertragen werden?

Hepatitis ist eine Entzündung der Leber. Gallenpigmente, die normalerweise verstoffwechselt werden, zirkulieren dann vermehrt im Blut und verursachen Gelbsucht; Haut und Augäpfel färben sich gelb an. Hepatitis kann auch durch Umwelteinflüsse entstehen, aber in den meisten Fällen wird sie durch eines von drei Viren verursacht – Virus-A-Hepatitis, Virus-B-Hepatitis und Non-A-non-B-Hepatitis. Virus-B-Hepatitis ist als Serum-Hepatitis bekannt. Jahrelang glaubte man, daß sie nur bei Menschen auftrete, die eine Bluttransfusion mit infiziertem Spenderblut bekamen, oder bei Drogenabhängigen, die verseuchte Nadeln benutzten. Aufgrund neuerer Forschungen vermuten die Epidemiologen heute jedoch, daß Virus-B-Hepatitis häufig durch Geschlechtsverkehr übertragen wird, während dies bei Virus-A-Hepatitis nur selten der Fall ist.
Virus-B-Hepatitis hat eine sehr lange Inkubationszeit von zwei bis sechs Monaten. Während einige wenige Menschen mit dieser Krankheit kaum Symptome zeigen, leidet die Mehrheit an Gelbsucht, Fieber, starker Abgeschlagenheit, Appetitlosigkeit, Übelkeit, Erbrechen, allgemeinem Juckreiz und Gelenkschmerzen. Der Urin ist gewöhnlich dunkelbraun und der Stuhl von heller Farbe. Etwa 90% der Hepatitis-B-Kranken genesen innerhalb weniger Wochen, doch ungefähr 2% sterben. Die Schätzungen schwanken, aber vermut-

lich bleibt einer von zehn Menschen, die mit Hepatitis-B-Viren infiziert wurden, Dauerausscheider.

Wie wirkt sich die Virus-B-Hepatitis auf die Schwangerschaft aus?

Wenn eine Schwangere an akuter Hepatitis erkrankt, ist die Wahrscheinlichkeit sehr groß, daß sie eine spontane Fehlgeburt, Totgeburt oder vorzeitige Wehen haben wird. Das Virus kann durch die Plazenta von der Mutter auf den Fetus übergehen. Es hat auch schon Fälle von Neugeborenen-Hepatitis gegeben. Dann kann die Plazenta durch und durch voll gelbem Gallenpigment sein.

Schwangere mit klinisch stummer Hepatitis B übertragen gewöhnlich nicht nur die Krankheitserreger, sondern auch Antikörper gegen die Viren auf den Fetus. Man nimmt an, daß die passiv erworbenen Antikörper für das Kind in den ersten drei Lebensmonaten einen gewissen Schutz darstellen. Hauptsorge der Epidemiologen ist, daß Neugeborene das Hepatitis-B-Virus oft dadurch erwerben, daß sie bei der Entbindung mit dem Blut der Mutter in Berührung kommen. Das geschieht sowohl bei der natürlichen Geburt wie bei der Entbindung durch Kaiserschnitt. Eine Mutter kann die Krankheit auch durch Küssen und engen Kontakt in der unmittelbaren Nachgeburtsphase auf ihr Baby übertragen. Um perinatale Hepatitis zu verhüten, sollte ein geschwächtes Baby sofort nach der Geburt mit Virus-B-Hepatitis-Immunglobulin oder einer Impfung behandelt werden.

Ob diese Mütter stillen sollen, ist gegenwärtig noch nicht geklärt. Neuere Untersuchungen lassen jedoch vermuten, daß solche Mütter ihre Babys über die Brustmilch infizieren. Die meisten Fachleute meinen, daß jeder intime Kontakt zwischen einem anfälligen Baby und einer Mutter, die das Hepatitis-B-Virus im Blut hat, so lange vermieden werden soll, bis dem Baby Virus-B-Hepatitis-Immunglobulin verabreicht oder bis es geimpft wurde.

Wie kann eine Frau verhindern, daß sie sich in der Schwangerschaft eine Virus-B-Hepatitis zuzieht?

Im Idealfall sollten eine Frau und ihr Partner vor der Schwangerschaft untersucht werden. Wenn der Mann das Antigen hat, die Frau aber nicht, sollte sie mit der neuen und hochwirksamen Virus-B-Hepatitis-Impfung immunisiert werden. Dieses Mittel besteht aus stark gereinigtem Oberflächen-Antigen des Hepatitis-B-Virus. Nach zwei Injektionen im Abstand von einem Monat und einer Wiederholungsimpfung nach sechs Monaten bilden mindestens 95% aller Geimpften Antikörper, die die Immunität gegen die Krankheit anzeigen. Die Frau sollte auch dann geimpft werden, wenn sie ohne sexuellen Kontakt mit jemandem zusammenwohnt, der Überträger des Hepatitis-B-Virus ist.

Die Impfung wurde zwar bei schwangeren oder stillenden Frauen noch nicht hinreichend untersucht, aber einer kleinen Zahl solcher Frauen bereits ohne nachteilige Wirkung auf Mutter oder Kind verabreicht. Wenn eine Frau in der Schwangerschaft erstmals bewußt mit Hepatitis-B-Viren in Berührung kommt, ist die Entscheidung, ob sie geimpft werden soll oder nicht, oft schwer. Viele Experten glauben, daß die Vorteile der Impfung jedes denkbare Risiko überwiegen, weil Hepatitis ernste Folgen für eine Frau und ihr Baby haben kann. Dies trifft besonders dann zu, wenn eine Frau gezwungen ist, in einem Bereich zu leben oder zu arbeiten, wo sie einem hohen Ansteckungsrisiko ausgesetzt ist.

Eine alternative Behandlung für die anfällige Schwangere ist eine intramuskuläre Injektion mit Hepatitis-B-Immunglobulin. Diese Antikörper werden aus dem Blut von Personen gewonnen, die die Krankheit früher hatten. Immunglobulin verhindert den Ausbruch der Erkrankung oder verringert deren Schweregrad bei mehr als 80% der Betroffenen.

Zystitis

Was ist eine »Flitterwochen-Zystitis«, und wie wird sie behandelt?

»Flitterwochen-Zystitis« oder postkoitale Zystitis ist eine Entzündung der Harnblase, die ungefähr 36 Stunden nach dem Geschlechtsverkehr auftritt. Eine Zystitis ist keine eigentliche venerische Krankheit, sondern entsteht, wenn Bakterien aus der Harnröhre, Scheide oder dem äußeren Rektum durch den Penis, orale oder manuelle Reizung von Vagina und Klitoris beim Liebesspiel in die Harnblase »einmassiert« werden. Sobald Bakterien in die Harnblase gelangen, vermehren sie sich rapide und erzeugen Symptome, darunter häufiges Wasserlassen, Brennen beim Wasserlassen und starker Harndrang trotz der Tatsache, daß beim wiederholten Versuch nur winzige Mengen Urin ausgeschieden werden. Hämaturie (Blut im Urin) wird häufig beobachtet, und wenn kein Blut im Urin ist, hat er oft ein trübes Aussehen. Unterleibsschmerzen und Schmerzen beim Geschlechtsverkehr sind ebenfalls häufige Symptome.

Eine Zystitis wird durch eine mikroskopische Urinuntersuchung und durch eine Urinentnahme zur Kultivierung diagnostiziert, die nicht nur Bakterien identifiziert, sondern dem Arzt auch zeigt, mit welchem Antibiotikum die Infektion am sichersten zu beseitigen ist.

Zystitiden sprechen gut auf Sulfonamide (Bactrim®) an. Wenn eine Frau gegen Sulfonamide empfindlich ist, kann eine alternative Behandlung mit Antibiotika wie Ampicillin, Tetracyclin und Nitrofurantoin vorgenommen werden. Zur sofortigen Linderung der Symptome werden Anästhetika empfohlen. Nach der Kur mit Antibiotika muß der Urin unbedingt noch einmal auf Bakterien hin untersucht werden.

Welche Bedeutung hat eine postkoitale Zystitis in der Schwangerschaft?

Die Schwangerschaft verändert die Immunreaktionen einer Frau dahingehend, daß sie für Infektionen des Harntrakts anfälliger wird. Die hormonalen Veränderungen während der Schwangerschaft lassen die glatten Muskeln von Blase und Harnleiter erschlaffen, was eine bakterielle Besiedlung und Infektion erleichtert. Der Druck der sich vergrößernden Gebärmutter ist ebenfalls geeignet, spärlichen Urinfluß und dadurch Infektionen zu erzeugen.

Die Behandlungsmöglichkeiten in der Schwangerschaft sind beschränkt, weil manche Antibiotika und Anästhetika in dieser Zeit nicht zu empfehlen sind. Sulfonamide zum Beispiel sollten in den letzten vier Wochen nicht verschrieben werden, weil sie beim Neugeborenen Gelbsucht verursachen können.

Viele Frauen mit einer beträchtlichen Zahl Bakterien im Urin haben überhaupt keine Zystitis-Symptome. Sie wird rein zufällig, beispielsweise durch die routinemäßige Harn-Analyse zu Beginn der Schwangerschaft, entdeckt. Diese sogenannte asymptomatische Bakteriurie (Ausscheiden von Bakterien im Urin) tritt bei 3 bis 7% aller Schwangeren auf. Bleibt sie unbehandelt, können die Bakterien in die Ureter (Verbindung zwischen Nieren und Blase) aufsteigen und im späteren Verlauf der Schwangerschaft oder nach der Entbindung in die Nieren gelangen. Schätzungsweise ein Drittel der schwangeren Frauen mit asymptomatischer Bakteriurie, die nicht behandelt werden, bekommen während der Schwangerschaft eine ernste Niereninfektion (Pyelonephritis). Diese ist durch hohes Fieber, Schmerzen über den Nierenlagern, Übelkeit, Erbrechen und Schüttelfrost gekennzeichnet. Sie kann vorzeitige Wehen auslösen und im Laufe mehrerer Jahre zu latentem, fortschreitendem Nierenschaden führen. Aus diesem Grunde muß eine asymptomatische Bakteriurie in der Schwangerschaft radikal behandelt werden. Wenn die Bakteriurie erneut auftritt, kann eine intensive Therapie mit Antibiotika über mehrere Wochen und manchmal für den Rest der Schwangerschaft erforderlich sein. Der Urin sollte wiederholt nachuntersucht werden.

Zwar wird asymptomatische Bakteriurie ohne Pyelonephritis für harmlos gehalten, aber es gibt Hinweise, daß sie trotzdem das Risiko einer Früh- oder Totgeburt erhöht.

6. Reisen

Eine gesunde schwangere Frau braucht nicht auf Reisen zu verzichten. Leider wird immer noch häufig angenommen, daß Schwangere, die viel unterwegs sind, zu Früh- und Fehlgeburten neigen, obwohl dies durch mehrere voneinander unabhängige Untersuchungen widerlegt wurde. Trotzdem werden Probleme bei der Entbindung oder Schwierigkeiten mit dem Baby häufig mit einem besonderen Vorkommnis wie etwa einer langen und anstrengenden Reise während der Schwangerschaft in Verbindung gebracht.
Frauen reisen heutzutage mehr und legen größere Entfernungen zurück als früher, unternehmen Geschäfts- und Vergnügungsreisen. Wenn es auch erfreulich ist, daß so viele Frauen ihre Schwangerschaft nicht als krankhaften Zustand betrachten, muß die schwangere Reisende doch mit ganz speziellen Problemen rechnen. Dieses Kapitel befaßt sich mit diesen Problemen und gibt ein paar praktische Ratschläge für das Reisen.

Reisen im Kraftfahrzeug

Kann ich weiter Auto fahren oder mitfahren, wenn ich schwanger bin?

Auto fahren, sofern es nicht zu Unfällen kommt, schadet Ihrer Schwangerschaft nicht. Wenngleich viele Frauen feststellen, daß ihre Muskelkoordination während der Schwangerschaft nachläßt, beweisen die Statistiken, daß das Risiko eines Autounfalls dasselbe ist, ob Sie schwanger sind oder nicht. Forscher, die die Folgen Hunderter von Unfällen untersuchten, sind zu dem Schluß gekommen, daß, wenn am Fahrzeug kein großer Schaden entstand, die Gefahr einer lebensgefährlichen Verletzung bei einer Schwangeren gering ist. Wenn das Auto trotzdem die häufigste nicht gynäkologisch bedingte Todesursache werdender Mütter ist, so deshalb, weil so viele Frauen Auto fahren.

Was sind die häufigsten Verletzungen bei Autounfällen, und welche Folgen ergeben sich für die Schwangerschaft?

Wenngleich die Gebärmutter während der Schwangerschaft besonders verletzlich scheint, resultiert die größte Zahl der Todesfälle und der Fälle von Invalidität aus Stößen gegen den Kopf und Verletzungen von Milz, Leber, Nieren und Darmtrakt. Die vergrößerte Gebärmutter bietet den hinter ihr liegenden Organen sogar einen guten Schutz, indem sie Stöße gegen die Bauchdecke dämpft.

Wird aber die Gebärmutter verletzt, können die Folgen für die schwangere Frau und ihr Baby verheerend sein. Bis zum Ende der zwölften Woche ist die Gebärmutter durch das Schambein geschützt, und von einer Verletzung derselben infolge eines Autounfalls, der sich in dieser Zeit ereignete, ist nichts bekannt. Nach der zwölften Woche ist die vorzeitige Lösung der Plazenta im Uterus (Abruptio placentae) die häufigste Verletzung. Wie schwer die Blutungen bei der Mutter sind und ob das Baby überleben wird, das hängt davon ab, wie weit sich die Plazenta ablöst. Selbst wenn weniger als 25% der Plazenta in Mitleidenschaft gezogen sind, besteht für die Frau in erhöhtem Maße Gefahr, daß vorzeitig Wehen ausgelöst werden. Wenn mehr als 50% der Plazenta abgelöst sind, stirbt die Frucht gewöhnlich ab.

Ein Riß des Uterus ist äußerst selten, aber sehr gefährlich und kann zum Tod von Mutter und Kind führen. Obwohl Untersuchungen ergeben haben, daß die Gebärmutter infolge eines Stoßes mit oder ohne Sicherheitsgurt reißen kann, ist dies viel eher wahrscheinlich, wenn ein Gurt nicht oder unsachgemäß angelegt wurde.

Die häufigste Verletzung des Fetus, die erst bei der Geburt sichtbar wird, ist ein Schädelbruch, der häufig mit einem Bruch der Beckenknochen der Mutter einhergeht. Andere häufige Verletzungen wurden am Schlüsselbein und an den Unterschenkelknochen des Fetus festgestellt.

Eine Verletzung der Gebärmutter bei einem schweren Unfall kann Stunden, Tage oder Wochen später die Ursache für eine spontane Fehlgeburt oder eine Frühgeburt sein. Jedoch ist der kausale Zusammenhang zwischen dem Unfall und dem unglücklichen Ausgang der Schwangerschaft häufig schwer zu beweisen.

Soll ich im Auto einen Sicherheitsgurt anlegen?

Der sogenannte Dreipunktgurt, der zur Standardausrüstung der meisten Autos gehört, verringert die Häufigkeit von Verletzungen bei Mutter und Kind, weil die Wucht eines Aufpralls besser verteilt und der Oberkörper daran gehindert wird, vornüber zu kippen. Der Gurt sollte so straff wie möglich sitzen. Allzu häufig wird er zu lose getragen in dem falschen Glauben, daß er sonst Gebärmutter oder Kind schaden könnte. Im Gegenteil, der Gurt muß fest sitzen, damit die Schwangere bei einem etwaigen Aufprall nicht zu stark in den Gurt fällt.

Flugreisen

Wie wirken sich Flugreisen auf die schwangere Frau aus?

Wenngleich noch relativ wenig über die Auswirkungen von Flugreisen in großen Höhen auf Schwangere und ihr Ungeborenes bekannt ist, darf man doch annehmen, daß der niedrige Geräusch- und Vibrationspegel in modernen Düsenflugzeugen harmlos ist.

Nur wenigen Menschen ist bewußt, daß die Luftfeuchtigkeit in einem Düsenflugzeug nur ungefähr 8% beträgt, was bei den Passagieren zu einem leichten, dennoch merklichen Wasserverlust führt. Die schwangere Frau sollte diesen ausgleichen, indem sie auf langen Flügen sehr viel Wasser trinkt und auf die Einnahme von harntreibenden Mitteln (Diuretika) verzichtet, die manche Ärzte gesunden Schwangeren leider immer noch verschreiben. Diese Arzneien verschlimmern die Wirkung des Wasserverlustes und verursachen einen höheren Grad an Austrocknung.

Schwellungen der Fußknöchel (Ödeme) können bei jeder Reise verstärkt auftreten, wenn die Beine über einen längeren Zeitraum hinweg nicht bewegt und hochgelagert werden. Das läßt sich vermeiden, wenn Sie häufig hin und her gehen oder die Beine auf den Nachbarsitz legen, sofern dieser nicht besetzt ist. Wenn die Möglichkeit besteht, sich über zwei Sitze auszustrecken, ist es am besten, wenn Sie auf der linken Seite liegend ruhen. Diese Stellung nimmt das Gewicht der vergrößerten Gebärmutter von der großen Hohlvene, die das Blut von Becken und unteren Extremitäten zum Herzen führt (siehe Kapitel 11). Tragen Sie an Bord bequeme Schuhe oder Pantoffeln, da Schwellungen an Knöcheln und Füßen am Ende des Fluges so ausgeprägt sein können, daß Ihre normalen Schuhe nicht mehr passen.

Durch längeres Sitzen kann der Blutstrom in Bein- und Beckenvenen verlangsamt werden, was wiederum zur Bildung von Gerinnseln oder Pfropfen in den Venen mit nachfolgender Entzündung führen kann. Thrombophlebitis der oberflächlichen oder tiefer liegenden Beinvenen ist eine häufige Erscheinung in der Schwangerschaft. Oberflächliche Thrombophlebitis tritt unmittelbar unter der Haut in den Krampfadern auf. Nur bei wenigen Frauen kommt es zu ernsthaften Komplikationen aufgrund einer oberflächlichen Thrombophlebitis, aber eine Thrombophlebitis der tiefliegenden Venen in Beinen und Becken stellt dagegen oft eine Gefahr für das Leben der Frau dar. Leider kann diese Thrombophlebitis der tiefliegenden Venen ohne warnende Symptome auftreten. Wenn so ein tiefliegendes Gerinnsel sich von der Venenwand löst, wandert es durch den Blutkreislauf und heißt dann Embolus. Wenn der Embolus zur Lunge gelangt, wird er Lungenembolus genannt. Dort kann er die Öffnung eines großen sauerstoffbefördernden Blutgefäßes versperren und unmittelbar zum Tode führen. Genug davon! Um dies zu vermeiden, gehen Sie mindestens alle 45 Min. für nicht weniger als 10 Min. in der Kabine auf und ab.

Die meisten modernen Düsen-Passagierflugzeuge sind bis zu einer Höhe von 2500 m über dem Meeresspiegel mit Druckausgleich ausgestattet. Bei einer Flughöhe von 3000 bis 12000 m sinkt die Sauerstoffkonzentration in der Kabine etwas ab, wodurch die Sauerstoffmenge, die vom Kreislauf einer gesunden Mutter über die Plazenta zum Blutkreislauf ihres Babys befördert wird, reduziert wird. Die meisten Fachleute sind sich einig, daß diese Verminderung unbedeutend ist. Dagegen sind Reisen in Höhen über 2500 m in Flugzeugen ohne Druckausgleich wie Privatmaschinen, Transportflugzeugen, Propellermaschinen und Privatjets eine echte Gefahr für die Sauerstoffversorgung des Fetus und sollten am besten gemieden werden.

Kann eine schwangere Frau sich ungefährdet den Röntgenstrahlen der Sicherheitsschranken auf Flughäfen aussetzen?

Die Sicherheitsgeräte, die gegenwärtig auf den meisten Flughäfen der Welt verwendet werden, strahlen niedrige Werte von nichtionisierenden Strahlen oder Ultraschallwellen aus. Die ionisierende Strahlung beim Röntgen ist viel gefährlicher. Sowohl die handbedienten Abtaster als auch die Geräte, die man passieren muß, arbeiten mit nichtionisierender Strahlung, die, wenngleich weit ungefährlicher als ionisierende Strahlung, nicht ganz unschädlich ist (siehe Kapitel 9). Ich finde, daß eine schwangere Frau ihr Baby auch nicht dieser minimalen Menge unnötiger Strahlung aussetzen sollte. Wenn das Sicherheitspersonal glaubt, daß Sie unter Ihrem Umstandskleid eine Waffe versteckt haben, können Sie verlangen, von einer Sicherheitsbeamtin untersucht zu werden.

Gibt es noch weitere gefährliche Strahlungen oder andere Einflüsse, denen man im Flugzeug ausgesetzt ist?

Selbst in einer Höhe von 12000 m ist die Strahlung in einem Flugzeug gering und sollte die Schwangere nicht davon abhalten, sooft sie will, zu fliegen.

Ozon ist ein farbloses Gas, das in größten Konzentrationen zwischen 10000 und 40000 m über dem Meeresspiegel, und zwar vornehmlich in der nördlichen Halbkugel zwischen Ende Februar und Anfang Mai vorkommt.

In dem Bemühen, die Treibstoffkosten zu senken, fliegen viele Fluggesellschaften heute in größeren Höhen, wo die Luft dünner ist, weil es dadurch möglich ist, mit derselben Menge Treibstoff mehr Kilometer zu fliegen als in geringerer Höhe. Klagen über ozonbedingte Krankheiten sind in letzter Zeit, als der Treibstoff immer teurer wurde, häufiger geworden.

Symptome einer Ozonvergiftung sind Kurzatmigkeit, Kopfweh, Schwindel, Husten, Augenreizung, Brennen in der Nase und im Rachen, Brustschmerzen, schwindende Muskelkoordination, verringertes Konzentrationsvermögen und Benommenheit. Noch gibt es keine endgültigen Studien über die Wirkungen von Ozon auf die Entwicklung des Fetus, aber man weiß, daß das Gas imstande ist, anomale Veränderungen in den sich entwickelnden Zellen zu verursachen und biochemische Veränderungen im Blutkreislauf hervorzurufen. Einige Untersuchungen lassen den Schluß zu, daß Flugbegleiterinnen eine höhere Quote an Fehlgeburten haben und öfter Kinder mit angeborenen Mißbildungen gebären als die Normalbevölkerung. Die Einwirkung von Ozon aufgrund häufigen Fliegens wurde als mögliche Ursache genannt. Ein solcher Zusammenhang ist jedoch bislang kaum mehr als eine Vermutung.

Wie wirken sich Langstreckenflüge auf bestimmte Krankheiten aus?

Wenige Patientinnen und Ärzte sind sich der Tatsache bewußt, daß die Dosierung bestimmter Medikamente geändert werden muß, wenn während einer Reise mehrere Zeitzonen überschritten werden. Zum Beispiel variiert das von einer diabetischen Frau benötigte Insulin entsprechend der Richtung, in welche sie reist. Reisen nach Osten über fünf bis sieben Zeitzonen erfordern womöglich eine Senkung von 15%, während Reisen nach Westen oft eine Erhöhung der Dosis erfordern. Für viele andere wichtige Medikamente wie Cortison, Digitalis und andere Herzmittel, Schilddrüsenmedikamente, Antikonvulsiva (krampflösende Mittel) sowie Medikamente zur Behandlung von Magen- und Darmgeschwüren gelten ähnliche Grundsätze. Schwangere, die irgendeines dieser Medikamente nehmen, müssen sich vor der Abreise unbedingt mit ihrem Arzt besprechen, damit entsprechende Änderungen bei der Dosierung und Einnahmehäufigkeit vorgenommen werden können.

Gibt es bestimmte Krankheiten, die einer schwangeren Frau das Fliegen in großen Höhen verbieten?

Schwangeren mit Herz- oder Lungenbeschwerden sei geraten, Flüge in Maschinen zu vermeiden, die in Höhen zwischen 10000 und 15000 m fliegen. Das sind Höhen, die bei Langstreckenflügen gelegentlich erreicht werden. Auch wenn das Flugzeug Druckausgleich hat, erfolgt eine leichte, dennoch merkliche Herabsetzung der Sauerstoffsättigung des Blutes.

Bei der Bestimmung der Sauerstoffsättigung in großen Höhen wird oft vergessen, die gesundheitsschädliche Wirkung des Zigarettenrauchens zu berücksichtigen. Rauchen erzeugt Kohlenstoffmonoxyd, das sich mit dem Hämoglobin in den roten Blutkörperchen zu einer Mischung namens Carboxy-Hämoglobin verbindet. Carboxy-Hämoglobin reduziert die Kapazität des Blutes zur Beförderung von Sauerstoff beträchtlich. Wenn eine schwangere Frau im Flugzeug raucht oder auch nur in der Raucherabteilung sitzt, kann ihr Carboxy-Hämoglobin-Gehalt auf 5% steigen. Für eine Frau mit Lungen- oder Herzbeschwerden kann diese Minderung des Sauerstoff-Partialdrucks im Blut genügen, um Symptome wie Kurzatmigkeit und Brustschmerzen zu erzeugen. Geringere Konzentrationen von Kohlenmonoxydhämoglobin, die durch leichtes oder mäßiges Rauchen in großen Höhen entstehen, können zur Beeinträchtigung der Sehschärfe und Helligkeitswahrnehmung, Unfähigkeit sich zu konzentrieren, fehlerhafter manueller Geschicklichkeit und Koordination sowie Unfähigkeit zu richtigen Entscheidungen führen.

Schwangere Frauen leiden häufig unter Blähungen, was durch Flugreisen verstärkt werden kann, weil Gase sich ausdehnen, wenn der Luftdruck sinkt, wie es in modernen Flugzeugen der Fall ist. Diese Blähungen sorgen natürlich vermehrt für Unwohlsein und gehen außerdem häufig unwillkürlich ab. Um diese Beschwerden etwas zu lindern, ist es am besten, vor oder bei einem Flug nicht zu schnell und zu viel zu essen, einen oder zwei Tage vor dem Abflug keine Gemüse oder anderen gasbildenden Nahrungsmittel zu sich zu nehmen, keine großen Mengen zu trinken, vor allem keine kohlensäurehaltigen Getränke und kein Bier. Auch sollten Sie keinen Kaugummi kauen, weil Sie dabei viel Luft schlucken können.

Welche gynäkologischen Komplikationen machen Flugreisen für den Fetus gefährlich?

Beschwerden wie chronischer Bluthochdruck, Präeklampsie, Diabetes, Mehrfachgeburten, Rhesus-Unverträglichkeit und intrauterine Wachstumshemmung können die Sauerstoffzufuhr zum Fetus bedeutend schmälern. Bei diesen Komplikationen kann schon eine leichte durch Fliegen in großer Höhe verursachte Minderung des Sauerstoff-Partialdrucks den Fetus auf Dauer schädigen. Auch Frauen, die schon eine Frühgeburt hatten, unterliegen einem erhöhten Risiko. Obgleich es keine speziellen Richtlinien gibt, glaube ich persönlich, daß schwangere Frauen mit derartigen Beschwerden nicht höher als 2500 m in Maschinen mit Druckausgleich fliegen sollten.

Wie wirkt sich der Jet-lag auf Reisende aus?

Als Jet-lag bezeichnet man die Nachwirkungen der Zeitumstellung. Jet-lag wird durch Flugreisen durch wechselnde Zeitzonen verursacht. Unser normaler 24-Stunden-Rhythmus wird durch diese Form des Reisens gestört. Bei hohen Geschwindigkeiten ist es nicht ungewöhnlich, bei Fernreisen innerhalb weniger Stunden mehrere Zeitzonen zu durchqueren. Bei der Landung ist dann der Körper um Stunden hinter der örtlichen Zeit zurück oder ihr voraus. Untersuchungen haben ergeben, daß dieser abrupte Wechsel der Zeitzonen mehr als 100 psychologische und biologische Körperfunktionen durcheinanderbringen kann. Diese Veränderungen im biologischen 24-Stunden-Rhythmus (Circadian-Periodik) können, obwohl kurzlebig, ziemlich schwerwiegend sein. Persönlichkeitsveränderungen, Lethargie, verminderte geistige Wachsamkeit, Unfähigkeit zu vernünftigen Entscheidungen, Gedächtnisstörungen, verringerte körperliche Kraft und Koordination, Verdauungsstörungen, Veränderungen der Körpertemperatur, der Puls- und Atemfrequenz, der Nieren- und Leberfunktion und des Hormonspiegels können die Folge sein. Diese Jet-lag-Veränderungen werden von Wissenschaftlern als Flugreisen-Dysrhythmie bezeichnet.

Im allgemeinen bedarf es eines Ruhetages, um sich von einer Flugreise zu erholen, während der vier bis sechs Zeitzonen durchquert wurden. Nach einer Durchquerung von sieben bis zehn Zonen sind zwei Ruhetage erforderlich. Wenn die Durchquerungen sich einer totalen Umkehrung des Tag-und-Nacht-Zyklus nähern, sind drei Ruhetage zu empfehlen. Die Wissenschaftler weisen jedoch darauf hin, daß die Empfindlichkeit gegen Zeitzonenwechsel individuell sehr verschieden ist. Junge Leute und Personen, die sich in guter körperlicher Verfassung befinden, passen sich ihrer neuen Umgebung leichter an als ältere Menschen, die keine so gute körperliche Kondition aufweisen. Schwangere Frauen haben offenbar mehr Probleme mit dem Jet-lag als nichtschwangere.

Wie sich Jet-lag-Symptome mildern lassen:

1. Sie sollten zwei Wochen vorher mit einem Übungsprogramm zur allmählichen Stärkung der körperlichen Kondition beginnen. Dazu gehört auch ein täglicher, 5 km langer Spaziergang.
2. Stellen Sie Ihren Körperrhythmus allmählich auf den Zeitplan Ihres Bestimmungsortes ein. Beginnen Sie ein paar Tage vor dem Abflug mit einer allmählichen Veränderung Ihrer Eßzeiten. Je nachdem, in welche Richtung Sie fliegen, gehen Sie täglich eine Stunde früher oder später zu Bett, und stehen Sie morgens entsprechend früher oder später auf. Gewöhnen Sie sich auch an, nachmittags zu schlafen.
3. Sorgen Sie dafür, daß Sie zwei Tage vor der Abreise mit allen Vorbereitungen fertig sind, und gönnen Sie sich eine Ruhepause. Verzichten Sie unmittelbar vor der Abreise und während des Fluges auf schwere Mahlzeiten, alkoholische Getränke und Zigaretten.
4. Versuchen Sie den Flug so zu planen, daß Sie möglichst zu Ihrer gewohnten Schlafenszeit ankommen. Versuchen Sie während des Fluges zu schlafen.
5. Gehen Sie gleich nach der Ankunft zu Bett, und versuchen Sie bis zur normalen Aufstehzeit in der neuen Zeitzone zu schlafen.
6. Nehmen Sie sich nicht zu zeitig nach der Ankunft wichtige Besprechungen oder üppige Banketts vor. Essen Sie lieber eine leichte Mahlzeit, und gehen Sie früh schlafen. An Flugreisen-Dysrhythmie sind schon viele Geschäfte gescheitert. Haben Sie zu einer vorher festgesetzten Zeit eine wichtige Besprechung, kommen Sie am besten mindestens einen Tag vorher an, um sich an die neue Zeitzone zu gewöhnen.
7. Keine Medikamente haben sich als wirksam zur Vorbeugung oder Behandlung von Jet-lag-Nachwirkungen erwiesen, also nehmen Sie keine. Obgleich einige in der Psychiatrie verwendete Medikamente Anlaß zur Hoffnung geben, sollten die wirkungsvollsten, wie etwa Lithium, während der Schwangerschaft auf keinen Fall genommen werden.

Seereisen

Was muß ich bei einer Seereise beachten?

Es besteht kein Zweifel, daß die hormonalen Veränderungen in der Schwangerschaft, welche die Neigung zu Übelkeit und Erbrechen erhöhen, auch eine größere Anfälligkeit für die Seekrankheit mit sich bringen. Versuchen Sie eine Seereise so zu planen, daß sie in eine Jahreszeit fällt, zu der Stürme und rauhe See weniger wahrscheinlich sind. Ein großes seetüchtiges Schiff mit moder-

nen Stabilisatoren schlingert nicht so stark. Auch die Wahl der Kabine ist wichtig; eine Kabine im Mittelschiff bietet die größte Stabilität und die geringste Bewegung bei rauher See.
Die übertrieben üppigen Mahlzeiten, die auf Kreuzschiffen serviert werden, tragen zweifelsfrei zur Seekrankheit bei. Auch Alkohol, selbst in bescheidenen Mengen getrunken, steigert Ihr Unbehagen und kann, was noch wichtiger ist, dem Kind schaden (siehe Kapitel 4).

Beförderungsbedingungen

Welche Vorschriften gelten für schwangere Frauen bei Flugreisen?

Die Fluggesellschaften sind verständlicherweise besorgt, daß bei einer Schwangeren die Wehen in der Luft einsetzen könnten, aber die Vorschriften sind sehr unterschiedlich und werden auch häufig geändert. Wenn Sie einen Flug planen, erkundigen Sie sich bei der Fluggesellschaft, mit der Sie fliegen wollen. Die meisten haben für die ersten acht Monate keine Einschränkungen, aber im neunten Monat wird meistens eine Bescheinigung Ihres Arztes verlangt.
Die Flugangestellten können den Unterschied zwischen einer Schwangerschaft im sechsten und im neunten Monat meist nicht erkennen. Zudem sehen viele Frauen dicker aus, als sie es dem Datum der voraussichtlichen Niederkunft nach sein sollten. Deshalb ist es gut, wenn Sie bei Flugreisen während der letzten vier Schwangerschaftsmonate ein Schreiben Ihres Frauenarztes bei sich haben, das über die voraussichtliche Niederkunft und Ihren Gesundheitszustand Auskunft gibt sowie alle wichtigen medizinischen Informationen enthält (Mutterpaß).

Gibt es auf Kreuzschiffen ähnliche Beschränkungen?

Schiffahrtslinien haben ebenfalls unterschiedliche Beschränkungen für reisende Schwangere. Die meisten befördern schwangere Frauen bis zum siebten Monat, wobei eine schriftliche Erklärung vorliegen muß, die sie von jeglicher Verantwortung für etwaige Schwierigkeiten befreit. Erkundigen Sie sich bei der Schiffahrtsgesellschaft nach den entsprechenden Vorschriften.

Sonnenbäder

Verstärken Sonnenbäder die Schwangerschaftsflecken?

Ja. Sonnenlicht verstärkt die Chloasmen, wie die sogenannten Schwangerschaftsflecken richtig heißen. Chloasmen sind dunkelbraune Pigmentflecken im Gesicht. Sie treten oft zusammen mit einer braunen Verfärbung der Brustwarzen und der Linea nigra auf, einem dunklen schmalen Streifen, der vom Nabel zum Schamhaar verläuft. Diese Pigmentveränderungen werden durch das *m*elanozyten*s*timulierende *H*ormon (MSH) verursacht, das die Hirnanhangdrüse freisetzt. Viele Frauen mit Chloasmen sind oft über ihr Aussehen betrübt; dabei sind die Erscheinungen harmlos und bessern sich nach der Geburt, wenn die Sekretion von MSH rasch wieder zurückgeht. Wenn Sie ein Sonnenschutzmittel verwenden, kann die verstärkende Wirkung der Sonneneinstrahlung auf die Chloasmen bis zu einem gewissen Grad abgeschwächt werden. Chloasmen können gefahrlos mit Bleichmitteln aufgehellt werden.

Welche Medikamente und Erste-Hilfe-Ausrüstung empfehlen Sie für die reisende Schwangere?

Es ist für jeden Reisenden eine gute Empfehlung, eine kleine Erste-Hilfe-Ausrüstung für den Notfall bei sich zu haben. Wenn Sie sie zusammenstellen, erkundigen Sie sich bei Ihrem Arzt, welche Mittel für Sie und Ihr Baby unbedenklich sind.

Leben, Arbeiten und Ferien in großer Höhe

Wir wirkt sich ein Aufenthalt in großer Höhe auf die Schwangerschaft aus?

Mehrere Untersuchungen haben ergeben, daß der Sauerstoffmangel in großer Höhe für bedeutend geringeres Geburtsgewicht und andere Schwangerschaftsprobleme und auch eine höhere Todesrate bei Neugeborenen verantwortlich ist.

In großen Höhen neigen die Menschen dazu, schneller zu atmen (Hyperventilation). Dadurch werden enorme Mengen Kohlendioxyd abgeatmet. Die Atemgeschwindigkeit einer Frau nimmt während der Schwangerschaft beträchtlich zu, und die zusätzlichen Anforderungen in großer Höhe steigern dies noch. Leider gleicht sich der Kohlendioxydspiegel des Fetus dem der Mutter an. Man vermutet, daß diese Stoffwechselveränderungen der Grund für die erhöhte Sterblichkeit bei Kindern ist, die 3 000 m über dem Meeresspiegel geboren wurden.

Immunisierungen

Kann ich mich unbedenklich impfen lassen?

Wenn Sie eine Auslandsreise planen, sollten Sie im Idealfall sämtliche erforderlichen Immunisierungen, mindestens drei Monate bevor Sie schwanger werden, vornehmen lassen. Bestimmte, nach dieser Zeit verabreichte Impfstoffe können den Fetus gefährden.

Ein Impfstoff ermöglicht die Bildung von Immunität gegen einen Erreger, ohne daß die Krankheit ausbricht. Es gibt drei Kategorien von Impfstoffen: 1. Toxoide, 2. abgetötete oder inaktivierte Erreger und 3. vermehrungsfähige Erreger.

Toxoide sind Präparate aus chemisch veränderten Toxinen (Giften), die von bestimmten Bakterien produziert werden. Ein Beispiel dafür ist die kombinierte Tetanus- und Diphtherieimpfung. Es gibt keine Beweise für eine Gefährdung des Fetus, wenn dieses Präparat während der Schwangerschaft verabreicht wird.

Impfstoffe aus abgetöteten Erregern, z. B. Grippe, Cholera, Pest und Tollwut, enthalten Mikroben (d. h. Kleinlebewesen, z. B. Bakterien, Viren), die chemisch oder durch Erhitzen inaktiviert wurden. Obwohl man über die Auswirkungen abgetöteter Erreger auf den Fetus noch nicht genügend weiß, sind sie harmlos. Bei einigen Personen tritt jedoch als Reaktion auf abgetötete Erreger-Impfstoffe hohes Fieber auf, welches die Schwangerschaft gefährden könnte; schwangeren Frauen sollten solche Impfstoffe am besten nicht verabreicht werden.

Vermehrungsfähige Erreger, die zum Impfen verwendet werden, sind entweder im Laboratorium veränderte Virusstämme oder solche, die von Natur aus schwächer sind als das bösartige Virus. Lebende Impfstoffe wie jene für Polio, Mumps, Masern, Röteln, Pocken und Gelbfieber stellen das größte Risiko für die Schwangerschaft dar, weil die Organismen, die sie enthalten, gelegentlich die Plazenta durchqueren und den Fetus infizieren können. Diese Gefahr ist besonders groß bei Röteln, Masern und Mumps, deshalb sollten diese Impfstoffe in der Schwangerschaft oder innerhalb von drei Monaten vor der geplanten Empfängnis nicht verabreicht werden. Pocken jedoch sind eine Krankheit, von der man weiß, daß sie bei schwangeren Frauen zu einer wesentlich höheren Sterblichkeitsrate führt als bei nichtschwangeren. Ähnliches wird auch von der Kinderlähmung berichtet: Sie führt weit häufiger zur vollständigen Lähmung, wenn man sie sich während der Schwangerschaft zuzieht. Eine Impfung ist daher nur in Notfällen gerechtfertigt. Die Erwägung einer Pockenimpfung während der Schwangerschaft erübrigt sich, weil die Krankheit weltweit so gut wie ausgestorben ist.

Wenn die Reise nicht unbedingt notwendig ist, sollte eine Schwangere, die nicht gegen Pest und Gelbfieber geimpft ist, nicht in Gegenden reisen, wo diese Krankheiten verbreitet sind.

Kann eine Schwangere ohne Bedenken Immunglobuline zur Vorbeugung nehmen, und wann sollte sie sie nehmen?

Immunglobuline sind Antikörper, die im Blutkreislauf auftauchen, nachdem eine Person mit dem Erreger einer Infektionskrankheit in Berührung kam. Obgleich Immunglobulin-Injektionen keine echten Impfungen sind, versorgen sie die Person mit den fehlenden Antikörpern und verleihen ihr vorübergehende Immunität. Leider werden die teuren Präparate von manchen Ärzten zur Behandlung von Erkältungen, Allergien und zahlreichen anderen Beschwerden mißbraucht.

Es gibt zwei Typen von Immunglobulinen: Standard-Immunglobuline und spezifische Immunglobuline. Beide können in der Schwangerschaft ohne Bedenken angewendet werden. Wenn einer anfälligen Frau innerhalb von 48 Stunden, nachdem sie mit Masern in Berührung kam, eine intramuskuläre Injektion mit einem Standard-Immunglobulin verabreicht wird, verhindert oder mildert das die Symptome. Dies ist besonders wichtig, da Masern bei Schwangeren in nahezu 50% der Fälle spontane Fehlgeburten verursachen und auch mit einer höheren Rate angeborener Mißbildungen sowie mit vorzeitigen Wehen gerechnet werden muß. Während Standard-Immunglobulin bei Frauen, die sich mit Masern infizierten, die Symptome wirksam verhindert oder mildert, ist es als Vorbeugung gegen Mumps und Röteln weniger geeignet. Wenn allerdings für eine Schwangere, die mit Röteln in Berührung kam und die erkrankt ist, ein medizinisch indizierter Schwangerschaftsabbruch nicht in Frage kommt, muß sie geimpft werden.

Standard-Immunglobulin sollte allen Schwangeren verabreicht werden, die mit Virus-A-Hepatitis in Berührung gekommen sind. Virus-A-Hepatitis (infektiöse Hepatitis) wird von einem Virus ähnlich dem der Virus-B-Hepatitis (siehe Kapitel 4) verursacht. Anders als Virus-B-Hepatitis wird sie jedoch durch Giftstoffe in der Nahrung und im Wasser, selten durch Geschlechtsverkehr übertragen und hat eine kürzere Inkubationszeit – zwei bis sechs Wochen. Zu den Symptomen gehören Müdigkeit, Gewichtsverlust, Übelkeit, Kopfweh, Gliederschmerzen und Fieber. Meistens tritt auch Gelbsucht auf. Virus-A-Hepatitis kann in der Schwangerschaft zu einer ernsthaften Erkrankung der Mutter führen, und wenn eine Frau sich die Krankheit im dritten Schwangerschaftsdrittel zuzieht, wird es mit großer Wahrscheinlichkeit zu vorzeitigen Wehen kommen. Virus-A-Hepatitis kann bei der Entbindung auf das Neugeborene übertragen werden, wenn die Mutter zu diesem Zeitpunkt das Virus in sich hat oder an akuter Hepatitis erkrankt ist. Wenn die Erkrankung im ersten und zweiten Schwangerschaftsdrittel einsetzt, hat sie keinen nachteiligen Effekt auf die Schwangerschaft und steht in keiner Beziehung zu einer größeren Häufigkeit von angeborenen Anomalien. Schwangeren, die eine Reise in Gegenden planen, wo Virus-A-Hepatitis verbreitet ist, wie Afrika, Asien, Mittelamerika, die ländlichen Gegenden Mexikos, die Philippinen, die Inseln im südlichen Pazifik und Südamerika, sei geraten, sich vor der Abreise Standard-Immunglobulin verabreichen zu lassen. Beabsichtigen Sie einen längeren Aufenthalt in einem dieser Länder, sollte die Injektion alle drei bis sechs Monate wiederholt werden.

Die zweite Kategorie, die sogenannten spezifischen Immunglobuline, finden auf verschiedenen Gebieten Anwendung. Sie sind spezifisch, weil jedes große Mengen von Antikörpern gegen ein bestimmtes Virus enthält. Zoster-Immunglobulin kann, innerhalb von 72 Stunden nach der Berührung verabreicht, Windpocken verhindern oder lindern. Schwangeren wird es so gut wie nie verabreicht. Die einzige Ausnahme wäre, wenn eine Frau, die nie Windpocken hatte, während der letzten sechs Schwangerschaftswochen mit ihnen in Berührung käme. In diesem Fall kann das Virus ohne Zoster-Immunglobulin eine schwere Infektion verursachen und zum Tod des Neugeborenen führen. Windpocken im ersten Schwangerschaftsdrittel erhöhen die Wahrscheinlichkeit einer spontanen Fehlgeburt. Bestimmte angeborene Mißbildungen, darunter Augendefekte, Gewebeveränderungen und verkürzte Gliedmaßen sind bei Säuglingen aufgetreten, deren Mütter sich im ersten und zweiten

Schwangerschaftsdrittel mit Windpocken angesteckt hatten.

Wo erfahre ich etwas über die Impfvorschriften bestimmter Länder?

Da die Impfvorschriften und die geographische Verteilung verschiedener Krankheiten sich ständig ändern, ist es wichtig, daß Reisende – und das gilt insbesondere für Schwangere – im Besitz der neuesten Informationen sind. Sie erhalten sie beim ADAC und in den meisten Reisebüros.

Ist eine Grippeimpfung für schwangere Frauen zu empfehlen?

Der augenblicklich gebräuchliche Grippe-Impfstoff besteht aus Proteinen bzw. Antigenen von drei weitverbreiteten Viren, die abgetötet oder inaktiviert wurden. Die Zusammensetzung wird jedes Jahr davon bestimmt, welche Virusarten nach Meinung der Experten die vorherrschenden sein werden. Wenn die Impfung richtig auf die vorherrschende Grippeart abgestimmt ist, kann sie in 80 bis 90% der Fälle der Krankheit vorbeugen oder den Verlauf mildern.

Es gibt keinen Beweis, daß eine Grippeimpfung bei Schwangeren ein Risiko für Mutter oder Kind darstellt, und die Gesundheitsbehörden emfehlen den Ärzten, eine Impfung von Schwangeren oder Nichtschwangeren nach denselben Kriterien vorzunehmen.

Studien über frühere Grippeepidemien (1918/19 sowie 1957/58) lassen den Schluß zu, daß Schwangere, die sich die Krankheit zuziehen, eine etwas höhere Sterblichkeitsrate haben als Nichtschwangere. Es wurde auch von einem erhöhten Risiko angeborener Mißbildungen und Leukämie bei Kindern berichtet, deren Mütter in der Schwangerschaft an Grippe erkrankt waren; aber andere Studien bestätigen diese Feststellungen nicht.

Wenn das Risiko einer Grippeinfektion niedrig scheint, rate ich während der Schwangerschaft von der Impfung ab. Sind aber in Ihrer Umgebung zahlreiche Fälle aufgetreten oder planen Sie eine Reise in eine Gegend, wo eine Epidemie herrscht, haben Sie ein Herzleiden, chronische Anämie, Diabetes, ein Nierenleiden oder Lungenleiden, etwa Asthma oder Bronchitis, sollten Sie sich immunisieren lassen.

Welche Impfungen sind bei Auslandsreisen vorgeschrieben?

Lediglich Cholera-, Gelbfieber- und Pockenimpfungen werden von den Gesundheitsbehörden verschiedener Länder verlangt, um zu verhindern, daß diese möglicherweise epidemischen Krankheiten eingeschleppt werden. Andere Impfungen werden zwar zum persönlichen Schutz und Wohlbefinden der Reisenden empfohlen, sind aber nicht zwingend. Interessanterweise verlangen viele tropische Länder, wo Gelbfieber herrscht, keinen Impfnachweis bei der Einreise, aus Angst, daß der Tourismus darunter leiden könnte. Aber wenn Sie ein solches Land verlassen und in ein anderes einreisen wollen, kann es passieren, daß man Ihnen die Einreise nicht erlaubt. Wenn Sie eine solche Reiseroute planen, sollten Sie die von der Weltgesundheitsorganisation herausge-

gebenen Impfvorschriften für den internationalen Reiseverkehr lesen.
Wenn ankommende Reisende den Impfvorschriften eines Landes nicht entsprechen, können sie unter Aufsicht der Weltgesundheitsorganisation unter Quarantäne gestellt oder gar zur Impfung gezwungen werden. Eine Gelbfieberimpfung ist während der Schwangerschaft nicht zu empfehlen, und die Pockenimpfung birgt mögliche Gefahren (siehe S. 180). Einige Länder bestehen nicht auf diesen Regelungen, wenn das Risiko gering ist, andere dagegen bestehen streng darauf. Sie können diesen Problemen aus dem Wege gehen, weil die meisten Länder eine schriftliche Bestätigung eines Arztes akzeptieren, daß Sie schwanger sind und die betreffende Impfung nicht vorgenommen werden darf. Dies bewahrt Sie zwar vor der Impfung, aber nicht unbedingt vor Quarantäne, sofern eine Epidemie herrscht.
Jede Immunisierung gegen Pocken, Cholera und Gelbfieber, die vor der Schwangerschaft bei Ihnen vorgenommen wurde, muß von Ihrem Arzt in einen internationalen Impfpaß eingetragen und vom Gesundheitsamt bestätigt werden. Ohne ordentlich bestätigte Bescheinigungen können Ihnen später auf Ihren Reisen ernsthafte Schwierigkeiten und Verzögerungen erwachsen. Eine Impfbescheinigung für Cholera ist sechs Monate gültig, dann ist eine Wiederimpfung erforderlich. Eine Pockenimpfung hält drei Jahre, die Gelbfieberimpfung gilt zehn Jahre.

Riskieren Reisende heutzutage noch, an Malaria zu erkranken, und wie wirkt sich Malaria auf die Schwangerschaft aus?

In den letzten Jahren ist die Malaria weltweit auf dem Vormarsch. Die Krankheit wird durch den Biß der weiblichen Malariamücke (Anopheles) übertragen, die mit der die Krankheit verursachenden Mikrobe infiziert ist. Die Inkubationszeit, das ist die Zeit vom Biß der Mücke bis zum Auftreten der Symptome Frösteln und Fieber, variiert zwischen 8 und 28 Tagen.
Die Symptome treten über einen Zeitraum von vier bis sechs Wochen alle paar Tage wieder auf. Danach siedeln sich die Organismen in der Leber an und verursachen unberechenbare periodische Rückfälle, Anämie sowie eine Vergrößerung von Leber und Milz. Bei der tödlichen Form der Krankheit, Malaria tropica, kann der Erreger, Plasmodium falciparum, Blutgefäße im Gehirn und in anderen inneren Organen angreifen. Die Symptome können unter anderem Kopfschmerzen, tiefe Bewußtlosigkeit, Zuckungen, starkes Erbrechen mit Durchfall und Kreislaufstörungen sein.
Epidemiologen haben festgestellt, daß ein akuter Malariaanfall bei einer schwangeren Frau höchstwahrscheinlich ernster ist. Zudem ist es wahrscheinlich, daß die Anstrengungen von Schwangerschaft und Wehen eine latente Malaria aktivieren. In der medizinischen Literatur gibt es mehrere Berichte von tödlichen Zusammenbrüchen unmittelbar nach der Entbindung. Das Kind kann auch durch extrem hohes

Fieber der Mutter im ersten Schwangerschaftsdrittel gefährdet werden. Im zweiten und dritten Drittel verursacht Malaria Anschwellung der Plazenta, Blutungen und Ödeme, welche für eine bedeutend größere Häufigkeit von Früh- und Totgeburten sowie Tod von Neugeborenen verantwortlich sind. In seltenen Fällen kann der Erreger auf den Fetus übergehen. Symptome angeborener Malaria treten beim Neugeborenen zwei oder drei Tage nach der Geburt auf. Zu diesen Symptomen gehören Fieber, Erbrechen, Krämpfe, Gelbsucht sowie Vergrößerung von Leber und Milz. Atemnot kann zum Tod führen. Angeborene Malaria tritt höchstwahrscheinlich auf, wenn eine Mutter zum erstenmal von der Krankheit befallen wird, und nicht, wenn die Krankheit bereits chronisch ist.

Wie kann man der Malaria vorbeugen und sie behandeln?

Da es keinen Impfstoff gegen Malaria gibt, ist die einzig sichere Vorbeugung, Reisen in Länder zu vermeiden, wo die Krankheit auftritt. Es gibt eine Unzahl von Medikamenten gegen Malaria, die Reisenden in solche Länder empfohlen werden. Diese Medikamente unterbinden die Vermehrung von Plasmodium falciparum in den roten Blutkörperchen, verhindern jedoch nicht das Eindringen des Erregers in den Organismus. Bei fortgesetztem Gebrauch dieser Medikamente wird der Erreger schließlich aus dem Körper ausgeschieden, und die Symptome der Malaria treten nicht auf. Leider sind die meisten Mittel gegen Malaria während der Schwangerschaft nicht zu empfehlen, weil sie angeborene Mißbildungen verursachen können. Die einzige Ausnahme ist Chloroquin (Resochin®), das sich in der Schwangerschaft als ungefährlich erwiesen hat. Wenn Sie in eine Gegend reisen müssen, wo das Malariarisiko groß ist, sollten Sie Chloroquin in wöchentlichen Abständen nehmen. Beginnen Sie eine Woche vor der Ankunft, und setzen Sie die Einnahme mindestens noch vier Wochen nach der Abreise fort, um den Erreger vollständig aus dem Blutkreislauf zu entfernen. Diese Suppressionstherapie ist auch notwendig bei einem kurzen Aufenthalt von nur wenigen Stunden am Flughafen oder Hafen in einem Malariagebiet. Dies gilt vor allem, wenn der Aufenthalt voraussichtlich zwischen Sonnenuntergang und Morgengrauen stattfindet, da dies die Zeit ist, wo die Malariamücke am ehesten sticht. Nebenwirkungen von Chloroquin sind Übelkeit, Durchfall, Kopfweh und verschwommenes Sehen. Chloroquin wird in hohen Konzentrationen in der Leber und den weißen Blutkörperchen abgelagert und sollte von Personen mit Leber- und Blutkrankheiten nur vorsichtig angewendet werden.

Reisekrankheit

Können Mittel gegen Reisekrankheit ohne Bedenken in der Schwangerschaft genommen werden?

Während ich der Meinung bin, daß Schwangere nur dann Medikamente nehmen sollen, wenn es unumgänglich ist, ist es andererseits auch wahr, daß das ständige Erbrechen bei Reisekrankheit zu schwerwiegendem Wasserentzug, Azidose (Übersäuerung) und Störungen des Elektrolyt-Haushalts (d.h. des chemischen Gleichgewichtes der Körpersäfte) führen kann. Diese Folgen sind für das Kind weitaus schädlicher als jene, die bei sorgfältigem Gebrauch von Medikamenten zur Linderung dieser Symptome entstehen.

Dimenhydrinat (Dramamine®, Novomina® und Vomex A®), das bekannteste Medikament gegen Reisekrankheiten, ist intensiv erforscht, und sein Gebrauch in der Schwangerschaft gilt als ungefährlich. Meclozin (Bonamine® und Peremesin®), ein beliebtes rezeptfreies Medikament, wird ebenfalls häufig empfohlen, wurde jedoch mit angeborenen Anomalien bei Labortieren in Verbindung gebracht und sollte während der Schwangerschaft nicht benutzt werden.

In einer neueren Studie stellten die Ärzte fest, daß das altmodische Kräuterheilmittel Ingwerwurzel bei der Vorbeugung und Behandlung von Reisekrankheit doppelt so wirksam war wie Dimenhydrinat. Ingwerwurzelkapseln können in Reformhäusern erworben werden, und man kann ohne Schaden täglich zehn bis zwölf Kapseln nehmen. Größere Dosen können jedoch Magen- und Darmreizungen hervorrufen. Anders als Dimenhydrinat und ähnliche Medikamente wirkt die Ingwerwurzel nicht beruhigend und ruft auch keine anderen Reaktionen des Zentralnervensystems hervor, weil sie ausschließlich auf den Magen-Darm-Trakt einwirkt, Toxine (Giftstoffe) absorbiert und die normale Magentätigkeit wiederherstellt. Die Forscher stellten außerdem fest, daß die Ingwerwurzel Erbrechen und Durchfall, die mit einer Reihe von Darmstörungen einhergehen, wirksam lindert.

Reisediarrhö

Wie wirkt sich Reisediarrhö auf die Schwangerschaft aus?

Diarrhö (Durchfall) beeinträchtigt den Reisegenuß von etwa 50% aller Menschen, die fremde Länder besuchen. Sie wird meistens von Bakterien, Viren oder Parasiten ausgelöst, die Nahrungsmittel und Wasser verseuchen, und kommt in erster Linie bei Touristen aus Industriestaaten gemäßigter Klimazonen vor, wenn sie in weniger entwickelte tropische Länder reisen. Reisediarrhö ist durch plötzliches Auftreten wäßrigen Durchfalls, Leibkrämpfe, Schwäche, Übelkeit, Appetitlosigkeit, Frösteln und Kopfweh gekennzeichnet. Erbrechen ist selten und kommt bei weniger als 10% der betroffenen Personen vor. Die Symptome setzen gewöhnlich binnen 14 Tagen ein und halten weniger als fünf Tage an. Wenn eine Schwangere die Symptome länger als fünf Tage hat, sollte sie einen Arzt aufsuchen, um sicherzugehen, daß sie nicht das Opfer eines bösartigen Erregers ist. Der Flüssigkeitsverlust durch Diarrhö kann bei Schwangeren, die an chronischer Darmstörung, Diabetes, Herzkrankheit und Nierenstörungen leiden, besonders gefährlich sein.

Welche Maßnahmen kann eine Schwangere treffen, um einer Reisediarrhö vorzubeugen?

Reisende in Gegenden, wo Reisediarrhö vorherrscht, sind gut beraten, wenn sie nur keimfrei gemachtes oder in Flaschen abgefülltes Wasser trinken und auf Eiswürfel oder eisgekühlte Getränke verzichten. Putzen Sie sich die Zähne lieber mit keimfreiem als mit Leitungswasser. Wenn Sie Leitungswasser trinken, müssen Sie es vorher zehn Minuten lang kochen. Trinken Sie nie von den Wasservorräten in Eisenbahnen, Bussen und Flugzeugen. In Flaschen abgefüllte Getränke wie Cola und Bier sind ungefährlich, ebenso Kaffee und Tee, vorausgesetzt, Sie beobachten persönlich, daß das Wasser unmittelbar vor dem Servieren gekocht wird. Kohlensäurehaltige Getränke können unbedenklich getrunken werden, weil die Kohlensäure die Bakterien abtötet: Sie macht das Wasser so sauer, daß Bakterien nicht darin überleben können. In manchen Ländern wird das Wasser durch Zusetzen von Jod oder Chlor desinfiziert. Chlor ist in der Schwangerschaft vorzuziehen, weil Jod durch die Plazenta dringen und nach dem ersten Schwangerschaftsdrittel die Schilddrüsenfunktion des Fetus bedenklich beeinträchtigen kann.

Milchprodukte wie Käse, Butter, Speiseeis, Puddings und Yoghurt können von Bakterien wimmeln und müssen vermieden werden. Durch Pasteurisierung werden viele schädliche Bakterien abgetötet, aber in vielen Ländern wird diese Vorsichtsmaßnahme nicht getroffen. Wenn das Etikett auf der Milchflasche oder -tüte nicht ausdrücklich sagt, daß die Milch pasteurisiert ist, kochen Sie die Milch zehn Minuten, unmittelbar bevor Sie sie trinken. Da Milch in der Schwangerschaft ein notwendiger Bestandteil Ihrer Ernährung ist, nehmen Sie ein paar Dosen Kondensmilch mit, die mit in Flaschen abgefülltem oder abgekochtem Wasser verdünnt werden kann. Trockenmagermilch nimmt in einem Koffer weniger Platz weg und kann in Tee oder Kaffee gegeben beziehungsweise mit in Flaschen abgefülltem Wasser verdünnt werden.

Frische tropische Früchte und Gemüse sehen oft verlockend aus, aber mit Ausnahme von solchen Früchten, die Sie unmittelbar vor dem Verzehr schälen können, sollten Sie darauf verzichten. Meiden Sie Salate, Mayonnaise, kalte Buffets und gefrorene Desserts. Essen Sie nur gekochtes Gemüse, das heiß serviert wird. Essen Sie keine ungekochten Austern, Krabben, Muscheln und Fische, und vergewissern Sie sich, daß alles Fleisch gründlich gekocht oder gebraten ist. Achten Sie darauf, daß die Nahrungsmittel vor den Mahlzeiten sorgfältig zubereitet werden, da sich Bakterien darin einnisten und vermehren können. Und denken Sie daran, sich unmittelbar vor dem Essen gründlich die Hände zu waschen.

Wie wird Reisediarrhö behandelt?

Doxycyclin (z. B. Vibramycin®) ist ein Antibiotikum, das sich als Vorbeugungsmittel gegen Reisediarrhö großer Beliebtheit erfreut. Da es ein Tetracyclin ist, sollte es in der Schwangerschaft nicht genommen werden (siehe Kapitel 7). Andere Antibiotika wie Ampicillin wurden ebenfalls für diesen Zweck empfohlen. Die meisten Experten lehnen den Gebrauch von Antibiotika dieser Art ab, weil sie die Anfälligkeit für ernstere Darmbeschwerden vergrößern können, etwa für Salmonellen und Shigellen (Bakterienruhr), indem sie die schützenden Bakterien im Darm töten. Durch die Störung der normalen Bakterienflora des Darms kann eine Behandlung mit Antibiotika darüber hinaus tatsächlich Diarrhö verursachen. Im Hinblick darauf, daß Reisediarrhö eine normalerweise nicht ernste vorübergehende Beschwerde ist, ist es wohl das beste, keine Antibiotika zur Vorbeugung zu nehmen.

Wenn es zu einer Diarrhö kommt, werden normalerweise Medikamente verschrieben, die die Symptome unter Kontrolle bringen. Bis vor kurzem bestand die übliche Behandlung aus Mitteln gegen Diarrhö wie Kaolin und Pectin oder Loperamide (Imodium®). Obgleich diese Medikamente Krämpfe und Diarrhö lindern können, sind viele Ärzte heute der Meinung, daß sie mehr schaden als nützen, da der Körper durch Diarrhö den Darm von schädlichen Bakterien und Giftstoffen befreit. Mittel gegen Diarrhö verzögern den Stuhlgang und verlängern somit die Verweildauer dieser Gifte im Körper. Ungeachtet der Ursache der Diarrhö heißt die wichtigste Regel bei der Therapie, den Verlust von Wasser, Natriumchlorid, Kalium und Natrium zu ersetzen. In weniger schweren Fällen genügt ein Ersatz mittels Brühe und kohlensäurehaltiger Getränke. Bei schwererer Diarrhö sollten die Flüssigkeiten Zukker enthalten, der die Absorption von Natrium und Chlorid vom Darm in den Blutkreislauf fördert.

Die schwangere Frau muß bei der Einnahme von Antibiotika gegen akute Reisediarrhö besonders vorsichtig sein. In ernsten Fällen jedoch, wenn der Erreger in die Darmwand eindringt, hat sich Ampicillin in der Schwangerschaft als unschädlich erwiesen, vorausgesetzt, daß keine Penicillinallergie vorliegt. Ampicillin eignet sich auch zur Behandlung von Salmonellen und Shigellen. Tetracycline und eine Kombination aus Trimethoprim und Sulfamethoxazol (Bactrim®) sind hervorragende Mittel zur Behandlung von Shigellen, sollten aber während der Schwangerschaft auf keinen Fall genommen werden (siehe Kapitel 7).

7. Medikamente

Bis Anfang der 60er Jahre waren sich Ärzte und Patientinnen nicht hinreichend bewußt, daß sich von der Mutter genommene Medikamente nachteilig auf das Kind auswirken können. Ein Beruhigungsmittel namens Thalidomid (Contergan) hat das gründlich geändert. Dieses zuerst in Deutschland benutzte Medikament war dafür verantwortlich, daß weltweit 5000 bis 10000 Kinder mit deformierten Gliedmaßen geboren wurden.

Ein anderes Medikament, Diethylstilbestrol (DES), das seit den 40er Jahren zur Verhinderung von Fehlgeburten verschrieben wird, wird neuerdings mit charakteristischen Anomalien im Genitalbereich sowohl weiblicher als auch männlicher Nachkommen, die aus einer solchen Schwangerschaft hervorgehen, in Verbindung gebracht. Zusätzlich zu einer größeren Wahrscheinlichkeit von Schwangerschaftskomplikationen müssen Töchter, deren Mütter Diethylstilbestrol genommen haben, mit der Angst leben, an einer ungewöhnlichen und möglicherweise tödlichen Form von Scheiden- und Gebärmutterhalskrebs zu erkranken.

Obwohl diese Vorfälle uns die Wirkung von Medikamenten auf Mutter und Kind bewußt gemacht haben, nehmen schätzungsweise 90% aller Schwangeren im Verlauf ihrer Schwangerschaft mindestens ein Medikament. Darüber hinaus schätzt man, daß 75% Mittel nehmen, die ihnen nicht verschrieben wurden, und daß die Schwangere im Durchschnitt im Verlauf ihrer Schwangerschaft schätzungsweise vier verschiedene Medikamente nimmt. Die meistverschriebenen Arzneimittel sind Analgetika (schmerzstillende Mittel) und Antiemetika, Mittel gegen Erbrechen.

Nahezu alle chemischen Substanzen können die Plazenta durchdringen und auf den Fetus übergehen. Ob ein Medikament schädlich ist oder nicht, hängt von vielen Faktoren ab, so auch von der genetischen Veranlagung von Mutter und Kind, der chemischen Zusammensetzung des Medikamentes, dem Schwangerschaftsmonat, in welchem das Medikament genommen wird, sowie der Gesamtdosis. Es gibt eine große Zahl von Arzneimitteln, die dem Kind nur am Anfang der Schwangerschaft schaden, wenn die Bildung von Organen und Gliedmaßen stattfindet. Andere schaden nur in den letzten drei Monaten, während eine dritte Gruppe am gefährlichsten zu sein scheint, wenn sie unmittelbar vor der Entbindung verordnet wird.

Arzneimittelhersteller und Zulassungsbehörden wurden immer wieder in den letzten Jahren kritisiert, weil sie Produkte zu eilig auf den Markt brachten, bevor ihre Ungefährlichkeit eindeutig erwiesen war. Leider ist absolute Sicherheit, bevor ein Medikament auf den Markt kommt, unmöglich. Selbst nach ausgedehnten klinischen Tests ist relativ wenig über die pränatalen Wirkungen der meisten Medikamente bekannt, weil manche fetalen Defekte so selten sind, daß sie erst zutage treten, nachdem Tausende von schwangeren Frauen behandelt wurden. Wir stehen vor einem Dilemma: Einerseits ist es ethisch nicht vertretbar, ausgedehnte klinische Versuche mit neuen Arzneimitteln an schwangeren Frauen durchzuführen, aber es ist ebenso unverantwortlich, ein nicht ausreichend getestetes Medikament zuzulassen. Laborversuche an trächtigen Tieren, und seien sie noch so ausführlich, lassen nur spärliche Schlüsse auf die Wirkung zu, wenn dasselbe Medikament einer schwangeren Frau verabreicht wird.

Die Wirkungen von Medikamenten auf das Baby enden nicht mit der Geburt, weil viele schädliche Substanzen durch die Muttermilch von der Mutter auf den Säugling übertragen werden können. Die Konzentrationen in der Milch sind unterschiedlich, je nach der chemischen Zusammensetzung des Medikaments. Während manche Medikamente nur in Spuren erscheinen, sind andere hoch konzentriert und möglicherweise schädlich für das Kind, vor allem im ersten Lebensmonat, wenn bestimmte Enzymsysteme, die normalerweise Medikamente metabolisieren und entgiften, noch nicht voll entwickelt sind.

Die Liste von möglicherweise schädlichen Arzneimitteln wird täglich größer, und obwohl eine Ursache-Wirkung-Beziehung nicht in allen Fällen eindeutig festgestellt wurde, sollte eine umsichtige Frau in Schwangerschaft und Stillzeit alle Medikamente meiden, sofern sie nicht unbedingt nötig sind. Allerdings haben sich auch viele Medikamente während der Schwangerschaft und der Zeit nach der Geburt als unschädlich erwiesen. Eine Behandlung abzulehnen, auch wenn sie ärztlich verordnet und notwendig ist, ist ebenso gefährlich wie der wahllose Gebrauch von Arzneimitteln. In diesem Kapitel werden die verschiedenen Kategorien von Arzneimitteln bewertet, welche schwangeren Frauen verschrieben werden können.

Antibiotika

Sind Antibiotika für schwangere und stillende Frauen ungefährlich?

Allzuoft werden Antibiotika verschrieben, wenn es nicht angebracht ist, etwa bei Erkältungen und virusbedingten Entzündungen des Rachenraums. Wenn die Diagnose nicht sicher ist, sollte Ihr Arzt, bevor er mit der Behandlung beginnt, von einem Abstrich eine Bakterienkultur anlegen und Bakterienwachstum nachweisen.

Von allen verordneten Antibiotika ist Penicillin in der Schwangerschaft eines der ungefährlichsten. Daneben gibt es synthetische Penicilline, wie Ampicillin, Amoxicillin, Mezlocillin, Piperacillin und Bacampicillin, die unter verschiedenen Markennamen im Handel sind. Anders als Penicillin wirken diese Mittel gegen ein breites Spektrum von Bakterien, wie etwa solche, die gewöhnlich Infektionen der Harn- und Atemwege verursachen. Patienten, die gegen Penicillin allergisch sind, reagieren wahrscheinlich ebenfalls allergisch auf diese Präparate. Deshalb sollten Personen mit dieser Art von Allergie keins dieser Präparate nehmen.

Man hat festgestellt, daß Ampicillin und Amoxicillin, im letzten Schwangerschaftsdrittel angewandt, die Konzentration von Östriol in Plasma und Urin um 30 bis 50% senken können. Östriolmessungen werden vorgenommen, um in den letzten beiden Schwangerschaftsmonaten das Wohlbefinden des Fetus zu bestimmen. Obgleich Ampicillin und Amoxicillin dem Fetus nicht schaden, können sie die Östriolkonzentration im Urin so weit senken, daß der Test wertlos ist. Ein Frauenarzt, der den Zusammenhang zwischen dem Gebrauch von Ampicillin und einem niedrigen Östriolgehalt nicht erkennt, greift womöglich unnötig in eine gesunde Schwangerschaft ein.

Penicillin, Ampicillin und Amoxicillin gehen rasch in die Muttermilch über. Babys mit einer angeborenen allergischen Disposition für Penicillin können beim Stillen gegen diese Medikamente sensibilisiert werden. Die medizinische Literatur berichtet von Babys, deren Mütter diese Medikamente genommen hatten, und bei denen nach dem Stillen Hautausschlag, Jucken und Durchfall auftraten. Aus diesem Grund ist es unbedingt erforderlich, daß Säuglinge, deren Mütter mit diesen Antibiotika behandelt werden, sorgfältig und ständig auf frühe Anzeichen einer Reaktion beobachtet werden.

Neuere Penicillinderivate wie Oxacillin und Carbenicillin sind gewöhnlich schweren Infektionen mit Problemkeimen vorbehalten, die Gesundheit und Leben der Schwangeren gefährden. Daß diese Medikamente während der Schwangerschaft ohne Bedenken genommen werden können, ist nicht erwiesen, aber für Fetus und Säugling scheinen sie ungefährlich zu sein.

Cephalosporine sind eine Gruppe von Antibiotika, die in den letzten Jahren von praktischen Ärzten sehr häufig verwendet wurden. Studien haben ergeben, daß sie in den üblichen therapeutischen Dosen die Plazenta durchdringen und ins Blut des Fetus gelangen. Bislang ist jedoch von toxischen Effekten nichts bekannt, daher werden Cephalosporine für schwangere Frauen für unbedenklich gehalten.

In der Gruppe der Cephalosporine werden jedes Jahr neuere, wirkungsvollere und sicherere Antibiotika eingeführt. Beispiele sind Cefazolin (Elzogram®, Gramaxin®), Cefradin (Forticef®, Sefril®), Cefalexin (Ceporexin®, Oracef®) und Cefaclor (Panoral®).

Sämtliche Cephalosporine werden in der Stillzeit mit der Muttermilch ausgeschieden. Bis heute haben Tierversuche und Tests an Menschen keine nachteiligen Wirkungen für den Säugling ergeben.

Erythromycin ist ein bekanntes Antibiotikum, das häufig Personen verschrieben wird, die gegen Penicillin allergisch sind. Es durchdringt die Plazenta in weitaus geringeren Konzentrationen als Penicillin, und bis heute ist nichts über Fetalanomalien oder -krankheiten bekannt, die auf eine Einnahme während der Schwangerschaft zurückgehen. Daß so wenig von diesem Antibiotikum auf den Fetus übergeht, ist für Ärzte, die dieses Medikament während der Schwangerschaft zur Syphilisbehandlung einsetzen, gleichzeitig ein Vorteil und ein Anlaß zur Sorge (siehe Kapitel 5).

Obgleich Erythromycin im allgemeinen ein Antibiotikum ist, das man ohne Bedenken einsetzen darf, kann es vorübergehend zu Funktionsstörungen der Leber führen und eine sogenannte intrahepatische Cholestase (Gallestau in der Leber) hervorrufen. Von den Erythromycin-Verbindungen wird meistens Erythromycin-Estolat (Togiren®) mit diesen Komplikationen in Verbindung gebracht. Die Symptome – Gelbsucht, starkes Hautjucken, Schwäche, Übelkeit, Erbrechen, Leibkrämpfe und Fieber – vergehen, wenn das Antibiotikum abgesetzt wird.

Die durch die Schwangerschaft bedingten hormonalen Veränderungen können zu Veränderungen der Leber führen, ähnlich denen, die durch Erythromycin-Estolat hervorgerufen werden. Manche anfälligen Frauen leiden auch während jeder Schwangerschaft unter der sogenannten rekurrierenden Cholestase (Gallestau), deren Symptome von leichtem Unwohlsein bis zu starkem Juckreiz und Gelbsucht reichen. Erythromycin im allgemeinen und das Estolat im besonderen werden von solchen Frauen sowie von allen Frauen mit früheren Leberschäden am besten gemieden. Aber auch Schwangeren, bei denen früher keine Leberschäden aufgetreten sind, sollten anstelle von Estolat andere Erythromycinpräparate verschrieben werden.

Sulfonamide sind zur Behandlung von Infektionen der Harnwege während der Schwangerschaft sehr geeignet. Werden sie jedoch im letzten Monat genommen, können Sulfonamide beim Neugeborenen Gelbsucht verursachen. Da das errechnete Niederkunftsdatum ungenau sein kann und da vorzeitige Wehen immer möglich sind, sollten Sulfonamide in den letzten acht Schwangerschaftswochen nicht benutzt und auch keiner Frau verschrieben werden, die beabsichtigt, ihr Baby zu stillen, weil Sulfonamide die Plazenta rasch durchdringen und mit der Muttermilch abgesondert werden.

In neueren Präparaten ist in einer Tablette ein Sulfonamid, etwa Sulfamethoxazol, mit einem anderen Chemotherapeutikum namens Trimethoprim kombiniert. Ein Handelsname dieser auch als Cotrimoxazol bekannten Kombination ist z. B. Bactrim®. Überzeugende Versuche an Ratten und Kaninchen haben ein merkliches Anwachsen der Häufigkeit von Wolfsrachen und Absterben des Fetus ergeben, wenn die Feten Trimethoprim ausgesetzt waren. Die Kombination sollte in der Schwangerschaft nicht verabreicht werden.

Phenazopyridin (Pyridium®) ist ein Harn-Antiseptikum, das zur Linderung schmerzhafter Infektionen der Harnwege angewendet wird. Es färbt den Urin rötlich-orange. Dieses Präparat kann während Schwangerschaft und Stillzeit unbedenklich genommen werden.

Während Tetracycline zur Behandlung nichtschwangerer Frauen gern angewendet werden, gehören sie in der Schwangerschaft zu den gefährlichsten Medikamenten. Tod infolge Versagens der Leber kann eintreten, wenn Schwangeren zur Behandlung von schweren Niereninfektionen hohe Dosen von Tetracyclinen intravenös verabreicht werden.

Tetracycline durchdringen rasch die Plazenta und können, wenn sie während der zweiten Schwangerschaftshälfte verordnet werden, eine gelbgrüne Verfärbung der Zähne beim Kleinkind, Unterentwicklung des Zahnschmelzes und eine Verzögerung des Knochenbaus beim Fetus verursachen. Nach jahrelanger Lichteinwirkung wird die gelbgrüne Farbe der Zähne grau bis braun. Laborversuche bei Tieren, denen am Anfang der Schwangerschaft Tetracyclin verabreicht wurde, deuten darauf hin, daß es auch in diesem Stadium giftig ist.

Tetracycline werden mit der Muttermilch abgesondert und können beim Säugling die Zahnentwicklung und normale Zahnfärbung beeinträchtigen. Frauen, die ihre Babys zu stillen beabsichtigen, dürfen keine Tetracycline nehmen. Da die Entwicklung der Zähne bis zum achten Lebensjahr nachteilig beeinflußt werden kann, wird dieses Medikament am besten auch bei der Behandlung von Infektionen des Kindes vermieden.

Es gibt verschiedene Tetracycline, darunter Doxycyclin (z.B. Vibramycin®), Minocyclin (Klinomycin®), Oxytetracyclin (z.B. Terramycin®) und Tetracyclin (z.B. Achromycin®, Hostacyclin®, Supramycin®). Alle sind gleich gefährlich.

Chloramphenicol (z.B. Leukomycin®, Paraxin®) ist ein Antibiotikum mit breitem Wirkungsspektrum, das von der Mutter gut metabolisiert, vom Kind aber schlecht vertragen wird. Eine hohe Konzentration dieses Mittels in einem neugeborenen, insbesondere einem frühgeborenen Kind kann zum sogenannten »Grausyndrom« führen. Zu den Anzeichen für diese Störung gehören Blähungen, schwere Atmung, Kreislaufkollaps. 40% der betroffenen Babys sterben innerhalb weniger Stunden nach dem Auftreten der Symptome. Solange der Fetus in der Gebärmutter ist, kann das Leberenzym-System der Mutter das Mittel metabolisieren, und es kommt gewöhnlich nicht zum Grausyndrom.

Da es jedoch für den Gebrauch in der Schwangerschaft weitaus ungefährlichere Alternativen gibt, sollte Chloramphenicol am besten vermieden werden. Da es auch in der Muttermilch vorkommt, sollte es stillenden Frauen nicht gegeben werden.

Nitrofurantoin (z.B. Furadantin®) ist ein Medikament zur Behandlung von Harnweginfekten. Die Unbedenklichkeit von Nitrofurantoin während Schwangerschaft und Stillzeit ist zwar nicht erwiesen, aber es sind nur wenige Fälle von hämolytischer Anämie bei Neugeborenen bekannt, deren Mütter unmittelbar vor der Entbindung das Medikament genommen hatten. Infolgedessen ist es in den letzten Schwangerschaftswochen nicht zu empfehlen. Bei der hämolytischen Anämie werden die roten Blutkörperchen zu rasch zerstört. Das führt zu einer Anhäufung von Blutpigmenten in der Haut, welche Gelbsucht verursachen. Glücklicherweise klingt die hämolytische Anämie ab, sobald das Kind nach der Entbindung dem Medikament nicht mehr ausgesetzt ist.

Nalidixinsäure ist ein weiteres beliebtes Harn-Antiseptikum. Bekannter ist es unter seinem Handelsnamen Nogram®. Es liegen keine ausführlichen Untersuchungen über die Wirkung des Mittels im ersten Schwangerschaftsdrittel vor, aber die Untersuchungen über seinen Gebrauch im zweiten und letzten Drittel sind günstig ausgefallen.

In seltenen Fällen sind bei Kindern, die mit hohen Dosen dieses Medikamentes behandelt wurden, neurologische Beschwerden wie Kopfschmerzen, Unruhe und Zuckungen aufgetreten. Diese Symptome verschwanden, sobald das Medikament abgesetzt wurde. Es ist höchst unwahrscheinlich, daß die geringen Konzentrationen von Nalidixinsäure in der Muttermilch beim Säugling ähnliche Schäden verursachen können. Trotzdem würde ich raten, auf ein anderes, ungefährlicheres Harn-Antiseptikum auszuweichen.

Clindamycin (Sobelin®) ist ein neues Antibiotikum mit der einzigartigen Fähigkeit, eine Vielzahl von anaeroben Bakterien zu vernichten, die in nekrotischem (abgestorbenem) Gewebe und in Abszessen, die keinen Sauerstoff enthalten, leben und sich vermehren. Die bösartigste anaerobe Bakterienart namens Bacteroides fragilis ist an vielen lebensgefährlichen Infektionen schuld. Als Nebenwirkung dieses Arzneimittels wurde bei einem kleinen Prozentsatz von Patienten eine ernste Kolitis (Entzündung des Dickdarms) beobachtet, die sogar lebensgefährlich sein kann.

Die Erfahrungen mit Clindamycin bei schwangeren Frauen sind sehr begrenzt, und infolgedessen ist seine Sicherheit in der Schwangerschaft nicht belegt. Es wurde in merklichen Konzentrationen in der Muttermilch entdeckt, deshalb ist es vernünftig, Müttern, die dieses Antibiotikum benötigen, vom Stillen abzuraten.

Lincomycin (Albiotic®, Cillimycin®) hat eine ähnliche Struktur wie Clindamycin, ist aber schwächer wirksam und weniger giftig. Zwei Studien mit 600 Patientinnen ergaben beim Gebrauch von Lincomycin keine Steigerung von fetalen oder perinatalen Komplikationen. Lincomycin gelangt in die Muttermilch, gilt aber als harmlos für das Kind.

Aminoglykoside sind eine Gruppe wirksamer Antibiotika, die häufig zur Behandlung schwerer bakterieller Infektionen angewendet werden. Sie werden intramuskulär und intravenös verabreicht und daher praktisch ausschließlich in Krankenhäusern verwendet. Streptomycin ist das älteste aus der Gruppe. Es wird zur Tuberkulosebehandlung noch eingesetzt; aber bei den meisten anderen Infektionen werden neuere Aminoglykoside wie Gentamicin (Refobacin®, Sulmycin®) und Tobramycin (Gernebcin®) eingesetzt.

Alle Aminoglykoside passieren die Plazenta und können den VIII. Hirnnerv des Kindes schädigen. Dieser Nerv ist für Gehör und Gleichgewicht zuständig.

Bis heute weiß man von über 30 Fällen von Hörschäden und Schäden am Gehörnerv bei Kindern, die im Mutterleib Streptomycin ausgesetzt waren. Es wird auch angenommen, daß Streptomycin bei Experimenten an Tieren und Menschen Rückenmarks- und Knochenanomalien verursacht hat. Von den anderen Aminoglykosiden ist nichts dergleichen bekannt.

Je länger der Fetus Aminoglykosiden ausgesetzt ist, um so wahrscheinlicher ist das Risiko von Gehör- und Nervenschäden. Wenn diese Antibiotika erforderlich sind – oft gibt es keinen angemessenen Ersatz –, sollten sie in den niedrigstmöglichen wirksamen Dosen für so kurze Zeit wie möglich verordnet werden. Da Aminoglykoside mit der Muttermilch auf den Säugling übertragen werden können, würde ich vom Stillen abraten, wenn diese Medikamente angewendet werden müssen.

Gibt es noch andere häufig verschriebene Mittel gegen Infektionen, die sich nachteilig auf Schwangerschaft oder Stillen auswirken können?

Metronidazol (z. B. Clont®, Flagyl®) wurde als wertvolles Mittel bei der Behandlung von Trichomoniasis (siehe Kapitel 5) sowie einer Anzahl parasitärer Leiden erwähnt. Wenngleich es auch wirksam bei der Behandlung von bestimmten bakteriellen Infektionen ist, ist wegen seiner Anomalien verursachenden Eigenschaften vom Gebrauch abzuraten, insbesondere im ersten Schwangerschaftsdrittel. Eine stillende Mutter, der Metronidazol verabreicht wird, sondert es in der Muttermilch ab. Die Folgen für das Kind sind unbekannt, aber manche Forscher vertreten die Theorie, daß es Appetitlosigkeit, Erbrechen sowie eine Verminderung der weißen Blutkörperchen verursachen kann. Wie bereits erwähnt (siehe Kapitel 6), erreicht eine einzige von einer stillenden Frau genommene orale Dosis Metronidazol zwei bis vier Stunden später die höchste Konzentration in der Muttermilch. Neuere Studien haben ergeben, daß das Medikament eventuell genommen werden kann, wenn mit dem Stillen danach 12 bis 24 Stunden ausgesetzt wird. Dann sind die Werte in der Milch minimal.

Mittel gegen Tuberkulose können ebenfalls Probleme aufwerfen. Das bekannteste, Isoniazid (z. B. Neoteben®, Tb-Phlogin®), sollte während der Schwangerschaft nur verordnet werden, wenn es unbedingt notwendig ist, da es bei Tierversuchen mit einer höheren Rate spontaner Fehlgeburten in Verbindung gebracht wurde. Wenn eine Frau stillt, können beim Baby Erbrechen, Hepatitis oder neurologische Anomalien auftreten. Nach meinem Dafürhalten sind diese möglichen Probleme zu schwerwiegend, um Stillen bei Frauen, die Isoniazid nehmen, zu rechtfertigen.

Rifampicin (z. B. Rifa®, Rimactan®) gehört zu den neuesten Medikamenten zur Behandlung von Tuberkulose. Untersuchungen bei Ratten und Mäusen, die im Mutterleib Rifampicin ausgesetzt wurden, haben Anomalien des Rückgrats und Wolfsrachen ergeben. Versuche an Menschen sind begrenzt, aber ermutigend – bei einer Studie an den Babys 313 tuberkulöser Frauen, die während der Schwangerschaft mit Rifampicin behandelt wurden, kamen keinerlei angeborene Anomalien vor – aber man weiß noch zuwenig über Rifampicin, um seinen Gebrauch während der Schwangerschaft zu empfehlen. Da nur ein kleiner Prozentsatz des einer Frau verabreichten Rifampicins in die Muttermilch gelangt, ist es für stillende Mütter vermutlich unbedenklich.

Ethambutol (z. B. Myambutol®) ist ein häufig verwendetes Mittel zur Behandlung von Tuberkulose. Es ist bekannt, daß Ethambutol bei Versuchstieren Anomalien verursacht, darunter Wolfsrachen sowie Anomalien an Herz, Wirbelsäule und Zentralnervensystem. Bei schwangeren Frauen wurde dieses Mittel nicht mit Fetalanomalien oder Wachstumshemmung in Verbindung gebracht. Ethambutol wird mit der Muttermilch abgesondert, aber seine Wirkungen auf den Säugling sind zur Zeit noch unbekannt.

P-Aminosalizylsäure wird nicht mehr so häufig zur Behandlung von Tuberkulose verwendet, aber die meisten Experten stimmen überein, daß es für die schwangere Frau oder ihren Fetus nicht schädlich ist.

Analgetika

Analgetika, das sind schmerzstillende Mittel, sind zweifellos die während Schwangerschaft, Wehen und Entbindung sowie der Nachgeburtszeit am meisten verschriebenen Arzneimittel.

Ist Azetylsalizylsäure in der Schwangerschaft ungefährlich?

Bis vor kurzem wurden Azetylsalizylsäure (ASS; z. B. Aspirin®) und ASS-enthaltende Medikamente von schätzungsweise 80% aller Schwangeren benutzt. Das ist jetzt nicht mehr so, und ich warne heute meine Patientinnen strikt vor dem Gebrauch von ASS und ASS-haltigen Mitteln. Leider wollen zu viele Frauen nichts von dieser Warnung wissen.

Laborversuche an Ratten und Mäusen, denen am Anfang der Schwangerschaft hohe Dosen ASS verabreicht wurden, haben eine größere Häufigkeit von Mißbildungen ergeben; ein Beweis für Mißbildungen an Menschen wurde jedoch noch nicht erbracht. Es gibt etliche widersprüchliche Berichte über die Wirkungen von ASS während der Schwangerschaft. In einer Studie stellte man fest, daß das Geburtsgewicht von Kindern, deren Mütter während der Schwangerschaft ASS genommen hatten, bedeutend niedriger war als das derjenigen, deren Mütter überhaupt keine Medikamente genommen hatten, und die Häufigkeit von Totgeburten und Tod der Neugeborenen war bei der mit ASS behandelten Gruppe bedeutend größer. Eine andere Studie fand dagegen keinen Zusammenhang zwischen dem Gebrauch von ASS vor der Geburt und diesen Komplikationen.

Nimmt eine Frau in den letzten beiden Schwangerschaftswochen übergroße Mengen ASS, kann beim Neugeborenen eine Salizylsäurevergifung auftreten. Wenn die Konzentration von ASS im Blut nachläßt, machen sich beim

Baby gewöhnlich innerhalb von 48 Stunden Entzugserscheinungen bemerkbar. Zu diesen gehören ein allgemeines Ansteigen des Muskeltonus, Reizbarkeit, Unruhe und schrilles Schreien.

Prostaglandine sind vom Körper erzeugte chemische Substanzen mit der Fähigkeit, starke Gebärmutterkontraktionen anzuregen. ASS ist eines von mehreren Arzneimitteln, die die Prostaglandinsynthese hemmen können (siehe Kapitel 10). Wenn ASS gegen Ende der Schwangerschaft genommen wird, kann es durch Verhindern der Prostaglandinfreisetzung das Einsetzen und den Abschluß der Wehen verzögern. Prostaglandinhemmern, darunter ASS, wird auch zugeschrieben, daß sie vorzeitig ein fetales Blutgefäß beim Herzen, den Ductus arteriosus, verschließen oder verengen. Dieses Gefäß bleibt gewöhnlich bis unmittelbar nach der Geburt offen. Schließt es sich, wenn der Fetus sich noch in der Gebärmutter befindet, kann dies beim Neugeborenen zu schweren Herz- und Lungenschäden führen.

Außer ASS müssen in der Schwangerschaft auch andere als schmerzstillende Mittel gebräuchliche Prostaglandinhemmer vermieden werden. Hierzu gehören Ibuprofen (z. B. Brufen®), Mefenaminsäure (z. B. Parkemed®), Naproxen (Naprosyn®, Proxen®), Indometacin (z. B. Amuno®), Sulindac (Imbaral®), Tolmetin (Tolectin®).

Eine möglicherweise ernstere Komplikation des Gebrauchs von ASS am Ende der Schwangerschaft sind Veränderungen der Blutplättchen-Adhäsion, die zu einer größeren Häufigkeit von Blutungen der Mutter vor und nach der Entbindung, einem größeren Risiko intrakranieller (innerhalb des Schädels stattfindender) Blutungen beim Neugeborenen und zum Tod des Neugeborenen führen können. Obgleich dies wahrscheinlich nur eintritt, wenn ASS ständig in großen Mengen von mehr als zehn Tabletten täglich genommen wird, haben Forschungen ergeben, daß schon die Einnahme von nur einer Tablette Aspirin® durch die Mutter anomale Plättchenveränderungen verursachen kann, die vier bis sieben Tage anhalten können. Zu früh geborene Kinder sind besonders anfällig für intrakranielle Blutungen, wenn ihre Mütter ASS genommen haben.

Obgleich ASS in die Muttermilch abgesondert wird, dürften bei normalen therapeutischen Dosen die Wirkungen auf den Säugling minimal sein. Hohe von der Mutter eingenommene Dosen von mehr als 15 Tabletten Aspirin® täglich können bewirken, daß sich beim Baby Ausschlag und Atemnot einstellen. Wenn eine stillende Mutter ASS nimmt, verringert sich das Risiko für ihr Kind, wenn sie das Medikament unmittelbar nach dem Stillen nimmt, weil der größte Teil davon bis zur nächsten Fütterung ein paar Stunden später metabolisiert wird.

Leider ist zu wenigen Patientinnen und Ärzten klar, daß Azetylsalizylsäure in vielen Schmerzmitteln enthalten ist.

Welche ungefährlichen Alternativen zu Azetylsalizylsäure gibt es zur Schmerzlinderung während der Schwangerschaft?

Paracetamol (z. B. Ben-u-ron®, Enelfa®) ruft nicht die nachteiligen Reaktionen hervor, wie sie beim Gebrauch von ASS auftreten. Es ist ein ungefährliches rezeptfreies Analgetikum, das während der ganzen Schwangerschaft und Stillzeit genommen werden kann.
Pentazocin (Fortral®) ist ein nichtbetäubendes schmerzstillendes Mittel für leichte bis starke Schmerzen. Pentazocin wird zwar oft von Patienten als Ersatz genommen, die süchtig, empfindlich oder allergisch auf Betäubungsmittel sind, doch kann längerer Gebrauch zu Abhängigkeit führen. Die Unbedenklichkeit von Pentazocin während der Schwangerschaft ist nicht erwiesen. In Tierversuchen wurden jedoch keine Nachkommen mit Mißbildungen hervorgebracht. Ständige Einnahme seitens der Mutter während der Schwangerschaft hat zur Geburt süchtiger Kinder geführt. Entzugserscheinungen bei diesen Babys umfassen Zittern, Appetitlosigkeit und Hyperaktivität. Bei Frauen, denen dieses Medikament lediglich während der Wehen verabreicht wurde, sind keine nachteiligen Wirkungen aufgetreten, und auch ihren Neugeborenen ging es gut. Dennoch schlägt der Hersteller von Pentazocin vor, daß Frauen, die ein frühgeborenes Kind haben, das Mittel mit Vorsicht einnehmen, da bei Frühgeborenen die Fähigkeit, das Medikament zu metabolisieren und unwirksam zu machen, gering ist.
Pentazocin wird nicht in der Muttermilch abgesondert und ist daher ein ideales Analgetikum für stillende Frauen mit leichten bis starken Schmerzen.

Was sind Mutterkorn-Alkaloide, und welchen Einfluß haben sie auf Schwangerschaft und Stillen?

Mutterkorn-Alkaloide nennt man eine Gruppe von Arzneimitteln, die häufig zur Linderung von Kopfweh und Migräne angewendet werden. Zu den bekannten Präparaten zählt Cafergot® (enthält Ergotamin-Tartrat und Koffein). Es sollte während der Schwangerschaft nicht genommen werden, weil es starke Gebärmutterkontraktionen, Sauerstoffmangel beim Fetus und Fehlgeburten verursachen kann.
Man hat festgestellt, daß Mutterkorn-Alkaloide in hohen Konzentrationen in die Muttermilch gelangen und Ergotismus (Vergiftung durch Mutterkorn) bei Säuglingen hervorrufen. Zu den Ergotismus-Symptomen gehören Schwäche, Erbrechen, Durchfall, schwacher Puls und schwankender Blutdruck. Außerdem verringern diese Medikamente die Muttermilchmenge beträchtlich.

Sind Betäubungsmittel während Schwangerschaft und Wehen gefährlich?

Zwar wurde in Kapitel 4 auf die Gefahren des Mißbrauchs von Betäubungsmitteln für den Ausgang der Schwangerschaft hingewiesen, aber einige dieser Medikamente wurden mit großem Erfolg zur Behandlung leichter bis starker Schmerzen während Schwangerschaft, Wehen und Nachgeburtszeit eingesetzt. Wenn sie während der ersten beiden Schwangerschaftsdrittel in der richtigen therapeutischen Dosis genommen wurden, hat man nicht feststellen können, daß es häufiger als normal zum Verlust des Fetus, Chromosomenschäden oder körperlichen Anomalien gekommen wäre.

Kodein ist häufig Bestandteil von Schmerzmitteln. Eine große Schmerzlinderung wird in der Schwangerschaft gefahrlos erzielt, wenn Kodein mit Paracetamol in einer Tablette kombiniert ist.

Von einem Zusammenhang zwischen dem Gebrauch von Kodein in den ersten beiden Schwangerschaftsdritteln und fetalem Tod oder Anomalien ist nichts bekannt. Obgleich Kodein mit der Muttermilch übertragen wird, beeinträchtigt es, in normalen therapeutischen Dosen genommen, nicht die Reflexe oder die Atmung des Säuglings.

Alle Betäubungsmittel gehen über die Plazenta rasch vom mütterlichen in den fetalen Kreislauf und die fetale Hirnmasse über. Leider metabolisiert der Fetus diese Medikamente nur langsam und führt sie in weit geringerer Geschwindigkeit als der, mit der er sie erhält, in den Kreislauf der Mutter zurück. Unrichtig während der Wehen angewendete Betäubungsmittel haben beim Neugeborenen Atemnot, schwachen Muskeltonus, Verlangsamung des Herzschlags (Bradykardie) und niedrige Körpertemperatur (Hypothermie) verursacht.

Wenn Beruhigungsmittel in Kombination mit Betäubungsmitteln (zur Erhöhung der Wirksamkeit des Betäubungsmittels) angewendet werden, können die depressiven Effekte auf das Baby noch stärker sein. Es gibt auch kaum Beweise für den Wert einer solchen Praxis. Im Gegenteil, die Forschung läßt vermuten, daß Barbiturate (Schlafmittel) die schmerzstillende Wirkung von Betäubungsmitteln eher beeinträchtigen.

Der Gebrauch von Betäubungsmitteln während der Wehen sollte bei Frauen unterbleiben, bei denen besondere Schwangerschaftsprobleme wie Frühgeburt und fetale Wachstumshemmung vorliegen, weil ihre Kinder bekanntlich empfindlicher auf diese Mittel reagieren. Das liegt daran, daß die Plazenta eines solchen Fetus das metabolisierte Betäubungsmittel nicht so schnell in den Kreislauf der Mutter zurückführen kann wie die eines gesunden Fetus.

Welches Analgetikum während der Wehen angewendet wird, hängt oft von der persönlichen Erfahrung Ihres Arztes mit einem bestimmten Mittel ab. Die meisten Geburtshelfer verwenden kein Morphin mehr, weil es eher als andere Betäubungsmittel bei der Mutter Übelkeit und beim Kind Atemnot verursachen kann.

Können Betäubungsmittel die Dauer der Wehen und die Tests beeinflussen, die über das Befinden des Fetus während der Wehen Auskunft geben sollen?

Die frühe Wehenphase ist durch Gebärmutterkontraktionen ohne Erweiterung des Gebärmutterhalses gekennzeichnet. Es wird allgemein angenommen, daß zu dieser Zeit verabreichte Betäubungsmittel die Stärke und Häufigkeit der Gebär-

mutterkontraktionen verringern und die Frühphase unnötig verlängern.
Die aktive Wehenphase ist durch Kontraktionen gekennzeichnet, die eine rasche Dehnung des Gebärmutterhalses bewirken. Manche Forscher glauben, wenn diese Phase erreicht ist, haben Medikamente eine geringe Wirkung auf die Verlangsamung der Gebärmuttertätigkeit und können sie manchmal sogar steigern.
Die Verwendung von Betäubungsmitteln während der Wehen kann zu einer Veränderung des fetalen Herzrhythmus führen, wie man auf dem elektronischen Überwachungsgerät festgestellt hat. Variabler fetaler Herzschlag ist ein Zeichen, daß ein Baby gesund ist. In einer 1978 vorgenommenen Studie von schwangeren Frauen, die während der Wehen intravenös Betäubungsmittel verabreicht bekamen, stellte man ein alarmierendes Absinken der fetalen Herzschlagvariabilität fest. Eine weitere auf dem Überwachungsgerät beobachtete Herzschlaganomalie ist das sogenannte Sinusoid (siehe Kapitel 10), das bei 17 von 40 untersuchten Frauen, die zur Linderung der Wehenschmerzen ein Betäubungsmittel bekamen, auftrat und durchschnittlich 60 Min. andauerte. Diese Veränderungen wurden jedoch nicht mit einer merklichen Depression des Babys bei der Geburt in Verbindung gebracht.

Mittel gegen Übelkeit und Erbrechen

Was kann ich gegen Morgenübelkeit tun?

Übelkeit und Erbrechen sind zu Beginn der Schwangerschaft eine überaus häufige Erscheinung. Besser als Medikamente sind trockene Kekse, die Sie kauen, und Eisstückchen, die Sie lutschen können. Es hilft auch oft, ein sehr heißes oder sehr kaltes Getränk zu trinken. Das lindert die Symptome beträchtlich und macht das Einnehmen von Medikamenten meistens überflüssig.

Antazida und Antispasmolytika (Mittel gegen Übersäuerung und krampflösende Medikamente)

Kann ich in der Schwangerschaft Antazida benutzen?

Bekannte Antazida wie Gelusil®, Kompensan®, Maaloxan®, Rennie® oder Solugastril® können in der Schwangerschaft unbedenklich zur Linderung von Sodbrennen und Übersäuerung genommen werden.
Tagamet® ist der Handelsname für Cimetidin, ein neues Medikament zur Behandlung von Übersäuerungsbeschwerden. Im Gegensatz zu den anderen Medikamenten wirkt Cimetidin durch Blockierung der Wirkungen von Histamin, dem Körperhormon, das für die Freisetzung von Säure aus der Magenschleimhaut zuständig ist. Da das Medi-

kament noch neu ist, gibt es bislang wenig Erfahrung mit seiner Verwendung bei Schwangeren. Tierversuche haben ergeben, daß es rasch durch die Plazenta zum Fetus gelangt, aber Entwicklungsanomalien sind nicht nachgewiesen. Es ist nicht bekannt, ob Cimetidin bei Menschen in die Muttermilch abgesondert wird. Bis man mehr Erfahrungen mit diesem ausgezeichneten Medikament hat, ist es das beste, es während Schwangerschaft und Stillzeit nicht zu nehmen.

Welche anderen Medikamente gibt es gegen Magen- und Darmbeschwerden während der Schwangerschaft?

Die meisten gegen Magen- und Darmbeschwerden verordneten Medikamente sollten während der Schwangerschaft lieber nicht genommen werden. Da die meisten derartigen Beschwerden wie Darmkrämpfe, Kolitis und Magengeschwüre oft mit Angst- und Spannungszuständen verbunden sind, haben die Hersteller die krampflösenden Mittel mit den sogenannten milden Tranquilizern (Beruhigungsmitteln), z.B. einem Benzodiazepin, in einer Tablette kombiniert, wie etwa Librax®. Diese Kombinationen werden nur erwähnt, um verurteilt zu werden. Sie dürfen in der Schwangerschaft, insbesondere im ersten Drittel, keinesfalls genommen werden. Ich warne auch stillende Mütter vor der Einnahme von leichten Tranquilizern oder Medikamenten, welche diese enthalten.

Was kann ich gegen Verstopfung während der Schwangerschaft tun?

Für die meisten schwangeren Frauen ist Verstopfung ein ärgerliches Problem. Es tritt auf, weil in dieser Zeit die weichen Darmmuskeln schlaff werden und dadurch der wellenartigen Vorwärtsbewegung, der Peristaltik, entgegenwirken. Eisenhaltige Vitaminpräparate verschlimmern dieses Übel nur. Glücklicherweise ist von keinem der häufig gebrauchten Laxativa (Abführmittel) und stuhlerweichenden Mittel bekannt, daß es der Entwicklung des Fetus schadet.

Die stillende Frau sollte jedoch bei der Wahl eines Laxativums vorsichtig sein, weil manche dieser Mittel beim Säugling erhöhte Darmtätigkeit und Durchfall auslösen können. Präparate, die Cascararinde (Cortex rhamni Purshiani) enthalten, werden besser gemieden. Stuhlerweichende Mittel wie Salzklistiere, Quellmittel (z.B. Weizenkleie) und Mineralöl (Paraffinöl) sind dagegen harmlos. Laxativa, die Senna enthalten, rufen beim Säugling keine Beschwerden hervor, wenn sie in therapeutischen Dosen verabreicht werden. Allerdings ist bei Säuglingen, deren Mütter größere als normale Mengen Senna genommen hatten, Durchfall aufgetreten. Phenolphthalein ist eine Chemikalie, die in vielen rezeptfreien Abführmitteln enthalten ist. Zwar sind die Berichte über die Wirkung dieser Präparate auf den Darm des Säuglings widersprüchlich, aber man nimmt allgemein an, daß sie in normalen therapeutischen Dosen unbedenklich genommen werden können.

Mittel zur Abschwellung der Nasenschleimhaut, Allergie- und Asthmamedikamente

---

Was kann man bei geschwollener Nasenschleimhaut tun, und wie geht man mit Allergien in der Schwangerschaft um?

Wenn man bedenkt, wie oft Frauenärzte darum gebeten werden, geschwollene Nasenschleimhaut, allergische Reaktionen und Bronchialasthma in der Schwangerschaft zu behandeln, dann ist es erschreckend, wie wenig über die Sicherheit von Medikamenten zur Linderung dieser Beschwerden bekannt ist. Antihistaminika und abschwellende Mittel werden in der Schwangerschaft sehr häufig verschrieben, weil viele Frauen, die vorher keine Allergien hatten, unter Beschwerden leiden, die man »vasomotorische Rhinitis und Sinusitis« nennt. Diese harmlose, jedoch lästige Erscheinung ist durch verstopfte Nase, Schleimhautschwellung und Sekretionen gekennzeichnet. Die Symptome können jederzeit in der Schwangerschaft auftreten und verschwinden innerhalb von ein bis zwei Tagen nach der Entbindung. Die Ursache von vasomotorischer Rhinitis und Sinusitis in der Schwangerschaft ist zwar unbekannt, aber die Ärzte nehmen an, daß sie mit den vielen hormonellen Veränderungen in dieser Zeit zusammenhängen.

Antihistaminika sind nützlich zur Behandlung von Nesselsucht, negativen Reaktionen auf Medikamente sowie allergischer Rhinitis (Entzündung der Nasenmembrane) infolge von Heuschnupfen und Empfindlichkeit gegen Staub oder Schimmel. In einer 1977 durchgeführten epidemiologischen Untersuchung an Tausenden von Frauen, die in den ersten fünf Schwangerschaftsmonaten mit Antihistaminika behandelt wurden, kamen die Forscher zu dem Schluß, daß Brompheniramin statistisch eher als andere Mittel mit Anomalien bei Neugeborenen in Verbindung zu bringen war. Antihistaminika, die Diphenhydramin, Pheniramin und Chlorphenamin enthalten, wurden für unbedenklich befunden, wenn sie in der Schwangerschaft umsichtig verwendet wurden; allerdings wiesen die Autoren auf die zahlreichen Variablen und wenig stichhaltigen Schlußfolgerungen ihrer Untersuchungen hin.

Bronchodilatatoren sind eine Gruppe von Medikamenten, welche die Atemwege erweitern. Sie werden häufig wirksam zur Behandlung von Bronchialasthma eingesetzt und können mit anderen Medikamenten in Tablettenform, Flüssigkeiten und Nasensprays kombiniert werden.

Theophyllin (z. B. Aminophyllin®, Euphyllin®) ist wohl das bekannteste Bronchospasmolytikum. Allerdings haben Ärzte kürzlich bemerkt, daß seine Verwendung in der Schwangerschaft problematisch sein kann. Ein Bericht von 1979 schildert, daß asthmatische Frauen, denen Theophyllin gegeben wurde, eine längere durchschnittliche Wehendauer hatten als nichtbehandelte Frauen. Dies ist zweifellos der muskelerschlaffenden Wirkung dieses Medikamentes zuzuschreiben. In einem anderen 1979 veröffentlichten Artikel berichten Ärzte, daß zwei Neugeborene und ihre Mütter zur Zeit der Geburt einen vergleichbaren Theophyllin-Blutspiegel hatten. Zwar hatte kein Baby ernste Symptome, aber es beweist, daß ein Baby unfähig ist, dieses Medikament zu metabolisieren und auszuscheiden. Bei einigen Neugeborenen, bei deren Müttern ein hoher Theophyllingehalt im Blut gefunden wurde, wurden vorübergehende Nervosität und Herzrasen beobachtet.

Cromoglicinsäure (Intal®) ist ein Medikament, das bei regelmäßigem Gebrauch den Ausbruch von starkem Bronchialasthma verhindert. Es ist besonders wohltuend für Personen, bei denen Häufigkeit und Intensität von Asthmaanfällen vollkommen unberechenbar sind. Es ist weder ein Bronchodilatator noch ein Antihistaminikum und ist zur Behandlung eines akuten Asthmaanfalls nicht geeignet. Es wird durch einen Inhalator in die Nasenwege inhaliert. Tierversuche haben bei normalen therapeutischen Gaben von Cromoglicinsäure keine nachteiligen Wirkungen auf den Fetus ergeben. Obgleich Versuche mit der Anwendung von Cromoglicinsäure bei Menschen begrenzt sind, sind bei Beobachtungen bislang keine schädlichen Wirkungen auf den Fetus zutage getreten. Die meisten Experten halten die Anwendung von Cromoglicinsäure in der Schwangerschaft für unbedenklich.

Während viele Medikamente im ersten Schwangerschaftsdrittel für die Frucht gefährlich sind, sind diejenigen, die Jodid enthalten, dann am riskantesten, wenn sie *nach* der zwölften Schwangerschaftswoche genommen werden. Nach der zwölften Woche beginnt die Schilddrüse des Fetus zu funktionieren, d.h., sie nimmt Jodid auf. Jodid, das der Mutter verabreicht wird, kann die Plazenta passieren und beim Neugeborenen zu angeborener Kropfbildung und Unterfunktion der Schilddrüse führen. In einigen Fällen kann der vergrößerte Kropf die Luftwege des Kindes blockieren und Atemnot verursachen.

Ist Cortison zur Asthmabehandlung während der Schwangerschaft gefährlich?

Cortison ist nur eine von mehreren ähnlich strukturierten chemischen Substanzen, den sogenannten Corticosteroiden. In Tablettenform und als Injektion sind sie von unschätzbarem Wert bei der Behandlung von schweren Anfällen von Bronchialasthma, das auf andere Therapien nicht anspricht. Darüber hinaus wurden sie zur Behandlung von Allergien und schweren Leiden wie Nebenniereninsuffizienz erfolgreich eingesetzt; weitere Anwendungsgebiete sind die sogenannten Kollagenosen, z.B. rheumatische Arthritis und Lupus erythematodes (Autoimmunkrankheit, Erkrankung des Gefäßbindegewebssystems), dann bestimmte Nierenleiden, die chronische eitrige Kolitis, Haut- und Augenleiden, Schock und bestimmte Arten von Leukämie und Krebs.

Selbstverständlich müssen Corticosteroide zu jeder Zeit in der Schwangerschaft verabreicht werden, wenn feststeht, daß sie zur erfolgreichen Behandlung einer schweren Krankheit notwendig sind. Diese Mittel können jedoch unerwünschte Nebenwirkungen hervorrufen: Der Flüssigkeits- und Elektrolyt-Haushalt kann aus dem Gleichgewicht geraten, anomale Glukosetoleranz und Diabetes, Anfälligkeit für Infektionen, Magengeschwüre, die bluten oder durchbrechen können, Osteoporose (Schwund des Knochengewebes), Ansteigen des Blutdrucks, allgemeine Muskelschwäche und seelische Störungen sind mögliche Komplikationen. Über lange Zeit genommene hohe Dosen von Corticosteroiden führen zu einem typischen »Mondgesicht«, Fettleibigkeit ohne Einbeziehung von Armen und Beinen (Stammfettsucht), einem sogenannten Stiernacken, Striae (strichförmige Hautbezirke, in denen die elastischen Fasern der Haut geschädigt sind), Akne und übermäßigem Haarwuchs im Gesicht und am Körper. Diese schweren und bedauerlichen Nebenwirkungen erscheinen vor allem dann, wenn Corticosteroide über längere Zeit oral, intramuskulär oder intravenös verabreicht werden. Obgleich keine klinischen Erkenntnisse über die Unbedenklichkeit von Nasensprays und Aerosolen mit Corticosteroiden wie etwa Dexamethason und Beclomethason vorliegen, glauben die meisten Fachleute, daß diese mit geringerer Wahrscheinlichkeit die unangenehmen Komplikationen bewirken. Daher ist es das beste, es bei verstopfter Nase und Asthma zunächst mit solchen Sprays und Aerosolen zu versuchen, bevor man zu stärkeren Mitteln greift. Cremes und Gels mit Corticosteroiden haben selten diese schweren Nebenwirkungen, weil nur ein kleiner Bruchteil der Gesamtmenge von der Haut in den Blutkreislauf aufgenommen wird.

Werden Corticosteroide länger als zwei oder drei Tage genommen, sollte man sie schrittweise absetzen, um eine durch akute Nebenniereninsuffizienz verursachte Entzugserscheinung zu verhindern. Frühe Anzeichen dieser möglicherweise gefährlichen Erscheinung sind Fieber, Muskelschwäche und Gelenkschmerzen. Überdies kann die normale Reaktion der Nebenniere auf Anstrengungen wie Wehen und Operationen mehrere Monate nach Absetzen der Corticosteroide gehemmt sein. Aus diesem Grund verabreichen die Ärzte Personen, denen dieses Medikament innerhalb von sechs Monaten vor einer starken Beanspruchung wie Wehen oder Operationen gegeben wurde, oft eine Wiederholungsinjektion mit Corticosteroiden.

Die meisten Berichte in der medizinischen Literatur bestätigen die Unbedenklichkeit selbst hoher Dosen von Corticosteroiden in der Schwangerschaft. Es gibt jedoch ein paar wichtige Ausnahmen. Die Medikamente können für eine Mutter und ihren Fetus ein hohes Risiko darstellen und sollten nur verschrieben werden, wenn es absolut nötig ist. Wenn eine Schwangere Corticosteroide nimmt, dann ist nicht nur ihre Fähigkeit vermindert, die Anstrengungen von Wehen, Anästhesie oder Operationen auszuhalten, sondern es können sich noch weitere Probleme ergeben, die mit verändertem Blutzucker, Natriumspeicherung und erhöhtem Blutdruck zusammenhängen.

Laborversuche mit Kaninchen lassen vermuten, daß die Behandlung mit Corticosteroiden mit einem häufigeren Vorkommen von Wolfsrachen und Spaltlippe korreliert; bei Menschen konnte dieser Zusammenhang nicht bewiesen werden. In einem alarmierenden Artikel, der 1968 in England erschien, wurde jedoch berichtet, daß 8 von 34 Schwangeren, die das Steroid Prednisolon nahmen, Totgeburten hatten und bei 9 weiteren Anhalt für eine Gefährdung des Fetus (Fetal distress) vor der Entbindung gefunden wurde. Und in einer Studie von 1978 stellte man fest, daß von voll ausgetragenen Neugeborenen, die vor der Geburt Prednisolon ausgesetzt waren, eine beträchtliche Anzahl weniger als 5 Pfd. wog.

In den letzten Jahren wurden Corticosteroide häufig Müttern verabreicht, bei denen mit einer Frühgeburt zu rechnen war. Man nimmt an, daß diese Medikamente die Fähigkeit besitzen, die Produktion einer Substanz in der Lunge des Babys, des sogenannten Surfactant, zu stimulieren, das Atemnot bei diesen kleinen Babys verhindert (siehe Kapitel 10). Wenn Corticosteroide zu diesem Zweck über einen kurzen Zeitraum angewendet werden, ist es unwahrscheinlich, daß sie bei Mutter oder Fetus zu Komplikationen führen. Nachfolgeuntersuchungen von siebenjährigen Kindern, denen im Mutterleib Corticosteroide zur Reifung ihrer Lungen gegeben worden waren, zeigen, daß ihre körperliche Entwicklung, ihr Lesevermögen, ihre motorische Koordination, Intelligenz und psychische Reife, verglichen mit Kindern, die keine Medikamente erhalten hatten, ganz normal waren.

Hohe Dosen von Corticosteroiden, die einer Schwangeren gegeben werden, können ein anomales Absinken des Östriolspiegels bewirken, dessen Werte über das Befinden des Fetus Auskunft geben. In diesem Fall kann der Test fälschlicherweise Fetal distress anzeigen, obwohl der Zustand des Babys ausgezeichnet ist.

Untersuchungen haben ergeben, daß Corticosteroide mit der Muttermilch an das Kind weitergegeben werden, von Nebenwirkungen ist aber bis jetzt nichts bekannt.

Ist eine Desensibilisierung in der Schwangerschaft gefährlich?

Desensibilisierung nennt man eine Behandlung, bei der ein Arzt periodisch geringe Mengen von Allergenen in die Haut injiziert, von Substanzen also, gegen die eine Person allergisch ist. Ziel dieser Therapie ist es, allmählich eine Immunität oder Resistenz gegen den betreffenden Stoff aufzubauen. Wenn eine Schwangere eine Desensibilisierung benötigt oder bereits erhält, sollte diese behutsam vorgenommen werden, um schwere Reaktionen zu vermeiden. Dies gilt vor allem im ersten Schwangerschaftsdrittel. Bei Kindern von allergischen Müttern besteht eine um 50% höhere Wahrscheinlichkeit als bei anderen Kindern, daß sich bei ihnen Allergien entwickeln. Aus diesem Grunde sind einige Ärzte der Meinung, daß ein Kind, dessen Mutter in der Schwangerschaft weiterhin Allergene injiziert bekommt, später vermutlich nicht so empfänglich für Allergien ist.

Ein Allergietest der Haut ist der erste Schritt, den ein Facharzt für Allergie (in der Regel ein Hautarzt) unternimmt, um das Allergen zu bestimmen, auf das eine Person am empfindlichsten reagiert. Wie bei der Desensibilisierung muß auch beim Hautallergietest mit aller

Vorsicht vorgegangen werden. Im Idealfall sollte eine Allergie- und Asthmabehandlung geraume Zeit vor einer geplanten Schwangerschaft beginnen, so daß das Leiden mit einer minimalen Menge von Medikamenten oder Immuntherapie unter Kontrolle gebracht werden kann.

Schlaftabletten

Gibt es Schlaftabletten, die in der Schwangerschaft ohne Bedenken genommen werden können?

Die Medikamente, die wir im allgemeinen Schlaftabletten nennen, gehören eigentlich zu der Gruppe der sogenannten Sedativa und Hypnotika. Es gibt darunter mehrere Kategorien, und ich rate meinen Patientinnen, während der Schwangerschaft auf alle zu verzichten.

Barbiturate sind bis heute die meistverschriebenen Sedativa. Sie sind unter einer Vielzahl von Handelsnamen erhältlich, etwa Nembutal® (Pentobarbital) und Luminal® (Phenobarbital). Tierversuche und Studien an schwangeren Frauen lassen vermuten, daß es weitaus häufiger als sonst zu Fetalanomalien kommt, wenn in den ersten drei Schwangerschaftsmonaten Barbiturate eingenommen werden. Alle Barbiturate durchdringen rasch die Plazentaschranke und werden in Leber und Gehirn des Fetus abgelagert. Der Fetus ist gefährdet, weil seine Nieren nicht in der Lage sind, Barbiturate rasch abzubauen. Infolgedessen findet sich das Medikament beim Fetus oft in höherer Konzentration als bei der Mutter.

Wenn Barbiturate innerhalb von acht Stunden vor der Entbindung genommen werden, können sie die Plazentaschranke durchdringen und beim Neugeborenen Schläfrigkeit und Atemdepression verursachen. Diese Komplikation ist besonders schwer zu behandeln, weil es bei der Atemdepression des Neugeborenen, die durch Barbiturate verursacht wurde, anders als bei Narkotika (Betäubungsmitteln) kein wirksames Gegenmittel gibt, künstliche Beatmung ausgenommen. Barbiturat-Entzugserscheinungen wurden auch bei Babys beobachtet, deren Mütter während der ganzen Schwangerschaft oder im letzten Drittel hohe Dosen dieser Medikamente genommen hatten.

Zwar ist bekannt, daß Barbiturate in die Muttermilch gelangen, aber es gibt in der medizinischen Literatur nur einen nennenswerten Fall von Benommenheit bei einem gestillten Baby. Trotzdem sollten Frauen aufhören zu stillen, wenn ihnen diese Medikamente verschrieben werden.

Glutethimid (Doriden®) ist noch nicht hinreichend untersucht, um seine Verwendung in Schwangerschaft oder Stillzeit zu empfehlen. Es sind jedoch Entzugserscheinungen bei Kindern aufgetreten, deren Mütter von diesem Medikament abhängig waren, und es ist zu vermuten, daß es nachhaltige schädliche Wirkungen auf das Neugeborene hat.

Chloralhydrat (Chloraldurat®) ist ein wirksames Sedativum, das früher als Suppositorium verwendet wurde, um die Spannungszustände im Frühstadium der Wehen zu verringern. Es wird zu diesem Zweck nicht mehr empfohlen. Eine Verbindung zwischen dem Gebrauch dieses Mittels und Fetalanomalien ist nicht bekannt, weshalb es Barbituraten vorzuziehen wäre, wenn in der Schwangerschaft ein Beruhigungsmittel vonnöten wäre. Obgleich Choralhydrat in die Muttermilch gelangt, ist die Menge so unerheblich, daß bei normalen empfohlenen Dosen keine Gefahr für den Säugling besteht.

Dalmadorm® ist der Handelsname für Flurazepam-Hydrochlorid, ein relativ neues Mittel, das die Barbiturate als beliebtestes Schlafmittel ablöst. Obgleich Flurazepam noch nicht hinreichend erforscht ist, um festzustellen, ob es mit Fetalanomalien in Zusammenhang steht, sollte es in der Schwangerschaft vermieden werden, weil es wegen seiner Struktur zu den Benzodiazepinen zählt, einer Gruppe milder Tranquilizer.

Methyprylon (Noludar®) ist ein Sedativum, über das zuwenig bekannt ist, als daß es in der Schwangerschaft oder Stillzeit empfohlen werden könnte.

Tranquilizer und andere Psychopharmaka

Was sind leichte Tranquilizer?

Die leichten Tranquilizer gehören zu einer Gruppe von Arzneimitteln, die zur Linderung akuter Angst- und nervöser Spannungszustände verwendet werden. Leider werden sie von sehr vielen Menschen einfach aufs Geratewohl genommen – d.h. letztlich mißbraucht. Vielen Konsumenten ist es entweder nicht bewußt oder aber egal, daß diese Medikamente abhängig machen können. In unserer Gesellschaft ist es an der Tagesordnung, Tranquilizer als Heilmittel für die geringsten Belastungen des täglichen Lebens zu nehmen, was sich an der Tatsache ablesen läßt, daß Vertreter der Benzodiazepine (z.B. Diazepam, besser bekannt unter seinem Handelsnamen Valium®, und Oxazepam, u.a. als Adumbran® im Handel) die häufigstverschriebenen Beruhigungsmittel sind. Zu den bekannten leichten Tranquilizern zählt auch Meprobamat (z.B. Cyrpon®) und das Benzodiazepin Chlordiazepoxid (z.B. Librium®). Wenngleich alle diese Medikamente als leichte Tranquilizer gelten, kann die Einnahme in der Schwangerschaft zu schweren Komplikationen führen.

Was ist Thalidomid (Contergan), und wie konnte es nach Einnahme während der Schwangerschaft zu den bekannten Folgen kommen?

Eine der größten Tragödien in der Geschichte der Gynäkologie ist mit dem leichten Tranquilizer Thalidomid, besser bekannt unter seinem Handelsnamen Contergan, verbunden. Dieses zuerst in Deutschland verwendete Medikament war in den 60er Jahren sehr beliebt. Unglücklicherweise wurden 5000 bis 10000 Kinder mit schweren Mißbildungen geboren, nachdem ihren Müttern zwischen dem 20. und 40. Tag nach der Empfängnis Thalidomid gegeben worden war. Das Erschreckendste am Fall Thalidomid ist, daß das Medikament ausgiebig an Mäusen, Kaninchen und Ratten erprobt worden war, bevor es freigegeben wurde. Die Versuchstiere waren jedoch für die mißbildenden Effekte nicht empfindlich. Nach Aufdeckung der Tragödie wurden Laborversuche an Primaten vorgenommen, z.B. an Pavianen und Pinseläffchen, und bei ihnen kam es zu denselben Mißbildungen wie beim Menschen. Dies hat die Forscher zu dem Schluß geführt, daß Versuche an Primaten zur Beurteilung von mißbildenden Wirkungen von Medikamenten weit größeren Wert haben als Versuche an Ratten, Mäusen und Kaninchen. Leider wurde keiner der heute erhältlichen leichten Tranquilizer dermaßen gründlich im Labor getestet, so daß sie in der Schwangerschaft am besten nicht genommen werden.

Welche Auswirkungen können die zur Zeit gebräuchlichen leichten Tranquilizer auf die Schwangerschaft haben, und welche Wirkungen zeigen sich möglicherweise bei einem gestillten Kind?

In einer Studie, die 1974 veröffentlicht wurde, untersuchten Ärzte, inwiefern das Auftreten von schweren angeborenen Mißbildungen mit der Einnahme von Meprobamat oder Chlordiazepoxid in den ersten sechs Schwangerschaftswochen zusammenhängen könnte. Die Quote von Anomalien pro 100 Lebendgeburten betrug 12,1 und 11,4 bei den Gruppen, die Meprobamat beziehungsweise Chlordiazepoxid genommen hatten, dagegen nur 2,6 Fälle auf 100 Geburten bei Frauen, die keine Medikamente genommen hatten. Die am häufigsten festgestellten Anomalien betrafen das Herz, es wurde aber auch von Gelenk- und Schädeldefekten berichtet. In anderen Studien wurde ein Zusammenhang hergestellt zwischen der Einnahme von Meprobamat und Diazepam im ersten Schwangerschaftsdrittel und einem signifikant häufigeren Auftreten von Hasenscharten und Gaumenspalten.

Wenn eine Frau im dritten Schwangerschaftsdrittel über einen längeren Zeitraum relativ hohe Dosen Diazepam nimmt, können bei dem Neugeborenen Erregung und andere Entzugserscheinungen auftreten, selbst wenn das Medikament sich nach der Geburt nicht mehr im Blutkreislauf befindet.

Von intravenösen und intramuskulären Gaben von Diazepam als Tranquilizer während der Wehen ist abzuraten, weil das Medikament die Plazentaschranke durchdringt und dem Baby schaden kann. Die Wirkungen können beim Neugeborenen nach der Entbindung acht bis zehn Tage anhalten und treten insbesondere bei Frühgeborenen auf.

Besonders gefährlich ist der Gebrauch von Narkotika in Verbindung mit Tranquilizern, weil die schädliche Wirkung beider verstärkt werden kann. Wenn diese Kombination angewendet wird, sollte die übliche Dosis des Narkotikums um mindestens ein Drittel verringert werden. Während die von Narkotika verursachten Schäden mit einem Narkotika-Antagonisten wie etwa Naloxon behoben werden können, gibt es kein spezielles Gegenmittel, um die schädlichen Wirkungen von Tranquilizern aufzuheben.

Ein Anzeichen für das Wohlbefinden

des Fetus während der Wehen ist die kontinuierliche Variabilität (Änderung) seiner Herzschlagfrequenz. Diese sogenannte Variabilität von Herzschlag zu Herzschlag kann unterbunden werden, wenn einer Mutter während der Wehen Tranquilizer gegeben werden. Forscher vertreten die Theorie, daß dies daran liegt, daß diese Medikamente die Leistungsfähigkeit der Nerven herabsetzen, die die Herzfunktion des Fetus kontrollieren.

Bestimmte Anästhetika können gelegentlich ein anomales Absinken des Blutdrucks bewirken (Hypotonie). Dies wiederum kann das Risiko von Fetal distress erhöhen, weil weniger Sauerstoff durch die Plazenta von der Mutter zum Kind gelangt. Während der Wehen verabreichte Tranquilizer können diese schädliche Hypotension erhöhen.

Eine stillende Frau muß unbedingt wissen, daß die Konzentration von Meprobamat in der Muttermilch zwei- bis viermal stärker ist als in ihrem Blutkreislauf. Chlordiazepoxid und Diazepam dagegen gelangen in geringeren Konzentrationen in die Muttermilch, und es ist unwahrscheinlich, daß es einem Säugling schadet, wenn seine Mutter diese Präparate in therapeutischen Dosen einnimmt. Dennoch empfiehlt der Hersteller von Diazepam, daß Frauen, denen dieses Medikament verschrieben wird, mit dem Stillen aufhören.

Welche Medikamente werden zur Behandlung schwerer psychischer Leiden verwendet, und wie können sie den Verlauf der Schwangerschaft beeinflussen?

Leider wird die Hälfte der Medikamente zur Behandlung schwerer psychischer Leiden sowie verschiedener Arten von psychotisch gestörtem Verhalten von Ärzten verschrieben, die keine Psychiater sind und häufig nichts von den möglicherweise schädlichen Wirkungen bei Schwangeren wissen.

Die manisch-depressive Psychose ist eine häufige, sehr schwere psychiatrisch relevante Störung, die durch unberechenbare, gefährliche Stimmungsumschwünge gekennzeichnet ist. Sie wird mit Lithiumkarbonat behandelt. Lithium verursacht jedoch schwere Anomalien und sollte von schwangeren Frauen und solchen, bei denen eine Empfängnis wahrscheinlich ist, keinesfalls genommen werden. Untersuchungen an Kindern, die im ersten Schwangerschaftsdrittel Lithiumkarbonat ausgesetzt waren, haben eine 9%ige Häufigkeit von schweren Anomalien am Herzen und seinen großen Blutgefäßen ergeben. Außerdem hat man Defekte des Zentralnervensystems und des äußeren Ohrs festgestellt. Am empfindlichsten ist der Fetus in der Zeit zwischen dem 11. und 90. Tag nach der Empfängnis. Aufgrund der Schwere dieser Anomalien wurden Babys, die Lithium ausgesetzt waren, registriert, damit man die Typen von Anomalien, die mit dem Gebrauch dieser Medikamente verbunden sind, genauer bestimmen kann.

Frauen, die in den letzten zwei Schwangerschaftsdritteln mit Lithium behandelt werden, sollen ihren Salzkonsum nicht einschränken und keine harntreibenden Mittel (Diuretika) nehmen. Wenn der Salzverbrauch eingeschränkt wird, wird die Ausscheidung von Lithium reduziert, was zu einer Lithiumvergiftung führen kann. Wenn irgend möglich, meiden Sie das Medikament im letzten Schwangerschaftsmonat, weil es bei der Geburt beim Kind Vergiftungen, schwachen Muskeltonus und Funktionsstörungen der Schilddrüse hervorrufen kann. Lithium gelangt zu einem Viertel bis zur Hälfte der sich im Serum der Mutter befindenden Konzentration in die Muttermilch. Daher ist es ratsam, wenn Mütter, die mit Lithium behandelt werden, auf das Stillen verzichten.

Viele Neuroleptika (Arzneimittel zur Behandlung von Erregungszuständen) sind von einer chemischen Gruppe, den sogenannten Phenothiazinen, abgeleitet. Bekannte Phenothiazine sind Chlorpromazin (Megaphen®), Promazin (Protactyl®), Trifluoperazin (Jatroneural®), Thioridazin (Melleril®) und Fluphenazin (z. B. Omca®). Untersuchungen haben nicht eindeutig ergeben, ob diese Medikamente Mißbildungen verursachen. Es gibt jedoch einige Berichte von anomalen neuromuskulären Reaktionen bei Neugeborenen, wenn gegen Ende der Schwangerschaft Phenothiazine genommen wurden. Frauen, die Phenothiazine nehmen, können ihre Babys vermutlich unbedenklich stillen, weil selbst bei hohen Dosen nur sehr geringe Mengen in die Muttermilch gelangen.

Haloperidol (z. B. Haldol®) ist ein häufig zur Behandlung psychotischer Störungen angewendetes Medikament. Gelegentlich sind schwere Mißbildungen der Gliedmaßen aufgetreten, wenn eine Mutter zu Beginn des ersten Schwangerschaftsdrittels Haloperidol genommen hatte. Haloperidol gelangt in etwas höheren Konzentrationen in die Muttermilch als die Phenothiazine.

Die neueste Gruppe von Medikamenten, die sogenannten trizyklischen Antidepressiva, ist noch nicht hinreichend klinisch erforscht. Obgleich vielfache Versuche mit Ratten keine Fetalanomalien ergeben haben, werden diese Medikamente zum Gebrauch während der Schwangerschaft nicht empfohlen. In einigen Fällen sind bei Neugeborenen in den ersten 30 Lebenstagen Entzugserscheinungen beobachtet worden, wenn ihre Mütter gegen Ende der Schwangerschaft trizyklische Antidepressiva genommen hatten. Bei diesen Babys traten Kurzatmigkeit, kränkliche Gesichtsfarbe, Herzrasen, Reizbarkeit, starkes Schwitzen sowie Harnverhaltung auf. Bei den meisten Untersuchungen wurden geringe oder keine Absonderungen dieser Antidepressiva in der Muttermilch festgestellt, was den Schluß zuläßt, daß Frauen, die diese Medikamente nehmen, nicht mit dem Stillen aufzuhören brauchen. Einige wenige Studien haben jedoch ergeben, daß der Gehalt an trizyklischen Antidepressiva in der Muttermilch demjenigen im Blutkreislauf der Mutter entsprach. Amitriptylin (Laroxyl®, Saroten®, Tryptizol), Doxepin (Aponal®, Sinquan®), Imipramin (Tofranil®) sind z. B. trizyklische Antidepressiva.

Über die fetalen Wirkungen einer anderen Gruppe von Antidepressiva, der sogenannten Monoaminoxidase-Hemmer (MAO-Hemmer), ist sehr wenig bekannt. Im Gegensatz zu den trizyklischen Antidepressiva, welche die Muttermilchmenge erhöhen, hemmen diese Medikamente die Milchbildung und sollten nicht genommen werden, wenn eine Frau ihr Baby zu stillen beabsichtigt. Tranylcypromin (Parnate®) ist ein bekannter MAO-Hemmer.

Antikonvulsiva (krampflösende Mittel)

Welche Probleme können in der Schwangerschaft auftreten, wenn eine Frau wegen Anfallsleiden behandelt wird?

Frauenärzte und Neurologen, die eine schwangere Epileptikerin behandeln, stehen oft vor schwierigen Entscheidungen. Antikonvulsiva – unverzichtbar, um Anfälle unter Kontrolle zu halten – können ein erhöhtes Risiko fetaler Schädigung beinhalten, während das Absetzen des Medikaments Anfälle auslösen kann, die für die Schwangere und den Fetus noch gefährlicher sein können. Studien lassen vermuten, daß die Anfallhäufigkeit bei 45% der Schwangeren steigt, bei 50% unverändert bleibt und nur bei 5% sinkt.

Phenytoin (z.B. Epanutin®, Phenhydan® und Zentropil®) ist das gebräuchlichste Antikonvulsivum. Es gehört zu einer Gruppe von Medikamenten, den Hydantoinen. Erstaunlicherweise wurde ein Zusammenhang zwischen dem Gebrauch von Hydantoin und angeborenen Mißbildungen erstmals 1970 festgestellt, obwohl dieses Mittel seit vielen Jahren in Gebrauch war. Gaumenspalten, Hasenscharten und angeborene Herzfehler wurden sowohl bei wiederholten tierischen als auch bei menschlichen Versuchen nachgewiesen. Die Häufigkeit von angeborenen Herzfehlern beträgt bei der normalen Bevölkerung etwa 5 Fälle auf 1000 Geburten, und die von Gaumenspalte und Hasenscharte beträgt 2 Fälle auf 1000 Geburten. Bei Kindern von Epileptikerinnen, die Antikonvulsiva nehmen, steigt die Häufigkeit dieser Fälle auf 10 pro 1000 Geburten an.

Neben diesen Mißbildungen haben einige Autoren eine Gruppe von Anomalien, das sogenannte fetale Hydantoin-Syndrom beschrieben. Dieses tritt bei 11% der Kinder auf, die im Mutterleib Hydantoinen ausgesetzt waren, und besteht aus pränataler und nachgeburtlicher Wachstumshemmung, einem anomal kleinen Kopf (Mikrozephalie) und geistiger Zurückgebliebenheit.

Bei Neugeborenen, deren Mütter mit Hydantoinen behandelt wurden, sind tödliche Blutungen aufgetreten. Studien haben ergeben, daß Neugeborene mit derartigen Blutungen an einem Mangel an Vitamin K leiden, das zur Blutgerinnung notwendig ist. Die Blutungen treten gewöhnlich innerhalb von 24 Stunden nach der Geburt auf und können Gehirn, Lungen und Unterleibsorgane des Kindes mit einbeziehen.

Hydantoine, in normalen therapeutischen Mengen genommen, gelangen bis zu einem Viertel der Konzentration, die sich im Blutkreislauf der Mutter befindet, in die Muttermilch. Diese Menge ist vermutlich zu gering, um sich nachteilig auf das Kind auszuwirken, und die meisten Fachleute glauben, daß eine Frau mit dem Stillen fortfahren kann, wenn sie diese Medikamente nimmt.

Phenobarbital (z. B. Luminal®), ein Barbiturat, wird häufig gegen Epilepsie verschrieben. Wie bereits erwähnt, führt der Gebrauch von Phenobarbital zu einer erhöhten Quote von angeborenen Mißbildungen. Allerdings wird angenommen, daß die Häufigkeit schwerer Mißbildungen, wie Gaumenspalte, Hasenscharte und angeborene Herzfehler, bedeutend geringer ist als bei Hydantoin. Der Gebrauch von Phenobarbital im letzten Schwangerschaftsdrittel und in der Nachgeburtszeit birgt andere Probleme (siehe Schlaftabletten, S. 206).

Trimethadion (Tridione®) wird angewendet, um leichtere Anfälle namens Petit mal unter Kontrolle zu bringen. Der Zusammenhang zwischen Einnahme dieses Mittels in der Schwangerschaft und fetalen Mißbildungen ist deutlicher nachgewiesen als bei anderen Antikonvulsiva, und dieses Medikament sollte in der Schwangerschaft niemals genommen werden. Ebenso gefährlich ist Paramethadion (Paradione®). Wie bei den Hydantoinen wurde festgestellt, daß es einen Zusammenhang gibt zwischen der Einnahme von Trimethadion seitens der Mutter und schweren Blutungen beim Kind während der ersten 24 Lebensstunden. Das liegt daran, daß das Medikament einen Defekt bei den Vitamin-K-abhängigen Gerinnungsfaktoren verursacht. Ob Trimethadion während der Stillzeit unbedenklich genommen werden kann, ist zur Zeit noch unbekannt.

Carbamazepin (Tegretal®, Timonil®) ist ein neueres, wirksames Medikament zur Behandlung von Epilepsie. Die Erkenntnisse hinsichtlich der Wirkung von Carbamazepin auf den Schwangerschaftsverlauf sind sehr beschränkt, aber in einer Untersuchung von nur drei menschlichen Schwangerschaften stellten die Ärzte einen Zusammenhang zwischen der Einnahme von Carbamazepin und Anomalien bei zwei Kindern fest. Bevor neuere Erkenntnisse vorliegen, würde ich vom Gebrauch dieses Medikamentes während Schwangerschaft und Stillzeit abraten.

Valproinsäure (z. B. Ergenyl®, Leptilan®) ist ein Antikonvulsivum, das zur Behandlung kurzer und meist leichter Anfälle eingesetzt wird. Die Wirkungen von Valproinsäure auf menschliche Schwangerschaften sind unbekannt, aber Tierversuche mit Ratten und Kaninchen haben erwiesen, daß das Medikament die Plazentaschranke passiert. Tiere, denen während der Trächtigkeit Valproinsäure verabreicht wurde, wiesen höhere Quoten an fetalen Rippen- und Wirbelanomalien, Absterben des Fetus sowie verzögertes Einsetzen der Wehen auf, und wenn Valproinsäure in der Stillzeit verabreicht wurde, waren Wachstum und Überleben gefährdet.

Was raten Sie einer Schwangeren mit einem Anfallsleiden?

Im Idealfall sollten Sie sich vor der Empfängnis von einem Neurologen gründlich untersuchen lassen. Manchmal stellt sich heraus, daß ein bestimmtes Medikament, das Sie nehmen, unnötig ist, besonders wenn Sie seit mehreren

Jahren keinen Anfall hatten. Manchmal kann das Medikament, das Sie nehmen, gegen ein anderes ausgetauscht werden, das mit geringerer Wahrscheinlichkeit Fetalanomalien verursacht. Wenn Sie Trimethadion nehmen, sollte es vor einer beabsichtigten Schwangerschaft abgesetzt und durch eine weniger gefährliche Alternative ersetzt werden. Sie müssen wissen, daß selbst, wenn Sie während der Schwangerschaft keine Medikamente nehmen und keinen Anfall haben, die Möglichkeit, daß Sie ein anomales Kind zur Welt bringen, etwas größer ist als beim Durchschnitt. Die modernen Methoden zur Erkennung fetaler Anomalien sind in dieser speziellen Situation wenig hilfreich.

Wenn Sie Hydantoine benötigen, seien Sie versichert, daß Sie eine 90%ige Chance haben, ein normales Kind zur Welt bringen. Wenn Sie Phenobarbital nehmen, ist das Risiko, daß Sie ein mißgebildetes Kind gebären, vermutlich bedeutend geringer als die für Hydantoine festgesetzte Höhe von 10%. Wenn Ihr Arzt befindet, daß diese Medikamente während der Schwangerschaft genommen werden müssen, sollten Sie seinen Rat befolgen, weil das Risiko von Schäden bei Mutter und Kind größer sein kann, wenn schwere und unkontrollierte Anfälle auftreten. Gelegentlich kann die benötigte Dosis eines Antikonvulsivums zur Anfallkontrolle mit fortschreitender Schwangerschaft sogar steigen.

Vergewissern Sie sich, daß Ihr Baby im Kreißsaal eine intramuskuläre Injektion von Vitamin K (Konakion®) erhält, wenn Sie vor der Entbindung mit Hydantoinen oder Barbituraten behandelt wurden. Dadurch wird eine Blutung verhindert, die möglicherweise auftreten könnte, wenn die Gerinnungsfaktoren durch ein Antikonvulsivum vermindert wären. Manche Ärzte verabreichen Vitamin K in den letzten Schwangerschaftsmonaten und während der Wehen, um dieser Komplikation vorzubeugen, obwohl der Nutzen dieser Behandlung nicht erwiesen ist. Ein schwerwiegender Nachteil der Verabreichung von Vitamin-K-Injektionen vor der Entbindung ist der, daß dadurch beim Baby kurz nach der Geburt Gelbsucht auftreten kann.

Nach der Entbindung muß Ihr Baby gründlich auf angeborene Mißbildungen untersucht werden, und die Säuglingsstation muß angewiesen werden, während der ersten 24 Lebensstunden alle zwei bis vier Stunden die Gerinnungsfaktoren und die Thrombozyten auszuzählen. Kinder, die Phenobarbital ausgesetzt waren, müssen auf Benommenheit und Barbiturat-Entzugserscheinungen hin beobachtet werden.

Antikoagulantien (gerinnungshemmende Mittel)

Was sind Antikoagulantien, und welche Probleme können sie in der Schwangerschaft verursachen?

Antikoagulantien sind Medikamente, die die Blutgerinnung hemmen und lebensrettend wirken können. Ein Thrombus ist ein Blutgerinnsel an einer Arterien- oder Venenwand. Thromben können Venenentzündungen verursachen.

Meist sind die Bein- und Beckenvenen betroffen. Entzündungen der oberflächlichen Venen führen nur selten zu schweren Komplikationen. Solche der tiefen (also großen) Bein- und Beckenvenen jedoch können lebensgefährlich sein. Mitunter tritt diese Form der Venenentzündung ohne warnende Symptome auf. Wenn sich ein Thrombus von der Venenwand löst, spricht man vom Embolus. Wird er beispielsweise in die Lungenstrombahn eingeschwemmt, entsteht eine Lungenembolie – wurde die Öffnung eines großen Sauerstoffbefördernden Blutgefäßes verstopft, kann das augenblicklich zum Tode führen. Antikoagulantien verhindern die Entstehung und Verbreitung von Thromben und wirken somit Venenentzündungen, Lungenembolien, Schlaganfällen und Herzinfarkten entgegen.

Antikoagulantien werden entweder oral oder als Injektion verabreicht. Orale Präparate sind Warfarin (Coumadin®), Acenocoumarol (Sintrom®) und Phenprocoumon (Marcumar®). Letzteres kann auch injiziert werden. Nur als Injektionspräparat wird Heparin angewendet. Heparin kann intravenös oder subkutan verabreicht werden. Es sollte nicht intramuskulär gegeben werden, weil an der Injektionsstelle eine Blutung (Hämatom) entstehen kann. Im ersten Schwangerschaftsdrittel können orale Antikoagulantien in 15 bis 25% der Fälle die sogenannte Warfarin-Embryopathie verursachen. Charakteristisch hierfür sind unterentwickelte Nasenknorpel, röntgenologisch sichtbare Knorpeldefekte der Wirbelsäule und Röhrenknochen, kleine Finger und Hände, Atrophie der Augennerven, zu Blindheit führender grauer Star, körperliche und geistige Zurückgebliebenheit sowie ein anomal kleiner Kopf. Wenn eine Schwangere im zweiten Drittel orale Antikoagulantien nimmt, können zusätzlich auch noch fetale Blutungen auftreten. Im letzten Drittel verursachten diese Medikamente vereinzelt fetale und plazentare Blutungen.

Ist während der Schwangerschaft eine Behandlung mit Antikoagulantien notwendig, so wird Heparin bevorzugt, wenngleich es nicht gänzlich harmlos ist. Trotz der Tatsache, daß Heparin die Plazenta nicht passiert, wurden in einer Studie an Schwangeren, die Heparin einnahmen, 12% Totgeburten und 30% Frühgeburten festgestellt. Dies muß jedoch nicht unbedingt auf den Gebrauch von Heparin zurückzuführen sein, sondern kann auch an der Grundkrankheit gelegen haben. Längerer Gebrauch von Heparin kann eine Osteoporose (Knochenschwund) verschlimmern. Schwere Osteoporose wiederum führt mitunter zu Knochenbrüchen beispielsweise der Wirbel. Neuere englische Studien lassen den Schluß zu, daß Schwangere hierfür anfälliger sind als Nichtschwangere. Im Wochenbett besteht bei Heparinmedikation ein 50%iges Blutungsrisiko.

Die meisten medizinischen Lehrbücher raten aus Furcht, die Blutgerinnung des Babys zu beeinträchtigen, vom Gebrauch oraler Antikoagulantien während des Stillens ab. Neuere Studien haben jedoch eindeutig ergeben, daß Warfarin und Heparin nicht in die Muttermilch gelangen und daher dem Säugling nicht schaden können.

Antihypertonika (Mittel zur Behandlung zu hohen Blutdrucks)

Welche Medikamente zur Behandlung von Hypertonie (hoher Blutdruck) müssen in der Schwangerschaft gemieden, und welche können unbedenklich genommen werden?

Hypertonie (chronisch erhöhter Blutdruck) tritt bei schätzungsweise 5 bis 10% der erwachsenen Bevölkerung auf. Die Ursache des erhöhten Blutdrucks ist in 90% der Fälle unbekannt. Eine bestimmte Art von Hypertonie tritt besonders nach der 20. Schwangerschaftswoche auf. Sie ist als Präeklampsie, Eklampsie oder Schwangerschaftstoxikose bekannt. Schwangerschaftsbedingte Hypertonie klingt nach der Geburt vollständig ab.

Eine Vielfalt von antihypertonischen Mitteln wurden zum Gebrauch während der Schwangerschaft verordnet. Darunter sind einige alles andere als ideal, und manche sind zweifellos eine schlechte Empfehlung.

Reserpin ist ein klassisches Beispiel für ein bekanntes Antihypertonikum, das in der Schwangerschaft nicht genommen werden sollte. Abgesehen davon, daß es bei Bewegungen oder Veränderungen der Haltung ein zu plötzliches Absinken des Blutdrucks verursacht, kann es auch zu erhöhter Sekretion von Magensäure, zu Magengeschwüren und häufigem Stuhlgang führen. Eine ungewöhnliche Komplikation, zu der es durch die Verwendung von Reserpin kommen kann, ist Nasenverstopfung bei der Mutter, weil sich die Äderchen in der Nase erweitern. Interessanterweise passiert Reserpin die Plazentaschranke und verursacht dieselbe Veränderung beim Fetus. Der Unterschied ist jedoch, daß die schwere Nasenverstopfung beim Neugeborenen in Verbindung mit übermäßiger Schleimbildung gefährlichen Respiratory distress verursacht. Andere unerfreuliche fetale Effekte sind Lethargie, Appetitlosigkeit und Bradykardie (anomal langsame Herzfrequenz). Diese Wirkungen können verringert werden, wenn das Medikament einen Tag vor der Entbindung nicht mehr genommen wird – eine Erkenntnis von geringem praktischem Nutzen, weil es gewöhnlich schwierig, wenn nicht gar unmöglich ist, das Einsetzen der Wehen vorauszusagen. Reserpin gelangt in beträchtlichen Mengen in die Muttermilch und hat bei Säuglingen Lethargie, Durchfall und Nasenverstopfung zur Folge.

Reserpin ist in Serpasil® und auch in vielen Kombinationspräparaten enthalten.

Dociton® ist ein Handelsname für Propranolol, ein neues Medikament zur Behandlung von Hypertonie. Propranolol und andere Medikamente von ähnlicher chemischer Struktur werden als Beta-Blocker bezeichnet. Sie wurden in Europa erfolgreich zur Behandlung von Hypertonie während der Schwangerschaft eingesetzt. Amerikanische Ärzte zögern dagegen, Beta-Blocker in der Schwangerschaft zu verschreiben, weil in einzelnen Fällen von fetaler Wachstumshemmung, einer höheren Totgeburtenquote, verlängerten Wehen und, nach der Entbindung, von anomal niedrigem Blutzuckerspiegel (Hypoglykämie) und einer anomal niedrigen Herzschlagfrequenz

(Bradykardie) berichtet wurde, die drei Tage lang anhielten. Leider gibt es keine umfassenden Untersuchungen, welche die Sicherheit von Beta-Blockern in der Schwangerschaft getestet hätten.

Man nimmt an, daß die Konzentration von Propranolol in der Muttermilch weniger als 40% der Konzentration im Blutkreislauf der Mutter beträgt. Forscher haben 1979 ausgerechnet, daß ein Säugling lediglich 1/100 einer normalen pädiatrischen Dosis resorbiert und daß diese Menge unbedenklich ist. Dennoch rieten die Autoren zu sorgfältigen Beobachtungen der gestillten Kinder auf Anzeichen von Atemdepression, Hypoglykämie und Bradykardie.

Clonidin (Catapresan®) ist ein Antihypertensivum, das erst noch intensiv getestet werden muß, bevor es zum Gebrauch während der Schwangerschaft empfohlen werden kann. Eingehende Tierversuche haben nicht ergeben, daß dieses Medikament zu Mißbildungen führt, aber sie ergaben eine höhere Häufigkeit von frühzeitigem Verlust des Fetus. Probleme bei der Mutter, die mit Clonidin zusammenhängen – Salz- und Flüssigkeitsspeicherung, Verdauungsstörungen, Benommenheit und anomales Absinken des Blutdrucks – mögen schwangere Frauen vom Gebrauch dieses Medikamentes abhalten. Die Sicherheit von Clonidin für den Säugling muß erst noch bewiesen werden.

Diazoxid (Hypertonalum®) ist ein starkes Antihypertensivum, das zur Bekämpfung schwerer Notfälle von Hypertonie intravenös verabreicht wird. Die unerfreulichen Nebenwirkungen bei der Mutter, wie schwere Hypotonie, Salz- und Wasserspeicherung sowie Anstieg des Blutzuckers, begrenzen seine Wirksamkeit. Versuche mit trächtigen Affen und Schafen haben bewiesen, daß Diazoxid die Plazentaschranke passiert, und ein bis zwei Stunden nach der Injektion entsprach die Konzentration des Medikamentes beim Fetus derjenigen bei der Mutter. Man hat anhaltende Hyperglykämie (anomales Ansteigen des Blutzuckers) beobachtet und glaubt, daß diese von der Fähigkeit des Medikamentes herrührt, die Insulin produzierenden Zellen in der Bauchspeicheldrüse des Fetus zu zerstören. In einem 1980 im *Journal of the American Medical Association* veröffentlichten Bericht ist vom Tod eines Neugeborenen die Rede, das als Kind einer hypertonischen, unmittelbar vor der Entbindung mit Diazoxid behandelten Frau mit schwerer anhaltender Hyperglykämie zur Welt kam. Die Wirkung von Diazoxid beim Säugling ist zur Zeit noch unbekannt.

Das sicherste und wirkungsvollste Antihypertonikum zum Gebrauch während der Schwangerschaft ist Methyldopa (z.B. Aldometil®, Presinol®, Sembrina®). Die meisten Mediziner haben es für ein ideales Antihypertonikum zum langzeitigen Gebrauch in der Schwangerschaft befunden, weil es die Blut- und Sauerstoffzufuhr zum Uterus nicht beeinträchtigt. Die Unbedenklichkeit von Methyldopa für den Fetus ist durch mehrere klinische Versuche an Hunderten von Schwangerschaften erwiesen. Im Vergleich zu unbehandelten hypertonischen Patientinnen wurden bei denen, die Methyldopa nehmen, niedrigere Fehlgeburtenraten, höheres Geburtsgewicht der Babys, weniger Früh-

geburten und geringere Sterblichkeit der Neugeborenen festgestellt. In einer 1981 in England durchgeführten Studie stellten Ärzte jedoch fest, daß Kinder von Müttern, die in der Schwangerschaft mit Methyldopa behandelt wurden, in den ersten beiden Lebenstagen einen bedeutend niedrigeren Blutdruck hatten. Es gab keinen Beweis, daß die Kinder durch diesen vorübergehenden Zustand gefährdet waren. Das Medikament ist nicht frei von Nebenwirkungen bei der Mutter, wie etwa Benommenheit, Depressionen, Salzspeicherung und Verstopfung.
Methyldopa, das in hoher Konzentration in die Muttermilch gelangt, regt außerdem die Sekretion des Hormons Prolaktin aus der Hirnanhangdrüse an. Das mag die positive Wirkung haben, daß die Menge der Muttermilch erhöht wird. Die Sicherheit von Methyldopa bei stillenden Müttern ist jedoch noch nicht durch ausreichende klinische Tests erwiesen.

Diuretika (harntreibende Mittel)

Wie sicher sind harntreibende Mittel in der Schwangerschaft?

Diuretika sind Mittel, welche die Menge des ausgeschiedenen Urins erhöhen. Diese sogenannten harntreibenden Mittel sind medizinisch wertvoll bei der Behandlung von Hypertonie, Herzversagen und einer Vielzahl von Beschwerden, die durch Ödeme (Ansammlung von Flüssigkeit im Gewebe) gekennzeichnet sind. Prämenstruelle Ödeme werden häufig mit Diuretika erfolgreich gelindert.
Früher wurden Diuretika oft zur Linderung der normalen physiologischen Ödeme, die in der Schwangerschaft auftreten, eingesetzt. Einige Ärzte machten sogar den Vorschlag, sie prophylaktisch zu geben, um einer Schwangerschaftstoxikose vorzubeugen. Forschungen haben jedoch ergeben, daß regelmäßige Gaben von Diuretika in einer normalen Schwangerschaft Mutter und Kind unnötig gefährden und zur Verhütung von Präeklampsie nichts beitragen. Leider werden Diuretika schwangeren Frauen immer noch viel zu häufig verschrieben.
Ödeme sind in der Schwangerschaft selten ein Grund zur Sorge. Typisch für die sogenannten schwangerschaftsbedingten Ödeme sind Schwellungen an den Knöcheln. Die vergrößerte Gebärmutter schränkt den Blutfluß durch die Bein- und Beckenvenen ein. Die Vena cava ist eine große Vene, die das Blut aus dem unteren Bereich des Körpers zum Herzen transportiert. Sie verläuft rechts neben der Wirbelsäule, hinter der durch die Schwangerschaft vergrößerten Gebärmutter. Oft besteht die einzig notwendige Behandlung eines Ödems in der Schwangerschaft darin, sich für mehrere Stunden auf die linke Seite ins Bett zu legen. Das hindert die nach unten drückende Gebärmutter daran, auf die Vena cava zu sinken und so die Blutmenge aufzustauen, die aus den unteren Extremitäten transportiert wird. Weitere hilfreiche Maßnahmen zur Reduzierung von Ödemen sind Hochlegen der Beine und das Tragen von Stützstrümpfen. Wenn diese einfachen Maßnahmen

versagen und das Ödem so schlimm ist, daß es starke Beschwerden in den Beinen oder Taubheit und Schmerzen in den Händen verursacht, ist eine kurze Kur mit Diuretika gelegentlich angezeigt.

Von allen Diuretika sind Thiazide die in der Schwangerschaft meistverordnete Gruppe. Bekannte Thiazide sind Hydrochlorthiazid (z. B. Di-Chlotride®, Esidrix®), Trichlormethiazid (Esmarin®), Cyclopenthiazid (Navidrex®) und Polythiazid (Drenusil®). Thiazide sind auch in Kombination mit anderen Substanzen erhältlich.

Obwohl sie oft verschrieben werden, können thiazidhaltige Diuretika gelegentlich bei Schwangeren zu schweren Komplikationen führen. Eine ist z. B. die chemische Unausgeglichenheit durch extremen Kalium- und Salzverlust. Diese chemischen Veränderungen können auf den Kreislauf des Kindes übergreifen, wo sie Unregelmäßigkeiten des Herzschlags verursachen können. Pankreatitis (Entzündung der Bauchspeicheldrüse), Hyperglykämie (anomaler Anstieg des Blutzuckers) und Hyperurikämie (übermäßiges Ansteigen der Harnsäure im Blut) sind bei Müttern nach Gebrauch von Thiaziden während der Schwangerschaft beobachtet worden.

Obgleich man Thiazide nicht mit angeborenen Anomalien in Verbindung brachte, ist es zu fetalen Komplikationen gekommen, darunter geringes Geburtsgewicht, Salz- und Wasserverminderung, anomal niedriger Blutzucker und Verringerung der Blutzellenbildung im Knochenmark. Thrombozytopenie ist ein Mangel an Blutplättchen, die für den normalen Blutgerinnungsmechanismus lebenswichtig sind. Bei einem kleinen Prozentsatz von Neugeborenen tritt diese lebensgefährliche Komplikation als Folge der Verwendung von Thiaziden seitens ihrer Mütter auf. Thiazide werden während der Stillzeit am besten nicht genommen, weil sie in beträchtlicher Konzentration in der Muttermilch vorkommen und auch die Milchmenge verringern können.

Furosemid (z. B. Lasix®) ist ein neues, sehr starkes Diuretikum. Bei Versuchen am Menschen wurden bis heute keine Anomalien bei Kindern festgestellt, deren Müttern Furosemid gegeben wurde. Tierversuche haben jedoch ergeben, daß das Medikament Fetalanomalien verursachen kann, und es ist auch bekannt, daß es die Durchblutung der Gebärmutter verringert. Es gibt nur zwei triftige Gründe für die Anwendung dieses starken Diuretikums in der Schwangerschaft: eine schwere Herzinsuffizienz oder Nierenleiden, die eine sofortige und massive Urinausscheidung erfordern. Wie andere Diuretika vermindert Furosemid die Muttermilchmenge. Seine Konzentration in der Muttermilch und seine Wirkungen auf den Säugling sind noch nicht hinreichend erforscht.

Etacrynsäure (Hydromedin®) ist ein starkes Diuretikum, das aufgrund der raschen und massiven Urinausscheidung, die es erzeugt, rasch weite Verbreitung fand. Über seine Sicherheit während der Schwangerschaft ist jedoch wenig bekannt, und man sollte Müttern vom Gebrauch abraten. Es gibt gewisse Anzeichen, daß Etacrynsäure Gebärmutterkontraktionen bewirkt.

Spironolacton (z. B. Aldactone®) ist kein

so starkes Diuretikum wie Etacrynsäure. Man hat festgestellt, daß es die Plazentaschranke durchdringt, aber seine Wirkungen auf den Fetus sind noch nicht ermittelt. Ein Metabolit von Spironolacton namens Canrenon gelangt in die Muttermilch. Seine Wirkungen auf den Säugling sind unbekannt; trotzdem sollten Frauen mit dem Stillen aufhören, wenn sie mit Spironolacton behandelt werden müssen.

Herzmittel

Wie können Medikamente, die zur Behandlung von Herzrhythmusstörungen verwendet werden, den Schwangerschaftsverlauf beeinflussen?

Digitalis und seine Derivate werden häufig zur Behandlung von Herzversagen und anderen Herzbeschwerden, die durch Arhythmie (Rhythmusstörungen des Herzens) gekennzeichnet sind, eingesetzt. Zu den bekannteren Medikamenten dieser Gruppe gehören Digoxin (z.B. Digacin®, Lanicor®), Lanatosid C (z.B. Cedilanid®), Digitoxin (z.B. Digimerck®). Da Digitalis-Präparate für die Gesundheit der behandelten Personen so wichtig sind, ist es eine Erleichterung zu wissen, daß sie über unterschiedliche Zeiträume hinweg einer großen Zahl schwangerer Frauen gegeben wurden, ohne daß etwas von schädlichen Wirkungen auf den Fetus oder von Fetalanomalien bekannt geworden wäre. Alle Digitalis-Präparate gehen vom Kreislauf der Mutter in den des Fetus über und könnten theoretisch eine anomale Verlangsamung des fetalen Herzschlags verursachen. Dies scheint jedoch in der Regel kein Problem zu sein. In der medizinischen Literatur wird nur von einem einzigen Fall berichtet, wo das Absterben des Fetus auf eine von der Mutter genommene Überdosis Digitoxin zurückzuführen war. Der unwahrscheinliche Fall einer Digitalis-Vergiftung des Fetus dürfte am ehesten im achten Schwangerschaftsmonat eintreten.

Chinidin ist ein anderes häufig verschriebenes Mittel zur Behandlung von Rhythmusstörungen des Herzens. Es ist nicht bekannt, ob die Anwendung von Chinidin sich auf den Schwangerschaftsverlauf schädlich auswirken kann. Schätzungsweise 40% des im Organismus der Mutter befindlichen Medikamentes passieren die Plazentaschranke. Die meisten Ärzte meinen, daß eine Frau, die dieses Medikament benötigt, einigermaßen sicher sein kann, daß es den Schwangerschaftsverlauf nicht nachteilig beeinflußt. Chinidin gelangt in einer ähnlichen Konzentration wie die im Blutkreislauf der Mutter vorhandene Menge in die Muttermilch. Da das Medikament in der noch nicht ausgereiften Leber eines Neugeborenen kumulieren kann, sind die meisten Ärzte der Meinung, daß man verhindern sollte, daß ein Neugeborenes Chinidin regelmäßig auf dem Wege des Stillens aufnimmt.

Antidiabetika

Wie sicher sind die Medikamente zur Behandlung von Diabetes in der Schwangerschaft?

Da die schwangere Diabetikerin mit einem bedeutend höheren Risiko zu angeborenen Anomalien beim Kind oder zu einer Totgeburt rechnen muß, lassen sich die schädlichen Wirkungen von Medikamenten schwer von solchen unterscheiden, die durch den Diabetes selbst verursacht werden. Wie bei den Antikoagulanzien gibt es zwei Gruppen von Medikamenten zur Kontrolle von Diabetes: orale Antidiabetika und Insulin-Injektionen.

Tolbutamid (z.B. Artosin®, Rastinon®), ein bekanntes orales Antidiabetikum, wirkt, indem es die Synthese und die Freisetzung von Insulin aus der Bauchspeicheldrüse anregt. Es sollte in der Schwangerschaft nicht genommen werden, da Tierversuche eine größere Häufigkeit von angeborenen Anomalien und ein häufigeres Absterben des Fetus ergeben haben. Wird Tolbutamid einer Mutter gegen Ende der Schwangerschaft gegeben, gelangt es in den fetalen Kreislauf und regt die Bauchspeicheldrüse des Fetus zur Sekretion enormer Mengen von Insulin an, was zu einem gefährlichen Absinken des Blutzuckers beim Neugeborenen führen kann.

Chlorpropamid (Chloronase®, Diabetoral®) ist ein orales Antidiabetikum, das zusätzlich zu den durch Tolbutamid verursachten Problemen bei Neugeborenen zu Respiratory distress und einer Abnahme der Zahl der Blutplättchen führen kann. Andere Antidiabetika wie Glibenclamid (z.B. Euglucon®), Glisoxepid (Pro-Diaban®) und Glibornurid (Gluborid®, Glutril®) sollten in der Schwangerschaft ebenfalls keine Verwendung finden.

Es gibt keinen Beweis, daß Insulin bei Menschen Anomalien hervorruft, und es ist zweifellos das Medikament der Wahl zur Behandlung von Diabetes in der Schwangerschaft. Insulin gelangt nicht in die Muttermilch und stellt somit keine Gefahr für den Säugling dar.

Schilddrüsenmedikamente

Welche Probleme können auftreten, wenn während Schwangerschaft und Stillzeit Medikamente zur Behandlung von Schilddrüsenkrankheiten genommen werden?

Da eine unbehandelte Schilddrüsenkrankheit die Chancen einer Frau, eine Schwangerschaft auszutragen, verschlechtert, ist es unbedingt notwendig, daß so früh wie möglich eine Diagnose gestellt und mit der Behandlung begonnen wird, im Idealfall vor der Schwangerschaft. Eine normale Schwangerschaft bewirkt eine Anzahl von Veränderungen bei Schilddrüsenfunktions-Tests. Ein Arzt, der mit den entsprechenden Labortests nicht vertraut ist, kommt unter Umständen bei der Auswertung der Testergebnisse zu falschen Schlußfolgerungen. Infolgedessen werden zu oft Medikamente verschrieben, obwohl sie eigentlich nicht nötig sind.

Bei Frauen mit einer Unterfunktion der Schilddrüse (Hypothyreose) ist das Risiko, daß eine Schwangerschaft mit einer spontanen Fehlgeburt endet, erheblich größer als bei gesunden Frauen. Die naheliegende Behandlung für eine Schilddrüsen-Unterfunktion ist eine Therapie, die das Schilddrüsenhormon ersetzt. Am bekanntesten sind Schilddrüsenextrakte, welche die zwei natürlichen Hormone der Schilddrüse, Thyroxin und Trijodthyronin, enthalten. Schilddrüsenhormone scheinen, wenn überhaupt, nur sehr spärlich die Plazentaschranke zu durchdringen, infolgedessen ist man nie sicher, ob der Fetus in der Schwangerschaft ausreichende Mengen dieses Medikamentes erhält. Trotz des verbreiteten Gebrauchs von Schilddrüsenhormon wird in der Literatur nur vereinzelt von Kindern mit angeborenen Mißbildungen berichtet, deren Mütter diese Präparate genommen hatten. Die meisten Fachleute halten Thyroxin und Trijodthyronin für ausgesprochen ungefährlich.

Beispiele für natürliche sowie synthetische Schilddrüsenmedikamente sind Schilddrüsentabletten aus Extrakten tierischer Schilddrüsen, Levothyroxin-Natrium (= L-Thyroxin; z. B. Euthyrox®) und Liothyronin (= L-Trijodthyronin; Thybon®, Thyrotardin®). Regelmäßige Schilddrüsenfunktionstests während der Schwangerschaft sind von unschätzbarem Wert, um die Höhe der zu verabreichenden Dosis des Schilddrüsenhormons zu bestimmen.

Thyroxin und Trijodthyronin gelangen nicht in signifikanten Mengen in die Muttermilch. Eine Frau, die diese Medikamente nimmt, kann ihr Kind unbedenklich stillen. Wenn ein hypothyreotes Neugeborenes nicht sofort mit hinreichenden Mengen des Schilddrüsenhormons behandelt wird, können ständige geistige Zurückgebliebenheit und Kretinismus entstehen. Thyroxin und Trijodthyronin, von einer stillenden Frau eingenommen, haben dauernden Schaden bei Kindern verhindert, die mit schwerer Hypothyreose geboren wurden. In einer Studie hatten 12 von 15 gestillten Kindern, die mit Hypothyreose geboren wurden, eine durchschnittliche Intelligenz, dagegen nur 12 von 32 Kindern, die mit herkömmlichen Kindernährmitteln gefüttert wurden.

Die Behandlung von Hyperthyreose (Überfunktion der Schilddrüse) bei der Mutter ist viel schwieriger und unberechenbarer als die von Hypothyreose. Obgleich die zahlreichen Behandlungsverfahren, die von verschiedenen Spezialisten befürwortet werden, über den Rahmen dieser Erörterung hinausgehen, sei erwähnt, daß die bekannteste Methode die Suppression der Schilddrüsenüberfunktion der Mutter mit Propylthiouracil (z. B. Propycil®) oder Thiamazol (Favistan®) ist. Leider passieren diese Substanzen die Plazentaschranke und können beim Fetus zu schwerer Hypothyreose und sogar Kretinismus führen. Daher sollten diese Medikamente in der niedrigsten Dosis, die ausreicht, um die Schilddrüsenfunktion an der oberen Grenze des Normalen aufrechtzuerhalten, angewendet werden. Unter Idealbedingungen kann das Medikament zwei oder drei Wochen vor der Entbindung ganz abgesetzt werden, um die Risiken für den Fetus auf ein Minimum zu begrenzen.

Der Gebrauch von Propylthiouracil während der Schwangerschaft wurde, anders als bei Thiamazol, nicht mit Fetalanomalien in Verbindung gebracht. Es ist deshalb zur Suppression der Schilddrüsenüberfunktion während der Schwangerschaft geeigneter. In vielen älteren medizinischen Lehrbüchern steht, daß Frauen, die Propylthiouracil nehmen, ihre Kinder nicht stillen sollen. In einem Bericht aus Dänemark, der 1980 veröffentlicht wurde, ist jedoch klar erwiesen, daß das Mittel sich nicht signifikant in der Muttermilch konzentriert und daß Frauen, die dieses Medikament nehmen, ihre Babys ohne weiteres stillen können.

Propranolol (z. B. Dociton®) ist ein antihypertonisches Medikament, das zur Behandlung von Hyperthyreose immer mehr an Beliebtheit gewinnt. Die Sicherheit dieses Medikamentes während der Schwangerschaft wird jedoch in Frage gestellt (siehe S. 215 f.).

Jodide in hohen Dosen wurden ebenfalls zur Suppression der Schilddrüsenaktivität angewendet. Eine Einnahme von Jodiden nach der zwölften Schwangerschaftswoche ist nicht zu empfehlen, weil sie beim Fetus Hyperthyreose und Kropfbildung verursachen können. Es ist wohl überflüssig zu sagen, daß die Verwendung von radioaktivem Jod als Diagnosetest der Schilddrüsenfunktion oder zur Behandlung von Schilddrüsenkrankheiten in der Schwangerschaft absolut nicht zu empfehlen ist.

Sexualhormone

Welche Gefahren bestehen für den Fetus, wenn er in der Schwangerschaft Sexualhormonen ausgesetzt wird?

Wird die Frucht zu Beginn der Schwangerschaft natürlichen und synthetischen Östrogenen und Gestagenen ausgesetzt, so besteht ein erhöhtes Risiko zu Anomalien. Diese Präparate dürfen niemals als Mittel zur Herbeiführung einer verspäteten Periode verwendet werden, wenn nicht zuvor ein negativer Schwangerschaftstest erbracht wurde. Von Hormongaben als Mittel zur Verhinderung einer spontanen Fehlgeburt muß nachdrücklich abgeraten werden. Östrogene in Empfängnisverhütungspillen vermindern die Menge der Muttermilch, während Gestagene ihre Qualität nachteilig beeinflussen.

Zur Erörterung der nachteiligen Wirkungen weiblicher Geschlechtshormone bei einer Verwendung zu Beginn der Schwangerschaft – einschließlich Diethylstilbestrol – siehe Kapitel 1. Die Wirkungen von Hormonen auf die stillende Mutter und ihr Baby werden im 11. Kapitel erörtert.

Danazol (Winobanin®) ist ein relativ neues synthetisches Hormonpräparat, das in seiner Struktur dem männlichen Hormon Testosteron ähnelt, das wirksam zur Behandlung von Endometriose verwendet wurde. Dabei handelt es sich um eine gutartige, d. h. nicht krebsige Form der Versprengung und Wucherung von Gebärmutterschleimhaut außerhalb der Uterushöhle, etwa im Eierstock oder Becken. Endometriose kann mit Unfruchtbarkeit einhergehen, und

Danazol kann die Chancen einer Frau, schwanger zu werden, verbessern. Wenn es während der Einnahme von Danazol zu einer Schwangerschaft kommt, kann das Medikament die Geschlechtsteile des weiblichen Fetus maskulinisieren.

Vitamine

Wie wirkt sich die Einnahme von Vitaminen auf die Schwangerschaft aus?

Zuviel oder zuwenig Vitamine können den Schwangerschaftsverlauf merklich beeinflussen. Vitamine, die in höheren als den empfohlenen Dosen genommen werden, können die Frucht schädigen. Am häufigsten ist dies der Fall bei Vitamin A und Vitamin D. Es sind zwei Fälle von Mißbildungen der Harnwege bei Kindern bekannt, die im ersten Schwangerschaftsdrittel zuviel Vitamin A aufgenommen hatten. In einer 1972 durchgeführten Studie stellten Forscher bei Müttern von Kindern mit Mißbildungen des Zentralnervensystems einen höheren Vitamin-A-Spiegel fest als bei einer Kontrollgruppe. Es gibt ebenfalls einen Zusammenhang zwischen einem übermäßigen Vitamin-D-Konsum der Mutter und einer Hyperkalzämie (erhöhter Kalziumspiegel im Blut) beim Kind. Übermäßiger Vitamin-D-Konsum der Mutter während der Schwangerschaft steht darüber hinaus im Verdacht, eine Stenose (Verengung) der Aorta, der größten Arterie im Körper, zu verursachen.

Der sinnvolle Einsatz von Vitamingaben und die richtige Zusammensetzung der Ernährung während der Schwangerschaft werden in Kapitel 8 ausführlich besprochen.

8.
Ernährung

Im Laufe der letzten zehn Jahre fand das Thema Ernährung in der Schwangerschaft großes Interesse. Kaum zu glauben, daß noch vor gar nicht langer Zeit Frauenärzte auf strikter Gewichtskontrolle und Einschränkung des Salzverbrauchs bestanden, um einer Schwangerschaftstoxikose vorzubeugen. Die Patientinnen befolgten gehorsam diese falsche ärztliche Verordnung, oftmals zum Schaden ihrer Schwangerschaft. Die meisten schwangeren Frauen sind heutzutage besser informiert und wißbegieriger als die Frauen früher, und viele stellen erschrocken fest, daß sie mehr über Ernährung wissen als ihr Frauenarzt. Das ist nicht überraschend, da in Ausbildungs- und Assistentenzeit wenig Wert auf dieses wichtige Thema gelegt wird.

Gewicht

Wieviel soll ich bzw. darf ich während der Schwangerschaft zunehmen?

Tierversuche und Studien menschlicher Schwangerschaften zeigen deutlich, daß das Geburtsgewicht des Babys direkt mit zwei voneinander unabhängigen Faktoren zusammenhängt: dem Gewicht der Mutter vor der Schwangerschaft und ihrer Gewichtszunahme während der Schwangerschaft. Das Wachstum des Fetus erfordert Energie, und die kann nur durch eine angemessene Kalorienaufnahme der Mutter erzeugt werden.

Die meisten Ernährungswissenschaftler stimmen überein, daß die optimale Gewichtszunahme während der Schwangerschaft zwischen 20 und 24 Pfd. beträgt, 2 bis 4 Pfd. im ersten Schwangerschaftsdrittel und 10 Pfd. jeweils in den letzten zwei Schwangerschaftsdritteln. Das entspricht einer wöchentlichen Gewichtszunahme von fast 1 Pfd. während der letzten sechs Schwangerschaftsmonate. Das Baby nimmt hauptsächlich im Lauf der letzten drei Monate zu, die Mutter dagegen gleichmäßig über die ganze Schwangerschaft verteilt. Von der gesamten Gewichtszunahme während einer normalen Schwangerschaft entfällt etwas weniger als die Hälfte auf den Fetalbereich, also auf Fetus, Plazenta und Fruchtwasser.

Erwarten Sie aber nicht, daß Ihre Gewichtszunahme nach idealen Lehrbuch-Richtlinien verläuft. Die Anzahl der zugenommenen Pfunde variiert meistens von einem vorgeburtlichen Arztbesuch zum anderen, und Gewichtszunahmen von 30 Pfd. sind nicht unbedingt schädlich und können für manche untergewichtigen Frauen sogar wohltuend sein. Allerdings sollte man nicht der totalen Mißachtung vernünftiger Eßgewohnheiten und der Vernachlässigung aller diätetischen Einschränkungen das Wort reden; Völlerei der Mutter kann sich nachteilig auf das Kind auswirken und Wehen und Entbindung erschweren.

Es wäre unklug, wenn Ihr Arzt Ihre maximale Gewichtszunahme im Verlauf Ihrer Schwangerschaft strikt begrenzen würde, weil Sie Ihr Limit weit vor dem erwarteten Niederkunftsdatum erreichen können. Unter solchen Bedingungen könnte eine strenge Gewichtskontrolle dem Kind schaden. Man hat berechnet, daß ein Baby täglich etwa 30 g zunimmt und daß sich sein Gehirn während der letzten acht Schwangerschaftswochen am schnellsten entwikkelt. Während dieser Zeit werden mehr Kalorien und Nährstoffe benötigt als zu jeder anderen Zeit, und eine Einschränkung der Kalorienzufuhr bei der Mutter kann das Wachstum des Kindes und die Entwicklung seiner Gehirnzellen gefährden.

Besorgniserregend ist es allerdings, wenn eine Frau im dritten Schwangerschaftsdrittel trotz ausreichender Kalorienzufuhr kaum zu- oder gar abnimmt. Das kann auf eine schlecht arbeitende Plazenta und ein gefährdetes Kind hinweisen. Ebenso besorgniserregend ist es, wenn eine Frau über eine kurze Zeitspanne im letzten Schwangerschaftsdrittel plötzlich stark zunimmt. Das kann ein früher Hinweis auf drohende Präeklampsie sein. Wiegen Sie sich deshalb in wöchentlichen Abständen, und melden Sie merkliche Abweichungen vom Normalverlauf Ihrer Gewichtszunahme Ihrem Arzt.

Geht man davon aus, daß der normale Kalorienbedarf vor der Schwangerschaft etwa 2000 Kalorien täglich für erwachsene Frauen und 2300 Kalorien für im Wachstum begriffene Teenager beträgt, dann läßt sich eine angemessene Gewichtszunahme erreichen, wenn man die Zufuhr um mindestens 300 Kalorien täglich auf 2300 bzw. 2600 Kalorien erhöht. Das summiert sich zu einer Mehraufnahme von etwa 84000 Kalorien (300 × 280 Tage) während der Schwangerschaft. Viele Fachleute meinen, daß die tägliche Mindestkalorienaufnahme bei allen Frauen im letzten Schwangerschaftsdrittel 2600 Kalorien betragen sollte. Denken Sie unbedingt daran, daß sich die zusätzlich konsumierten Kalorien auf die zusätzlich benötigten Nährstoffe beziehen sollen. Vermeiden Sie daher sogenannte leere Kalorien wie Kartoffelchips und Erfrischungsgetränke, weil sie absolut keinen Nährwert haben und lediglich Ihren Appetit auf kräftigere Nahrung schmälern. In der Nachgeburtszeit benötigen Frauen, die ihre Kinder stillen, zusätzlich 750 Kalorien täglich mehr als Frauen, die ihre Kinder mit der Flasche füttern.

Die meisten Frauen befürchten, daß sie die während der Schwangerschaft erworbenen überschüssigen Pfunde nach der Entbindung nicht mehr loswerden. Dabei geht das Gewicht rasch zurück. Schätzungsweise 10 bis 12 Pfd. verschwinden schon während der Entbindung, wenn man das Durchschnittsgewicht von Baby, Plazenta und Fruchtwasser zusammenzählt. Im Lauf der nächsten sechs Wochen erfolgt die Rückbildung der Gebärmutter. Dabei geht wiederum überschüssige Körperflüssigkeit und überschüssiges Körperfett verloren. Man hat festgestellt, daß stillende Frauen ihr schwangerschaftsbedingtes Körperfett rascher verlieren als Frauen, die ihre Babys nicht stillen. Sechs Wochen nach der Geburt haben viele Frauen erfreulicherweise nur noch 5 bis 10 Pfd. zu verlieren, um ihr normales Vorschwangerschaftsgewicht zu erreichen.

Gelten dieselben Empfehlungen auch für untergewichtige und unterernährte Frauen?

Liegt das Gewicht einer Frau vor der Schwangerschaft um 5% oder mehr unterhalb des ihrer Größe entsprechenden Idealgewichts, besteht für sie ein bedeutend größeres Risiko, ein Kind mit geringem Geburtsgewicht von weniger als 5 Pfd. zur Welt zu bringen. Forscher haben bewiesen, daß ein Vorschwangerschaftsgewicht von unter 110 Pfd., verbunden mit einer Gesamtzunahme von weniger als 10 Pfd. im Verlauf der Schwangerschaft, zur Geburt von Kindern mit erheblich geringerem Geburtsgewicht führte, und sie empfehlen untergewichtigen Frauen, wenigstens zu versuchen, ihr Idealgewicht zu erreichen, bevor sie schwanger werden.

Leider können die Folgen, die einem Kind daraus erwachsen, daß es von einer untergewichtigen Mutter geboren wurde, möglicherweise niemals rückgängig gemacht werden. Die meisten Fachleute glauben, daß Frauen unter 110 Pfd. angehalten werden sollten, ihrem Appetit gemäß zu essen, und daß die Gewichtszunahme in den ersten drei Schwangerschaftsmonaten 1 Pfd. pro Woche betragen sollte. Wenn in der 20. Schwangerschaftswoche eine Zunahme von 10 Pfd. nicht erreicht ist, muß eine Frau strikt angewiesen werden, mehr zu essen.

Soll eine fettleibige Frau eine Abmagerungskur machen, wenn sie schwanger wird?

Nein. Bei der übergewichtigen Frau ist die Wahrscheinlichkeit größer, an Diabetes und Hypertonie (hohem Blutdruck) zu erkranken. Frauen mit Übergewicht haben ein erhöhtes Risiko zu einer schweren Entbindung und zur Geburt eines Kindes, das mehr als 9 Pfd. wiegt; doch obwohl die Ärzte natürlich eher darauf bestehen, daß diese Frauen in der Schwangerschaft Diät halten, ist es richtiger, sie von der Gewichtsabnahme abzuhalten. Bei den Babys von übergewichtigen Müttern, die in der Schwangerschaft wenig zunahmen, war es doppelt so oft wahrscheinlich, daß sie kurz vor oder nach der Geburt starben, als bei Babys von schwergewichtigen Frauen, die im Verlauf ihrer Schwangerschaft mehr als 18 Pfd. zunahmen. Diäthalten in der Schwangerschaft kann verhindern, daß das Baby mit Proteinen und anderen Nährstoffen in ausreichender Menge versorgt wird, was möglicherweise die Entwicklung seines Gehirns und seines Körpers beeinträchtigt. Darüber hinaus werden, wenn ein Mensch Gewicht verliert, durch den

Abbau von Fett toxische Ketonkörper freigesetzt, die dem Fetus schaden können. 1982 beobachteten Ärzte an der Northwestern University Medical School in Chicago, daß selbst minimaler Verzicht, wie das Auslassen einer Mahlzeit, im dritten Schwangerschaftsdrittel bewirken kann, daß sich Ketonkörper im Blut bilden. Dies trat sowohl bei mageren als auch bei fettleibigen Frauen auf und zeigte ganz deutlich, daß alle schwangeren Frauen mindestens drei Mahlzeiten täglich zu sich nehmen sollten.

Es wäre zwar logisch, ist aber nicht so: Eine fettleibige Frau nimmt während der Schwangerschaft nicht mehr zu als eine normalgewichtige Frau, eher ist das Gegenteil der Fall. Die meisten Ernährungswissenschaftler stimmen überein, daß die übergewichtige Frau in der Schwangerschaft nicht abnehmen soll, aber nur wenige haben einen Vorschlag, wieviel solche Frauen im Idealfall zunehmen sollten. Anhand von Statistiken über mehr als 13000 Schwangerschaften zogen Ärzte von der Universität von Pittsburgh den Schluß, daß fettleibige Frauen denselben Empfehlungen für eine Gewichtszunahme von 20 bis 24 Pfd. folgen sollten, die für normalgewichtige Frauen gelten.

Eiweißbedarf

Wie hoch ist der Proteinbedarf während der Schwangerschaft, und welche Nahrungsmittel sind reich an Proteinen?

Proteine bilden die Grundstruktur jeder Körperzelle und sind für die normale Entwicklung von Fetus und Plazenta lebenswichtig. Während der Schwangerschaft besteht ein erhöhter Proteinbedarf zur Versorgung des Fetus und für die erforderlichen körperlichen Veränderungen bei der Mutter wie Vermehrung der Blutmenge, Wachsen der Brüste, Vergrößerung der Gebärmutter. Während die für die tägliche Nahrungsaufnahme empfohlene Proteinmenge bei einer nichtschwangeren Frau 45 g beträgt, ist die täglich benötigte Menge in der Schwangerschaft auf 75 g erhöht. Manche Frauen, insbesondere solche unter 20, fahren besser mit 100 g Eiweiß pro Tag. Wenn eine Frau stillen möchte, ist ihr Eiweißbedarf um 20 g täglich gegenüber dem Bedarf von vor der Schwangerschaft erhöht.

Wenige Menschen sind über den Proteingehalt der verschiedenen Nahrungsmittel informiert. Kartoffeln z. B. gelten als reich an Kohlenhydraten und arm an Eiweiß. In Wirklichkeit hat eine Kartoffel kaum mehr Kalorien als ein Apfel, aber jede Kartoffel enthält 3 g Eiweiß. Ähnlich mögen manche Leute nur schwer einsehen, daß Nahrungsmittel, die reich an Proteinen sind, wie z. B. Rindfleisch, eine beträchtliche Anzahl Kalorien enthalten können. Im allgemeinen kommen bei Kohlenhydraten und Proteinen 4 Kalorien auf 1 g Ge-

wicht, bei Fett dagegen sind es 9 Kalorien pro 1 g Gewicht.
Proteine sind aus kleineren Elementen, den »essentiellen Aminosäuren«, aufgebaut. Während der Schwangerschaft findet offenbar ein aktiver Transfer von Aminosäuren durch die Plazenta statt, um die Proteinsynthese bei der Frucht zu ermöglichen. Aminosäuren sind besonders reichlich in tierischen Proteinen wie Fleisch, Fisch, Milch, Käse und Eiern enthalten. Tierische Proteine liefern auch Eisen, Phosphor, Zink, Jod, Vitamin E sowie B-Vitamine, etwa Riboflavin, Niacin, Vitamin B6 und Vitamin B12. Ungefähr zwei Drittel der während der Schwangerschaft konsumierten Proteine sollten von dieser hohen biologischen Qualität sein. Gemüse enthält bedeutend weniger Proteine als Fleisch, aber es ist wertvoll, weil es die Schwangere mit Eisen, Thiamin, Folsäure, Vitamin B6, Vitamin E, Phosphor, Magnesium und Zink versorgt. Folgende Gemüsesorten sind besonders reich an Proteinen: Gartenbohnen, Linsen, Sojabohnen und andere Trockenbohnen, Erbsen; ferner Nüsse und Sonnenblumenkerne. Der Nährwert von Gemüseproteinen erhöht sich bei einer gleichzeitigen Kombination mit tierischem Protein innerhalb derselben Mahlzeit. Die meisten Obstsorten enthalten unbedeutende Mengen an Proteinen.

Salz

Muß ich meinen Salzverbrauch einschränken?

Wenn ich meinen schwangeren Patientinnen sage, daß sie ihren Salzverbrauch nicht einschränken müssen, ernte ich jedesmal skeptische Blicke. Bis vor kurzem predigten die Frauenärzte, daß Natrium die Ursache von Präeklampsie sei, aber diese Theorie wurde völlig verworfen, und heute weiß man, daß Natrium wichtig ist für die normale Erweiterung des Gewebes der Schwangeren und für die Erhöhung ihres Blutvolumens. Die Beschränkung des Salzkonsums kann das Auftreten einer Schwangerschaftstoxikose höchstens beschleunigen, weil dadurch die zirkulierende Blutmenge verringert wird (Hypovolämie), was zu einer größeren Konzentration von Blutzellen im Verhältnis zum Plasma führt. Zwar benutzen wir die Worte »Salz« und »Natrium« oft gleichbedeutend, aber unser Speisesalz enthält neben 40% Natrium eine Vielzahl anderer chemischer Substanzen. Es ist wichtig, daß Sie nur jodiertes oder Meersalz verwenden, weil dies Kropfbildung oder eine anomale Vergrößerung der Schilddrüse infolge Jodmangels verhindert.
Eine Kur mit eingeschränktem Salzverbrauch und das Einnehmen von Diuretika (harntreibenden Mitteln) verschlimmert lediglich die Kreislaufprobleme, die zu Präeklampsie führen können. Man stimmt allgemein darin überein, daß eine Therapie mit Diuretika in der Schwangerschaft keinen Nutzen bringt, sondern vielfältige Risiken birgt. Wenn bei Ihnen Schwellungen an Hän-

den und Beinen auftreten, wird eine 24stündige Bettruhe, auf der linken Seite liegend, das Leiden sichtlich lindern. Es besteht Uneinigkeit darüber, ob der Salzverbrauch eingeschränkt werden soll, wenn eine Frau Präeklampsie hat. Die meisten Fachleute glauben heute, daß Einschränkung des Salzkonsums zur Behandlung dieser Komplikation von geringem Nutzen ist und daß Salzkonsum sich nicht in einer toxämischen Krise niederschlägt.

Es ist üblich, chronische Hypertonie (hohen Blutdruck) bei nichtschwangeren Frauen durch die Einschränkung des Natriumverbrauchs und eine Langzeittherapie mit Diuretika zu behandeln. Man ist sich nicht einig, ob diese Frauen die Behandlung während der Schwangerschaft fortsetzen sollen, aber es gibt gewisse Anzeichen, daß die Durchblutung von Nieren und Uterus bei Fortsetzung dieser Behandlung beeinträchtigt werden kann. Es wäre weit logischer, das Diuretikum abzusetzen und bestimmte antihypertonische Medikamente nur dann zu verwenden, wenn sie absolut notwendig sind (siehe Kapitel 7). Es mag zwar nicht nötig sein, daß eine chronisch hypertonische Frau in der Schwangerschaft eine absolut salzlose Diät hält, aber Nahrungsmittel mit hohem Salzgehalt sollten sehr sparsam verwendet werden. Einige derartige Nahrungsmittel werden hier aufgeführt.

Nahrungsmittel mit hohem Salzgehalt

Austern	Maischips
Bouillon	Milch
Brezeln	Milchschokolade
Brühe	Ölsardinen
Chilisauce	Oliven
Corned Beef	Pizza
Erbsen (in Konserven)	Popcorn (gesalzen)
Erdnüsse (gesalzen)	Rote Beete (Konserven)
Frankfurter Würstchen	Salzbutter
Grüne Bohnen (Konserven)	Sauerkraut
Hummer	Schinken (geräuchert)
Käse	Senf
Kalbsleber	Sojasauce
Karotten (Konserven)	Spargel (Konserven)
Kartoffelchips	Speck
Ketchup	Tomaten (Konserven)
Lachs (Konserven)	Thunfisch in Öl
Luncheon Meat	Worcestershiresauce
Mais (Konserven)	

Koffein

Wie schädlich ist Koffein in der Schwangerschaft?

Untersuchungen, die eine Verbindung zogen zwischen hohem Koffeinkonsum und Gliedmaßenverkümmerung, verzögertem Knochenwachstum, Gaumenspalte und anderen angeborenen Mißbildungen bei Ratten, Mäusen und Kaninchen, haben große Publizität erlangt. Auf diesen Studien fußend, hat die amerikanische Gesundheitsbehörde FDA schwangere Frauen gewarnt, sie sollten ihren Kaffeekonsum sowie den Konsum anderer koffeinhaltiger Getränke und Nahrungsmittel einschränken oder einstellen. Aber die FDA hat auch zugegeben, daß der Zusammenhang von Koffeinkonsum und angeborenen Mißbildungen beim Menschen nicht schlüssig bewiesen ist und daß Ergebnisse aus Experimenten mit Ratten nicht unbedingt auf menschliche Schwangerschaften zutreffen.

Obgleich es schwierig, wenn nicht unmöglich ist, Laborergebnisse aus Versuchen mit Nagetieren auf Menschen zu übertragen, so ist doch bekannt, daß Koffein die Plazentaschranke durchdringt und sich im gesamten Gewebe des Fetus verteilt. Die Fähigkeit des Fetus, Koffein aus seinem Blutkreislauf zu eliminieren, ist weit geringer als die der Mutter. Studien in Frankreich haben klar bewiesen, daß der Koffeingehalt im Blut der Nabelschnur bei der Geburt beinahe doppelt so hoch ist wie im Blut der Mutter. Übrigens bleibt Koffein fast 15mal länger im Blutkreislauf des Fetus und des Neugeborenen als im Blut eines Erwachsenen. Diese Unterschiede sind besonders ausgeprägt bei frühgeborenen Kindern. In einer 1978 an der Universität von Washington durchgeführten Studie untersuchten die Forscher Hunderte von Neugeborenen am ersten Lebenstag auf ihren Verhaltens- und physischen Zustand. Die Forscher stellten fest, daß die Babys von Müttern, die in den ersten fünf Schwangerschaftsmonaten einen hohen Koffeinkonsum hatten, einen unter dem Durchschnitt liegenden Muskeltonus hatten und bei der Geburt weniger aktiv waren. Die Mütter mit dem höchsten Koffeinkonsum gebären mit größter Wahrscheinlichkeit Babys mit den niedrigsten Werten. Eine kürzlich in Belgien durchgeführte Studie mit 190 Müttern von mißgebildeten Kindern ergab, daß nahezu 25% von ihnen acht oder mehr Tassen Kaffee täglich tranken, während es von Müttern mit normalen Babys nur 13% waren. Dagegen untersuchten Ärzte am Boston Hospital for Women kürzlich die Aufzeichnungen über 12000 Geburten und fanden keinen Zusammenhang zwischen starkem Kaffeekonsum in der Schwangerschaft und schweren angeborenen Mißbildungen. In einer anderen wichtigen epidemiologischen Studie, die 1982 durchgeführt wurde, verglich man den Kaffeekonsum bei Müttern von 2742 Kindern mit unterschiedlichen Mißbildungen. Es ergab sich kein Zusammenhang zwischen der konsumierten Kaffeemenge und dem Auftreten von Anomalien. Verkümmerte Gliedmaßen, die bei Tierversuchen mit starkem Kaffeekonsum in Zusammenhang gebracht worden waren, konnten in dieser Studie nicht mit Kaffeekonsum in Verbindung gebracht werden.

Anhand der verfügbaren Informationen ziehen die meisten Fachleute den Schluß, daß eine Tasse Kaffee oder eine entsprechende Menge eines koffeinhaltigen Getränks am Tag dem Fetus nicht schadet. Aber eine größere Menge würde ich nicht empfehlen. Häufig werden Empfehlungen zum Kaffeekonsum gegeben, ohne daß man wirklich weiß, wieviel Koffein in bestimmten Produkten enthalten ist. Cola-Getränke zum Beispiel, die gern zur Linderung der Morgenübelkeit genommen werden, enthalten Koffein. Auch viele andere Erfrischungsgetränke, auch solche mit Zitronengeschmack, können bedeutende Mengen Koffein enthalten. Sodawasser, Tonic und die meisten Fruchtsaftgetränke enthalten kein natürliches oder zugesetztes Koffein. Sprite und 7-up sind beliebte Sodagetränke ohne Koffein. Wenn Koffein zugesetzt ist, muß es auf dem Etikett vermerkt sein. Lesen Sie aufmerksam die Etiketten aller Getränke, die Sie während der Schwangerschaft kaufen.

Entkoffeinierter Kaffee ist ein ungefährlicher Kaffee-Ersatz, da eine Tasse schätzungsweise nur 1 bis 6 mg Koffein enthält.

Wieviel Koffein gelangt in die Muttermilch?

Ärzte der Washington School of Medicine haben bewiesen, daß Koffein sehr rasch in die Muttermilch gelangt, wobei die höchste Konzentration nach 60 Min. erreicht ist. Sie haben errechnet, daß nach dem Genuß einer Tasse Kaffee in 1 l Muttermilch, der innerhalb einer Stunde danach abgepumpt wurde, nur etwa 1,5 mg Koffein enthalten ist, eine Menge, die für den Säugling ungefährlich ist. Die Ärzte weisen darauf hin, daß bei wiederholtem Kaffeekonsum der Mutter das Koffein im Kind unter Umständen kumuliert. Das Risiko einer solchen Kumulation von Koffein hängt von einer Vielzahl von Faktoren ab, wie etwa von der aufgenommenen Muttermilchmenge, wie schnell das Kind Koffein umsetzt, und von der durchschnittlichen Konzentration der Substanz im Serum und in der Milch einer Frau. Es hat tatsächlich Berichte gegeben von unruhigen, überwachen gestillten Babys, deren Mütter große Mengen Koffein konsumiert hatten.

Gibt es koffeinhaltige Medikamente, die schwangere und stillende Frauen nicht nehmen sollten?

Ja. Koffein ist in einer Vielzahl von rezeptfreien Analgetika enthalten, in Appetitzüglern, Mitteln zur Abschwellung der Nasenschleimhaut, Erkältungspräparaten und Medikamenten, die als Stimulanzien zur Erhaltung geistiger Beweglichkeit genommen werden. Wie bereits im 7. Kapitel erwähnt, ist es das beste, während Schwangerschaft und Stillzeit auf all diese Medikamente zu verzichten, es sei denn, sie sind absolut notwendig.

Tabelle 4. Geschätzter Koffeingehalt häufig konsumierter Produkte

Cola	15 bis 30 mg pro 0,33-l-Dose
Kakao	bis 50 mg pro Tasse
Tafel Schokolade	25 mg (Milchschokolade)
Eine Tasse Filterkaffee	80 bis 120 mg
Eine Tasse Instant Kaffee	66 bis 100 mg
Eine Tasse aufgebrühter Tee	30 bis 75 mg
Eine Tasse Beuteltee	42 bis 100 mg
Eine Tasse Instant Tee	30 bis 60 mg
Eine Tasse gefriergetrockneter Kaffee	66 mg

Darf eine stillende Mutter Kräutertees oder Kakao trinken?

Kräutertees sollten von stillenden Müttern vorsichtig genossen werden. Sie enthalten oft aktive Bestandteile, die in solchen Mengen in die Muttermilch gelangen können, daß das Kind geschädigt wird. Abführmittel wie Kreuzdornrinde und Senna können, in Kräutertees enthalten, Krämpfe und wäßrigen Durchfall verursachen. Kamillentee kann bei Empfindlichkeit gegen Jakobskrautpollen allergische Reaktionen hervorrufen. Neuere Studien haben ergeben, daß eine in Kakao vorhandene chemische Substanz in die Muttermilch gelangt, was eine Anzahl unangenehmer Reaktionen wie Durchfall, Verstopfung, Ekzeme, Reizbarkeit und Schlaflosigkeit verursachen kann.

Sind, abgesehen vom Koffeingehalt, mit dem Teegenuß noch andere Risiken verbunden?

Tee, zu den Mahlzeiten getrunken, kann in der Schwangerschaft zu einer durch Eisenmangel bedingten Anämie beitragen. Die Gerbstoffe im Tee hemmen die Absorption (Aufnahme) von Eisen aus dem Verdauungsbereich, was vornehmlich dann geschieht, wenn die Ernährung viel Gemüse enthält. Die Absorption von Eisen wird jedoch nicht beeinträchtigt, wenn man regelmäßig Fleisch ist.

Vitamine

Warum ist Folsäure in der Schwangerschaft wichtig, und wie hoch ist die empfohlene tägliche Dosis?

Folsäure ist ein B-Vitamin, das unentbehrlich ist bei der Synthese eines lebenswichtigen zellulären Proteins namens Desoxyribonukleinsäure (DNS). DNS befindet sich im Kern sämtlicher Körperzellen, vor allem in denen, die sich schnell teilen. Aus diesem Grund würden Fetus, Plazenta sowie das Knochenmark der Mutter durch einen Folsäuremangel merklich beeinträchtigt. Folsäure befähigt zudem die roten Blutkörperchen, Sauerstoff in die Körperzellen zu transportieren, die ihn benötigen.

Der tägliche Folsäurebedarf beträgt für Erwachsene zwischen 200 und 400 µg, und die meisten Fachleute meinen, daß diese Menge in der Schwangerschaft verdoppelt werden sollte. Man sollte annehmen, daß eine gesund ernährte Frau diesen Bedarf mit ihrer täglichen Kost leicht stillen kann, doch es gibt Beweise, daß die in normaler Kost enthaltene Folsäuremenge von einer Mahlzeit zur anderen merklich schwanken kann, so daß es möglicherweise zu einem leichten Mangel kommt. Aus diesem Grund verschreiben viele Frauenärzte routinemäßig vor der Geburt Vitamine, die zwischen 300 und 1 000 µg Folsäure enthalten. Von schädlichen Folgen durch übermäßigen Folsäurekonsum während der Schwangerschaft ist nichts bekannt.

Folsäure ist reichlich in vielen Nahrungsmitteln enthalten, vor allem in Leber, Nieren, grünem Blattgemüse, Broccoli, Spargel, Erdnüssen, Sojabohnensprossen, Langbohnen, Weizenkeimen, Weizenkleie, Erbsen, Sojabohnen und Trockenbohnen. Auch Schokolade ist ein guter Folsäure-Lieferant; Vollmilch, Reis, Mais und Konserven enthalten kaum Folsäure.

Welche Frauen müssen während der Schwangerschaft sorgfältig auf einen Folsäuremangel hin beobachtet werden?

Bei gesunden Menschen wird Folsäure vom Dünndarm rasch und ausreichend absorbiert. Bei den meisten Frauen verändert sich dieser Mechanismus in der Schwangerschaft kaum. Starkes Erbrechen in der Schwangerschaft (Hyperemesis gravidarum) ist wohl der häufigste Grund für eine schlechte Folsäureabsorption. Eine kleine Anzahl ansonsten gesunder Frauen ist unfähig, während der Schwangerschaft Folsäure zu absorbieren. Diese Frauen müssen, um die normalen Blutspiegel-Werte dieses Vitamins zu erhalten, intramuskulär versorgt werden. Einige seltene Darmkrankheiten, bekannt als Malabsorption, verursachen ebenfalls eine Verminderung der Folsäureabsorption, ein Beispiel dafür ist Zöliakie. Phenytoin (Epanutin®, Zentropil®, Phenhydan®), ein Medikament, das häufig zur Behandlung von Epilepsie verschrieben wird, stört ebenfalls die Folsäureabsorption vom Darmbereich zum Körper. Auch bei Alkoholikerinnen kann Folsäuremangel auftreten, weil ihre Nahrungsaufnahme unzureichend ist.

Einige Blutkrankheiten, die durch vorzeitige Auflösung (Hämolyse) der roten Blutkörperchen gekennzeichnet sind, schaffen einen größeren Folsäurebedarf, so z. B. chronische hämolytische Anämie, Sichelzellanämie sowie Thalassämie, die vor allem im Mittelmeerraum auftritt. All diese Krankheiten erfordern während der Schwangerschaft eine tägliche Gabe von mindestens 1 mg Folsäure.

Durch das vergrößerte Blutvolumen der Mutter, verbunden mit dem Wachstum von Fetus und Plazenta, besteht in der Schwangerschaft ein größerer Bedarf an Folsäure. Ein großer Teil dieser Folsäure ist im Körper der Mutter bereits gespeichert. Frauen, die in rascher Folge zwei oder mehr Schwangerschaften ausgetragen haben, bleibt wenig Zeit, um ihre Folsäurevorräte wieder aufzufüllen. Ähnlich verbrauchen Frauen mit Mehrlingsgeburten mehr Folsäure, um den größeren Bedarf von Feten und Plazenta zu decken.

Wie äußert sich Folsäuremangel, und wie wird er diagnostiziert?

Folsäuremangel in der Schwangerschaft kommt zwar häufig vor, aber er entwickelt sich langsam, und bei den meisten Frauen treten keine Symptome auf. Die Krankheit äußert sich erst dann, wenn der Mangel über lange Zeit hinweg bestanden hat. Sie ist durch schwere Anämie und Knochenmarksanomalien gekennzeichnet.

Wenn ein Mensch mit bislang ausreichender Ernährung plötzlich keine Folsäure mehr zu sich nimmt, vergehen schätzungsweise drei Wochen, bevor der Mangel im Blutspiegel erkennbar wird. Der Serumfolsäuretest ist die früheste Methode zur Erkennung eines Folsäuremangels, aber er wird in der Schwangerschaft nicht routinemäßig durchgeführt.

Sieben Wochen nach dem Entzug von Folsäure weist ein bestimmter Typ von zirkulierenden weißen Blutkörperchen (segmentkernige neutrophile Granulozyten) eine größere Anzahl Segmente in den Verzweigungen seines Kerns auf. Diese charakteristischen Veränderungen sind unter dem Mikroskop leicht zu beobachten und stellen den einfachen und äußerst zuverlässigen Test zur Diagnose von Folsäuremangel dar. Ein Labor-Arzt sollte in der Lage sein, diese Diagnose bei der routinemäßigen Schwangerschafts-Blutbilduntersuchung vorzunehmen. Wird die Diagnose jedoch zu diesem Zeitpunkt nicht gestellt, kann die Krankheit erst nach weiterem 14wöchigem Folsäuremangel bei einer Urinuntersuchung entdeckt werden. Bei dieser Untersuchung wird die Konzentration einer chemischen Substanz namens Formiminoglutaminsäure, auch unter dem Kürzel FIGLU bekannt, gemessen. Unter normalen Bedingungen wird FIGLU durch Folsäure in eine chemische Substanz namens Glutaminsäure verwandelt. Bei Folsäuremangel kann diese Reaktion jedoch nicht erfolgen, und FIGLU sammelt sich im Urin an.

Zwei Wochen nach einem positiven FIGLU-Test zeigen Laboruntersuchungen ein Absinken des Folsäuregehalts in den roten Blutkörperchen.

In sein schweres und symptomatisches Stadium tritt Folsäuremangel, schätzungsweise 18 bis 20 Wochen nachdem Folsäure der Nahrung entzogen wurde. Zu den Symptomen gehören Knochenmarksanomalien, schwere Anämie, gekennzeichnet durch anomal große und bizarre rote Blutkörperchen, sowie erheblicher Blutplättchenmangel (Thrombozytopenie).

Wie wirkt sich Folsäuremangel auf die Schwangerschaft aus?

In dem seltenen Fall, daß ein Folsäuremangel bis zum Stadium von Anämie und Thrombozytopenie nicht erkannt wird, wird die Schwangerschaft nachteilig beeinflußt. Schwere Anämie hat weitaus häufiger als normal den Verlust des Fetus, Frühgeburt und perinatale Komplikationen zur Folge. Erheblicher Blutplättchenmangel in der Schwangerschaft kann während der Wehen und in der Nachgeburtszeit zu lebensgefährlichen Blutungen bei der Mutter führen. Beides kann durch ausreichende Versorgung mit Folsäure behandelt und verhütet werden.

Studien, die einen Zusammenhang zwischen Folsäuremangel und wiederholten spontanen Fehlgeburten und angeborenen Mißbildungen nachzuweisen versuchen, sind zu widersprüchlichen Schlußfolgerungen gekommen. Es ist bekannt, daß angeborene Mißbildungen häufiger auftreten, wenn die Mütter im ersten Schwangerschaftsdrittel mit Medikamenten, die als Folsäure-Antagonisten bekannt sind, gegen Krebs behandelt wurden. Ähnlich besteht bei Epileptikerinnen, die mit Phenytoin behandelt werden, eine größere Wahrscheinlichkeit, anomale Kinder zu gebären. Man hat die Theorie aufgestellt, daß die schädliche Wirkung beider Arzneimittel darauf beruht, daß sie den Folsäurespiegel im Fetus herabsetzen.

1966 wurde erstmals die Theorie aufgestellt, daß zwischen Folsäuremangel und fetalen Neuralrohrdefekten wie Anenzephalie und Hydrozephalie (siehe Kapitel 10) ein Zusammenhang besteht. Die Wahrscheinlichkeit, ein Kind mit einem Neuralrohrdefekt zur Welt zu bringen, ist sehr gering, aber wenn eine Frau dieses Mißgeschick einmal hatte, so wiederholt es sich mit einem Risiko von 2 bis 5%. Aus unbekannten Gründen ist die Wahrscheinlichkeit, Kinder mit diesen Anomalien zu gebären, bei Frauen in England und Irland größer als bei Frauen in den USA. In einer 1980 in England durchgeführten Studie

verabreichten Ärzte 178 nichtschwangeren Frauen, die zuvor Kinder mit Neuralrohrdefekten geboren hatten und wieder schwanger werden wollten, Multivitamine. Mit der Vitamingabe wurde wenigstens 28 Tage vor der Empfängnis begonnen, und sie wurde in den kritischen ersten acht Schwangerschaftswochen, wenn die Bildung des Neuralrohrs erfolgt, beibehalten. Von dieser Gruppe wurden 137 Frauen schwanger, und nur eine brachte ein Kind mit einem Neuralrohrdefekt zur Welt. Diese Wiederholungsquote von nur 0,6% lag weit unter der erwarteten Häufigkeit von 2 bis 5%. Von einer Kontrollgruppe von 187 Frauen mit denselben Bedingungen brachten 13, d.h. wie erwartet 5%, Kinder mit Neuralrohrdefekten zur Welt. Der Unterschied lag darin, daß diese Gruppe weder vor noch während der Schwangerschaft Vitamine erhielt.
Aufgrund dieser Studien führt eine Anzahl von Forschungsteams in der ganzen Welt eigene Tests durch, um diese möglicherweise bedeutenden Feststellungen zu verifizieren. In englischen Berichten wurde behauptet, daß eine Frau mit Folsäuremangel ein fünfmal größeres Risiko eingeht, daß durch vorzeitige Ablösung der Plazenta von der Uteruswand Blutungen auftreten. Man hat auch einen Zusammenhang zwischen Folsäuremangel und anderen Ursachen von Schwangerschaftsblutungen sowie Präeklampsie vermutet. Gegenwärtig bezweifeln die meisten Fachleute jedoch, daß ein asymptomatischer Folsäuremangel als Hauptgrund für einen mißglückten Schwangerschaftsverlauf gelten kann.
Schließlich kann ein Folsäuremangel auch noch zu einem anomalen Pap-Abstrich und somit zu einem falschen Verdacht auf Gebärmutterhalskrebs führen (siehe Kapitel 5). Durch Folsäuregaben statt einer Operation kann der umsichtige Frauenarzt dieses Leiden heilen, ohne einen überflüssigen chirurgischen Eingriff vorzunehmen.

Wie wichtig ist neben der Folsäure die Versorgung mit anderen B-Vitaminen in der Schwangerschaft?

Während sich der Folsäurebedarf in der Schwangerschaft verdoppelt, steigt der Bedarf an sämtlichen anderen Vitaminen nur leicht an. Im Gegensatz zu dem, was die pharmazeutische Industrie Ihnen einredet, wird dieser Bedarf durch normale Kost mühelos befriedigt. Eine zusätzliche Vitaminversorgung richtet bei normaler Dosierung zwar keinen Schaden an, ist aber in den meisten Fällen überflüssig. Darüber hinaus verlassen sich zu viele Frauen irrtümlicherweise darauf, daß Vitamingaben ein rasch verfügbarer und einfacher Ersatz für gute Ernährung und vernünftige Eßgewohnheiten seien.
Die B-Vitamine sind von 1 bis 12 numeriert. Im allgemeinen kann der Bedarf an sämtlichen B-Vitaminen dadurch gedeckt werden, daß im Speiseplan in ausreichenden Mengen Milch, Fleisch, Geflügel, Eier, Fisch, Vollkornbrot und Getreide, Weizenkeime und Bierhefe enthalten sind.
Thiamin, Vitamin B1, ist wichtig für einen gesunden Appetit, normale Verdauung und einen guten Muskeltonus des Magen-Darm-Traktes. Obwohl es zum Körperwachstum und zur Milchbildung

benötigt wird, muß ein Mangel bei der Mutter nicht unbedingt dem Fetus schaden. In einem Bericht wurde ein Thiamin-Mangel bei 30% der untersuchten Frauen vermerkt, aber die Tatsache, daß alle neugeborenen Kinder normale Thiamin-Werte aufwiesen, war ein Beweis dafür, daß dieses Vitamin in ausreichender Menge über die Plazenta in den kindlichen Organismus übertragen wurde. Besonders gute Thiamin-Lieferanten sind Schweinefleisch und Schweinefleischerzeugnisse sowie Leber, Herz, Nieren, Erbsen, Bohnen und Weizenkeime. Da dieses Vitamin nicht im Körper gespeichert wird, ist es wichtig, daß schwangere Frauen jeden Tag eine entsprechende Kost zu sich nehmen, um eine Unterversorgung mit diesem Vitamin zu verhindern.

Riboflavin, Vitamin B2, ist zum normalen Wachstum und für die normale Entwicklung des Fetus erforderlich. Ein Mangel an diesem Vitamin kann durch trockene Haut, geplatzte Lippen und Mundwinkel, Entzündung der Zunge sowie Augenbeschwerden wie Brennen, Jucken, schlechtes Sehen und Lichtempfindlichkeit in Erscheinung treten. Ein guter Riboflavin-Lieferant ist Milch, und vier Tassen Milch oder Milchprodukte täglich reichen zur Versorgung der Schwangeren voll aus. Rindfleisch und Kalbsleber sind ebenfalls reich an Riboflavin. Mehrere Studien haben ergeben, daß Frauen, die die Antibabypille nehmen, eher an Riboflavin-Mangel leiden. Dieser Mangel ist am größten bei denen, die die Pille über den längsten Zeitraum genommen haben. Aus diesem Grund sollte eine Frau, die kurz nach Absetzen der Pille schwanger wird, auf die Bedeutung einer ausreichenden Riboflavin-Versorgung hingewiesen werden.

In den USA beträgt die empfohlene tägliche Riboflavin-Dosis 1,5 mg. In der Schwangerschaft kann die Menge um 0,3 mg, in der Stillzeit um 0,5 mg erhöht werden.

In einer Studie der Cornell University wurde kürzlich festgestellt, daß Menschen, die regelmäßig anstrengenden Sport treiben, einen erhöhten Riboflavin-Bedarf haben können. Das gilt insbesondere für Frauen, die in der Schwangerschaft sportlich aktiv bleiben.

Niacin ist ein wichtiges B-Vitamin, das reichlich in Erdnüssen und Bierhefe sowie in Thunfisch-, Rindfleisch- und Schweinefleischkonserven enthalten ist. Es ist zum Aufbau der Gehirnzellen lebenswichtig und verhindert außerdem Infektionen und Zahnfleischbluten. Frühe Anzeichen von Niacin-Mangel sind Appetitverlust, Übelkeit, Erbrechen, Unterleibsschmerzen, Kopfweh, Benommenheit und Brennen, Taubheit und Schwäche in Händen und Füßen. Wie bei Riboflavin besteht bei Frauen, die vor der Empfängnis die Antibabypille genommen haben, größere Wahrscheinlichkeit, daß ein Mangel auftritt.

Die empfohlene tägliche Niacin-Dosis beträgt 15 mg für Frauen von 15 bis 18 Jahren und 13 mg für Frauen von 18 bis 35 Jahren. Die zusätzliche Menge für schwangere bzw. stillende Frauen beträgt 2 bzw. 7 mg.

Pyridoxin, Vitamin B6, ist wichtig für den Fett- und Fettsäure-Stoffwechsel sowie für die Bildung von Antikörpern.

Symptome für einen Mangel an Vitamin B6 sind Depressionen, Lethargie, Müdigkeit, schwacher Glukose- und Insulinstoffwechsel, Taubheit und Kribbeln in Armen und Beinen, Gleichgewichtsstörungen und Anämie. Ein Pyridoxin-Mangel in der Schwangerschaft könnte die Ursache für Depressionen sein, unter denen manche Frauen während dieser Zeit leiden. Milch, Getreide, Hefe, Leber und Weizenkeime enthalten reichlich Pyridoxin. Weitere Lieferanten sind Körner, Bohnen, Nüsse und Trockenfrüchte. Wenn eine Frau ihren Konsum kohlenhydratreicher Nahrungsmittel einschränkt, kann es sein, daß sie mit ihrer Ernährung nicht genügend Vitamin B6 zu sich nimmt.

Eine Anzahl Forscher hat einen Vitamin-B6-Mangel bei Frauen festgestellt, die die Antibabypille nehmen. In einer Studie konnten die Ärzte bei 80% derjenigen, die die Pille sechs Monate oder länger genommen hatten, einen anomalen Pyridoxin-Stoffwechsel nachweisen. Aus diesem Grund haben einige Ärzte eine tägliche Gabe von 25 mg Vitamin B6 für alle Frauen empfohlen, die die Antibabypille nehmen. Diese Dosis ist das Zehnfache der täglich empfohlenen Pyridoxin-Dosis.

Forscher der Purdue University äußerten kürzlich die Besorgnis, daß manche schwangeren Frauen bedeutend mehr Vitamin B6 benötigen als die empfohlene Dosis von 25 mg täglich. Sie schlugen vor, daß der Vitamin-B6-Gehalt im fünften Schwangerschaftsmonat ermittelt und, wenn nötig, ergänzt werden sollte.

Während Schwangerschaft und Stillzeit werden augenblicklich zusätzlich 0,5 mg zur empfohlenen täglichen Dosis vorgeschlagen, aber seit ein paar Jahren gibt es eine starke Kontroverse darüber, ob diese Praxis richtig ist. Eine Minderheit von Forschern hat behauptet, Pyridoxin verringere die Muttermilchmenge. Anhand der verfügbaren Informationen würde ich jedoch annehmen, daß Pyridoxin in der gegenwärtig empfohlenen Dosis von 25 mg täglich wohl kaum zu verminderter oder fehlerhafter Milchbildung führen kann.

Vitamin B12, auch als Cobalamin bekannt, ist wichtig für die normale Entwicklung der roten Blutkörperchen. Ein starker Mangel an diesem Vitamin verursacht perniziöse Anämie, ein sehr seltenes Leiden, das nur bei einer von 10000 Frauen im fortpflanzungsfähigen Alter auftritt. Da eine Frau mit perniziöser Anämie auch in ihrer Fruchtbarkeit beeinträchtigt ist, ist es unwahrscheinlich, daß dieses Problem bei Ihnen auftritt.

Wie bereits erwähnt, befürworten die meisten Ernährungswissenschaftler zusätzliche Gaben von Folsäure während der Schwangerschaft. Diese Ergänzungen dienen nicht nur der Vorbeugung und Behandlung von durch Folsäuremangel verursachter Anämie, sondern korrigieren auch die Anomalien der roten Blutkörperchen, die mit einer durch Vitamin-B12-Mangel verursachten perniziösen Anämie verbunden sind. Folsäure korrigiert jedoch nicht die sich allmählich verschlimmernden neurologischen Defekte, die mit perniziöser Anämie verbunden sind, und kann sogar die genaue Diagnose dieses Leidens verzögern. Wie bei einigen anderen B-Vitaminen kann der Vitamin-B12-

Spiegel bei Konsumentinnen oraler Verhütungsmittel erheblich erniedrigt sein. Darauf sollten alle Frauen hingewiesen werden, die nach längerer Pilleneinnahme schwanger werden.
Die empfohlene tägliche Dosis für Vitamin B12 wurde auf 5 mg festgesetzt und ist in Schwangerschaft und Stillzeit allmählich um 3 bzw. 1 mg zu steigern.
Biotin ist ein B-Vitamin, das in unendlich vielen Nahrungsmitteln vorkommt. Milch, Eigelb, Fleisch, Getreide, Gemüse und Nüsse sind besonders reich an diesem Vitamin; es wird aber auch durch Mikroorganismen im menschlichen Darm erzeugt. Von einem natürlichen, reinen Biotin-Mangel ist nichts bekannt. Die empfohlene tägliche Dosis für Biotin wurde auf 0,3 Milligramm festgesetzt, was allerdings vermutlich das Doppelte der wirklich benötigten Menge ist. Durch Schwangerschaft und Stillzeit ändert sich der Biotin-Bedarf des Körpers nicht.
Pantothensäure ist ein B-Vitamin, das in fast allen Nahrungsmitteln enthalten ist. Besonders gute Pantothen-Lieferanten sind Leber, Nieren, Eier, Erdnüsse und Weizenkleie, aber auch minderwertige Kost enthält gewöhnlich ausreichende Mengen dieses Vitamins. Wie bei Biotin ist ein reiner Pantothensäuremangel lediglich unter experimentellen Bedingungen aufgetreten. Die empfohlene tägliche Dosis für Pantothensäure beträgt 15 mg. Da der Bedarf an diesem Vitamin sich während Schwangerschaft und Stillzeit nicht ändert, wäre eine ergänzende Pantothen-Gabe in dieser Zeit kaum zu rechtfertigen.

Wieviel Vitamin A sollte man während der Schwangerschaft täglich aufnehmen?

Retinol, also Vitamin A, ist für den Aufbau der Widerstandsfähigkeit gegen Infektionen zuständig, wird zur Erhaltung der Sehschärfe benötigt, kräftigt die Schleimhäute, spielt eine Rolle bei der Bildung von Zahnschmelz, Haaren und Fingernägeln und ist außerdem für die Funktion der Schilddrüse zuständig. Vitamin A ist maßgeblich an der Entwicklung von Augen, Haut und Drüsen des Fetus beteiligt. Man hat behauptet, daß Vitamin A Hautkrankheiten, Warzen, Sinusitis, Geschwüre und Schwangerschaftsstreifen lindert. Für diese angenommenen guten Eigenschaften gibt es keinen wissenschaftlichen Beweis.
Die empfohlene tägliche Dosis Vitamin A beträgt für nichtschwangere Frauen 5000 Internationale Einheiten (IE). Diese Menge erhöht sich in der Schwangerschaft auf 6000 IE, und für die Stillzeit werden 8000 IE empfohlen. Der Vitamin-A-Spiegel im Serum einer Frau sinkt gewöhnlich zu Beginn der Schwangerschaft und steigt zwischen der 13. und 16. Woche wieder an. Bei 36 Wochen erreicht der Vitamin-A-Spiegel durchschnittlich das Eineinhalbfache des normalen.
Durch mehrere Tierversuche und anhand einer menschlichen Schwangerschaft wurde bestätigt, daß sehr hohe Überdosen Vitamin A vom Fünf- bis zum Zehnfachen der empfohlenen täglichen Dosis mit einem erhöhten Risiko zu Nierenanomalien beim Fetus verbunden sein können. Die Möglichkeit, daß es bei wesentlich geringeren Men-

gen zu angeborenen Mißbildungen kommt, ist vermutlich gleich Null. Tierversuche haben ergeben, daß sowohl ein Mangel als auch ein Überschuß an Vitamin A mit Fetalanomalien in Verbindung gebracht werden kann. Man glaubt, daß etliche Faktoren, darunter auch ein Mangel an Vitamin A, mit der Entstehung von Dickdarm-, Magen-, Speiseröhren-, Brust-, Leber- und Gebärmutterkrebs zusammenhängen können.

Angereicherte Vollmilch, Sahne, Speiseeis, angereicherte Margarine, Butter, Eigelb, Fisch, Lebertran, Leber, Nieren, grünes Blattgemüse, gelbe Gemüse sowie grüne oder rote Paprikaschoten, Grünkohl, Kürbis, Spinat, Süßkartoffeln, Karotten und Honigmelonen sind ausgezeichnete Vitamin-A-Lieferanten. Ferner sind Aprikosen, Broccoli, Tomaten und Wassermelonen gute Vitamin-A-Spender.

Wie hoch ist der Bedarf an Vitamin C während Schwangerschaft und Stillzeit?

Vitamin C (Ascorbinsäure) hat äußerst wichtige Funktionen. Es hilft nicht nur bei der Bildung von Bindegewebe und Hämoglobin im Körper, sondern spielt auch eine Rolle beim Folsäure-Stoffwechsel, bei der Festigung der Kapillar- und Zellwände, der Verbesserung der Widerstandsfähigkeit gegen Infektionen, der Auflösung von Körpergiften, der Absorption von Eisen aus dem Darm, der Bildung von Harnsäure und der Heilung von Wunden und Brüchen.

Der Vitamin-C-Gehalt beim Menschen hängt oft von verschiedenen Faktoren ab. Körperliche Anstrengung, Infektionen und Fieber verringern die Vitamin-C-Vorräte. Alkohol, Rauchen, Aspirin und Antibabypillen stören die Absorption von Vitamin C aus dem Darmtrakt. Ausgiebiges Kochen von Gemüse in zuviel Wasser verursacht einen merklichen Verlust an Vitamin C in der Ernährung.

Ein schwerer Vitamin-C-Mangel führt zu einer seltenen, schweren Krankheit namens Skorbut, ein leichterer Mangel drückt sich in geschwollenem, gerötetem Zahnfleisch aus, das leicht blutet und anschwillt und anfälliger für Infektionen ist.

Seit der Chemiker Linus Pauling die Vorzüge von Vitamin C beschrieben hat, haben die Forscher festzustellen versucht, ob große Mengen dieses Vitamins Erkältungen verhüten oder ihren Verlauf erleichtern können. Die wenigen Studien zur Stützung von Paulings Hypothese wiesen erhebliche Mängel in der Befragungstechnik auf. Leider hat die Öffentlichkeit die angeblichen Vorzüge großer Dosen von Vitamin C allzu bereitwillig als Tatsache akzeptiert. Von den vielen, die den »Tick« haben, Vitamin C auf diese Weise zu konsumieren, sind sich nur wenige der möglichen Gefahren bewußt. Es ist z.B. bekannt, daß hohe Dosen Vitamin C Diarrhö, übermäßig sauren Urin, Nierensteine, Beeinträchtigung der die Krankheitserreger abwehrenden Eigenschaften der weißen Blutkörperchen und hohen Cholesterinspiegel im Blut von Ratten und auch einigen Menschen verursachen sowie die Wirksamkeit bestimmter Medikamente blockieren können.

Übermäßig hohe Dosen Vitamin C von 1 g täglich können auch dem Fetus schaden. Vitamin C gelangt aus dem mütterlichen Kreislauf durch die Plazentaschranke. Wenn eine Frau während der Schwangerschaft übermäßige Mengen Vitamin C zu sich nimmt, regt dies das Enzymsystem des Fetus an, diese zusätzliche Menge zu metabolisieren. Nach der Geburt genügen normale Mengen von Vitamin C dann vielleicht nicht mehr, um das übermäßig stimulierte Enzymsystem des Neugeborenen zu befriedigen. Infolgedessen kann bei solchen Babys ein schwerer Mangel an Vitamin C und sogar Skorbut auftreten.

In den USA beträgt die empfohlene tägliche Dosis Vitamin C etwa 55 bis 60 mg für nichtschwangere Frauen. Viele Ernährungswissenschaftler sind jedoch überzeugt, daß die Hälfte bis zwei Drittel dieser Menge mehr als genug ist. Man hat vorgeschlagen, daß die Menge in der Schwangerschaft um 5 bis 20 g und in der Stillzeit um 5 bis 40 mg erhöht wird. Diese geringfügige Steigerung kann leicht mit der Ernährung erreicht werden, und die übliche Praxis, vor der Geburt Vitaminpräparate zu nehmen, von denen die meisten schätzungsweise 90 mg Vitamin C enthalten, scheint mir übertrieben und überflüssig. Die besten natürlichen Vitamin-C-Lieferanten sind Zitrusfrüchte, aber auch Spinat, Honigmelonen, Erdbeeren, Broccoli, grüne und rote Paprikaschoten, Grünkohl, Tomaten, Kartoffeln, Blumenkohl, Petersilie, Wassermelonen, Rosenkohl, Weißkohl, Rüben, Spargel, Eibisch, grüne Bohnen und Trockenbohnen.

Welche speziellen gynäkologischen Vorzüge werden Vitamin C zugeschrieben?

Es hat verschiedene nichtwissenschaftliche Stimmen gegeben, die behaupteten, daß Überdosen dieses Vitamins in mehrfacher Hinsicht bei Schwangerschaft und Geburt hilfreich seien. Zu den angeblichen Vorzügen bei Einnahme von 10000 und mehr mg Vitamin C täglich zählen eine niedrigere Häufigkeit von Fehlgeburten und Blutungen, kürzere und weniger schmerzhafte Wehen, ein merklicher Rückgang von Riß- und Platzwunden während der Entbindung, weniger Schwangerschaftsstreifen (Striae), weniger Komplikationen wie Blutungen nach der Geburt und Zurückbehalten von Plazentagewebe sowie schnellere Erholung der Mutter nach der Entbindung. Vitamin-C-Anhänger haben zudem behauptet, daß Babys von mit Überdosen behandelten Frauen höhere Apgar-Werte hätten (siehe Kapitel 11), in den ersten Lebenswochen gesünder seien und mit geringerer Wahrscheinlichkeit im Kindesalter plötzlich sterben würden. Alle diese dem Vitamin C zugeschriebenen Superlative hören sich zwar eindrucksvoll an, sie sind aber nicht durch verläßliche wissenschaftliche Daten untermauert.

Wie hoch ist der Vitamin-D-Bedarf in der Schwangerschaft?

Vitamin D ist wichtig für den Stoffwechsel und die Ablagerung von Kalzium und Phosphor in Zähnen und Knochen. Das Vitamin passiert die Plazentaschranke, und seine Konzentration im Fetus ist unmittelbar abhängig von der Konzentration in der Mutter. Ein Vitamin-D-Mangel am Ende der Schwangerschaft kann zu einem erniedrigten Calciumspiegel im Blut (Hypokalzämie) des Neugeborenen führen. Ein schwerer Mangel bei der Mutter kann beim Fetus Defekte des Zahnschmelzes und bleibende Schäden im Knochenbau bewirken. Bei zu früh geborenen Kindern, deren Mütter vor der Geburt nicht oder selten in Behandlung waren, besteht eine größere Wahrscheinlichkeit zu Vitamin-D-Mangel und Hypokalzämie.

Das andere Extrem, zuviel Vitamin D, kann ebenfalls schädlich sein. Von allen Vitaminen kann Vitamin C vermutlich am leichtesten unbeabsichtigt in schädlichem Übermaß genossen werden. Forschungen lassen vermuten, daß eine Verbindung besteht zwischen einem Übermaß an Vitamin-D-Konsum seitens der Mutter und schwerer Hyperkalzämie beim Kind, Schädel- und Gesichtsanomalien und Stenose (Verengung der Aorta und Pulsader) des Neugeborenen. Aus diesem Grund rate ich allen Frauen von wahllosem Vitamin-D-Konsum in der Schwangerschaft ab.

Es gibt zwei Lieferanten von Vitamin D: die aufgenommene Nahrung und Sonnenlicht. Die meisten Ernährungswissenschaftler stimmen darin überein, daß die empfohlene tägliche Dosis Vitamin D von 400 Internationalen Einheiten (IE) für nichtschwangere Frauen während Schwangerschaft und Stillzeit unverändert bleiben sollte. Dies ist die Menge, die in 1 l mit Vitamin D angereicherter Milch enthalten ist. Diese Ansicht wird jedoch nicht von allen Ärzten geteilt, und Untersuchungen, die 1980 an der University of Edinburgh durchgeführt wurden, lassen vermuten, daß die Vitamin-D-Zufuhr in der Schwangerschaft täglich 500 bis 700 IE betragen sollte. Es sind noch weitere Forschungen erforderlich, bevor diese Empfehlungen bestätigt werden können.

Außer mit Vitamin D angereicherter Milch sind Lebertran und Fisch wie Makrelen, Lachs, Thunfisch, Sardinen und Hering gute Vitamin-D-Lieferanten. In den meisten anderen Nahrungsmitteln ist kaum Vitamin D enthalten.

Wenn die ultravioletten Strahlen der Sonne mit der Hautoberfläche in Berührung kommen, findet eine chemische Reaktion statt, und Vitamin D wird gebildet. Eine Frau kann ihren gesamten täglichen Bedarf an Vitamin D auf diese Weise decken. Offenbar kommt es darauf an, wieviel von der Hautoberfläche der Sonne ausgesetzt wird. Daher ist es für Frauen, die in den Sommermonaten schwanger sind, und für solche, die in warmem Klima leben, einfacher, genügend Vitamin D aus der Sonneneinstrahlung zu beziehen.

Durch mehrere Studien, darunter eine, die 1980 durchgeführt wurde, ist klar erwiesen, daß gestillte Kinder geringere Vitamin-D-Konzentrationen haben als mit der Flasche gefütterte. Infolgedessen empfehlen viele Ernährungswissenschaftler, daß neugeborenen Babys, die gestillt werden sollen, Vitamin-D-Gaben verabreicht werden.

Wozu braucht man Vitamin E?

Man hört immer wieder, daß Vitamin E ein Heilmittel oder eine Vorbeugungsmaßnahme für nahezu jede Krankheit und jedes Leiden sei. Entgegen all solchen Behauptungen kann der Gehalt an Vitamin E in der normalen Kost nicht Ignoranz, Impotenz, Frigidität, Sterilität, Herzleiden, Hautunreinheiten, Falten oder Geschwüre heilen. Vitamin E verhindert nicht spontane Fehlgeburten, lindert keine Brandwunden, verkleinert deren Narben nicht, stärkt nicht die Widerstandskraft gegen Infektionen, verzögert nicht den Alterungsprozeß und kann den Krippentod, den plötzlichen Tod im Kindesalter, nicht verhindern. Die tatsächlichen Eigenschaften von Vitamin E (Tocopherole) sind seine Fähigkeiten, zum Stoffwechsel von Vitamin A beizutragen, Heilungsprozesse zu fördern und gesunde rote Blutkörperchen zu bilden. Vitamin E ist außerdem ein starkes Antioxydans. Das bedeutet, es hilft die Sauerstoff-(Oxygen-)Menge zu regulieren, die der Körper verbraucht, und es verhindert, daß Sauerstoff sich mit wichtigen Substanzen in den Körperzellen verbindet und diese vorzeitig auflöst. Das Leben dieser Zellen kann sich verkürzen bei jemandem, dessen Ernährung nicht genügend Vitamin E enthält.

Vitamin E wird oft für ein sehr exotisches und seltenes Vitamin gehalten, aber in Wirklichkeit kommt es in so gut wie allen Nahrungsmitteln vor. Sein breitgestreutes Vorkommen in Pflanzenöl, Getreidekörnern, Mais, Erdnüssen, Eiern und tierischen Fetten macht einen Vitamin-E-Mangel höchst unwahrscheinlich. Daher sollte die Anwendung von Vitamin-E-Gaben auf außergewöhnliche Fälle beschränkt werden, wie etwa frühgeborene Kinder mit geringem Vitamin-E-Vorrat und Frauen mit zystischer Fibrose (Mukoviszidose) und anderen intestinalen Fett-Absorptionsbeschwerden. Vitamin E ist, wie die Vitamine A, D und K, ein fettlösliches Vitamin. An allen kann Mangel herrschen, wenn eine dieser seltenen Krankheiten vorliegt.

In den USA wurde die täglich empfohlene Dosis für Vitamin E auf 30 IE festgesetzt, obgleich mit der Hälfte dieser Menge der Bedarf eines Menschen leicht gedeckt ist. Vitamin-E-Enthusiasten haben zwar Mengen von täglich 800 bis 1 000 IE befürwortet, aber es gibt absolut keinen Beweis dafür, daß dermaßen hohe Dosen von irgendeinem Nutzen sind. Während allgemein behauptet wird, daß von schädlichen Konsequenzen durch Überdosen von Vitamin E nichts bekannt sei, kann diese Behauptung anhand einiger Tierversuche nicht erhärtet werden. Ärzte haben festgestellt, daß Hypervitaminose (überreichliche Vitaminzufuhr) mit Vitamin E beim Menschen mit gefährlichen Gerinnungsstörungen, Thrombophlebitis (Blutgerinnsel und Entzündungen der Venen), Hypertonie, Müdigkeit, Kopfweh, Benommenheit, Übelkeit, Durchfall, Darmkrämpfen, Muskelschwäche und einer Anzahl anderer Beschwerden verbunden sein kann. Die langfristigen Wirkungen von Vitamin-E-Gaben sind nicht hinreichend untersucht worden, und solange man mehr nicht weiß, muß von seinem Gebrauch abgeraten werden.

Wieviel Vitamin K braucht man während der Schwangerschaft?

Vitamin K ist wichtig für die normale Blutgerinnung. Es wird im Darmbereich durch Bakterien synthetisiert und wird nicht mit bestimmten Nahrungsmitteln aufgenommen.

Ein Baby, das mit einem Mangel an Vitamin-K-abhängigen Gerinnungsfaktoren geboren wird, lebt mit einem großen Risiko zu starken und gar lebensgefährlichen Blutungen. Diese Komplikation ist viel verbreiteter als allgemein angenommen und tritt insbesondere dann auf, wenn Krampfanfälle wie bei Epilepsie mit Phenytoin behandelt werden. Blutungen bei anfälligen Neugeborenen können verhindert werden, wenn man ihnen eine intramuskuläre Vitamin-K-Injektion verabreicht. Vitamin-K-Injektionen während der Schwangerschaft können jedoch zu Gelbsucht beim Neugeborenen führen und sind daher nicht zu empfehlen. Orale Antikoagulanzien wie Warfarin (Cumarin) und Bishydroxycumarin (Dicumarol) passieren, wie man weiß, die Plazentaschranke und behindern Vitamin K und von diesem abhängige Gerinnungsfaktoren. Infolgedessen kann es zu Blutungen beim Fetus und beim Neugeborenen kommen. Aus diesem Grund werden orale Antikoagulanzien in der Schwangerschaft nicht empfohlen. Der fortgesetzte Gebrauch von Antibiotika kann Darmbakterien töten, die für die Vitamin-K-Produktion zuständig sind und somit einen Mangel bewirken. Ein erhöhter Gehalt an Vitamin-K-abhängigen Gerinnungsfaktoren wurde im Serum von Frauen festgestellt, die orale Verhütungsmittel benutzten. Man vermutet, daß dies der Grund für die größere Häufigkeit von anomaler Blutgerinnung bei diesen Frauen ist.

Mineralstoffe

Wie wichtig ist die Eisenversorgung in der Schwangerschaft?

Der Eisenbedarf des Körpers steigt während der Schwangerschaft erheblich an, und es besteht kein Zweifel, daß eine zusätzliche Versorgung mit Eisen notwendig ist. Ohne Eisen ist eine Frau unfähig, rote Blutkörperchen zu bilden, die für den Transport von Sauerstoff zu den Körperzellen von Mutter und Fetus so wichtig sind.

Mit dem Wachsen des Plasmavolumens der Schwangeren vergrößert sich auch, allerdings viel langsamer, ihr Erythrozytenvolumen, die Erythrozytenzahl. Man hat errechnet, daß in der Schwangerschaft insgesamt 500 mg Eisen benötigt werden, um das vergrößerte Blutvolumen der Mutter zu versorgen. Die Entwicklung von Fetus und Plazenta erfordert zusätzlich 300 mg Eisen. Zusammen mit den bereits erwähnten 500 mg ergibt dies einen Gesamtbedarf von 800 mg in der Schwangerschaft. Wenn das gesamte Eisen auf Kosten der beschränkten mütterlichen Reserven entnommen wird, kann die Mutter anämisch werden. Man hat geschätzt, daß die Hälfte aller schwangeren Frauen, die keine Eisenzusätze bekommen, zur Zeit der Entbindung anämisch ist.

Um die in der Schwangerschaft erforderlichen 800 mg Eisen zu erhalten, muß eine Frau so versorgt werden, daß sie in der zweiten Schwangerschaftshälfte täglich 4 bis 5 mg Eisen zu sich nimmt. Eisensulfat ist das meistverschriebene Eisenpräparat. Da lediglich 10 bis 20% des in der Nahrung enthaltenen Eisens vom Darm aufgenommen werden und da Eisensulfat etwa 20% elementares Eisen enthält, ermöglichen Tabletten in einer Dosis von 150 mg bis 300 mg (30 bis 60 mg elementares Eisen) täglich die Aufnahme der benötigten Eisenmenge. Es ist eine interessante Feststellung, daß der erhöhte Eisengehalt bei den verschiedenen bekannten Präparaten bedeutend schwankt. Zum Beispiel haben Produkte, die Eisengluconat enthalten, nur 11% elementares Eisen, während Präparate mit Eisenfumarat 30% elementares Eisen enthalten. Es gibt gewisse Anzeichen, daß die Eisenabsorption erhöht wird, wenn es gleichzeitig mit täglichen Dosen von 100 bis 200 mg Vitamin C verabreicht wird.

Die Einnahme von Eisen kann Übelkeit, Durchfall oder Verstopfung verursachen. Der Stuhl kann sich schwarz färben. Im ersten Schwangerschaftsdrittel, wenn die Unverträglichkeit gegen diese Mittel am ehesten auftritt, ist eine Eisenbehandlung nicht notwendig. Eisengaben in den ersten acht Schwangerschaftswochen wurden tatsächlich als mögliche Ursache für Mißbildungen beim Fetus genannt; dies ist jedoch nicht durch umfangreiche Studien untermauert. Wenn eine Frau während der ganzen Schwangerschaft keine Eisenpräparate verträgt, können regelmäßige intramuskuläre Eiseninjektionen verabreicht werden. Die meisten Fachleute empfehlen, daß Eisengaben zwei bis drei Monate nach der Geburt beibehalten werden, um die im Laufe der Schwangerschaft eventuell verminderten Eisenvorräte wieder aufzufüllen.

In der Ernährung sind Trockenfrüchte, Leber, Nieren, Pflaumensaft, Trockenbohnen, Fisch, Eigelb, Rosinen, Brot und Getreideerzeugnisse (mit Eisen angereichert), Gemüse wie Spinat, Broccoli, Grünkohl und Grüngemüse gute Eisenlieferanten. Bestimmte Substanzen wie Karbonat, Phosphat, Oxalat, faserreiche Nahrungsmittel und Gerbstoffe im Tee können die Eisenabsorption vom Darm behindern.

Wieviel Calcium benötige ich?

Calcium ist ein notwendiger Mineralstoff für die Entwicklung von Knochen und Zähnen des Fetus. Der Calciumgehalt im Knochengerüst des Neugeborenen beträgt ungefähr 30 g; das meiste davon bildet sich im letzten Schwangerschaftsdrittel. Selbst wenn eine Frau eine unzureichende Calciumzufuhr hat, bekommt der Fetus eine ausreichende Menge, die er ihrem Knochengerüst entzieht. Der Angriff des Fetus auf das Knochengerüst seiner Mutter hört sich schlimmer an, als er in Wirklichkeit ist, weil lediglich etwa 2,5% des Gesamtgehalts im Körper der Mutter zum Wohle des Fetus geopfert werden. Diese geringe Menge wird bei einer gut ernährten Frau kaum zu einer negativen Calciumbilanz führen. Obgleich der Calciumspiegel im Serum einer Frau meistens in der Schwangerschaft erniedrigt ist, ist das nicht unbedingt gleichbedeutend mit Calciummangel. Es beweist lediglich, daß das Calcium sparsamer im durch die Schwangerschaft bedingten größeren Blutvolumen verteilt ist. Die Forschung beweist sogar, daß Calciumabsorption und -vorrat während der Schwangerschaft erhöht sind.

In den USA beträgt die empfohlene tägliche Dosis für Calcium 1200 mg für nichtschwangere Frauen von 15 bis 18 Jahren und 800 mg für Frauen von 19 Jahren und älter. Für Schwangerschaft und Stillzeit werden zusätzlich 400 mg empfohlen. Milch ist zweifellos der beste Calciumspender, und vier Gläser täglich stillen den Bedarf während der Schwangerschaft voll und ganz. Magermilch hat genausoviel Calcium wie Vollmich und fettarme Milch. Wenn Sie nicht gerne Milch trinken, fügen Sie sie in flüssiger oder Pulverform zu Puddings, Suppen, Backwaren, heißem Müsli, Aufläufen usw. hinzu. Wenn Sie keine großen Milchmengen trinken können, ist es gut zu wissen, daß andere Milchprodukte wie ein Becher Joghurt, 40 g Hartkäse, 1 Portion Speiseeis oder zwei Tassen Hüttenkäse soviel Calcium liefern wie ein Glas Milch. Obgleich auch andere natürliche Nahrungsmittel Calcium enthalten, ist es unmöglich, das tägliche Quantum von 1200 mg ohne den Verzehr von Molkereiprodukten zu sich zu nehmen. Einigermaßen gute, nicht auf Milch beruhende Calciumlieferanten sind u.a. Austern, Lachs, Sardinen, dunkles Grün- und Blattgemüse wie Broccoli, Grünkohl, ferner getrocknete Feigen, Datteln und Aprikosen.

Eine bemerkenswert große Zahl Frauen kann regelmäßigen Milchkonsum nicht vertragen, weil sie die Laktose, den Milchzucker, nicht verdauen können. Symptome dieser Laktose-Unverträglichkeit sind Unterleibsschmerzen, Blähungen und Durchfall nach dem Verzehr von Milch. Aus unbekannten Gründen kommt sie häufiger bei Schwarzen, Mittelmeerbewohnern, Juden, Mitteleuropäern und amerikanischen Indianern vor. Die Laktose-Unverträglichkeit kann durch das Trinken von Sauermilch behoben werden, welche von Bakterien vorverdaut ist. Molkereiprodukte wie Joghurt, Buttermilch, Sauerrahm und Hartkäse enthalten sehr wenig Laktose. Für Schwangere, die Laktose nicht vertragen, ist außerdem Sojamilch eher zu empfehlen als Kuhmilch.

Wenn diese Empfehlungen nichts nützen, können Calciumgaben in Form von Calciumglukonat- oder Calciumlaktatpillen genommen werden. Um eine maximale Absorption im Darm zu erreichen, sollen diese Mittel auf nüchternen Magen genommen werden, am besten mit einem Molkereiprodukt, einer Zitrusfrucht oder deren Saft. Das Molkereiprodukt enthält große Mengen Vitamin D, während Zitrusfrucht oder -saft reich an Vitamin C sind. Beide tragen zur Calciumabsorption im Darmtrakt bei.

Frühe Symptome von Calciummangel sind u.a. Schlaflosigkeit, Reizbarkeit, Muskelkrämpfe in den Beinen und starke Schmerzen oberhalb der Bänder, die die Gebärmutter stützen.

Was kann man bei Krämpfen in den Beinen tun, die durch Calciummangel verursacht werden?

Man nimmt an, daß die charakteristischen Wadenkrämpfe, die bei manchen Frauen in der zweiten Schwangerschaftshälfte auftreten, durch einen erniedrigten Calciumspiegel nach einem Anstieg von Phosphor im Serum ausgelöst werden. Man könnte auf natürlichem Wege etwas dagegen tun und einfach mehr Milch trinken. Statt dessen sollte aber der Milchkonsum eingeschränkt werden, weil Milch außer Calcium auch große Mengen Phosphor enthält. Calciumtabletten sollen genommen werden, aber alle Präparate, die Calciumphosphat enthalten, sollen gemieden werden, weil sie dazu beitragen, den Calciumspiegel zu senken und die Phosphorkonzentration zu erhöhen. Aus diesem Grund haben viele pharmazeutische Firmen ihre Calciumpräparate mit Calciumphosphat gegen solche ausgewechselt, die Calciumlaktat und Calciumkarbonat enthalten. Eine weitere Empfehlung zur Linderung von durch Calciummangel ausgelösten Krämpfen in den Beinen ist die tägliche Einnahme von Aluminiumhydroxid. Aluminiumhydroxid erniedrigt den Phosphatspiegel, indem es inaktive Aluminiumphosphate bildet, die nicht über den Darm vom Körper absorbiert werden können.

Welche Mineralstoffe sind außerdem wichtig?

Der *Phosphor*stoffwechsel hängt eng mit dem Calciumstoffwechsel zusammen, und das richtige Gleichgewicht zwischen diesen beiden Mineralien ist wichtig für eine normale Entwicklung von Knochen und Zähnen. Phosphor ist außerdem wichtig für die Energieproduktion und die Verwertung von Proteinen. Während sowohl Phosphor als auch Calcium in großen Mengen in der Milch enthalten sind, gibt es viele Nahrungsmittel, in denen wenig Calcium enthalten ist, die aber viel Phosphor liefern. Die empfohlene tägliche Dosis für Phosphor beträgt etwa 800 mg für die nichtschwangere Frau. In Schwangerschaft und Stillzeit werden 1200 mg empfohlen. Eine Portion Leber enthält z. B. 300 mg Phosphor, ein Hamburger enthält 165 mg, eine Portion Fisch enthält 200 mg. Bei diesen großen Mengen in vielen Nahrungsmitteln besteht für die schwangere Frau keine Gefahr eines Phosphormangels.

Zink ist ein wichtiger Bestandteil von Enzymen, die für den Stoffwechsel des Körpers bedeutsam sind. Es hilft bei der Verdauung von Proteinen und der Synthese von Insulin, und es spielt eine Rolle bei der Vergrößerung des Blutvolumens im Gehirn und anderen Körperorganen. Zink beschleunigt außerdem die Wundheilung und hilft den weißen Blutkörperchen, Infektionen zu bekämpfen. Für einen Erwachsenen beträgt die täglich empfohlene Dosis Zink 15 mg; sie ist in Schwangerschaft und Stillzeit um 5 bzw. 10 mg erhöht. Die meisten Speisepläne, die genügend tierisches Protein enthalten, können diesen Bedarf ohne weiteres decken. Fisch, Austern, Fleisch, Eier und Milch sind die besten Zinklieferanten. Zinkmangel wurde gelegentlich bei Vegetariern und solchen Menschen beobachtet, die große Mengen chemisch unbehandelter Körner, Kleie, Bohnen und Vollweizenprodukte verzehren, weil der große Anteil Phytinsäure in diesen Erzeugnissen Zink bindet und den Körper an der Verwertung hindert.

Die möglichen Gefahren eines Zinkmangels sind noch nicht ganz geklärt. Wenn bei trächtigen Versuchstieren ein Zinkmangel künstlich herbeigeführt wird, besteht für die Nachkommen ein größeres Risiko zu Früh- und Totgeburten sowie schweren fetalen Mißbildungen. Es gibt außerdem Beweise für die Vermutung, daß Zinkmangel zu emotionalen Störungen bei Kindern beiträgt.

Magnesium ist ein wichtiger Nährstoff, ein bedeutender Bestandteil von Knochen und Gewebe und ein Aktivator verschiedener Enzymsysteme im Körper. Magnesiummangel tritt nur unter ungewöhnlichen Bedingungen auf, etwa bei anhaltendem Hunger, chronischer Unterernährung, Alkoholismus, Beschwerden, die eine schlechte intestinale Absorption bewirken, und verschiedenen Nierenleiden. Magnesium ist in fast allen Nahrungsmitteln enthalten, aber die größte Menge liefern frisches Obst und Gemüse. In den USA beträgt die empfohlene tägliche Dosis Magnesium für Schwangere 450 mg, das sind 150 mg mehr als die für nichtschwangere Erwachsene empfohlene Menge.

Jod kommt im ganzen Körper vor, ist aber in der Schilddrüse konzentriert. Früher kam es in vielen Ländern, deren Einwohner eine an diesem Mineralstoff arme Kost zu sich nahmen, zu Jodmangel und infolgedessen zu Kropfbildung. Durch die Verwendung von jodiertem Salz ist dieses Problem heutzutage weitgehend behoben. In den USA beträgt die empfohlene tägliche Dosis für nichtschwangere Frauen 125 bis 150 µg, die in der Schwangerschaft um zusätzliche 25 µg erhöht werden sollten. Der stillenden Mutter wird geraten, täglich 175 bis 200 µg Jod zu sich zu nehmen. Man muß jedoch unbedingt wissen, daß zuviel Jod die Schilddrüsenfunktion beeinträchtigen kann. Aus diesem Grund sollte die täglich aufgenommene Menge in der Schwangerschaft 225 µg nicht überschreiten. Jodhaltige Zusatznahrung, wie etwa Seetang, kann eine schwangere Frau gefährlich nahe an diese Grenze bringen.

Kupfer spielt zusammen mit Zink eine wichtige Rolle beim Stoffwechsel. In den USA beträgt die empfohlene tägliche Dosis für Kupfer 2 mg. Getreidekörner, Innereien, Kakao, Erbsen, Bohnen, Schellfisch und Nüsse sind ausgezeichnete Kupferlieferanten. Überraschend ist, daß Frauen, die die Antibabypille nehmen, einen erhöhten Gehalt an Kupfer im Serum haben, was einige Ernährungswissenschaftler zu der Annahme verleitete, daß sie einen geringeren Bedarf an Kupfer in ihrer Ernährung haben. Kuhmilch und Muttermilch haben bekanntlich einen geringeren Kupfergehalt, und aus diesem Grund wurde Kupfermangel bei Kindern, nicht aber bei Erwachsenen festgestellt.

Zu den Symptomen von Kupfermangel gehören Anämie, skorbutartige Knochenveränderungen und eine verringerte Anzahl weißer Blutkörperchen. Einige Tierversuche lassen vermuten, daß, wenn die Kupfermenge im Körper im Verhältnis zur Zinkkonzentration vermindert wird, möglicherweise schädliche körperliche Veränderungen auftreten können. 1977 verglichen Ärzte vom Los Angeles County Harbor General Hospital den Kupfergehalt im Serum von 14 Patientinnen, bei denen vor dem Einsetzen der Wehen die Fruchtblase vorzeitig geplatzt war, mit zwölf Frauen einer Kontrollgruppe. Bei der ersten Gruppe war der Kupferspiegel im Serum bedeutend niedriger, was die Ärzte dazu führte anzunehmen, daß Kupfermangel möglicherweise bei der Mutter auf irgendeine Weise die Fruchtblase schwächt.

Mangan ist ein Mineralstoff, der in vielen Nahrungsmitteln reichlich vorhanden ist. Bei schwangeren Versuchstieren verursacht Manganmangel bleibende neurologische Schäden beim Neugeborenen. Manganmangel kann auch eine mögliche Ursache von beeinträchtigtem Knochen- und Knorpelwachstum sowie Diabetes sein. Es bedarf jedoch noch eingehender Forschung, um diese Vermutung zu bestätigen.

Fluorverbindungen

Welches sind die Vorteile und Risiken einer Fluoridzufuhr während der Schwangerschaft?

Man nimmt an, daß die Fluoridierung des Trinkwassers eine sichere, wirksame und praktische Methode zur Verhütung von Karies und zur Dämpfung der Kosten für Zahnbehandlung von Kindern und nichtschwangeren Erwachsenen ist.

Während die meisten Fachleute Fluorgaben in der Kindheit befürworten, besteht keine Einigkeit über die Vorteile und Unbedenklichkeit dieser Präparate, wenn sie vor der Geburt gegeben werden. In einer 1971 durchgeführten Untersuchung haben Forscher erhöhte Fluoridkonzentrationen in den Milchzähnen von Kindern nachgewiesen, deren Müttern in der Schwangerschaft Fluorid gegeben worden war. In einer kürzlich veröffentlichten Studie verglich Dr. Frances Glenn, eine Kinderzahnärztin, die Zähne von Kindern dreier verschiedener Gruppen von Müttern, bei denen im dritten Schwangerschaftsmonat mit Fluoridgaben begonnen worden war. Die Frauen und ihre Kinder wurden 15 Jahre lang beobachtet. Die erste Gruppe trank mit Fluor angereichertes Wasser. Bei einer Nachuntersuchung hatten 23% der Kinder kariesfreie Zähne. Die Mütter der zweiten Gruppe nahmen jeden Tag eine Tablette mit 1 Milligramm Fluorid; 69% ihrer Kinder hatten kariesfreie Zähne. Die dritte Gruppe Frauen nahm vom dritten bis neunten Monat eine Tablette mit 2,2 Milligramm Fluorid und gab außerdem ihren Kindern von Geburt an bis in die zweite Lebensdekade hinein Fluoridtabletten. Von diesen Kindern waren 97% frei von Karies. Außerdem waren ihre Milch- und bleibenden Zähne perlweiß, ohne strukturelle Defekte und weniger empfänglich für die Entwicklung von Zahnbelag. An den Zähnen der Kinder ließen sich auch weniger potentiell krankhafte Bakterien nachweisen. Aufgrund ihrer Studien hat Frau Dr. Glenn die

pränatale Versorgung mit Fluorid begeistert als die »pränatale Zahnimpfung, nach der wir gesucht haben«, bezeichnet. Unerwarteterweise enthielt ihr Bericht auch noch andere interessante Befunde, beispielsweise waren pränatal mit Fluorid versorgte Kinder bei der Geburt schwerer und größer. Es gab etwas weniger häufig angeborene Mißbildungen und eine merklich niedrigere Frühgeburtenrate.
Eine Reihe bekannter Frauenärzte hat Frau Dr. Glenns Bericht mit Vorsicht betrachtet, weil es Anhaltspunkte dafür gibt, daß Fluorid bei Kindern auch Anomalien hervorrufen kann. Man weiß z.B., daß dieses Element rasch vom mütterlichen in den fetalen Kreislauf gelangt und im Blut beider gleich hohe Konzentrationen erreicht. Wieviel davon die Mutter einnehmen kann, ohne dem Kind zu schaden, ist bislang unbekannt. Die amerikanischen Gesundheitsbehörden halten jedoch Fluoridgaben während der Schwangerschaft für unbedenklich. Während die Prophylaxe-Befürworter behaupten, daß Fluorid beim Fetus Zahnverfall verhindert, indem es in einen calciumhaltigen Komplex im Zahnschmelz eingebaut wird, glauben andere Zahnärzte, daß die Zahnansätze beim Fetus noch so unbedeutende Mengen Calcium enthalten, daß man mit Fluorid nichts ausrichtet. Die Gegner behaupten, daß weitere Forschungen Dr. Glenns Schlußfolgerungen widerlegen werden.
Wenn dem Trinkwasser kein Fluorid zugesetzt ist, kann meiner Meinung nach aber eine tägliche Gabe von 1 bis 2,2 Milligramm nicht schaden. Womöglich ist sie sogar vorteilhaft.

Ergeben sich Wechselwirkungen mit Anästhetika?

Leider wissen nur wenige Ärzte und Zahnärzte, daß es zwischen den beiden Anästhetika (Betäubungsmittel) Methoxyfluran (Penthrane®) und Enfluran (Ethrane®) und Fluorid einen folgenschweren Zusammenhang gibt. Studien weisen darauf hin, daß, sobald diese Mittel (während der Betäubung) chemisch aufgeschlossen werden, die Fluoridspiegel im Blut von Mutter und Fetus steigen. In einem 1980 veröffentlichten Bericht stellten Ärzte der Universität von Tennessee fest, daß ein sehr stark erhöhter Fluoridspiegel, der durch eine längere Betäubung mit Methoxyfluran zustande kam, eine schwere Form von Nierenversagen verursachte. Noch alarmierender ist die Tatsache, daß dasselbe Problem auch dann auftrat, wenn diese Anästhetika nur für relativ kurze Zeit, wie etwa bei einer Entbindung, verabreicht wurden. Die Möglichkeit, daß eine Frau oder ihr Baby Nierenversagen erleiden, ist offenbar dann am größten, wenn bei regelmäßigen Fluoridgaben während der Schwangerschaft eines dieser zwei Betäubungsmittel verwendet wird.

Der Speiseplan

Wie schaut der Grund-Ernährungsplan für Schwangere aus?

Es gibt zwar eine Menge fix und fertiger Rezepte und Tabellen für die Ernährung, aber am einfachsten ist es, die

Mahlzeiten nach den vier Hauptgruppen der Nahrungsmittel zusammenzustellen:

Gruppe 1: Eiweiß
Mageres Fleisch, Geflügel, Fisch, Trockenbohnen und Nüsse enthalten viel Eiweiß. Billigere Fleischsorten sind ebenso nahrhaft wie die teureren. Eine Portion besteht aus 60–80 g gekochtem magerem Fleisch, Fisch oder Geflügel ohne Knochen. In der ersten Schwangerschaftshälfte werden zwei oder mehr Portionen, während der zweiten Hälfte und in der Stillzeit drei oder mehr empfohlen. Folgende Portionen enthalten Protein in ausreichender Menge:

125 g gekochtes Hackfleisch
1 mittelgroße Fisch- oder Fleischpastete
2 Frankfurter Würstchen
2 Scheiben Leber
2 Scheiben Fleischkäse
2 mittlere Hähnchenkeulen
1 Hähnchenschenkel
1 mittelgroßes Fischfilet
1 Scheibe gebratenes Fleisch oder Geflügel

Als Ersatz für die oben angegebenen Nahrungsmittel dienen:

½ Tasse Hüttenkäse
80 g Käse (Cheddar, Emmentaler, Münster)
1 Tasse getrocknete Bohnen, Erbsen oder Linsen
½ Tasse geschälte Erdnüsse
4 Teelöffel Erdnußbutter
3 Eier

Gruppe 2: Milch und Milchprodukte
Vier oder mehr Tassen Milch täglich werden empfohlen. Vollmilch, Magermilch, Buttermilch, in Wasser aufgelöste Trockenmilch, Joghurt und Pudding sind von gleichem Nährwert. Folgende Käsemengen entsprechen einer Tasse Milch:

1 Käsewürfel (2,5 cm)
1⅓ Tassen Hüttenkäse
1½ Scheiben (40 g) Käse

Gruppe 3: Obst und Gemüse
Vier oder mehr Portionen täglich werden empfohlen. Einer Portion entspricht jeweils:

½ bis ¾ Tasse Apfel, Orange, Kartoffel, Grapefruit oder Honigmelone
1 Apfel, 1 Orange, 1 Kartoffel,
½ Grapefruit oder ½ Honigmelone

Gruppe 4: Brot und Getreideprodukte
Empfohlen werden wenigstens zwei bis drei Portionen in der ersten Schwangerschaftshälfte, und vier bis fünf Portionen in der zweiten Schwangerschaftshälfte. Einer Portion entspricht:

1 Scheibe Vollkornbrot
½ bis ¾ Tasse gekochter Vollkornbrei (Haferflocken, auch brauner Reis und dergleichen)
½ bis ¾ Tasse Grütze oder Maisbrei
½ bis ¾ Tasse Nudeln
¾ Tasse fertige Frühstücksflocken
½ bis ¾ Tasse Reis

Damit Ihr Kalorienbedarf täglich ausgewogen gedeckt wird, sollten Sie zum Frühstück, Mittag- und Abendbrot jeweils eine Portion von jeder der vier Nahrungsmittel-Gruppen zu sich nehmen. Eine Zwischenmahlzeit ist dann noch erlaubt: Sie dürfen während der Schwangerschaft täglich zusätzlich eine Portion aus den Gruppen 2, 3 und 4 und in den letzten fünf Monaten außerdem eine Portion aus der Gruppe 1 verzehren. Täglich drei kleine Mahlzeiten und drei Zwischenmahlzeiten zu essen, mag zwar übertrieben klingen, aber auf diese Weise ist die Nahrung leichter verdaulich. Es ist nicht gesund für Sie und Ihr Baby, wenn Sie acht oder mehr Stunden nichts zu sich nehmen. Außerdem dürfen Sie Ihren Salzkonsum nicht einschränken und sollten ausschließlich jodiertes Salz verwenden.

Sie müssen sich nicht sklavisch an diesen Speiseplan halten. Manche Frauen benötigen zusätzliche Kalorien durch weitere Zwischenmahlzeiten oder durch Fette wie Butter, Margarine, Mayonnaise oder Salatöl. Sprechen Sie über Ernährung und Gewichtszunahme mit Ihrem Frauenarzt.

Auch Flüssigkeit ist wichtig. Sie sollten täglich vier bis sechs Tassen Wasser, Brühe, Kaffee (maximal eine Tasse) oder Tee (maximal eine Tasse) trinken. Kaufen Sie für Ihre Zwischenmahlzeiten nur nahrhafte Lebensmittel, etwa Rosinen, frisches Gemüse, Nüsse oder Obst, und meiden Sie kalorienreiche Lebensmittel von geringem Nährwert wie Süßigkeiten, Gebäck, Torten und Erfrischungsgetränke. Chemisch behandelte und raffinierte Kohlenhydrate, wie sie in Speisen mit großem Zuckeranteil enthalten sind, liefern mehr »leere Kalorien« als natürliche Kohlenhydrate. Essen Sie Obst und möglichst auch Gemüse ungekocht, weil durch Kochen der Vitamin-C-Gehalt vermindert wird.

Kann sich eine Vegetarierin in der Schwangerschaft ausreichend ernähren?

Vegetarische Kost erfreut sich wachsender Beliebtheit, und die Frauenärzte müssen lernen, der Vegetarierin zu helfen, statt sie zu kritisieren. Viele unwissende Leute sind schnell dabei, sich über die Vegetarier lustig zu machen. Es gibt Hinweise, daß diese Kost entscheidend zur Verhütung von Krankheiten beiträgt, etwa Herzleiden, Krebs, Fettleibigkeit und Osteoporose (Schwund des Knochengewebes). In meiner Praxis war ich immer wieder beeindruckt von dem ausgezeichneten Gesundheitszustand, dem Wissen über Ernährung und dem Verlauf der Schwangerschaft bei Vegetarierinnen.

Ein strenger Vegetarier ist jemand, dessen Kost ausschließlich auf pflanzlicher Basis beruht, während ein Lakto-Vegetarier neben pflanzlicher Kost auch Milcherzeugnisse zu sich nimmt. Lakto-Ovo-Vegetarier nehmen neben pflanzlicher Kost auch Eier und Milchprodukte zu sich. Zwar kann eine Schwangerschaft bei allen drei Gruppen erfolgreich verlaufen, aber es liegt auf der Hand, daß die Vollvegetarierin es am schwersten hat, sich die in der Schwangerschaft benötigten Nährstoffe zuzuführen.

Das Hauptproblem besteht darin, wie eine Vegetarierin zu hochwertigem Protein in ausreichender Menge kommt. Die Qualität des Proteins wird zum einen dadurch bestimmt, wie gut der Körper es verwerten kann. Zum andern ist sie abhängig davon, wie viele essentielle Aminosäuren darin enthalten sind. Aminosäuren sind die Bausteine von Eiweiß. Im menschlichen Organismus gibt es 25 verschiedene Aminosäuren. 10 davon sind essentielle, das heißt, der Körper kann sie nicht selbst herstellen; sie müssen zugeführt werden. Proteinkost tierischen Ursprungs gilt als hochwertiges Protein, weil diese Nahrungsmittel essentielle Aminosäuren in optimalen Mengen enthalten, die dem Körper leicht zugänglich sind. Bestimmten Getreidekörnern, die von Vegetariern bevorzugt werden, fehlt eine der essentiellen Aminosäuren, nämlich Lysin. Zum Glück enthalten Gemüse wie getrocknete Bohnen und Erbsen große Mengen Lysin. Diesen fehlt wiederum die essentielle Aminosäure Methionin. Wenn Getreide- und Gemüseproteine zusammen verzehrt werden, ist der Bedarf abgedeckt. Wenn diese Proteinmischung während der ganzen Schwangerschaft beibehalten wird, entspricht der Nährwert annähernd dem des hochwertigen tierischen Proteins, das die Nichtvegetarierin zu sich nimmt. Die vegetarische Verpflegung ist hochwertiger, wird sie täglich durch zwei Portionen Eier und Milchprodukte ergänzt. Für die strengere Vegetarierin werden täglich zwei Portionen hoch proteinhaltiger Nüsse und Erdnußbutter empfohlen.

Mehr Protein, zusätzlich zum Verzehr von Gemüse und Getreide, erhält die Vollvegetarierin, wenn sie täglich eine Portion folgender Produkte ißt:

1 Tasse Sojabohnen plus 350 g Sojamilch oder Sojajoghurt
250 g Tofu und ½ l Sojamilch oder Sojajoghurt
1 Tasse aufgelöstes pflanzliches Trokkeneiweiß und 1 Tasse Sojamilch oder Sojajoghurt

Die Lakto-Vegetarierin erhält zusätzliches Protein auf etwas einfacherem Weg durch täglichen Verzehr von:

2 Tassen Hüttenkäse
1 l Magermilch, fettarmem Joghurt oder Buttermilch

Strenge vegetarische Kost kann Mangel an Calcium, Eisen, Riboflavin, Vitamin B12, Vitamin D und Zink verursachen. Es ist unbedingt notwendig, den schwangerschaftsbedingten Bedarf an diesen Vitaminen und Grundstoffen abzudecken. Leider reichen die mit den verfügbaren Nahrungsmitteln erhältlichen Mengen oft nicht aus. Daher müssen alle Vegetarierinnen, besonders aber jene, die steng vegetarisch leben, ihre Ernährung durch Vitamine und Mineralstoffe ergänzen.

Das größte Risiko für die Vegetarierin birgt der begrenzte Nährwert einer einseitigen Kost. Makrobiotiker, deren Kost hauptsächlich aus Getreidekörnern und Gemüse besteht, unterliegen einem großen Risiko zu Protein-, Eisen- und Calciummangel. Wie jede Ernährung in der Schwangerschaft sollte auch die vegetarische Kost keine großen Mengen »leere Kalorien« enthalten, wie sie in raffinierten Fetten und Ölen, stärkehaltigen Speisen, raffiniertem Zucker und Alkohol vorkommen.

9. Gefährdungen der Schwangerschaft durch Umwelteinflüsse und Beruf

Im Laufe der letzten 20 Jahre ist vielen schwangeren Frauen schmerzlich bewußt geworden, durch wie viele Faktoren in der Umwelt ihre Gesundheit und die des ungeborenen Kindes gefährdet ist. Laufend stürmen Horror-Nachrichten auf uns ein, irgendwo sei wieder mal eine giftige chemische, herbizide, pestizide oder radioaktive Substanz freigesetzt worden, und wir wissen inzwischen, daß fast alle diese Schadstoffe die Plazentaschranke passieren können.

Zwar hat die überwiegende Mehrheit der Schwangeren nicht so dramatische Sorgen wie die Einwohner von Three Mile Island, dennoch wird vielen von ihnen ernsthaft zum Problem, daß sie mit einer Vielzahl von Giftstoffen zu Hause und in der Arbeitswelt konfrontiert werden. Sie isolieren ein Haus oder streichen das Zimmer für das Baby an, und schon ergibt sich die Frage, ob diese chemischen Substanzen dem Fetus schaden. Falsche Vorstellungen von Gefahren durch Strahlung, die von Mikrowellenherden und Fernsehgeräten ausgeht, können eine Schwangere ebenso beunruhigen wie die Ungewißheit darüber, ob eine geliebte Katze, ein Vogel oder eine Schildkröte eingeschläfert werden muß, um sicherzugehen, daß von dem Tier keine möglicherweise gefährliche Krankheit auf den Fetus übertragen wird.

Jährlich werden Millionen arbeitender Frauen schwanger. Durch Zigarettenrauch, schädliche Chemikalien, Lärmbelästigung und Strahlung ist eine Schwangere ernsten Gefahren ausgesetzt. Es ist wichtig, diese Gefahren zu kennen und zu wissen, wie man ihnen begegnet.

Ihr Frauenarzt sollte Sie fragen, wo Sie und Ihr Partner in den letzten fünf Jahren gearbeitet haben, um herauszufinden, ob Sie eventuell Schadstoffen ausgesetzt sind. Hobbys und Betätigungen außerhalb gehören ebenfalls dazu. Dieses Kapitel behandelt die zahlreichen Fragen zur häuslichen und beruflichen Umwelt der Schwangeren.

Zigarettenrauch

Wie wirkt sich Rauchen auf die Schwangerschaft aus?

Trotz unwiderlegbarer Beweise, daß Rauchen bei Mutter und Fetus schwerwiegende Komplikationen auslösen kann, behalten viele Frauen diese selbstzerstörerische Gewohnheit in der Schwangerschaft bei, obwohl die meisten sich darüber im klaren sind, daß ihre Nikotinabhängigkeit ungesund ist. Solche Frauen bekommen während der Schwangerschaft und in den Jahren nach der Geburt oft Schuldgefühle, weil sie wissen, daß sie ihrem Baby nicht den besten Start ins Leben ermöglicht haben.

Zu den nachweislich schädlichen Wirkungen des Rauchens, die Männer und Frauen gleichermaßen betreffen, gehört ein erhöhtes Risiko zu Krankheiten wie chronische Bronchitis, Emphysem (Überdehnung der Lunge) und Lungenkrebs. Während Lungenkrebs ehemals bei Männern weit häufiger war, hat er in den vergangenen 30 Jahren unter den Frauen drastisch zugenommen, da die Anzahl der rauchenden Frauen sich derjenigen der Männer angenähert hat. Kardiovaskuläre Krankheiten – also solche, die Herz und Kreislauf betreffen, wie etwa Arteriosklerose (Arterienverkalkung), Herzinfarkt und schlechtere Durchblutung der Extremitäten – kommen bei chronischen Rauchern häufiger vor. Obgleich Herzinfarkte bei Frauen immer noch relativ selten sind, gehen vermutlich 75% aller Infarkte vor dem Klimakterium auf das Konto des Rauchens. Es gibt zudem Beweise für die Vermutung, daß Magengeschwüre und Harnblasenkrebs unter Rauchern vermehrt auftreten. Die Häufigkeit dieser Krankheiten steht in direkter Beziehung zur Dauer der Sucht und zur Anzahl der täglich gerauchten Zigaretten. Auch die Funktion der Eierstöcke kann beeinträchtigt werden. Eine Reihe von Studien hat klar erwiesen, daß die Menopause merklich früher bei Frauen eintritt, die über mehrere Jahre täglich eine Schachtel Zigaretten oder mehr rauchen.

Die schädlichsten von den mehr als 4800 im Zigarettenrauch festgestellten chemischen Substanzen sind Nikotin, Kohlenmonoxid, Teer, Harz, Hydrogenzyanid und etliche Karzinogene (krebsauslösende Stoffe) wie etwa Diazibenzopyren. An Tier und Mensch wurde festgestellt, daß Nikotin die Freisetzung der sogenannten Katecholamine anregt. Dies wiederum verengt die Blutgefäße – leider auch die, welche die Gebärmutter versorgen. Infolgedessen wird der Uterus schlechter durchblutet, und die Sauerstoffkonzentration im fetalen Kreislauf nimmt ab. Man vermutet, daß der Uterus auf diesem Weg derart geschädigt werden kann, daß auch zukünftige Schwangerschaften beeinträchtigt werden. Außerdem ist dies höchstwahrscheinlich der Grund, warum Raucherinnen kleinere Babys zur Welt bringen. Nikotin kann, unmittelbar nachdem eine Frau auch nur eine einzige Zigarette geraucht hat, die Kindsbewegungen erschreckend mindern und die fetale Atemfrequenz verändern. Die erhöhte Totgeburtenrate und Säuglingssterblichkeit solcher Kinder hängt damit zusammen.

Kohlenmonoxid ist ein Gift, das in erheblichen Konzentrationen im Tabakrauch enthalten ist. Es passiert die Plazentaschranke und wurde in der Nabelschnur von Kindern rauchender Mütter gefunden. Das Gefährliche an Kohlenmonoxid ist, daß es sich sowohl im mütterlichen als auch im fetalen Blutkreislauf mit Hämoglobin zu einer

Komponente namens Karboxy-Hämoglobin verbindet. Karboxy-Hämoglobin vermindert die Kapazität der roten Blutkörperchen, Sauerstoff zu transportieren. Ein Päckchen Zigaretten täglich erhöht den Gehalt an Karboxy-Hämoglobin im Blut der Mutter um 4 oder 5%. Die Konzentration von Karboxy-Hämoglobin des Fetus steht in direkter Beziehung zu derjenigen der Mutter. Sie kann bei den Kindern von Kettenraucherinnen 10 bis 15% höher sein als bei der Mutter. Man vermutet, daß das Kohlenmonoxid weit mehr bleibende und behindernde fetale Wachstumshemmungen verursacht als Nikotin oder die anderen Giftstoffe im Zigarettenrauch.

Aber welche Substanz auch immer die schädlichste sein mag – es ist unwiderlegbar bewiesen, daß Raucherinnen ihre ungeborenen Kinder arg strapazieren. Sie bringen Babys zur Welt, deren Gewicht durchschnittlich 10 bis 15% unter dem Optimum liegt – kleine Babys mit geringerem Kopfumfang. Der Gewichtsunterschied steigt mit der Anzahl der gerauchten Zigaretten. Die Kinder sind kleiner, weil sie oft zu früh geboren werden; aber wesentlicher als das ist ein verzögertes Wachstum im Mutterleib. Frauen, die täglich mehr als eine Schachtel Zigaretten rauchen, bringen mit zweimal größerer Wahrscheinlichkeit ein Kind zur Welt, das weniger als 5 Pfd. wiegt, als Frauen, die weniger als eine Schachtel täglich rauchen. Bei Nichtraucherinnen ist die Wahrscheinlichkeit bedeutend niedriger.

Das Risiko, daß sich ein Kind im ersten Lebensjahr Lungenentzündung und Bronchitis zuzieht, ist größer, wenn seine Mutter während der Schwangerschaft geraucht hat. Die Gründe hierfür sind noch unbekannt. Allerdings hat Dr. Richard L. Naeye die Theorie aufgestellt, daß es bei Raucherinnen weitaus häufiger zu bakteriellen Infektionen des Fruchtwassers kommt. Gerät infizierte Flüssigkeit in die Lungen des ungeborenen Kindes, kann eine Lungenentzündung die Folge sein. Dr. Naeye glaubt außerdem, daß eine Infektion des Fruchtwassers zu untergewichtigen Babys führt.

Eine großangelegte amerikanische Studie ergab, daß Rauchen die Häufigkeit und Schwere von Rhesus-Unverträglichkeit erhöht. Der Rhesus-Faktor ist ein Antigen, das auf der Oberfläche der roten Blutkörperchen sitzt. Menschen, die dieses Antigen nicht haben, bilden gegen den Rhesus-Faktor Antikörper. Voraussetzung ist, daß ihr Organismus irgendwann einmal (z. B. während der Geburt) Kontakt mit Blut – genauer mit roten Blutkörperchen – hatte, die dieses Antigen tragen. Kommt der einmal sensibilisierte Rhesus-negative Mensch wieder mit Rhesus-positivem Blut in Kontakt, verbinden sich seine Antikörper mit den Antigenen auf den roten Blutkörperchen. Dadurch werden die roten Blutkörperchen zerstört. In der Folge wird weniger Sauerstoff zum Fetus transportiert, und man nimmt an, daß das Kohlenmonoxid aus inhaliertem Zigarettenrauch den Sauerstofftransport zusätzlich beeinträchtigt.

Mehrere Studien ergaben, daß Raucherinnen wahrscheinlicher spontane Fehlgeburten haben und Kinder mit niedrigerem Intelligenzquotienten, angeborenen Mißbildungen, Überaktivität, Lese-

und Lernschwierigkeiten zur Welt bringen. Allerdings ist nicht erwiesen, ob es sich hierbei um bleibende körperliche und geistige Schäden handelt. Eine Folge-Untersuchung ergab, daß im Alter von acht Jahren keine Unterschiede mehr zwischen dem Intelligenzquotienten oder der motorischen Entwicklung von Nachkömmlingen von Raucherinnen und solchen von Nichtraucherinnen bestehen. Ebenfalls großangelegte andere Studien kamen jedoch zu dem Schluß, daß die Kinder von rauchenden Müttern mit den Nachkommen von Nichtraucherinnen *nicht* gleichziehen. In einem Bericht hieß es, daß Mütter, die während der Schwangerschaft geraucht hatten, zweimal so häufig Kinder mit überaktiv-impulsivem Verhalten im Alter von sieben Jahren hatten. Auch waren die Quoten von Überaktivität höher, wenn die Mutter am Tag zwei oder mehr Schachteln Zigaretten rauchte, als wenn nur eine geraucht wurde. Erst kürzlich hat man festgestellt, daß die Wahrscheinlichkeit der Säuglingssterblichkeit bei Kindern von rauchenden Müttern um die Hälfte höher ist.

Es ist eine interessante Feststellung, daß Kinder von Raucherinnen in den ersten sechs Lebensmonaten schneller wachsen als Kinder von nichtrauchenden Müttern; vermutlich, weil sie nun nicht mehr in dem vergifteten, wachstumshemmenden Mutterleib sind.

Die schädlichen Wirkungen des Rauchens betreffen alle Babys, gleichgültig, ob Ernährung und Gewicht ihrer Mütter normal sind oder oberhalb der Norm liegen. Eine Raucherin wird, ungeachtet ihres Gewichts, kleinere Kinder zur Welt bringen als eine gleichgewichtige Nichtraucherin. Das ist auch dann der Fall, wenn Nahrungsaufnahme und Gewichtszunahme während der Schwangerschaft bei Raucherin und Nichtraucherin identisch sind.

Rauchen erhöht außerdem die Häufigkeit schwerer Schwangerschafts-Komplikationen. Eine Studie ergab, daß vorzeitige Ablösung der Plazenta von der Gebärmutterwand (Abruptio placentae) bei Raucherinnen bedeutend häufiger vorkam als bei Nichtraucherinnen. Bei mäßigen Raucherinnen stieg das Risiko um 24%, bei starken Raucherinnen erhöhte es sich auf 68%. Plazenta-Infarkte sind Stellen mit abgestorbenem Gewebe in der Plazenta, die entstehen, wenn diese Bezirke zu wenig oder gar nicht durchblutet werden. Forscher haben festgestellt, daß Plazenta-Infarkte bei starken Raucherinnen häufiger vorkommen.

Im letzten Schwangerschaftsdrittel haftet die Plazenta gewöhnlich am oberen Teil der Gebärmutterhöhle. In seltenen Fällen kann sie jedoch abnorm niedrig liegen und den Gebärmutterhals ganz oder teilweise bedecken. Man spricht dann von Placenta praevia. Sie kann im dritten Drittel heftige Blutungen verursachen. Die Häufigkeit von Placenta praevia nimmt bei mäßigen Raucherinnen um 25% und bei starken Raucherinnen um 92% zu.

Wie hat man die Wirkungen von Zigarettenrauch auf den Fetus untersucht?

Einer der alarmierendsten Aspekte des Rauchens sind die zeitweisen Anomalien bei Kindsbewegungen, Atmung und Herzfrequenz, die unmittelbar nach dem Rauchen festzustellen sind. Mittels ständiger Ultraschall-Überwachung registrierten Ärzte von der Universität Oxford/England die fetale Atmung bei zehn Schwangeren, die innerhalb von 15 Min. 2 Zigaretten rauchten. Binnen 5 Min. nach Beginn des Rauchens stieg die Herzfrequenz des Fetus für 60 Min. deutlich an. Die Frauen zeichneten die Anzahl der Kindsbewegungen auf, und zwar vor und nach dem Rauchen. Die Anzahl sank, nachdem die zwei Zigaretten geraucht worden waren, für eine Stunde merklich ab. Da die Aktivität des Fetus eng mit seinem Wohlbefinden zusammenhängt, ist dieser Befund besorgniserregend.

Der sogenannte Nonstress Test hat sich als eine wichtige Methode zur Bestimmung des fetalen Zustands stark gefährdeter Schwangerschaften erwiesen. Dazu wird am Unterleib der Mutter ein Verstärker angebracht und der fetale Herzschlag auf einem Papierstreifen aufgezeichnet. Die Frau muß sofort einen Knopf drücken, wenn sie eine Kindsbewegung spürt. Diese wird zusammen mit dem Herzschlag registriert. Unter normalen Bedingungen spüren die meisten Frauen innerhalb von 20 Min. 4 oder mehr Bewegungen, wobei der Herzschlag des Babys sich unmittelbar danach für eine Viertelstunde um mindestens 15 Schläge pro Minute beschleunigt. Wenn das Kind so reagiert, handelt es sich um einen reaktiven Nonstress Test, der darauf hinweist, daß es dem Kind gutgeht. Ein nichtreaktiver Nonstress Test jedoch, bei dem die Herzfrequenz nicht entsprechend steigt, kann bedeuten, daß das Kind gefährdet ist.

In einem 1980 im *American Journal of Obstetrics and Gynecology* veröffentlichten Bericht zeigte ein Vergleich der Nonstress Tests von 128 rauchenden und 350 nichtrauchenden Schwangeren mit hochgefährdeten Schwangerschaften, daß 20,8% der Raucherinnen nichtreaktive Nonstress Tests hatten, gegenüber 13,2% bei Nichtraucherinnen.

Ultraschall-Beobachtung des fetalen Schädels ermöglicht es festzustellen, ob das Wachstum verzögert ist. Der Abstand zwischen beiden großen Parietalknochen (Schläfenbein) des Schädels, der sogenannte biparietale Durchmesser, war – in einer kürzlich durchgeführten Studie – ab der 21. Schwangerschaftswoche bei Feten von Raucherinnen beträchtlich niedriger als bei denen von Nichtraucherinnen.

Gibt es angeborene Mißbildungen, die auf das Rauchen während der Schwangerschaft zurückgehen?

Trotz unzähliger Studien läßt sich nicht mit Sicherheit ausschließen, daß zwischen Zigarettenrauchen der Mutter und angeborenen Mißbildungen eine Beziehung besteht. In der größten Studie, die dieser Frage nachging und 1979 im *British Medical Journal* veröffentlicht wurde, untersuchte man 67 909 Schwangerschaften. Die Mütter wurden nach drei Kategorien eingeteilt: Nichtraucherinnen, mäßige Raucherinnen (eine bis neun Zigaretten täglich) und starke Raucherinnen (mehr als 20 Zigaretten täglich). Man stellte fest, daß die Gesamthäufigkeit angeborener Mißbildungen bei Raucherinnen wie Nichtraucherinnen ungefähr 2,8% betrug.

Man fand keinen Zusammenhang zwischen Rauchgewohnheiten und Mißbildungen des Herz-Kreislauf-, Magen-Darm-, genitalen oder skelettalen Systems. Eine etwas größere Häufigkeit von Gaumen- und/oder Lippenspalte war bei Kindern von mäßigen bis starken Raucherinnen feststellbar. Dieser Unterschied war allerdings statistisch nicht signifikant. Lediglich bei Neuralrohrdefekten wie Anenzephalie (Fehlen des Gehirns) und Spina bifida (Spaltwirbel) wurde eine eindeutige Beziehung zum Rauchen festgestellt; starke Raucherinnen brachten mit größerer Wahrscheinlichkeit Kinder mit derartigen Defekten zur Welt.

In einem Versuch, Neuralrohrdefekte und Rauchen mit der sozialen Schicht in Verbindung zu bringen, stellte man die wenigsten Neuralrohrdefekte bei Kindern von ausgebildeten berufstätigen Nichtraucherinnen fest, und die meisten bei denen, deren Mütter an- oder ungelernte Arbeiterinnen waren, unabhängig von den Rauchgewohnheiten. Womöglich ist die soziale Schicht ausschlaggebender als Rauchen.

In einer 1979 in Schweden durchgeführten Studie wurden die Rauchgewohnheiten der Mütter von 66 Kindern mit Gaumen- und Lippenspalte sowie 66 weiteren Kindern mit Neuralrohrdefekten untersucht. Frauen, die Kinder mit Gaumen- und Lippenspalte zur Welt brachten, waren starke Raucherinnen. Bei Neuralrohrdefekten wurde kein solcher Zusammenhang ausgemacht.

Sind durch das Rauchen bedingte Komplikationen während der Schwangerschaft weniger wahrscheinlich, wenn Zigaretten mit geringerem Teer- und Nikotingehalt geraucht werden?

Es ist erwiesen, daß das Risiko von Lungenkrebs bei Frauen, die Zigaretten mit geringerem Teer- und Nikotingehalt rauchen, deutlich niedriger liegt. Es gibt jedoch keinen Beweis, daß diese Zigaretten weniger angeborene Mißbildungen oder Schwangerschafts-Komplikationen verursachen oder das Risiko von kardiovaskulären Krankheiten, Emphysem und Bronchitis senken würden. Um den Geschmacksverlust der Zigaretten mit niedrigerem Teer- und Nikotingehalt auszugleichen, haben die Hersteller Substanzen wie Schellack, Karamel und Eugenal zugesetzt, von denen einige beim Verbrennen Karzinogene (Krebserreger) erzeugen. Manche Epidemiologen befürchten, daß diese Zusätze möglicherweise gefährlicher sind als die Substanzen, die sie ersetzen.

Die Konzentration von Kohlenmonoxid, dem schädlichsten Bestandteil des Zigarettenrauchs, ist auch in den neueren Zigarettenmarken im wesentlichen unverändert geblieben. Infolgedessen dürfte die Menge an Karboxy-Hämoglobin, die sich im Blutkreislauf des Fetus bildet, bei den Zigaretten mit geringem Teer- und Nikotingehalt dieselbe sein wie bei den meisten anderen Sorten.

Ist es für eine Nichtraucherin schädlich, wenn sie den Zigarettenrauch von anderen einatmet?

Ja. Den sogenannten passiven Rauchern, die diesen Rauch »aus zweiter Hand« inhalieren, wird in jüngster Zeit große Aufmerksamkeit gewidmet. In einer 1981 im *British Medical Journal* veröffentlichten Studie berichten die Ärzte, daß von Nichtraucherinnen, die dem Zigarettenrauch ihrer Männer ausgesetzt waren, bedeutend mehr Lungenkrebs entwickelten als nichtrauchende Frauen von Nichtrauchern. Frauen, deren Ehemänner mehr als eine Schachtel täglich rauchten, sind einem zweimal größeren Risiko ausgesetzt, an Lungenkrebs zu erkranken, als Frauen von Nichtrauchern. Wenn der Ehemann eine bis 19 Zigaretten täglich rauchte, war das Risiko 1,6mal höher als für Frauen von Nichtrauchern. Eine erschreckende Statistik besagt, daß nichtrauchende Frauen von Rauchern durchschnittlich vier Jahre früher sterben, als wenn ihre Männer nicht rauchen würden.

Arbeitende Schwangere sind oft den Schadstoffen des Zigarettenrauchs ausgesetzt, vor allem in den Wintermonaten, wenn die Büros kaum gelüftet werden. Dann bleiben Giftstoffe wie Nikotin und Kohlenmonoxid länger in der Raumluft. Frauen, an deren Arbeitsplatz viel geraucht wird, leiden besonders stark an den Auswirkungen des passiven Rauchens. Es gibt etliche Beweise dafür, daß bei diesen Personen ein erhöhtes Risiko zu Totgeburten oder perinatalem Tod besteht. Thiocyanat ist ein Abbauprodukt von Tabakrauch. In einer 1982 im *American Journal of Obstetrics and Gynecology* veröffentlichten Studie wird über einen größeren Gehalt von Thiocyanat in den Nabelschnurgefäßen Neugeborener berichtet, deren nichtrauchende Mütter während der Schwangerschaft Zigarettenrauch ausgesetzt waren.

Wenn Sie als schwangere Nichtraucherin unter den Rauchgewohnheiten Ihres Mannes oder anderer Familienmitglieder leiden, treten Sie für Ihre Rechte und die Rechte Ihres ungeborenen Kindes ein und verbitten Sie sich das Rauchen in Ihrem Heim.

Wenn Sie das nicht durchsetzen können, bitten Sie, daß man nicht in Ihrer unmittelbaren Umgebung raucht, sondern an einem offenen Fenster oder in einem gut gelüfteten Teil des Hauses. Wenn Sie in der Nähe eines Rauchers arbeiten, verlangen Sie, daß er auf Sie Rücksicht nimmt. Im Notfall können Sie Ihren Arbeitgeber bitten, daß er das Rauchen verbietet oder wenigstens die Raucher von den anderen Beschäftigten trennt.

Gibt es, abgesehen vom Zigarettenrauch, noch andere schädliche Kohlenmonoxid-Dämpfe, die eine Schwangere inhalieren könnte?

Die Konzentration von Kohlenmonoxid ist in der Großstadtluft am stärksten. In einer kürzlich erfolgten Untersuchung wurde festgestellt, daß die Kohlenmonoxid-Konzentration am Südpol 0,02 Teilchen pro Million (p.p.m.) betrug, dagegen in Manhattan 13 p.p.m. – also 650mal mehr.

Selbst kleine Mengen Kohlenmonoxid

können – wiederholt aufgenommen – dem Fetus etwas von dem Sauerstoff entziehen, den er zur normalen Entwicklung braucht. Aus diesem Grund sollten Schwangere nicht in der Nähe von Kraftfahrzeugen, Brennöfen oder in abgeschlossenen Räumen arbeiten, wo sich starker Rauch oder Dunst entwickelt.

Ist der Fetus von Ex-Raucherinnen stärker gefährdet als der von Frauen, die nie geraucht haben?

Selbst wenn eine Frau das Rauchen aufgibt, bevor sie schwanger wird, ist das Risiko bestimmter Schwangerschaftskomplikationen noch erhöht. Das ergab das 1979 an zwölf amerikanischen Kliniken durchgeführte Collaborative Perinatal Project, das mehr als 50000 Schwangerschaften umfaßte. Man vermutet, daß Rauchen die kleinen Arterien der Gebärmutter bleibend schädigen kann. Dies wiederum führt zu einer größeren Häufigkeit spontaner Fehlgeburten, Plazenta-Infarkten (abgestorbenes Gewebe infolge unzureichender Durchblutung), Placentae praeviae (Plazenta, die den Muttermund verlegt) und fetaler Todesfälle. Diese Komplikationen treten eher bei Frauen auf, die über mehrere Jahre starke Raucherinnen waren.

Dies sollte aber nicht zum Fatalismus verleiten. Zum Aufhören ist es nie zu spät! Man wird so manche Wohltat spüren, nachdem die letzte Zigarette geraucht ist. Wenn Sie z. B. erst im Frühstadium der Wehen aufhören, besteht immer noch die Möglichkeit, daß Sie Ihr Baby meßbar weniger mit giftigen Substanzen wie Kohlenmonoxid und Nikotin belasten, als wenn Sie dann noch rauchen würden. Im Fall einer komplizierten Schwangerschaft mit Anzeichen für Fetal distress kann, selbst in den letzten paar Tagen, das Aufgeben des Rauchens entscheidend sein.

Wenn Sie Ihre Gewohnheit vor dem vierten Monat aufgeben können, haben Sie überdies den Vorteil, ein Baby zur Welt zu bringen, dessen Gewicht dem eines Babys von einer Nichtraucherin entspricht. Die mit dem Rauchen der Mutter einhergehende Wachstumshemmung tritt nämlich überwiegend in den letzten sechs Schwangerschaftsmonaten ein. Am besten ist es also, erst gar nicht mit dem Rauchen anzufangen, aber Sie werden es als wohltuend empfinden, wann immer Sie diese ungesunde Gewohnheit aufgeben.

Gibt es einen Beweis dafür, daß eher Persönlichkeit und Verhalten der Raucherin als das Rauchen selbst für das geringe Geburtsgewicht von Kindern verantwortlich sind?

Während bei wenigstens fünfzig verschiedenen Studien festgestellt wurde, daß eine ursächliche Beziehung zwischen Rauchen in der Schwangerschaft und Beeinträchtigung von Wachstum und Entwicklung des Fetus besteht, behaupten einige Forscher, allen voran Dr. J. Yerushalmy, daß eher Persönlichkeit, Verhalten, sozio-ökonomischer Status und physische Veranlagung der Raucherin für das geringe Geburtsgewicht ihrer Kinder verantwortlich seien.

Dr. Yerushalmy stellte fest, daß Frauen, die während der Schwangerschaft nicht

rauchten, aber später Raucherinnen wurden, genauso häufig Kinder mit niedrigem Geburtsgewicht zur Welt brachten wie Frauen, die während jeder Schwangerschaft geraucht hatten. Im Vergleich mit Müttern, die in allen Schwangerschaften rauchten, hatten ehemalige Raucherinnen bedeutend weniger Babys mit niedrigem Geburtsgewicht.
Die Untersuchungsmethoden von Dr. Yerushalmy und anderen, die seine Theorie unterstützen, sind kritisiert worden. Es muß auch unbedingt darauf hingewiesen werden, daß die Mehrheit der Forscher diese Ansichten nicht teilt und vielmehr der Ansicht ist, daß Rauchen vor und im ersten Drittel der Schwangerschaft das Geburtsgewicht des Babys nicht beeinflußt, vorausgesetzt, die Gewohnheit wird noch vor dem vierten Monat aufgegeben.

Wie wirkt sich Rauchen auf das Stillen aus?

Berichte, die versuchten, einen Zusammenhang zwischen Rauchen und der Quantität und Qualität der Muttermilch herzustellen, waren nicht überzeugend und auch widersprüchlich. Die beiden umfangreichsten Studien weisen darauf hin, daß Raucherinnen weniger Milch haben als Nichtraucherinnen, aber beide Berichte haben zahlreiche wissenschaftliche Mängel. Ein Forscher beobachtete Frauen, die wenigstens zwei Monate stillten, und fand bei Raucherinnen eine kürzere durchschnittliche Stillzeit als bei Nichtraucherinnen. Besonders bemerkenswert war die Tatsache, daß Mütter, die in den letzten drei Schwangerschaftsmonaten zu rauchen aufgehört hatten, ebenso lange stillten wie Nichtraucherinnen. In einem Versuch wurde bei Müttern, die sieben Zigaretten in zwei Stunden rauchten, ein merklicher Rückgang der Milchmenge beobachtet.
Die meisten im Tabakrauch enthaltenen Substanzen gelangen in die Muttermilch. In der Milch aller Raucherinnen läßt sich Nikotin nachweisen. Trotzdem schadet das den Säuglingen meist nicht. In einem Fall wurden bei einem Kind, dessen Mutter täglich 20 Zigaretten rauchte, Symptome einer Nikotinvergiftung bemerkt, wie Unruhe, Erbrechen, Durchfall und Herzrasen. Diese Symptome klangen sofort ab, wenn die Mutter zu rauchen aufhörte.
Aus noch unbekannten Gründen scheinen Kinder, die von Raucherinnen gestillt werden, einem erhöhten Risiko von Magen-Darm-Beschwerden ausgesetzt zu sein.
Und was geschieht mit dem armen Baby, das in einer Umwelt lebt, wo die Erwachsenen rauchen? Ein solches Kind wird unweigerlich zum passiven Raucher, indem es den Tabakqualm seiner Umgebung einatmet. Für diese Kinder besteht ein erhöhtes Risiko, im ersten Lebensjahr an Bronchitis oder Lungenentzündung zu erkranken. Dies trifft insbesondere dann zu, wenn beide Eltern starke Raucher sind.

Streß

Können sich Streß und Angstgefühle auf die Schwangerschaft auswirken?

Zu diesem Thema gibt es nur wenige »harte« wissenschaftliche Daten. Einige klinische Untersuchungen ergaben jedoch, daß angstanfällige Frauen eher zu spontanen Fehl- und Totgeburten neigen und Babys mit geringem Geburtsgewicht zur Welt bringen. Diese Erkenntnis ist heutzutage von besonderem Interesse, weil eine wachsende Zahl Frauen beruflichem Streß ausgesetzt ist.

Tierversuche lassen vermuten, daß die ängstliche Schwangere ein Übermaß an Adrenalin und Noradrenalin freisetzt. Diese Substanzen, die als Katecholamine bezeichnet werden, gelangen in den Kreislauf anfälliger Frauen und verengen die uterinen Arterien, die den Fetus mit Sauerstoff versorgen. Sie erhöhen außerdem die Spannung der Gebärmuttermuskulatur, wodurch die zum Fetus transportierte Sauerstoffmenge noch mehr reduziert wird.

Einige Beobachtungen und Schlußfolgerungen aus Laborversuchen scheinen durch manche menschliche Schwangerschaftsverläufe gestützt zu werden. In einer 1970 veröffentlichten Studie wertete man die »Angst-Anfälligkeit« von 150 Frauen aus: Angstanfälligere Frauen brachten kleinere Babys zur Welt. Es gibt vereinzelte, weniger wissenschaftliche Berichte, daß extreme Angstgefühle wiederholt Fehlgeburten und fetale Todesfälle verursachten. Nach psychotherapeutischer Behandlung ist es aber auch schon zu erfolgreichen Schwangerschaften bei Frauen gekommen, die ständig Fehlgeburten gehabt hatten. Dies läßt vermuten, daß der Abbau von Streß bei angstanfälligen Frauen die Überlebenschancen ihrer Feten vergrößert.

Wenn auch Aufklärungskurse über die Geburt, Unterstützung durch Familie und Freunde, ein verständnisvoller Arzt und verständnisvolles Krankenhauspersonal und eine freundliche Atmosphäre im Kreißsaal dazu beitragen, Ängste abzubauen, gibt es immer noch eine kleine Gruppe Frauen, die einfach ihre Angst, insbesondere vor den Wehen, nicht loswerden. Solche Frauen setzen während der Wehen mitunter extrem hohe Mengen Katecholamine frei, was den Fetus gefährdet. Bestimmte Anästhesie-Techniken (epidural und perineal) löschen das Schmerzempfinden während Wehen und Entbindung und schaffen für Kinder ängstlicher Frauen günstigere Bedingungen. In einer sehr wichtigen Studie der Yale University fand man eine Beziehung zwischen der Psyche einer Frau und der Menge schmerzlindernder Medikamente und Sedativa, die sie während der Wehen erhielt. 64 Frauen wurden untersucht. Man stellte fest, daß Frauen, die in der Schwangerschaft besonders ängstlich gewesen waren, während der Wehen die höchste Menge Analgetika und Sedativa erhielten, obgleich sie die Medikamente nicht unbedingt benötigten. Wenn also eine Frau besonders ängstlich ist und, wie wir glauben, der Fetus schon deshalb gefährdet ist, dann kann die unnötige Einnahme von Medikamenten die Überlebenschancen des Kindes zusätzlich verschlechtern.

Da der Grad mütterlicher Ängstlichkeit das Ergebnis der Schwangerschaft zu beeinflussen scheint, sollte man annehmen, daß eine Frau, die in vollkommener Ruhe lebt, mit größerer Wahrscheinlichkeit eine erfolgreiche Schwangerschaft haben wird. Ein 1974 veröffentlichter Bericht der Weltgesundheitsorganisation scheint dies zu bestätigen. Bei Eingeborenen von den Fidschiinseln und von Westsamoa wurde eine unglaublich niedrige Zahl an Schwangerschaftskomplikationen festgestellt. Ihre Frühgeburtenrate von 5,4% war niedriger als bei irgendeiner anderen der von der Weltgesundheitsorganisation erfaßten 23 Bevölkerungsgruppen. Offenbar sind physische und emotionelle Entspanntheit in Verbindung mit reichlicher Nahrungsaufnahme während der Schwangerschaft ausschlaggebend.

Lärmbelästigung

Kann sich übermäßiger Lärm nachteilig auf die Schwangerschaft auswirken?

Immer mehr wissenschaftliche Beweise machen deutlich, daß Lärmbelästigung, vor allem wenn es sich um unvermittelten und unkontrollierbaren Lärm handelt, mit Gehörverlust, hohem Blutdruck, Herzleiden, Schlaflosigkeit und Nervosität einhergeht. Wie andere Stress-Situationen kann auch Lärmbelästigung die Freisetzung von Katecholaminen bei der Mutter steigern und die fetale Sauerstoffzufuhr vermindern. Dies gilt insbesondere für Schwangere, die übermäßigem Verkehrs-, Fabrik- oder Baustellenlärm ausgesetzt sind. Seit 1941 weiß man, daß durch schrillen Lärm verursachte emotionelle Erregung der Mutter die fetale Herzfrequenz stark ansteigen läßt. Man weiß, daß Feten einige der Geräusche wahrnehmen, denen ihre Mütter ausgesetzt sind. Gebärmutter und Fruchtwasser wirken jedoch schalldämpfend.

Studien an Schwangeren, die in der Nähe verkehrsreicher Flughäfen lebten, ergaben, daß Babys von Frauen, die in unmittelbarer Nähe des Los Angeles International Airport zu Hause waren, häufiger Geburtsfehler wie Anenzephalie, Spina bifida, Hernie (›Bruch‹, z. B. Leistenbruch), Gaumen- und Lippenspalten hatten; die Totgeburtenrate war bei Frauen größer, die nahe am Heathrow Airport in London wohnten; und werdende Mütter, die in der unmittelbaren Umgebung des Flughafens von Osaka lebten, hatten einen geringeren Gehalt an humanem Plazenta-Laktogen (siehe Kapitel 10) und brachten Babys mit niedrigerem Geburtsgewicht zur Welt als Schwangere, die in ruhigeren Gegenden Japans wohnten.

Neuerdings benutzen Ärzte Lärmreize als Test für das fetale Wohlbefinden. Dazu setzt man auf dem Unterleib der Mutter einen Lautsprecher an und verabreicht für 10 Sek. Lärm in definierter Quantität und Qualität. Ein gesunder Fetus reagiert darauf mit einer Beschleunigung seines Herzschlags um 15 Schläge pro Min. für mindestens 2 Min. Ein gefährdetes Kind reagiert nicht so. In England und Brasilien durchgeführte Studien lassen vermuten, daß ein reaktiver Lärmtest ein zuverlässiger Hinweis auf einen gesunden Fetus ist und daß ein nichtreaktiver Lärmtest zuverlässig eine Gefährdung des Fetus anzeigt (siehe Kapitel 10).

Haarfärbemittel

Ist es gefährlich, sich während der Schwangerschaft die Haare zu färben?

Diverse Studien lassen den Schluß zu, daß Haarfärbemittel Krebs und Geburtsfehler verursachen können. Viele Bestandteile der Haarfarben sind sogenannte aromatische Amine und Diamine. Das sind Chemikalien, die mit bekannten Karzinogenen (krebsauslösende Substanzen) wie Benzidin und Beta-Naphtylamin verwandt sind. Chemiker haben festgestellt, daß mindestens 18 verschiedene in Haarfarben enthaltene Chemikalien karzinogen sein und gut die Hälfte davon Geburtsfehler bei Kindern bewirken können.

Im Jahre 1975 hat Dr. Bruce N. Ames von der University of California die Wirkung von 196 handelsüblichen Haarfärbemitteln, darunter solche mit und ohne Peroxid, auf das Erbgut des Bakteriums Salmonella typhimurium untersucht. Er stellte fest, daß von allen Färbemitteln 150 die genetische Information des Bakteriums veränderten. Mögen auch die Ergebnisse von Tests mit Bakterien auf Menschen kaum übertragbar sein, dennoch wird dieser Test als sinnvolle Ausgangsmethode zur Überprüfung von chemischen Produkten und Konsumgütern hinsichtlich möglicher toxischer Effekte (Vergiftungserscheinungen) betrachtet.

In Ergänzung zu Dr. Ames' Untersuchung haben wenigstens zwei weitere Laborstudien ergeben, daß kultivierte Zellen von Säugetieren Chromosomenschäden erleiden, wenn sie mit Bestandteilen von Haarfärbemitteln in Berührung kommen.

Experimente mit Haarfärbemitteln an Menschen sind, wenngleich unvollständig, recht beunruhigend. Wenn eine Frau sich die Haare färbt, werden die in dem Färbemittel enthaltenen Chemikalien von ihrer Haut aufgenommen, sie gelangen in den Blutkreislauf und werden mit dem Urin ausgeschieden. Haarfärbemittel können auch durch die Haut der Hände eindringen. Im Jahre 1978 erschien in England ein Bericht von Ärzten, die versucht hatten festzustellen, ob Chromosomenschäden mit größerer Wahrscheinlichkeit bei 60 Männern und Frauen auftreten, die von Berufs wegen mit Haarfärben zu tun hatten, als bei einer Gruppe von Personen mit anderen Berufen. Trotz der Tatsache, daß diejenigen, die beruflich damit zu tun hatten, weitaus öfter mit den Mitteln in Berührung kamen, und zwar in Zeiträumen zwischen einem bis 15 Jahren, wurde bei den zwei Gruppen kein bemerkenswerter Unterschied hinsichtlich chromosomaler Schäden festgestellt. Als die Frauen der Studie jedoch je nachdem, ob ihre eigenen Haare gefärbt waren oder nicht, neu gruppiert wurden, wurde bei denen, die ihre Haare färbten, ein statistisch relevantes Übermaß an Chromosomenschäden festgestellt. Eine Erklärung hierfür ist die, daß die meisten Friseure und Friseusen beim Haarefärben Handschuhe tragen, was die Aufnahme der Färbemittel durch die Haut der Hände verhindert. Die Verfasser dieses Berichts behaupten, daß auch ohne Handschuhe die Aufnahme durch die Hände (wahrscheinlich infolge der kleineren Fläche, der dickeren Hautschicht der Hände und der in der Handfläche nichtvorhandenen Talgdrüsen) geringer ist als durch die Kopfhaut. Die Kopfhaut enthält zahlreiche Talgdrüsen, welche die Absorption von in Haarfärbemitteln enthaltenen Chemikalien fördern. Wenn sich bestätigt, daß Chromosomenschäden bei Männern und Frauen mit gefärbten Haaren eher auftreten, so ist es beunruhigend zu wissen, daß diese Anomalien auf den Fetus übertragen werden können.

Es ist nicht verwunderlich, daß von Herstellern von Haarfärbemitteln geförderte Studien keinen Zusammenhang zwischen dem Gebrauch von Haarfärbemitteln einerseits und Krebs oder Schwangerschaftskomplikationen andererseits ergaben. Aufgrund der widersprüchlichen Berichte ist es für eine Frau schwer, wenn nicht unmöglich zu entscheiden, ob sie während oder vor einer geplanten Schwangerschaft Haarfärbemittel benutzen soll. Sämtliche Mittel enthalten eine Anzahl möglicherweise schädlicher Karzinogene und mutagene (das Erbgut beeinträchtigende) Stoffe. Die Öffentlichkeit sollte sich erst dann in Sicherheit wiegen, wenn Chemikalien in Kosmetika und Haarfärbemitteln, bevor sie auf den Markt kommen, denselben strengen Tests unterzogen werden wie Lebensmittel und Medikamente.

Aromatische Amine und Diamine sind in Deutschland allerdings verboten.

Welche Haarfärbemittel kann eine Schwangere benutzen?

Die Benutzer von Haarfärbemitteln wissen gewöhnlich wenig über deren Bestandteile. Der amerikanischen Verbraucherzeitschrift *Consumer Reports* ist es zu verdanken, daß viele diesbezügliche Fragen heute beantwortet werden können.

Dauerhafte, halbdauerhafte und auswaschbare Haarfarben enthalten Kohlenteer-Chemikalien. Ungefährlich sind sie alle nicht, aber die dauerhaften Farben können den größten Schaden anrichten. Diese Produkte werden gewöhnlich als Tönungsschampoos angeboten und als Zweierpack verkauft. Eine Flasche enthält Kohlenteer-Chemikalien, die andere einen Hydrogen-Peroxid-»Entwickler«. Die beiden Flüssigkeiten werden unmittelbar vor der Anwendung vermischt und in die Haarschäfte schamponiert. Die Farbe hält, bis sie nach vier bis sechs Wochen herauswächst.

In halbdauerhaften Haarfärbemitteln ist zwar kein Peroxid enthalten, aber auch sie enthalten Chemikalien, die den Haarschaft durchdringen. Die Farbe hält gewöhnlich drei bis vier Wochen. Wenngleich diese Produkte vermutlich weniger gefährlich sind als die Dauerfarben, gelangen dennoch die Kohlenteere durch die Haut und können vom Blutkreislauf aufgenommen werden.

Auswaschbare Haarfärbemittel enthalten Kohlenteer-Farben, die den Haarschaft nicht durchdringen, sondern nur überziehen. Daher ist die Wahrscheinlichkeit, daß die Farben in die Kopfhaut eindringen, geringer. Die Farbe geht bei der nächsten Haarwäsche heraus. Dennoch sollte sich die Verbraucherin deshalb nicht in Sicherheit wiegen, weil man den Forschern von *Consumer Reports* die genauen Bestandteile dieser Produkte weitgehend verheimlicht hat. In einigen auswaschbaren Haarfärbemitteln wurden bei Laboruntersuchungen etliche Kohlenteerderivate gefunden, bei denen schon lange der Verdacht besteht, daß sie Krebs und Chromosomenschäden verursachen.

Henna ist ein Färbemittel mit dem Vorteil, ein pflanzliches Produkt zu sein. Es wird gewöhnlich als Packung aufgetragen. Hierzu werden die zerriebenen Blätter und Stengel mit heißem Wasser zu einer Paste verrührt, die man je nach gewünschter Intensität kürzere oder längere Zeit ins Haar einziehen läßt. Henna-Produkte sind vollkommen unschädlich, aber die einzige erzeugte Farbe ist ein Orangerot. Wenn von Henna enthaltenden Produkten behauptet wird, daß sie andere Farben als Orangerot hervorbringen können, überzeugen Sie sich anhand des Etiketts, daß keine Kohlenteere enthalten sind.

Metallische Färbemittel werden täglich aufgetragen und bewirken ein langsames Nachdunkeln des Haares. Diese Produkte enthalten ein metallisches Salz, beispielsweise Bleiazetat, das in einer Schwefelreaktion ein Pigment erzeugt, welches das Haar färbt.

Die amerikanische Gesundheitsbehörde FDA ist bei der Bestimmung der Sicherheit von Bleiazetat zu dem Ergebnis gekommen, daß die Menge, die durch die Haut eindringt und vom Körper aufgenommen wird, zu gering ist, um Vergiftungserscheinungen hervorzurufen. Dennoch ist darauf zu achten, daß diese Produkte nicht angewendet werden, wenn eine Verletzung der Kopfhaut vorliegt, weil in diesem Fall zuviel von der Chemikalie in den Körper eindringen kann. Blei kann sich auf die Nachkommenschaft sehr schädlich auswirken. Allerdings sind auch diese Mittel wegen ihrer Giftigkeit in Deutschland nicht mehr auf dem Markt.

Da sämtliche Haarfärbemittel mehr oder weniger gefährlich sein können, vermeiden Sie diese Produkte am besten, wenn Sie schwanger (oder im gebärfähigen Alter) sind. Das gilt insbesondere für Produkte, die Kohlenteer-Chemikalien enthalten, weil diese ohne Zweifel Chromosomenschäden und Zellenveränderungen bewirken können. Theoretisch können Veränderungen in unreifen, unbefruchteten Eierstockfollikeln einer Frau zu einem späteren Zeitpunkt auf ihre Nachkommen übertragen werden.

Wenn Sie Ihre Haare unbedingt färben wollen, dürften Henna enthaltende Produkte am ungefährlichsten sein. Leider möchte nicht jede Frau orangerote Haare haben. Ich möchte annehmen, daß von den kohlenteerhaltigen Produkten die dauerhaften Haarfärbemittel am gefährlichsten sind, dicht gefolgt von den halbdauerhaften. Auswaschbare Haarfarben werden theoretisch weniger leicht von der Kopfhaut aufgenommen, weil sie die Haarschäfte mehr überziehen als durchdringen. Wenn Sie ein Haarfärbemittel benutzen möchten, verwenden Sie eine Methode, bei der die Berührung zwischen Haarfärbemittel und Kopfhaut möglichst gering ist. Pudern, Spitzen- und Strähnenfärben erfordern einen geringeren Kontakt mit der Kopfhaut als Dauerfarben, die in Form von Shampoos aufgetragen werden.

Narkotisierende Gase

Stimmt es, daß Schwangerschaftskomplikationen bei Operationsschwestern und anderem Krankenhauspersonal, das narkotisierenden Gasen ausgesetzt ist, häufiger vorkommen?

Seit 1967 weiß man aus Berichten von Rußland, Dänemark, Großbritannien und den USA, daß Frauen, die bei der Arbeit im Operationssaal ständig Spuren anästhetischer Gase ausgesetzt sind, öfter Fehlgeburten oder Kinder mit angeborenen Anomalien haben. Zwei Studien ergaben bei Anästhesistinnen eine größere Häufigkeit von Unfruchtbarkeit als bei einer Kontrollgruppe anderer Ärztinnen. In der umfangreichsten Studie, die 1974 von einem Ausschuß der American Society of Anestesiologists veröffentlicht wurde, beobachtete man 50000 Frauen, die in Operationssälen arbeiteten. Bei einem Vergleich mit einer Kontrollgruppe, die keinen Anästhetika ausgesetzt war, wurde festgestellt, daß 30% der Schwangerschaften von Operationsschwestern mit spontanen Fehlgeburten endeten gegenüber 9% der Kontrollgruppe. Bei Anästhesistinnen betrug die Rate spontaner Fehlgeburten 28%, in einer Kontrollgruppe 10%. Unter den Ehefrauen von Anästhesisten war die Rate spontaner Fehlgeburten nicht erhöht. Die Frauen unterlagen dafür einem um 25% höheren Risiko, ein anomales Kind zu gebären. Das läßt vermuten, daß Spuren von Anästhetika im Operationssaal nicht nur sich entwickelnde und bereits befruchtete Eier, sondern auch Spermien schädigen können. Außerdem besteht bei Anästhesistinnen und Operationsschwestern eine bedeutend höhere Wahrscheinlichkeit, Babys mit angeborenen Anomalien zur Welt zu bringen.

Andere Forscher kamen zu anderen Ergebnissen. 1979 wurden in Schweden 494 Frauen, die während der Schwangerschaft unterschiedlich lange in Operationssälen gearbeitet hatten, mit einer Kontrollgruppe verglichen. Die Frauen, die Anästhetika ausgesetzt waren, unterschieden sich nicht von der Kontrollgruppe.

Gegenwärtig kann niemand mit Sicherheit ausschließen, daß fortgesetztes Arbeiten in Räumen, wo Narkosen gemacht werden, dem Schwangerschaftsergebnis schadet. Solange jedoch Zweifel bestehen, würde eine schwangere Operationsschwester oder Anästhesistin gut daran tun, in einem anderen Bereich des Krankenhauses zu arbeiten – besonders im ersten Schwangerschaftsdrittel.

Die Konzentration von Anästhetika in einer Zahnarztpraxis oder einem Operationssaal kann auf einfache Weise gemessen und auf Konzentrationen von weniger als einem Prozent gesenkt werden mittels eines Ventilationssystems. Als schwangere Beschäftigte in einem Operationssaal sollten Sie darauf bestehen, die Konzentration von Anästhetika an Ihrem Arbeitsplatz zu erfahren.

Wenn der Gehalt über einem Prozent liegt, sollten Sie verlangen, daß Ihr Arbeitgeber den Mißstand behebt.

Haben Zahnarzthelferinnen berufsbedingte Schwangerschaftsprobleme?

Abgesehen von Röntgenstrahlen, die ganz und gar vermeidbar sind (siehe S. 280), sind Zahnärztinnen und zahnärztliche Helferinnen durch Quecksilberdämpfe gefährdet. Diese Dämpfe werden bei der Bereitung von Quecksilber-Amalgam erzeugt, das für Füllungen benutzt wird. Durch eine Luftanalyse in einer Zahnarztpraxis kann man feststellen, ob solche Dämpfe vorhanden sind. Theoretisch kann fortgesetztes Einatmen von Quecksilber eine Vergiftung verursachen, die sich in bleibenden Schäden des Nervensystems und der Nieren niederschlägt. Praktisch gibt es jedoch nur eine Handvoll Fälle nachweislicher Quecksilbervergiftung bei Zahnärzten und Zahntechnikern. Fest steht aber, daß Quecksilber durch die Plazenta zum Fetus gelangt und daß dieser für die toxische Wirkung viel anfälliger ist als die Mutter. Wenngleich Quecksilbervergiftungen des Fetus äußerst selten sind, können Sie, wenn Sie in einer Zahnarztpraxis arbeiten, darum bitten, daß die Luft auf Quecksilberdämpfe analysiert wird.

Karbolhaltige Desinfektionsmittel

Was ist Hexachlorophen, und wie kann es bei Angestellten von Ärzten und Zahnärzten Schwangerschaftskomplikationen verursachen?

Hexachlorophen ist ein starkes antibakterielles Desinfektionsmittel, das in Seifen, Gesichts- und Haarwässern, Aknemitteln, Deodorants und Zahnpasta enthalten ist. Hexachlorophen kann die Haut durchdringen, in den Blutkreislauf gelangen und in die Zellen von Gehirn, Leber und anderen Organen wandern. Es wurde von französischen Kindern berichtet, die versehentlich hohen Konzentrationen von in Talkumpuder enthaltenem Hexachlorophen ausgesetzt waren und dadurch beträchtliche Hirnschäden erlitten hatten. In einem 1972 veröffentlichten Bericht wurde die Vermutung geäußert, daß Frauen Hexachlorophen rascher in ihren Blutkreislauf aufnehmen als Männer.

Hexachlorophen gelangt über die Plazenta zum Fetus. 1978 berichteten schwedische Ärzte, daß bei Neugeborenen von Krankenhausangestellten, die sich in den ersten 3 Schwangerschaftsmonaten 10 bis 70mal die Hände mit einer 1- bis 3prozentigen Hexachlorophenseife wuschen, fünfzigmal häufiger angeborene Mißbildungen auftraten. Daraufhin vorgenommene Tierversuche in den USA haben den Zusammenhang zwischen dem Gebrauch von Hexachlorophen und Mißbildungen bestätigt.

Schwangere sollten keine hexachlorophenhaltige Seife benutzen. Es gibt genug andere keimtötende Mittel, auf die man ausweichen kann. Neugeborene sollten mit anderen Mitteln als hexachlorophenhaltigen gewaschen werden, es sei denn, auf der Säuglingsstation herrscht eine ansteckende bakterielle Infektion, gegen die alle anderen Desinfektionsmittel nicht wirken.

Anders als viele Pestizide und giftige chemische Substanzen, die längere Zeit im Körper bleiben, verläßt Hexachlorophen den Körper vermutlich innerhalb von 72 Stunden. Daher verursacht es nur dann angeborene Mißbildungen, wenn es während der Schwangerschaft, insbesondere in den ersten drei Monaten, einwirkte. Eine Frau, die sich fünf Tage vor der Empfängnis zum letztenmal mit hexachlorophenhaltiger Seife wäscht, schädigt ihren Fetus ebensowenig wie eine, die dieses Produkt nie benutzt hat.

Parasiten von Haustieren

Stellt eine Katze als Haustier eine Gefährdung für die schwangere Frau dar?

Ja. Von allen durch Haustiere verursachten Krankheiten ist keine besorgniserregender als die Toxoplasmose. Diese von einem mikroskopisch kleinen Erreger namens Toxoplasma gondii verursachte Krankheit wird gewöhnlich durch Berührung mit infiziertem Katzenkot bzw. durch Anfassen oder Essen von infiziertem rohem Fleisch übertragen. Erwachsene, die sich diese Krankheit zuziehen, bemerken es meist nicht, weil sie keine Symptome haben. Falls Symptome auftreten, bestehen sie in leichtem Fieber, Husten, Lethargie und Vergrößerung der Lymphknoten. Leider durchquert der Erreger bei 45% aller erstinfizierten Schwangeren die Plazenta und schädigt oder tötet den Fetus. Zwar halten viele Menschen Toxoplasmose für eine seltene Krankheit, die alarmierende Wahrheit ist jedoch, daß dies die meistverbreitete parasitäre Infektion des Menschen ist und ein Drittel aller Schwangeren Antikörper in ihrem Blut hat, die auf eine frühere Berührung mit Toxoplasma gondii hinweisen. Epidemiologen haben errechnet, daß das Risiko, sich während der Schwangerschaft zum erstenmal mit Toxoplasmose anzustecken, etwa 1 : 1000 beträgt. Überdies werden jährlich mehr als 3000 Kinder mit Toxoplasmose geboren.

Toxoplasmose gehört zu einer Gruppe von Krankheiten, die alle ähnliche Defekte beim Fetus bewirken. Man hat ihnen das Kürzel TORCH gegeben, wobei das TO für Toxoplasmose, R für Röteln, C für Cytomegalie und H für Herpes steht (siehe Kapitel 5). Man vermutet, daß bei einer Ansteckung mit Toxoplasmose im ersten Schwangerschaftsdrittel sich der Fetus mit 17%iger Wahrscheinlichkeit ebenfalls ansteckt. Von diesen 17% werden 80% tot geboren, oder sie weisen schwere Anomalien auf wie Mikrozephalie (anomal kleiner Kopf), Hydrozephalie (Wasserkopf), Verkalkungsherde im Gehirn, Blindheit und Krampfanfälle. Blutplättchenmangel und anomale Vergrößerung der Leber und Milz werden ebenfalls häufig beobachtet. Kinder von Frauen, die sich im zweiten Schwangerschaftsdrittel infiziert haben, werden mit 25%iger Wahrscheinlichkeit angesteckt, und 30% davon weisen schwere Schäden auf. Bei

Frauen, die sich im dritten Drittel infizieren, stecken sich 65% der Feten an. Nur wenige dieser Kinder zeigen bei der Geburt Symptome, aber die typischen Erscheinungen können noch Monate später auftreten.
Toxoplasma gondii dringt in Körperzellen ein, vermehrt sich und bildet dann Zysten. Wenn diese Zysten aufbrechen, werden Sporozoen freigesetzt, und der Lebenskreis beginnt von neuem. Im Katzendarm bilden sich kleine Beutel, die sogenannten Oozysten. Diese Oozysten sind mit Toxoplasmose-Erregern gefüllt, die täglich im Katzenkot ausgeschieden werden. Eine Katze kann ihr ganzes Leben lang Überträger sein. Wenn sie ihren Kot beseitigt, können die Toxoplasmen in die Luft gelangen und durch Mund und Nase eingeatmet werden. Eine Hauskatze, die draußen herumstreunt, kann sich Toxoplasma gondii leicht von anderen Katzen, Vögeln oder Nagetieren zuziehen. Küchenschaben und Fliegen können den Erreger vom Katzenkot auf Nahrungsmittel übertragen.
Eine Frau, die vor der Schwangerschaft mit Toxoplasmen in Berührung kam, hat Antikörper und ist somit gegen eine erneute Ansteckung gefeit. Sie wird den Erreger höchstwahrscheinlich vernichtet haben, bevor er den Fetus erreichen könnte. Ein Antikörper-Bluttest gibt Auskunft darüber, ob sich eine Frau bereits mit Toxoplasmen auseinandergesetzt hat. Ergebnisse und Auslegung dieser Tests sind jedoch gelegentlich verwirrend und können zu falschen Schlüssen führen. Speziallabors schaffen dann Abhilfe. Dort verfügt man über differenziertere Bluttests.

Was kann man tun, um sich nicht mit Toxoplasmen zu infizieren?

Sie müssen sich nicht von Ihrer Hauskatze trennen, wenn Sie schwanger sind. Sie müssen jedoch äußerste Vorsicht walten lassen, um eine Infektion zu vermeiden. Es ist am sichersten, wenn die Katzentoilette von anderen Familienmitgliedern geleert wird. Aber auch Sie können dies tun, jedoch müssen Sie es dann mindestens einmal täglich machen. Der Grund hierfür ist, daß die Erreger im Katzenkot in den ersten 24 Stunden nicht infektiös sind. Sie können in Schmutz und Wasser 18 Monate überleben. Wird der Abfallbehälter mit dem Katzenkot nicht vollständig und sorgsam geleert, ist nach den ersten 24 Stunden eine Infektion möglich. Metallbehälter sollen regelmäßig fünf Minuten mit fast kochendem Wasser desinfiziert werden, um die Erreger abzutöten. Aber überlassen Sie dies anderen Familienmitgliedern. Tragen Sie Handschuhe, wenn Sie Abfallbehälter oder andere Gegenstände anfassen, die mit Katzenkot verunreinigt sein könnten. Das ist besonders wichtig, wenn Sie Gartenarbeiten an einer Stelle verrichten, wo Katzenkot vergraben sein könnte. Wenn Sie Ihre Katze angefaßt haben, waschen Sie sich gründlich die Hände. Das sollten Sie auch vor jeder Mahlzeit tun. Behalten Sie Hauskatzen drinnen, fern von möglichen Infektionsquellen wie Mäusen und anderen Tieren. Füttern Sie Ihre Katze nicht mit rohem Fleisch. Da freilaufende Katzen sich eher Toxoplasmose zuziehen, werden sie am besten draußen gehalten und nicht in unmittelbarer Nähe der

Schwangeren. Die Schwangerschaft ist nicht die richtige Zeit, um eine streunende Katze ins Haus aufzunehmen.
Die meisten Fälle von Toxoplasmose entstehen, weil rohes oder nicht genügend gekochtes bzw. gebratenes Fleisch gegessen wurde. Geräuchertes oder gepökeltes Fleisch enthält keine infektiösen Erreger mehr. Am besten tragen Sie Handschuhe, wenn Sie mit rohem Fleisch umgehen. Wenn Sie das nicht tun, achten Sie darauf, daß Sie während dieser Zeit keine Schleimhäute (Mund, Augen) berühren. Waschen Sie stets Ihre Hände und alle Arbeitsflächen in der Küche, nachdem Sie mit rohem Fleisch hantiert haben.
Eine Frau, die einen hohen Antikörper-Titer hat, braucht diese Vorsichtsmaßnahmen nicht zu treffen.

Wie läßt sich Toxoplasmose in der Schwangerschaft diagnostizieren und behandeln?

Da Erwachsene gewöhnlich keine Symptome aufweisen, ist die pränatale Entdeckung der Krankheit überaus schwierig. Die Antikörper-Titer von Schwangeren, die einem besonders hohen Risiko ausgesetzt sind – wie Katzenbesitzerinnen, solche, die beruflich mit Fleisch umgehen, und Personen, die in Tierkliniken arbeiten –, sollten so früh wie möglich bestimmt werden. Ideal wäre es, alle Frauen unmittelbar vor der Schwangerschaft zu testen. Wenn eine Frau bei diesem Frühtest keine Antikörper hat, aber weiterhin möglichen Infektionsquellen ausgesetzt ist, sollte der Test in der 20. Schwangerschaftswoche wiederholt werden. Ein hoher Gehalt an Antikörpern in diesem Stadium weist auf eine erworbene akute Infektion hin. Dann ist zu entscheiden, ob die Infektion behandelt oder die Schwangerschaft abgebrochen werden soll.
Man vermutet heute, daß der Fetus keinen Schaden erleidet, wenn eine Schwangere rechtzeitig behandelt wird. Leider weiß man erst nach der Geburt des Babys, ob die Behandlung rechtzeitig erfolgte. Deshalb entscheiden sich viele Frauen für den Schwangerschaftsabbruch. Wenn eine Frau sich für die Behandlung entscheidet, muß sie wissen, daß Pyrimethamin (Daraprim®, Pyrimethamin-Heyl®), ein Medikament zur Behandlung von Toxoplasmose, während der ersten fünf Monate nicht genommen werden darf, weil es angeborene Mißbildungen verursachen kann. Spiramycin (Rovamycine®, Selectomycin®) ist weniger giftig.

Was ist Tularämie, und wie kann sie sich auf die Schwangerschaft auswirken?

Tularämie, auch Hasenpest genannt, ist eine Nagetier-Seuche, mit der sich Haustiere anstecken können, wenn sie infektiöse Tiere töten oder fressen. Menschen können sich diese Krankheit zuziehen, wenn sie von einem infektiösen Haustier, wie Katze oder Hund, gekratzt oder gebissen werden. Zu den Symptomen gehören Fieber, Hautgeschwüre, Vergrößerung der Lymphknoten und der Milz.
Über die Wirkung von Tularämie auf den Fetus ist wenig bekannt, aber die meisten Frauen, die diese Krankheit in der Schwangerschaft hatten, brachten

normale Kinder zur Welt. Die medizinische Literatur berichtet jedoch von einem Fall, wo eine Schwangere sich im achten Monat Tularämie zuzog und ein infiziertes Kind gebar, das bald darauf starb. Schwangere sollten nicht gegen Tularämie geimpft werden. Die Krankheit kann in der Schwangerschaft unbedenklich mit Antibiotika behandelt werden. Aber die beste Prophylaxe ist vermutlich, wenn Sie Ihr Haustier nicht streunen lassen.

Was für Probleme können bei der schwangeren Hundebesitzerin auftreten?

Vorausgesetzt, daß Ihr Hund nicht tollwütig oder bissig ist, können Sie während der Schwangerschaft Ihren Hund ohne weiteres behalten. Trotzdem: Die Berichte mehren sich, die sich mit dem wachsenden Problem parasitärer Krankheiten befassen, die von Hunden auf Menschen übertragen werden können.

Eine dieser Krankheiten, die sogenannte Toxocariasis, wird durch den Hunde-Spulwurm Toxocara canis verursacht. (Der Katzen-Spulwurm verursacht ebenfalls Toxocariasis. Er heißt auch Toxocara cati.) Die Eier des Hunde-Spulwurms enthalten infektiöse Larven, die mit dem Hundekot ausgeschieden werden und sich somit auf Straßen, Sandkästen, Rasenflächen, in Gärten und generell in der Erde befinden können. Hundekot macht einen nicht unerheblichen Teil der Umweltverschmutzung aus und stellt eine große Gefahr für die Gesundheit dar. Zwar sind alle Altersgruppen gefährdet, aber am meisten verbreitet sich die Krankheit bei Kindern im Alter von ein bis zehn Jahren. Früher hielt man die Krankheit für harmlos, inzwischen aber wächst die Besorgnis, daß schwere Schäden an Augen, Gehirn, Lungen, Leber und anderen Organen auftreten können. Über die Auswirkung der Krankheit auf die Schwangerschaft ist nichts bekannt. Man muß jedoch vermuten, daß es nur von Übel für ein Baby sein kann, wenn eine Mutter durch diese Krankheit geschwächt ist.

Eine andere Hundeinfektion namens Dirofilariasis kann ebenfalls auf Menschen übertragen werden. Sie wird durch einen Parasiten namens Dirofilaria immitis verursacht. Eine bestimmte Mückenart überträgt die mikroskopisch kleinen Larven beim Blutsaugen vom infektiösen Hund auf den Menschen. Schwangeren sei geraten, ihre Hunde regelmäßig von einem Tierarzt auf Parasiten untersuchen zu lassen. Streunende Hunde holen sich mit größerer Wahrscheinlichkeit Parasiten und müssen daher während der Schwangerschaft sorgsamer beaufsichtigt werden. Die Schwangerschaft ist nicht die richtige Zeit, um einen streunenden Hund bei sich aufzunehmen.

Welche Gefahren für die Gesundheit drohen von anderen Haustieren?

Zu Hause gehaltene Wasserschildkröten sind bekanntlich häufig eine Quelle für Salmonellen-Infektionen bei Menschen. Salmonellen verursachen Nahrungsmittelvergiftungen. Man schätzt, daß in den USA von den jährlich nahezu 300 000 Salmonellen-Infektionen 15% von Kontakt mit verseuchten Schildkröten oder dem Wasser, in dem sie leben, herrühren. Die meisten Fälle treten bei Kindern auf, die die Schildkröten anfassen und dann die Finger in den Mund stecken. Aber auch Erwachsene können sich auf diese Weise Salmonellosen zuziehen. Wenn Sie eine Schildkröte kaufen, tun Sie dies bei einem zuverlässigen Händler, der Ihnen bescheinigt, daß das Tier frei von Salmonellen ist. Wenn Sie kleine Kinder haben, halten Sie sie davon ab, die Schildkröten oder das Wasser, in dem diese schwimmen, anzufassen. Wenn Sie schwanger sind, tragen Sie am besten Handschuhe, wenn Sie das Becken reinigen, das Wasser wechseln oder die Schildkröte anfassen.

Psittakose oder Ornithose, besser als Papageienkrankheit bekannt, ist eine Infektionskrankheit bei Vögeln, die von einem mikroskopisch kleinen Erreger namens Chlamydia psittaci verursacht wird. Die Übertragung der Krankheit auf Menschen erfolgt häufig nach Kontakt mit infektiösen Haustieren wie Papageien oder Sittichen. Aber auch an allen anderen Vögeln einschließlich Tauben, Enten, Truthähnen und Hühnern können Menschen sich anstecken. Der Erreger wird fast immer durch Einatmen und in seltenen Fällen durch den Biß eines Vogels übertragen – nicht aber durch das Verspeisen von Geflügel. Die Papageienkrankheit verläuft meist schwer und geht einher mit Lungenentzündung, Fieber und allgemeiner Schwäche. Von der Lunge können sich die Erreger in Leber und Milz ausbreiten und auch in den Blutkreislauf gelangen.

Psittakose gilt als Berufskrankheit von Personen, die in Tierhandlungen beschäftigt sind, von Geflügelzüchtern und -verarbeitern, Tierpräparatoren und Zoowärtern, aber man kann sich diese Krankheit auch zuziehen, wenn man nur wenige Minuten in einem Bereich verbringt, wo sich zuvor ein infektiöser Vogel aufgehalten hat. Wie bei anderen Infektionskrankheiten dieser Art ist man am besten beraten, wenn man Kontakt mit infektiösen Vögeln meidet. Wenn Sie Psittakose haben, wird Ihr Arzt das nicht gleich feststellen können, weil die Krankheit zunächst uncharakteristisch verläuft. Anders liegt der Fall, wenn er einen konkreten Hinweis bekommt. Die Krankheit wird normalerweise mit Antibiotika aus der Gruppe der Tetracycline behandelt. Deren Gebrauch ist jedoch in der Schwangerschaft nicht zu empfehlen, so daß man auf andere Antibiotika ausweichen muß.

Nichtionisierende Strahlen

Wie gefährlich sind Strahlen von Haushaltsgeräten wie Mikrowellenherde, Radios und Fernsehgeräte?

Radio- und Mikrowellen sind unsichtbare penetrierende Wellen, die zu den nichtionisierenden Strahlen gehören. Sie werden zur Kommunikation, in der Industrie, für medizinische Zwecke oder im Haushalt verwendet. Neben dem Mikrowellenherd gibt es jede Menge anderer Quellen nichtionisierender Strahlen wie Textverarbeitungs-Anlagen, Kathodenstrahl-Röhren, Radios, Fernsehgeräte, Fernvermittlungs-Anlagen, Funkgeräte, Radar, Hochspannungsleitungen, bestimmte Alarmanlagen, elektronische Garagentoröffner und elektrisches Spielzeug. Im Gegensatz zur ionisierenden Strahlung, die von Röntgengeräten, Kernwaffen und Atomkraftwerken ausgeht, hat nichtionisierende Strahlung im allgemeinen nicht genügend Energie, um schwerwiegende Mutationen (Veränderungen im Erbgut) oder Chromosomen-Schäden zu verursachen. Das soll jedoch nicht heißen, daß sich die Wissenschaftler wegen dieser sich immer mehr verbreitenden Energieform keine Sorgen machen. Die bis heute durchgeführten Untersuchungen sind unzureichend und widersprüchlich. Es wurde vermutet, aber nicht bewiesen, daß ein hoher Grad an nichtionisierender Strahlung beim Menschen in Verbindung gebracht werden kann mit einer größeren Häufigkeit von Krebs, nervösen Störungen, grauem Star, Sterilität, Genschäden, Herzleiden und sogar Tod.

Mikrowellenherde unterliegen strengen Sicherheitsauflagen. Trotzdem sollten Sie jedes etwaige Risiko in der Schwangerschaft ausschließen, indem Sie vom Herd wegbleiben, wenn er in Gebrauch ist.

Farbfernseher geben mehr nichtionisierende Strahlung ab als Schwarzweißgeräte. Ist eine Schwangere keiner zusätzlichen Strahlung ausgesetzt, ist es höchst unwahrscheinlich, daß ihr ein Farbfernseher schaden könnte.

Wieviel Strahlung geben die modernen Solarien ab?

Solarien haben in den letzten Jahren stark an Beliebtheit gewonnen. Es gibt Hinweise darauf, daß ultraviolette Strahlung präkanzeröse und kanzeröse Hautkrankheiten, vorzeitige Faltenbildung, Hautflecken, Hautausschlag und Pigmentanomalien verursacht, aber sie führt nicht zu Chromosomenschäden oder angeborenen Mißbildungen, wie ionisierende Strahlung es tut. Menschen, die Medikamente wie Sulfonamide, Diuretika, Chlorpromazin oder Tetracycline nehmen, oder Menschen mit Krankheiten, die mit Lichtempfindlichkeit verbunden sind (etwa Porphyria cutanea tarda oder Lupus erythematodes), können durch eine derartige Lichteinwirkung Schaden nehmen.

Ionisierende Strahlen

Wie können ionisierende Strahlen (Röntgen) den Fetus schädigen?

Wenn es nicht unbedingt notwendig ist, sollte während der Schwangerschaft nicht geröntgt werden. Das gilt insbesondere im ersten Drittel, wenn das sich rasch teilende fetale Gewebe für Strahlungsschäden am meisten anfällig ist. Leider werden immer wieder Feten unwissentlich bestrahlt, weil nicht bekannt war, daß eine Schwangerschaft besteht. Übermäßige Strahlungsmengen zwischen der dritten und zwölften Schwangerschaftswoche können Anomalien des Zentralnervensystems verursachen mit Mikrozephalie (anomal kleiner Kopf) und geistiger Zurückgebliebenheit beim Kind. Ähnliche Dosen in den ersten zwei Schwangerschaftswochen verursachen wahrscheinlich keine Anomalien, dafür aber eher spontane Fehlgeburten. Hohe Strahlendosen in den letzten beiden Schwangerschaftsdritteln sind keinesfalls harmlos, obwohl sie wahrscheinlich keine Mißbildungen verursachen. Zentralnervensystem, Geschlechtsdrüsen und Zähne wachsen und entwickeln sich auch noch im letzten Drittel; zu viele Röntgenstrahlen können deren Wachstum hemmen. Zum Glück ist das Risiko fetaler Anomalien gering, wenn umsichtig geröntgt wird.

Ein Rad ist definiert als die Maßeinheit der vom Körpergewebe aufgenommenen Strahlungsenergie. Es ist zwar nicht dasselbe, aber für unsere Zwecke setzen wir Rem und Rad gleich. Das Risiko, eine angeborene Mißbildung zu verursachen, beträgt für jedes Rad Strahlung etwa 1 bis 5 auf 1000 Geburten. Zwar ist es theoretisch möglich, daß jede Strahlendosis in der kritischen Zeit (erstes Drittel) Anomalien verursacht, aber gehäuft treten sie nur dann auf, wenn der Fetus mehr als 20 Rad abbekommen hat. Um diese gefährliche Menge zu erreichen, müßten bei einer Frau mehrere Röntgenaufnahmen vom Unterleib gemacht worden sein (siehe Tabelle 5).

Das Ausmaß des Schadens läßt sich nicht exakt ermitteln. Selbst wenn ein Baby bei der Geburt vollkommen normal zu sein scheint, kann die Strahlung Mutationen, also Veränderungen des Erbguts verursacht haben. Es gibt keine Statistiken, die exakt die Wahrscheinlichkeit einer Mutation bei Menschen durch bestimmte Strahlendosen aufzeigen würden. Chromosomen- und Genschäden wurden schon nach minimaler Strahlung in menschlichen Embryos gefunden. Daher geht man am besten davon aus, daß es keine unbedenkliche Dosis gibt, und selbst sehr kleine Dosen können genetische Veränderungen hervorrufen. Das ist besonders wichtig, weil Mutationen in den unreifen Keimzellen fetaler Eierstöcke und Hoden sich bei den nachfolgenden Generationen ausprägen können, wo sie dann als erkennbare Mängel und Mißbildungen in Erscheinung treten.

Man hat geschätzt, daß große Dosen von 5 bis 10 Rad das Krebsrisiko eines Erwachsenen um fast 1% steigern. Die häufigsten auf ionisierende Strahlung zurückzuführenden Krebsarten sind Leukämie (Blutkrebs), Schilddrüsen-, Brust- und Lungenkrebs, aber auch Magen-, Speiseröhren-, Harnblasen- und Lymphknotenkrebs kommen vor. Der Fetus kann anfälliger sein als ein Erwachsener. Mehrere großangelegte epidemiologische Studien weisen darauf hin, daß Kinder, die im Mutterleib Strahlungen ausgesetzt waren, signifikant öfter Krebs bekommen. Zwar sind alle Arten von Krebs vorgekommen, aber Leukämie bei weitem am häufigsten, und zwar durch fetale Dosen von nur 0,2 bis 0,5 Rad (also 200 bis 500 Millirad). In einer Untersuchung an fast 20 000 Schwangeren wurde festgestellt, daß dreimal mehr Kinder an Leukämie starben, wenn deren Mütter Röntgenstrahlen ausgesetzt waren. Die Kinder von bestrahlten schwarzen Müttern wiesen kein größeres Leukämierisiko auf. Es muß erwähnt werden, daß manche

Studien, darunter eine mit nahezu 40000 Schwangeren, keinen Zusammenhang zwischen Röntgenuntersuchung in der Schwangerschaft und späterem Krebs bei Kindern ergaben.

Tabelle 5. Geschätzte Strahlendosen, die der Fetus bei verschiedenen Röntgenuntersuchungen erhält

Untersuchung	Strahlendosis in Millirad
A. Niedrige Dosierung	
1. Zähne	0,03 bis 0,1
2. Obere Wirbelsäule	8 bis 55
3. Brustkorb	0,2 bis 43
B. Mäßige Dosierung	
1. Oberer Magen-Darm-Trakt	5 bis 1230
2. Gallenblase	14 bis 1600
3. Unterschenkel	1 bis 50
C. Hohe Dosierung	
1. Lenden–Wirbelsäule	20 bis 2900
2. Übergang von Lenden–Wirbelsäule zum Kreuzbein	73 bis 1780
3. Becken	40 bis 1600
4. Hüfte und Oberschenkel	50 bis 1000
5. Intravenöses Pyelogramm (Darstellung der Niere und der ableitenden Harnwege)	50 bis 4000
6. Unterer Magen-Darm-Bereich	20 bis 9200
7. Bauch (Abdomen)	18 bis 1400
8. Pelvimetrie (Messung des Beckens)	160 bis 4000

Weil sich nicht sicher voraussagen läßt, wie sich eine Strahlung auf den Fetus auswirkt, haben manche Fachleute vorgeschlagen, eine Schwangerschaft abzubrechen, wenn der Fetus am Anfang der Schwangerschaft mehr als 1 Rad abbekam. Andere behaupten, daß 5 Rad (also 5000 Millirad) als unbedenklich gelten können. War der Fetus 5 bis 10 Rad ausgesetzt, sollte unbedingt zu einem Schwangerschaftsabbruch geraten werden. Eine derart hohe Dosis kommt allerdings nur ganz selten zusammen. Wenn Sie z. B. an den Zähnen, der Brust und im oberen Magen-Darm-Bereich geröntgt würden, wäre die Gesamtdosis für Ihren Fetus immer noch niedriger als 2 Rad.

In Tabelle 5 sind die Strahlenmengen in Millirad (1/1000 Rad) angegeben, die bei verschiedenen Röntgenuntersuchungen vom Fetus aufgenommen werden. Die Strahlendosis variiert stark. Statt in der Schwangerschaft Röntgenbestrahlung rigoros abzulehnen, vergewissern Sie sich lieber, daß der Radiologe ein gutes Röntgengerät hat und die Untersuchungstechnik kennt, bei der die Strahlenbelastung möglichst niedrig ist. Die Verwendung eines hochempfindlichen Films verkürzt die Bestrahlungszeit um die Hälfte. Röntgengeräte in der Praxis von Allgemeinmedizinern entsprechen meistens nicht dem hohen Standard der von Radiologen verwendeten.

Können vor der Schwangerschaft gemachte Röntgenaufnahmen sich auf zukünftige Geburten auswirken?

Eine 1980 an der Universität von Hawaii durchgeführte Studie und frühere Studien haben ergeben, daß Röntgenbestrahlung vor der Empfängnis die Krebsinzidenz für zukünftige Nachkommen mehr als verdoppelt. Außerdem gibt es Hinweise, daß gutartige Tumoren bei Kindern von Frauen, die vor der Schwangerschaft bestrahlt worden waren, weitaus häufiger vorkommen. Auch gibt es Anlaß zu der Vermutung, daß eine vor der Zeugung erfolgte Bestrahlung des Mannes das Risiko gutartiger und bösartiger Tumoren unter seinen Nachkommen erhöht.

Die Forscher von der Universität von Hawaii vertreten die Theorie, daß Röntgenuntersuchungen vor der Befruchtung die unreifen Spermien und Eizellen schädigen können. Diese genetischen Defekte können sich dann unter den Nachkommen manifestieren.

Was ist Röntgen-Pelvimetrie, und warum ist ihr Einsatz umstritten?

Einfach ausgedrückt, ist Pelvimetrie eine Messung des mütterlichen Bekkens. Ein Arzt kann sich durch sorgfältige Untersuchung und Abtasten der Beckenknochen zwar eine ungefähre Vorstellung von der Größe des Beckens einer Frau machen, aber eine weit genauere Methode ist ein anterior-posterior (von vorn nach hinten) und lateral (seitlich) aufgenommenes Röntgenbild. Zur Diagnose einer Vielzahl von Schwangerschaftskomplikationen haben Ultraschall-Techniken die Röntgenuntersuchung ersetzt, aber zur genauen Bestimmung des Durchmessers des Geburtskanals sind sie nicht geeignet.

Röntgen-Pelvimetrie wird von Geburtshelfern häufig vor und während der Wehen vorgenommen. Manchmal ist diese Messung unerläßlich, um entscheiden zu können, ob ein Kaiserschnitt vorgenommen werden muß oder ob eine »Steißlage« vaginal oder durch Kaiserschnitt entbunden werden soll. Auch andere anomale Lagen des Babys und angeborene Mißbildungen können unter Umständen mit Hilfe dieser Technik erkannt werden.

Während einige Geburtshelfer die Pelvimetrie befürworten, wird sie von anderen wegen der Strahlenbelastung trotz ihrer Vorzüge vollkommen abgelehnt. Selbst mit der besten Untersuchungstechnik und optimalen Geräten bekommt der Fetus mindestens 160 Millirad ab (zwei Aufnahmen). Bei der anterior-posterioren Aufnahme erhält der Fetus weitaus mehr ionisierende Strahlung als bei der lateralen. Gelegentlich müssen die Röntgenaufnahmen wiederholt werden – wegen der Schwierigkeiten, eine Frau während der Wehen richtig auf dem Röntgentisch zu lagern. Wenn wiederholt geröntgt werden muß, kann der Fetus bis zu 4000 Millirad abbekommen. Es sind aber schon viel geringere Dosen mit Krebs bei Kindern in Verbindung gebracht worden.

Die Frage wurde laut, ob der informative Wert der Pelvimetrie ihr Risiko aufwiegt. In einer 1979 erschienenen ausgezeichneten Übersicht der Literatur zu diesem Thema kamen Dr. John B. Barton und Dr. John A. Garbaciak vom Illinois Masonic Medical Center in Chicago zu dem Schluß, daß Pelvimetrie von geringem prognostischen Wert ist, um die Indikation für einen Kaiserschnitt zu stellen. Fast die Hälfte der Frauen, bei denen wegen schleppendem Geburtsverlauf ein Kaiserschnitt vorgenommen worden war, hatte auf dem Röntgenbild ausreichende Beckenmaße.

Die meisten Geburtshelfer werden dagegen sein, daß die Röntgen-Pelvimetrie ganz aufgegeben wird, aber es besteht kein Zweifel, daß sie nur in den seltensten Fällen wirklich von Nutzen ist und daher auf einen ganz kleinen Prozentsatz von Frauen beschränkt werden sollte. Wenn eine Röntgenaufnahme schon unbedingt erforderlich ist, liefert eine laterale Beckenaufnahme gewöhnlich genug Information und zwar mit einem Bruchteil der Strahlendosis einer anterior-posterioren Aufnahme.

In meiner eigenen Praxis habe ich in den letzten fünf Jahren ganze drei Röntgen-Pelvimetrien gemacht. Wenn die Wehen einer Frau stark und häufig genug sind, der Geburtsverlauf aber trotzdem nicht fortschreitet, ist ein Kaiserschnitt indiziert, auch wenn das Röntgenbild zeigt, daß der Beckendurchmesser eine Vaginalentbindung erlauben würde. Und wenn ein 8 Pfd. schweres Baby einer Erstgebärenden in Steißlage ist, braucht man ebenfalls nicht röntgen, weil man in diesem Fall ohnehin einen Kaiserschnitt machen wird.

Wenn Ihr Arzt findet, daß Sie eine Röntgen-Pelvimetrie benötigen, sprechen Sie über Ihre Besorgnis und teilen Sie ihm Ihre Einwände mit. Denken Sie daran, in den meisten Fällen bringt diese Untersuchung nichts. Dafür wird Ihr Kind einem zwar leichten, aber dennoch signifikanten Krebsrisiko ausgesetzt.

Welchen weiteren Quellen von ionisierender Strahlung kann eine Schwangere ausgesetzt sein?

Jeder Erdbewohner ist einer gewissen natürlichen Strahlung ausgesetzt, die sich zusammensetzt aus kosmischer Höhenstrahlung, natürlicher (sehr geringer) Radioaktivität der Erdkruste und manchen körpereigenen Elementen (z.B. Kalium-40). Wir bekommen dadurch jährlich etwa 125 Millirad ab.

Wie groß die Schäden an Menschen sind, die Reaktorunfälle wie der 1979 in Three Mile Island entstehen lassen, ist nur schwer zu ermessen. Erste Untersuchungen an Frauen, die im Umkreis von 17 km vom Unfallort lebten und zur Zeit des Unfalls schwanger waren, ergaben keine erhöhte Rate der Säuglingssterblichkeit. Bevor man aber endgültige Schlüsse ziehen kann, sind Langzeitstudien von bis zu 25 Jahren erforderlich.

In Atomkraftwerken Beschäftigte sind bedeutend höheren Mengen Radioaktivität ausgesetzt als die Allgemeinheit. Schwangere und generell Menschen vor oder im fortpflanzungsfähigen Alter sollten nicht in einem Atomkraftwerk oder dessen Umgebung arbeiten. Die Hoden beispielsweise reagieren auf ionisierende Strahlen besonders empfindlich. Das hohe Maß an Strahlung, dem man in Atomkraftwerken ausgesetzt sein kann, vermag die Spermien zu schädigen. Ein Mann, der in solchen Betrieben arbeitete, sollte mindestens innerhalb der ersten sechs Monate, nachdem er die Stelle aufgegeben hat, kein Kind zeugen. Bleigefütterte Suspensorien sollten für alle männlichen Beschäftigten in Atomkraftwerken obligatorisch sein.

Viele Frauen sind durch ihre Arbeit ionisierender Strahlung ausgesetzt, z.B. als Röntgenfachleute in Medizin und Zahnmedizin oder als Krankenschwestern. Ebenso gefährdet sind diejenigen, die in der Herstellung von radioaktiven Isotopen für Medizin, Wissenschaft und Industrie arbeiten. Labortechnikerinnen, die mit Elektronenmikroskopen arbeiten, bekommen geringe Mengen ionisierender Strahlung ab, ebenso Ärztinnen und Forschungsassistentinnen, die täglich mit Hochspannungs-Röntgengeräten zu tun haben. Gelegentlich kann eine Angestellte unwissentlich mitbestrahlt werden, wenn sie beispielsweise ein Baby hält, das geröntgt wird, oder wenn sie in die Nähe eines Patienten gerät, der zur Krebsbehandlung Radium oder andere radioaktive Substanzen erhält.

In großen Höhen ist die Strahlung am stärksten. Schwangere, die als Flugpersonal arbeiten, bekommen höhere Dosen ab als das Bodenpersonal. In 10000 m Höhe ist die kosmische Strahlung etwa siebenmal höher als auf dem Niveau des Meeresspiegels. Das ergibt für Flugpersonal zusätzlich 160 Millirem jährlich (1 Rem = 1000 Millirem). Der amerikanischen Behörde National Council on Radiation Protection and Measurements zufolge dürfte diese Menge für den Fetus harmlos sein. Die Behörde hat empfohlen, daß Personen, die keiner berufsbedingten Strahlung ausgesetzt sind, nicht mehr als 170 Millirem ausgesetzt werden sollen, natürliche und therapeutische Strahlenbelastung nicht mitgerechnet. Die meisten Radiologen stimmen jedoch überein, daß es keine vollkommen ungefährliche Dosis gibt. Manche Wissenschaftler glauben, daß schon 20 Millirem das Risiko genetischer Schäden erhöhen können. Die international festgesetzte Höchstgrenze unbedenklicher Strahlenbelastung wurde für den einzelnen, der beruflich mit Strahlung zu tun hat, auf 5 Rem Ganzkörper-Bestrahlung pro Jahr festgesetzt. Solche Dosen sind aber meiner Meinung nach für die Schwangere und ihren Fetus katastrophal.

Ozon befindet sich in hoher Konzentration in bestimmten Schichten der Atmosphäre. Es entsteht durch starke UV-Strahlung aus Sauerstoff, beispielsweise in Röntgenräumen oder durch Höhensonnen. Industrie und Kraftfahrzeuge verseuchen die Umwelt mit Ozon. Man schätzt, daß Flugpersonal einer fünfmal größeren Ozonmenge ausgesetzt ist, als von der amerikanischen Behörde National Institute of Occupational Safety and Health zugelassen ist. Es gibt einige unbestätigte Berichte von höheren Raten spontaner Fehlgeburten und Geburtsfehlern bei Flugpersonal durch Ozon. Dieser Zusammenhang muß aber erst durch weitere Untersuchungen bestätigt werden (siehe Kapitel 6).

Wie kann ich unnötige ionisierende Strahlung vermeiden?

Röntgenuntersuchungen in Medizin und Zahnmedizin sind die häufigste Quelle ionisierender Bestrahlung. Es kommt oft vor, daß eine Frau zu dem Zeitpunkt, wo eine Röntgenaufnahme gemacht wird, bereits schwanger ist, ohne es zu wissen. Sagen Sie es Ihrem Arzt, wenn Sie sich in der zweiten Hälfte Ihres Menstruationszyklus befinden und die Möglichkeit besteht, daß Sie schwanger sind. Das sicherste ist immer, alle Röntgenuntersuchungen vor dem Eisprung oder innerhalb der ersten zehn Tage des Menstruationszyklus (vom ersten Tag der Blutung an gerechnet) vornehmen zu lassen.

Lassen Sie sich, bevor Sie Ihr Einverständnis geben, von Ihrem Arzt oder Zahnarzt erklären, warum eine Röntgenaufnahme nötig ist. Und wenn Sie schwanger sind, müssen Sie Ihren Arzt selbstverständlich informieren. Notfalls holen Sie die Meinung eines anderen Arztes oder Zahnarztes ein. Soll eine Röntgen-Pelvimetrie gemacht werden und Sie sind schon mitten in den Wehen, dann ist es sehr schwer, noch große Verhandlungen zu führen. Sie sollten diese Frage bereits bei den Arztbesuchen vor der Geburt klären.

Wenn Sie Ihrem Arzt zustimmen, daß eine Röntgenuntersuchung notwendig ist, bestehen Sie darauf, sich mit einem Radiologen zu beraten, bevor die Aufnahmen gemacht werden. Die Aufnahmen lassen sich so anfertigen, daß ein Maximum an Information mit einem Minimum an Strahlung erreicht werden kann. Um Ihr Kind und Ihre Eierstöcke vor Streustrahlung zu schützen, verlangen Sie einen Bleischutz für den Unterleib, wenn andere Körperteile als das Becken geröntgt werden müssen.

Es mag oft zwar bequemer sein, sich mit den veralteten Geräten, wie sie die meisten Hausärzte benutzen, röntgen zu lassen, aber die Geräte in modernen Röntgenpraxen und Lehrkrankenhäusern liefern genauere Informationen bei erheblich weniger Strahlung.

Schwermetalle

Welche Schwermetalle gefährden die Schwangere?

Hauptsächlich dreht es sich um Blei, Quecksilber und Cadmium. Nickel und Selen haben sich bislang nicht als schädlich für den menschlichen Fetus erwiesen.

Viele glauben, daß *Blei*vergiftung nur kleine Kinder betreffen könnte, die abgeblätterte Bleifarbe gegessen haben. Doch es vergiften sich auch viele Erwachsene, die in der bleiverarbeitenden Industrie tätig sind. Meistens atmen sie das Blei ein; aber es können auch beachtliche Mengen von verseuchtem Staub durch Finger, Mund und Zigaretten aufgenommen werden, und auch Trinkwasser oder Nahrungsmittel können verseucht sein. Am meisten gefährdet sind Arbeiter in Bleischmelzereien, Batteriefabriken, Schiffsverschrottungs-Anlagen, Farbenfabriken, Druckereien, Keramik-, Munitions- und Glasfabriken und solche, die Keramik glasieren. Wenn Sie oder Ihr Mann in solchen Betrieben beschäftigt sind, sollten Sie Ihren Arbeitgeber um den Nachweis bitten, daß die Bleikonzentration in der Luft den behördlichen Sicherheitsvorschriften entspricht.

Wenn dies nicht der Fall ist, muß eine Atemschutzmaske getragen werden. Weitere Sicherheitsmaßnahmen sind das Tragen von Schutzkleidung, Wechseln der Kleidung und Händewaschen vor dem Essen und niemals am Arbeitsplatz zu essen. Wenn Sie sich gründlich waschen und vor dem Verlassen des Arbeitsplatzes Ihre Kleider wechseln, verschleppen Sie keinen Bleistaub nach Hause. Es ist vermutlich für eine Schwangere viel einfacher, ihren Arbeitgeber zu bitten, sie vorübergehend in einem weniger gefährlichen Bereich des Betriebes zu beschäftigen.

Frauen, die in der Nähe stark befahrener Straßen leben oder häufig auf solchen Straßen auto- oder radfahren, können einen erhöhten Bleigehalt im Blut haben. Wo das Wasser sauer ist oder noch alte Blei-Leitungen in Gebrauch sind, kann Wasser zur Quelle einer Bleiverseuchung werden. Es ist eine Mode geworden, alte Häuser zu kaufen und zu renovieren. Viele solche Häuser sind mit bleihaltigen Farben gestrichen. Beim Entfernen dieser Farben kann die Schwangere mit Blei in Berührung kommen. Es ist wissenschaftlich erwiesen, daß Blei durch die Plazenta in Blutkreislauf, Hirn und Leber des Fetus gelangt. Schwangere, die großen Mengen dieses Schwermetalls ausgesetzt sind, unterliegen einem höheren Risiko spontaner Fehl- oder Totgeburten. Ihre Kinder haben häufiger angeborene Mißbildungen, Chromosomenanomalien, Krampfanfälle, sind öfter geistig zurückgeblieben und werden häufiger zu früh geboren. Permanente Lernschwierigkeiten gehören ebenfalls dazu. Blei tritt auch in die Muttermilch über, was im Tierversuch zu Lähmungen und anderen neurologischen Ausfallserscheinungen geführt hat.

Zum Glück kann eine Bleivergiftung schon in einem frühen Stadium mit einem einfachen Bluttest erkannt werden. Frauen, die fürchten, extrem hohen Bleimengen ausgesetzt gewesen zu sein, können diesen Test vornehmen lassen. Ist er positiv, helfen spezifischere Untersuchungen, den exakten Bleigehalt im Blut zu bestimmen.

Quecksilber hat ehemals etliche Tragödien ausgelöst, wenn Schwangere Lebensmittel aßen, die durch verschmutztes Wasser oder Pestizide mit Quecksilber verseucht waren. Quecksilberdämpfe können unter anderem in Zahnarzt-Praxen oder Laboratorien (Zahntechnische Labors) eingeatmet werden. Hoher Quecksilbergehalt kann in seltenen Fällen bei Erwachsenen schwere neurologische Ausfälle und Nierenschäden bewirken, aber bei den meisten treten keine Symptome auf. Der Fetus dagegen ist hochempfindlich. Quecksilber gelangt rasch in seinen Blutkreislauf und sein Hirn und richtet hier großen Schaden an. Einige Untersuchungen haben ergeben, daß der durchschnittliche Quecksilbergehalt im Nabelschnurblut eines Babys um 20 bis 30% höher ist als die entsprechende Quecksilberkonzentration im Blut der Mutter. Bei Kindern, deren Mütter keine Symptome aufwiesen, wurden zerebrale Lähmung, schwere geistige Zurückgebliebenheit, Tremor, Anfälle sowie Nieren- und Leberleiden beobachtet. In einigen Fällen verschlimmerte sich die Vergiftung der Kinder, nachdem sie mit Quecksilber verseuchte Muttermilch getrunken hatten. Ein erhöhter Quecksilbergehalt kann mittels eines Blut- oder Urintests diagnostiziert werden. Die Konzentration von Quecksilberstaub und -dämpfen am Arbeitsplatz läßt sich mit Spezialgeräten messen.

Mitte der 70er Jahre war in der Öffentlichkeit viel von einem gefährlich hohen Quecksilbergehalt in Thunfischkonserven die Rede. Untersuchungen haben jedoch erwiesen, daß der Quecksilbergehalt in diesem Salzwasserfisch nicht anders ist als vor Jahren, bevor die Industrie Quecksilber verwendete. Der Gehalt ist minimal und erreicht bei weitem nicht die Konzentration, die erforderlich wäre, um Mutter oder Fetus zu schädigen.

Auch *Cadmium* kann dem Fetus schaden. Es wird oft von Galvanisierungsbetrieben in das Abwassersystem geleitet und gelangt durch den Abrieb von Gummireifen in die Luft. Es ist auch im Tabakrauch enthalten. Cadmium kann schwere Vergiftungen an Leber, Nieren, Herz und Lunge verursachen. Anomalien der Blutzellen werden ebenfalls häufig beobachtet. Ständige Cadmium-Exposition kann das Krebsrisiko einer Frau erhöhen, ihre Fruchtbarkeit beeinträchtigen und zu Anomalien unter ihren Nachkommen führen. Das alles läßt sich vermeiden, wenn den Vorschriften für den Cadmiumgehalt in Dämpfen und Staub entsprochen wird. Wenn Sie in einem Betrieb arbeiten, wo Cadmium verwendet wird, können Sie die Konzentration dieses Schwermetalls in Ihrem Harn untersuchen lassen.

Halogenierte Kohlenwasserstoffe

Was sind halogenierte Kohlenwasserstoffe, und wie beeinträchtigen sie die Schwangerschaft?

Halogenierte Kohlenwasserstoffe werden in Landwirtschaft und Industrie verwendet. Man weiß, daß sie Gift für Leber und Nieren sind. Zu dieser Gruppe gehören die berüchtigten polychlorierten Biphenyle (PCB), Vinylchlorid, Trichloräthylen, Perchloräthylen, Vinylidinchlorid, Oxychlordan, Heptachlorepoxid und viele andere Verbindungen mit ähnlicher chemischer Struktur. Genetiker sind besorgt, weil der Prozentsatz von Kindern mit angeborenen Schäden sich in den letzten 25 Jahren verdoppelt hat. Sie schreiben dies den polychlorierten Biphenylen und den mehr als 2000 anderen mutagenen (Mutationen hervorrufenden) Substanzen zu, die gegenwärtig unsere Umwelt belasten. Man glaubt, daß eine Schwangere solche Substanzen vermehrt aufnimmt, weil ihr Stoffwechsel erhöht ist. Halogenierte Kohlenwasserstoffe gelangen leicht in die Muttermilch und können den Säugling vergiften und sein Risiko, an Krebs zu erkranken, erhöhen.

Polychlorierte Biphenyle werden als Weichmacher, Wärmetauscher und Isoliermaterial in Transformatoren und anderen Elektrogeräten wie etwa Kondensatoren verwendet.

Weitere Produkte, für die man sie braucht, sind u.a. Schmiermittel, Pestizide, Kühlöle, Klebstoffe, Tinte, Dichtungsmittel und Papierbeschichtungen. Die Herstellung polychlorierter Biphenyle unterliegt heute strengen gesetzlichen Vorschriften. Früher kam es unter anderem in den USA vor, daß Industrie und Elektrizitätswerke polychlorierte Biphenyle in Abwässer und Flüsse leiteten und diese verseuchten. Die Chemikalien sickern außerdem von Schrottplätzen und Mülldeponien ins Grundwasser und werden auch von angeblich sicheren Abfallverwertungsfirmen freigesetzt.

Polychlorierte Biphenyle können durch Verschlucken, Einatmen oder die Poren der Haut in den Körper gelangen. Extreme Mengen dieser Substanzen verursachen eine charakteristische »colabraune« Färbung der Haut. Bei einer Untersuchung von zehn vergifteten

Neugeborenen stellte sich heraus, daß ihre Mütter in der Schwangerschaft ein bestimmtes Speiseöl verwendet hatten. Der Hersteller dieses Öls hatte zum Erhitzen schadhafte Rohre, die polychlorierte Biphenyle enthielten, benutzt. Die »colabraune« Hautfärbung verblaßte zwar, aber diese Kinder waren kleiner und hatten häufiger Mißbildungen. Einige betroffene Kinder wiesen später vorzeitigen Zahndurchbruch und wucherndes Zahnfleisch auf. Außerdem vermutet man, daß polychlorierte Biphenyle Leberkrebs, Sterilität, Hautallergien, Akne, Übelkeit, Benommenheit, Augen- und Nasenreizungen sowie Asthmatoid verursachen. Polychlorierte Biphenyle gelangen in die Muttermilch und können Säuglinge lethargisch machen und ihren Muskeltonus schwächen.

Diese Substanzen kommen auch in Speisefischen vor. In Aalen hat man beispielsweise Werte in Höhe von 700 p.p.m. (parts per million = Teilchen pro Million) gefunden. Aale suchen ihre Nahrung auf dem Grund und nehmen dabei Schlick auf, der polychlorierte Biphenyle in hohen Konzentrationen enthält. Die Food and Drug Administration hat die Höchstgrenze für Fisch, der verkauft werden soll, bei 5 p.p.m. festgelegt. Süßwasserfische wie Barsch, Karpfen, Weißfisch, Forelle, Hecht und Wels sowie einige Salzwasserfische, wie etwa Flunder und Seezunge, sind am stärksten verseucht. Man sollte sie in der Schwangerschaft meiden. Meeresfische wie Kabeljau, Dorsch, Heilbutt und Schellfisch sind im allgemeinen frei von polychlorierten Biphenylen.

Vinylchlorid ist eine vielverwendete Chemikalie. Dieser halogenierte Kohlenwasserstoff findet vor allem bei der Herstellung von Kunststoffrohren und -kabeln Verwendung. Außerdem wird er in Kabeln elektrischer Anlagen verwendet, kommt aber auch in Fußbodenbelägen, Gartenschläuchen und Kleidung vor.

Wer Vinylchlorid-haltigen Dämpfen ausgesetzt ist, kann Gehirn-, Leber-, Lungen- und Lymphknotenkrebs bekommen. Berührung während der Schwangerschaft mit Vinylchlorid und Chloropren, einer ähnlichen chemischen Verbindung, die bei der Herstellung von synthetischem Gummi verwendet wird, kann die Mißbildungs-Rate erhöhen. Bei einigen Untersuchungen wurden Chromosomen-Anomalien festgestellt. Bei Frauen von Arbeitern, die mit Vinylchlorid zu tun hatten, hat man eine erhöhte fetale Sterblichkeit beobachtet.

Trichloräthylen und Vinylidinchlorid sind zwei halogenierte Kohlenwasserstoffe, von denen man annimmt, daß sie Krebs erzeugen. Ersteres wird gelegentlich in Inhalatoren zur Linderung von Wehenschmerzen verwendet und dient auch als Entfettungsmittel. Vinylidinchlorid findet in der Kunststoffherstellung Verwendung.

Wie läßt sich der Gehalt polychlorierter Biphenyle in der Muttermilch niedrig halten?

Tierversuche und Erfahrungen mit Menschen haben ergeben, daß hohe Dosen polychlorierter Biphenyle im Körper einer stillenden Frau für ihren Säugling gefährlich sind, aber es gibt keinen Beweis, daß bereits Spuren dieser Chemikalien schädlich sind. Polychlorierte Biphenyle befinden sich überall in unserer Umwelt. Von 1038 von der Environmental Protection Agency untersuchten Muttermilchproben waren nur 9 völlig frei von PCB.

Ich rate stillenden Müttern, höchstens einmal in der Woche Süßwasserfisch zu essen und nirgendwo zu arbeiten, wo sie polychlorierten Biphenylen ausgesetzt sind. Stillende Mütter sollen auch nicht innerhalb kurzer Zeit stark abnehmen, weil diese Substanzen im Körperfett abgelagert sind und bei schnellem Gewichtsverlust durch »Blitzdiäten« größere Mengen Körperfett in die Muttermilch gelangen können.

Manche Experten empfehlen den Müttern, zuerst den Spiegel der polychlorierten Biphenyle in ihrer Milch bestimmen zu lassen. Ist er höher als 1 p. p. m., sollte nicht gestillt werden.

Pestizide

Wie können sich Pestizide auf Schwangerschaft und Stillen auswirken?

Pestizide ist der Sammelbegriff für Insektizide und Herbizide. Viele von den zahllosen Pestiziden stehen im Verdacht, bei Personen, die mit relativ hohen Konzentrationen in Berührung kommen, Vergiftungen, Sterilität und Chromosomen-Schäden zu verursachen. Kinder, die diesen Giftstoffen im Mutterleib ausgesetzt waren, haben häufiger angeborene Mißbildungen. Ob auch schon geringe Konzentrationen von Pestiziden schädlich sind, ist gegenwärtig nicht bekannt. Viele dieser Chemikalien, insbesondere die chlorierten Kohlenwasserstoffe wie Benzol-Hexachlorid, werden mit der Muttermilch auf den Säugling übertragen.

Die Anwendung chemischer Schädlingsbekämpfungsmittel wurde gesetzlich stark eingeschränkt. Seitdem ist die Konzentration von DDT in Mutter- und Kuhmilch ständig zurückgegangen. Die meisten Babys sind jedoch über die Plazenta schon vor der Geburt DDT und anderen Pestiziden ausgesetzt. Bei der Geburt hat ein Baby schon mehr Insektizide in seinem Körper, als es vermutlich durch das Stillen aufnehmen wird.

Verwenden Sie keine Pestizide im Garten, auf dem Rasen oder im Gewächshaus, damit Sie sich und Ihr Baby wenigstens in diesem Bereich vor Pestiziden schützen. Wenn die Verwendung dieser Mittel unumgänglich ist, sollten Sie Handschuhe und einen Gesichtsschutz tragen. Eine schwangere oder stillende Frau sollte Nahrungsmittel meiden, die Reste von Pestiziden enthalten könnten. Obst und Gemüse sollten geschält bzw. gründlich gewaschen werden. Manche Wissenschaftler haben empfohlen, daß stillende Mütter ihre Milch auf Pestizide untersuchen lassen. Neuere Studien haben jedoch ergeben, daß bei an zwei verschiedenen Tagen entnommenen Proben oft enorme Unterschiede bestehen. Daher wären Einzelproben nicht aufschlußreich, und die für schlüssige Resultate erforderliche wiederholte Untersuchung und sorgfältige Analyse ist kostspielig und zeitraubend.

Wie soll man mit im Haushalt gebräuchlichen Pestiziden während der Schwangerschaft umgehen?

Bislang ist nichts darüber bekannt, daß Pestizide für den Hausgebrauch angeborene Mißbildungen verursachen würden – vorausgesetzt, sie werden umsichtig verwendet. Um ganz sicher zu gehen, wartet man am besten bis zum dritten Schwangerschaftsdrittel, bevor man beispielsweise Insektenvernichtungsmittel sprüht. Überlassen Sie den Sprühvorgang einer anderen Person, und vergewissern Sie sich, daß alle Nahrungsmittel unter Verschluß sind. Passen Sie auf, daß Ihre Kleidung nichts abbekommt. Sie sollten sich mindestens 24 Stunden nicht in der Wohnung aufhalten, bis sich das Pestizid gesetzt hat. Im Idealfall reinigt jemand anders gegebenenfalls das Geschirr oder die Arbeitsflächen in der Küche etc. und lüftet, bevor Sie wiederkommen.

Welche Schäden können durch Herbizide entstehen?

Herbizide sind Pflanzen vernichtende Chemikalien. Viele enthalten Dioxin, eine der giftigsten Chemikalien, die es gibt. Dioxin wird in der Industrie verwendet und ist in vielen Produkten wie beispielsweise in Holzschutz- oder Dichtungsmitteln enthalten. Tetrachlor-Dibenz-Dioxin ist ein hochgiftiges Dioxinderivat. Unter schwangeren Rhesusaffen, die im Rahmen von Versuchen mit dieser Substanz in Berührung kamen, stieg die Rate spontaner Fehlgeburten, starker Blutungen, Gaumenspalten und Mißbildungen der Nieren merklich an. 1971 wurde durch eine Fabrikexplosion in Seveso, Italien, Tetrachlor-Dibenz-Dioxin in weitem Umkreis verbreitet, und Tausende von Menschen kamen mit dieser Chemikalie in Kontakt. Einige Untersuchungen ergaben, daß erhöhte Raten spontaner Fehlgeburten und Mißbildungen zu Lasten dieses Unfalls gehen.

Agent Orange ist das übelste Erzeugnis, das jemals hergestellt wurde. Es besteht aus zwei dioxinhaltigen Herbiziden und wurde in Vietman als Entlaubungsmittel eingesetzt. Schwangere, die dieser Chemikalie ausgesetzt waren, hatten bedeutend mehr spontane Fehl- und Totgeburten. Außerdem brachten sie viel häufiger mißgebildete Kinder zur Welt.

Farben und Lösungsmittel

Welche Vorsichtsmaßnahmen muß ich treffen, wenn ich das Kinderzimmer einrichte und anstreiche?

Anstreichen während der Schwangerschaft ist nicht gefährlich, vorausgesetzt, der Raum, in dem Sie arbeiten, ist gut belüftet. Auch Boden- und Möbelpolituren geben schädliche Dämpfe ab, und es müssen dieselben Vorsichtsmaßnahmen getroffen werden. Verwenden Sie diese Mittel möglichst nicht in engen und fensterlosen Räumen.

Bleihaltige Farben sind gefährlich und dürfen zum Streichen eines Kinderzimmers nicht verwendet werden. Wenn Sie ein älteres Haus renovieren, besteht die Möglichkeit, daß die Farbe an den Wänden Blei enthält. Beim Einreißen

von Wänden oder Abkratzen von Farben kann eine Heimwerkerin sich und ihre Familie gefährlich hohen Konzentrationen von Bleistaub aussetzen.
Anhaltendes Arbeiten mit Sprühfarben, die M-Butylketon enthalten, kann unter Umständen schwere neurologische Symptome hervorrufen. Schwangere sollten nicht damit arbeiten. Auch die Verwendung von Terpentin und anderen flüssigen Farblösern ist in der Schwangerschaft gefährlich. Der Hauptbestandteil der meisten Farblösungsmittel ist Methylenchlorid, das sich rasch in Kohlenmonoxid umwandelt, ein farbloses, geruchloses, tödliches Gas. Die Menge des sich im Körper eines Menschen bildenden Kohlenmonoxid steht in direktem Verhältnis zu der Menge Methylenchlorid, die man aufgenommen hat. Zwei oder drei Stunden Arbeit damit kann den Sauerstoffgehalt im Blut von Mutter und Fetus gefährlich senken. Diese Wirkung wird bei starken Rauchern noch erheblich verstärkt, da diese bereits einen hohen Kohlenmonoxidgehalt im Blut haben. Schwangere mit einem Herzleiden reagieren bereits auf ein leichtes Absinken der Sauerstoffkonzentration höchst empfindlich. Solche Frauen sollten keine Farblösungsmittel und Polituren benutzen, die Methylenchlorid enthalten.

Giftige Werkstoffe

Welche Gefahren drohen von Werkstoffen?

Man vermutet, daß die meisten Chemikalien in Werkstoffen, mit denen Künstler arbeiten, die Plazenta durchdringen können. Hinzu kommt, daß die Menge, die den Fetus schädigt, weit geringer ist als diejenige, die beim Erwachsenen Symptome hervorruft. Diese Chemikalien beeinträchtigen die normale Entwicklung und sind besonders gefährlich, wenn sie zwischen dem 18. und 60. Tag nach der Empfängnis einwirken.
Viele Künstlerinnen wie beispielsweise Goldschmiedinnen oder Handwerkerinnen, die Keramiken und Keramikglasuren herstellen, kommen mit Arsen, einem tödlichen Gift, in Berührung. Andere toxische Substanzen, die rasch durch die Plazenta dringen, befinden sich in Leim, Asbest, Metallstaub, Blei, Cadmium, Kunststoffen, Harzen, Farb- und Politurentfernern, Farbstoffen, Terpentin, Glasurmasse, Polituren, Lacken, Farbverdünnern, Klebstoffen, quarzhaltigem Staub und quarzhaltiger Tonerde sowie Vinylchlorid. Chromosomenschäden und Defekte im Zentralnervensystem des Fetus wurden auf den Umgang mit Benzol, einem Bestandteil einiger Farblösungsmittel, zurückgeführt. Methylenchlorid ist ein Lösungsmittel, das in Farblösern und anderen Künstlermaterialien enthalten ist. Atmet es eine Schwangere ein, nimmt die Sauerstoff-Transportkapazität ihrer roten Blutkörperchen ab. Lithium, das im Töpferhandwerk verwendet wird, kann

kardiale und andere Mißbildungen hervorrufen (siehe Kapitel 7).
Von Künstlern verwendete Chemikalien, insbesondere Schwermetalle und Lösungsmittel, sind wenige Stunden später in der Muttermilch nachweisbar. Tierversuche ergaben, daß Stillen die Bleiabsorption im Darm erhöht und somit der Bleigehalt in der Muttermilch steigt. In einer Studie wurde Methylenchlorid in der Milch einer Frau noch 18 Stunden nach Beendigung der Arbeit festgestellt.
Wenn Sie Künstlerin sind oder Kunsthandwerk als Hobby betreiben, müssen Sie Ihren Frauenarzt über sämtliche Materialien informieren, die Sie bei der Arbeit verwenden. Versuchen Sie, in der Schwangerschaft weniger gefährliches Material zu verwenden. Bewahren Sie die Sachen an einem sicheren Ort auf; und sorgen Sie für eine gute Entlüftung an Ihrem Arbeitsplatz.

Andere Umweltgifte

Welche anderen Umweltgifte soll die Schwangere meiden?

Benzol ist eine farblose Flüssigkeit, die rasch verdunstet und schädliche Dämpfe bildet. Sie wird viel in Photolaboratorien verwendet, außerdem bei der Herstellung von Kunststoffen, Arzneimitteln, Gummierzeugnissen, Pestiziden und Textilien. Chemische Reinigungen verwenden enorme Mengen Benzol. Die Substanz erhöht das Leukämierisiko und verursacht beim Menschen nachweislich Chromosomenschäden. Man hat festgestellt, daß der Umgang mit Benzol und anderen organischen Lösungsmitteln das Risiko einer Schwangeren erhöht, ein Kind mit Defekten im Zentralnervensystem zur Welt zu bringen. In die Liste gehören Styrol, Azeton, vergällter Alkohol, Alkylphenol, Dichlormethan, Methanol, Äther, Toluol, Xylol, Methyläthylketon, Benzin, Butanol und Äthylenoxid. Äthylenoxid stand lange Zeit unter dem Verdacht, Mißbildungen zu verursachen. Es wird in der Produktion von Gefrierschutzmitteln und als Haltbarmacher von Trockenfrüchten und Getreide verwendet.
Sprühkleber finden im Haushalt vielfach Verwendung. Man hat ihnen unterstellt, aber bislang nicht bewiesen, daß sie Chromosomen-Schäden verursachen.
Nitrosamine sind weitverbreitete karzinogene und mutagene Chemikalien, die durch Einatmen, Verschlucken oder durch die Haut in den Körper gelangen. Nitrosamine können in Nahrungsmitteln, Kosmetika, alkoholischen Getränken und Zigarettenrauch enthalten sein und finden in vielen industriellen Verfahren Verwendung, so beim Färben von Leder, bei der Herstellung von Raketentreibstoff und der Gummi- und Reifenfabrikation. Gemüse enthält ebenfalls Nitrosamine. Große Mengen befinden sich von Natur aus in roten Beten, Spinat, Sellerie, Kopfsalat und Rüben; allerdings variiert die Konzentration in diesen Nahrungsmitteln je nach Bodenbeschaffenheit sowie Dünge- und Ernteverfahren. Es gibt zwar keinen direkten Beweis, daß Nitrosamine beim Menschen Krebs verursachen, aber eine Anzahl epidemiologischer

Studien in der Reifenindustrie ergab eine erhöhte Krebshäufigkeit unter den Beschäftigten.

Wann soll man aufhören zu arbeiten?

Wie lange darf eine Schwangere arbeiten, und worauf muß sie achten?

Früher wurde eine Frau, sobald man merkte, daß sie schwanger war, sogleich entlassen oder nicht eingestellt. Auch heute gibt es noch zahlreiche Mißverständnisse und Tabus, was das Arbeiten in der Schwangerschaft betrifft, aber im großen und ganzen wird eine normale Schwangerschaft nicht mehr als Krankheit betrachtet. Viele Frauen können bis kurz vor Ende der Schwangerschaft arbeiten. Es bestehen jedoch von Frau zu Frau große Unterschiede. Die Leistungsfähigkeit kann selbst bei gesunden Frauen mit der gleichen Beschäftigung während dieser Zeit ganz unterschiedlich sein. Daher sollten Schwangere und ihre Frauenärzte gemeinsam über Arbeit und Arbeitsbeendigung in der Schwangerschaft entscheiden. Eine solche Entscheidung ist oft sehr schwer und betrifft wirtschaftliche, physiologische und soziale, aber auch gynäkologische Aspekte.

Gesundheitsgefährdungen durch Umwelt und Beruf und ihre Symptome
Manche Giftstoffe bewirken typische Symptome. Die Kenntnis dieser Zusammenhänge kann oft bei der Früherkennung und raschen Behandlung behilflich sein. Die Health Systems Agency der Stadt New York hat eine Tabelle zur Früherkennung einiger dieser Symptome aufgestellt.

Das in erster Linie betroffene Organsystem	Symptome	Umgebungen und Tätigkeiten mit erhöhtem Krankheitsrisiko	Chemische oder physikalische Wirkstoffe
Haut	Dermatitis; »colafarbene« Haut; Hautkrebs	Galvanisierung; Klischieren; Metallreinigung; Holzschutz; Haltbarmachung von Lebensmitteln; Kontakt mit Nahrungsmitteln und Kosmetika; Verwendung von Haushaltchemikalien und Seifen	Kohlenwasserstoff-Lösungsmittel, Beryllium, Arsen, Zinkoxid, polychlorierte Biphenyle, Nickel, Dioxin, Seife, Pentachlorophenol, Wismut, Alkohol, Drogen

Das in erster Linie betroffene Organsystem	Symptome	Umgebungen und Tätigkeiten mit erhöhtem Krankheitsrisiko	Chemische oder physikalische Wirkstoffe
Atmungssystem	Akutes Lungenödem; Lungenentzündung; Asthma; chronisches Lungenleiden; Lungenkrebs	Bau und Isolierung; Textilfabrikation; Malen und Streichen; Lichtbogenschweißen; Fleischverpacken; Umgang mit Tieren; Luftdienst bei Fluggesellschaften; Arbeit mit radioaktiven Substanzen; Aufenthalt in dichtem Verkehr; Staub; industrielle Luftverschmutzung; unzureichende Entlüftung und schadhafte Heizung	Arsen, Asbest, Chrom, Eisenoxid, ionisierende Strahlung, Beryllium, Ozon, Stickstoffoxide, Textilstaub, Nickel, Karbonyl, aerosolierte Kunststoffe (z. B. Vinylchlorid, Teflon), Staub, Rauch, Dämpfe, Trimethylamin
Herz-Kreislauf-System	Herzrhythmus-Störungen; Angina pectoris; intermittierendes Hinken; »Arterienverkalkung«	Aufenthalt in dichtem Verkehr; Umgang mit Dieselmotoren; Umgang mit Abwässern; Zellophan- und Kunststoff-Herstellung; Motorrad-Reparatur; extreme Hitze oder Kälte; Kontakt mit synthetischen Filmen und gefährlichen Wirkstoffen durch Kunst- und Hobbybedarf; Schädlings-Vernichtung	Kohlenmonoxid, Hydrogensulfit, Barium, organisches Phosphat, Freon, Leime und Lösungsmittel

Das in erster Linie betroffene Organsystem	Symptome	Umgebungen und Tätigkeiten mit erhöhtem Krankheitsrisiko	Chemische oder physikalische Wirkstoffe
Magen-Darm-Trakt	Leibschmerzen; Übelkeit; Erbrechen; Durchfall; Blut im Stuhl; Lebernekrose; Leberkrebs; Leberfibrose	Goldschmiedekunst; chemische Reinigung; Kühlgeräte-Herstellung; Lebensmittelverarbeitung; Umgang mit Chemikalien; Druckerei; Kontakt mit bleihaltigen Farben; Kontakt mit Bestandteilen aus Batterien oder Elektrogeräten; Verzehr von unsachgemäß behandelten Lebensmitteln	Schwermetalle (u. a. Blei, Cadmium), Tetrachlor-Kohlenstoffe, halogenierte Kohlenwasserstoffe, Phosphor, Beryllium, Arsen, Nitrosamine, Vinylchlorid, Aflatoxin, bakterielle Toxine
Uro-Genital-Trakt	Eiweiß im Urin; chronisches Nierenleiden; Blasenkrebs	Installation; Löten; Schädlings-Vernichtung; Textilfabrikation; Kontakt mit Bestandteilen aus Batterien	Cadmium, Blei, Quecksilber, organische Färbemittel, halogenierte Kohlenwasserstoffe
Nervensystem	Kopfschmerzen; Krampfanfälle; Koma; extrapyramidale Ausfälle; periphere Nervenleiden	Holzarbeiten; Malen und Streichen; Aufenthalt in dichtem Verkehr; Feuerschutzmittel; Installation; Löten; Herstellung von Textilien und Petrochemikalien; Kontakt mit Pestiziden und Bestandteilen aus Batterien; Verzehr von unsachge-	Quecksilber, Mangan, Blei, Kohlenmonoxid, Bor, Fluor, organisches Phosphat, Hexan, organische Lösungsmittel, Holzschutzmittel

Das in erster Linie betroffene Organsystem	Symptome	Umgebungen und Tätigkeiten mit erhöhtem Krankheitsrisiko	Chemische oder physikalische Wirkstoffe
		mäß zubereiteten Nahrungsmitteln	
Gehör	Gehörverlust (und Stressreaktionen)	Arbeit in der Untergrundbahn; Metallarbeiten; Bauarbeiten; Betätigungen bei lauter Musik	Lärm und Hochfrequenz-Lärm
Augen	Augenreizung; Grauer Star	Ölraffinerie; Umgang mit Chemikalien; Papierherstellung; Wäscherei; Kontakt mit photographischen Filmen: Glasbläserei	Nitrogenoxide, Essigsäure, Formaldehyd, Strahlen
Fortpflanzungs-System	Spontane Fehlgeburten; angeborene Mißbildungen; Unfruchtbarkeit	Tätigkeit in Operationssälen; Kontakt mit Pestiziden; Kontakt mit Bestandteilen aus Batterien	Anästhetika, ionisierende und nichtionisierende Strahlen, Blei, Chemikalien (Dioxin), Pestizide
Blut	Zu wenige Blutkörperchen; Leukämie; Lymphknotenvergrößerung; Anämie (Blutarmut)	Farbenherstellung; chemische Reinigung; Umgang mit Chemikalien; Kontakt mit gefährlichen Wirkstoffen in Kunst- und Hobbybedarf; Kontakt mit Exkrementen von Nagetieren; Bisse von Nagetieren	Benzol, Arsen, organische Farbstoffe, Arsenwasserstoff, Nitrate, Drogen, Blei
Nase und Nebenhöhlen	Entzündung; Krebs	Schweißen; Lichtdruck-Verfahren; Glasmanufaktur; Töpferei; Lino-	Arsen, Selen, Chrom, Nickelkarbonyl, Holz

Das in erster Linie betroffene Organsystem	Symptome	Umgebungen und Tätigkeiten mit erhöhtem Krankheitsrisiko	Chemische oder physikalische Wirkstoffe
		leum; Textil-, Holz- und Lederprodukte; Kontakt mit Bestandteilen aus Batterien	

Gefährliche Arbeiten oder solche, die physische oder geistige Erschöpfung bewirken, sollten nach Möglichkeit aufgegeben werden. Eine vorübergehende Versetzung an einen weniger anstrengenden Arbeitsplatz ermöglicht es der Schwangeren, länger zu arbeiten. Ganz allgemein ist zu empfehlen, daß die körperliche Beanspruchung etwas reduziert wird, weil die vermehrte Blutmenge in der Schwangerschaft den Sauerstoffverbrauch erhöht und größere Anforderungen an den Kreislauf stellt. Gleichgewichtsverlust und mangelnde Koordination in Verbindung mit Erschlaffung von Gelenken und Muskulatur erhöhen zudem die Wahrscheinlichkeit von Muskelzerrungen und Verletzungen. Heutzutage arbeiten viele Frauen bis zum Einsetzen der Wehen. Einige Berichte in der medizinischen Literatur weisen aber darauf hin, daß diese Frauen womöglich schlecht beraten sind. Mehrere Studien stützen die Ansicht, daß zuwenig Ruhe in den letzten zwei bis vier Schwangerschaftswochen sich ungünstig auf den Fetus auswirken kann.

In einer 1982 am Pennsylvania State University College of Medicine in Hershey/Pennsylvania durchgeführten Studie analysierte man die Arbeitsbedingungen von 7722 schwangeren Frauen. Schwangere, die nach der 28. Woche noch arbeiteten, brachten 150 bis 400 g leichtere Kinder zur Welt als nicht berufstätige. Manche arbeitenden Frauen hatten auch häufiger plazentare Infarkte. Das ist ein umschriebener Bezirk abgestorbenen Gewebes in der Plazenta, der durch Mangel-Durchblutung entsteht. Ausgedehnte Infarkte können zu Wachstumshemmung und sogar zum Tod des Fetus führen. Die Forscher stellten fest, daß 25% der Frauen, die nach der 37. Woche noch »stehende Arbeit« verrichteten, große Infarkte mit einem Durchmesser von 3 cm oder mehr aufwiesen. In dieser Gruppe befanden sich Verkäuferinnen im Einzelhandel, Haushälterinnen und Arbeiterinnen. Bei Frauen, die vor der 33. Woche mit dieser Art von Arbeit aufhörten, waren es nur 4,7%, während die Häufigkeit bei denen, die erst zwischen der 33. und 37. Woche zu arbeiten aufhörten, 9,6% betrug. Frauen, die während der Schwangerschaft sitzende Arbeit verrichteten, etwa Büroangestellte oder Studentinnen, hatten große Infarkte nur in 5,1% der Fälle, verglichen mit 5,3% unter Frauen, die zu Hause blieben.

Trotz dieser eindrucksvollen Zahlen konnten die Forscher nicht beweisen, daß arbeitende Schwangere mit größerer Wahrscheinlichkeit geistig oder körperlich behinderte Kinder zur Welt bringen würden. Dennoch läßt dieser Bericht den Schluß zu, daß man eine stehende Arbeit in den letzten zwei Schwangerschaftsmonaten zumindest einschränken sollte.

Im folgenden finden Sie eine Anleitung, wann Sie Ihre Arbeit aufgeben bzw. nach der Entbindung wieder aufnehmen können, sofern Sie sich nicht nach den gesetzlichen Schutzbestimmungen richten und bei guter Gesundheit sind:

1. Hören Sie zwei bis vier Wochen vor dem errechneten Termin zu arbeiten auf, wenn Ihre Schwangerschaft unkompliziert verläuft. Stellt Ihre Arbeit starke körperliche oder emotionelle Anforderungen an Sie oder ist sie mit übermäßigem Stress verbunden, dann hören Sie am besten sechs bis zwölf Wochen vor dem errechneten Termin auf.
2. Legen Sie mindestens zwölf Wochen vor dem errechneten Termin die Arbeit nieder, wenn Sie Zwillinge erwarten, wenn Sie schon einmal einen vorzeitigen Blasensprung hatten oder bei zwei oder mehr vorangegangenen Schwangerschaften die Wehen vorzeitig einsetzten.
3. Nehmen Sie vier bis sechs Wochen nach einer normalen Entbindung und sechs bis acht Wochen nach einem Kaiserschnitt die Arbeit wieder auf.
4. Wenn Sie es vorziehen, bis zum Einsetzen der Wehen zu arbeiten, sollte Ihnen dies gestattet werden, vorausgesetzt, Sie werden in den letzten sechs Schwangerschaftswochen in wöchentlichen Abständen von Ihrem Arzt untersucht.

Gibt es Frauen, die in der Schwangerschaft auf gar keinen Fall arbeiten dürfen?

Ja. Die meisten Frauenärzte stimmen überein, daß in bestimmten Fällen die Arbeit während der Schwangerschaft nicht gestattet werden sollte. Zu ihnen gehören folgende Gruppen:

1. Frauen, die bereits zweimal von frühgeborenen Kindern entbunden wurden, die weniger als 5 Pfd. wogen;
2. Frauen mit Zervix-Insuffizienz oder mehr als einer spontanen Fehlgeburt im mittleren Schwangerschaftsdrittel;
3. Frauen, die wegen einer Gebärmuttermißbildung bereits eine Fehlgeburt hatten;
4. Frauen mit Herzleiden, die schon durch geringfügige körperliche Anstrengung kurzatmig werden;
5. Frauen mit Krankheiten der roten Blutkörperchen (wie Sichelzellanämie oder Thalassämie) wie überhaupt Frauen mit schwerer Anämie;
6. Frauen, die vor oder während der Schwangerschaft einen stark erhöhten Blutdruck haben;
7. Frauen mit mäßig schweren Lungen- und Nierenleiden;
8. Frauen mit Blutungen im dritten Schwangerschaftsdrittel, vorzeitigem Blasensprung, Plazenta praevia oder Abruptio placentae;
9. Frauen, die eine Mehrlingsgeburt erwarten;

10. Frauen mit langwierigen, schweren Formen von Diabetes, die mit Arterien-»Verkalkung« einhergeht. (Die meisten Diabetikerinnen haben dieses Problem allerdings nicht und sind gewöhnlich in der Lage, bis zu Beginn des dritten Schwangerschaftsdrittels zu arbeiten.)

Was müssen schwangere Frauen über Mutterschutz wissen?

Das Mutterschutzgesetz muß jede werdende Mutter kennen: Es schützt sie und ihr Kind vor sozialen Härten. Es gilt für Arbeitnehmerinnen, für Hausgehilfinnen oder Heimarbeiterinnen. Nicht jedoch für Hausfrauen und Selbständige. Für Beamtinnen gelten ähnliche Regelungen, die im Beamtenrecht festgelegt sind.

Kündigungsschutz

Werdende Mütter stehen unter Kündigungsschutz. Er gilt für die Mutterschutzfrist, also von Beginn der Schwangerschaft an bis vier Monate nach der Geburt des Kindes. Nehmen Mütter den Erziehungsurlaub in Anspruch, kann ihnen der Arbeitgeber während dieser Zeit nicht kündigen. Der Arbeitgeber sollte von werdenden Müttern sofort von ihrer Schwangerschaft und dem voraussichtlichen Tag der Entbindung unterrichtet werden. Denn wenn er nicht informiert ist, kann er auch nicht wissen, daß eine Arbeitnehmerin Anspruch auf diese Schutzbestimmungen hat.

Eine Verpflichtung zur Mitteilung der Schwangerschaft besteht jedoch, wenn beim Einstellungsgespräch vom Arbeitgeber nach einer Schwangerschaft gefragt wird.

Werdende Mütter dürfen nicht die Unwahrheit sagen, da sonst das Arbeitsverhältnis später, wenn die Schwangerschaft bekannt wird, vom Arbeitgeber wegen arglistiger Täuschung angefochten werden kann.

Verlangt der Arbeitgeber ausdrücklich einen Nachweis der Schwangerschaft vom Arzt, muß er selbst die anfallenden Kosten übernehmen.

Der Arbeitgeber ist gesetzlich verpflichtet, dem Gewerbeaufsichtsamt die Schwangerschaft mitzuteilen. Anderen Personen – auch Kollegen – darf er nichts darüber sagen.

Bekommen Arbeitnehmerinnen trotz vorheriger Meldung ihrer Schwangerschaft eine Kündigung, müssen sie innerhalb von 2 Wochen den Arbeitgeber noch einmal (am besten mit Attest) auf ihre Schwangerschaft hinweisen. Gleichzeitig sollten sie sich schriftlich (per Einschreiben) gegen die Kündigung wehren. Wenden Sie sich auch an den Betriebs- oder Personalrat.

Verbotene Arbeiten

Jeder Arbeitgeber muß zum Schutz werdender Mütter besondere Rücksichten nehmen. Die meisten der folgenden Bestimmungen gelten auch für stillende Mütter. Untersagt sind zum Beispiel:

- schwere körperliche Arbeiten oder Arbeiten, bei denen die werdenden Mütter leicht fallen oder ausrutschen können,
- Arbeiten, bei denen sie schädlichen Stoffen oder Strahlen, Staub, Dämpfen, Hitze, Kälte, Lärm oder Erschütterungen ausgesetzt sind,

- Arbeiten, bei denen regelmäßig Lasten von mehr als 5 kg Gewicht mit der Hand bewegt werden müssen,
- Arbeiten, bei denen sie ständig stehen müssen. Bei diesen Arbeiten muß eine Gelegenheit für kurze Unterbrechungen bestehen. Außerdem muß der Arbeitgeber für eine Sitzgelegenheit sorgen.
  Nach Ablauf des 5. Monats dürfen werdende Mütter nicht länger als vier Stunden stehend beschäftigt werden.
- Verboten sind auch alle Arbeiten im Akkord, am Fließband mit vorgeschriebenem Zeitmaß und alle Arbeiten, bei denen durch gesteigertes Arbeitstempo ein höherer Lohn erzielt werden kann, wie
- Mehrarbeit, Nachtarbeit und Arbeit an Sonn- und Feiertagen.

Wichtig:
Durch diese Verbote entstehen werdenden Müttern keine finanziellen Nachteile. Der Arbeitgeber muß den Durchschnittsverdienst aus der Zeit vor der Schwangerschaft weiterbezahlen.

Wenn die Gesundheit oder sogar das Leben von Mutter oder Kind bei einer weiteren Beschäftigung gefährdet sind, müssen Mütter von der Arbeit freigestellt werden. Ein entsprechendes Attest vom Arzt muß dem Arbeitgeber vorliegen.

Sechs Wochen vor der Geburt dürfen werdende Mütter zu Hause bleiben. Sie müssen nicht. Will eine Frau weiterarbeiten, muß sie das ihrem Arbeitgeber ausdrücklich mitteilen. Sie kann diese Entscheidung jederzeit rückgängig machen. Solange sie weiterarbeitet, erhält sie kein Mutterschaftsgeld, da sie ja noch Lohn oder Gehalt bekommt. Die Schutzfrist verlängert sich, wenn die Entbindung später als erwartet eintritt.

Mutterschutzfrist
Nach der Entbindung dürfen Mütter 8 Wochen lang nicht beschäftigt werden – sogar, wenn sie es selbst wünschen. Für diese Zeit besteht ein absolutes Beschäftigungsverbot. Bei Früh- und Mehrlingsgeburten verlängert sich diese Frist auf 12 Wochen.

Erziehungsurlaub
Nach dem Mutterschaftsgesetz können Mütter nach den 8 bzw. 12 Wochen Schutzfrist nach der Geburt noch zusätzlich 15 Monate Erziehungsurlaub (bei Geburten nach dem 30. 6. 90 18 Monate Erziehungsurlaub) nehmen. Während dieser Zeit können sie ein Erziehungsgeld in Höhe von 600 DM je Monat erhalten.

Der Erziehungsurlaub kann nicht durch einen Vertrag ausgeschlossen oder verkürzt werden.

Wenn Mütter Mutterschaftsurlaub nehmen wollen, müssen sie das spätestens vier Wochen vor dem Ende der Mutterschaftsfrist ihrem Arbeitgeber mitteilen.

Stillzeiten
Mütter, die stillen, haben Anspruch auf Stillpausen. Die Einteilung können sie selbst wählen. Sie haben mindestens Anspruch auf zweimal täglich eine halbe Stunde – oder einmal eine ganze Stunde bei acht Stunden Arbeitszeit täglich.

Stillenden Müttern darf kein Verdienstausfall entstehen. Die Stillzeit darf auch nicht vor- oder nachgearbeitet oder auf die betrieblich festgesetzten Ruhepausen angerechnet werden.

Kündigung

1. *während der Mutterschutzfrist.*
   Wenn Mütter nach Ablauf der Schutzfrist nicht mehr arbeiten gehen möchten, können sie jederzeit während der Schwangerschaft oder während der Schutzfrist kündigen. In dieser Zeit brauchen sie keine Kündigungsfrist einhalten.
2. *während des Erziehungsurlaubs.*
   Auch während des Erziehungsurlaubs können Mütter ihre Arbeit kündigen. Hier gelten allerdings bestimmte Fristen von in der Regel drei Monate bis zum Ende des Erziehungsurlaubs. Erkundigen Sie sich beim Gewerbeaufsichtsamt oder beim Betriebs- bzw. Personalrat.

Wiedereinstellung

Werden Mütter innerhalb eines Jahres nach der Entbindung in ihrem früheren Betrieb wieder eingestellt, bleiben ihnen alle Rechte erhalten, die sie vorher erworben haben. Zum Beispiel: Vorteile, die von Jahren der Betriebszugehörigkeit abhängen. Voraussetzung ist allerdings, daß sie zwischendurch nicht bei einem anderen Arbeitgeber beschäftigt waren.

Lehrlinge

Das Mutterschutzgesetz gilt natürlich auch für Auszubildende. Wenn das Lehrziel nicht gefährdet ist, braucht die Zeit für die Unterbrechung nicht nachgeholt zu werden.

Aus: *Das Baby.* Ein Leitfaden für junge Eltern. Hrsg. von der Bundeszentrale für gesundheitliche Aufklärung, Köln, im Auftrag des Bundesministers für Jugend, Familie und Gesundheit, Postfach 91 01 52, 5000 Köln 91.

10.
Moderne Geburtshilfetechniken

Schwangere von heute wissen mehr über ihren Körper und die Vorgänge um die Geburt herum als beispielsweise ihre Mütter. Worte wie Amniozentese, Chromosomen-Analyse und Überwachung des Fetus sind ihnen nicht fremd. Aber viele Frauen und Männer reagieren mit Skepsis und Ablehnung auf die neue Technologie. In den Augen vieler zukünftiger Eltern tragen die neuen Apparaturen nur dazu bei, das Geburtserlebnis noch unpersönlicher werden zu lassen und die Kluft zwischen Eltern und den ihrer Meinung nach teilnahmslosen wissenschaftlich orientierten Geburtshelfern zu vergrößern. Die neue Welle von Hausgeburten ist eine direkte Folge der verbreiteten Unzufriedenheit unter den Frauen. Sie richtet sich gegen technisch bestens ausgerüstete, aber gefühllose Geburtshelfer in den ebenso perfekt ausgestatteten Krankenhäusern.

Trotz der erheblichen Nachteile unserer neuen Technologie müssen selbst die Kritiker zugeben, daß die modernen Erkenntnisse auf dem Gebiet der Geburtshilfe für die Frauen von unschätzbarem Wert sind. Man frage nur eine vierzigjährige Schwangere, die ihr Baby mit dem sicheren Wissen austragen kann, daß es nicht mongoloid ist. Viele Kinder haben ihr Leben Labortests zu verdanken, die den idealen Zeitpunkt für die Entbindung ermittelten, so daß keine Atmungs-Komplikationen auftraten.

Entscheidend ist die richtige Anwendung der neuen Geburtshilfemethoden. Manche Ärzte, die sich nicht über die neuesten Fortschritte auf dem laufenden halten, gleichen ihre Unkenntnis womöglich dadurch aus, daß sie aufs Geratewohl eine Vielzahl unnötiger und kostspieliger Untersuchungen anordnen. Wenn diese sinnvoll sein sollen, müssen sie aber in der Schwangerschaft zu bestimmten Zeiten und in geregelter Reihenfolge durchgeführt werden. Andernfalls ist es nicht möglich, die Ergebnisse richtig zu interpretieren und entsprechend zu handeln. Manche Verfahren stellen für Kind und Mutter ein Risiko dar; sie sollten nur dann angewendet werden, wenn der mögliche Nutzen die Gefahren überwiegt.

Manche Ärzte genießen es, ihre Patientinnen mit hochtrabenden Fachausdrücken zu beeindrucken. In Wirklichkeit ist kein Test so kompliziert, daß Sinn und Interpretation dem Laien nicht genau erklärt werden könnten. Dieses Kapitel befaßt sich mit einigen der neueren Geburtshilfe-Tests und -Verfahren. Es ist nicht meine Absicht, alle schwangeren Frauen zu kundigen Geburtshelferinnen auszubilden, sondern ich möchte ihnen diese Verfahren verständlich machen und bei der Entscheidung helfen, ob sie notwendig sind.

Amniozentese

Was ist Amniozentese?

Bei einer Amniozentese wird Fruchtwasser aus der Fruchtblase punktiert. Durch die Analyse des Fruchtwassers lassen sich fetale Chromosomen-Anomalien, viele Erbkrankheiten, der Schweregrad einer Rhesus-Unverträglichkeit und der Reifezustand der fetalen Lungen ermitteln. Durch eine Analyse der Chromosomen kann auch das Geschlecht des Babys festgestellt werden – eine überaus wertvolle Information für die bedauernswerten Frauen, die Überträgerinnen geschlechtsgebundener Erbkrankheiten sind. Durch die örtlich betäubte Bauchdecke wird eine Nadel gestochen, mit der Fruchtwasser abpunktiert wird. Man macht den Test in der Regel nicht vor der 16. Schwangerschaftswoche. Dadurch ist gewährleistet, daß eine ausreichende Menge Fruchtwasser vorhanden ist, damit das Verfahren gefahrlos angewendet werden kann.

Um exakte Ergebnisse zu bekommen, braucht man klares, nicht mit Blut vermengtes Fruchtwasser. Daher ist es unbedingt notwendig, daß der Arzt, der die Amniozentese durchführt, mit der Technik vertraut ist. Um nicht versehentlich den Fetus oder die Plazenta zu treffen, muß unmittelbar vor und während der Punktion eine Ultraschallkontrolle vorgenommen werden. Die Schwangere muß unmittelbar vor der Untersuchung ihre Blase entleert haben, um sicherzugehen, daß die Nadel nicht die pralle Blase durchbohrt, die sich ja direkt vor der Gebärmutter befindet. Es ist, wenn auch selten, vorgekommen, daß ein Arzt peinlicherweise den Urin der Mutter statt Fruchtwasser entnahm.

Das Verfahren selbst ist denkbar einfach. Mit sterilen Handschuhen desinfiziert der Arzt den Hautbezirk, wo punktiert werden soll. Manchmal wird mit einer sehr feinen Nadel ein Lokalanästhetikum in die Haut injiziert. Darauf folgt die dickere und längere Amniozentese-Nadel, die einen leichten Schmerz verursachen kann, wenn sie das Gewebe unterhalb der Haut durchsticht. Der Schmerz ist minimal, wenn rasch gestochen wird. Ungefähr 10 cm^3 Fruchtwasser werden benötigt. Nach Entnahme des Fruchtwassers wird die Nadel rasch herausgezogen. Dann wird der Herzschlag des Babys überprüft. Die ganze Prozedur dauert gewöhnlich nicht länger als 5 Min.

Welche Risiken bestehen bei der Amniozentese?

Wenn die Lage des Kindes und der Plazenta unmittelbar vor der Amniozentese durch Ultraschall bestimmt wird, besteht eine äußerst geringe Wahrscheinlichkeit, daß Komplikationen auftreten. Dennoch ist das Verfahren nicht ganz harmlos. Verletzung des Fetus, Blutungen von Plazenta und Nabelschnur, Verletzung mütterlichen Gewebes, Platzen der Fruchtblase, Harn- und Fruchtwasserinfektionen, vorzeitige Wehen und spontane Fehlgeburten sind schon vorgekommen. Das Eindringen von roten Blutkörperchen des Kindes in den Blutkreislauf der Mutter nach einer Amniozentese im mittleren Schwangerschaftsdrittel kommt wohl häufiger vor, als man annimmt; in einer Studie waren es 8,4%. Das ist besonders für Rhesusnegative Frauen mit Rhesus-positiven Feten von Bedeutung.

Zum Glück sind schwerwiegende Komplikationen selten. Mehrere umfangreiche Studien haben ergeben, daß Fehlgeburten im Anschluß an eine Amniozentese um nicht mehr als 0,5% zunehmen.

Wenn überhaupt, kommt es am ehesten dann zu einer Verletzung des Fetus, wenn nur wenig Fruchtwasser da ist oder die Flüssigkeit dick ist und nicht ungehindert durch die Nadel fließt. Beides tritt gehäuft auf bei Schwangerschaften, die sich über den errechneten Termin der Niederkunft ausdehnen. Bei einer Amniozentese vor der 16. Schwangerschaftswoche ist das Risiko einer Verletzung des Fetus erhöht, weil noch nicht soviel Fruchtwasser vorhanden ist. In der 14. Woche beispielsweise sind es sage und schreibe 50% weniger als in der 16. Auch die Lage der Plazenta ist wichtig. Wenn die Ultraschallkontrolle ergibt, daß die Plazenta an der vorderen Wand der Gebärmutter statt an der hinteren sitzt, ist das Risiko größer, Plazenta und Fetus zu verletzen.

Welche Informationen liefert die Amniozentese über die Geschlechts-Chromosomen?

Das Geschlecht des Fetus kann bestimmt werden, wenn die Amniozentese in oder nach der 16. Schwangerschaftswoche durchgeführt wird. Oft ermöglichen schnelle Färbeverfahren eine sofortige Identifikation der X- und Y-Chromosomen. Die Genauigkeit dieser Schnellverfahren beträgt ungefähr 97%. Eine 100%ige Genauigkeit kann nur durch Kultivierung der Zellen erreicht werden.

Die Samenzelle bestimmt das Geschlecht des befruchteten Eis. Der Mann hat zwei Arten von Geschlechts-Chromosomen in seinen Körperzellen, X und Y, die Frau zwei X-Chromosomen, aber kein Y. Deshalb trägt ihr Ei stets ein X-Chromosom. Wenn eine Samenzelle mit einem Y-Chromosom ein X-Ei befruchtet, ergibt das ein männliches XY-Paar. Gelangt jedoch eine Samenzelle mit einem X zuerst dorthin, so ist das Ergebnis ein weibliches XX-Paar (siehe obere Zeichnung auf Seite 303).

Die Kenntnis vom Geschlecht des Fetus ist wichtig bei der genetischen Beratung eines Paares, bei dem ein Risiko besteht, daß es ein Kind mit einer sogenannten X- oder geschlechtsgebundenen Erbkrankheit zeugt. Solche Krankheiten werden von einem der beiden X-Chromosomen einer Frau übertragen und treten bei der Nachkommenschaft nur dann auf, wenn das »kranke« der beiden X-Chromosomen mit dem Y-Chromosom des Vaters zusammenkommt. Das krankmachende Gen, das auf einem der beiden X-Chromosomen sitzt, kann sich nämlich gegen das entsprechende Gen des »gesunden« X-Chromosoms nicht durchsetzen, wohl aber gegenüber einem »gesunden« Y-Chromosom. Nur männliche Feten, die das krankheitstragende X-Chromosom erben, sind daher von der Krankheit betroffen. Männliche Feten, die das »gesunde« X-Chromosom erben, sind gesund. (Die Zeichnung ganz unten auf der nächsten Seite illustriert den Mechanismus der Übertragung von X-chromosomal gebundenen Erbleiden.) Ein männlicher Nachkomme unterliegt daher einem 50%igen Risiko, die Krankheit zu erben, während sie für weibliche Nachkommen gleich Null ist. Jede Tochter ist allerdings mit 50%iger Wahrscheinlichkeit Überträgerin und kann die Krankheit auf die Hälfte ihrer Söhne vererben. Eine Übertragung von X-chromosomal gebundenen Erbleiden von Vater zu Sohn ist nicht möglich, weil der Vater seinem Sohn von beiden Geschlechts-Chromosomen immer nur das Y-Chromosom vererbt.

Farbenblindheit ist ein Beispiel für ein relativ harmloses Leiden, das X-chromosomal übertragen wird, aber auch tödliche Krankheiten, wie die infantile progressive Muskeldystrophie, Hämophilie A und Hämophilie B, und seltene Krankheiten wie das Hunter-Syndrom, das Lesch-Nyhan-Syndrom, die Fabry-Krankheit und die Menkel-Krankheit gehören in diese Kategorie. Die Genetiker können aber nicht sicher voraussagen, ob ein männlicher Fetus betroffen ist oder nicht. Ein Paar steht dann vor dem Dilemma, im mittleren Schwangerschaftsdrittel alle männlichen Feten abtreiben und nur weibliche überleben zu lassen. Leider werden in 50% der Fälle gesunde männliche Feten abgetrieben; dafür kann man andererseits sich und etwaigen Söhnen diese furchtbaren Krankheiten ersparen.

Die infantile progressive Muskeldystrophie beispielsweise läßt sich nicht pränatal diagnostizieren. Symptome der Krankheit zeigen sich erst im Kleinkindalter. Aber bereits bei der Geburt ist im Blut die Kreatin-Phosphokinase, ein Enzym, erhöht. Augenblicklich prüfen Forscher, ob der Gehalt von Kreatin-Phosphokinase in utero diagnostisch aussagekräftig ist.

Erfolgreicher war man bei der intrauterinen Diagnose von Hämophilie A, der Bluterkrankheit. Mit Hilfe des Fetoskops, das in die Fruchtblase eingebracht wird, kann dem Fetus Blut entnommen und analysiert werden. Ist der betreffende Fetus Bluter, hat er zuwenig Blutgerinnungs-Faktor VIII. Die diagnostische Genauigkeit beträgt annähernd 100%. Hämophilie B ist durch das Fehlen des Gerinnungs-Faktors IX gekennzeichnet. Auch sie kann man bereits intrauterin diagnostizieren.

Es kommt vor, daß ein Paar eine Amniozentese machen lassen will, nur um das Geschlecht seines Kindes zu erfahren. Manche Paare verlangen sogar eine Abtreibung im zweiten Schwangerschaftsdrittel, nur weil das (gesunde) Kind nicht das gewünschte Geschlecht hat. Das wirft natürlich die ethische Frage auf, ob diese moderne Untersuchungsmethode dazu mißbraucht werden darf, gesunde Kinder abzutreiben, nur weil die Eltern eine Vorliebe für ein bestimmtes Geschlecht haben.

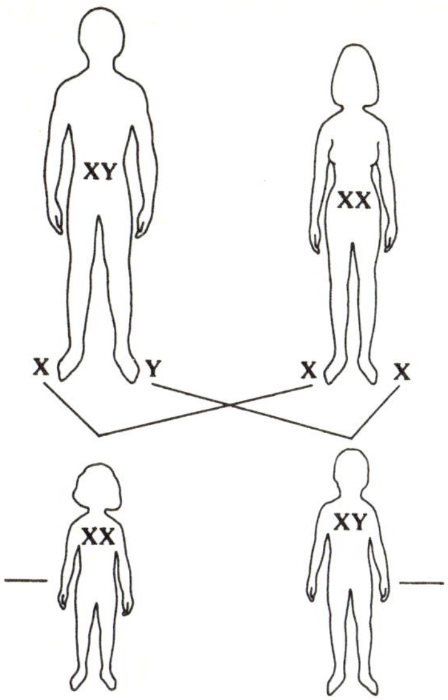

Wie das Geschlecht bestimmt wird

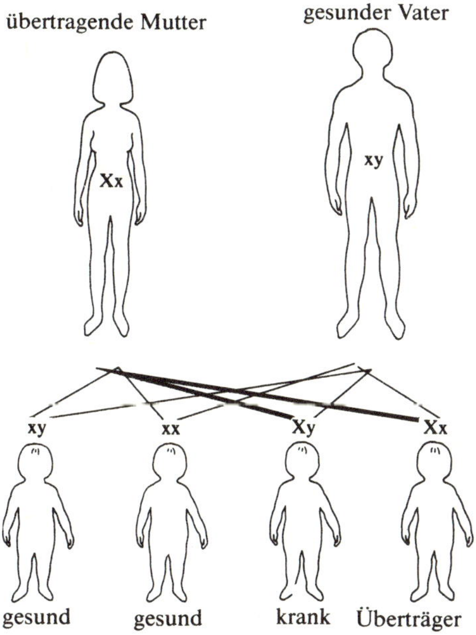

Wie X-chromosomal gebundene Erbleiden weitergegeben werden

Bei der häufigsten Form der X-chromosomal gebundenen Vererbung trägt das weibliche Geschlechts-Chromosom einer gesunden Mutter ein krankmachendes Gen (X) und ein normales (x). Das krankmachende Gen kann sich gegenüber dem normalen nicht durchsetzen. Der Vater hat ein normales xy-Chromosomenpaar.
Jeder Sohn trägt ein 50%iges Risiko, das krankheitstragende X-Chromosom zu erben und zu erkranken, und hat eine 50%ige Chance, ein normales x-Chromosom zu erben.
Jede Tochter trägt ein 50%iges Risiko, das krankheitstragende X-Chromosom zu erben und wie die Mutter *Überträgerin* zu werden, und hat eine 50%ige Chance, kein fehlerhaftes Gen zu erben.

Anomalien der Geschlechts-Chromosomen machen ungefähr 20% aller Chromosomen-Schäden aus. Etwa eins von 950 Mädchen hat drei X-Chromosomen statt zwei. Diese Chromosomen-Aberration nennt man Trisomie. Die Gesamtzahl der Chromosomen beträgt dann 47 statt der üblichen 46. Viele Frauen mit drei X-Chromosomen haben keine Symptome und führen ein ganz normales Leben, andere dagegen leiden an Unfruchtbarkeit, vorzeitiger Menopause, angeborenen Anomalien und Schwachsinn. Andererseits gibt es unter 10000 Kindern eines, das mit nur einem statt zwei X-Chromosomen geboren wird. Bei dieser sogenannten Monosomie beträgt die Gesamtzahl der Chromosomen nur 45. Man spricht dann von Gonaden-Dysgenesie. Das Leiden ist gekennzeichnet durch Kleinwüchsigkeit, schmale Gewebestreifen anstelle der Eierstöcke, Unfruchtbarkeit, infantile Genitalien, spärliches Schamhaar, unterentwickelte Brüste und fehlende Menstruation. Etwa ein Drittel dieser Mädchen hat außerdem noch angeborene Mißbildungen, etwa Flügelfelle am Hals, Anomalien am Herzen und dessen großen Gefäßen, Knochen-Anomalien und Sehstörungen. Diese Kombination aus Gonaden-Dysgenesie plus Mißbildungen heißt Turner-Syndrom.

Das Klinefelter-Syndrom ist durch einen XXY-Geschlechts-Chromosomensatz gekennzeichnet. Einer unter 1000 Jungen ist betroffen. Diese Männer haben oft anomal kleine Genitalien, bilden minimal wenig oder gar keine Samenzellen und haben Brüste.

Auch Männer mit einem XYY-Chromosomensatz haben 47 Chromosomen. Die Häufigkeit dieser Anomalität entspricht der des Klinefelter-Syndroms. XYY-Männer können völlig gesund sein und ein normales Leben führen. Andere sind jedoch auffallend groß, mager, von Akne befallen und gewalttätig. Es gibt Hinweise, daß sich ein größerer Prozentsatz von XYY-Männern in Strafanstalten findet; die Anwälte von Richard Specks, dem Massenmörder von Chicago, behaupteten, daß seine genetische XYY-Veranlagung für seine Gewalttaten verantwortlich sei.

Eine jüngst entdeckte Geschlechtschromosomen-Anomalie wird als »fragiles X-Chromosom« bezeichnet. Bei mehr als 20% aller geistig zurückgebliebenen Männer hat man einen kleinen Fleck am langen Arm des X-Chromosoms festgestellt. Die schwachsinnigen Männer haben große Hoden und anomal große Ohren. Man hat die Theorie aufgestellt, daß dies auf einen Mangel an Folsäure oder eine Störung des Folsäure-Stoffwechsels zurückzuführen sei. Für Familien, in denen gehäuft Schwachsinn auftritt, kann eine Amniozentese hilfreich sein, um das Erbleiden rechtzeitig zu entdecken.

Kann man das Geschlecht des Fetus auch auf andere Art als durch Amniozentese feststellen?

In der Volksrepublik China wurden erfolgreiche Studien mit Proben von Zellen durchgeführt, die aus der Plazenta in den Zervikalkanal ausgestoßen wurden. Die Zellen werden auf ähnliche Weise gewonnen wie beim Pap-Abstrich. Ursprünglich wurde die Genauigkeit dieser Geschlechtsbestimmung mit 94% angegeben. Ähnlich optimistische Ergebnisse wurden 1977 von amerikanischen Ärzten gemeldet, die Zellen aus dem inneren Gebärmutterhals absaugten. Im Jahre 1980 von Ärzten am Center for Disease Control durchgeführte Versuche, bei denen dieselbe Technik angewendet wurde, haben diese enthusiastischen Berichte jedoch nicht bestätigt. Man stellte vielmehr fest, daß aus dem Gebärmutterhals entnommene Zellen eher von der Mutter als vom Fetus stammen.

Im Blut von 80% der Schwangeren mit männlichen Feten lassen sich Zellen nachweisen, die vermutlich fetalen Ursprungs sind. Von dieser Tatsache ausgehend, haben Forscher in der Schweiz in 86% der Fälle das Geschlecht des Fetus richtig vorausgesagt. Seine größte Treffsicherheit hat dieser Test zwischen der 14. und 18. Schwangerschaftswoche. Man hoffte, diese Methode als einfachen Bluttest verwenden zu können, um alle Frauen, ob jung oder alt, zu Beginn der Schwangerschaft auf Chromosomendefekte zu überprüfen. Aber aus dem Blut der Mutter entnommene fetale Zellen reagierten nicht auf dieselbe Weise auf Labortests und Kultivierung wie die aus dem Fruchtwasser entnommenen, daher sind genetische Studien mit solchen Zellen noch nicht möglich.

Amniozentese und genetische Störungen

Kann Mongolismus durch Amniozentese diagnostiziert werden?

Ja. Praktisch alle Chromosomen-Anomalien können pränatal durch Amniozentese diagnostiziert werden. Der größte Nutzen der Amniozentese liegt darin, daß man das Down-Syndrom, allgemein bekannt als Mongolismus, rechtzeitig erkennen kann.

Normalerweise hat ein Mensch 22 Chromosomenpaare (Autosome) und ein Geschlechts-Chromosomenpaar in jeder Körperzelle, also insgesamt 46 Chromosomen. Das Down-Syndrom heißt auch Trisomie 21, weil die Betroffenen das Chromosom Nummer 21 dreimal statt zweimal haben. Infolgedessen tragen diese Kinder insgesamt 47 Chromosomen in jeder Körperzelle. Trisomie 21 entsteht, wenn das Chromosomenpaar 21 zu dem Zeitpunkt, wo Samenzelle oder Ei gebildet werden, sich nicht teilt. Diese Unfähigkeit von Chromosomenpaaren, sich normal zu teilen, nennt man Non-disjunction. Wenn eine Samen- oder Eizelle, die ein überschüssiges Chromosom enthält, sich mit einer normalen Keimzelle vereinigt, kommen 23 plus 24 Chromosomen zusammen, wobei ein Chromosom dreimal vorhanden ist. Das Risiko, ein Kind mit einer Trisomie zu zeugen, steigt mit dem Alter von Mutter und Vater (siehe Tabelle 6). Die Eltern mongoloider Kinder haben einen normalen Chromosomensatz von 46 in ihren Körperzellen. Nur die eine oder andere Keimzelle trägt ein Chromosom zuviel.

Tabelle 6. Risiko, ein Kind mit Down-Syndrom zur Welt zu bringen

Alter der Mutter	*Häufigkeit von Mongolismus*
20	1 von 1923
21	1 von 1695
22	1 von 1538
23	1 von 1408
24	1 von 1299
25	1 von 1205
26	1 von 1124
27	1 von 1053
28	1 von 990
29	1 von 935
30	1 von 885
31	1 von 826
32	1 von 725
33	1 von 592
34	1 von 465
35	1 von 365
36	1 von 287
37	1 von 225
38	1 von 176
39	1 von 139
40	1 von 109
41	1 von 85
42	1 von 67
43	1 von 53
44	1 von 41
45	1 von 32
46	1 von 25
47	1 von 20
48	1 von 16
49	1 von 12

Drei Prozent aller mongoloiden Kinder erben ihr überschüssiges Chromosom 21 durch einen Prozeß, der Translokation heißt. Obgleich die Eltern dieser Kinder normal zu sein scheinen, sind sie genetisch anomal, weil ein Fragment ihres Chromosoms 21 an einem anderen Chromosom (18, 13, 15 oder 22) haftete. Solche Eltern zeugen mit einer Häufigkeit zwischen 2 und 100% mongoloide Kinder, je nachdem, wo das Fragment des Chromosoms 21 haftet. Anders als der durch Non-disjunction verursachte Mongolismus hat diese Art der Krankheit nichts mit dem Alter der Eltern zu tun und kann diagnostiziert werden, indem man die Chromosomen der Blutkörperchen der betroffenen Eltern untersucht. Mongolismus ist eine schwere Krankheit. Etwa zwei Drittel aller mongoloiden Feten sterben bereits intrauterin, während oder kurz nach der Geburt. Nur ein Drittel überlebt. Mongolismus kann gleich nach der Geburt erkannt werden. Charakteristisch sind Schwachsinn, Minderwuchs, dicke und rissige Zunge, tiefsitzende Ohren, schrägstehende, eng beieinanderliegende Augen, breite Nasenwurzel, Epikanthus (Mongolenfalte: spannt sich vom oberen zum unteren Lid), Vierfingerfurche an der Handfläche. Oft verschlimmern Herzfehler und rezidivierende Infektionen der Atemwege das Leiden.

Wie hoch ist das Risiko, ein mongoloides Baby zu bekommen?

Bei Frauen unter 30 beträgt das Risiko, ein Kind mit Trisomie 21 zur Welt zu bringen, lediglich 1:900. Obwohl schon ab dem 20. Lebensjahr die Mongolismus-Häufigkeit jährlich steigt, nimmt sie erst ab dem 30. Lebensjahr gefährlich zu (siehe Tabelle 6).

Bei Frauen über 35 sollte eine Amniozentese vorgenommen werden, um ein Down-Syndrom auszuschließen. Schwangerschaftsabbrüche und wirksamere Sterilisierungsmethoden haben dazu geführt, daß Mütter ab 35 im Vergleich zu früher relativ wenig mongoloide Babys zur Welt bringen. Die Häufigkeit mongoloider Babys von älteren Frauen hat sich nicht verändert. Jüngere Frauen aber gebären proportional mehr mongoloide Babys, weil sie während der Schwangerschaft daraufhin noch nicht untersucht werden. Infolgedessen bringen Frauen über 35 insgesamt nur 30% aller Kinder mit Down-Syndrom zur Welt.

Welche genetischen Schäden können außerdem durch Untersuchung des Fruchtwassers festgestellt werden?

Autosomal-rezessive Chromosomen-Schäden (also solche, die nicht an Geschlechts-Chromosomen gebunden sind) werden von Menschen übertragen, die selbst keinerlei Symptome der Krankheit aufweisen, weil die Anlagen des gesunden Chromosoms die des krankheitstragenden überwiegen. Die Krankheit befällt die Nachkommen, wenn zwei Träger desselben krankmachenden Gens sich paaren. Unter diesen Umständen bekommt theoretisch jedes vierte Kind das Erbleiden. Zwei von vier, also 50%, werden gesunde Überträger, die die Krankheit weitervererben können, während eins von vier zwei »gesunde« Chromosomen erhält und normal wird. Die Wirklichkeit richtet sich jedoch nicht immer nach diesem theoretischen Schema. Viele Eltern hatten das Pech, zwei oder mehr kranke Kinder nacheinander zu bekommen. Die Genetik der autosomal-rezessiven Vererbung ist auf der folgenden Abbildung dargestellt.

Wie die rezessive Vererbung funktioniert

Beide Eltern, gewöhnlich nicht betroffen, tragen ein normales Gen (n), das sein fehlerhaftes Gegenstück (R) nicht zur Ausprägung kommen läßt.
Die Aussichten für jedes Kind sind:
- 25%iges Risiko, beide R-Gene zu erben und zu erkranken,
- 25%ige Chance, zwei n-Gene zu erben und infolgedessen weder krank noch Überträger zu werden,
- 50%ige Aussicht, ein R- und ein n-Gen zu erben und wie beide Eltern Überträger zu werden.

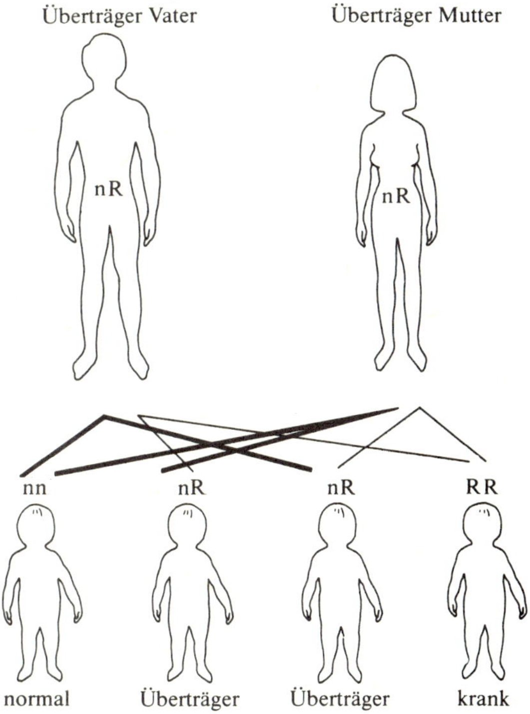

Sichelzellenanämie, zystische Fibrose, Tay-Sachs-Krankheit und Phenylketonurie gehören zu den bekannteren autosomal-rezessiven Krankheiten. Es gibt jedoch noch an die hundert andere, schwere und seltene Störungen wie Gaucher-, Niemann-Pick-, Ahornsirup-Krankheit, Zystinose und Pompe-Krankheit. Viele dieser Störungen sind mit spezifischen Enzym-Mangelzuständen verbunden, die nur durch Untersuchung des Fruchtwassers rechtzeitig entdeckt werden können. Leider wird die Tatsache, daß beide Eltern Überträger einer dieser Krankheiten sind, oft erst nach der Geburt offensichtlich, wenn das Kind erkrankt. Viele autosomal-rezessive Erbleiden können bei asymptomatischen Überträgern nicht entdeckt werden. Eine Ausnahme bildet die Tay-Sachs-Krankheit (siehe Seite 309f.).

Um schwere autosomal-rezessive Erkrankungen der roten Blutkörperchen wie Sichelzellenanämie oder Beta-Thalassämie pränatal diagnostizieren zu können, müssen fetale rote Blutkörperchen, nicht das Fruchtwasser, untersucht werden. Unglaubliche Erfolge erzielte man durch direkte Entnahme fetaler Blutproben mit dem Fetoskop. Eine Amniozentese ist leichter und sicherer durchzuführen als eine Fetoskopie. Jüngst entwickelte Enzym-Untersuchungen des Fruchtwassers werden sich vielleicht einmal als einfach durchführbare, effektive diagnostische Tests dieser Krankheiten entpuppen. Einige autosomal-rezessive Erbleiden erzeugen bereits intrauterin Symptome. In manchen solcher Fälle läßt sich die Diagnose durch Fetoskopie in Verbindung mit Ultraschall stellen.

Anders als bei den autosomal-rezessiven Krankheiten gibt es gewöhnlich unter den autosomal-dominanten keine gesunden Überträger. Die Vererbung von autosomal-dominanten genetischen Schäden verläuft nach einem anderen Schema. Eine betroffene Person, die das Krankheitsmerkmal auf nur einem Chromosom des Chromosomenpaars trägt, ist krank, weil das Gen dominant ist. Das Risiko für die Nachkommen, das Leiden zu erben, beträgt 50%. Die anderen 50% sind normal und nicht einmal Überträger. Kinder, die das anomale Gen erben, erkranken ungeachtet dessen, daß sie vom nichtbetroffenen Elternteil ein gesundes Gen geerbt haben; denn das dominante Gen ist ja in seiner Wirkung dem normalen Gen überlegen (siehe Zeichnung unten).

Beispiele für einige der zahlreichen autosomal-dominanten Erbleiden sind akute, periodisch auftretende Porphyrie, Chorea-Huntington, chondrodystrophischer Zwergwuchs, Zysten-Niere, Marfan-Syndrom und Neurofibromatose.

Etliche autosomale Erbleiden entstehen plötzlich infolge einer Genmutation im Spermium oder Ei einer ansonsten gesunden Person. Statistisch treten zwei Drittel dieser Mutationen im Spermium auf, ein Drittel im Ei. Selbst wenn das Erbleiden bislang in der Familie nicht vorkam, wird es, sobald die Mutation stattfand, im üblichen Schema autosomaler Dominanz weitervererbt.

Wie die dominante Vererbung funktioniert

Ein kranker Elternteil hat ein krankmachendes Gen (D), das sein normales Gegenstück (n) dominiert. Die Aussichten jedes Kindes, entweder das D- oder n-Gen des betroffenen Elternteils zu erben, betragen 50%.

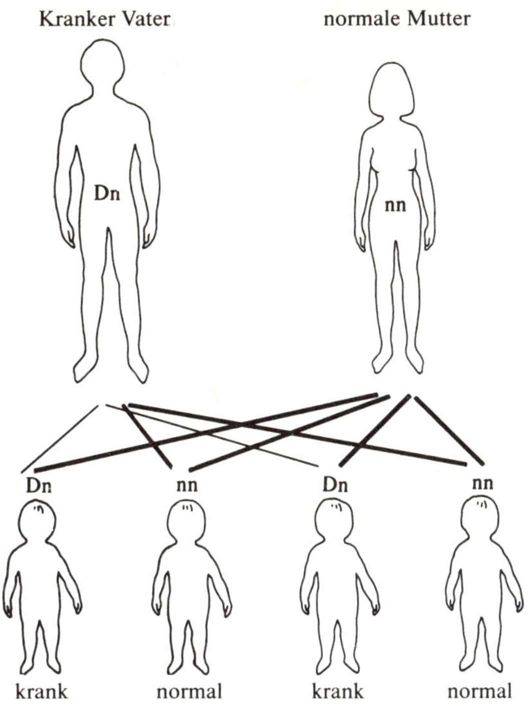

Ist die Tay-Sachs-Krankheit erblich, und kann sie bei Überträgern entdeckt werden?

Ja. Diese autosomal-rezessive Krankheit, die bei Juden 90mal häufiger vorkommt als bei Nichtjuden, ist immer tödlich. Besonders die Juden mittel- und osteuropäischer Herkunft unterliegen einem überaus hohen Risiko, die Tay-Sachs-Krankheit zu übertragen. Wie bei den anderen autosomal-rezessiven Krankheiten unterliegt jedes Kind einem 25%igen Risiko zu erkranken, wenn beide Elternteile Überträger sind.

Die Ursache der Tay-Sachs-Krankheit ist der Mangel an einem lebenswichtigen Enzym, der Hexosaminidase A. Das Enzym baut Ganglioside ab; das sind Substanzen, die sich aus Zucker und Fett zusammensetzen. Besitzt der Organismus zuwenig Hexosaminidase A, dann wird er im Laufe der Zeit von Gangliosiden überschwemmt, was zur Degenerierung und schließlich Zerstörung von Nervenzellen im Gehirn und anderen Körpergeweben führt. Die betroffenen Kinder wirken bei der Geburt normal. Symptome wie körperliche Schwäche und Unkoordiniertheit treten erst im Alter von sechs Monaten auf. Von da an geht der Verfall sehr schnell. Er ist durch Erblindung, generalisierte

Krampfanfälle, hochgradigen Schwachsinn und Tod mit vier Jahren gekennzeichnet. Die Krankheit ist unheilbar.

Glücklicherweise können gesunde Tay-Sachs-Überträger durch einen einfachen Bluttest, der den Gehalt von Hexosaminidase A mißt, identifiziert werden. Die Enzymspiegel von Überträgern sind nur halb so hoch wie normal. Wenn feststeht, daß beide Elternteile Überträger sind, kann der Gehalt von Hexosaminidase A im Fruchtwasser in der 16. Schwangerschaftswoche genau bestimmt und die Schwangerschaft gegebenenfalls abgebrochen werden. Die Chance, ein normales Baby oder einen gesunden Überträger zu zeugen, beträgt 75%.

Der Bluttest auf Tay-Sachs-Überträger kann verfälscht werden durch orale Empfängnisverhütungsmittel, während einer Schwangerschaft, bei Diabetes, Hepatitis, Herzleiden und anderen schwächenden Krankheiten.

Kann zystische Fibrose durch eine Fruchtwasseruntersuchung entdeckt werden?

Bisher ist es nicht gelungen, mit einer Fruchtwasseruntersuchung die Krankheit rechtzeitig zu diagnostizieren. Aber womöglich ändert sich das bald.

Auch die zystische Fibrose wird autosomal-rezessiv vererbt. Die Ursache dieser Stoffwechselanomalie ist noch nicht geklärt. Der Schleim, der im Atmungs- und Verdauungstrakt gebildet wird, ist bei zystischer Fibrose viel viskoser (zäher). Infolgedessen kommt es zu schweren Komplikationen im Bereich dieser Organe. Die Betroffenen sterben meistens zwischen dem 18. und 20. Lebensjahr. Um zu einer Diagnose zu kommen, mißt man die Konzentrationen von Natrium und Chlorid im Schweiß. Sie sind bei zystischer Fibrose erhöht.

Ärzte der Northwestern University haben ermutigende Fortschritte bei der Diagnostik von zystischer Fibrose in utero (im Mutterleib) gemacht. Mit einer bestimmten Substanz läßt sich die Konzentration bestimmter Enzyme messen, die in Speichel und Plasma von Patienten mit zystischer Fibrose nur in unzureichender Menge vorhanden sind. Das Fruchtwasser von Feten mit zystischer Fibrose enthält ebenfalls bedeutend geringere Mengen dieser Enzyme. Bislang beträgt die Erfolgsquote der intrauterinen Diagnostik von zystischer Fibrose nahezu 100%. Allerdings ist die Fallzahl noch recht niedrig, so daß man zum jetzigen Zeitpunkt noch nicht definitiv sagen kann, wie treffsicher der Test ist.

Welche Frauen sollten eine Amniozentese machen lassen?

Ich würde die Amniozentese allen Frauen über 35 empfehlen und auch solchen, deren Männer älter als 55 sind. Außerdem sollte ungeachtet ihres Alters jede Frau, die schon ein Kind mit Chromosomenanomalie geboren hat, sich einer Amniozentese unterziehen. Schwangere, die Überträgerinnen X-chromosomal gebundener Erbleiden sind, müssen mittels Amniozentese das Geschlecht des Fetus bestimmen lassen. Ist es männlich, müssen entsprechende Maßnahmen getroffen werden. Wenn festgestellt wird, daß beide Eltern Überträger einer der wenigen autosomal-rezessiven Krankheiten sind, die im Mutterleib diagnostiziert werden können, ist eine Amniozentese obligatorisch. Ähnliches gilt bei autosomal-dominanten Krankheiten. Leider können weniger als 100 von den insgesamt 1200 autosomal-dominanten und autosomal-rezessiven Krankheiten bereits intrauterin diagnostiziert werden. Amniozentese ist außerdem angebracht, wenn pränatale Bluttests oder die Anamnese (Vorgeschichte) Hinweise ergeben, daß eine Frau ein Kind mit einem Neuralrohrdefekt wie Anenzephalie (Teile des Hirns fehlen) oder Spina bifida (Spaltbildungen der Wirbelsäule) zur Welt bringt.

Wie in Kapitel 2 bereits erwähnt, handelt es sich bei spontanen Fehlgeburten sehr oft um Feten mit chromosomalen Schäden. Man nimmt an, daß eine Frau, die bereits drei oder mehr spontane Fehlgeburten hatte, einem signifikant größeren Risiko unterliegt, ein Kind mit einem genetischen Defekt zur Welt zu bringen. Wenn die ehemalige Frau eines Mannes mehrere Fehlgeburten hatte, muß man um so mehr ins Kalkül ziehen, daß der Mann Überträger eines etwaigen Erbleidens ist. Solche Paare sollten eine Amniozentese machen lassen.

Amniozentese und Atemnot-Syndrom

Wie wird die fetale Lungenreife bestimmt?

Die Hauptursache für den Tod von Neugeborenen, insbesondere bei Frühgeburten, ist das Atemnot-Syndrom. Neugeborenen, die daran leiden, fehlt eine Substanz namens Surfactant, die von den Zellen produziert wird, die die kleinsten Lufträume (Alveolen) der Lungen einfassen. Surfactant verhindert, daß die Lungen des Babys beim Ausatmen kollabieren (zusammenbrechen). Neugeborene mit genügend Surfactant erliegen nur selten einem Atemnot-Syndrom. Ein Teil des Surfactant gelangt aus den fetalen Lungen ins Fruchtwasser. Die Konzentration im Fruchtwasser kann mittels Amniozentese gemessen werden.

Surfactant ist zusammengesetzt aus verschiedenen Phospholipoiden – unter anderem Lezithine und Sphingomyeline, die bei einer normalen Schwangerschaft bis zur 34. Woche in nahezu gleicher Menge im Fruchtwasser vorhanden sind. Von da an steigt die Konzentration von Lezithin und Sphingomyelin allmählich an.

Das Risiko des Neugeborenen, ein Atemnot-Syndrom zu erleiden, beträgt weniger als 3%, wenn die Konzentration von Lezithin mindestens doppelt so hoch ist wie die von Sphingomyelin. Das heißt, wenn der Quotient von Lezithin zu Sphingomyelin zwei oder mehr beträgt. Ist der Quotient niedriger als zwei, verschlechtern sich die Aussichten für das Neugeborene beträchtlich. Dieses Verhältnis bestimmt auch, ob im Bedarfsfall vorzeitig Wehen eingeleitet werden können oder nicht.

Schätzungsweise 3% aller Kinder bekommen trotz eines Verhältnisses von zwei oder mehr ein Atemnot-Syndrom, vermutlich aufgrund eines Mangels an Phosphatidylglyzerol. Diese Substanz läßt sich ungefähr ab der 36. Woche im

Fruchtwasser nachweisen, und ihre Konzentration steigt ab diesem Zeitpunkt ständig an. Sobald sie nachweisbar ist, kann man davon ausgehen, daß kein Atemnot-Syndrom auftritt. Dieser Test hat außerdem den Vorteil, daß er anders als der Quotient von Lezithin zu Sphingomyelin nicht durch Verschmutzung des Fruchtwassers mit Blut, Mekonium oder Vaginalsekretionen beeinträchtigt wird. Im Zweifelsfall ermöglicht die Bestimmung des Phosphatidylglycerol-Spiegels es zu entscheiden, ob die fetalen Lungen reif genug sind.

Was ist der Schaumtest?

Mit dem Schaumtest kann man bestimmen, ob das Fruchtwasser genügend Surfactant enthält. Wenn ja, bildet sich nach Zusatz von Alkohol und gründlichem Schütteln Schaum. Wenn dieser mindestens 15 Min. bestehenbleibt, ist das Risiko für ein Atemnot-Syndrom sehr gering.

Der große Vorteil des Schaumtests besteht darin, daß es nur eine halbe Stunde dauert, bis die Ergebnisse interpretiert sind, wogegen es mehrere Stunden dauert, das Lezithin-Sphingomyelin-Verhältnis zu bestimmen. Das ist wichtig in Situationen, wo innerhalb von Minuten Entscheidungen getroffen werden müssen. Die Schwachstelle des Schaumtests sind falsch-negative Ergebnisse. Das heißt, obwohl genug Surfactant da ist, bleibt der Schaumring keine 15 Min. bestehen. Aus diesem Grund sollten negative Schaumtest-Ergebnisse stets durch eine Bestimmung des Lezithin-Sphingomyelin-Verhältnisses abgesichert werden.

Weitere Anwendungsgebiete der Fruchtwasseruntersuchung

Kann man mit Amniozentese Neuralrohrdefekte entdecken?

Neuralrohrdefekte wie Anenzephalie (Teile des Hirns fehlen) und Hydrozephalus (Wasserkopf) treten mit einer Häufigkeit von etwa einer zu 500 Geburten auf, und zwar unabhängig vom Alter der Eltern. Eine (pränatale) Chromosomen-Untersuchung bringt in diesem Fall nichts. Hat eine Frau einmal ein Baby mit einem Neuralrohrdefekt geboren, steigt das Risiko, daß sie ein zweites befallenes Kind bekommt, auf 2 bis 5%; und nach zwei derartigen Geburten steigt es sogar auf 6 bis 10% an.

Neuralrohrdefekte können geringfügig sein, können aber auch so schwer sein, daß das Baby nicht lebensfähig ist. Wenn die Spaltbildung nicht von Haut bedeckt ist, spricht man von einem offenen Neuralrohrdefekt. Der anomalste offene Defekt ist die Anenzephalie, bei der die Schädeldecke unvollständig und die Entwicklung des Gehirns zurückgeblieben ist. Eine offene Spina bifida ist durch unvollständige Schließung des unteren Rückgrats gekennzeichnet. Dann liegt das Rückenmark der Wirbelsäule offen zutage, und zwar meist im Bereich der Lendenwirbelsäule und des Kreuzbeins. Eine offene Spina bifida geht häufig mit einer Lähmung der Beine und einem Liquorstau einher. (Liquor ist die Flüssigkeit, die Hirn und Rückenmark umgibt.) Dann entsteht ein Hydrozephalus (Wasserkopf).

Die meisten offenen Neuralrohrdefekte

können vor der 20. Schwangerschaftswoche durch Alpha-Fetoprotein-Messung im Fruchtwasser und Blutkreislauf der Mutter diagnostiziert werden. Unter normalen Bedingungen steigt die Alpha-Fetoprotein-Konzentration im Fruchtwasser bis zur 15. Schwangerschaftswoche an und fällt dann rapide ab. Spuren dieses Proteins durchqueren die Plazenta und gelangen in den mütterlichen Kreislauf. Dort steigt der Spiegel im Laufe des zweiten Schwangerschaftsdrittels langsam an und erreicht im dritten Drittel seinen höchsten Wert. Bei offenem Neuralrohrdefekt ist der Alpha-Fetoprotein-Gehalt im Fruchtwasser und Blutkreislauf der Mutter zwischen der 15. und 20. Woche außerordentlich hoch. Der Bluttest ist zwischen der 15. und 18. Schwangerschaftswoche am genauesten. In dieser Zeit können fast alle Anenzephalien und etwa 75% aller offenen Spinae bifidae entdeckt werden. Wenn dieser erste Test positiv ist, sollte er wiederholt werden, um einen Irrtum auszuschließen. Ist auch der zweite Test positiv, ist eine Ultraschall-Untersuchung indiziert, um das Vorhandensein dieser Anomalien zu bestätigen. Klärt der Ultraschall die Situation nicht, muß man das Fruchtwasser untersuchen. Ist der Alpha-Fetoprotein-Gehalt im Fruchtwasser normal, braucht weiter nichts unternommen werden. Ist er jedoch erhöht und wird dies durch eine zweite Amniozentese bestätigt, sollte man die Schwangerschaft abbrechen, weil ein zu großer Prozentsatz dieser Kinder stark beeinträchtigt ist. Es ist nicht geklärt, warum manche Frauen erhöhte Alpha-Fetoprotein-Spiegel im Blut haben, obwohl die Werte im Fruchtwasser normal sind. Man weiß nur, daß dieses Phänomen manchmal mit niedrigem Geburtsgewicht kombiniert ist.

Gegenwärtig sind sich die Gynäkologen nicht einig, ob der Alpha-Fetoprotein-Bluttest bei allen Schwangeren routinemäßig durchgeführt werden soll. Das stärkste Argument dafür ist, daß 95% der Frauen, die ein Kind mit einem Neuralrohrdefekt zur Welt bringen könnten, zuvor kein behindertes Kind hatten und auch nicht familiär belastet sind. Außerdem sind die Bluttests schmerzlos und einfach durchzuführen, und der hohe Anteil von acht bis zwölf anomalen Feten pro 100 Amniozentesen, die aufgrund eines positiven Tests veranlaßt werden, rechtfertigt den Aufwand.

Wann ist der Alpha-Fetoprotein-Bluttest erhöht?

Ist der Alpha-Fetoprotein-Bluttest erhöht, dann ist die Schwangerschaft wahrscheinlich fortgeschrittener, als man angenommen hat. Eine anschließende Ultraschall-Untersuchung wird dies in 35% der Fälle bestätigen. Frauen mit Zwillingen haben höhere Werte als normal. 10 bis 15% aller anomalen Bluttests sind darauf zurückzuführen. Auch ein Leberleiden der Mutter kann einen falsch-positiven Test verursachen. Wenn der Fetus ernsthaft gefährdet ist, bereits tot ist, an einer Nierenkrankheit leidet oder für den Stand der Schwangerschaft zu klein ist, sind die Alpha-Fetoprotein-Blutwerte der Mutter ebenfalls erhöht. Blutungen der Plazenta, wie sie bei vorzeitiger Lösung oder falsch sitzender

Plazenta auftreten, können dazu führen, daß fetale Blutkörperchen in den Kreislauf der Mutter gelangen. Auch dies läßt die Alpha-Fetoprotein-Spiegel im Blut der Mutter steigen und kann dann zu der irrigen Diagnose eines Neuralrohrdefekts führen. Aber auch wenn Zwillinge erwartet werden, sowie bei Oligohydramnion (zuwenig Fruchtwasser), erfolgtem oder drohendem Fruchttod weisen Fruchtwasserproben hohe Alpha-Fetoprotein-Konzentrationen auf. Ebenfalls merkliche Anstiege verursachen mit fetalem Blut verunreinigte Fruchtwasserproben, Osteogenesis imperfecta (Knochenleiden), das Turner-Syndrom (siehe Frage zu Geschlechtschromosomen S. 304) sowie Defekte der fetalen Bauchwand wie etwa ein Nabelbruch.

Was kann man durch die Fruchtwasseruntersuchung sonst noch erfahren?

Es gibt eine Reihe von Tests, für die man nur eine geringe Menge Fruchtwasser benötigt. Sie können innerhalb weniger Minuten durchgeführt werden und sind sehr informativ.

Wenn man beispielsweise das Fruchtwasser mit Nilblau färbt und sich unter dem Mikroskop orangefarbene Zellen zeigen, die zusammenkleben und keinen Kern haben, spricht das für die Reife des Fetus. Man nimmt an, daß diese Zellen aus den fetalen Talgdrüsen stammen und ab der 35. Woche in erheblichen Mengen ins Fruchtwasser abgegeben werden. Wenn diese Zellen mehr als 30% der gesamten Zellzahl ausmachen, ist der Fetus wahrscheinlich älter als 36 Wochen.

Kreatinin ist eine Substanz, die sich in Serum und Harn nachweisen läßt und benutzt wird, um die Nierenfunktion zu bestimmen. Die Konzentration von Kreatinin im Fruchtwasser steigt in den letzten vier Wochen stark an. Man wertet das als Zeichen, daß die fetalen Nieren reif sind und kreatininreicher Harn ins Fruchtwasser abgeleitet wird. Ein Gehalt von mindestens 1,8 mg Kreatinin pro Liter Fruchtwasser zeigt mit 85%iger Sicherheit die fetale Reife an. Dieser Test ist allerdings wertlos, wenn die Mutter ein Nierenleiden hat.

Bei der Auflösung zirkulierender roter Blutkörperchen wird ein gelbes Pigment frei, das Bilirubin. Exakte Messungen der Bilirubin-Konzentration im Fruchtwasser werden mit einem speziellen Lichtmesser, dem sogenannten Spektrophotometer, gemacht. In der zweiten Schwangerschaftshälfte geht der Bilirubin-Anteil zurück und verschwindet während der letzten vier Wochen ganz. Ist es gar nicht mehr vorhanden, so kann man mit ziemlicher Sicherheit davon ausgehen, daß ein Baby ausgereift ist. Die Messung ist aber nicht spezifisch genug, daß man, allein auf sie gestützt, entscheiden könnte, ob im Bedarfsfall die Geburt vorzeitig eingeleitet werden darf.

Am häufigsten verwendet man die Fruchtwasser-Bilirubin-Messung, um die Schwere fetaler Hämolyse zu ermitteln, die nach Sensibilisierung einer Rhesus-negativen Frau auf ihren Rhesus-positiven Fetus entsteht. Bei dieser Konstellation bildet die Mutter Antikörper gegen die roten Blutkörperchen ihres Kindes. Diese Antikörper durchdringen die Plazenta und lösen die fetalen roten Blutkörperchen auf. Je schwerer das Krankheitsbild, desto höher die Bilirubin-Konzentrationen. Höchstgefährdete Kinder müssen vorzeitig »geholt« werden oder einen intrauterinen Blutaustausch bekommen (siehe Frage zu Rhesus-Krankheiten, S. 341).

Amniographie und Fetographie

Was sind Amniographie und Fetographie, und wann werden diese Verfahren angewendet?

Bei der Amniographie werden wasserlösliche Kontrastmittel (Substanzen, die von Röntgenstrahlen nicht durchdrungen werden) in das Fruchtwasser gespritzt, um Anomalien von Fetus oder Plazenta zu erkennen. Eine Röntgenaufnahme kann dann die Fruchtwassermenge, die Lage der Plazenta und etwaige Tumoren nachweisen. Wenn die Röntgenaufnahme mehrere Stunden nach Injektion des Kontrastmittels gemacht wird, kann man den Darmtrakt des Fetus sehen, weil der Fetus laufend Fruchtwasser schluckt. Anomalien des Magen-Darm-Trakts lassen sich so diagnostizieren. Wenn der Fetus kein Fruchtwasser trinkt, kann das ein Hinweis darauf sein, daß ein angeborener Defekt vorliegt oder das Kind gestorben ist.

Fetographie ist Amniographie mit fettlöslichen Kontrastmitteln. Werden diese in die Fruchtblase injiziert, bleiben sie an der Haut des Fetus haften und geben seine Konturen deutlicher wieder als wasserlösliche Kontrastmittel.

Beide Methoden haben den großen Nachteil, daß der Fetus bestrahlt (siehe Kapitel 9) und – wegen der Injektion – den möglichen Komplikationen der Amniozentese ausgesetzt wird. Außerdem weiß man nicht genau, wie sehr das Kontrastmittel dem Fetus schadet. Beide Verfahren werden nur noch selten angewandt, weil der ungefährliche Ultraschall die meisten diagnostischen Fragen beantworten kann. Gelegentlich können sie jedoch von Nutzen sein, wenn es gilt, äußerliche Anomalien wie etwa Spina bifida festzustellen, die durch eine Ultraschalluntersuchung nicht mit Sicherheit diagnostiziert werden können.

Amnioskopie und Hysteroskopie

Was sind Amnioskopie und Hysteroskopie, und worin unterscheiden sie sich?

Bei der Amnioskopie wird das Fruchtwasser untersucht, indem ein dünnes Betrachtungsinstrument durch den Gebärmutterhals eingeführt wird. Mit dem Verfahren läßt sich besonders in den letzten vier bis sechs Wochen beurteilen, ob ein Fetus Gefahr läuft, ein Atemnot-Syndrom zu bekommen oder nicht. Allerdings kann man mit dem Amnioskop unversehens die Fruchtblase verletzen. Das ist gefährlich, unter anderem deshalb, weil dann Bakterien aus Scheide und Zervix in die Gebärmutter gelangen können.

Die Hysteroskopie ist der Amnioskopie ähnlich. Ein Betrachtungsinstrument wird durch den Gebärmutterhals in die Gebärmutter eingeführt (in der Schwangerschaft ist dies nicht möglich). Die häufigste Verwendung findet es bei der Entfernung von Spiralen, die verrutscht sind oder sich in der Gebärmutterhöhle eingenistet haben, und zum Sichten und Entfernen von Narbengewebe oder kleinen Tumoren der Gebärmutterschleimhaut.

Fetoskopie

Was ist Fetoskopie, und wie wird sie angewandt?

Ein Fetoskop ist ein Betrachtungsinstrument, dessen Durchmesser wenig größer ist als der einer großen Nadel. Es wird durch die Bauchdecke in die Fruchtblase eingeführt, auf dieselbe Weise wie bei der Amniozentese (siehe Abbildung unten).
Das Fetoskop ist mit einer starken Lichtquelle versehen. Wegen des geringen Durchmessers des Fetoskops kann man jeweils nur einen sehr begrenzten Bereich betrachten. Das Fetoskop ist mit einer Zange versehen, mit der kleine Stückchen der Haut des Babys für chromosomale und biochemische Untersuchungen entnommen werden können. Mit Hilfe dieser Technik läßt sich auch eine Vielzahl angeborener Hautkrankheiten pränatal diagnostizieren. Außerdem kann man über eine winzige Nadel Blutproben aus Plazenta und Nabelschnur zur Analyse entnehmen. Auch einige Leberbiopsien wurden mit Hilfe der Fetoskopie durchgeführt. Wegen der zahlreichen Risiken für Mutter und Fetus sollte eine Fetoskopie nur dann erfolgen, wenn die Risiken, ein stark gefährdetes Kind zur Welt zu bringen,

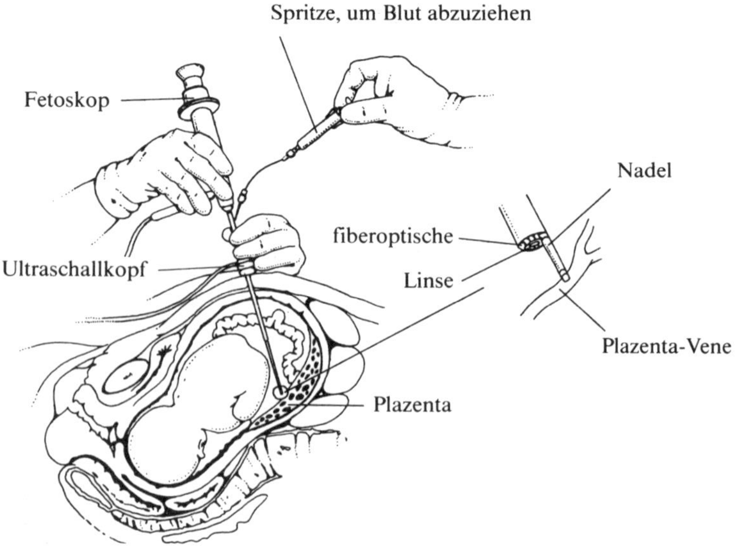

Fetoskopie

deutlich größer sind als die Komplikationsrate dieser Untersuchungsmethode, die ja in 3 bis 5% der Fälle Aborte verursacht.

Laparoskopie

Was ist Laparoskopie, und wie wird sie in der Schwangerschaft verwendet?

Ein Laparoskop ist ein Instrument, dessen Durchmesser kaum größer ist als der eines Bleistifts. Es ist mit einer starken Lichtquelle versehen, wird durch den Nabel eingeführt und ermöglicht den Bauch- und Beckenbereich einzusehen.

Das Einblasen von zwei oder mehr Litern Kohlendioxid oder Lachgas in den Bauchraum schafft Platz und erleichtert die Betrachtung der Beckenorgane. Durch das Laparoskop können Spezialinstrumente eingeführt werden. So lassen sich Tubensterilisationen durchführen, Gewebeproben aus Eierstöcken, Leber oder Darmwand entnehmen, verrutschte Intrauterinpessare entfernen, Eileiterschwangerschaften diagnostizieren und Unfruchtbarkeit, Beckenschmerzen, Infektionen und Endometriose erkennen und behandeln. Nach Beendigung der Laparoskopie wird das Kohlendioxid oder Lachgas aus dem Unterleib abgesaugt und der winzige Einschnitt im Nabel mit Nahtmaterial verschlossen, das sich nach einiger Zeit auflöst.

Eines der wichtigsten Anwendungsgebiete der Laparoskopie ist die Diagnostik ektopischer oder Extrauterin-Schwangerschaften (Schwangerschaften außerhalb der Gebärmutter). Extrauterin-Schwangerschaften treten in seltenen Fällen im Eierstock oder in der Bauchhöhle auf, aber die meisten nisten sich in einem der Eileiter ein. Eine ektopische Schwangerschaft früh zu erkennen ist wichtig, weil sie mit der Zeit den Eileiter sprengt und dann zu Blutungen, Schock und sogar zum Tod führen kann. Blutungen aus der Scheide und Bauchkrämpfe zu Beginn der Schwangerschaft können auf eine drohende Fehlgeburt oder eine Extrauterin-Schwangerschaft hinweisen. Die korrekte Diagnose läßt sich durch Laparoskopie, kombiniert mit einem Schwangerschaftstest (siehe Kapitel 2) und Ultraschall, stellen. Wenn die Laparoskopie eine ektopische Schwangerschaft bestätigt, muß diese operiert werden. Die Entfernung einer Eileiterschwangerschaft mit Hilfe des Laparoskops habe ich erstmals in der medizinischen Literatur beschrieben. Seitdem wenden viele Ärzte dieses Verfahren mit Erfolg an.

Eine Laparoskopie nach der 16. Schwangerschaftswoche birgt Risiken, weil die vergrößerte Gebärmutter bei der Einführung des Instruments durch den Nabel verletzt werden kann.

In den Tagen nach der Entbindung kann, wenn es gewünscht wird, statt der traditionellen Tubenligatur eine laparoskopische Tubensterilisation vorgenommen werden. Dabei werden die Eileiter über ein kurzes Stück koaguliert (verkocht). Trotz eindrucksvoller Statistiken mehrerer Kliniken haben die meisten Ärzte diese Operation nach der Entbindung niemals durchgeführt. Einige halten sie sogar für gefährlich. Meine Erfahrungen mit dieser Technik an über 100 Wöchnerinnen sind ausgezeichnet. Es gab keine Komplikationen; alle Patientinnen hatten bedeutend weniger Beschwerden und einen kürzeren Krankenhausaufenthalt als jene, die sich dem abdominellen Verfahren unterzogen. Hinzu kommt, daß keine sichtbare Operationsnarbe bleibt. Außerdem wird das Verfahren erst am zweiten oder dritten Tag nach der Entbindung durchgeführt. Das gibt einer Frau mehr Zeit zu entscheiden, ob sie sich wirklich sterilisieren lassen will.

Hormontests

Was sagen die Östrogenspiegel der Mutter über das Befinden des Fetus aus?

Der Körper einer Frau produziert drei verschiedene Östrogene: Östradiol, Östron und Östriol. Östradiol ist das Haupthormon, das von den Eierstöcken nichtschwangerer Frauen abgesondert wird. Aber auch während der Schwangerschaft produzieren Plazenta, fetale Leber und Nebennieren reichlich Östriol. Mit fortschreitender Schwangerschaft steigen die Östriol-Konzentrationen in Blut und Harn der Mutter, und die an einem einzigen Tag kurz vor der Entbindung produzierte Östriolmenge kann sogar größer sein als die Gesamtproduktion einer Nichtschwangeren über einen Zeitraum von drei Jahren.

Während der letzten beiden Schwangerschaftsmonate geben Harn- und Plasmaöstriol-Messungen Auskunft über das Befinden des Fetus. Harnöstriol-Bestimmungen sind zwar bei der Behandlung gewisser mit hohem Risiko behafteter Schwangerschaften von einigem Nutzen, aber sie haben auch Nachteile. Ein Problem besteht darin, daß eine Frau alle Urinproben über einen Zeitraum von 24 Stunden sammeln und im Kühlschrank aufbewahren muß. Ein anderes Problem ist, daß die Östriolwerte stark schwanken, und das Absinken von einem hohen auf einen niedrigen Wert von einem Tag zum andern ist schwer, wenn nicht gar unmöglich zu interpretieren. Aus diesem Grund hat der Test nur Sinn, wenn jede Woche mindestens drei 24-Stunden-Urinproben gesammelt werden. Ein Östriolwert außerhalb des Normalen muß durch mindestens eine weitere 24-Stunden-Probe bestätigt werden. Leider informiert ein niedriger Urinöstriol-Wert nicht über die Ursache des Problems. Eine fetale Insuffizienz der Nebennieren, ein fetaler Leberschaden, ein Nierenleiden der Mutter oder eine schlecht funktionierende Plazenta können für die niedrigen Laborwerte zuständig sein. Manche Medikamente wie etwa Aspirin, Cortison und bestimmte Antibiotika können den Östriolgehalt im Urin senken, obwohl der Fetus nicht in Gefahr ist. Hohe Östriolwerte können bei Diabetikerinnen und bei Rhesus-negativen Frauen auftreten, die einen schwer betroffenen Rhesus-positiven Fetus in sich tragen. Hohe Östriolausscheidungen kommen auch bei Mehrlingsschwangerschaften vor.

Der große Vorteil des Plasmaöstriols ist, daß es mit einem einfachen Bluttest

bestimmt werden kann. Plasmabestimmungen werden nicht von Faktoren wie dem Nierenleiden einer Frau und der dadurch verminderten Harnmenge beeinträchtigt.
Wenngleich die Östriolspiegel wenig über das Befinden des Fetus aussagen, sind sie, was die letzten beiden Schwangerschaftsmonate angeht, immer noch aussagekräftiger als jede andere hormonelle Bestimmung.

Welche anderen hormonellen und chemischen Tests benutzen die Ärzte zur Bestimmung des fetalen Befindens?

Das menschliche Choriongonadotropin, ein Hormon, wird von der Plazenta produziert. Sein Nachweis bildet die Grundlage aller Schwangerschaftstests, Mengenmessungen des Hormons helfen zu Beginn der Schwangerschaft, eine drohende Fehlgeburt oder ektopische Schwangerschaft zu diagnostizieren.
Die Ausscheidung von menschlichem Choriongonadotropin in Serum und Harn der Mutter während der Schwangerschaft steigt nach der Befruchtung stetig an und erreicht zwischen dem 16. und 17. Tag Spitzenwerte. Zwischen dem 100. und 130. Tag nimmt seine Konzentration ab und bleibt dann konstant. Nach dem vierten Monat unterscheiden sich die Hormon-Konzentrationen von gesunden und kranken Schwangerschaften kaum mehr. Daher läßt sich nach dem vierten Monat die Plazentafunktion und das Befinden des Fetus damit nicht beurteilen.
Menschliches plazentares Laktogen ist ein Hormon, das in großen Mengen von der Plazenta produziert wird. Es wird etwa in der sechsten Schwangerschaftswoche erstmals im Serum festgestellt. Von da an steigt seine Konzentration bis zum Ende des letzten Drittels allmählich an. Das Hormon bereitet die Brüste auf die spätere Milchproduktion vor, die durch Prolaktin, ein Hormon der Hirnanhangdrüse, aufrechterhalten wird. Anfangs dachte man, die Beurteilung der Hormonspiegel wäre eine ausgezeichnete Methode zur Bewertung des fetalen Befindens, vor allem bei übertragenen Schwangerschaften. Diese Erwartungen haben sich aber leider nicht erfüllt.

Ultraschall

Was ist Ultraschall, und wie wird er eingesetzt?

Die Verwendung von Hochfrequenz-Schallwellen in der Medizin hat Geburtshilfe und Gynäkologie revolutioniert. Diese schmerzlose und ungefährliche Methode liefert bedeutend mehr Informationen über den Schwangerschaftsverlauf, als mit den potentiell schädlichen Röntgenuntersuchungen je erzielt werden konnten. Die Intensität diagnostischer Hochfrequenz-Schallwellen ist äußerst gering und liegt deutlich innerhalb der Sicherheitsgrenzen.
Ein Ultraschallgerät erzeugt Schallwellen. Während der Untersuchung wird der Schallkopf leicht über die Bauchhaut geführt. Dabei dringt ein Schallwellenimpuls ins Gewebe. Die Schallwellen werden von den Geweben und

Organen der Bauchhöhle zum Schallkopf zurückgeworfen, wodurch ein Bild entsteht, das auf einem Leuchtschirm sichtbar gemacht wird. Da Gewebe verschiedener Dichte den Schall unterschiedlich reflektieren, kann der erfahrene Ultrasonographeur die verschiedenen Strukturen identifizieren und etwaige Anomalien erkennen.

Was kann man mit Ultraschall im ersten Schangerschaftsdrittel sehen?

Mit Hilfe von Ultraschall ist es möglich, schon in der fünften Woche nach der Empfängnis den fetalen Dottersack in der Gebärmutter zu erkennen. Der fetale Herzschlag kann mit Realzeit-Ultraschall ab der siebten Woche wahrgenommen werden, und Bewegungen der Gliedmaßen sind ab der neunten Woche erkennbar. Bereits ab der elften Woche lassen sich Bewegungen der fetalen Brustwand beobachten. Die sogenannte Schädel-Steiß-Messung ist vermutlich die präziseste Art, das Alter des Fetus in den ersten 14 Wochen zu bestimmen. Von einem Experten durchgeführt, gibt diese Messung in 95% der Fälle das Alter des Fetus bis auf eine Woche genau an. Schädel-Steiß-Messungen sind jedoch nach der 14. Woche oft schwer durchzuführen.

Blutet eine Schwangere aus der Scheide oder scheint ihre Gebärmutter im ersten Drittel nicht zu wachsen, kann die Ursache dafür gewöhnlich durch eine Ultraschall-Untersuchung aufgeklärt werden. Defekte und Risse der Fruchtblase und Verlagerung derselben in eine anomal tiefe Position der Gebärmutterhöhle sind oft ein Zeichen, daß eine spontane Fehlgeburt unvermeidlich ist. Wenn nach der 17. Woche kein fetaler Herzschlag wahrgenommen werden kann, so ist das ebenfalls ein schlimmes Zeichen. Ergibt die Untersuchung durch einen qualifizierten Ultrasonographeur eindeutig, daß eine im Anfangsstadium befindliche Schwangerschaft nicht zu retten ist, dann sollte sie abgebrochen werden, um der Frau weitere Schmerzen zu ersparen. Es ist zu bezweifeln, daß die althergebrachte Verordnung totaler Bettruhe jemals eine Fehlgeburt im ersten Schwangerschaftsdrittel verhindert hat. Würde ein Frauenarzt keine Ultraschall-Untersuchung anordnen, wenn eine Frau schon mehrere Tage hintereinander blutet, wäre das unverzeihlich. Nach einer spontanen Fehlgeburt kann ultrasonographisch ermittelt werden, ob sich noch Gewebereste in der Gebärmutter befinden. Wenn ja, müßte eine Ausschabung gemacht werden.

Wie bereits erwähnt, kann ein positiver Schwangerschaftstest, verbunden mit Scheidenblutungen und Bauchkrämpfen zu Beginn der Schwangerschaft, auf eine drohende Fehlgeburt oder auf eine Extrauterin-Schwangerschaft hinweisen. Wenn die Ultraschall-Kontrolle eine leere Gebärmutterhöhle zeigt, müssen unverzüglich weitere diagnostische Schritte unternommen werden, um eine etwaige Extrauterin-Schwangerschaft abzuklären.

Auch Mehrlingsschwangerschaften lassen sich leicht eruieren, und zwar schon im ersten Drittel. Früher wurde diese Verdachtsdiagnose oft erst im zweiten oder dritten Drittel durch eine Röntgenuntersuchung bestätigt. Mit zunehmendem Einsatz von Ultraschall hat man entdeckt, daß bedeutend mehr Schwangere zunächst Zwillinge haben. In vielen Fällen entwickelt sich jedoch einer der Zwillinge nicht weiter oder wird während einer Blutung abgestoßen.

Ein seltener Tumor, die sogenannte Blasenmole, bildet menschliches Choriongonadotropin und macht dadurch einen positiven Schwangerschaftstest. Eine Blasenmole kann mittels Ultraschall schon im ersten Drittel erkannt werden.

Einer Schwangeren mit Blutungen kann die Bestätigung durch Ultraschall, daß alles in Ordnung ist, enorme Erleichterung verschaffen. Ultraschall ist unentbehrlich.

Welche Informationen liefert Ultraschall im zweiten und dritten Drittel?

Anomalien wie Anenzephalie, Hydrozephalie und Spina bifida lassen sich während des zweiten Drittels mit Ultraschall zumindest bestätigen. Einen Hydrozephalus (Wasserkopf) kann man meistens schon im Laufe des zweiten Drittels entdecken. Die Diagnose anderer Anomalien wie Defekte an Gliedmaßen oder Nieren- und Harnblasen-Anomalien, Mißbildungen des Herzens und seiner großen Gefäße sowie Mikrozephalie (zu kleiner Kopf) ist ebenfalls im zweiten und dritten Drittel möglich.

Der Abstand zwischen den Außenkanten der beiden Scheitelbeine des fetalen Schädels heißt biparietaler Durchmesser. Normale Feten haben, ungeachtet ihrer eventuellen Gewichtsunterschiede bei der Geburt, zwischen der 18. und 28. Schwangerschaftswoche ähnliche biparietale Durchmesser. Durch zwei biparietale Messungen, die in diesem Stadium der Schwangerschaft in vierwöchigem Abstand durchgeführt werden, kann man das Alter der Schwangerschaft auf fünf bis acht Tage genau bestimmen. Diese Information ist besonders hilfreich, wenn man sich unsicher ist, ob der errechnete Geburtstermin stimmt, wenn Krankheiten wie Bluthochdruck oder Diabetes die Schwangerschaft zusätzlich erschweren, wenn ein Kaiserschnitt geplant oder eine vorzeitige Geburtseinleitung in Betracht gezogen wird.

Messungen des biparietalen Durchmessers am Ende der Schwangerschaft sind weniger aussagekräftig. Ergibt eine solche Messung 9,3 oder mehr Zentimeter, kann man jedoch einigermaßen sicher sein, daß die Schwangerschaft mindestens 38 Wochen alt ist, der Fetus reif ist und vermutlich mehr als fünf Pfund wiegt. Dann muß auch nicht mit einem Atemnot-Syndrom gerechnet werden, es sei denn, die Schwangere leidet an Diabetes. Wenn die biparietalen Messungen nicht aufschlußreich sind, messen viele Ärzte heutzutage die Länge des fetalen Oberschenkelknochens. Im zweiten und dritten Drittel ist dies ein zuverlässiger Parameter zur Errechnung des Geburtstermins.

Ist der biparietale Durchmesser im zweiten und dritten Drittel zu klein, liegt womöglich eine Wachstumshemmung vor. Solche Kinder müssen sorgfältig beobachtet werden. Um den Verdacht auf eine Wachstumshemmung abzuklären, berechnet man mit Ultraschall das intrauterine Gesamtvolumen, also

Fruchtwassermenge, Plazentagewicht und Größe des Fetus.

Die Lageanomalien des Fetus wie Steiß- oder Querlage können durch Ultraschall ohne weiteres ermittelt werden. Bei Zwillingsschwangerschaften sind Lageanomalien häufiger. Gelegentlich wird das Geschlecht des Fetus entdeckt. Allerdings sollte man sich in entscheidenden klinischen Situationen, wenn etwa geschlechtschromosomal gebundene Erbleiden vorliegen, nicht allein auf diese Resultate verlassen. In solchen Fällen muß eine Amniozentese durchgeführt werden.

Bewegungen der fetalen Brustwand werden schon in der elften Woche registriert. Sowohl die absolute Anzahl der täglichen Kindsbewegungen als auch der Grad der Veränderung ihrer Häufigkeit sagen etwas über das Befinden des Fetus aus.

Eine Zwillingsschwangerschaft läßt sich durch fortlaufende Ultraschall-Kontrollen verfolgen. Gelegentlich haben eineiige Zwillinge dieselbe Blutversorgung; ein Zwilling kann dann zuviel, der andere zuwenig Blut erhalten, was sich auf das Wachstum auswirkt. Der größere Zwilling ist durch Herzversagen infolge des Blutüberschusses gefährdet, der kleinere durch Wachstumshemmung. Durch Ultraschall läßt sich der günstigste Entbindungs-Zeitpunkt ermitteln.

Siamesische Zwillinge sind meistens an der Brust zusammengewachsen, manchmal aber auch an Kopf und Rücken. Auch diese äußerst seltene Anomalie kann durch Ultraschall entdeckt werden.

Die Fruchtwassermenge im Verhältnis zur Größe des Fetus läßt sich im zweiten und dritten Drittel durch Ultraschall ermitteln. Ein Zuviel an Fruchtwasser kann auf eine Vielzahl von Umständen zurückzuführen sein, etwa auf Diabetes, Zwillinge, unterentwickelte fetale Lungen sowie Anomalien wie Anenzephalie und Hydrozephalus. Übermäßig viel Fruchtwasser überdehnt die Gebärmutter. Das kann so weit gehen, daß man den Fetus nicht mehr tasten kann. Abgesehen davon, daß es äußerst unangenehm ist, kann zuviel Fruchtwasser zu vorzeitigen Wehen und vielen anderen Komplikationen führen.

Auch zuwenig Fruchtwasser fällt im Ultraschallbild auf. Der Befund tritt oft bei Schwangerschaften auf, die sich mehrere Wochen über den errechneten Termin hinausziehen, ist aber auch bei Anomalien zu beobachten, wie blokkierten Harnwegen und unterentwickelten Nieren und Lungen. Zuwenig Fruchtwasser zu Beginn der Schwangerschaft kann durch eine Verklebung der Fruchthülle schwere Mißbildungen verursachen. Die betroffenen Feten haben dann eine trockene, lederne, faltige Haut.

Eines der wichtigsten Anwendungsgebiete von Ultraschall ist die Beurteilung von Blutungen aus der Scheide im zweiten und dritten Drittel. Eine vorzeitige Ablösung der Plazenta entsteht, wenn es zwischen Plazenta und Gebärmutterwand blutet. Außer den Blutungen fallen ein gespannter, schmerzender Unterleib und eine Schockneigung infolge des Blutverlustes auf. Diese für Mutter und Kind sehr gefährliche Situation kann oft im Frühstadium mit Ultraschall diagnostiziert werden.

Weniger schwere Zustände, etwa eine Blutung aus einem kleinen Hohlraum am Rand der Plazenta, können von der weit schlimmeren Ablösung leicht unterschieden werden. Strukturelle Anomalien der Plazenta sowie Abweichungen in Größe und Reife lassen sich ebenfalls diagnostizieren. Das Ultraschallbild zeigt auch, ob die Plazenta den Gebärmutterhals verlegt. Wenn ja, ist ein Kaiserschnitt indiziert. Dr. Donald King, ein Pionier bei der Verwendung von Ultraschall, hat als erster beobachtet, daß sich die Plazenta mit fortschreitender Schwangerschaft von einer tiefen zur normalen Position verlagern kann. Infolgedessen ist oft doch eine normale Entbindung möglich, obwohl eine frühere Ultraschall-Untersuchung eine gefährlich tiefe Plazentaposition ergeben hat.

Weil man nicht alle Probleme, die gegen Ende der Schwangerschaft auftreten können, voraussehen kann, haben einige Frauenärzte empfohlen, daß bei allen Schwangeren zwischen der 18. und 28. Woche mindestens zwei Ultraschall-Untersuchungen vorgenommen werden sollen. Diese Empfehlung fand zwar keine allgemeine Anerkennung, aber ich rate Ihnen, wenigstens im zweiten Drittel eine Ultraschall-Untersuchung vornehmen zu lassen, gesetzt den Fall, es bestehen irgendwelche Komplikationen, oder ein Kaiserschnitt ist geplant.

Zwar verlassen sich die meisten Sonographeure allein auf den biparietalen Durchmesser, um das Gewicht des Fetus zu bestimmen, aber diese Methode ist nicht immer genau. Forscher an verschiedenen Kliniken erzielten eine größere Erfolgsquote damit, daß sie mehrere Ultraschall-Messungen miteinander kombinierten und mit einem Computer analysierten. Möglicherweise werden innerhalb der nächsten fünf Jahre Ultraschallgeräte hergestellt, die dreidimensionale Bilder liefern. Diese dürften äußerst präzise Gewichtsmessungen des Fetus ermöglichen.

Welche Gefahren bringt Ultraschall mit sich?

Bei der medizinischen Nutzung von Ultraschall ist die Wellenfrequenz sehr hoch, deren Kraft aber extrem niedrig. Seit mehr als zehn Jahren werden Schwangere und ihre Feten routinemäßig mit Ultraschall untersucht. Dabei ergaben sich keine Anzeichen dafür, daß dieses Verfahren schädlich ist. Kontroll-Untersuchungen von Kindern, die im Mutterleib Ultraschall ausgesetzt waren, haben keine physischen oder psychischen Beeinträchtigungen ergeben. Weitere Untersuchungen sind im Gange.

Die einzigen Schäden wurden an Chromosomen in Gewebekulturen im Laboratorium festgestellt. Bevor die Unbedenklichkeit von Ultraschall nicht mit letzter Gewißheit feststeht, rate ich davon ab, Ultraschall aus trivialen Anlässen einzusetzen – weil die Eltern etwa ihr Kind sehen oder sein Geschlecht erfahren wollen.

Was sagen uns die Kindsbewegungen über das Befinden des Fetus?

Die meisten Schwangeren nehmen erste flatternde Bewegungen zwischen der 17.

und 20. Woche wahr, aber mit dem Realzeit-Ultraschallgerät sieht man schon ab der 11. Woche Bewegungen. Wenn nach diesem Zeitpunkt keine Bewegungen erkennbar sind, ist der Fetus schwer gefährdet oder abgestorben.

Wenn im letzten Drittel eine Realzeit-Ultrasonographie nicht verfügbar ist, können trotzdem ziemlich zuverlässige Angaben über die Kindsbewegungen gemacht werden, indem man über der Gebärmutter zwei Druckmesser anbringt.

In einer 1978 im *British Medical Journal* veröffentlichten Studie hat man die von 40 Schwangeren zwischen der 25. und 40. Woche gefühlten Kindsbewegungen mit den mittels Ultraschall gemessenen verglichen. Man stellte mit Ultraschall durchschnittlich 60 Bewegungen in 45 Min. fest, während die Mütter lediglich 31 fühlten. Andere Studien wiederum ergaben, daß die Genauigkeit der mütterlichen Wahrnehmungen annähernd 90% statt der hier festgestellten 50% beträgt.

Ärzte der Hadassah-Hebrew-Universitätsklinik in Jerusalem haben die Kindsbewegungen während der Schwangerschaft elektronisch registriert und festgestellt, daß deren tägliche Frequenz von durchschnittlich 200 in der 20. Woche auf ungefähr 500 in der 32. ansteigt. Ab dann sinkt die Frequenz auf durchschnittlich 282 allmählich ab. Ein wichtiger Befund ist, daß die Skala der normalen täglichen Frequenz außerordentlich breit ist. Sie reicht von 50 bis 1000 Kindsbewegungen. Die tatsächliche Anzahl ist jedoch von weit geringerer Bedeutung als ein plötzlicher Wechsel von Aktivität zu Inaktivität, denn dieser kann ein Hinweis sein, daß der Fetus gefährdet ist.

Es ist nicht bekannt, warum die Kindsbewegungen gegen Ende der Schwangerschaft weniger werden. Eine (routinemäßig) in den meisten gynäkologischen Lehrbüchern angeführte Theorie besagt, daß der Fetus dann zuwenig Platz hat.

Zwar können die Kindsbewegungen am Ende der Schwangerschaft leicht zurückgehen, aber man darf dem Ammenmärchen keinen Glauben schenken, überhaupt keine Bewegungen über mehrere Stunden, das sei ein Zeichen dafür, daß die Wehen bald einsetzen. Es weist vielmehr darauf hin, daß das Baby schwer gefährdet ist und der Arzt umgehend benachrichtigt werden muß. Dieser wiederum wäre gut beraten, sogleich einen Nonstress-Test (NST) vorzunehmen. Wenn während des Nonstress-Tests 10 Min. lang keine Kindsbewegungen feststellbar sind, sollte eine sofortige Geburtseinleitung erwogen werden.

Die Wahrnehmung fetaler Aktivität durch die Mutter ist eine schnelle und zuverlässige Methode zur Beurteilung des fetalen Befindens. Eine 1979 in Schweden durchgeführte Studie zeigt, daß Feten zwischen acht und elf Uhr abends am aktivsten sind und die Kindsbewegungen bei Risikoschwangerschaften reduziert sind. Reduzierte Aktivität war meistens auf intrauterine Wachstumshemmungen zurückzuführen und oft von Bluthochdruck, Schwangerschaftstoxikose, vorzeitigen Wehen, Blutungen und Übertragung begleitet.

Gegenwärtig gibt es keine allgemein

gültigen Kriterien, inwieweit die Anzahl der Kindsbewegungen auf Fetal distress hinweist. Die Forschungsgruppe an der Hadassah University betrachtet weniger als drei Bewegungen pro Stunde als anomal. Wenn die Schwangere dann während der nächsten sechs bis zwölf Stunden keine Bewegungen mehr wahrnimmt, muß sogleich die Geburt eingeleitet werden. Ärzte der University of Pennsylvania halten einen Fetus für gefährdet, wenn seine Mutter weniger als zehn Bewegungen in zwölf Stunden wahrnimmt; während man an der Ohio State University weniger als zwei Bewegungen pro Stunde an zwei aufeinanderfolgenden Tagen als alarmierend wertet. Anomal ist auch, wenn die Anzahl der Kindsbewegungen an zwei aufeinanderfolgenden Tagen um 50% oder mehr sinkt. Beispielsweise wäre ein Absinken von sieben Bewegungen an einem Tag auf drei am nächsten Tag ein Grund zur Besorgnis. Andere Forscher haben die fetale Aktivität an zwei aufeinanderfolgenden Tagen ausgewertet, indem sie die Kindsbewegungen täglich zwei Stunden aufzeichneten. Weniger als zehn Bewegungen betrachten sie als anomal. Auch ein allmähliches Absinken der fetalen Aktivität ist vermutlich bedrohlich, selbst wenn die Gesamtzahl der Bewegungen sich innerhalb der normalen Grenzen bewegt.

Welchen Informationswert haben fetale Atembewegungen?

Eine schwangere Frau kann fetale Atembewegungen nicht wahrnehmen, aber mit Hilfe eines Realzeit-Ultraschallgerätes können sie erkannt werden. Gegenwärtig versuchen Forscher herauszufinden, ob die fetale Atemfrequenz in Verbindung mit anderen Tests etwas über das fetale Befinden aussagt.

Wenngleich wir bei der Geburt gespannt auf den ersten Atemzug des Neugeborenen warten, beginnen Atmung und Gebrauch der Atemmuskulatur bereits im Mutterleib. Schwache Atembewegungen können schon in der elften Woche beobachtet werden, und ungefähr in der 24. Woche läßt sich ein gleichmäßiges Bewegungsmuster erkennen. In der 34. Woche setzt dann eine regelmäßige Atemtätigkeit ein. Manche Forscher glauben, daß diese Beobachtung der genauen Bestimmung des fetalen Alters dienen kann. Interessant ist, daß die Atembewegungen zirkadian variieren. Die maximale Aktivität wird morgens zwischen 4 und 7 Uhr beobachtet, wenn die Mutter schläft. Offenbar hat der Fetus Perioden, in denen er entweder atmet oder sich bewegt, aber selten tut er beides gleichzeitig. Die Meßwerte aus mehreren Studien haben ergeben, daß gesunde menschliche Feten in den letzten zehn Schwangerschaftswochen normalerweise in 30 bis 35% der Zeit Atembewegungen machen.

Man spricht von Apnoe, wenn der Fetus keine Atembewegungen ausführt. Apnoe-Phasen kommen während der ganzen Schwangerschaft immer wieder vor. Keuchende statt atmende Bewegungen sind ein bedrohlicheres Zeichen für Fetal distress als überhaupt keine Atmung.

Dr. Kenneth Boddy und Mitarbeiter von der Universität Edinburgh haben ein paar interessante und aufschlußreiche Beobachtungen gemacht. Beispielsweise hat der zweite Zwilling niedrigere Atmungsfrequenzen und längere Apnoe-Perioden als der Erstgeborene, was die klinische Erfahrung bestätigt, daß Erstgeborene eine höhere Überlebensrate haben. Auch psychische Belastung der Mutter vermag die Atemfrequenz zu senken. Rauchen reduziert die fetale Atmung für 90 Min. Alkoholkonsum hat einen ähnlichen Effekt, der bis zu einer Stunde anhält (siehe Kapitel 9). Während der Wehen geht die fetale Atmung zurück; gelegentlich hört sie, selbst bei gesunden Feten, ganz auf. Sport läßt die Atmung zunächst schwächer werden und steigert sie später. Auch Medikamente können sich auswirken. Wenn einer Frau während der Wehen Diazepam (Valium®) intravenös verabreicht wird, gehen während der folgenden zwei Stunden die fetalen Atembewegungen merklich zurück. An der University of Western Ontario/ Kanada haben Ärzte die fetale Atmung im Anschluß an Mahlzeiten im letzten Schwangerschaftsdrittel beobachtet. Zwei bis drei Stunden nach den Mahlzeiten nahm die Atmung merklich zu, was offenbar mit den Blutzuckerspiegeln der Mutter übereinstimmte.

Manche Experten meinen, daß es bei der Geburt wenig oder keinen Zusammenhang zwischen Atmung und Zustand des Fetus gibt. Andere vertreten die gegenteilige Ansicht. Ärzte vom University of Southern California Medical Center haben in einer Studie mit 136 Feten versucht, deren Atmung mit dem Apgar-Index in Beziehung zu setzen.

Den Apgar-Index erhält man, indem man Hautfarbe, Herz- und Atemfrequenz, Reflexe und Muskeltonus des Neugeborenen auswertet. Jedem dieser fünf Faktoren wird eine Punktzahl zugeordnet, die entweder 0, 1 oder 2 beträgt. Die gesündesten Babys erreichen einen Wert von 10. Der Apgar-Index hilft, den Zustand eines Neugeborenen unmittelbar nach der Geburt zu beurteilen. Bei der Messung von fetalen Atembewegungen mit Realzeit-Ultraschall während der 30 Min. vor der Geburt stellten die Forscher einen deutlichen Zusammenhang zwischen dem Vorhandensein fetaler Atmung 30 Min. vor der Geburt und dem Ein- und Fünf-Minuten-Apgar-Index fest.

Es bleibt noch vieles über die Bedeutung der fetalen Atmung in Erfahrung zu bringen. Zur Zeit, kann man sagen, erhält man noch die meisten Aufschlüsse, wenn man sie mit anderen Tests kombiniert beurteilt.

Überwachung des Fetus

Wie funktioniert die elektronische Überwachung des Fetus, und was sagt sie aus?

Seit einigen Jahren wird das Befinden des Fetus im letzten Drittel und während der Wehen elektronisch bestimmt. Die meisten Experten sind sich einig, daß diese Methode gerade bei hochgefährdeten Schwangerschaften von unschätzbarem Wert ist.

Manche Geburtshelfer und Kreißsaalschwestern werden Ihnen vielleicht einreden, daß die Aufzeichnungen der elektronischen Geräte viel zu kompliziert sind, als daß man sie »auf die Schnelle« erklären könnte. In Wirklichkeit sind sie aber erstaunlich einfach zu verstehen.

Es gibt zwei Grundmethoden der fetalen Überwachung: die externe und die interne. Bei der externen Methode wird ein Ultraschallkopf mit einem Gürtel am Leib der Mutter oberhalb der Stelle befestigt, wo der fetale Herzschlag am leichtesten zu hören ist. Der Herzschlag wird auf einem durch das Überwachungsgerät laufenden Papierstreifen aufgezeichnet. Am Bauch über dem oberen Pol der Gebärmutter wird ein zweiter Detektor befestigt. Dieser Detektor zeichnet Frequenz und Stärke der Wehen auf. Das Ausmaß der fetalen Herzfrequenz-Senkung während der Wehen gibt einen Hinweis darauf, ob der Fetus in Gefahr ist. Die externe elektronische Überwachung des Fetus ist in folgender Zeichnung dargestellt. Bei der internen Überwachung werden elektronische Instrumente durch die Scheide in die Gebärmutter eingeführt (siehe Abb.). Den fetalen Herzschlag zeichnet eine winzige spiralenförmige Elektrode auf, die am Kopf des Babys befestigt wird. Ein spezieller Katheter zeichnet die Wehen von innen auf.

Die interne Methode ist genauer als die externe. Sie kann jedoch nur während der Wehen angewendet werden, wenn die Fruchtblase bereits geplatzt und der Muttermund genügend weit ist, damit die Instrumente eingeführt werden können. Während der Wehen kann der Arzt entscheiden, ob er nur das externe, das interne oder eine Kombination aus beiden Geräten verwendet. Die Entscheidung hängt von einer Vielzahl von Faktoren ab, unter anderem davon, wie weit der Muttermund gedehnt ist, wie Baby und Plazenta liegen, wie vertraut der Arzt mit der schwieriger zu handhabenden internen Methode ist, wie sehr eine Frau gefährdet ist und ob sie vielleicht die Gürtel oder Elektroden sehr stören.

Welchen Informationswert hat die externe Überwachung?

Die normale Herzfrequenz des Fetus liegt gewöhnlich zwischen 120 und 160 pro Min. Trotzdem bedeutet eine Frequenz um 20 nicht unbedingt Fetal distress. Unter normalen Umständen schwankt die fetale Herzfrequenz von einem Augenblick zum anderen. Das ist ein Anzeichen für ein gesundes Kind mit einem reaktiven, funktionierenden Nervensystem. Eine streng gleichbleibende Frequenz, die auf dem Monitor als gerade Linie erscheint, ist ein ungutes Zeichen, das auf Sauerstoffmangel oder eine Schwächung des Zentralnervensystems hinweist.

Der Nonstress-Test ist die gebräuchlichste Methode, um den Zustand des Fetus im letzten Drittel festzustellen. Der Test ist denkbar einfach durchzuführen und leicht interpretierbar. Jedesmal, wenn die Schwangere eine Kindsbewegung merkt, drückt sie auf einen Knopf. Dies wird auf dem Papierstreifen, auf dem die Herzfrequenz aufgezeichnet wird, durch einen Pfeil gekennzeichnet. Der Test gilt als normal, wenn innerhalb von 20 Min. unmittelbar nach zwei Kindsbewegungen die fetale Herzfrequenz um mindestens 15 Schläge pro Min. steigt. Die Frequenzzunahme muß mindestens

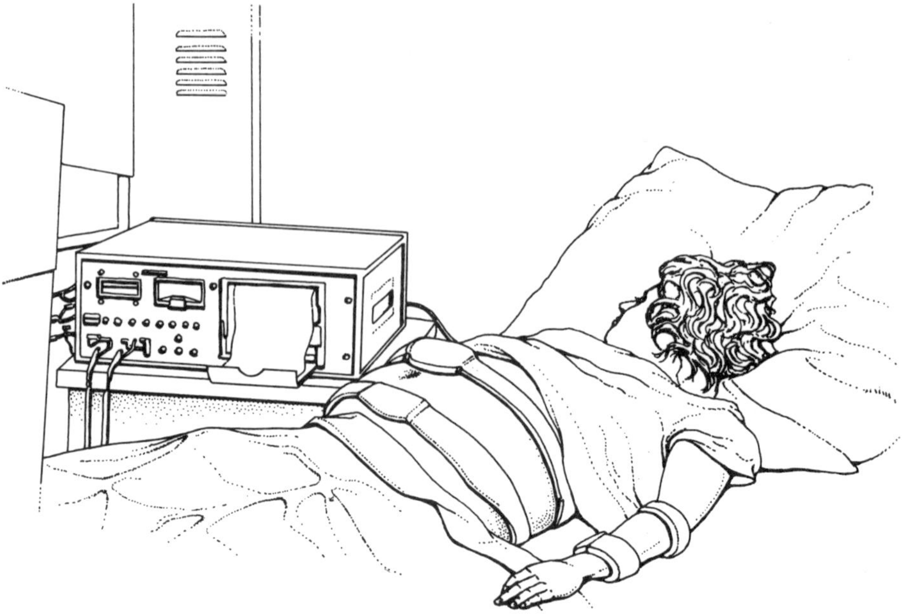

externe Überwachung des Fetus

Der obere, mit einem Gürtel am Leib befestigte Detektor mißt die Wehenstärke anhand der Veränderung der Leibkrümmung. Der untere ermittelt die fetale Herzfrequenz mittels Ultraschall.

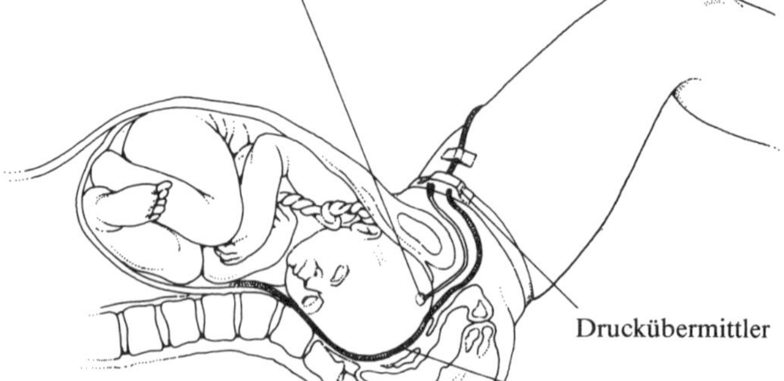

interne Überwachung des Fetus

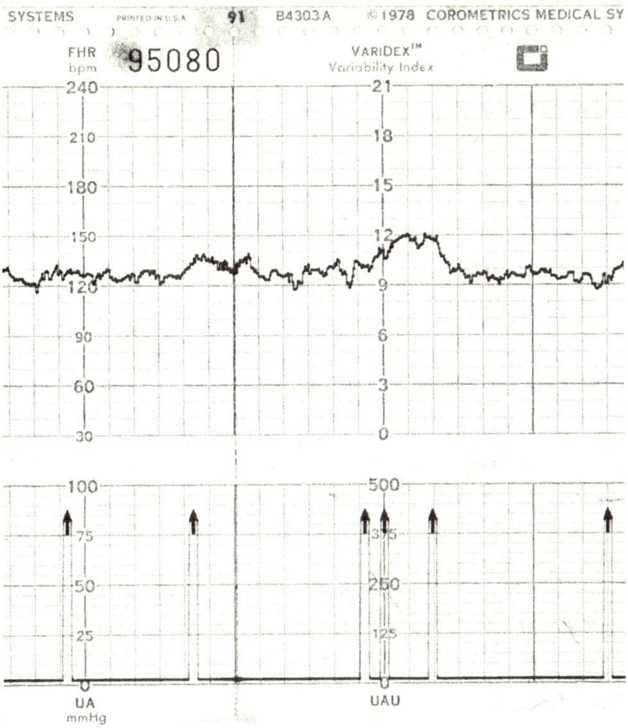

Abb. 1

Beispiel für einen reaktiven Nonstress-Test

Unmittelbar nach der Kindsbewegung (Pfeil) steigt die fetale Herzfrequenz um mindestens 15 Schläge pro Min. für mindestens 15 Sek. Das Baby ist offensichtlich gesund.

15 Sek. anhalten. Ein reaktiver Nonstress-Test ist in Abbildung 1 dargestellt. Ein normaler Nonstress-Test bedeutet, daß der Fetus über ein reaktives Nerven- und kardiovaskuläres System verfügt. In der Regel weist ein reaktiver Test darauf hin, daß es dem Fetus gutgeht. Man braucht die Geburt nicht einzuleiten. Bei Risikoschwangerschaften wird mitunter bereits zwei Monate vor dem errechneten Termin mit Nonstress-Tests begonnen und bis zur Entbindung kontinuierlich einmal wöchentlich fortgesetzt. Dieser Test ist von unschätzbarem Wert zur Ermittlung hochgefährdeter Schwangerschaften.

Gelegentlich ist der Test nicht durchführbar, weil sich der Fetus nicht bewegt. Dem kann abgeholfen werden, indem man den Bauch der Mutter sanft schüttelt und den Fetus stimuliert. Wenn sich der Fetus jedoch längere Zeit nicht bewegt und schütteln auch nicht hilft, ist das ein Hinweis darauf, daß er gefährdet ist.

Steigt die Herzfrequenz nach einer Kindsbewegung nicht, spricht man von einem nichtreaktiven Nonstress-Test. Dies ist ein schlechtes Zeichen. Dann muß ein weiterer Test, der sogenannte Oxytozin-Belastungs-Test, durchgeführt werden. Weniger als 10% aller Non-

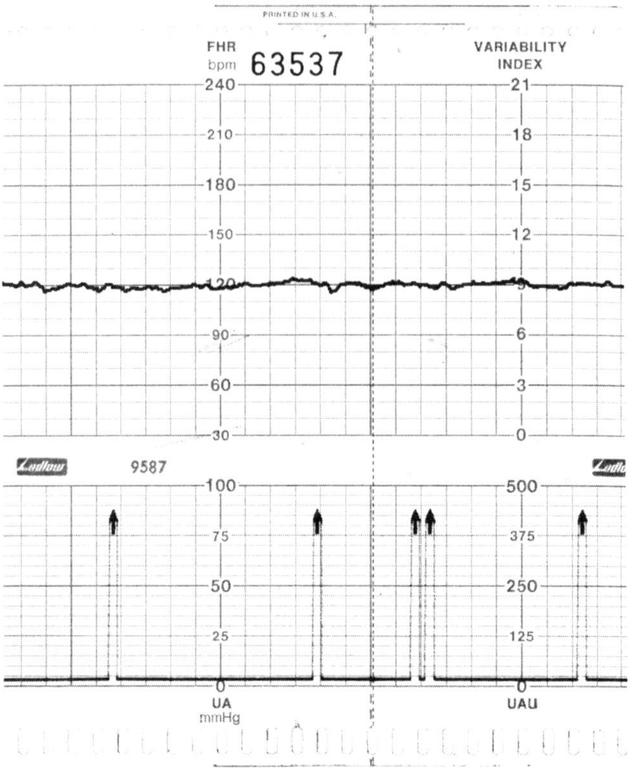

Abb. 2

Beispiel für einen nichtreaktiven Nonstress-Test

Kindsbewegungen (Pfeil) steigern die fetale Herzfrequenz nicht. Das deutet darauf hin, daß das Baby in Gefahr ist.

stress-Tests sind nichtreaktiv. Ein nichtreaktiver Nonstress-Test ist in Abbildung 2 dargestellt.

Wie funktioniert der Oxytozin-Belastungs-Test, und wann wird er angewendet?

Der Kontraktions-Stress-Test wird bei dem Verdacht auf fetale Gefährdung eingesetzt. Dies gilt vor allem dann, wenn der Nonstress-Test nichtreaktiv oder nicht eindeutig interpretierbar war. Der Oxytozin-Belastungs-Test kann nur dann durchgeführt werden, wenn innerhalb von 10 Min. 3 Gebärmutterkontraktionen erfolgen und jede Kontraktion etwa 40 Sek. dauert. Bei manchen Frauen treten diese Kontraktionen im letzten Drittel spontan auf, ohne daß sie Wehen haben. Aber meistens muß Oxytozin gespritzt werden, um die benötigte Anzahl Kontraktionen zu stimulieren. Sie brauchen nicht zu befürchten, daß diese Prozedur vorzeitige Wehen auslöst, weil nur minimale Mengen Oxytozin verabreicht werden.

Unter normalen Umständen verlangsamt sich die fetale Herzfrequenz nach einer Gebärmutterkontraktion nicht.

Bei Plazenta-Insuffizienz jedoch können die Uteruskontraktionen die Sauerstoffzufuhr zum Fetus drastisch senken. Dies wiederum führt zu einem Absinken der fetalen Herzfrequenz, das dann einsetzt, wenn die Kontraktion ihren Höhepunkt erreicht. Der niedrigste Stand der Herzfrequenz wird gewöhnlich, ungefähr 30 Sek. nachdem die Kontraktion am stärksten war, gemessen. Wenn die fetale Herzfrequenz auf eine Gebärmutterkontraktion mit diesem charakteristischen Absinken reagiert, ist der Test positiv. Er weist darauf hin, daß der Fetus gefährdet ist. Eine sofortige Geburtseinleitung sollte erwogen werden. Dies gilt besonders dann, wenn auch der Nonstress-Test nichtreaktiv war.

Ein negativer Oxytozin-Belastungs-Test bedeutet, daß sich die fetale Herzfrequenz nach dem Maximum einer Kontraktion nicht verlangsamt. Dies ist ein sicheres Zeichen, daß kein Fetal distress vorliegt. Die Funktion der Plazenta reicht aus, um den Fetus noch mindestens eine Woche lang sicher in der Gebärmutter zu halten. Das gilt auch dann, wenn ein nichtreaktiver Nonstress-Test vorliegt. Solange der

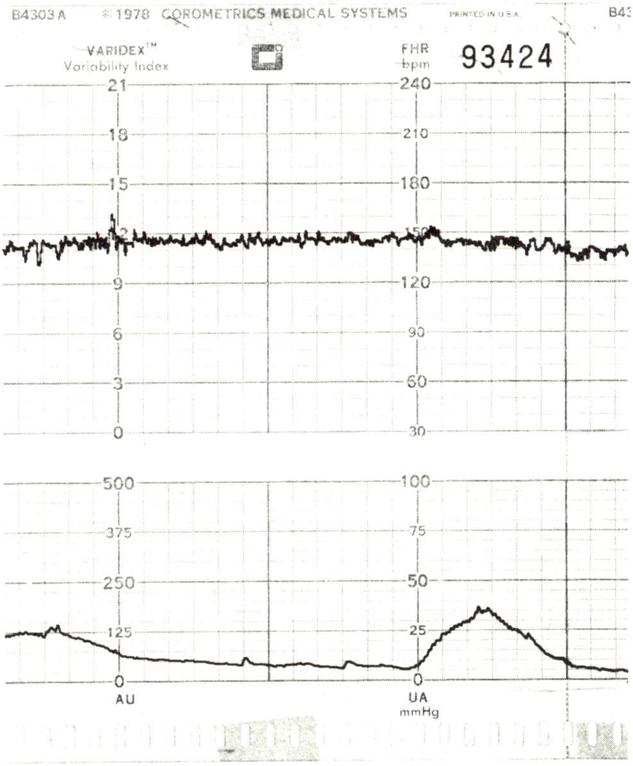

Abb. 3

Beispiel für einen negativen Oxytozin-Belastungs-Test

Nach den Gebärmutterkontraktionen sinkt die fetale Herzfrequenz nicht ab. Das deutet auf eine gut funktionierende Plazenta und ein nichtgefährdetes Baby hin.

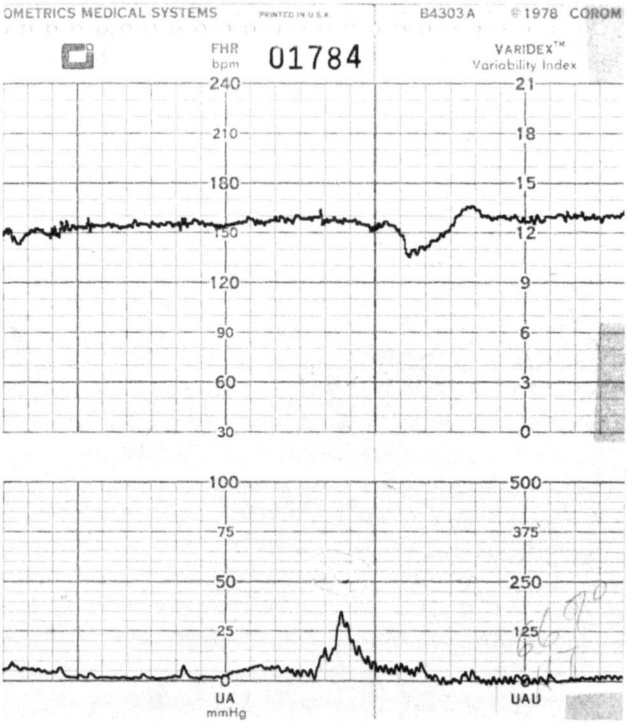

Abb. 4

Beispiel für einen positiven Oxytozin-Belastungs-Test

Nach der Gebärmutterkontraktion sinkt die fetale Herzfrequenz ab. Das spricht für Fetal distress.

Test negativ bleibt, muß er in wöchentlichen Abständen wiederholt werden. (Beispiele für negative und positive Testergebnisse sind in Abbildung 3 und 4 dargestellt.)

Eine 1981 an der University of Chicago durchgeführte Studie ergab, daß die Kombination von nichtreaktivem Nonstress-Test und positivem Oxytozin-Belastungs-Test in 92% der Fälle richtig auf einen gefährdeten Fetus hinwies. Wird jedoch ein Test ohne den anderen angewandt, führt dies zu einer nicht akzeptablen Häufigkeit von Fehldiagnosen; dann werden gesunde Feten als gefährdet eingestuft.

Obwohl ein reaktiver Nonstress-Test in einer stark gefährdeten Schwangerschaft ein gutes Zeichen dafür ist, daß der Fetus noch mindestens eine Woche gut versorgt ist, gibt es eine beunruhigende Ausnahme von dieser Regel: die übertragene Schwangerschaft. Zwei verschiedene 1981 durchgeführte Studien ergaben, daß der Oxytozin-Belastungs-Test treffsicherer erkennt, ob ein übertragenes Kind gefährdet ist.

Dieselben Resultate erhält man allerdings auch mit dem Warzenstimulationstest, der den Vorteil hat, daß man keine Spritze braucht. Es ist seit langem bekannt, daß die Stimulierung der Brustwarzen zur Freisetzung von Oxytozin aus der Hirnanhangdrüse und somit zu Gebärmutterkontraktionen führt (siehe Kapitel 4). Bei kräftigem Massieren der Brustwarzen kann eine Schwangere fast unverzüglich Kontraktionen spüren. Diese Methode hat den Vorteil, daß sie weniger Zeit braucht als die intravenöse Verabreichung von Oxytozin und für die meisten Frauen angenehmer ist.

Wann sollte man keinen Oxytozin-Belastungs-Test machen?

Wenn eine Frau in einer vorhergehenden Schwangerschaft schon einmal vorzeitige Wehen hatte oder eine Untersuchung ergibt, daß sie mit vorzeitigen Wehen rechnen muß, sind Oxytozin-Gaben zu riskant. Dies gilt auch für Frauen, die schon einmal einen vorzeitigen Blasensprung hatten oder bei denen eine Placenta praevia, eine vorzeitige Lösung der Plazenta (Abruptio placentae) oder Blutungen unbekannter Ursache vorliegen.

Die meisten Kaiserschnitte werden in den unteren Abschnitt der Gebärmutter gelegt. In seltenen Fällen jedoch wird der Zugang im oberen Bereich der Gebärmutter geschaffen. Narben in diesem Bereich reißen leichter, wenn die Gebärmutter zu Kontraktionen angeregt wird. Auch dann müßte man von einem Oxytozin-Belastungs-Test abraten.

Mehrlingsschwangerschaften und ein Zuviel an Fruchtwasser können die Gebärmutter überdehnen und die Oxytozin-Stimulierung gefährlich machen. Falls trotzdem ein Belastungs-Test durchgeführt werden muß, darf nur die niedrigstmögliche Oxytozin-Dosis gegeben werden.

Was bedeuten Veränderungen der fetalen Herzfrequenz während der Wehen?

Wenn die fetale Herzfrequenz während der Wehen absinkt, kann das Baby in Gefahr sein. Die Herzfrequenz normalisiert sich jedoch häufig, wenn die Schwangere sich auf die linke Seite legt und durch eine Maske oder einen Nasenkatheter Sauerstoff einatmet. Wenn die Wehen eingeleitet oder stimuliert werden, kann das Absetzen von Oxytozin die Herzfrequenz oft innerhalb von Sekunden verbessern. Wenn diese Maßnahmen versagen, muß häufig – egal, auf welchem Weg – entbunden werden.

Es gibt zwei weitere Situationen, die den Laien beunruhigen, aber meistens harmlos sind. Die eine ist das frühe Absinken der fetalen Herzfrequenz. Es ist leicht zu erkennen, denn es beginnt mit dem Einsetzen der Kontraktion und wird mit oder vor dem Ende der Kontraktion wieder normal. Man glaubt, daß dies durch ein leichtes Zusammenpressen des Kopfes des Babys bei jeder Kontraktion bewirkt wird; mit dem Fortschreiten der Wehen wird es immer ausgeprägter. Die andere Form der Verlangsamung wird als variabel bezeichnet. Sie tritt nicht zu einer mit den Kontraktionen in Beziehung stehenden bestimmten Zeit auf und unterscheidet sich von den vorangehenden wie von den folgenden. Die meisten variablen Verlangsamungen entstehen durch ein leichtes Zusammenpressen der Nabelschnur, was zustande kommen kann, wenn die Schnur sich um den Hals oder den Körper des Babys gewickelt hat, oder wenn sie verknotet ist. Die meisten variablen Verlangsamungen sind ungefährlich, doch wenn die Frequenz auf 60/Min. absinkt oder eine Verlangsamung mindestens 60 Sek. dauert, kann das auf Fetal distress hinweisen. Variable Verlangsamungen können oft durch eine Veränderung der Körperposition korrigiert werden, weil diese den Druck von der Nabelschnur nimmt. Wenn trotz dieser Maßnahme die variablen Verlangsamungen anhalten, mißt der Arzt den pH-Wert des Blutes, das er aus der Kopfhaut des Fetus entnimmt. Das ist die einzige Möglichkeit, um mit Sicherheit festzustellen, ob variable Verlangsamungen harmlos oder gefährlich sind.

Viele Paare bekommen Angst, wenn die fetale Herzfrequenz schwankt. Doch seien Sie versichert, daß solche Schwankungen ein normales und gesundes Zeichen sind. Oft bedeutet eine ständig gleichbleibende Herzfrequenz, daß das Kind gefährdet ist. Ein solches Schema sieht man meistens bei frühgeborenen Kindern und nach der Verabreichung von Narkotika, Tranquilizern, Barbituraten oder Atropin und ähnlichen Medikamenten während der Wehen.

Eine fetale Tachykardie, das ist eine Herzfrequenz über 160/Min., kann ein frühes Zeichen von Fetal distress (Sauerstoffmangel) sein. Eine leichte Tachykardie mit einer Frequenz von 160 bis 180/Min. ist nicht annähernd so schlimm wie Frequenzen von mehr als 180 Schlägen pro Minute. Fieber der Mutter ist wohl eine der häufigeren Ursachen für eine hohe fetale Herzfrequenz, aber auch andere Beschwerden sowie Drogen und Medikamente können Tachykardie erzeugen.

Eine anomal niedrige fetale Herzfrequenz (Bradykardie) kann auf Fetal distress zurückzuführen sein. Die Untergrenze für die normale fetale Herzfrequenz liegt bei 120/Min.; aber während der Wehen ist ein Frequenzbereich zwischen 110 und 119 Schlägen gewöhnlich kein Anlaß zur Besorgnis.

Die jüngst entdeckte fetale Herzfrequenz-Anomalie wird sinusoides Herzfrequenz-Schema genannt. Dieses hat ein charakteristisches wellenartiges Erscheinungsbild mit einer Häufigkeit von drei bis fünf Schwingungen pro Minute. Viele Fachleute halten das Sinusoid-Schema für ein sicheres Anzeichen von Fetal distress; diese Ansicht wird jedoch nicht von allen Frauenärzten geteilt.

Kopfschwarten-Elektrode zur Überwachung des Fetus

Wie gewinnt man Blut aus der Kopfhaut des Fetus, und was bedeuten anomale Werte?

Die der Kopfhaut entnommene Blutprobe hat gewöhnlich denselben pH-Wert wie das übrige Blut. Ist das Blut zu sauer, spricht das für schweren Sauerstoffmangel (Fetal distress).

Die Entnahme einer Blutprobe aus der Kopfhaut des Fetus ist schmerzlos, ungefährlich und einfach durchzuführen. Ein Betrachtungsinstrument, an dessen Ende eine Lichtquelle angebracht ist, wird durch den Gebärmutterhals geführt und an die Kopfhaut des Fetus gedrückt. Hierzu muß der Muttermund

(Gebärmutterhals) mindestens 2 cm weit und die Fruchtblase geplatzt sein. Mit einem schmalen Skalpell, das sich im Endoskop befindet, werden ein oder zwei oberflächliche Schnitte in die Kopfhaut gemacht. Das Blut wird in einem Röhrchen gesammelt und sogleich auf seinen pH-Wert untersucht. Ein auf die Kopfhaut gedrückter Wattetupfer bringt die Blutung innerhalb kurzer Zeit zum Stehen. Dieser Vorgang kann während der Wehen öfter wiederholt werden.
Dadurch läßt sich häufig klären, ob Herzfrequenz-Schwankungen gefährlich sind. In einer Studie war bei nur 5% der Kinder mit einem normalen pH-Wert ein Kaiserschnitt wegen Fetal distress erforderlich. Zweifellos hat die pH-Messung viele unnötige Kaiserschnitte wegen falschem Verdacht auf Fetal distress verhindert.

Lärm als Reiz

Wie kann man mit Lärm das Befinden des Fetus testen?

Ärzte am Queen Charlotte's Maternity Hospital in London haben kürzlich die Reaktion der fetalen Herzfrequenz auf Geräuschstimuli untersucht. Sie haben am Körper der Mutter, an der Stelle, wo sich der Kopf des Fetus befand, in Abständen Lärmsalven von 10 Sek. Dauer verabreicht, und zwar 5 bis 20 Min. lang. Dadurch stieg die Herzfrequenz der Feten wenigstens für 2 Min. um mindestens 15/Min. Gefährdete Feten und solche mit geringem Geburtsgewicht reagierten deutlich schwächer. Man hat 116 Frauen zunächst mit dem Nonstress-Test und danach mit Geräuschstimulierung getestet und gefunden, daß der Lärmtest aussagekräftiger ist. Diese Ergebnisse sind ermutigend. Der Test muß aber noch genauer geprüft werden – nicht zuletzt hinsichtlich etwaiger Nebenwirkungen (siehe die Frage zur Lärmbelästigung S. 265 f.).

Verhinderung vorzeitiger Wehen

Welche neueren Methoden gibt es, um vorzeitige Wehen zu verhindern?

Vorzeitig einsetzende Wehen sind zweifellos das Hauptproblem, dem der moderne Geburtshelfer gegenübersteht. Obwohl weniger als 10% der Kinder Frühgeburten sind, stellen sie 80% aller gestorbenen Neugeborenen und eine bedeutende Zahl von neurologisch behinderten Kindern. Die meisten Frühgeborenen sterben, weil ihre Lungen unreif sind.
Obgleich vielen Medikamenten nachgesagt wird, daß sie die Wehen hemmen, haben die meisten kläglich versagt. Man hat die Theorie aufgestellt, daß die Wehen einsetzen, wenn der Progesteronspiegel der Mutter sinkt, und daß große Mengen Progesteron das Einsetzen der Wehen hemmen. In praxi jedoch haben Progesteron und andere in ihrer chemischen Zusammensetzung ähnliche Hormonpräparate enttäuscht.
Bis vor kurzem gab man meist 10%ige Alkohollösung intravenös, um Frühgeburten zu verhindern. Man glaubt, daß

Alkohol die Wehen hemmt, indem er die Freisetzung von Oxytozin blockiert. Oxytozin ist das Hormon der Hirnanhangdrüse, das die Gebärmutter zur Kontraktion anregt. Leider ist die Dosis, die gebraucht wird, um die Kontraktionen zum Stillstand zu bringen, ziemlich hoch und kann bei der Mutter zu Komplikationen führen wie Übelkeit, Erbrechen, Unruhe, Vergiftung, Benommenheit und sogar Tod. Außerdem ist auch der Fetus gefährdet (fetales Alkohol-Syndrom), was den Gebrauch von Alkohol unannehmbar macht.

Magnesiumsulfat ist ein ausgezeichnetes Mittel zur Behandlung von Präeklampsie. In den letzten Jahren wurde es mit einigem Erfolg auch dazu verwendet, um vorzeitige Kontraktionen der Gebärmutter zu lösen. Zwar ist es relativ frei von unerwünschten Wirkungen für die Mutter, dafür verursacht es aber beim Neugeborenen Atemdepression und schwächt dessen Muskeltonus.

Prostaglandine, die in vielen Körpergeweben vorkommen, verursachen starke Gebärmutterkontraktionen. Sie werden häufig verwendet, um Schwangerschaften im zweiten Drittel abzubrechen. Ein plötzlicher Anstieg des Prostaglandin-Gehalts ist nach Meinung vieler Experten die Hauptursache für das Einsetzen und die Aufrechterhaltung der Wehentätigkeit. Medikamente wie Aspirin, die die Freisetzung von Prostaglandinen hemmen, können vorzeitige Wehen verhindern. Wird Aspirin während der letzten Schwangerschaftswochen in relativ hohen Dosen genommen, kann es das Einsetzen der Wehen verzögern. Andere, unerwünschte Wirkungen aber verbieten den Einsatz von Aspirin zu diesem Zweck. Früher benutzte man Indometacin, um Wehen zu verhindern. Es verursacht jedoch leider mitunter eine pulmonale Hypertonie (Hochdruck im Lungenkreislauf) beim Fetus. Tierversuche und Erfahrungen mit Menschen lassen vermuten, daß Indometacin die Durchblutung von Uterus und Plazenta beeinträchtigen kann, was wiederum einen Rückgang der Fruchtwassermenge, Verschmutzung des Fruchtwassers mit Mekonium (ein Anzeichen für Fetal distress) und eine Verschlechterung der fetalen Nierenfunktion zur Folge hat.

Die meistversprechende Medikamentengruppe, um vorzeitige Wehen zu verhindern, sind die sogenannten Beta-Sympathomimetika. Diese Mittel lösen Kontraktionen und entspannen die Gebärmutter, indem sie bestimmte Rezeptoren (Beta-Rezeptoren), die an der Muskel-Zellmembran sitzen, stimulieren. Zu dieser Gruppe gehören Isoxsuprin (Duvadilan®, Vasoplex®), Fenoterol (Berotec®, Partusisten®), Salbutamol (Sultanol®), Ritodrin (Pre-par®), Terbutalin (Bricanyl®), Orciprenalin (Alupent®) und Hexoprenalin (Etascol®). Terbutalin, Orciprenalin und Hexoprenalin werden auch zur Asthmabehandlung verwendet. Isoxsuprin ist ein wichtiges Medikament zur Behandlung vaskulärer Störungen.

Welche Nebeneffekte und Risiken hat der Einsatz von Beta-Sympathomimetika zur Behandlung vorzeitiger Wehen?

Mit zunehmendem Einsatz dieser Medikamente zur Behandlung vorzeitiger

Wehen ist auch die Zahl der Nebenwirkungen und Komplikationen gestiegen. Hierzu gehören Herzklopfen, Nervosität, Tachykardie (stark beschleunigter Herzschlag) bei Mutter und Fetus und Blutdruckschwankungen bei der Mutter, die zeitweise den Fetus tangieren können. Bei einer kleinen Anzahl von Frauen, die mit Terbutalin und anderen Beta-Sympathomimetika plus Cortison behandelt wurden, hat man plötzlich auftretende Lungenödeme (Flüssigkeit in den Lungen) beobachtet. Frauen mit leichtem Lungenödem sprechen meistens auf eine Therapie mit Diuretika und Sauerstoff an, aber im fortgeschrittenen Stadium kann diese Störung zu schwerer Atemnot, Herzversagen und sogar zum Tod der Mutter führen. Wenn Beta-Sympathomimetika und Cortison zusammen verwendet werden, muß man auf Frühsymptome des Lungenödems achten, damit rechtzeitig eine Behandlung in die Wege geleitet werden kann.

Im *Journal of Pediatrics* berichteten 1979 Ärzte der Duke University, daß sie bei Neugeborenen, deren Müttern Isoxsuprin gegeben worden war, häufiger Atemnot-Syndrome, schwere Darminfektionen, anomal niedrige Calcium-Serumspiegel, anomal niedrige Blutzuckerspiegel, niedrigen Blutdruck und Tod beobachteten. Wenn das Mittel 72 Stunden oder noch eher vor der Entbindung gegeben wurde, war die Komplikationsrate geringer. In einer anderen 1979 durchgeführten Studie der Harvard Medical School stellte man vermehrt niedrige Blutzuckerspiegel fest, nachdem die Mütter mit Fenoterol und Terbutalin behandelt worden waren.

Ritodrin besitzt die Fähigkeit, Gebärmutterkontraktionen zu verhindern, ohne daß es bei der Mutter zu den schweren Nebenwirkungen kommt, die andere Beta-Sympathomimetika verursachen. Die relative Sicherheit von Ritodrin ist durch weltweite klinische Erfahrungen an mehr als 500000 Frauen bestätigt. Kurz nach der intravenösen Verabreichung steigt fast immer die Herzfrequenz um 20 bis 40/Min. Die fetale Herzfrequenz steigt allerdings um weniger als 10/Min. Diese Veränderungen werden meistens gut vertragen und sind unbedenklich. Der Blutdruck eines Menschen setzt sich aus zwei Werten zusammen: dem systolischen (hoher Wert) und dem diastolischen (tiefer Wert). Ritodrin erhöht gewöhnlich den systolischen Blutdruck und senkt den diastolischen. Wenn also beispielsweise der normale Blutdruck einer Frau 110/70 mmHg beträgt, kann Ritodrin ihn in 120/60 mmHg verwandeln.

Bei ungefähr 10 bis 15% der Frauen, denen intravenös Ritrodin verabreicht wird, treten Krämpfe, Übelkeit, Erbrechen, Kopfweh oder Rötungen der Gesichts- und Körperhaut auf. 33% bekommen Herzklopfen, und 5 bis 10% werden nervös oder unruhig. Schmerzen im Brustkorb und Herzrhythmus-Störungen wurden bei 1 bis 3% der mit Ritodrin behandelten Frauen beobachtet, während Lungenödeme nur in 4 von den über 500000 dokumentierten Fällen auftraten. Die Häufigkeit und Schwere all dieser Komplikationen steht in direktem Zusammenhang mit der verabreichten Ritodrin-Dosis. Diabetikerinnen sollten sich bewußt sein, daß Ritodrin den Blutzucker erhöhen kann.

Anders als die anderen Beta-Sympathomimetika beeinträchtigte Ritodrin die Neugeborenen nicht; und auch als diese Kinder im Alter von 2 Jahren nachuntersucht wurden, hat man keine Wachstums- oder Entwicklungsstörungen festgestellt.

Wann sollte Ritodrin verabreicht werden und wann nicht?

Ritodrin ist nicht harmlos, und eine Frau und ihr Arzt müssen sorgfältig abwägen, ob der Gewinn für Mutter und Kind das Risiko wert ist. Vorzeitige Wehen muß man unbedingt unterdrücken, wenn der Fetus voraussichtlich weniger als 5 Pfd. wiegt, die Schwangerschaft zwischen 20 und 36 Wochen alt ist, die Kontraktionen in kurzen Abständen auftreten, der Muttermund bis zu 4 cm weit und verstrichen ist und die Fruchtblase noch steht. Unter diesen günstigen Voraussetzungen können die Wehen in 80% der Fälle mindestens zehn Tage lang unterdrückt werden. Im Durchschnitt wird die Schwangerschaft durch Ritodrin um 16 Tage verlängert. Das mag nicht viel scheinen, aber für ein Frühgeborenes ist jeder Tag ein Gewinn.

Zwar ist auch dann noch ein Versuch mit Ritodrin gerechtfertigt, wenn die Wehen schon weit fortgeschritten sind und der Muttermund mehr als 4 cm geöffnet ist, aber die Wahrscheinlichkeit, die Schwangerschaft zu verlängern, beträgt in diesem Fall nicht einmal 10%. Es ist umstritten, ob Ritodrin gegeben werden soll, wenn die Fruchtblase schon geplatzt ist. Entscheiden sich eine Frau und ihr Arzt für diesen Weg, sollten sie sich des erhöhten Risikos fetaler und uteriner Infektionen bewußt sein. Bei intrauterinen oder fetalen Infektionen sollte Ritodrin auf keinen Fall angewendet werden, weil diese Komplikationen eine sofortige Entbindung erforderlich machen. Auch bei starken Blutungen aus der Scheide oder Anzeichen für eine schwere Mißbildung des Fetus, die ein Überleben unwahrscheinlich macht, sollte Ritodrin nicht gegeben werden. Vor der 20. Schwangerschaftswoche wird Ritodrin nicht empfohlen, weil man nicht weiß, ob das Medikament die Organogenese beeinträchtigt.

Bestimmte Krankheiten schließen eine Therapie mit Ritodrin aus. Frauen mit Herzleiden, Hypertonie, schwerer Schwangerschaftstoxikose oder Hyperthyreose sollte es wegen seiner Wirkungen auf Blutdruck und Puls niemals gegeben werden. Diabetikerinnen können mit Ritodrin behandelt werden, vorausgesetzt, es wird sorgfältig dosiert, weil es ja den Blutzucker und damit den täglichen Insulinbedarf erhöhen kann.

Wie wird Ritodrin verabreicht?

Die Maximaldosis beträgt 350 mg. Während der Medikation werden Mutter und Kind laufend überwacht. Um einem Blutdruck-Abfall und Fetal distress entgegenzuwirken, sollte eine Frau während der ganzen Zeit, die sie am Ritodrintropf hängt, auf der linken Seite liegen. Sicherheitshalber wird die intravenöse Verabreichung, nachdem die Kontraktionen aufgehört haben, noch 12 bis 24 Stunden fortgesetzt. 30 Min. vor Therapieende wird Ritodrin in

Form einer 10 mg-Pille gegeben und von da an so lange, bis das Risiko einer Frühgeburt gebannt ist. Wenn die Kontraktionen nicht wiederkehren, kann eine Frau in der Regel nach 2 Tagen wieder aufstehen. Gelegentlich treten die Wehen jedoch wieder auf, und die intravenöse Therapie muß wiederholt werden.

Kann man die Reifung der fetalen Lungen beschleunigen?

Da Kindern mit Atemnot-Syndrom Surfactant fehlt, hat sich die Forschung darauf konzentriert, ein Mittel zu finden, das die Surfactant-Konzentration erhöht. Die Hauptphospholipid-Komponente von Surfactant ist Lezithin; wenn genügend Lezithin vorhanden ist, kommt es nicht zum Atemnot-Syndrom (siehe die Frage zur Amniozentese wegen fetaler Reife). Bislang haben sich intramuskuläre Gaben von Corticosteroiden, die der Mutter verabreicht wurden, für die Steigerung des fetalen Surfactant-Spiegels als vielversprechend erwiesen. Betamethason, Dexamethason, Hydrocortison und Methylprednisolon wurden mit unterschiedlichem Erfolg angewendet. Gewöhnlich werden 2 Corticosteroid-Injektionen im Abstand von 24 Stunden verabreicht; Babys, die weniger als 24 Stunden nach der ersten Dosis geboren werden, sind höchstwahrscheinlich nicht mehr zu retten. Interessant ist, daß Kinder, die mehr als sieben Tage nach der letzten Corticosteroid-Injektion geboren werden, bereits wieder einem höheren Risiko unterliegen, ein Atemnot-Syndrom zu erleiden. Daher empfehlen Befürworter dieser Therapie eine erneute Injektion, falls das Frühgeburtsrisiko nach wie vor besteht.

Die Forscher haben festgestellt, daß die Corticosteroid-Therapie zwischen der 30. und 34. Woche am vorteilhaftesten ist. In einer Studie, die 1431 Frauen umfaßte, wurden 607 Frauen vor der 36. Woche mit Corticosteroiden behandelt. In dieser Gruppe starben 6,5% der Feten. In einer unbehandelten Gruppe, die 824 Patientinnen umfaßte, betrug die Mortalität dagegen 22%. Die Gesamthäufigkeit des Atemnot-Syndroms betrug bei der behandelten Gruppe 11%, bei der unbehandelten 30%.

Obwohl mehrere Forscher diese Ergebnisse bestätigt haben, bleiben viele andere skeptisch gegenüber dieser Therapie. In einem völlig gegensätzlichen Bericht vom Columbia-Presbyterian Medical Center, der 1979 veröffentlicht wurde, waren 84 frühgeborene Kinder untersucht worden, deren Mütter Betamethason erhalten hatten. Im Vergleich mit einer Kontrollgruppe von 84 Kindern, deren Mütter nicht behandelt worden waren, wurde kein Unterschied in der Häufigkeit von Kindern mit Atemnot-Syndrom und am Leben gebliebenen Kindern festgestellt.

Die Langzeitwirkungen bei Kindern, die im Mutterleib Corticosteroiden ausgesetzt waren, sind noch nicht ganz erforscht. Während die anfänglichen Ermittlungen am Menschen ermutigend sind, haben die Ergebnisse von Tierversuchen einigermaßen enttäuscht. In einer 1979 durchgeführten Studie hatten Affen, die Betamethason ausgesetzt waren, einen kleineren Kopfumfang als Kontrolltiere. Ähnlich behandelte Rat-

ten hatten niedrigeres Gewicht und kleinere Gehirne, Herzen, Lebern, Nieren und Nebennieren.
Manche Ärzte lehnen die Anwendung von Cortisonpräparaten wegen der möglichen Gefahren für die Mutter ab. Diese Mittel verändern beispielsweise den Glukosestoffwechsel, und bei einer Diabetikerin steigt durch eine solche Therapie oft der tägliche Insulinbedarf. Corticosteroide können auch den Blutdruck steigern, was besonders für Leute mit Hypertonie und Frauen mit Schwangerschaftstoxikose gefährlich sein kann. Bei Patientinnen, die diese Medikamente erhalten, steigt die Infektionsrate, und die Wundheilung ist beeinträchtigt. Das muß unbedingt berücksichtigt werden, falls ein Kaiserschnitt erforderlich ist. Corticosteroide erschweren mitunter die Entdeckung von Infektionen der Mutter, weil sie die Anzahl der weißen Blutkörperchen vergrößern. Man benutzt nämlich die Leukozytenzahl, um zu bestimmen, ob eine Infektion vorliegt. Corticosteroide verwischen das Testergebnis. Frauen mit Magen- und Zwölffingerdarmgeschwüren können diese Medikamente schaden.
Gleichzeitig mit den Corticosteroiden, die verabreicht werden, um die Lungen eines voraussichtlich frühgeborenen Kindes reifen zu lassen, verabreichen die Ärzte gewöhnlich Medikamente, die vorzeitige Wehen verhindern, sogenannte Sympathomimetika (siehe Seite 336–38). Werden sie jedoch kombiniert mit Corticosteroiden angewandt, können diese Mittel bei der Mutter in seltenen Fällen ein Lungenödem (Ansammlung von Flüssigkeit in den Lungen) hervorrufen, was sehr gefährlich ist und sofort behandelt werden muß.
Diese Kombinationstherapie ist also leider nicht ganz harmlos. Corticosteroide können bei der Mutter schwere Nebenwirkungen erzeugen; und die Langzeitwirkung auf den Fetus ist bislang unbekannt. Aus diesem Grunde sollten Corticosteroide nur in bestimmten Situationen verwendet werden, wenn das Kind extrem unreif und die Gefahr groß ist, daß es nach der Geburt ein schweres Atemnot-Syndrom erleiden wird.

Rhesus-Unverträglichkeit

Wie wird eine etwaige Rhesus-Unverträglichkeit des Fetus diagnostiziert und behandelt?

Eines der ersten fetalen Leiden, das erfolgreich im Mutterleib behandelt wurde, war die Rhesus-Unverträglichkeit. Eine Rhesus-negative Mutter kann gegen die roten Blutkörperchen ihres Rhesus-positiven Fetus Antikörper bilden. Diese Antikörper durchqueren die Plazenta und gelangen in den fetalen Kreislauf, wo sie die roten Blutkörperchen zerstören und Anämie und Herzversagen verursachen, was tödlich sein kann. Damit sich bei der Mutter überhaupt Rhesus-Antikörper bilden können, müssen zunächst Rhesus-positive Blutkörperchen in den Kreislauf der Mutter gelangen. Das geschieht meistens während des letzten Drittels oder bei der Entbindung einer vorangegangenen Schwangerschaft, aber es kann auch, wenn auch seltener, durch eine Fehlgeburt oder einen Schwangerschaftsabbruch im ersten oder zweiten Drittel sowie durch eine ektopische Schwangerschaft zur Immunisierung kommen. Wenn Blutuntersuchungen ergeben, daß eine Schwangere Rhesus-Antikörper hat, werden die Bilirubin-Werte im Fruchtwasser gemessen, um zu ermitteln, wie schwer der Fetus betroffen ist. Hohe Bilirubin-Konzentrationen bedeuten, daß viele rote Blutkörperchen zerstört worden sind. Wird festgestellt, daß der Fetus schwer betroffen ist und womöglich sterben wird, aber noch nicht reif genug ist, um augenblicklich aus dem Uterus geholt zu werden, so ist es möglich, kleine Mengen frischer Rhesus-negativer roter Blutkörperchen eines Erwachsenen direkt in die Bauchhöhle des Fetus zu übertragen. Von dort gelangen die Blutkörperchen in den fetalen Kreislauf. Dieser Vorgang muß in Abständen von 10 bis 14 Tagen wiederholt werden, bis der Fetus reif genug ist, um außerhalb der Gebärmutter zu überleben.

Es ist eine erstaunliche Leistung, eine Nadel so akkurat in den Bauch eines Fetus zu stechen, daß Blut übertragen werden kann. Die Nadel wird mit Hilfe von Ultraschall eingeführt. Die alte Methode, die mit einer hohen Strahlenbelastung (Röntgen) einhergeht, ist damit überholt. In jüngster Zeit ist es Ärzten am King's College Hospital in London gelungen, über ein Fetoskop Blut direkt in die fetalen Gefäße der Nabelschnur zu spritzen. Aber diese Technik ist über das Experimentierstadium noch nicht hinaus.

Was ist Gammaglobulin?

Glücklicherweise ist Rhesus-Unverträglichkeit heutzutage ziemlich selten, seit 1969 mit einer Immunglobulin-Prophylaxe begonnen wurde. Dieses Medikament besteht aus Rhesus-Antikörpern. Es wird innerhalb von 48 Stunden nach einer Entbindung oder einer Fehlgeburt intramuskulär verabreicht und zerstört die Rhesus-positiven fetalen Blutkörperchen, die in den mütterlichen Kreislauf gelangt sind. Dann braucht die Rhesus-negative Frau keine Antikörper gegen die Rhesus-positiven Blutkörperchen zu bilden. Sind sie aber erst einmal entstanden, bleiben die Antikörper ein Leben lang präsent und stellen eine große Gefahr für alle zukünftigen Rhesuspositiven Nachkommen dar. Wenn eine Frau immunisiert ist, das heißt, wenn sie bereits eigene Antikörper gebildet hat, ist die Injektion von Gammaglobulin sinnlos. Aus diesem Grund brauchen alle Rhesus-negativen Frauen nach der Geburt eines Rhesus-positiven Kindes eine Injektion mit den spezifischen Immunglobulinen. Da die Blutgruppe einer frühen Fehlgeburt meist nicht bekannt wird, müssen alle Rhesus-negativen Frauen nach einer spontanen Fehlgeburt, aber auch nach einem Schwangerschaftsabbruch oder einer Extrauterin-Gravidität eine solche Spritze bekommen. Die einzige Ausnahme ist, wenn auch der Vater Rhesus-negativ ist, denn zwei Rhesus-negative Eltern können kein Rhesus-positives Kind bekommen.

Die Anzahl der fetalen roten Blutkörperchen, die in den Kreislauf der Mutter gelangen, ist nach einer Fehlgeburt bedeutend geringer als nach der Entbindung einer voll ausgetragenen Schwangerschaft, daher wird auch weniger Immunglobulin benötigt. In diesem Fall genügen 2 ml statt der üblichen 5.

Die Blutmenge, die vom Fetus bei der Geburt in den Kreislauf der Mutter gelangt, variiert von Schwangerschaft zu Schwangerschaft. Größere Mengen sind bei Kaiserschnitt oder Blutungskomplikationen wie Placenta praevia oder vorzeitige Plazentalösung zu erwarten. Eine Ampulle des Immunglobulins schützt gegen 15 ml fetales Blut. Wenn mehr als diese Menge in den Kreislauf der Mutter gelangt, reicht eine Ampulle nicht aus, um sämtliche fetalen roten Blutkörperchen zu zerstören. Die Rhesus-negative Mutter wird dann trotzdem Antikörper bilden, obwohl sie gespritzt wurde. Das kommt bei 2% der Rhesus-negativen Frauen vor, kann aber durch einen einfachen Test, der ermittelt, ob mehr Gammaglobulin erforderlich ist, verhindert werden.

In manchen Ländern hat man allen Rhesus-negativen Schwangeren zwischen der 28. und 32. Woche und in der Post-partum-Periode noch einmal prophylaktisch Antikörper verabreicht, um das 2%ige Restrisiko auf Null zu reduzieren. Man hat bei Kindern so behandelter Mütter keine schädlichen Auswirkungen feststellen können.

Da nach einer Amniozentese mit großer Wahrscheinlichkeit fetomaternale Blutungen zu erwarten sind, sollte nach diesem Eingriff grundsätzlich Anti-D-Immunglobulin verabreicht werden.

Fetaltherapie

Welche anderen Formen der Fetaltherapie wurden neben intrauterinen Bluttransfusionen noch entwickelt?

In den letzten Jahren wurde eine Unmenge genialer Methoden entwickelt, um den Fetus in utero zu behandeln. Gegen anomal hohe fetale Herzfrequenzen beispielsweise hat man dem Fetus durch die Bauchdecke der Mutter hindurch Digitalis injiziert. An der Yale University School of Medicine haben Ärzte gefährlich große Flüssigkeits-Ansammlungen aus Brustkorb und Bauch von Feten abpunktiert. Ebenso erstaunlich war der Bericht von der University of Colorado. Dort hat man einen Hydrozephalus behandelt. Man leitete den überschüssigen Liquor mit einem Röhrchen, das unter Ultraschallkontrolle im Kopf des Fetus plaziert wurde, vom Kopf ins Fruchtwasser; und auch an der Harvard Medical School haben Ärzte mit einer ähnlichen Technik einem Fetus mit Hydrozephalus das Leben gerettet. Sie punktierten in regelmäßigen Abständen den überschüssigen Liquor ab.

An mehreren Kliniken haben Spezialisten Harn aus der Blase von Feten abgeleitet, deren Harnröhre blockiert war.

Phenylketonurie ist ein autosomal-rezessives Erbleiden (siehe Seite 308), bei dem die Aminosäure Phenylalanin nicht verstoffwechselt werden kann. Wenn Phenylketonurie nicht bei der Geburt entdeckt und während der Kindheit mit einer phenylalaninarmen Diät behandelt wird, steigen die Phenylalanin-Spiegel im Blut stark an und verursachen Schwachsinn. Bei richtiger Diät können Menschen mit dieser Krankheit ein normales Leben führen und im Erwachsenenalter normale Kost zu sich nehmen. Wenn sie jedoch schwanger werden, kann das in ihrer Nahrung enthaltene Phenylalanin über die Plazenta zum Fetus gelangen und schon vor der Geburt geistige Retardiertheit und Mikrozephalie verursachen. Um das zu verhindern, muß sich eine Phenylketonurikerin vor der Empfängnis und während der Schwangerschaft phenylalaninfrei ernähren.

Wie bereits erwähnt (siehe Seite 235), haben neuere Studien ergeben, daß unmittelbar vor und während der Schwangerschaft verabreichte Folsäure und andere Vitamine die Anzahl der Neuralrohrdefekte erheblich reduzieren.

Die Fetaltherapie ist noch jung. Täglich werden neue aufregende Entdeckungen gemacht. Man hofft, daß in Zukunft viele metabolische und enzymatische Anomalien bereits in utero behandelt werden können.

Welche Vorteile bringt die Diagnose von Thalassämie, wenn sie bereits in utero gestellt wird?

Thalassämie ist eine autosomal-rezessive Erbkrankheit, die von einer Anomalie des Hämoglobins (roter Blutfarbstoff, transportiert den Sauerstoff) verursacht wird. Diese auch als Mittelmeeranämie bezeichnete Krankheit gehört zu den häufigsten Erbkrankheiten, und doch ist sie nur wenigen Menschen bekannt. Bei Menschen von italienischer und griechischer Abstammung ist einer von 25 ein gesunder Überträger von Thalassämie, und einer von 2500 leidet an der schweren Form der Krankheit. In Sardinien sind 13% der Bevölkerung Überträger, und eins von 250 Neugeborenen ist krank. Außer stützenden Maßnahmen wie regelmäßigen Bluttransfusionen gibt es kein Mittel gegen die Thalassämie. Die meisten sterben noch vor dem 30. Lebensjahr.

Ein gesunder Überträger leidet gewöhnlich lediglich an einer sehr milden Anämie, aber zwei Überträger zeugen in 25% der Fälle ein Kind, das an schwerer Anämie, häufigen Infektionen, anomal großer Leber und Milz und dünnen, spröden Knochen leidet. Die Hämoglobin-Anomalie kann leicht durch einen Test, die sogenannte Hämoglobin-Elektrophorese, oder unter dem Mikroskop, wo die charakteristisch veränderten roten Blutkörperchen auffallen, diagnostiziert werden.

Gesunde Überträger der Krankheit haben einen kleinen Prozentsatz von anomalem Thalassämie-Hämoglobin im Blut, was die Hämoglobin-Elektrophorese aufdeckt. Paare, die aus dem Mittelmeerraum stammen, sollten sich bei Kinderwunsch zunächst einer Thalassämie-Untersuchung unterziehen.

Man kann Thalassämie heute in utero mit einer fetoskopisch gewonnenen Blutprobe diagnostizieren. Es ist jedoch zu erwarten, daß die gefährlichere Fetoskopie-Methode bald durch eine risikoärmere Methode ersetzt wird, wo im Fruchtwasser enthaltene Enzyme (Amniozentese) untersucht werden.

Schwangerschaftsabbruch im zweiten Drittel

Wie geht ein Schwangerschaftsabbruch im zweiten Drittel vor sich?

Wollte man früher eine Schwangerschaft noch im vierten oder fünften Monat unterbrechen, war ein kaiserschnittähnlicher Eingriff erforderlich. Die Sterblichkeitsquote bei den Müttern betrug zwischen 45 und 270 auf 100000. Darüber hinaus schwächte der Schnitt häufig die Uterusmuskeln, so daß spätere Entbindungen nur durch Kaiserschnitt möglich waren.

Glücklicherweise verfügt man heutzutage über sicherere Methoden, um eine 16 bis 24 Wochen alte Schwangerschaft abzubrechen. Eine davon ist die Injektion von hypertoner Kochsalzlösung oder Prostaglandinen in das Fruchtwasser. Dabei verfährt man wie bei einer Amniozentese. Gewöhnlich setzen einige Stunden nach der Injektion die Wehen ein, die trotz der geringen Größe des Fetus oft lang und sehr schmerzhaft sind und gewöhnlich reichliche Mengen Analgetika erfordern.

Prostaglandine in Form von Vaginalzäpfchen erfreuen sich in den letzten Jahren zunehmender Beliebtheit. Wird in drei- bis fünfstündigen Abständen ein Zäpfchen in die Scheide eingeführt, kommt es normalerweise innerhalb von neun Stunden zu starken Wehen und der Ausstoßung des Fetus.

Eine 1982 durchgeführte Umfrage ergab, daß heutzutage die meisten amerikanischen Ärzte nach der 12. Woche die Ausschabung zur Beendigung einer Schwangerschaft bevorzugen. Die Quote schwerer Komplikationen ist niedriger, als wenn hypertone Kochsalzlösung oder Prostaglandine eingesetzt werden. Allerdings erfordert eine Ausschabung, bei der zuvor der Muttermund geweitet werden muß, große Geschicklichkeit, besonders dann, wenn die Schwangerschaft auf die 20. Woche zugeht. Die Dehnung des Muttermunds kann spätere Schwangerschaften beeinträchtigen. Viele Experten befürchten, daß die Ausschabung viel häufiger Zervixinsuffizienz und den Verlust nachfolgender Feten verursacht als andere Methoden.

Welche Komplikationen kann die intrauterine Injektion von hypertoner Kochsalzlösung verursachen?

Obwohl diese Art des Abbruchs meist nur geringfügige Nebenwirkungen auslöste, ist die Methode viel gefährlicher als eine Ausschabung im ersten Drittel. Bei schätzungsweise 20 bis 26% der Frauen kommt es zu Komplikationen. Die Todesrate variiert zwischen 12 und 18 pro 100000 Abbrüche.

Wenn der Arzt die Lösung in ein Blutgefäß der Gebärmutter statt in das Fruchtwasser spritzt, was in etwa 0,4% der Fälle passiert, kann das tödlich sein. Es werden 200 ccm injiziert. Der Arzt muß während der Injektion auf frühe Anzeichen von Hypernatriämie achten wie Kopfweh, Unruhe, Taubheit in den Fingern, Fieber, großer Durst; und er muß augenblicklich aufhören zu spritzen, wenn eines dieser Warnzeichen auftritt. Eine Frau muß unbedingt wach und bei vollem Bewußtsein sein und darf vor oder während der Injektion kein Beruhigungsmittel bekommen.

Wird die Lösung versehentlich in den Uterusmuskel gespritzt, entstehen Gewebsnekrosen. Diese sehr seltene Komplikation kann eine operative Entfernung der Gebärmutter erforderlich machen. Noch seltener kommt es vor, daß in die Bauchhöhle gespritzt wird, was sofort starke Schmerzen verursacht. Wird die Injektion gleich abgebrochen, kommt es zu keinen schädlichen Wirkungen.

Selbst wenn es gelingt, die Prozedur regelrecht durchzuführen, gelangt etwas Salz in den Blutkreislauf und bleibt dort für mehrere Stunden. Einer Frau mit schwachem Herzen kann der erhöhte Salzgehalt und die damit verbundene Zunahme des Blutvolumens sehr gefährlich werden.

In 2 bis 16% der Fälle steigt die Temperatur auf über 38 °C. Ist eine Infektion die Ursache dieses Fiebers, kann das tödlich sein; die meisten Todesfälle nach Schwangerschaftsabbruch gehen darauf zurück.

Die Häufigkeit von Blutungen beträgt ungefähr 2,6%; und in 1 bis 2% der Fälle sind sie so stark, daß Blut transfundiert werden muß. Eine unerklärliche, sehr ernste Komplikation ist, daß die Spiegel einiger Blutgerinnungsfaktoren abnehmen. Dann sind noch mehr Blutkonserven erforderlich.

Bei 10 bis 16% der Frauen wird die Plazenta nicht innerhalb von 1 oder 2 Stunden spontan abgestoßen. Sie muß dann entweder mit der Hand oder unter Narkose mit einer scharfen Kürette entfernt werden.

Worin bestehen bei einem Schwangerschaftsabbruch im mittleren Drittel die Vorteile von Prostaglandinen gegenüber Salz?

Mehrere Studien ergaben, daß Prostaglandine gegenüber hypertoner Kochsalzlösung fünf eindeutige Vorzüge haben:

1. Es werden nur 8 ccm (40 mg) des Prostaglandinpräparates anstatt 200 ccm Kochsalzlösung in das Fruchtwasser injiziert. Somit ist die Gefahr, daß der Arzt während des Spritzens abrutscht und in ein Gefäß kommt, bedeutend kleiner.
2. Die Zeitspanne zwischen Injektion und Abgang ist bei Prostaglandin kleiner als bei Salz. In einer Studie erfolgte bei 69% der mit Prostaglandinen behandelten Patientinnen der Abgang innerhalb von 24 Stunden und bei 93% innerhalb von 48 Stunden, verglichen mit 22 und 85% nach Kochsalzlösung. Man muß jedoch wissen, daß aspirinhaltige Schmerzmittel den durch Prostaglandin bewirkten Kontraktionen entgegenwirken können. Nehmen Sie daher keine aspirinhaltigen Schmerzmittel, wenn ein Schwangerschaftsabbruch mit Prostaglandinen geplant ist.
3. Prostaglandine verändern Volumen und Salzgehalt des Bluts nur unwesentlich und können daher Frauen, die beispielsweise Herzleiden haben, ohne große Bedenken gegeben werden.
4. Prostaglandine beeinträchtigen die Blutgerinnung nicht.
5. Eine inkorrekte Verabreichung von Prostaglandinen ist nicht so gefährlich wie die von hypertoner Kochsalzlösung.

Lösen Prostaglandine Abwehrreaktionen aus?

Die häufigste Reaktion auf Prostaglandin-Injektionen ist Erbrechen. Es tritt in 50 bis 75% der Fälle auf. 25% wird übel, ohne daß sie erbrechen müssen. Diese Symptome stellen sich gewöhnlich erst mehrere Stunden nach der ersten Injektion ein. Es hat sich bewährt, prophylaktisch Schmerzmittel zu verabreichen. Bei 16% der Frauen beobachtete man Diarrhö.

Ein Temperaturanstieg (6% der Fälle) ist klinisch nicht von Belang. Manchmal ist es allerdings nicht ganz leicht, eine lediglich erhöhte Temperatur von Fieber zu unterscheiden, das durch eine Infektion der Gebärmutter hervorgerufen wird.

Die gefährlichste Reaktion tritt in 1 bis 3% der Fälle auf: Unmittelbar nach der Injektion treten asthmaähnliche Kurzatmigkeit, Übelkeit, Erbrechen, Unruhe und sogar Anfälle auf; außerdem sinkt der Blutdruck, und die Herzfrequenz wird unregelmäßig und langsamer. Man nimmt an, daß dann die Prostaglandine direkt in den Kreislauf gelangt sind. Zum Glück baut der Organismus die Prostaglandine rasch ab, so daß sämtliche Symptome innerhalb von 20 Min. wieder verschwinden. Dennoch wird empfohlen, Prostaglandine bei Asthmatikerinnen nicht anzuwenden.

Die durch Prostaglandin verursachten Kontraktionen des Uterusmuskels sind oft so stark, daß sie bei etwa 0,5% der Patientinnen Risse im unteren Gebärmutterhals verursachen. Deshalb muß die Zervix nachher sorgfältig untersucht werden. Diese Komplikation tritt am ehesten bei jungen Frauen auf, die noch nie geboren haben.

In einer Studie, die 600 Schwangerschaftsabbrüche durch Prostaglandin umfaßt, bekamen 30% der Frauen innerhalb von 24 Stunden keine Wehen und brauchten eine nochmalige Injektion mit der Hälfte der Initialdosis, die 40 mg beträgt. Bei 140 Frauen blieb nach Abstoßung des Fetus Plazentagewebe zurück. Die Entfernung dieses Gewebes macht einen Krankenhausaufenthalt erforderlich.

Prostaglandinzäpfchen haben gegenüber ins Fruchtwasser injizierten Prostaglandinen einen großen Vorteil, weil sie schmerzlos und sicher anzuwenden sind und von der Person, die den Abbruch einleitet, kein besonderes Geschick erfordern. Man leitet damit auch die Wehen ein, wenn feststeht, daß der Fetus abgestorben ist. Bevor es Prostaglandinzäpfchen gab, mußten Frauen, die einen toten Fetus in sich trugen, abwarten, bis die Wehen von selbst einsetzten. Die Injektion von Salz oder Prostaglandin in das Fruchtwasser kann in diesem Fall äußerst gefährlich sein, weil diese Substanzen durch eine nichtfunktionierende Plazenta in den Kreislauf der Mutter eindringen können. Befinden sie sich einmal im Blutkreislauf, können sie schwerwiegende und sogar tödliche Reaktionen bewirken.

Gibt es eine Möglichkeit, das Risiko einer Verletzung des Gebärmutterhalses bei einem Schwangerschaftsabbruch im zweiten Drittel zu verringern?

Laminaria digitata (Fingertang), eine Meeresalge, wurde in getrockneter

Form mehr als 100 Jahre lang zur Dehnung des Gebärmutterhalses benutzt. In den Muttermund eingeführt, saugt sich der Tang voll und vergrößert den Zervixdurchmesser innerhalb von sechs bis acht Stunden um das drei- bis fünffache. So läßt sich der Gebärmutterhals beispielsweise vor einer Ausschabung oder einem Schwangerschaftsabbruch langsam und schmerzlos dehnen. Die Verletzungsgefahr nimmt merklich ab. Dafür kann es aber häufiger zu Zervix- und Uterusinfektionen kommen, weil durch den geöffneten Muttermund Krankheitserreger gelangen können.

11.
Geburt und die Zeit danach

Die meisten Frauen erleben im Augenblick der Geburt unbeschreibliche Freude, für andere ist die Geburt ein unvergeßlich schmerzhaftes, unangenehmes Erlebnis. Vorbereitungskurse helfen vielen zukünftigen Eltern, mit ihren Ängsten besser fertigzuwerden; aber selbst Enthusiasten geben unumwunden zu, daß eine Geburt mit etlichen unangenehmen Überraschungen verbunden sein kann.

Ein vielbeschäftigter Frauenarzt findet nicht immer die Zeit, ungefragt zu den vielfältigen Aspekten der Geburt Stellung zu nehmen. Ergreifen Sie die Initiative, und gehen Sie vor der Entbindung gut vorbereitet zum Arzt mit einer Liste sämtlicher Fragen und Sorgen, die Sie haben:

Werden alle Patientinnen routinemäßig am Bildschirm überwacht? Wie steht Ihr Arzt zu gängigen Problemen wie Steißlage, vorzeitigem Platzen der Fruchtblase und übertragenen Schwangerschaften? Wird die Episiotomie (Dammschnitt) routinemäßig vorgenommen, und wenn ja, wie? Wird Stillen befürwortet? Darf der Vater beim Kaiserschnitt ebenso anwesend sein wie bei der normalen Entbindung?

Wenn Ihnen der Mut fehlt, Ihren Arzt frei heraus zu fragen, werden Sie während der Geburt womöglich unangenehme Überraschungen erleben.

Nach der Geburt verlassen viele Frauen mit unbeantworteten Fragen das Krankenhaus. Sie wissen beispielsweise nicht, wann sie den Geschlechtsverkehr wieder aufnehmen dürfen und welches empfängnisverhütende Mittel sie anwenden sollen. Manche Instruktionen, die die Ärzte den Frauen Generationen hindurch für die Zeit nach der Geburt gaben, entbehren jeder sachlichen Grundlage und sind selten hilfreich.

Dieses abschließende Kapitel informiert über Wehen, Entbindung und die Zeit nach der Geburt. Über Geburtsvorbereitung und Stillen wird nichts gesagt. Beide Themen sind wichtig, werden aber in genügend anderen Büchern hinreichend behandelt. Ich möchte lieber die ebenso wichtigen Geburtshilfethemen behandeln, die den meisten Ärzten geläufig sind, die sie aber selten mit ihren Patientinnen besprechen. Das soll der Schwangeren helfen, die geburtshilfliche Fürsorge richtig einzuschätzen und sie zum Gespräch mit ihrem Arzt ermutigen. Nur wenn Sie Bescheid wissen, können Sie mitreden.

Körperhaltung

Wie wirkt sich die Körperhaltung der Schwangeren auf den Fetus aus?

Wie sich die verschiedenen Körperhaltungen während der Entbindung auswirken, hat man inzwischen hinreichend erforscht. Es gibt aber fast keine Studien, die das für die letzten Schwangerschaftsmonate untersuchen.

Wenn eine Frau in der zweiten Schwangerschaftshälfte flach auf dem Rücken liegt, drückt die vergrößerte Gebärmutter auf Aorta und Vena cava, die größte Arterie und Vene im Körper. Diese sogenannte aortocavale Kompression reduziert nicht nur die Blutmenge, die zum Herzen zurückströmt, sondern vermindert auch die Durchblutung von Gebärmutter und Plazenta. Infolgedessen erhält der Fetus weniger Sauerstoff. Aus diesem Grund empfehle ich meinen Patientinnen, sich in der zweiten Schwangerschaftshälfte auf die linke Seite zu legen. Die linke Seitenlage ist günstiger als die rechte, weil die Vena cava rechts von der Mittellinie versetzt verläuft und in linker Seitenlage weniger komprimiert wird.

Der Fetus wächst während der letzten zehn Wochen etwas langsamer. Man vermutet, daß merklich reduzierte Aktivität und längere Zeitabschnitte, die man nicht auf den Beinen verbringt, das Wachstum des Fetus insbesondere in den letzten Wochen vermehren kann. Dies bestätigte ein 1982 veröffentlichter Bericht des Pennsylvania State University College of Medicine in Hershey/Pennsylvania. Man stellte fest, daß Schwangere, die »stehende Arbeiten« verrichteten, einem merklich höheren Risiko zu plazentaren Infarkten (siehe Seite 294) unterliegen und häufiger kleinere Babys bekommen.

Kann man über die Körperhaltung die Geburtsposition des Babys beeinflussen?

Es gibt viele Theorien, doch wenig Beweise, daß sich die Körperhaltung während Schwangerschaft und Geburt auf die Lage des Babys in der Gebärmutter auswirkt. Größe und Form des Beckens, Lage der Plazenta, eventuelle Anomalien von Uterus und Becken, Fruchtwassermenge, Festigkeit des Beckenstützgewebes und eventuelle Anomalien des Fetus sind Faktoren, denen man unterstellt, daß sie die Lage des Fetus beeinflussen. In den meisten Fällen bleibt der Grund, weshalb ein Baby eine anomale Lage oder Haltung wie Steiß- bzw. hintere Hinterhauptslage einnimmt, ein Geheimnis. Die normale fetale Haltung bei der Entbindung ist die vordere Hinterhauptslage. Dabei ist der Hinterkopf des Babys nach vorn in Richtung Schambein gerichtet, und das Gesicht ist dem Rückgrat der Mutter zugewandt. Bei der hinteren Hinterhauptslage ist das Gesicht dagegen dem Schambein zugewandt. Diese Haltung verursacht Rückenwehen (Schmerzen in der unteren Rückenpartie während der Wehen) und ist komplizierter und schmerzhafter als die vordere Hinterhauptslage, weil der Kopf des Fetus in dieser Haltung einen größeren Durchmesser hat. Meistens dreht sich der Kopf unmittelbar vor der Entbindung in die vordere Hinterhauptslage.

Man hat versucht, die fetalen Lagen während Schwangerschaft und Wehen mit den physikalischen Theorien der Schwerkraft und des Auftriebs zu erklären. Demnach ist der Rücken der schwerste und dichteste Teil des Fetus außer dem Kopf, so daß er sich in eine tiefere Lage dreht. Man nimmt an, daß eine Frau, die auf dem Bauch liegt, eher eine vordere Hinterhauptslage bewirkt, während eine Frau, die auf dem Rücken liegt, eher eine hintere Hinterhauptslage provoziert. Die wissenschaftliche Literatur zu dieser Theorie ist äußerst spärlich. Dennoch empfehlen viele Hebammen und Geburtshelfer Übungen, die eine ungünstige Position verhindern sollen. Diese Übungen umfassen diverse Knie-Brust-Positionen sowie Rückenschaukelübungen. Nach meiner Erfahrung haben sie nichts genutzt. Begeisterte Befürworter dieser Methode behaupten zwar, ausgezeichnete Ergebnisse erzielt zu haben, aber die überwiegende Mehrheit der hinteren Hinterhauptslagen dreht sich von selbst in die günstigere vordere Lage. Ich gebe zu, daß die Übungen ungefährlich und einfach sind, aber ich halte sie für unwirksam.

Welche Körperhaltung ist ideal während Wehen und Entbindung?

Während die stehende Haltung im letzten Schwangerschaftsdrittel nicht die ideale Voraussetzung für das fetale Wachstum sein mag, ist sie zweifellos während der Wehen eine große Wohltat. So gut wie jede Haltung ist nämlich besser als die Rückenlage. Man hat festgestellt, daß in Rückenlage bei mindestens 30% der Frauen die Arteria iliaca abgedrückt wird, die die Plazenta mit Blut und Sauerstoff versorgt, was zu Verlangsamung der fetalen Herzfrequenz, Sauerstoffmangel und Fetal distress führt.

Es ist eindeutig belegt, daß die meisten Frauen bis Ende des 18. Jahrhunderts während der Wehen eine aufrechte Position einnahmen. Dies konnte eine stehende, sitzende, kniende oder hockende Position sein, aber immer befand sich der Rumpf mehr vertikal als horizontal. Die liegende Position im Bett kam im 19. und 20. Jahrhundert in Mode, weil die Frauenärzte so bequemer untersuchen und hantieren konnten. Dr. Roberto Caldeyro-Barcia aus Montevideo/Uruguay fand, daß die Wehen stärker, wirksamer und weniger häufig sind, wenn die werdende Mutter auf der Seite statt auf dem Rücken liegt, und noch wirksamer, wenn sie steht. Eine Befragung ergab, daß die Wehen in aufrechter Haltung am wenigsten schmerzhaft sind.

Die Vorzüge des Gehens während der Wehen für Mutter und Fetus wurden durch eine 1978 in England durchgeführte Studie bestätigt. 68 Frauen, bei denen die Wehen von selbst eingesetzt hatten, wurden nach dem Zufallsprinzip in zwei Gruppen aufgeteilt. Die Frauen der einen Gruppe brachten ihre Kinder im Gehen zur Welt, die der anderen in Rückenlage. Bei allen Patientinnen wurden fetale Herzfrequenz und Gebärmutterkontraktionen elektronisch überwacht. Es fanden sich deutliche Unterschiede. Die gehenden Frauen hatten viel kürzere Wehen, brauchten seltener intravenöse Oxytozingaben (zur Verstärkung der Wehen), brauchten weniger Schmerzmittel, hatten Babys mit bedeutend höheren Apgar-Zahlen nach 1 und nach 5 Lebensminuten, und die Herzfrequenz ihrer Babys war stabiler. Die gehenden Frauen hatten außerdem weniger, dafür aber wesentlich stärkere Wehen.

Wenn sich der Muttermund in der Eröffnungsphase nicht richtig weitet, kann man mit Oxytozin nachhelfen. Oxytozin steigert Stärke und Häufigkeit der Wehen. Da das Medikament nicht ganz ungefährlich ist, wäre eine Alternative sehr zu begrüßen. In einer ersten diesbezüglichen Studie, deren Ergebnis 1981 im *American Journal of Obstetrics and Gynecology* veröffentlicht wurde, untersuchte man 14 Frauen, bei denen die Geburt wegen unzureichender Wehen nicht vorankam. Sechs erhielten Oxytozin, während die acht übrigen zum Gehen aufgefordert wurden. Die Geburt kam bei den Gehenden etwas besser in Gang. Stärke und Häufigkeit der Wehen verbesserten sich fast sofort. Nach Verabreichung von Oxytozin dauerte es dagegen zwei Stunden, bis eine vergleichbare Wirkung erzielt war. Trotz der geringen Fallzahl zog man den Schluß, daß Gehen die Wehen ebenso wirkungsvoll stimuliert wie Oxytozin. Dabei ist Gehen gewiß die einfachere und sicherere Methode, die man zuerst versuchen sollte.

Warum ist es leichter, ein Kind in aufrechter Haltung statt in Rückenlage zur Welt zu bringen, und sind damit irgendwelche Gefahren verbunden?

In aufrechter Haltung arbeitet die Schwerkraft mit den Wehen zusammen. Man hat errechnet, daß dadurch der Druck um 35 mmHg zunimmt.

Der vom Körper des Babys und dem Rückgrat der Mutter gebildete Winkel wirkt ebenfalls auf den Fortgang der Wehen ein. Dieser Winkel ist bei einer stehenden Frau größer als bei einer, die auf dem Rücken liegt, und je größer der Winkel, um so wirksamer sind die Wehen.

Der vergrößerte Druck auf den Kopf des Fetus bei der vertikalen Haltung hat die Frage aufgeworfen, ob sich dies auf den Fetus schädigend auswirken könne. Entsprechende Untersuchungen haben dies jedoch nicht erhärtet.

In einer 1977 durchgeführten Studie wurden 189 Frauen, die während der Wehen eine horizontale Lage eingenommen hatten, mit 126 Frauen verglichen, die eine vertikale Position bevorzugt hatten. Die Ärzte untersuchten die Häufigkeit von Geburtsgeschwulsten, die durch zu hohen Druck verursacht werden. Bei intakter Fruchtblase war die Häufigkeit von Geschwulsten bei der ersten Gruppe merklich größer.

Wenngleich es ungefährlich zu sein scheint, während der Wehen eine vertikale Position einzunehmen, solange die Fruchtblase intakt ist, ist nicht gesagt, daß der vermehrte Druck auf die Kopfhaut des Fetus keinen Schaden verursacht, wenn die Fruchtblase geplatzt ist. Hierzu gibt es noch keine umfangreichen Studien. In vielen Krankenhäusern wurde die Verwendung eines Gebärstuhles am Ende der Eröffnungs- und während der Preßwehen befürwortet. Bei einem hohen Prozentsatz der Frauen platzt in diesem Wehenstadium die Fruchtblase. Es fragt sich, ob dieser merklich verstärkte Druck auf die Kopfhaut des Fetus für einen Anstieg von Kopf- und Gehirnverletzungen verantwortlich sein könnte. Eine solche Erkenntnis wäre nützlich für die Behandlung des empfindlicheren frühgeborenen Kindes.

Was ist ein Gebärstuhl?

Ein Gebärstuhl ist ein Stuhl, auf dem eine Frau gebiert. Derartige Stühle gibt es seit dem 16. Jahrhundert und möglicherweise sogar noch länger. Im Laufe der Zeit wurden alle möglichen Stühle und Tische zur Hebung des Oberkörpers entwickelt, so daß die Frauen während der Wehen eine fast aufrechte Haltung einnehmen. Klinische Erfahrungen lassen darauf schließen, daß es für die meisten am bequemsten ist, wenn ihr Rücken sich zwischen 30 und 45° von der horizontalen Lage befindet. Der unten abgebildete Gebärstuhl wurde 1979 in den USA entwickelt. Seitdem fand er in Hunderten von Kliniken Verwendung. Er steht auf einem Podest, in welchem sich ein Motor befindet, mit dessen Hilfe der Sitz gehoben, gesenkt und geneigt werden kann.

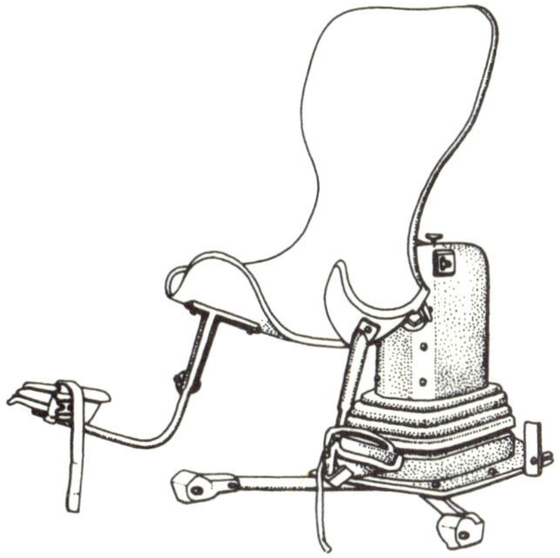

Die Zeichnung zeigt einen Gebärstuhl.

Ich habe bislang den Eindruck, der allerdings nicht durch wissenschaftliche Daten unterstützt wird, daß die meisten Patientinnen den Stuhl bequemer finden als den Standardtisch im Kreißsaal, auch wenn ich bei den Patientinnen, die den Stuhl benutzten, keine kürzeren Preßwehen bemerkt habe. Die meisten Frauen passen bequem auf den Stuhl, aber übergewichtige und solche mit dikken Oberschenkeln haben über einen unangenehmen Druck auf die Innenseite von Bein und Schenkel geklagt. Während das Vernähen eines Dammschnittes durch Rückwärtsneigen des Stuhles einfach zu bewerkstelligen ist, ist es weitaus schwieriger, eine komplizierte Naht eines Scheidenwandrisses anzulegen, weil der Stuhl nur ein begrenztes Auswärtsdrehen der Schenkel erlaubt. Wenn in einem Notfall sofort eine Vollnarkose gegeben werden muß, ist der Stuhl nicht entsprechend ausgestattet, und eine Patientin müßte auf den Standardtisch des Kreißsaales verlegt werden. Zwar kann der Stuhl angeblich auch bei Vollnarkose genutzt werden, aber in Wirklichkeit ist er für diesen Zweck nicht geeignet. Bis ausführlichere wissenschaftliche Daten über durch die sitzende Position entstehende Wehenergebnisse und Druckwirkungen der erhöhten Schwerkraft auf den Kopf des Fetus zur Verfügung stehen, halte ich mein endgültiges Urteil über die Vorzüge des Gebärstuhles zurück.

Gibt es eine vorteilhafte Position der Mutter beim Kaiserschnitt?

Eine Frau, bei der ein Kaiserschnitt in Rückenlage vorgenommen wird, ist demselben Risiko des Drucks auf Aorta und Vena cava ausgesetzt wie eine Gebärende, die während der Wehen diese Position einnimmt. Durch den Druck kann der Blutdruck der Mutter merklich sinken und den plazentaren Kreislauf und die fetale Sauerstoffversorgung beeinträchtigen.

Diese Effekte können durch eine Epiduralanästhesie verstärkt werden. Um diesem Problem abzuhelfen, benutzen die meisten Krankenhäuser zur Durchführung eines Kaiserschnitts Operationstische, die sich um mindestens 14° nach links neigen lassen. Die Neigung nach links ermöglicht, daß die Gebärmutter von der Vena cava abgleitet, wodurch der Rückfluß des Blutes von den unteren Extremitäten zum Herzen verbessert wird. So wird Hypotonie abgewendet, und der plazentare Blutfluß wird wieder normal.

Viele Krankenhäuser verwenden speziell geformte Schaumgummikeile, die auf der linken Seite des Beckens angebracht werden, um die Gebärende während der Operation sicher in Position zu halten. Einige Gynäkologen haben sogar Methoden entwickelt, wo der Tisch vollständig auf die Seite geneigt wird, so daß der Arzt den Kaiserschnitt im Sitzen durchführt. Diese Methode hat jedoch bei der Mehrheit der Ärzte keinen Anklang gefunden.

Welche Gefahren entstehen für den Fetus, wenn sich die Mutter während der Preßwehen überanstrengt?

Es ist nichts Ungewöhnliches, wenn die fetale Herzfrequenz während der Preßwehen abnimmt, weil die Mutter sich zu sehr anstrengt. Diese Verlangsamung ist eine Folge des Drucks auf den Kopf des Fetus und ist meistens harmlos. Längeres Pressen kann jedoch für den Fetus gefährlich werden. Von Dr. Caldeyro-Barcia aus Uruguay durchgeführte Untersuchungen lassen den Schluß zu, daß die besten Ergebnisse erzielt werden, wenn das Pressen 4 bis 5 Sek. dauert. Eine Ausdehnung der Anstrengung auf mehr als 6 bis 7 Sek. ist von Übel und möglicherweise äußerst gefährlich. Wenn eine Frau ermutigt wurde, länger als 15 Sek. zu pressen, traten bei dem Fetus mit größerer Wahrscheinlichkeit Hypoxie (Sauerstoffmangel) und eine merkliche Verlangsamung der Herzfrequenz auf. Wenn das Pressen spontan und freiwillig erfolgt, wird die verlangsamte Herzfrequenz nach dem letzten Pressen bei jeder Kontraktion wieder normal. Wird das Pressen jedoch unnatürlich verlängert und jedes Pressen über 6 Sek. hinaus ausgedehnt, hat die fetale Herzfrequenz keine Zeit, sich zwischen den Kontraktionen zu erholen.

Allzuoft verlangen Geburtshelfer und Schwestern, daß ihre Patientinnen so fest und so lang pressen, wie sie können, und manche Frauen werden sogar gescholten, wenn sie nicht »brav pressen«. Halten Sie sich nicht an diesen Rat. Pressen Sie nach Bedürfnis und strengen Sie sich nicht übermäßig und lange an. Pressen Sie weniger, wenn Sie auf dem Rücken liegen. Auch wenn die Wehen dann langsamer vorangehen – das Risiko, die Sauerstoffversorgung des Fetus zu beschneiden, ist so bedeutend geringer.

Wehen

Soll eine Frau auch dann während der Wehen elektronisch überwacht werden, wenn keine Komplikationen vorliegen?

Es kann kaum geleugnet werden, daß sich die elektronische Überwachung bei hochgefährdeten Schwangerschaften als hilfreich erwiesen hat, aber ob eine derartige Überwachung auch für eine gesunde Frau mit unkomplizierter Schwangerschaft und normal verlaufenden Wehen von Nutzen ist, steht noch nicht fest. Die Gegner der routinemäßigen Überwachung des Fetus behaupten, daß die Verbindung mit den Drähten und Elektroden des Gerätes, die die Frau ans Bett fesselt, unnatürlich ist, vom Geburtserlebnis ablenkt und zu häufig zu einer falschen Diagnose von Fetal distress geführt hat. Eine unnötig große Zahl von Kaiserschnitten geht auf diese falsche Diagnose zurück. Wenngleich sich die interne Überwachung des Fetus als genauer erwiesen hat als die externe Methode (vgl. Überwachung des Fetus, S. 327), gab man ihr auch die Schuld an einer größeren Häufigkeit von Infektionen und Blutungen bei Mutter und Kind sowie einer Reihe anderer Komplikationen.

Dagegen behaupten einige der angesehensten Gynäkologen in den USA, die routinemäßige Überwachung aller Frauen sorge dafür, daß weniger Feten während der Wehen absterben und weniger Kinder durch die Geburt permanente Behinderungen davontragen. Ihre Behauptung wird durch die Statistik erhärtet, die besagt, daß bei 20% von vermutlich hochgefährdeten Patientinnen während der Wehen Probleme auftreten. Nach neuesten Schätzungen gehen 20% der Totgeburten, 20 bis 40% der durch zerebrale Lähmung geschädigten Feten und 10% der Kinder mit schwerer geistiger Behinderung auf Vorkommnisse während der Wehen zurück. Viele dieser Tragödien könnten durch eine weitverbreitete Anwendung der Überwachung des Fetus verhindert werden. Die Mehrheit der Studien kommt zu dem Schluß, daß dadurch die Quote der Totgeburten und Neonataltode um 1 bis 5 Babys auf 1000 Geburten gesenkt werden könnte.

Es ist verständlich, daß Frauen verwirrt sind, wenn es um die Entscheidung geht, ob sie routinemäßig überwacht werden sollen oder nicht. Der Haupteinwand gegen die Überwachung lautet, daß die Technik unvereinbar sei mit einer Geburt in familiärer Atmosphäre und der Rückkehr zu einer natürlicheren, heimischeren Umgebung. Manche haben die Überwachung des Fetus mit

Worten wie »unmenschlich« und »erniedrigend« beschrieben, obwohl eindeutig erwiesen ist, daß mit ihrer Hilfe durch Sauerstoffmangel verursachter Fetal distress frühzeitig erkannt werden kann. Für die gesunde Frau, deren Schwangerschaft ohne Zwischenfälle verlief, ist die Entscheidung, ob sie überwacht werden soll oder nicht, oft sehr schwierig. Sicher spricht alles dafür, daß ihrem Kind keine Probleme erwachsen, auch wenn keine ständige Überwachung erfolgt. Tritt jedoch der unwahrscheinliche Fall ein, daß ihrem Kind etwas passiert, so ist sie dafür mitverantwortlich, daß sie diese verfügbare Technologie nicht genutzt hat. Ich bin fest überzeugt, daß sich die Überwachung des Fetus durchaus mit Familiarität in Einklang bringen läßt, vorausgesetzt, sie wird von verständnisvollem und kundigem Krankenhauspersonal durchgeführt. Ein schlichter, unauffälliger Monitor ist an sich nicht erniedrigend und lenkt nicht vom Geburtserlebnis ab, das geschieht höchstens durch das Verhalten des Personals und die Starrheit der Krankenhausvorschriften.

Die Entscheidung einer Frau wird auch von der Art und Weise beeinflußt, wie sie die Möglichkeiten der routinemäßigen Überwachung ihres Kindes versteht. Erkundigen Sie sich bei Ihrem Frauenarzt nach dem Für und Wider des regelmäßigen Abhorchens mit dem Stethoskop im Vergleich zu ständiger interner und externer elektronischer Überwachung. Manche Patientinnen glauben irrtümlich, daß das handbediente Doppler-Gerät bei der Entdekkung fetaler Herzfrequenzanomalien ebenso genau ist wie die elektronische Überwachung. Das stimmt ganz sicher so nicht, wenngleich es immer noch besser ist als das veraltete Stethoskop.

Die negative Einstellung zur Überwachung des Fetus geht zum großen Teil auf die Furcht zurück, daß die Kopfhautelektrode das Baby verletzen könnte. In Wahrheit ist die Häufigkeit von Kopfhautinfektionen äußerst gering, und sollten derartige Infektionen auftreten, so sind sie leicht und oberflächlich und stellen für das Kind kein Risiko dar. Die Möglichkeit, daß es durch die Kopfhautelektrode zu Blutungen, Verletzungen oder Rissen der Kopfhaut kommt, ist so gering, daß man so gut wie nie von dergleichen gehört hat.

Viele Frauen sind gegen die elektronische Überwachung, weil sie sich in ihrer Bewegungsfreiheit während der Wehen eingeschränkt und ans Bett gefesselt fühlen. Eine Möglichkeit, diese Beschränkung zu vermeiden, ist die unterbrochene Verwendung des Monitors. Im Kreißsaal kann ein externer Monitor 30 Min. lang angeschlossen werden, um sicher zu gehen, daß keine Herzfrequenzanomalien vorliegen. Das Gerät kann dann abgeschaltet werden, und die Frau kann herumgehen. Regelmäßige 5minütige Aufzeichnungen in 30minütigen Abständen stellen im Anfangsstadium der Wehen eine ideale Lösung dar für Frauen, die gegen eine ständige Überwachung sind. Diese Art der Überwachung kann während der Wehen solange fortgesetzt werden, wie fetale Herzfrequenz und Eröffnung des Muttermundes normal bleiben. Der interne Monitor macht es erforderlich, daß eine Kopfhautelektrode an den Kopf des

Kindes angelegt wird. Auch bei dieser Methode kann die Überwachung unterbrochen werden, indem man die Elektrode einfach von den zum Gerät führenden Drähten löst. Die Elektrode kann dann an die Innenseite des Schenkels der Frau geklebt werden, so daß sie ihr Bett verlassen und umhergehen kann. Manche Frauen nehmen fälschlicherweise an, sie müßten vollkommen still im Bett liegen, um richtig überwacht werden zu können. Dabei erfordert eine Veränderung der Lage lediglich eine leichte Regulierung des externen Schaltkopfes; an den internen Instrumenten muß nichts verändert werden. Der Monitor kann auch in Betrieb gehalten werden, wenn die Mutter in einem Sessel sitzt oder neben dem Gerät steht. Nahezu 80% der praktizierenden Ärzte sind inzwischen der Meinung, daß die Überwachung routinemäßig erfolgen sollte. Zwar mögen manche die Überwachung des Fetus als Eingriff in den natürlichen Geburtsvorgang betrachten, aber wenn dadurch mindestens 1 von 1000 Geburten gerettet und die Häufigkeit der Kinder, die mit bleibenden Hirnschäden geboren werden, gesenkt werden kann, dann ist das diesen Eingriff wert.

Wie sieht der normale Wehenverlauf aus?

Das historische Werk von Dr. Emmanuel A. Friedman ermöglicht es uns, den normalen Wehenverlauf zu verstehen und zu bewerten. Dr. Friedman hat mehrere Tausend Geburten untersucht und daraus ein Diagramm abgeleitet, das anzeigt, wie lange jede Wehenphase dauern soll. Obgleich diese Statistiken Durchschnittswerte darstellen, von denen beträchtliche Abweichungen möglich sind, können mit ihrer Hilfe der Fortschritt der Wehen und Abweichungen vom normalen Schema augenblicklich entdeckt und ausgewertet werden.

Beim normalen Wehenverlauf öffnet sich der Muttermund nach und nach, und der Kopf des Fetus gleitet allmählich ins Becken. Wie weit der Kopf sich bereits im Becken befindet, wird am Verhältnis zwischen der Lage des tiefsten Teils des Kopfes zu den Sitzbeinhöckern der Mutter gemessen. Diese zwei Knochenvorsprünge befinden sich zu beiden Seiten des Beckens, und bei einer Vaginal- oder Rektaluntersuchung kann der Arzt sie fühlen. Wenn sich der Kopf auf gleicher Höhe mit den Hökkern befindet, wird das Stadium, wie weit der Kopf ins Becken geglitten ist, mit 0 bezeichnet, und die Höhen über oder unter den Höckern heißen entsprechend das Minus-(−) oder das Plus-(+) Stadium. Ein Stadium von −3 bedeutet, daß der Hauptteil des Kopfes sich 3 cm oberhalb der Sitzbeinhöcker der Mutter befindet, während ein Stadium von +1 bedeutet, daß er sich 1 cm darunter befindet. Der Sitz des Kopfes des Fetus kann während der Wehen jederzeit durch eine Vaginaluntersuchung festgestellt werden. Dr. Friedman hat uns gezeigt, daß der Fortgang der Wehen durch Aufzeichnen der Ergebnisse periodischer Vaginaluntersuchungen auf einem Diagramm verfolgt werden kann. Die Ergebnisse jeder Untersuchung werden auf dem Diagramm aufgezeichnet und dann zu einer fortlaufenden Linie zusammengefügt. Dadurch kann man beobachten, daß während normaler Wehen die Dehnung des Muttermundes nach einer charakteristischen S-Kurve verläuft. Die Linie dagegen, die das Absenken des Kopfes des Babys mißt, verläuft eher winklig. Die klassische Konfiguration eines normalen Wehendiagramms ist in der folgenden Zeichnung dargestellt. Diese Methode hat sich als so erfolgreich erwiesen, daß viele Kliniken auf der ganzen Welt sich des Friedmanschen Diagramms bedienen, um den Wehenverlauf zu verfolgen.

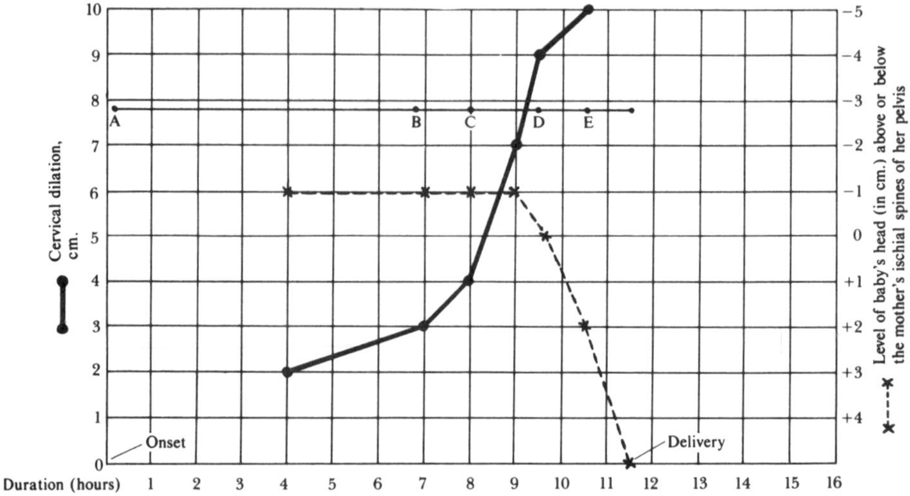

Öffnung des Muttermundes in cm
Lage des Kopfes des Babys (in cm) ober- bzw. unterhalb der Sitzbeinhöcker der Mutter
Wehenbeginn
Entbindung
Dauer (in Stunden)
Wehenphasen
Charakteristischer Verlauf von Muttermundöffnung und Absinken des Kopfes, aufgezeichnet in Abhängigkeit zur Geburtsdauer und zu den einzelnen Phasen: A Eröffnungsphase, B–D aktive Phase, B Beschleunigungsphase, C Phase der maximalen Neigung, D Verlangsamungsphase, E zweites Stadium.

Die Eröffnungsphase (A–B auf der Kurve) beginnt, wenn regelmäßig Gebärmutterkontraktionen einsetzen und dauert an, bis sich die Dehnungs-(Eröffnungs-)linie nach oben zu krümmen beginnt. In dieser Phase wird der Muttermund weich, um sich danach öffnen zu können. Diese Phase macht auch den größten Teil der Zeit aus, den eine Frau insgesamt in den Wehen liegt. Der Muttermund öffnet sich dabei meistens um mindestens 1 und höchstens 4 cm. Normalerweise soll die Eröffnungsphase bei einer Frau, die ihr erstes Baby bekommt (Primipara), 24 Stunden, und bei einer, die bereits geboren hat (Multipara), 14 Stunden nicht überschreiten. Meistens dauert die Eröffnungsphase jedoch bei Erstgebärenden durchschnittlich 6½ und bei solchen, die bereits geboren haben, etwas weniger als 5 Stunden.

Die aktive Wehenphase (Linie B–D) ist in drei Abschnitte geteilt: Die Beschleunigungsphase (B), in welcher die Öffnung des Muttermundes allmählich vorangeht, die Phase der maximalen Neigung (C), die durch rasche Erweiterung des Muttermundes gekennzeichnet ist, und die Verlangsamungsphase (D), in der sich die Erweiterung des Muttermundes unmittelbar vor der vollständigen Eröffnung verlangsamt. Während der Phase der maximalen Neigung soll die Erweiterung des Muttermundes nicht weniger als 1,2 cm pro Stunde bei Erstgebärenden und 1,5 cm bei Multiparae betragen. Sämtliche Wehenphasen, die zur vollständigen Öffnung des Muttermundes (A + E) hinführen, bilden das erste Wehenstadium.

Das zweite Wehenstadium (E) beginnt mit der vollständigen Öffnung des Muttermundes und endet mit der Geburt des Babys. Trotz beträchtlicher Variabilität rechnet man für das zweite Wehenstadium mit einer durchschnittlichen Dauer von 50 Min. für eine Erstgebärende und 20 Min. für eine Multipara.

An der gepunkteten Linie, die das Absinken des Fetus aufzeichnet, ist zu erkennen, daß der Kopf des Babys während der aktiven Phase rasch nach unten gleitet.

Paare, die an einem Geburtsvorbereitungskurs teilgenommen haben, brauchen sich nicht verunsichern zu lassen, wenn sie versuchen, diese medizinische Terminologie mit dem zu vereinbaren, was sie gelernt haben. Den meisten Paaren wird beigebracht, daß die aktive Wehenphase der Zeitraum ist, in welchem sich der Muttermund 3 bis 4 cm öffnet. In dieser Phase sind die Kontraktionen meistens sehr stark und können alle 2 bis 3 Min. auftreten und jeweils 1 Min. andauern. Diese Zeitspanne entspricht den Komponenten Beschleunigung und maximale Neigung (B und C) der aktiven Phase. Der schwerste Abschnitt der Wehen, wenn der Muttermund 8 bis 10 cm geöffnet ist, wird allgemein Übergangsstadium genannt. In diesem Stadium sind die Kontraktionen am intensivsten; sie dauern bis zu 90 Sek. und kommen in Abständen von 1 Min. Glücklicherweise dauert dieses Stadium gewöhnlich nur 20 bis 25 Min. Das Übergangsstadium entspricht Dr. Friedmans Verlangsamungsphase (D).

Wie verhalten sich diese objektiven Messungen zu dem, was eine Frau während der Wehen tatsächlich erlebt?

Die Kontraktionen der Eröffnungsphase, die rhythmisch sind und mit der Zeit immer stärker werden, wurden auf viele verschiedene Arten geschildert. Die Frauen empfanden Beckendruck, Rückenschmerzen, menstruationsartige Krämpfe und ein Spannungsgefühl in der Gegend oberhalb des Schambeins. In dieser Zeit werden die Kontraktionen meistens gut ertragen; die meisten Frauen fühlen sich gesellig und können sich zwischen den Kontraktionen unterhalten. In diesem Wehenstadium ist es nicht nötig, jedesmal den zeitlichen Abstand zur vorausgehenden Kontraktion festzustellen, es sei denn, die Zeitspanne zwischen dem Beginn der einen und dem Beginn der nächsten schrumpft auf

5 Min. oder weniger. Die Eröffnungsphase kann mehrere Stunden dauern. Viele Frauen bleiben in dieser Phase lieber noch zu Hause.

Während der aktiven Wehenphase mit ihren intensiveren und häufigeren Kontraktionen ist den meisten Frauen nicht nach Reden zumute; sie werden gewöhnlich nachdenklich, ernst und schweigsam und sind vollauf mit ihren Wehen beschäftigt. Scherze, laute Geräusche und Gespräche während der Kontraktionen sind für die Gebärende störend, wenngleich Gesellschaft und ruhiges Zureden durchaus willkommen sind. Wenn der Muttermund etwa 7 cm geöffnet ist, werden viele Frauen von Zweifeln befallen, ob sie fähig sind, die kommenden Kontraktionen durchzustehen. Das ist eine normale Reaktion.

Wenn der Muttermund 8 bis 10 cm weit geöffnet ist, beginnt der schwierigste Abschnitt der Wehen. In dieser Phase sind die Kontraktionen am stärksten; sie erfolgen dicht aufeinander, etwa im Abstand von 60 Sek., und halten dabei bis zu 90 Sek. an. Jedoch dauert dieses Stadium, in dem sich die Erweiterung des Muttermundes verlangsamt, nur 20 bis 25 Min. Viele Frauen empfinden, daß die Kontraktionen gar nicht mehr aussetzen, was es ihnen fast unmöglich macht, sich zu entspannen. Unruhe, extreme Reizbarkeit, Klagen über Unwohlsein und Verlangen nach Hilfe und Medikamenten sind im Übergangsstadium häufig. Schluckauf oder Rülpsen, Übelkeit und das Bedürfnis zu erbrechen sind ebenfalls häufig, wenn der Muttermund dabei ist, sich vollständig zu öffnen.

Im zweiten aktiven Wehenstadium (E) erfolgen die Kontraktionen oft in größeren Abständen als im Übergangsstadium. Sie sind begleitet von dem unwiderstehlichen Drang zu pressen und das Baby »auszutreiben«. Unsicherheit und Angst, die das Übergangsstadium kennzeichnen, werden von Erleichterung und Zuversicht abgelöst. In diesem Stadium fühlen viele Frauen eine unglaubliche körperliche Kraft; sie wissen, daß jede Anstrengung sie der erfolgreichen Vollendung der Wehen näherbringt. Für einen männlichen Geburtshelfer ist es unmöglich, die unglaubliche Freude und Erleichterung zu beschreiben, die eine Frau nach der ungeheuren Anstrengung, die in der Geburt ihres Babys gipfelt, empfindet.

Wie können Arzt und Patientin einen unnormalen Verlauf bei der Öffnung des Muttermundes erkennen und korrigieren?

Dr. Friedman beschrieb vier Haupttypen von anomalen Verläufen bei der Öffnung des Muttermundes: überschrittene Eröffnungsphase, verzögerte Dehnung in der aktiven Phase, sekundäre Dehnungshemmung und überschrittene Verlangsamungsphase.

Die Eröffnungsphase gilt als überschritten, wenn sie bei Erstgebärenden mehr als 20 Stunden und bei der Frau, die bereits geboren hat, mehr als 14 Stunden dauert. Starke Beruhigungsmittel, die während der Wehen zu früh verabreicht wurden, sind die Hauptfaktoren, auf die dieses Problem zurückzuführen ist. Eine Epiduralanästhesie, bereits während der Eröffnungsphase verabreicht, kann dasselbe bewirken. Frauen, bei denen die Wehen mit einem steifen, dicken und nicht gedehnten Muttermund beginnen, werden wahrscheinlich eine lange und schwierige Eröffnungsphase haben. Bei anderen sind schlecht koordinierende Gebärmutterkontraktionen, deren Gründe unbekannt sind, die Ursache dafür, daß sich der Muttermund nicht weitet.

Selbst für die erfahrensten Geburtshelfer ist es oft schwierig, zwischen falschen Wehen und einer überschrittenen Eröffnungsphase zu unterscheiden. Die korrekte Diagnose kann erst nach mehrstündiger Beobachtung gestellt werden. Ungeachtet der Ursache für die Verlängerung der Eröffnungsphase sind Ruhe und Beruhigungsmittel angezeigt. Nach 14 oder mehr Stunden unter Wehen sind die meisten Frauen erschöpft und wegen des mangelnden Fortschreitens entmutigt. Ein intramuskuläres Narkotikum sollte in einer Dosis gegeben werden, die ausreicht, um Patientin und Gebärmutter für sechs bis acht Stunden ruhigzustellen. Wenn die Kontraktionen danach nicht wiederkehren, kann die Diagnose ›falsche Wehen‹ gestellt und die Frau nach Hause geschickt werden.

Dr. Friedman fand jedoch heraus, daß 85% aller Frauen mit einer verlängerten Eröffnungsphase nach dieser verordneten Ruhezeit in die aktive Wehenphase eintreten. Bei 90% dieser Gruppe schreitet die Öffnung des Muttermundes normal fort. Für die geringe Zahl Frauen, die nach der Ruhigstellung weiterhin im Eröffnungsstadium bleiben, empfiehlt Dr. Friedman, die Geburt durch intravenöse Verabreichung von Oxytozin einzuleiten, vorausgesetzt, es bestehen keine Kontraindikationen. Allzuoft wird wegen mangelnden Fortschreitens ein Kaiserschnitt vorgenommen, obwohl es sich in Wirklichkeit nur um eine schwache, verlängerte Eröffnungsphase handelte. In neun von zehn Fällen ist ein Kaiserschnitt nicht notwendig, weil die Frauen spontan in die aktive Phase eintreten.

Daß sich in der aktiven Phase der Muttermund verzögert erweitert, kommt selten vor. Er öffnet sich dann langsamer als 1,2 cm pro Stunde bei Erstgebärenden und 1,5 cm pro Stunde bei Multiparae. Dies kann durch übermäßig starke Ruhigstellung, unangemessen frühe Epiduralanästhesie oder eine anomale Lage des Babys bewirkt werden. In den meisten Fällen bleibt die Ursache jedoch unbekannt. Maßnahmen zur Wehenbeschleunigung wie Sprengen der Fruchtblase und Stimulierung durch intravenöse Verabreichung von Oxytozin machen alles nur komplizierter. Vorausgesetzt, daß ein gewisses Fortschreiten vorhanden ist, ist die beste Behandlung, die Dinge sich selbst zu überlassen. Zwei Drittel aller Frauen mit einer überschrittenen aktiven Phase entbinden schließlich ganz normal. Bei einem Drittel jedoch hört die Dehnung des Muttermundes irgendwann während der Wehen ganz auf, und ein Kaiserschnitt ist notwendig, weil der Kopf des Babys zu groß ist, um das Becken der Mutter zu passieren.

Die schlimmste Anomalie bei der Erweiterung des Muttermundes ist die sogenannte sekundäre Hemmung oder Beendigung der Dehnung während der aktiven Wehenphase. Etwa 40% aller

Frauen, denen dies zustößt, brauchen einen Kaiserschnitt, weil der Kopf des Kindes nicht durch das Becken paßt. Andere Ursachen für die sekundäre Dehnungshemmung während der aktiven Wehenphase sind Ruhigstellung und unrichtig verabreichte Leitungsanästhesie wie etwa eine Epiduralanästhesie. Bei 80% der Frauen, von denen man annimmt, daß sie ein zu kleines Becken haben, bringt eine intravenöse Oxytozingabe in diesem Stadium die Erweiterung des Muttermundes voran, und sie können danach normal entbinden. Eine Röntgenaufnahme des Beckens läßt sich vermeiden, und Oxytozin kann vorsichtig verabreicht werden, wenn die Beckenmaße ausreichend erscheinen, der Monitor beim Fetus keine bemerkenswerten Herzfrequenzanomalien verzeichnet und keine Anzeichen für Fetal distress vorhanden sind. Schreitet die Geburt drei oder vier Stunden nach starken durch Oxytozin herbeigeführten Wehen nicht fort, ist ein Kaiserschnitt erforderlich.

Wenn eine Dehnungshemmung durch Analgetika oder durch eine Leitungsanästhesie verursacht wurde, sollte man abwarten, bis die Wirkung der Medikamente abgeklungen (verflogen) ist. Meistens schließen sich die weitere Öffnung des Muttermundes und eine erfolgreiche normale Entbindung an.

Die letzte Störung der Muttermundserweiterung, die sogenannte überzogene Verlangsamungsphase, kann unmittelbar vor der vollendeten Eröffnung eintreten, und zwar oft, weil der Kopf des Kindes relativ zu groß ist. Sie liegt immer dann vor, wenn die Erweiterung des Muttermundes von 8 oder 9 cm auf 10 cm (volle Öffnung) bei Erstgebärenden länger als drei und bei Multiparae länger als eine Stunde dauert. Wenn man dieses Problem ähnlich behandelt wie die Dehnungshemmung in der aktiven Phase, dürfte der Erfolg gesichert sein, vorausgesetzt Ihr Geburtshelfer versucht nicht nach voller Eröffnung des Muttermundes eine komplizierte Zangengeburt.

Was geschieht, wenn sich der Kopf des Babys während der Wehen nicht normal absenkt?

Die Kurve für das Absenken des Kopfes während der Wehen verläuft als gerade Linie, bis die Dehnungskurve ihre maximale Aufwärtsneigung erreicht. Am stärksten senkt sich der Kopf, wenn die Verlangsamungsphase des Muttermunds beginnt. Während des zweiten Wehenstadiums schreitet das Absenken bei Erstgebärenden meistens um wenigstens 1 cm pro Stunde und bei Multiparae um 2 cm fort.

Dr. Friedman hat drei Anomalien beim Absenken des Kopfes beschrieben: kein Absenken, verzögertes Absenken und Stillstand des Absenkens. Im ersten Fall rutscht der Kopf des Babys zu Beginn der Verlangsamungsphase nicht tiefer ins Becken. Das ist ein schlimmes Anzeichen für ein Mißverhältnis zwischen der Größe des mütterlichen Beckens und des Kopfes des Kindes. Ein verzögertes Absenken geht häufig auf eine verzögerte Dehnung des Muttermundes in der aktiven Phase zurück. Die Aussichten auf eine normale Entbindung sind meistens gut. Stillstand für mehr als eine Stunde ist der dritte von Dr. Friedman beschriebene Typus anomalen Absenkens.

Bis vor kurzem war es in vielen Krankenhäusern an der Tagesordnung, bei Erstgebärenden zwei Stunden und bei Multiparae eine Stunde nach der vollen Eröffnung des Muttermundes die Geburt einzuleiten. Gelegentlich wurde diese Regel sogar dann befolgt, wenn dazu eine komplizierte Zangengeburt erforderlich war. Man glaubte irrtümlich, daß eine Ausdehnung des zweiten Wehenstadiums über diese Grenzen hinaus sich nachteilig auf das Kind auswirke. Dies wurde jedoch durch neuere Untersuchungen widerlegt. Solange das Absenken vorangeht, braucht nichts unternommen zu werden, gesetzt den Fall, der Fetus wird dabei überwacht. Läßt man ihnen genügend Zeit, können meist selbst Frauen mit anomalem Geburtsverlauf normal entbinden.

Was geschieht, wenn die Fruchtblase vorzeitig platzt?

In 6 bis 12% aller Schwangerschaften platzt die Fruchtblase vor dem Einsetzen der Wehen. Bei den meisten Frauen setzen die Wehen innerhalb weniger Stunden nach dem Platzen der Fruchtblase ein, aber die Zeit zwischen dem Platzen der Fruchtblase und dem Einsetzen der Wehen ist um so länger, je weiter eine Frau von dem errechneten Termin entfernt ist. Bei mindestens 80% der Frauen, bei denen die Fruchtblase vorzeitig platzt, setzen die Wehen von selbst ein, und sie entbinden innerhalb von 48 Stunden.

Man muß sich vergewissern, ob die Fruchtblase tatsächlich geplatzt ist. Oft tritt durch den Druck, den der Kopf des Babys auf die Harnblase einer Frau ausübt, Urin aus, was irrtümlich als Fruchtwasser gedeutet wird. Auch das Austreten von Schleim aus dem Muttermund und vermehrte Scheidensekretion, wie sie gegen Ende der Schwangerschaft häufig beobachtet werden, können die Diagnose verfälschen. Mit einem sterilen Scheidenspekulum kann man die Flüssigkeit aus dem Muttermund untersuchen. Ob es sich um Fruchtwasser handelt, läßt sich leicht feststellen, wenn man einen schmalen Streifen gelben Nitrazinpapiers einführt. Fruchtwasser enthält weniger Säure als Scheidensekretionen und verwandelt das Gelb des Nitrazinpapieres in Dunkelblau. Scheiden- und Zervixsekretionen sowie Urin sind dagegen meistens sauer und färben das Papier nicht. Wenn die Ergebnisse des Nitrazinpapiertests nicht eindeutig sind, kann eine Fruchtwasserprobe unter dem Mikroskop betrachtet werden. Fruchtwasser nimmt, wenn es auf dem Objektträger eintrocknet, wegen seiner hohen Natriumchloridkonzentration, die charakteristische Form eines Farnblattes an.

Statistisch haben 20% aller Frauen, bei denen die Fruchtblase vorzeitig platzt, eine Frühgeburt. Fetale Unreife ist die bei weitem häufigste Todesursache dieser Kinder. Bei einer drohenden Frühgeburt muß der Frauenarzt das Risiko einer möglichst baldigen Entbindung zur Vermeidung von Infektionen gegen die Gefahren bei Nichtabbruch der Schwangerschaft, um den Fetus in der Gebärmutter reifen zu lassen, abwägen. Ist die Fruchtblase geplatzt, stehen die Sterblichkeitsrate bei der Geburt und die Häufigkeit von Infektionen beim Neugeborenen in direktem Verhältnis zur Länge der Zeit, die zwischen dem Platzen der Fruchtblase und dem Einsetzen der Wehen verstrichen ist. Vorzeitige Entbindung setzt das Kind dem Risiko des Atemnot-Syndroms aus, während Fortsetzung der Schwangerschaft die Infektionsgefahr für Mutter und Kind erhöht.

Die meisten Fachleute empfehlen eine Geburtseinleitung, wenn der Fetus mindestens 33 Wochen alt ist, oder wenn man aufgrund einer Ultraschalluntersuchung ein Gewicht von mindestens 4 Pfd. annimmt. Vor der 33. Woche ist das Risiko von Komplikationen infolge fetaler Unreife größer als die Infektionsgefahr, und deshalb ist Beobachten und Abwarten das beste. Wenn die Fruchtblase vor der 34. Woche platzt, liegen in 25% der Fälle schwere angeborene Mißbildungen vor. Eine Ultraschalluntersuchung entscheidet, ob man abwarten oder die Geburt einleiten soll.

Man vermutet, daß durch das Platzen die Reifung der fetalen Lungen beschleunigt wird, und zwar gewöhnlich 16 Stunden nach Platzen der Fruchtblase. Aus diesem Grund verzögern heute viele Frauenärzte die Geburtseinleitung um mindestens 16 Stunden, um so die Häufigkeit des Atemnot-Syndroms bei Kindern mit geringem Geburtsgewicht zu verringern. Da aber das Geburtsgewicht nicht immer mit der Reife der Lungen zusammenhängt, kann am Fruchtwasser ein L/S Verhältnis-Test oder, wenn nicht genügend Flüssigkeit austritt, eine Amniozentese vorgenommen werden, wenngleich sich dies nur in 50% der Fälle als erfolgreich erwiesen hat. Um Ungenauigkeiten bei der Messung zu vermeiden, hat man am Good Samaritan Hospital in Phoenix/Arizona, den Phosphatidylglycerolgehalt der Scheidensekretionen bestimmt, um die Reife der fetalen Lungen zu messen. In dieser Studie trat bei keinem von 28 Neugeborenen, bei denen vor der Entbindung Phosphatidylglycerol vorhanden war, das Atemnot-Syndrom auf. Viele Geburtshelfer sind der Meinung, daß selbst bei einer voll ausgetragenen Schwangerschaft eher Zurückhaltung angebracht ist, bevor man die Geburt einleitet. Diese Ansicht wird durch Statistiken erhärtet, die infolge einer Einleitung eine dreimal höhere Kaiserschnittquote ergaben als nach spontanem Einsetzen der Wehen. Wenn ein Geburtshelfer zu dieser abwartenden Haltung neigt, muß er ständig auf frühe Anzeichen von Infektionen bei Kind oder Mutter achten. Mindestens jeden zweiten Tag sollte ein komplettes Blutbild gemacht werden, weil eine Vermehrung der weißen Blutkörperchen oft auf eine Infektion hinweist. Fieber, druckschmerzhafter Unterleib oder faulig riechender Ausfluß sind schlimme Zeichen. Manche Frauenärzte verordnen Frauen mit geplatzter Fruchtblase einen Krankenhausaufenthalt. Ich halte diese Maßnahme für übertrieben, rate jedoch meinen Patientinnen, mindestens zweimal täglich ihre Temperatur zu messen und jedes Ansteigen auf über 37,5 °C sofort zu melden. Geschlechtsverkehr und der Gebrauch von Tampons sind strikt untersagt. Die Infektionsgefahr wird merklich erhöht, wenn nach dem Platzen der Fruchtblase auch nur eine einzige Vaginaluntersuchung mit dem Finger vorgenommen wird. Eine derartige Untersuchung muß unbedingt unterbleiben, bis die Wehen eingesetzt haben oder entschieden ist, daß die Geburt mit einer intravenösen Oxytozingabe eingeleitet wird. Auch Antibiotika sind zu dieser Zeit keine Hilfe; sie können sogar schaden.

Wenn ein starker Verdacht auf eine Infektion besteht, muß die Schwangerschaft innerhalb von acht Stunden beendet werden, da eine Verzögerung die Infektion der Mutter erheblich vergrößern und sogar zum Tod führen kann. Wenn feststeht, daß das Baby innerhalb der Acht-Stunden-Grenze nicht geboren wird, oder wenn Fetal distress einen Eingriff erfordert, wird ein Kaiserschnitt vorgenommen. Es ist äußerst wichtig, daß durch Infektionen komplizierte Schwangerschaften in Kliniken behandelt werden, die für alle möglichen Probleme gerüstet sind. Mutter und Kind benötigen oft Beobachtung und Behandlung rund um die Uhr, was in Krankenhäusern mit der entsprechenden Ausstattung besser gewährleistet ist.

Geburtseinleitung und übertragene Schwangerschaft

Soll man eine Geburt einleiten, und wenn ja, wie?

Die Geburtseinleitung ist angezeigt, wenn die Vorteile der Entbindung für Kind oder Mutter diejenigen einer Fortsetzung der Schwangerschaft überwiegen. Zu den Gründen, eine Geburt zum Wohle von Kind oder Mutter einzuleiten, gehören intrauterine Wachstumshemmung, Übertragungs-Syndrom, Verdacht auf Fetal distress, vorzeitige Plazentalösung, Tod des Kindes, vorzeitiges Platzen der Fruchtblase, Infektionen der Fruchthülle, Präeklampsie, Rhesus-Unverträglichkeit, ferner Krankheiten der Mutter wie Diabetes, Bluthochdruck und Nierenleiden.

Die Wehen können aber auch eingeleitet werden, weil es für Personen ohne medizinische oder gynäkologische Komplikationen bequem ist. Für eine freiwillige Einleitung kommen zum Beispiel Frauen in Frage, die früher sehr kurze Wehen hatten oder einen sehr weiten Weg zum Krankenhaus haben. Es ist noch nicht lange her, da war es durchaus üblich, aus einer Vielzahl von nichtmedizinischen Gründen eine Geburt einzuleiten, etwa wegen einer geplanten Reise, oder weil Ärzte und Personal zu bestimmten Stunden oder am Wochenende nicht arbeiten wollten. Mehrere umfangreiche Studien haben ergeben, daß diese Gepflogenheit vermehrt zu Fetal distress führt, zu Reißen der Gebärmutter, Wasservergiftung der Mutter infolge von zuviel Oxytozin, Reißen des Muttermundes, Geburtsverletzungen, Blutungen nach der Geburt, vorzeitiger Plazentalösung, perinatalem Tod, Atemnot-Syndrom und Frühgeburten infolge falscher Berechnung des Termins. Die Geburt eines Babys mit Atemnot-Syndrom infolge einer freiwillig eingeleiteten Geburt ist unentschuldbar.

Selbst mit Hilfe der modernen Überwachungsmethoden und trotz sorgfältig kontrollierter Infusionen führt Oxytozin häufiger als natürliche Wehen zu anomal starken, schmerzhaften und lang anhaltenden Gebärmutterkontraktionen. Bei natürlichen Wehen ermöglicht es die Ruhezeit zwischen den Kontraktionen, daß sich genügend mit Sauerstoff angereichertes Blut ansammelt, um das Kind zu versorgen, bevor die nächste Kontraktion kommt. Da durch Oxytozin eingeleitete Wehen stärker und schneller sind als normale, bleibt zwischen den Kontraktionen weniger Zeit zur Ansammlung von Sauerstoff, und es kommt eher zu fetaler Hypoxie (Sauerstoffmangel) und Fetal distress. Dies wiederum führt bei Frauen, bei denen eine freiwillige Geburtseinleitung vorgenommen wird, zu einer größeren Häufigkeit von Notentbindungen durch Kaiserschnitt. Bei manchen Frauen, denen Oxytozin gegeben wird, tritt eine stärkere Spannung der Gebärmuttermuskeln ein, die noch anhalten kann, nachdem die Kontraktion vorbei ist, und so die Sauerstoffversorgung des Kindes noch mehr verringert. In einer Studie verlangten 94% der Frauen, bei denen die Geburt eingeleitet wurde, schmerzstillende Mittel, während es bei denen, die normale Wehen hatten, nur 60% waren. Schmerzstillende Mittel sind für ein gefährdetes Kind in keiner Weise von Nutzen. Außerdem ist eindeutig erwiesen, daß Oxytozin die Plazenta durchdringt und dort schwerwiegende biochemische und physiologische Veränderungen bewirkt, darunter Hyponaträmie, das ist ein Rückgang der Natriumkonzentration im Blut des Neugeborenen, und Gelbsucht in den ersten Lebenstagen. Beide Veränderungen sind allerdings vorübergehend und fallen daher nicht so sehr ins Gewicht.

Unter bestimmten medizinischen und gynäkologischen Bedingungen sollten die Wehen nicht mit Oxytozin eingeleitet werden. Dazu gehören eine geschwächte Gebärmutter infolge eines früheren Kaiserschnitts oder einer Uterusoperation, Placenta praevia, sexuell übertragbare Krankheiten wie Herpes und Gonorrhö, bestimmte anomale Lagen des Babys und ein merkliches Mißverhältnis zwischen zu großem Kopf des Babys und zu kleinem Becken der Mutter. Eine Frau, die schon fünf lebensfähige Schwangerschaften ausgetragen hat, sollte sich keiner Geburtseinleitung mit Oxytozin unterziehen, weil ihre Gebärmutter durch die infolge der Anregung möglicherweise starken Kontraktionen leichter reißen kann. Auch bei Überdehnung der Gebärmutter wie etwa im Fall von Zwillingen, und bei Hydramnion (übermäßig viel Fruchtwasser) verbietet sich die Anregung durch Oxytozin.

Bei jeder Stimulierung durch Oxytozin ist elektronische Überwachung des Kindes unbedingt erforderlich. Die Oxytozin-Stimulierung darf nicht einer Krankenschwester überlassen werden; der Frauenarzt muß im Krankenhaus anwesend sein, falls sich Komplikationen ergeben. Das Geburtshelferteam muß gegebenenfalls für einen sofortigen Kaiserschnitt vorbereitet sein.

Ein Muttermund, der »reif« ist für eine Einleitung, muß weich und nachgiebig sein, mehr als halb »verstrichen« und genügend gedehnt, um mit dem Finger untersucht werden zu können. Ist eine dieser Bedingungen nicht erfüllt, wird die Weheneinleitung höchstwahrscheinlich keinen Erfolg haben, einerlei, wieviel Oxytozin verwendet wird. Die sogenannte Bishop-Zahl (nach Dr. Edward Bishop) nennt fünf Kriterien für die Bestimmung, ob eine Weheneinleitung bei einer Frau voraussichtlich Erfolg haben wird: Öffnung des Muttermunds, Verstreichen des Muttermunds, Position des Kopfes des Kindes, Konsistenz des Muttermunds und Position des Muttermunds in bezug auf die Vaginalachse.

Bislang haben alle Methoden und Medikamente, welche die Ärzte benutzt haben, um den Muttermund für die Weheneinleitung »reif« zu machen, versagt. Forschungen in verschiedenen Kliniken lassen jedoch vermuten, daß sehr geringe Dosen von Prostaglandin in Form von Scheidengel und Zäpfchen die Bishop-Zahl merklich verbessern und die Einleitung ermöglichen können. In einer Studie setzten bei 75% der als »unreif« betrachteten Frauen innerhalb von 48 Stunden, nachdem sie Prostaglandingels erhalten hatten, die Wehen ein.

Wenn der Muttermund wirklich reif ist für die Wehen, kann die Einleitung oft einfach durch Sprengen der Fruchtblase erfolgen. Diese sogenannte Amniotomie ist leicht und schmerzlos durchzuführen. Eine sterile Klemme oder Sonde wird durch den Gebärmutterhals geführt, um die Hülle zu punktieren. Bei mindestens 90% der Frauen mit einer Bishop-Zahl von 4 oder mehr werden die Wehen durch Amniotomie ohne Oxytozin erfolgreich eingeleitet. Ein Vorteil der Amniotomie ist es, daß sie eine Untersuchung des Fruchtwassers auf Verschmutzung durch Blut oder Mekonium ermöglicht. Ferner ermöglicht sie die Anbringung eines intrauterinen Druckkatheters und einer Elektrode in der Kopfhaut des Kindes sowie die Entnahme von fetalen Ph-Blutproben, wenn eine Patientin hochgefährdet ist. Die Fruchtblase soll nicht gesprengt werden, wenn der Kopf des Babys sich weit oben im Becken befindet, weil das plötzliche Austreten der Flüssigkeit einen Vorfall der Nabelschnur unter die Höhe des Kopfes bewirken kann. In diesem Notfall ist eine sofortige Entbindung erforderlich, weil die Schnur zusammengedrückt und die Sauerstoffversorgung des Kindes beeinträchtigt werden kann. Die fetalen Herztöne sollten unmittelbar vor und nach Sprengen der Fruchtblase überprüft werden, um die Auswirkungen der Prozedur auf das Kind zu bestimmen. Gelegentlich kann eine tiefliegende Nabelschnur, die zuvor nicht entdeckt wurde, beim Absenken des Kopfes zusammengedrückt werden. Dies kann durch plötzliche Bradykardie, das ist Verlangsamung der fetalen Herzfrequenz, sofort erkannt werden. Sanftes Anheben des Kopfes mit den Fingern in der Scheide, während Vorbereitungen für einen Kaiserschnitt getroffen werden, schafft Abhilfe. Wenn während der Wehen eine Amniotomie vorgenommen wird, geschieht dies am besten zwischen den Kontraktionen, um das Risiko von Nabelschnurvorfall infolge der rasch aus der Gebärmutter schießenden Flüssigkeit zu vermeiden. Wenn die Fruchtblase gesprengt ist, sollte die Entbindung innerhalb von 24 Stunden erfolgen, weil sich das Risiko einer Infektion danach erheblich vergrößert.

Wann gilt eine Schwangerschaft als übertragen?

Eine Schwangerschaft ist übertragen, wenn sie 42 Wochen überschreitet, das heißt zwei oder mehr Wochen über den errechneten Termin der Niederkunft hinausgeht. Was den Beginn der Wehen auslöst, ist unbekannt, und was ihn verzögert, ist ebenfalls ein Geheimnis. Für Paare, die aufgeregt auf die Wehen warten, ist die Verzögerung enttäuschend. Für Frauenärzte ist sie besorgniserregend, weil 10 bis 15% der übertragenen Kinder sterben oder schwer erkranken. Da 85 bis 90% der übertragenen Schwangerschaften mit der Geburt eines gesunden Kindes enden, ist es nicht gerechtfertigt, bei einem »unreifen« Muttermund in jedem Fall die Geburt einzuleiten oder einen Kaiserschnitt vorzunehmen.

Wie kann sich eine übertragene Schwangerschaft auf das Kind auswirken?

Viele für übertragen gehaltene Schwangerschaften sind in Wirklichkeit falsch berechnet. Die Entbindung von einem 38 Wochen alten Fetus, der fälschlicherweise für 42 Wochen alt gehalten wird, dürfte Probleme mit sich bringen. Mit dem Testen des fetalen Befindens sollte begonnen werden, wenn seit der letzten Periode 42 Wochen vergangen sind.

Forschungen haben ergeben, daß die Plazenta eines Kindes, das am sogenannten fetalen Übertragungs-Syndrom leidet, degenerative Veränderungen erfährt, die einen Rückgang der dem Kind zugeführten Sauerstoffmenge und Nährstoffe bewirken. Zudem sammeln sich metabolische Abfallstoffe an. Übertragene Kinder sind besonders anfällig für die Anstrengungen der Wehen, und die beschriebenen Veränderungen führen vor den oder während der Wehen zum Tod des Kindes. Leider gibt es keinen akkuraten Test zur Unterscheidung zwischen einem gesunden verspäteten Fetus und einem, der an fetalem Übertragungs-Syndrom leidet.

Die meisten Frauenärzte nehmen einmal wöchentlich eine elektronische Überwachung des Fetus vor. In einer 1981 im *American Journal of Obstetrics and Gynecology* veröffentlichten Studie stellten die Ärzte fest, daß der Nonstress-Test bei 10 von 125 übertragenen Schwangerschaften irreführend war und fälschlicherweise fetales Wohlbefinden anzeigte. Der Kontraktionsstress-Test (CST) dagegen deckte problematische Schwangerschaften richtig auf. Aufgrund dieser Studien führen viele Ärzte jetzt lieber den CST statt des Nonstress-Tests als Anfangstest durch, um zu prüfen, ob das übertragene Kind gesund ist. Ist der CST negativ, sollte er in fünf- bis siebentägigen Abständen wiederholt werden, weil die Möglichkeit, daß es innerhalb einer Woche nach einem normalen Test zum Tod des Fetus kommt, gewöhnlich weniger als 1% beträgt. Wird der CST positiv, ist meistens eine sofortige Entbindung angezeigt. Ultraschall ist eine ausgezeichnete Methode zur Erkennung einer übertragenen Schwangerschaft. Charakteristische Anzeichen für Überalterung der Plazenta, verminderte Fruchtwassermenge und anomale Kindsbewegungen können durch einen erfahrenen Ultrasonographeur erkannt werden.

Wenn eindeutig feststeht, daß die Schwangerschaft übertragen und der Muttermund »reif« ist, sollten die Wehen eingeleitet werden. Elektronische Überwachung ist unbedingt erforderlich, damit Anzeichen von Gefährdung früh erkannt werden können. Auf welchem Wege das Baby auch auf die Welt kommt, Geburtshelfer und Kinderarzt müssen bereit sein, das Mekonium sofort aus seinem Mund, seiner Nase, dem Hals und dem Rachen zu saugen, bevor es seinen ersten Atemzug tut. Unmittelbar nach der Entbindung muß ein Röhrchen in die Luftröhre des übertragenen Kindes eingeführt und soviel Mekonium wie möglich durch Absaugen entfernt werden. Werden diese Vorsichtsmaßnahmen nicht getroffen, kann das Mekonium in die Lungen geatmet werden und Lungenentzündung, Atemnot und sogar den Tod verursachen. Übertragene Kinder müssen auch sorgfältig darauf hin beobachtet werden, ob sich Komplikationen infolge ihres niedrigen Blutzucker- und Kalziumspiegels ergeben.

Zangengeburt

Was ist eine Geburtszange?

Eine Geburtszange ist ein Besteck aus Metall zum Drehen und/oder Hervorziehen des Kopfes des Babys, wenn der Muttermund vollständig geöffnet ist. Die Löffel der Zange werden an den Schläfen angelegt, und der Kopf wird durch Ziehen an dem arretierten Griff herausgeholt (siehe Abbildung).

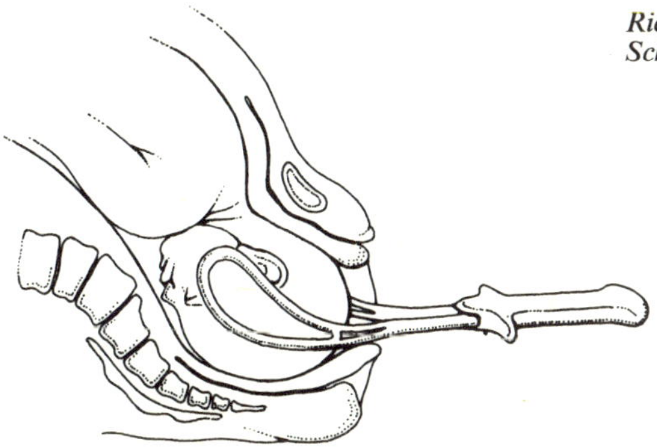

Richtiges Anlegen der Zange an die Schläfen des Babys

Es gibt viele Typen von Zangen. Manche sind speziell zum Herausziehen entworfen, andere werden hauptsächlich zum Drehen des Kopfes in eine für die Entbindung günstigere Position verwendet.

Die Zangenverfahren werden nach der Position des Kopfes im Geburtskanal beim Anlegen der Löffel klassifiziert und beziehen sich nicht auf den Typus des verwendeten Instrumentes. In der modernen Geburtshilfe gibt es zwei Methoden der Zangengeburt:

1. Tiefe Zangengeburt. Der Kopf ist an

der Scheidenöffnung zu sehen, ohne daß dazu die Schamlippen geöffnet werden müssen. Bei der tiefen Zangengeburt ruht der Kopf des Babys auf dem Beckenboden, und sein Gesicht ist dem Rückgrat der Mutter zugewandt. Die Schädelnaht des Babys, das ist die Linie zwischen den beiden Scheitelbeinen, muß in bezug auf das Becken der Mutter von vorn nach hinten verlaufen, wenn die Bedingungen für eine tiefe Zangengeburt erfüllt sein sollen. Eine tiefe Zangengeburt ist, von einem fähigen Geburtshelfer vorgenommen, gewöhnlich sehr einfach durchzuführen.

2. Die mittlere Zangengeburt. Bei diesem schwierigeren Vorgang wird die Zange angelegt, nachdem sich der Kopf zwar gesenkt, aber den Beckenboden noch nicht erreicht hat. Außerdem ist jede Zangengeburt, bei der eine Drehung des Kopfes des Babys notwendig ist, eine mittlere Zangengeburt, einerlei, wie tief sich der Kopf ins Becken gesenkt hat. Gelegentlich kann ein Arzt irrtümlich annehmen, daß der Kopf des Babys sich bereits gesenkt hat, insbesondere nach langen, schwierigen Wehen, bei denen der Kopf des Babys durch den Druck gegen den Muttermund geschwollen und verformt ist. In dieser Situation besteht ein erhöhtes Risiko für Verletzungen von Mutter und Kind.

3. Die hohe Zangengeburt. Der Kopf des Babys befindet sich noch am Beckeneingang. Die Methode ist zu gefährlich und wird heute deshalb durch den Kaiserschnitt ersetzt.

Unter welchen Voraussetzungen ist die Verwendung der Zange gerechtfertig?

Vor nicht allzu langer Zeit bestand ein guter Teil der »Kunst« in der Geburtshilfe darin, daß ein Geburtshelfer in der Lage war, kurz nachdem bei einer Frau der Muttermund vollständig geöffnet war, eine komplizierte mittlere Zangengeburt durchzuführen. Aber es zeigte sich, daß nach diesen schwierigen Verrichtungen die Zahl der Komplikationen bei der Mutter in Form von Zervix- und Scheidenverletzungen und Blutungen, sowie auch die Zahl der Kindestode stark anstiegen. Zwar gibt es nach wie vor Situationen, in denen eine Zangengeburt angebracht ist, aber meistenteils werden heute auch mittlere Zangengeburten durch Kaiserschnitt ersetzt. Die Verbreitung von Kursen zur Vorbereitung auf die Geburt war ein entscheidender Faktor dabei, daß die Zahl der Frauen, die nach Anästhesie, Zange oder anderen medizinischen Eingriffen während der Geburt verlangen, zurückging.

Die meisten Zangengeburten geschehen prophylaktisch oder freiwillig. Dies bedeutet schlicht und einfach, daß sie ohne klar umrissenen medizinischen Grund durchgeführt werden. Zu diesen zweifelhaften Anlässen gehört der Wunsch, einer Frau das zweite Wehenstadium zu erleichtern, ihr Perinealgewebe vor Überdehnung zu bewahren und das Risiko für eine Hirnverletzung des Fetus zu verringern, wenn der Kopf zu lange gegen einen unnachgiebigen Damm (Perineum) drückt. Bei einer normal verlaufenden Schwangerschaft mit normalen Wehen erscheinen diese angeblichen Vorzüge bestenfalls fraglich.

Die Verwendung der Zange ist angebracht, wenn eine Frau nicht in der Lage ist, nach langwierigen Anstrengungen den Kopf des Babys auszutreiben. Zwar gibt es keine festen Regeln, aber eine Austreibungsphase, die bei einer Erstgebärenden länger als zwei Stunden dauert, gilt als überzogen. Bei einer Frau, die bereits geboren hat, wird eine Zeit von mehr als einer Stunde bei voller Öffnung mit Pressen als anomal betrachtet. Ein Stillstand in der Austreibungsphase kann durch Erschöpfung, zu viele Medikamente, schwache Wehen und Bauchmuskulatur, äußerst unelastisches Perinealgewebe oder ein großes Baby verursacht sein. Eine anomale Lage des Kopfes des Babys kommt ebenfalls als Ursache in Frage.

Ein wesentlicher Anlaß für die Verwendung der Zange ist Fetal distress. Gelegentlich muß ein Geburtshelfer rasch eine Entscheidung treffen und die Risiken einer sofortigen Zangengeburt gegen diejenigen eines Kaiserschnitts oder eines Aufschubs in der Hoffnung, daß die Gefährdung von selbst vergeht, abwägen. Oft gehen kostbare Minuten verloren, während die Vorbereitungen für einen Kaiserschnitt getroffen werden.

Unter bestimmten medizinischen Bedingungen mag eine Zangengeburt einer normalen Entbindung vorzuziehen sein. Eine herzkranke Frau zum Beispiel tut besser daran, im zweiten Wehenstadium anstrengendes Pressen zu vermeiden. Das gilt auch für Frauen, die früher einmal eine Netzhautablösung hatten. Komplikationen bei der Entbindung wie Abruptio placentae und Nabelschnurvorfall verlangen oft eine augenblickliche Zangenentbindung, und eine Verlängerung des zweiten Wehenstadiums ist unbedingt zu vermeiden. Die Zange ist auch nützlich bei der Entbindung von sehr kleinen Babys, weil diese infolge langwierigen angestrengten Pressens anfälliger sind für intrakranielle Blutungen.

Bevor eine Zangengeburt vorgenommen wird, müssen bestimmte Bedingungen erfüllt sein, um die Gefahren für Mutter und Kind so gering wie möglich zu halten. Hierzu gehören:

1. Das Becken muß groß genug sein, damit das Baby unbeschädigt geboren werden kann.
2. Der Muttermund muß vollständig geöffnet sein.
3. Die Harnblase der Frau sollte mit einem Katheter entleert werden, damit sie nicht verletzt wird.
4. Es muß eine ausreichende Narkose gegeben werden, und der Anästhesist muß während der Geburt zugegen sein.
5. Die Position des Kindes muß genau bekannt sein.
6. Der Kopf des Kindes muß sich ins Becken gesenkt haben.
7. Die Fruchtblase muß geplatzt sein, damit die Zange fest am Kopf des Babys sitzt.

Ist ein Kaiserschnitt für ein Baby nicht sicherer als eine Zangengeburt?

Nicht immer. Eine tiefe Zangenentbindung ist für Mutter und Kind zweifellos viel sicherer als ein Kaiserschnitt. Angst vor einem solchen Vorgang ist unbegründet.

Viele Ärzte glauben, wenn eine normale Entbindung oder eine tiefe Zangengeburt nicht möglich ist, sollte ein Kaiserschnitt vorgenommen werden, damit das Verletzungsrisiko für Mutter und Kind verringert wird. Die Untersuchung von Dr. Emanuel Friedman ergab zwei Tote auf 1000 normale Entbindungen, dagegen elf Tote auf 1000 mittlere Zangengeburten und 29 auf 1000, wenn der Zangengeburt langwierige Wehen vorausgingen. Wichtiger noch, Dr. Friedman fand heraus, daß die Lebensqualität von Neugeborenen, die eine mittlere Zangengeburt überleben, leidet. Sprach- und Hörstörungen im Alter von drei Jahren kamen bei 6 von 1000 vor, die normal entbunden wurden, und bei 33 von 1000, wenn Wehenstillstand eine mittlere Zangengeburt erfordert hatte.

Saugglockenentbindung

Was ist eine Saugglocke (Vakuumextraktor), und wie sicher ist sie im Vergleich zur Zange?

Statt der Entbindung mit der Zange hat die Saugglockenentbindung weite Verbreitung gefunden. Am Hinterkopf des Babys wird eine Saugglocke aus Kunststoff oder Metall angebracht. Dann wird über mehrere Minuten langsam ein Vakuum aufgebaut, damit die Glocke fest an der Kopfhaut haftet. Wenn genügend Sog da ist, zieht der Geburtshelfer den Kopf heraus.

Theoretisch hat die Saugglocke etliche Vorteile gegenüber der Zange. Bei diesem Instrument sind die Verletzungen bei Mutter und Kind im allgemeinen weniger schwer. Die Anwendung ist einfach. Anders als bei der Zange, kann die Saugglocke angebracht werden, bevor der Muttermund ganz geöffnet ist, und zwar ohne Narkose. Das kann im Fall von Fetal distress, wenn ausschließlich eine Vaginalentbindung in Frage kommt, ein großer Vorteil sein.

Dennoch ist die Saugglocke nicht harmlos. Es kann zu Verletzungen der Kopfhaut des Kindes in Form von Abschürfungen und Rißwunden kommen. Hämatome (Blutgerinnsel) unter der Kopfhaut bilden sich bei 10 bis 12% der Kinder, die mit der Saugglocke entbunden werden. Tod infolge einer Verletzung ist zwar höchst selten, ist aber schon vorgekommen. Bei einigen Studien hat sich ergeben, daß die Häufigkeit von inneren Schädel- und Augenblutungen bei auf diese Weise entbundenen Kindern größer war.

Wenn Ihr Arzt ein begeisterter Anhänger der Saugglocke ist, vergewissern Sie sich, daß er sich bei ihrer Verwendung nach folgenden Kriterien richtet:

1. Ihre Fruchtblase muß geplatzt sein.
2. Ihr Becken muß groß genug sein.
3. Ihr Muttermund muß weit genug sein, damit die Saugglocke angebracht werden kann. Bei fortgeschrittener Eröffnung können größere Glocken verwendet werden, was die Extraktion verkürzt und sicherer macht.
4. Die Glocke sollte so dicht wie möglich am Hinterkopf des Babys angebracht werden.
5. Der Vakuumdruck sollte 0,7 bis 0,8 kg/cm^2 nicht übersteigen.

6. Die Glocke sollte nicht länger als 45 Min. am Kopf des Babys bleiben. Je kürzer die Zeit, desto geringer die Häufigkeit fetaler Kopfhautverletzungen.
7. Ihr Arzt sollte die Extraktion synchron zu Ihren Gebärmutterkontraktionen und Ihrem spontanen Pressen vornehmen.
8. Die Glocke darf nicht »abspringen«, weil dadurch plötzliche Veränderungen des Drucks auf die Kopfhaut verursacht und das Verletzungsrisiko vergrößert werden.
9. Wenn nach drei- oder viermaligem Ziehen kein Fortschritt zu sehen ist, soll Ihr Arzt aufhören, Ihre Situation erneut überprüfen und eine andere Entbindungsmethode in Erwägung ziehen.

Steißgeburt

Wie häufig sind Steißgeburten, und wodurch werden sie verursacht?

Die Steiß- oder Becken-Endlage des Babys kommt bei 3 oder 4% aller Entbindungen vor, wobei die Häufigkeit bei Frühgeburten am größten ist. Es wurden viele Theorien aufgestellt, um zu erklären, warum ein Baby in eine Steißlage gerät. Außer Frühreife scheinen folgende Faktoren diesen Zustand herbeizuführen: Erschlaffung der Gebärmutter bei einer Frau, die bereits mehrere Geburten hatte, Mehrfachgeburten, übermäßige Fruchtwassermenge (Hydramnion), angeborene Anomalien wie Hydrozephalie und Anenzephalie, Gebärmutteranomalien, und die Lage der Plazenta; Frauen mit Placenta praevia, einer anomal tiefliegenden Plazenta, neigen eher dazu, ein Baby in Steißlage auszutragen. Auch die Lage der Plazenta an der oberen Seite der Gebärmutter macht für eine Steißlage anfällig. Doch in den meisten Fällen ist die Ursache für eine Steißlage unbekannt. Es bleibt auch ein Geheimnis, wieso bei einer Frau, wenn sie einmal eine Steißgeburt hatte, dies wahrscheinlich beim nächsten Mal wieder der Fall sein wird.

Wie wird die Steißlage diagnostiziert?

Je nach Verhältnis zwischen Beinen und Steiß des Kindes unterscheidet man drei Arten: die einfache Steißlage, die vollständige Steißlage und die Steißfußlage (siehe Abbildung).
Die einfache Steißlage ist die häufigste. Bei ihr gibt es die wenigsten Komplikationen (siehe unten). Wenn sich der Muttermund während der Wehen öffnet, können bei einer Steißfußlage ein Fuß oder beide Füße durch den erweiterten Muttermund in die Scheide abgleiten. Bei dieser sogenannten einfachen oder doppelten Steißfußlage ist die Zahl der Komplikationen weitaus höher als bei der einfachen und der vollständigen Steißlage (siehe unten).

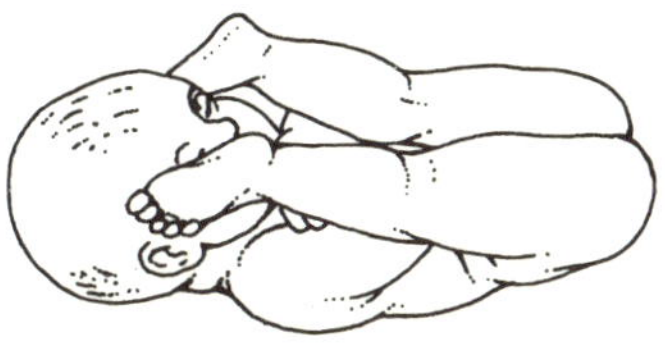

Einfache Steißlage

Steißlagen

Vollständige Steißlage

Steißfußlage

Ein erfahrener Geburtshelfer kann eine Steißlage durch einfaches Abtasten des Leibes erkennen. Oft hat die Patientin den Verdacht früher als ihr Arzt, weil sie den harten Kopf des Kindes in der oberen Bauchgegend und Tritte im Unterleib spürt. Wenn das Abtasten des Leibes keine Gewißheit bringt, kann die Diagnose meistens durch eine Vaginaluntersuchung bestätigt werden. Gelegentlich kann jedoch das Hinterteil bei einer einfachen Steißlage den Untersuchenden zu der irrigen Ansicht bringen, daß es der Kopf sei. Eine absolute Bestätigung einer Steißlage kann durch Ultraschall oder eine Röntgenaufnahme erzielt werden. Die Steißlage ist eine der wenigen verbliebenen Situationen, die eine Röntgen-Pelvimetrie rechtfertigen. Die Röntgenuntersuchung hat den Vorteil, daß sie das Verhältnis zwischen dem Steiß des Kindes und dem Knochenbau des Beckens der Mutter sichtbar macht. Eine genaue Messung von Durchmesser und Form des Beckens der Mutter ist äußerst wichtig, wenn eine Vaginalentbindung des Babys in Steißlage in Betracht gezogen wird. Diese wichtige Erkenntnis kann man nicht durch Ultraschall gewinnen. Fetale Anomalien jedoch, wie sie bei Babys in Steißlage häufig vorkommen, lassen sich durch eine Ultraschalluntersuchung wiederum leicht erkennen.

Mit welchen Problemen muß man rechnen, wenn sich ein Baby in Steißlage befindet?

Zweifellos sind die Aussichten für ein Kind in Steißlage bedeutend schlechter als für eines in normaler Lage (wenn der Kopf vorn liegt). Das gilt für jedes Stadium der Schwangerschaft. In einer Untersuchung, bei der normal geborene Babys mit mehr als 1000 Steißgeburten verglichen wurden, stellte man im University Hospital in Cleveland bei der Gruppe der Steißgeburten eine zehnmal größere allgemeine Sterblichkeitsquote fest. Angeborene Mißbildungen traten bei 6,3% der Steißgeburten, dagegen nur bei 2,4% der Nichtsteißgeburten auf. Als derselbe Vergleich unter gesunden Babys, die weniger als 5 Pfd. wogen, angestellt wurde, war das Ergebnis weniger kraß, aber immer noch deutlich. In einer am Mount Sinai Hospital in New York City durchgeführten Studie betrug die Sterblichkeit bei Steißgeburten 3%, dagegen bei normal geborenen Kindern weniger als 1%.

Während einer vaginalen Steißentbindung kann das Baby jederzeit verletzt werden, aber die meisten Probleme treten auf, wenn der Geburtshelfer versucht, den Kopf herauszuholen. Dies ist besonders heikel bei einer Frau, die ihr erstes Baby bekommt. Wenn eine Röntgen-Pelvimetrie zeigt, daß das Becken der Mutter groß genug ist, so ist das leider keine Garantie dafür, daß der Kopf leicht geboren wird. Keine Geburtssituation ist so tragisch wie der vergebliche Versuch, den Kopf eines Babys in Steißlage sicher und unverletzt ans Licht zu bringen. Die Zeit spielt in dieser Situation eine entscheidende Rolle, weil eine Verzögerung von 4 Min. oder mehr wahrscheinlich infolge Sauerstoffmangels beim Kind zu bleibenden Hirnschäden führen wird. In diesem Stadium gibt es keine Rettung mehr, weil es für einen Not-Kaiserschnitt zu spät ist. Bei einer Steißfußlage kann der Kopf in einem nicht voll geöffneten Muttermund steckenbleiben. In dieser Situation gleiten die Beine ungehindert durch den Muttermund, aber die größeren, nicht so leicht zusammendrückbaren Körperteile, die danach kommen, müssen geholt werden, und der größte Teil, nämlich der Kopf, kann dann vielleicht nicht durch. Der Kopf bleibt bedeutend öfter stecken bei Babys, die mehr als 7 Pfd. wiegen. Es ist aber ein Irrtum, wenn man annimmt, daß dieses Problem bei einem frühgeborenen Kind von weniger als 5 Pfd. nicht auftritt. Es besteht nämlich ein Mißverhältnis zwischen dem großen Kopf und dem kleinen Steiß eines frühgeborenen Kindes. Bei den kleinsten Frühgeburten bleibt der Kopf am häufigsten stecken.

Nabelschnurvorfall, ein akuter Notfall, der eine sofortige Entbindung erfordert, kommt bei Babys in Steißlage viel öfter vor. Auch ohne Vorfall werden bei der Steißentbindung der Nabel und die daran befindliche Schnur ins Becken gezogen und zusammengedrückt. Daher muß, wenn der Steiß des Babys durch die Scheide getreten ist, der übrige Körper unverzüglich geholt werden.

Kann man etwas dagegen tun, daß es überhaupt zu einer Steißlage kommt?

Wenn im letzten Schwangerschaftsdrittel eine Steißlage erkannt wird, versuchen manche Frauenärzte, das Baby durch eine Art Massage zu drehen, und zwar indem der Geburtshelfer mit einer Hand den Steiß sanft aus dem Becken hebt, während er mit der anderen den Kopf nach unten drückt. Es geht leichter, wenn eine Frau schon einmal geboren hat, weil die Muskulatur ihrer Bauchdecke dann lockerer ist. In jüngster Zeit melden einige Ärzte bessere Erfolge, wenn unmittelbar vor der Drehung eine intravenöse Injektion eines die Uterusmuskeln entspannenden Mittels verabreicht wird. Die Vorzüge einer solchen Behandlung sind allerdings noch nicht klar erwiesen.

Die Begeisterung für diese Methode teilen nicht alle Ärzte. Manche schreiben dieser Technik Komplikationen wie Gebärmutterblutungen, vorzeitige Wehen, Tod des Fetus, vorzeitiges Platzen der Fruchtblase sowie vorzeitige Ablösung der Plazenta zu. In einer Studie, die 100 Fälle von externen Drehungen umfaßte, wurde festgestellt, daß eine beträchtliche Anzahl roter Blutkörperchen aus dem Kreislauf des Fetus in den der Mutter gelangte. Diese sogenannte fetomaternale Blutung ist bei Rhesus-negativen Frauen von besonderer Bedeutung. Um eine Rhesus-Sensibilisierung zu verhindern, sollten solchen Frauen

vor einer Drehung prophylaktisch Gammaglobuline gegeben werden.
Das Verfahren sollte nicht angewendet werden, wenn zwischen der Größe des Fetus und des Beckens der Mutter ein merkliches Mißverhältnis besteht, wenn der Steiß zu tief im Becken liegt, so daß er nicht gefahrlos herausgehoben werden kann, wenn die Bauchdecke oder die Gebärmutter gespannt ist, wenn die Fruchtblase geplatzt ist und wenn die Fruchtwassermenge gering ist. Beim Versuch einer externen Kopfdrehung darf keine Narkose gegeben werden, weil das Schmerzempfinden einer Frau oft das beste Zeichen dafür ist, daß ihr Arzt zu viel Kraft anwendet.

Gibt es eine sichere Voraussage, welche Babys mit Steißlage ungefährdet vaginal entbunden werden können und bei welchen ein Kaiserschnitt erforderlich ist?

Der Steiß-Zahl-Index wurde in dem Bemühen entwickelt, genauer vorauszusagen, bei welchen Kindern ein Kaiserschnitt notwendig sein würde und welche ungefährdet normal entbunden werden könnten. Dabei werden sechs bestimmende Faktoren beziffert: Anzahl früherer Geburten, Dauer der Schwangerschaft in Wochen, geschätztes Gewicht des Fetus, frühere vollausgetragene Steißgeburten, Weite des Muttermundes bei der einleitenden Vaginaluntersuchung im Krankenhaus und Lage des Steißes in bezug auf die Sitzbeinhöcker der Mutter. Der Steiß-Zahl-Index ist von vielen Geburtshelfern mit Erfolg angewendet worden, aber er ist natürlich nicht unfehlbar.

Wenn eine Vaginalentbindung einer Steißlage erwogen wird, muß der Geburtshelfer viele verschiedene Faktoren berücksichtigen. Der wichtigste ist die Größe des Fetus. Ein sehr großes Kind wird bei einer Vaginal-Steißgeburt äußerst leicht verletzt. Wenn Schätzungen des Gewichtes des Kindes, die auf Ultraschall beruhen, auch hilfreich sind, so sind diese Berechnungen doch alles andere als narrensicher. Wenn feststeht, daß das Kind mehr als 7 Pfd. wiegt, wird von den meisten Experten ein Kaiserschnitt für richtig gehalten. Das gilt auch dann, wenn das Becken der Mutter von normaler oder mehr als normaler Größe zu sein scheint.
Größe und Form des Beckens der Mutter müssen vor der Vaginalentbindung einer voll ausgetragenen Steißgeburt genau gemessen werden. Wenn auf dem Röntgenbild auch nur eine geringfügige Beckenverengung zu sehen ist, muß ein Kaiserschnitt gemacht werden.
Bei 5% aller Babys in Steißlage kann eine Übergröße des Kopfes durch Röntgen festgestellt werden. Bei einem übergroßen Kopf ist ein Kaiserschnitt angezeigt, um Verletzungen an Hals und Rückenmark des Babys zu vermeiden. Röntgen- und Ultraschalluntersuchungen können bei der Entscheidung helfen, wie ein Baby in Steißlage entbunden werden soll, bei dem eine Anomalie entdeckt wird. Eine schwerwiegende Störung, die ein Überleben ausschließt, wäre ein entscheidender Faktor zugunsten einer Vaginalentbindung.
Manche Ärzte befürworten notfalls die Anwendung von Oxytozin, um die Wehen einer Frau mit einem Kind in Steißlage einzuleiten oder zu verstärken, aber

es gibt Beweise, daß dies zu niedrigeren Apgar-Zahlen und höheren Kindersterblichkeitsquoten führt. Ein Kaiserschnitt ist zweifellos vernünftiger.

Alle Kinder mit einfacher oder doppelter Steißfußlage werden am besten durch Kaiserschnitt entbunden, weil bei einer Vaginalentbindung die Gefahr besteht, daß die Nabelschnur vorfällt und der Kopf des Kindes steckenbleibt.

Eine extreme Frühgeburt, bei der ein Kind nur zwischen 1 und 3 Pfd. wiegt, wird am besten durch Kaiserschnitt entbunden, weil es dann weniger leicht verletzt werden und weil der Kopf nicht in einem nicht ganz geöffneten Muttermund steckenbleiben kann.

Die Vaginalentbindung eines Babys mit Steißlage ist nach Meinung vieler Frauenärzte relativ sicher, wenn folgende Bedingungen erfüllt sind:

1. Das Baby befindet sich in einer einfachen Steißlage und hat keinen übergroßen Kopf.
2. Es handelt sich bei der Frau nicht um die erste voll ausgetragene Geburt.
3. Das Gewicht des Kindes wird aufgrund klinischer Eindrücke und Ultraschalluntersuchung auf 5 bis 7 Pfd. geschätzt.
4. Das Alter der Schwangerschaft wird auf 36 bis 42 Wochen geschätzt.
5. Es gibt keine Anzeichen von Fetal distress.
6. Der Fortschritt der Wehen, gemessen an der Öffnung des Muttermundes und dem Absenken des Steißes ins Becken, verläuft normal.
7. Der Geburtshelfer ist mit den Techniken einer Steißgeburt vertraut.
8. Anästhesie und Operation sind notfalls sofort durchführbar.

Leider kann es selbst bei Erfüllung all dieser Bedingungen dem Kind dennoch nicht so gut gehen wie bei einem Kaiserschnitt. Während eine Vaginalentbindung für die Mutter ungefährlicher ist als ein Kaiserschnitt, besteht ein wesentlich größeres Risiko für bleibende Schäden am Kind, Lähmung und perinatalen Tod.

Wenn Sie jetzt den Eindruck gewonnen haben, daß die meisten Babys in Steißlage durch Kaiserschnitt entbunden werden sollten, so haben Sie absolut recht! Es ist kaum zu bezweifeln, daß Verletzungen des Fetus, Sauerstoffmangel und Perinataltod nur durch großzügigere Anwendung des Kaiserschnitts reduziert werden können. In den letzten zehn Jahren sind die Kaiserschnitt-Entbindungen von Steißlagen in den meisten Kliniken von durchschnittlich 10% auf ungefähr 75% gestiegen.

Kaiserschnitt

Woran liegt es, daß zunehmend mehr Kaiserschnitt-Entbindungen durchgeführt werden?

Mangels objektiver Methoden zur Erkennung des Wehenverlaufs trafen in früheren Jahren die Frauenärzte ihre Entscheidungen allein aufgrund ihrer persönlichen Erfahrungen und klinischer Erkenntnisse. Geduld galt als das wichtigste Merkmal geburtshilflicher Fürsorge, und die Wehen dauerten oft Stunden und sogar Tage und gipfelten häufig in einer komplizierten Zangengeburt eines ernsthaft gefährdeten Kindes. Öfter, als es die meisten Geburtshelfer

zugeben mögen, waren diese Gepflogenheiten für erheblich häufigere Verletzungen der Mutter und bleibende Schäden am Kind verantwortlich.
Die wohl wichtigsten geburtshilflichen Erkenntnisse der späten 60er und der 70er Jahre vermittelte uns Dr. Emanuel A. Friedman (siehe Seite 357 ff.). Er war der erste, der den Geburtsverlauf Tausender Frauen auswertete und Richtlinien zur Bestimmung normaler und anomaler Situationen aufstellte und es so den Geburtshelfern ermöglichte, etwaige Anomalien rasch zu diagnostizieren und zu beheben, ohne eine Frau endlosen Wehen auszusetzen. Ein stagnierender Geburtsverlauf ist der Hauptgrund für die steigende Zahl von Kaiserschnitten. Dadurch ging die damit verbundene Sterblichkeit von Mutter und Kind zurück. Dank dieser Forschungen wird die komplizierte Zangengeburt heute durch einen Kaiserschnitt ersetzt.
Vor zehn Jahren war die 32. Woche der früheste Zeitpunkt, zu dem man das Wagnis eines Kaiserschnitts in bezug auf die Vorteile für den unreifen Fetus für gerechtfertigt hielt. Heute entscheidet sich ein Geburtshelfer eher für einen Kaiserschnitt, um einen kleinen Fetus zu retten, wenn Ultraschall und klinische Erfahrung eine Überlebenschance wahrscheinlich machen. Für die Überlebenschance des Kindes gelten folgende Richtlinien:

Geburtsgewicht (in g)	Überlebenschance (in %)
1000	80
1500	88
2000 oder mehr	99

Selbst wenn kein Fetal distress vorlag, haben manche Ärzte bei Kindern, die vor der 35. Woche geboren wurden, und bei solchen, die zwischen 700 und 1900 g wogen, den Kaiserschnitt befürwortet, weil kleinere Babys eher zu intrakraniellen Blutungen neigen, die durch den von Gebärmutterkontraktionen und Damm auf den Kopf ausgeübten Druck verursacht werden.
Daß in den letzten Jahren die Zahl der Kaiserschnitte bei Fetal distress gestiegen ist, ist der Einführung elektronischer Überwachung des Fetus und anderen Techniken zuzuschreiben, die eine schnellere Diagnose ermöglichen. Der merkliche Anstieg der Kaiserschnitte bei Babys in Steißlage ist ein neuer Trend, der auf überzeugenden klinischen Erfahrungen basiert. Heute werden schätzungsweise 75% aller Steißlagen mit Kaiserschnitt entbunden, während es noch vor zehn Jahren nur 10% waren.
Da die Häufigkeit von Kaiserschnitt-Entbindungen im vergangenen Jahrzehnt so stark angestiegen ist, nimmt es nicht wunder, daß auch die Zahl der wiederholten Kaiserschnitte steigt. Der Lehrsatz jedoch, »Einmal Kaiserschnitt, immer Kaiserschnitt« wurde in den letzten Jahren stark angezweifelt.
Mit der Entwicklung neuer und wirksamerer Antibiotika, der Einrichtung moderner Blutbanken, verfeinerter Anästhesie-Methoden und verbesserter Nachgeburtspflege wird ein Kaiserschnitt nicht mehr als großes Risiko für eine Frau betrachtet. Allerdings laufen wir Gefahr, die Tatsache aus den Augen zu verlieren, daß er nach wie vor eine schwere Bauchoperation ist, die mit ei-

ner beträchtlich höheren Anzahl von Komplikationen bei der Mutter verbunden ist als eine normale Entbindung. Selbst unter den modernsten und günstigsten Bedingungen ist die Sterblichkeitsrate bei den Müttern beim Kaiserschnitt vier- bis fünfmal höher als bei der Vaginalentbindung. Die meistzitierte Statistik besagt, daß auf 10000 Kaiserschnitte zwischen vier und acht Todesfälle von Müttern kommen, während es bei einer normalen Entbindung nur 1,3 von 10000 sind. Fieber, Schmerzen, Blutungen und andere Komplikationen nach der Operation, dazu ein längerer Krankenhausaufenthalt und eine längere Rekonvaleszenz, machen einen Kaiserschnitt weit weniger attraktiv als eine normale Geburt.

Unter welchen Bedingungen kann eine Frau nach einem früheren Kaiserschnitt eine normale Geburt haben?

»Einmal Kaiserschnitt, immer Kaiserschnitt.« Diese 1916 von Dr. Edwin B. Craigin aufgestellte These wurde zum geflügelten Wort, das heute jedoch von vielen Frauenärzten in Frage gestellt wird.

Heute gibt es Beweise für die Vermutung, daß zwischen 50 und 60% der Frauen, die einen Kaiserschnitt hatten, in der Lage sein dürften, später normal zu entbinden, sofern man es sie versuchen läßt. Die Behauptung der Befürworter des wiederholten Kaiserschnitts, dieser sei einfacher und sicherer als eine Vaginalentbindung, läßt sich statistisch nicht erhärten. Selbst unter günstigsten Bedingungen ist die Müttersterblichkeit beim Kaiserschnitt vier- bis fünfmal höher als bei der natürlichen Geburt. Wir neigen zwar dazu, einen Kaiserschnitt als relativ harmlosen Eingriff zu betrachten, in Wirklichkeit aber ist er eine schwere Operation, verbunden mit stärkerem Blutverlust und größerem Anästhesierisiko als die natürliche Geburt. Unmittelbar nach der Operation auftretende Probleme wie Infektionen, starke Schmerzen, dazu ein längerer Krankenhausaufenthalt, können nicht in Abrede gestellt werden. Später auftretende Komplikationen wie Verwachsungen im Bauch- und Beckenraum können bei einem kleinen Prozentsatz von Frauen Jahre nach der Operation zu Darmverschluß führen. Die Säuglingssterblichkeitsrate und die Häufigkeit von Atemnot-Syndrom sind bei durch Kaiserschnitt geborenen Babys größer. Wenngleich die Häufigkeit von Atemnot-Syndrom durch die Möglichkeiten der modernen Medizin gesenkt werden konnte, ist das Problem dennoch nicht ausgeschaltet. Frauen, bei denen ein Kaiserschnitt vorgenommen wird, brauchen in der Nachgeburtszeit bedeutend mehr schmerzstillende Mittel; infolgedessen gelangen größere Mengen dieser Medikamente in die Muttermilch und werden vom Säugling aufgenommen.

Allzu häufig nehmen die Ärzte keine Rücksicht auf die Tatsache, daß eine natürliche Geburt für eine Frau emotional viel befriedigender ist als ein Kaiserschnitt. Viele Patientinnen haben mir von ihrer großen Enttäuschung erzählt und von dem Gefühl, versagt zu haben, weil sie das physische und psychische Hochgefühl einer natürlichen Geburt nicht erleben konnten. Der in den ersten Lebenstagen so wichtige enge Kontakt und die Bindung zwischen Mutter und Kind werden oft gar nicht wahrgenommen, weil die Mutter unter den Schmerzen und Unannehmlichkeiten der Operation leidet und von den starken Analgetika schläfrig und benommen ist. Viele Frauen glauben zu Recht, daß sie um ein großes Erlebnis betrogen wurden.

Das Hauptargument, das die Befürworter des wiederholten Kaiserschnitts jahrelang angeführt haben, lautet, daß ein Platzen oder Reißen der alten Gebärmutternarbe infolge der Anstrengung der Wehen mit einer tödlichen Blutung und der Ausstoßung des Fetus in die Bauchhöhle einhergeht. Dies mag 1916 vielleicht gestimmt haben, aber heute gilt es nicht mehr. 1916 wurde bei jedem Kaiserschnitt in die Muskeln des oberen Abschnitts der Gebärmutter vertikal eingeschnitten (siehe Abbildung auf Seite 382). Das dadurch entstandene Narbengewebe schwächt den Uterus nachhaltig. Wenn er sich während einer nachfolgenden Schwangerschaft oder während der Wehen dehnt, platzt in 2% der Fälle die Narbe. Die Folgen des Risses einer klassischen Kaiserschnittnarbe können in der Tat tödlich sein, weil die gesamte Gebärmutterwand aufreißt. Durch einen solchen Riß werden Fetus und Plazenta in die Bauchhöhle ausgestoßen. Die Säuglingssterblichkeitsquote beträgt hierbei zwischen 40 und 75%. Die Müttersterblichkeit infolge Blutungen wird auf weniger als 1% geschätzt. Wegen der damit verbundenen Gefahren sollte einer Frau, bei der einmal ein klassischer Kaiserschnitt vorgenommen wurde, nicht gestattet werden, Wehen und eine natürliche Geburt zu haben. Ein wiederholter Kaiserschnitt ist in diesem Fall die klügere Lösung. Der klassische Kaiserschnitt wird zwar auch heute noch durchgeführt, macht aber weniger als 5% der gesamten Kaiserschnitte aus. Diese Operation ist gelegentlich bei einer ungewöhnlichen Lage des Babys, etwa einer Querlage, angebracht, oder um die Blutungen zu verringern, wenn die Plazenta die normale Schnittstelle oberhalb des unteren Gebärmutterhalses überdeckt (Placenta praevia).

Der sogenannte tiefe Zervikal-Quer-Kaiserschnitt wird im Gewebe des unteren Gebärmutterabschnitts geführt. Heutzutage werden praktisch alle Kaiserschnitte auf diese Weise durchgeführt. Weil bei diesem Typus Bindegewebe und nur eine dünne Muskelschicht durchtrennt werden, ist es viel weniger wahrscheinlich, daß die Narbe platzt. Hinzu kommt, daß die meiste Kraft einer Gebärmutterkontraktion aus dem oberen Abschnitt kommt; der untere Abschnitt bleibt weitgehend passiv. Die Reißquote von tiefen Quernarben beträgt 0,25 bis 0,5%. Selbst wenn die Narbe platzt, geschieht dies selten vor dem Einsetzen der Wehen und ist höchstwahrscheinlich nicht gefährlich. Es kann sogar unbemerkt bleiben, weil der Riß einer tiefen Quernarbe meistens unvollständig ist. Zumindest eine Gewebeschicht bleibt intakt, infolgedessen wird das Baby kaum jemals in die Bauchhöhle ausgestoßen. Manchmal ist die Schicht des Gebärmuttergewebes so dünn, daß bei einem wiederholten Kaiserschnitt das Fruchtwasser und das Baby tatsächlich durch die Narbe hindurch zu sehen sind. Diese Erscheinung, entsprechend »Fenster« genannt, wird bei 8% aller wiederholten tiefen Quer-Kaiserschnitte beobachtet. In den seltenen Fällen, da ein Riß vollständig ist, beträgt die perinatale Sterblichkeitsrate etwa 12%.

Die Behauptung, daß viele Frauen mit einem tiefen Zervikal-Quer-Kaiserschnitt bei einer folgenden Schwangerschaft ohne weiteres natürlich entbinden können, wird durch mehrere klinische Studien erhärtet. Eine 1979 an der University of Texas Health Science Center and Medical School in San Antonio durchgeführte Untersuchung ergab, daß von 526 Frauen, denen nach einem vorangegangenen Kaiserschnitt eine natürliche Geburt gestattet wurde, 313 normal entbanden und bei 213 ein Kaiserschnitt erforderlich war. In drei Fällen war die Gebärmutter geplatzt, aber es gab nicht einen einzigen Todesfall bei Mutter oder Kind. In einer zwischen 1950 und 1962 am Margaret Hague Maternity Hospital in New Jersey durchgeführten Untersuchung von 110000 Entbindungen und 4000 Kaiserschnitten platzte nur eine von je 160 Narben, und nicht eine Mutter verlor ihr Leben.

Eine kleine Anzahl Ärzte führt einen tiefen vertikalen statt einen queren Schnitt durch (siehe Abbildung auf Seite 382). Dieses Vorgehen ist zuweilen bei der Entbindung von kleinen frühreifen Kindern, von Babys in Steiß- oder Querlage und von sehr großen Babys angebracht. Bei diesem Schnitt besteht jedoch eine 1,4- bis 4%ige Möglichkeit, daß die Narbe während einer nachfolgenden Schwangerschaft oder während der Wehen bricht und daß dies einen Schock auslöst. Ein anderer Schnitt, das sogenannte »umgekehrte T«, entsteht meistens aus Verzweiflung, wenn es bei dem Versuch, ein Baby durch einen tiefen Zervikal-Quer-Kaiserschnitt zu entbinden, zu Schwierigkeiten kommt. Das T beruht auf einem improvisierten Schnitt, der ausgeführt wird, um mehr Platz für die Entbindung zu schaffen. Ein umgekehrtes T heilt mit einer bedeutend schwächeren Narbe, die während einer zukünftigen Schwangerschaft zum Platzen neigt. Deshalb sollte Frauen mit den beiden letztgenannten Schnitten eine natürliche Geburt nicht gestattet werden. Die verschiedenen Typen der erwähnten Schnitte sind in der Zeichnung auf Seite 382 dargestellt.

Sie müssen unbedingt wissen, welcher Typ von Kaiserschnitt bei Ihnen gemacht wurde, damit entschieden werden kann, ob Sie eine nachfolgende Schwangerschaft normal entbinden dürfen. Wenn Sie umgezogen sind oder den Arzt gewechselt haben und sich vorgenommen haben, natürlich zu entbinden, müssen Sie den Operationsbericht Ihres früheren Arztes kennen. Nur so können Sie mit Sicherheit wissen, welcher Typ von Kaiserschnitt an Ihnen gemacht wurde.

Außer dem Typus eines früheren Kaiserschnitts müssen noch verschiedene andere Faktoren berücksichtigt werden, wenn es um die Entscheidung geht, ob eine Frau versuchen darf, natürlich zu entbinden, statt einen Kaiserschnitt vornehmen zu lassen. Da das ganze Gebiet relativ neu ist, variieren die Richtlinien von einem Frauenarzt und von einem Krankenhaus zum anderen. Manche Frauenärzte lassen es alle Frauen mit Wehen versuchen, aus welchem Grund

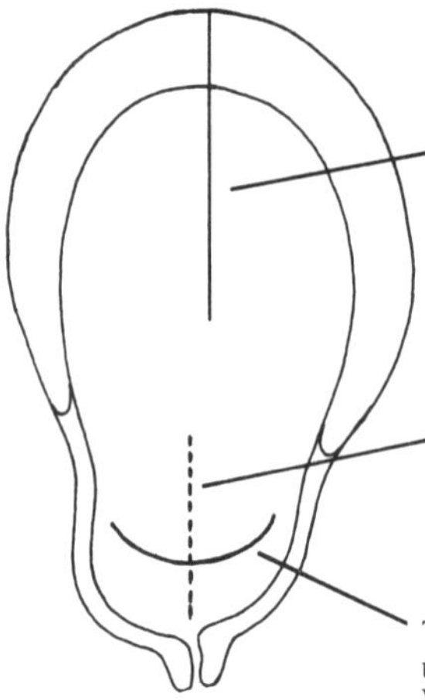

auch immer zuvor der Kaiserschnitt vorgenommen wurde. Andere schließen diejenigen aus, bei denen der erste Kaiserschnitt aus »wiederkehrenden« Gründen, wie etwa ein zu kleines Bekken für den Kopf des Babys, vorgenommen wurde, obwohl so eine Diagnose oft unpräzise ist und man normale Geburten von vielen Babys mit größerem Geburtsgewicht als das der vorher mit Kaiserschnitt entbundenen beobachtet hat. Manche Ärzte lehnen den Versuch einer natürlichen Geburt ab, wenn eine Patientin zuvor zwei oder mehr Kaiserschnitte hatte, weil sie glauben, daß dann die Narbe schwächer sein könne. Es gibt keine Beweise, die diese Behauptung stützen oder widerlegen. Eine Frau, die vorher fünf oder mehr voll ausgetragene Geburten hatte, kann eine geschwächte Gebärmutter haben, was sich besonders bemerkbar macht, wenn eine oder mehrere von diesen Geburten durch Kaiserschnitt erfolgten. Unter diesen Umständen würde ich zustimmen, daß ein Kaiserschnitt die klügste Lösung wäre. Auch bei einer überdehnten Gebärmutter infolge von Zwillingen oder einer übermäßigen Fruchtwassermenge werden sich die meisten Frauenärzte für einen wiederholten Kaiserschnitt entscheiden. Manche Ärzte bestehen unsinnigerweise darauf, daß eine Frau vor dem Kaiserschnitt mindestens eine Vaginalentbindung hatte, wenn sie es wieder mit einer natürlichen Geburt versuchen möchte. Dadurch würden aber zu viele Frauen davon abgehalten, eine natürliche Geburt zu versuchen, und es würden alle Frauen ausscheiden, die nicht drei oder mehr Kinder gebären. Andere Frauenärzte glauben, daß eine Frau, die bei einem früheren Kaiserschnitt nach der Operation Fieber oder Infektionen hatte, mit größerer Wahrscheinlichkeit eine schwache Gebärmutternarbe hat. Deshalb verordnen sie einen wiederholten Kaiserschnitt. Neuere Beweise lassen jedoch vermuten, daß sich die zukünftige Stabilität einer Narbe sicher nicht an diesem Kriterium messen läßt.

Kann ein Arzt auf irgendeine Weise voraussagen, ob eine Narbe von einem tiefen Zervikal-Quer-Kaiserschnitt den Anstrengungen der Wehen standhalten wird?

Um die Stabilität einer Kaiserschnittnarbe zu bewerten, werden einige Wochen nach der Operation bestimmte Röntgenbilder, sogenannte Hysterogramme, aufgenommen. Hierzu wird ein für Röntgenstrahlen undurchlässiges Kontrastmittel durch den Gebärmutterhals in die Gebärmutterhöhle gespritzt, um so eventuelle Defekte der Narbe festzustellen. In einer 1979 von Dr. P. J. H. van Vugt in Holland durchgeführten Studie wurden von 68 Frauen, bei denen zuvor ein tiefer Zervikal-Quer-Kaiserschnitt vorgenommen worden war, Hysterogramme gemacht. Dr. van Vugt kam zu dem Schluß, daß es unmöglich war, einen Zusammenhang herzustellen zwischen der Schwäche der Narbe und nach der Geburt auftretendem Fieber und Infektionen. Er bemerkte mehr Defekte in den Gebärmutternarben von Frauen, bei denen der Schnitt nach langwierigen Wehen vorgenommen wurde, bei denen der untere Gebärmutterabschnitt gut ausgebildet und dünn war, als bei denen, die vor dem Einsetzen der Wehen einen Kaiserschnitt bekamen. Dr. van Vugt folgerte daraus, daß die Dichte des unteren Gebärmutterabschnitts zur Zeit des Kaiserschnitts die spätere Dichte der Narbe bestimmt. Er warnte jedoch, daß eine dicke Gebärmutternarbe keine Garantie gegen Platzen ist, und daß eine dünne Narbe nicht unbedingt bedeute, daß sie wenig belastbar ist.

Welche Vorsichtsmaßnahmen müssen getroffen werden, wenn eine Frau in den Wehen liegt, die zuvor einen Kaiserschnitt hatte?

Vor Einsetzen der Wehen sollte Ihr Arzt sich mit Ihren früheren Geburten vertraut gemacht haben und den Operationsbericht Ihres Kaiserschnitts kennen, um zu wissen, welcher Typ von Kaiserschnitt vorgenommen wurde und welche Komplikationen eventuell dabei aufgetreten sind. Einigen Sie sich mit Ihrem Arzt, auf welche Weise Ihr Wehenverlauf beobachtet werden soll und wann ein Eingriff in Form eines Kaiserschnitts gemacht werden darf. Dieselben Kriterien, die für alle Frauen zur Bemessung des Wehenverlaufs gelten, sollten auf diejenigen angewendet werden, die nach einem Kaiserschnitt eine natürliche Geburt versuchen. Lassen Sie sich nicht von vornherein auf einen Kaiserschnitt festlegen. Erst wenn kein Fortschritt der Wehen zu verzeichnen ist, sollte ein Kaiserschnitt durchgeführt werden. Der Gebrauch von Oxytozin zur Anregung oder Verstärkung Ihrer Wehen ist (bei Ihnen) überaus gefährlich und sollte unterbleiben.

Beim Einsetzen der ersten Kontraktionen sollten Sie ins Krankenhaus eingeliefert werden, und für den Fall, daß Verdacht auf Platzen der Gebärmutter besteht, müssen Vorbereitungen für einen sofortigen Kaiserschnitt getroffen werden. Während der Wehen ist die Überwachung des Fetus unbedingt erforderlich, ebenso häufiges Messen von Blutdruck und Puls der Mutter, weil ein schneller Puls manchmal das erste Anzeichen für ein Platzen der Gebärmutter und Blutungen bei der Mutter ist. Zu den frühen Anzeichen für ein Platzen der Gebärmutter gehören ein »Ziehen« im Unterleib, Druckschmerzhaftigkeit beim Betasten der alten Narbe, eine Beule in der Bauchdecke an der Stelle der früheren Operation und Scheidenblutungen. Schon beim leisesten Verdacht auf diese Diagnose sollte sofort ein Kaiserschnitt vorgenommen werden, bevor die Symptome sich verschlimmern. Eine Epiduralanästhesie, eine beliebte Methode zur völligen Schmerzausschaltung während der Wehen, ist meiner Meinung nach für Frauen, die es nach einem vorangegangenen Kaiserschnitt mit einer natürlichen Geburt versuchen, nicht zu empfehlen, weil durch die Ausschaltung des Schmerzes die frühen Symptome für ein Platzen der Gebärmutter womöglich nicht erkannt werden.

Nach der Entbindung untersuchen manche Ärzte das Innere der Gebärmutter mit der Hand, um festzustellen, ob an der alten Kaiserschnittnarbe ein Defekt vorliegt. Diese Praktik ist von geringem Nutzen und kann sogar eine schwache Narbe verletzen.

Wenngleich das Risiko für das Platzen der Gebärmutter und für Komplikationen gering ist, sollte eine Frau wegen dem erhöhten Risiko besser in einer großen, gut ausgestatteten Klinik als in einem kleinen Kreiskrankenhaus entbinden. Wenn Sie in einer Gegend wohnen, wo es kein Krankenhaus mit einer modernen Blutbank, geschultem Personal, modernen Geburtshilfegeräten und rund um die Uhr verfügbarer Anästhesie gibt, ist es vermutlich das Beste, sich einem wiederholten Kaiserschnitt zu unterziehen, statt es mit der natürlichen Geburt zu versuchen.

Anästhesie

Wie wird die Lokalanästhesie (örtliche Betäubung) in der Geburtshilfe angewandt?

Als Anästhetikum bezeichnet man jede Substanz, die Schmerzen entweder durch Herbeiführung von Bewußtlosigkeit oder durch Unterbrechung der Nervenbahn, die das Schmerzempfinden zum Gehirn leitet, beseitigt. Analgetika dagegen sind Medikamente wie zum Beispiel Morphium, die die Intensität des Schmerzes während der Wehen lindern. Sie werden intravenös, intramuskulär oder subkutan (unter die Haut) injiziert. (Die Wirkungen verschiedener Analgetika sind in Kapitel 7 erörtert.)

Ich werde oft gefragt, welches Anästhetikum das beste ist, und meine stereotype, aber richtige Antwort lautet, daß das perfekte Anästhetikum noch nicht entdeckt wurde. Selbst die sicherste Methode kann zuweilen unerwünschte Nebenwirkungen mit sich bringen. Aus diesem Grund ist es erfreulich, daß immer mehr Paare an Geburtsvorbereitungskursen teilnehmen. Egal, ob man Anhänger von Lamaze, Dick-Read oder Bradley ist, Frauen, die sich nach einer dieser Methoden richten, brauchen gewöhnlich während Wehen und Geburt weniger Analgetika und Anästhetika.

Die einfachste und sicherste Art der Anästhesie ist die Injektion eines Medikamentes wie etwa Novocain direkt unter die Dammhaut an der Stelle, wo die Episiotomie (Scheiden-Damm-Schnitt) vorgenommen wird (siehe S. 395). Dieses Lokalanästhetikum wird in dem Augenblick verabreicht, wenn der Kopf des Babys durchtritt und den Damm wölbt; es lindert den Schmerz nur zur Ausführung und zum Vernähen der Episiotomie.

Der Pudendusblock narkotisiert die äußere Scheiden-, Scham- und Dammgegend. Das sind die Stellen, in denen Zweige der beiden Schamnerven verlaufen. Richtig ausgeführt, liefert diese verbreitete Methode eine ausreichende Perinealanästhesie für eine spontane Entbindung sowie für Ausführung und Vernähen der Episiotomie. Die Befürworter behaupten, daß ein Pudendusblock eine ausreichende Anästhesie für eine Zangengeburt liefert, aber die meisten Geburtshelfer stimmen überein, daß er für diesen Zweck weniger geeignet ist. Um den linken Schamnerv zu narkotisieren, führt der Arzt den linken Zeige- und Mittelfinger tief an der linken Seite der Scheide entlang ein, um die Lage des Sitzbeinhöckers ausfindig zu machen. In dessen unmittelbarer Nähe verläuft der Schamnerv (Nervus pudendus). Eine lange, in einer Schutzhülle untergebrachte Nadel wird dann unter dem Höcker eingeführt. Diese Nadel ist mehrere Zentimeter lang, aber nur der letzte Zentimeter wird eingestochen. Dann wird das Anästhetikum, meistens Lidocain, in einer einprozentigen Konzentration, injiziert. Der Vorgang wird auf der anderen Seite wiederholt. Etwa 3 bis 5 ml eines Lokalanästhetikums wie etwa Lidocain erzeugt binnen 5 Min. eine Perinealanästhesie, die mindestens eine Stunde anhält. Gelegentlich wird eine Hälfte des Perineums (Damm) total narkotisiert, während die andere Hälfte schmerzempfindlich bleibt. Wenn dies der Fall ist, muß die nichtnarkotisierte Seite nochmals gespritzt werden.

Die Wahl des richtigen Zeitpunktes für den Pudendusblock ist entscheidend. Im Idealfall sollte er gleich nach der vollen Eröffnung des Muttermundes, aber bevor sich der Damm infolge des Durchtritts des Kopfes zu wölben beginnt, verabreicht werden. Wenn man bis zum letzten Moment wartet, ist diese Prozedur viel schwerer durchzuführen, und sie kann beim Pressen äußerst unangenehm werden.

Der Paracervicalblock ist die Injektion von etwa 10 bis 20 ml eines Lokalanästhetikums in das Gewebe, das den Gebärmutterhals umgibt. Ein richtig angebrachter Paracervicalblock, bei dem 1%iges Lidocain oder Mepivacain verwendet wird, kann den Schmerz bei der Erweiterung des Muttermunds für eine bis zwei Stunden komplett ausschalten. Da ein Paracervicalblock keine Schmerzerleichterung in Perineum, Scheide oder Scham bringt, wird eine zusätzliche Anästhesie benötigt, wenn der Kopf nach der vollen Eröffnung des Muttermundes Scheide und Damm zu dehnen beginnt.

Eine Lumbal- oder Epiduralanästhesie ist eine häufig angewandte Anästhesiemethode, die bei einer Vaginalentbindung oder einem Kaiserschnitt komplette Schmerzlinderung bringt. Für einen Lumbalblock wird eine lange feine Nadel zwischen die Knochenvorsprünge von zwei angrenzenden Rückenwirbeln im unteren Rückenbereich eingeführt. Dann wird sie durch die Dura, das ist die äußere Hülle des Liquorraums, der das Rückenmark umgibt, vorgeschoben. Wenn die Dura durchstochen und der Subarachnoidalraum erreicht ist, wird das Anästhetikum durch die Nadel injiziert, kann unmittelbar auf das Rückenmark einwirken und bringt fast augenblicklich Schmerzerleichterung, Taubheit im Unterleib, Verlust der Kontrolle über die Beinbewegung und Unfähigkeit, die Bauchmuskeln beim Pressen zu benutzen. Anders als bei anderen Arten der Anästhesie, bei denen ein Katheter zur fortlaufenden Injektion eines Medikamentes belassen wird, wird hier die Nadel unmittelbar nach Verabreichung des Anästhetikums herausgezogen.

Eine Lumbalanästhesie kann verabreicht werden, während eine Frau mit rundem Rücken sitzt oder mit auf die Brust geneigtem Kopf und fest angezogenen Knien auf der Seite liegt. In dieser für die Schwangere unbequemen Haltung stehen die unteren Rückenwirbel weiter vor, so daß der Lumbalblock sich leichter ausführen läßt. Ob eine sitzende oder liegende Haltung eingenommen werden soll, hängt ebenso von der persönlichen Vorliebe des Anästhesisten ab wie von der erwünschten anästhetischen Wirkung. Für einen Kaiserschnitt wird beispielsweise eine stärkere Anästhesie benötigt als für eine Vaginalentbindung, und die wird am besten erzielt, wenn eine Frau sich in der Rükkenlage befindet. Bekommt eine Frau einen Spinalblock und verharrt nach Verabreichung des Anästhetikums ein paar Minuten in sitzender Haltung, setzt sich das Medikament an einer tieferen Stelle fest und betäubt nur Scheide, Damm und die Innenseite der Schenkel. Ein Spinalblock dieses Typs liefert eine ausgezeichnete Anästhesie für Vaginalentbindung und Zangengeburt und hat außerdem den Vorteil, daß die Bauchmuskulatur beim Pressen beteiligt bleibt. Diese Form der Spinalanästhesie sollte bei einer Vaginalentbindung aber erst verabreicht werden, wenn der Muttermund vollständig geöffnet ist und der Kopf des Babys tief im Becken liegt, weil diese Anästhesie das normale Absinken des Kopfes stört und dann womöglich eine komplizierte Zangengeburt notwendig macht. So gut wie alle Lokalanästhetika wurden für eine Spinalblockanästhesie verwendet. Die bekanntesten sind Tetracain und Lidocain.

Die vitalen Funktionen einer Patientin, die eine Lumbalanästhesie erhalten hat, müssen sorgsam überwacht werden. Während der Entbindung und noch mindestens 30 Min. danach sollte ein Anästhesist verfügbar sein.

Ein Epidural- oder Periduralblock ähnelt der Spinalanästhesie insofern, als eine Frau dabei eine sitzende oder liegende Haltung einnimmt und eine Nadel in ihre untere Rückengegend eingeführt wird. Der Unterschied besteht darin, daß bei der Spinalanästhesie die Dura durchstochen wird, während man bei der Epiduralanästhesie davor haltmacht und das Anästhetikum zwischen knöchernem Wirbelkanal und die das Rückenmark umgebenden Hirnhäute injiziert wird. Anders als der Spinalblock kann ein Epiduralblock gegeben werden, bevor der Muttermund vollständig geöffnet ist. Er liefert eine ausgezeichnete Anästhesie während der aktiven Wehenphase, der spontanen Vaginalentbindung, bei Zangengeburten oder Kaiserschnitt. Zwar kann auch eine Epiduralanästhesie den Pressdrang einer Frau im zweiten Wehenstadium dämpfen; dies ist aber weniger ausgeprägt als beim Spinalblock.

Für eine ausreichende Epiduralanästhesie wird ein größeres Quantum eines Anästhetikums benötigt als für einen Spinalblock. Deshalb muß vor Verabreichung der gesamten Menge eine sehr kleine Testdosis verabreicht werden. Unter normalen Umständen reicht diese minimale Menge für eine narkotisierende Wirkung nicht aus. Hat die Nadel jedoch versehentlich die Dura durchstochen, kann eine Betäubung der Beine deutlich wahrgenommen werden. In diesem Fall ist es das beste, die Nadel zurückzuziehen und die Prozedur abzubrechen, weil die Injektion der gesamten Menge zu ernsten Komplikationen führen würde.

Je nach Situation kann ein Epiduralblock als einmalige Injektion oder als Daueranästhetikum durch einen langen Kunststoffkatheter verabreicht werden. Während der Spinalblock binnen 5 Min. eine komplette Anästhesie liefert, kann es bei einer Epiduralanästhesie 10 bis 20 Min. dauern, bis sie wirksam wird. Für einen Epiduralblock wurden diverse Lokalanästhetika erfolgreich verwendet. Bupivacainhydrochlorid ist ein sehr lang wirkendes Anästhetikum (drei bis sechs Stunden). Das ist besonders dann von Nutzen, wenn während der Wehen eine einmalige Injektion statt einer Dauerepiduralanästhesie nötig ist. Bupivacainhydrochlorid führt weniger leicht zu einem Absinken des Blutdrucks der Mutter als andere Lokalanästhetika, und bei umsichtigem Gebrauch hat es keine schädigenden Wirkungen für den Fetus oder das Neugeborene. Lidocain liefert für etwa zwei Stunden eine ausgezeichnete Anästhesie. Mehrere in jüngster Zeit durchgeführte Studien haben jedoch bei Neugeborenen von Müttern, die Lidocain und Mepivacain bekamen, eine größere Häufigkeit von Erschlaffung von Muskeltonus und Reflexen ergeben als bei Kindern, die mit Hilfe anderer Lokalanästhetika geboren wurden. Auch erreichten Lidocain und Mepivacain höhere Konzentrationen im fetalen Kreislauf als andere Lokalanästhetika.

Welche Probleme können beim Gebrauch von Lokalanästhetika auftreten, und wie können diese Probleme auf ein Mindestmaß reduziert werden?

Bei Verabreichung eines Lokalanästhetikums besteht immer die Gefahr, daß etwas von dem Medikament versehentlich in ein Blutgefäß injiziert wird und in den Kreislauf gelangt. Symptome für diese möglicherweise katastrophale Situation sind u.a. Benommenheit, Schwindel, undeutliches Sprechen, ein metallischer Geschmack, Taubheit von Zunge und Mund, Muskelzittern, Bewußtlosigkeit, Zuckungen und sogar Herzstillstand und Tod. Die Injektion eines Lokalanästhetikums in den Blutkreislauf kann verhindert werden, wenn der Arzt beim Injizieren des Anästhetikums den Kolben der Spritze mehrmals zurückzieht. Wenn Blut in die Spritze gesaugt werden kann, darf das Anästhetikum nicht injiziert werden. Treten Symptome auf, die auf eine intravaskuläre Injektion hinweisen, müssen Geburtshelfer und Anästhesist die Zuckungen sofort behandeln, intubieren und Sauerstoff zuführen.

Eine intravaskuläre Injektion ist die schwerste Komplikation eines Pudendusblocks. Nicht ganz so schlimm ist eine Blutung, die vom Durchstechen eines Blutgefäßes neben dem Schamnerv herrühren kann. In seltenen Fällen kann an der Stelle, wo die Nadel saß, eine Infektion entstehen.

In den letzten Jahren haben die Ärzte im Zusammenhang mit dem Paracervicalblock fetale Komplikationen festgestellt. Mehrere Studien haben ergeben, daß bei 25% der Kinder, die diesem Typ von Anästhesie ausgesetzt waren, ein anomales Absinken der Herzfrequenz (Bradykardie) erfolgen kann. Dieser Zustand tritt gewöhnlich 2 bis 10 Min. nach Anbringen des Blocks ein und kann 3 bis 30 Min. andauern. Er stellt gewöhnlich für ein gesundes Kind kein Problem dar. Komplikationen einschließlich Tod des Fetus treten meistens dann auf, wenn der Fetus vor Verabreichung des Anästhetikums in Gefahr schwebt. Die Ursache dieser Bradykardie ist unbekannt. Manche Forscher glauben, daß aufgrund der zahlreichen Blutgefäße rund um den Gebärmutterhals das Anästhetikum vom Zervixgewebe über den mütterlichen in den fetalen Kreislauf gelangt, wo es dann die Herzfrequenz verlangsamt. Andere behaupten, daß die vom Paracervicalblock herrührende Bradykardie auf eine Vergrößerung des uterinen Muskeltonus und ein Zusammenziehen der uterinen Blutgefäße zurückgeht und dadurch die Sauerstoffmenge verringert, die zur Plazenta und zum Fetus befördert wird.

Eine der häufigsten Komplikationen beim Spinalblock ist ein Absinken des Blutdrucks bei der Frau. Das geht auf eine Erweiterung und Erschlaffung der Venen zurück, die das Blut zum Herzen transportieren. Infolgedessen fließt weniger Blut zurück, und weniger Sauerstoff beförderndes Blut wird in Gebärmutter, Plazenta und Fetus gepumpt. Wenn eine Frau noch dazu nach einer Spinalanästhesie auf dem Rücken liegt, kann die Gebärmutter die große Vene, die das Blut zum Herzen befördert, zusammendrücken, wodurch die Sauerstoffmenge, die zum Fetus gelangt, weiter verringert wird. Das kann sehr gefährlich werden.

Um das Risiko zu niedrigen Blutdrucks der Mutter so gering wie möglich zu halten, sollte der Anästhesist die Blutmenge vermehren, indem er Ihnen prophylaktisch Infusionen gibt, bevor er einen Spinalblock verabreicht. Außerdem sollte die Gebärmutter unmittelbar nach Verabreichung der Spinalanästhesie auf die linke Seite verlagert werden. Wenn diese Maßnahmen versagen, sollte beim ersten Anzeichen von Absinken des Blutdrucks ein Medikament namens Ephedrin gegeben werden. Dieses bringt den Blutdruck augenblicklich wieder auf ein normales oder annähernd normales Maß, so daß Fetus und Uterus ausreichend mit Sauerstoff versorgt werden.

Eine seltene, aber beängstigende Komplikation der Spinalanästhesie ist der sogenannte totale Spinalblock. In dieser Situation steigt das Anästhetikum im Rückenmarkskanal gefährlich weit hoch und verursacht Atemlähmung und Hypotonie. Der Subarachnoidalraum verkleinert sich während der Schwangerschaft, so daß das Anästhetikum manchmal weiter nach oben ausweicht, als man vermutet hätte. Der Spinalblock tritt meistens dann auf, wenn die verabreichte Dosis des Anästhetikums höher ist, als die schwangere Frau vertragen kann. Dann muß die Betroffene so lange beatmet werden, bis die Wirkung des Anästhetikums verflogen ist. Das kann mehrere Stunden dauern. Da eine Frau dieses qualvolle Erlebnis bei vollem Bewußtsein durchmacht, muß sie unbedingt wissen, daß ihr Zustand bald wieder normal sein wird.

10 bis 25% aller Frauen, die eine Spinalanästhesie erhalten haben, bekommen danach schwere Kopfschmerzen. Diese oft unerträglichen Schmerzen beginnen gewöhnlich als Schmerz in Nakken und Hinterkopf und werden während des zweiten bis vierten Tages nach der Geburt immer stärker. Sitzen oder Stehen verschlimmert die Schmerzen. Eine Frau mit spinalem Kopfweh liegt am besten flach auf dem Rücken. Nach dem fünften Tag tritt meistens rasche Besserung ein. Man nimmt an, daß die Ursache spinaler Kopfschmerzen das Austreten von Rückenmarksflüssigkeit an der Stelle des Nadeldurchstichs ist. Am seltensten treten die Kopfschmerzen auf, wenn der Anästhesist eine Nadel mit kleinem Durchmesser benutzt und die Dura nicht mehrmals durchstechen mußte. Um den Kopfschmerzen vorzubeugen, empfehlen die meisten Ärzte, daß eine Frau acht Stunden nach einem Spinalblock flach im Bett liegt. Andere verordnen, daß man viel Flüssigkeit zu sich nimmt. Nach meiner Erfahrung sind beide Maßnahmen nutzlos. Gegen die Kopfschmerzen helfen eigentlich nur starke Schmerzmittel wie etwa Codein, vollkommene Bettruhe, eine stramme Bauchbinde und die Versicherung, daß der Zustand vorübergeht. Bei schlimmeren Kopfschmerzen kann ein sogenanntes Blutpflaster Hilfe bringen. Hierzu wird einer Frau aus dem Arm ein wenig Blut abgenommen und an der Stelle der vorangegangenen Spinalanästhesie in den Epiduralraum gespritzt. Das Blut versiegelt die Austrittsstelle. Manche Ärzte haben mit Salzlösungen anstelle von Blut ebenso gute Ergebnisse erzielt.

Nach einer Spinalblockanästhesie können sich vorübergehend eine Harnfunktionsstörung und Überdehnung der Harnblase einstellen. Das Pflegepersonal muß in der Zeit unmittelbar nach der Geburt auf dieses Problem achten. Wenn ein Verdacht auf Überdehnung der Blase besteht, muß ein Katheter angelegt werden.

Auch bei der Epiduralanästhesie kann, wie bei der Spinalanästhesie, der Blutdruck absinken und das Anästhetikum zu weit hochsteigen. Letzteres tritt insbesondere dann auf, wenn die Dura versehentlich durchstochen und ungewollt ein Spinalblock verabreicht wurde. Beide Komplikationen werden genau

so behandelt wie bei der Spinalanästhesie beschrieben. Eine korrekte Epiduralanästhesie dürfte niemals durch anschließende Kopfschmerzen kompliziert werden.
Ein wesentlicher Unterschied zwischen Spinal- und Epiduralblock ist die Menge des erforderlichen Lokalanästhetikums. Bei der hohen Dosis, die für die Epiduralanästhesie verwendet wird, gelangt eine beträchtliche Menge zum Fetus, was in der unmittelbaren Nachgeburtszeit zu neurologischen Verhaltensstörungen führen kann. Bei der Spinalanästhesie tritt dieses Problem so gut wie nie auf, weil für sie eine vergleichsweise kleine Dosis benötigt wird.
Die erzielbare Schmerzerleichterung läßt sich bei der Epiduralanästhesie längst nicht so genau voraussagen wie bei der Spinalanästhesie. In einer 1979 durchgeführten Studie spürten 12% der Frauen, die eine Epiduralanästhesie erhielten, nur eine teilweise Schmerzerleichterung, während 3% weiterhin starke Schmerzen hatten.
Ein Epiduralblock kann die Eröffnung des Muttermundes im ersten Wehenstadium verlangsamen oder das Absinken des Kopfes in der zweiten Phase verhindern, so daß möglicherweise eine komplizierte und gefährliche Zangengeburt erforderlich ist. Eine Epiduralanästhesie sollte solange hinausgezögert werden, bis der Muttermund bei einer Frau, die bereits Kinder hat, mindestens 6 cm und bei einer Erstgebärenden 8 cm weit geöffnet ist.

Welche Nachteile hat eine Vollnarkose bei der Entbindung?

Die Anwendung der Vollnarkose in der Geburtshilfe ist in den letzten Jahren drastisch zurückgegangen. Mehrere umfangreiche Studien haben ergeben, daß jedes Vollanästhetikum, das einer Mutter verabreicht wird, über die Plazenta rasch in den fetalen Kreislauf gelangt. Babys, die dieser Form von Anästhesie ausgesetzt sind, sind bei der Geburt schneller gefährdet als diejenigen, die unter Lokal-, Pudendal-, Spinal- oder Epiduralanästhesie entbunden werden.
In Geburtsvorbereitungskursen wurde darauf hingewiesen, wie wichtig es ist, daß Wehen und Entbindung als gemeinsames Erlebnis eines Paares betrachtet werden. Ein Vater muß darauf verzichten zu sehen, wie sein Baby geboren wird, weil die meisten Krankenhäuser seine Anwesenheit im Kreiß- oder Operationssaal nicht erlauben, wenn eine Vollnarkose gegeben wird. Außer daß eine Frau darum gebracht wird, jenen unvergleichlichen Augenblick der Freude zu erleben, wenn ihr Baby seinen ersten Schrei tut, verhindert die Benommenheit infolge einer Vollnarkose auch die frühe Mutter-Kind-Bindung und das Anlegen an die Brust unmittelbar nach der Geburt.
Einer der größten Nachteile der Vollnarkose ist die stets vorhandene Gefahr, daß die Patientin erbricht und der Mageninhalt dann in die Lungen eingeatmet wird. Der Magen kann unverdaute Nahrung enthalten, die die Luftwege verstopft, was womöglich zum Tod führen kann. Selbst wenn eine Frau ge-

fastet hat und sich keine Nahrung in ihrem Magen befindet, kann das Einatmen der sauren Magensekretion tödlich sein. Die durch saure Magensekretionen verursachte chemische Reizung und Infektion der Lungen ist in der Medizin als Mendelsonsches Syndrom bekannt. Es ist die Hauptursache für anästhesiebedingte Todesfälle in der Geburtshilfe. Die für den Fetus nachteiligen Wirkungen einer zu Anfang der Schwangerschaft verabreichten Vollnarkose wurden bereits beschrieben (siehe Kapitel 10).

Welche Arten der Vollnarkose werden in der Geburtshilfe durchgeführt?

Außer dem Schmerzempfinden werden bei der Vollnarkose das Bewußtsein, Motorik (Muskelbewegungen) und Reflexe ausgeschaltet. Lachgas, das durch eine anästhetische Gesichtsmaske verabreicht wird, kann während Wehen und Geburt zur Schmerzlinderung verwendet werden. Im ersten Schwangerschaftsdrittel sollte es niemals für kleinere Operationen oder zur Zahnbehandlung verwendet werden, weil es eventuell Mißbildungen verursachen kann. Im ersten Wehenstadium kann eine 50%ige Lösung, vermischt mit 50% Sauerstoff, zu Beginn jeder Gebärmutterkontraktion inhaliert werden. Wenn die Kontraktion nachläßt, wird die Maske abgesetzt. In der zweiten Wehenphase kann eine Frau das Gas in drei oder vier tiefen Zügen einatmen, den letzten Atemzug anhalten und pressen. Lachgas gilt zwar als Anästhetikum, kann aber den Schmerz nicht völlig ausschalten, weil die zur totalen Schmerzausschaltung erforderliche Konzentration die Mutter und das Kind mit zu wenig Sauerstoff versorgen würde und bei längerer Verabreichung über mehrere Minuten hinweg sogar tödlich sein kann. In Kombination mit einem anderen Anästhetikum kann es genügend Schmerzerleichterung für Episiotomie, Entbindung und Vernähen der Episiotomie verschaffen.

Lachgas kann auch wirksam bei einem Kaiserschnitt oder einer schwierigen Vaginalentbindung eingesetzt werden, wenn es mit einem intravenösen Barbiturat namens Thiopental und einem muskellähmenden Medikament namens Succinylcholin kombiniert wird. Diese sogenannte Blitzinduktion beginnt mit einer kleinen, intravenös verabreichten Dosis einer Arznei namens D-Tubocurarin, um das Muskelzucken zu unterbinden, gefolgt von einer raschen Injektion von Thiopental, die augenblicklich Anästhesie und Bewußtlosigkeit herbeiführt. Unmittelbar nach Verabreichung des Thiopentals folgt eine intravenöse Injektion von Succinylcholin, um Bewegungen zu unterbinden und eine ausreichende Entspannung der Muskeln herbeizuführen, damit ein Atemröhrchen aus Kunststoff (Tubus) in die Luftröhre eingeführt werden kann. Unmittelbar danach kann der Kaiserschnitt vorgenommen werden. Diese Methode verschafft für 15 bis 20 Min. eine ausreichende Anästhesie, und meistens wird das Baby während dieser Zeit entbunden. Darauf kann eine zusätzliche Anästhesie gegeben werden, um der Mutter jegliche Unannehmlichkeiten während des weiteren Verlaufs zu ersparen. Rasche Entbindung innerhalb von 3 Min. nach dem Einschnitt verhindert, daß sich die Medikamente im Körper des Babys ansammeln und bei der Geburt zu Atemnot führen.

Neuere Studien an der Harvard Medical School haben ergeben, daß eine langsam fortschreitende Operation die Gesundheit des Babys beeinträchtigen kann. Wenn ein Kaiserschnitt mit Thiopental, Succinylcholin und Lachgas durchgeführt wurde, kam es beim Neugeborenen eher zu niedrigen Apgar-Zahlen und Azidose, wenn der Zeitraum zwischen Beginn der Anästhesie und Geburt des Babys 8 Min. überschritt. Ähnliche Feststellungen wurden gemacht, wenn ein Arzt mehr als 3 Min. benötigte, um den Einschnitt in die Gebärmutter zu vollziehen und das Baby zu entbinden.

Zu der Gruppe von sogenannten flüchtigen Anästhetika gehören Äther, Chloroform, Halothan, Methoxyfluran und Enfluran. Äther und Chloroform werden in der modernen Geburtshilfe wegen der damit verbundenen unangenehmen Nebenwirkungen und Komplikationen nur noch selten benutzt.

Halothan, ein starkes, schnellwirkendes anästhetisches Gas, besitzt die einmalige Fähigkeit, die Uterusmuskeln total zu entspannen. Aus diesem Grund ist es das gegebene Anästhetikum für die seltenen Fälle, die eine totale Entspannung der Gebärmutter erfordern, etwa die Drehung eines (zweiten) Zwillings oder die Notentbindung eines Babys in einer komplizierten Steißlage. Der Hauptvorzug von Halothan, nämlich die Entspannung, die es hervorruft, ist zugleich sein Hauptnachteil, weil sich die Uterusmuskeln womöglich nach der Entbindung nicht zusammenziehen. Das kann zu schweren nachgeburtlichen Blutungen führen. Versuche, diesem Zustand mit Oxytozin oder einem Mutterkorn-Alkaloid abzuhelfen, haben häufig keinen Erfolg. Zu weiteren Nachteilen der Halothananästhesie gehören Atemnot bei Mutter und Neugeborenem, anomales Absinken des Blutdrucks der Mutter und die seltene, aber ernste Komplikation einer Lebervergiftung.

Methoxyfluran ist ein viel benutztes Gas sowohl zur Schmerzlinderung als auch zur leichten Anästhesie bei der Entbindung. Es ist angenehm einzuatmen und kann selbst genommen werden. Dazu hält die Frau den Inhalator in der Hand und atmet das Anästhetikum während der Kontraktionen in raschen Zügen ein. In der zweiten Wehenphase kann das Anästhetikum unmittelbar vor dem Pressen inhaliert werden. In der richtigen schmerzstillenden Konzentration richtet das Gas bei Mutter und Kind keinen Schaden an, aber eine ständige Überwachung durch das Personal ist notwendig, um sicher zu gehen, daß nicht zuviel inhaliert wird.

Für eine Zangengeburt ist das Medikament jedoch völlig unbrauchbar. In höheren anästhetischen Konzentrationen kann es bei Mutter und Kind zu Atemnot, Bradykardie, Beeinträchtigung der Leber- und Nierenfunktion, Absinken des Blutdrucks, nachgeburtlicher Erschlaffung der Gebärmutter und daraus resultierendem Blutverlust führen. Die Herbeiführung einer Vollnarkose mit Methoxyfluran dauert oft mehrere Minuten, deshalb ist es unbrauchbar, wenn

eine sofortige Entbindung geboten ist.
Enfluran wird in der Geburtshilfe wegen seiner zahlreichen Nebenwirkungen selten für eine Vollnarkose verwendet – es führt möglicherweise zu einer Beeinträchtigung der Nierenfunktion und schwächt das Herz –, aber in geringer Konzentration kann es eine ausgezeichnete Schmerzlinderung verschaffen, wenn es in der zweiten Wehenphase während der Kontraktionen inhaliert wird. Zudem ist es angenehm einzuatmen und verursacht beim Baby keine Atemnot. Thiopental ist ein rasch wirkendes Barbiturat, das vor einem Kaiserschnitt intravenös gegeben wird.

Wie können die mit einer Vollnarkose verbundenen Komplikationen verringert werden?

Vor die Wahl zwischen einer Vollnarkose und einer Lokalanästhesie gestellt, entscheidet sich die kluge Frau für die zweite Möglichkeit. Wird eine Vollnarkose in Betracht gezogen, können die Gefahren, die durch Einatmen von Mageninhalt entstünden, merklich reduziert werden, wenn man mindestens acht Stunden vor Einsetzen der Kontraktionen nichts mehr ißt. Leider kann man nicht voraussehen, wann die Wehen beginnen, und ob man einen vollen Magen hat, hängt oft vom Zufall ab. Wenn jedoch Ihre Fruchtblase vor dem Einsetzen der Wehen platzt, nehmen Sie keine feste Nahrung mehr zu sich, da alles dafür spricht, daß es in wenigen Stunden losgeht. Denken Sie daran, daß die periodischen Kontraktionen von Magen und Darm (Peristaltik), die den Speisebrei befördern, mit dem Einsetzen der Wehen oft vollkommen aufhören. Selbst wenn sich die Wehen über zwölf Stunden oder länger hinziehen, kann sich zur Zeit der Geburt noch Nahrung im Magen befinden. Deshalb ist es wichtig, daß allen Frauen, die zur Entbindung eine Vollnarkose erhalten, sofort nach Herbeiführung des Schlafes ein Tubus in die Luftröhre eingesetzt wird, der sie »abdichtet«. Um die durch das Einatmen von sauren Magensäften bewirkte tödliche chemische Reaktion in den Lungen zu neutralisieren, empfehlen die meisten Anästhesisten heute, daß Schwangere innerhalb von ½ Stunde vor der Verabreichung eines Anästhetikums ungefähr 30 ml eines Antazidums zu sich nehmen. Neuerdings wird empfohlen, daß eine Stunde vor der Entbindung eine intramuskuläre Injektion von Cimetidin (Tagement®) verabreicht wird, ein Medikament, das die Sekretion von Magensäure hemmt. Bislang haben Studien keine Beeinträchtigung der Wehen und keine Schädigung des Fetus durch Cimetidin ergeben.

Wann ist eine Vollnarkose eher angebracht als eine Spinal- oder Epiduralanästhesie?

Die Epidural- und Spinalanästhesie können ein merkliches Absinken des Blutdrucks verursachen. Werden sie beim Auftreten von Blutungen während der Entbindung verabreicht, verstärken sie das Problem und erschweren die Blut- und Sauerstoffversorgung von lebenswichtigen Organen und Plazenta. Aus diesem Grund ist bei Abruptio placentae, Placenta praevia und anderen Beschwerden, die schwere Blutungen verursachen, eine Vollnarkose vorzuziehen.

Frauen mit starkem Bluthochdruck und Präeklampsie sind besonders anfällig für ein drastisches Absinken des Blutdrucks nach einem Epidural- und Spinalblock. Befürworter der Verwendung von Epidural- oder Spinalblock bei Hypertension (Bluthochdruck) behaupten, daß ernste Komplikationen infolge Absinken des Blutdrucks unwahrscheinlich sind, wenn eine Frau sorgfältig überwacht wird und entsprechende Vorsichtsmaßnahmen getroffen werden. Die Wahl der Anästhesie für eine Frau mit Bluthochdruck ist nicht immer einfach, zumal da neuere Studien ergeben haben, daß die Verabreichung einer Vollnarkose und das Einführen eines Tubus ein enormes Ansteigen des Blutdrucks mit sich bringen können.

Epidural- und Spinalanästhesie sind kontraindiziert bei oberflächlicher Hautinfektion im Einstichgebiet, bei Deformationen der Wirbelsäule, früheren Operationen in der unteren Rükkengegend, bei Blutgerinnungsstörung, früherem Bandscheibenvorfall, Anzeichen für neurologische Störungen und chronischen Schmerzen in der unteren Rückengegend aus unbekannten Gründen.

Wenn das Kind stark gefährdet und eine sofortige Entbindung dringend geboten ist, sollte von einer Epiduralanästhesie abgesehen werden. Eine Spinalanästhesie ist besser, weil sie mindestens zweimal so schnell wirkt, aber eine Vollnarkose ist vermutlich die rascheste Methode, das Kind zur Welt zu bringen.

Wenn zur Vaginalentbindung eines Babys in Steißlage eine Anästhesie erforderlich ist, ist eine Vollnarkose der Spinal- oder Epiduralanästhesie vorzuziehen, weil so der Kopf leichter bewegt und ohne Verletzung geboren werden kann. Auch bei der Entbindung von einem zweiten Zwilling kommt es auf die maximale Entspannung des Uterus an. In dieser Situation reicht kein Anästhetikum an Halothan heran. Für diese Art von intrauteriner Manipulation sind die diversen Lokalanästhesiemethoden vollkommen unzureichend.

Dammschnitt

Soll ich zulassen, daß mein Arzt bei der Entbindung eine Episiotomie (Dammschnitt) durchführt?

Für viele Frauen steht der Dammschnitt in krassem Gegensatz zu ihrem Wunsch nach einem natürlichen Geburtserlebnis. Viele glauben, daß Hebammen eine einmalige und wunderbare Fähigkeit besitzen, unnötige Episiotomien zu vermeiden, während Geburtshelfer danach gieren, die Prozedur durchzuführen, selbst wenn sie nicht nötig ist. Zudem hört man des öfteren, daß, wenn man den Frauen erlaubte, bei der Entbindung zu hocken oder zu sitzen, statt sie zum Liegen zu zwingen, eine Episiotomie unnötig sei, weil die in den Wehen befindliche Mutter dann mit der Schwerkraft arbeiten würde statt gegen sie. Die Abneigung gegen die Episiotomie nimmt ständig zu.

Die Episiotomie ist, gemessen an der

Geburt, kein großer Eingriff mehr. Dabei wird ein Schnitt in die äußere hintere Scheidenwand und einen Teil des Damms gelegt. Eine Episiotomie wird meistens in dem Augenblick durchgeführt, wenn der durchtretende Kopf den Damm wölbt. Bei einer ausreichenden Lokalanästhesie sollten die Episiotomie und ihre Vernähung schmerzlos sein. In Geburtsvorbereitungskursen ist oft von der natürlichen Anästhesie die Rede, die durch den Druck des Kopfes des Babys während einer Kontraktion auf den Damm ausgeübt wird. Glauben Sie nicht daran! Bestehen Sie auf einer Anästhesie vor der Durchführung der Episiotomie. Selbst wenn Sie das Glück haben, den natürlichen Anästhesie-Effekt zu erleben, ist die Vernähung der Episiotomie nach der Entbindung ohne Anästhesie äußerst schmerzhaft. Überdies ist die Injektion eines Lokalanästhetikums nach der Entbindung, wenn eine Frau am empfindlichsten ist, oft viel schmerzhafter, als wenn sie beim Durchtreten des Kopfes verabreicht wird.

Eine Episiotomie verhindert übermäßige Dehnung und ein unkontrolliertes Zerreißen der Dammuskeln, die durch den Druck von Kopf und Schultern des Babys im Augenblick der Geburt verursacht werden können. Gelegentlich kann sich der Riß bis in den unteren Bereich des Rektums erstrecken. Die Wahl des richtigen Zeitpunkts für die Episiotomie ist entscheidend. Wird sie zu früh durchgeführt, bevor der Kopf den Damm wölbt, kann die Blutung infolge des Einschnitts sehr heftig sein. Beim Durchtreten des Kopfes wird ein starker Druck auf den Damm und seine Muskeln ausgeübt, wenn die Episiotomie zu diesem Zeitpunkt durchgeführt wird, blutet die Stelle des Einschnittes bedeutend weniger. Wird die Episiotomie zu spät durchgeführt, können die Dammmuskeln schon zu sehr gedehnt oder gar gerissen sein. Bei einigen Frauen kann eine Episiotomie die letzte Wehenphase verkürzen. Die Behauptung jedoch, daß eine Episiotomie einen Hirnschaden beim Kind verhindert, weil es die Zeit verkürzt, während der Kopf des Babys gegen den Damm stößt, ist stark übertrieben. Zwei Ausnahmen sind die Geburt eines frühreifen Kindes und die seltene Situation, wo die Austreibungsphase falsch gesteuert wurde und somit mehrere Stunden dauerte.

Es wimmelt von Ammenmärchen über die Auswirkungen einer Episiotomie auf die zukünftige Anatomie und das Sexualleben einer Frau. Befürworter der Episiotomie behaupten, daß verlängertes Pressen Gebärmuttervorfall, Blasen- und Mastdarmvorfall verursacht. In Wirklichkeit sind diese Beschwerden mehr einer ererbten Anfälligkeit für eine geschwächte Beckenstütze zuzuschreiben. Manche Frauen haben fünf und mehr Kinder ohne Episiotomie geboren und haben trotzdem stabilere Vaginal- und Uterusgewebe als andere, bei denen während der Entbindung von ihrem einzigen Kind eine Episiotomie vorgenommen wurde.

Der Muskel, der bei einer Episiotomie hauptsächlich geschnitten wird, ist der sogenannte Musculus bulbocavernosis. Wenn Sie diesen Muskel bewußt anspannen, verengen Sie die Scheidenöffnung, was Ihr sexuelles Lustempfinden bis zu einem gewissen Grade steigern kann. Manche Frauenärzte glauben, daß die Episiotomie verhindert, daß dieser Muskel reißt, gedehnt und geschwächt wird, was wiederum die zukünftige Sexualität einer Frau steigert. Gegner der Episiotomie vertreten die gegenteilige Ansicht: daß die Sexualität einer Frau vermindert wird, weil dieser wichtige Muskel und die ihn versorgenden Nerven durch die Episiotomie bleibend geschwächt werden. Es gibt keine Beobachtungen oder Studien, die zeigen, ob die Durchführung oder Unterlassung der Episiotomie letztendlich das Sexualleben einer Frau steigert oder vermindert. Alle Frauen, ob bei ihnen eine Episiotomie vorgenommen wurde oder nicht, profitieren von den Kegelschen Muskelübungen. Mit ihrer Hilfe kann eine leichte bis mittlere Schwächung des Musculus bulbocavernosis nach der Entbindung behoben werden, und auch die anderen Muskeln um Scheide, Blase und Rektum können nach der Entbindung gekräftigt werden. Die einfachste Kegelsche Übung besteht darin, daß man die Gesäßmuskeln anspannt, so als wolle man den Kot aus dem After zurückhalten. Dieselbe Muskelgruppe wird beansprucht, wenn man versucht, den Harnfluß anzuhalten. Die Kegelschen Übungen müssen wenigstens sechs Monate lang täglich mindestens 100 mal ausgeführt werden. Darüber hinaus sollten Sie jedesmal, wenn Sie Wasser lassen, den Fluß einige Male unterbrechen. Wenn Sie diese Übungen fleißig durchführen, werden Sie eine Besserung Ihrer Fähigkeit feststellen, die Muskeln um Scheide und Damm anzuspannen.

Sobald der Kopf des Babys den Damm weitet, können Arzt oder Hebamme ein Handtuch auf das Rektum der Frau legen und durch den Damm hindurch einen aufwärts gerichteten Druck auf das Kinn des Babys ausüben. Dieser sogenannte Ritgen-Handgriff ermöglicht eine langsame und umsichtige Entbindung des Kopfes des Babys und hilft, Dammrisse zu verhindern. Zu starker Druck kann allerdings gelegentlich den Kopf nach oben zwingen und Risse an der Harnröhre der Mutter verursachen. Da diese Risse oft schmerzhafter und schwieriger zu betäuben und zu vernähen sind als Dammrisse, sollte der Ritgen-Handgriff umsichtig und nicht übertrieben ausgeübt werden.

Eine andere Technik, das sogenannte »Ausbügeln des Damms«, wird sehr häufig angewandt. Hierbei werden die Dammuskeln nach und nach gedehnt, indem in der letzten Wehenphase mit dem Finger Druck auf die Scheidenwand ausgeübt wird. Manche Frauen vertragen dies recht gut, andere aber finden es überaus lästig und unangenehm. Man nimmt an, daß diese Methode die Notwendigkeit für eine Episiotomie mindert, aber es gibt keinen Beweis dafür. Es ist auch nicht erwiesen, daß die Verwendung verschiedener Lotionen zur Massage des Damms dessen Dehnungsfähigkeit vergrößert und so die Geburt des Babys erleichtert.

Die Frauenärzte sind allgemein der Ansicht, daß bei den meisten Frauen, die ihr erstes Kind bekommen, eine Episiotomie vorgenommen werden sollte. Natürlich gibt es viele Ausnahmen; Babys, die kleiner sind als normal, können gewöhnlich ohne Episiotomie entbunden werden. Auch bei Frauen, deren

Dammgewebe überaus nachgiebig ist, kann die Prozedur vermieden werden. Wird kein Dammschnitt gemacht, obwohl einer nötig wäre, kann das manchmal ausgedehnte Dammrisse nach sich ziehen, die zahlreiche Nähte erfordern. Die meisten Frauen, die schon einmal geboren haben, brauchen keine Wiederholung der Episiotomie. Wenn dann ein Riß erfolgt, verläuft er gewöhnlich an der alten Schnittlinie entlang und kann ohne weiteres vernäht werden, als ob eine Episiotomie vorgenommen worden wäre. Bei vielen Frauen, die extrem große Babys in sich tragen, ist eine Episiotomie erforderlich, einerlei, ob sie bereits geboren haben oder nicht. Steißgeburten bringen oft besondere Probleme und Komplikationen mit sich. Es ist das Beste, wenn bei allen Frauen, die vaginal von einem Baby in Steißlage entbunden werden, eine Episiotomie vorgenommen wird. Auch eine Zangengeburt erfordert meistens eine Episiotomie. Es verlangt einiges Urteilsvermögen von der Person, die das Baby entbindet, ob eine Episiotomie unbedingt geboten ist. Selbst bei einem Experten ist ein Irrtum nicht ausgeschlossen.

Ein exakt in der Mitte verlaufender Schnitt heißt Medianepisiotomie. Die mediolaterale Technik verläuft mehr zur einen oder anderen Seite hin (siehe Abb.). Die Medianepisiotomie hat gegenüber der mediolateralen viele Vorzüge. Letztere ist äußerst schmerzhaft, ist mit einem stärkeren Blutverlust verbunden als die Medianmethode, hinterläßt eine ausgeprägtere Narbe und kann auch noch nachdem sie abgeheilt ist beim Geschlechtsverkehr Schmerzen verursachen. Befürworter dieser Methode behaupten, daß sie mehr Platz bei komplizierten Entbindungen und großen Babys schafft. Dies wird jedoch von den meisten mit beiden Methoden vertrauten Experten bezweifelt. Zugegeben, bei der Medianepisiotomie kommt es häufiger vor, daß der Schnitt bis ins

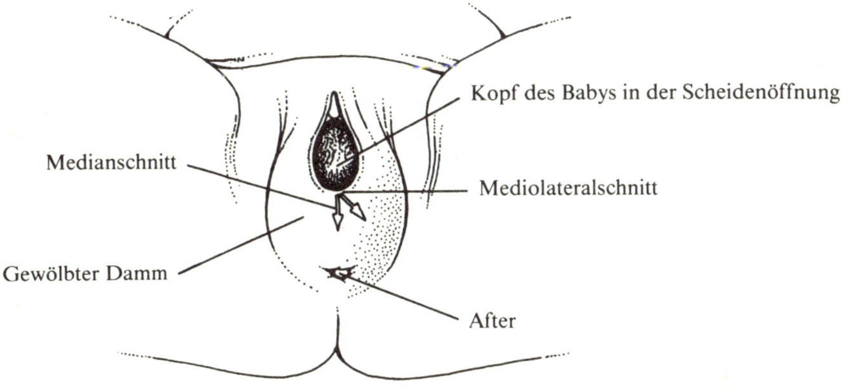

Die zwei Arten der Episiotomie

Rektum ausreißt, was in 2 bis 5% aller Fälle geschieht gegenüber nur 1% aller mediolateralen Episiotomien. Das Vernähen eines bis ins Rektum ausgedehnten Schnitts ist jedoch sehr einfach und keineswegs eine Katastrophe. Alles in allem ist die Medianepisiotomie entschieden vorteilhafter als die mediolaterale.

Natürliche Geburt

Wie stehen Sie zu den verschiedenen Methoden der natürlichen Geburt?

Der Ausdruck »natürliche Geburt« wurde 1933 geprägt, als das Buch des englischen Gynäkologen Grantly Dick-Read mit dem Titel »Natural Childbirth« erschien (dt. »Der Weg zur natürlichen Geburt«). In diesem und einem weiteren Buch (Mutterwerden ohne Schmerz) formulierte Dick-Read seine Theorie von »Angst-Spannung-Angst«. Ihm war aufgefallen, daß die Frauen mit der größten Angst die meisten Schmerzen hatten, während diejenigen, die ruhig erschienen, die leichtesten Wehen hatten. Bei der Methode nach Dick-Read werden daher die Frauen über die Wehen aufgeklärt, so daß sie sich weniger davor fürchten müssen, wodurch der Teufelskreis von Angst, Spannung und Schmerz durchbrochen wird. Dick-Read wies ferner auf die Bedeutung von körperlicher Fitness, Entspannung und Atemübungen hin. Seine Methode ist heute weitverbreitet.

Bei der seit einigen Jahren in den USA beliebten Bradley-Methode, die nach dem amerikanischen Arzt Robert Bradley benannt ist, wurden die Prinzipien von Dick-Read übernommen und durch die Beteiligung des Vaters bei der Geburt ergänzt. Bradley lehnt spezielle Atemtechniken ab, welche in seltenen Fällen zu Erschöpfung, Benommenheit und Hyperventilation (übermäßige Steigerung der Atmung) führen und die Sauerstoffversorgung des Fetus vermindern können. Bei der Bradley-Methode soll die Mutter während Wehen und Geburt normal weiteratmen. Bradley hat ein Entspannungstraining für Frau und Partner eingeführt, damit die Frau auch während der Anstrengung der Wehen bestimmte Muskelgruppen entspannen kann. Die Aufgabe ihres Partners ist es dabei, sie anzuleiten und festzustellen, ob sie wirklich den Entspannungszustand erreicht hat. In Vorbereitungskursen und durch Übungen zu Hause lernt das Paar, den Unterschied zwischen gespannten und entspannten Muskeln sowie die augenblickliche Entspannung gespannter Muskeln beim ersten Anzeichen simulierter Uteruskontraktionen zu erkennen. Der Partner flüstert der in den Wehen befindlichen Mutter Zuspruch und Lob zu.

Eine weitverbreitete Methode der Geburtsvorbereitung ist die Methode nach Lamaze, die sogenannte Psychoprophylaxe. Sie wurde 1951 von dem französischen Gynäkologen Fernand Lamaze entwickelt und hat es vielen Frauen ermöglicht, die Geburt mit einem Minimum an Anästhesie zu erleben.

Bei der Lamaze-Methode macht eine Frau unter Anleitung ihres Partners eine Anzahl kontrollierter Atemübungen.

Die Atemfrequenz wird von Stärke und Häufigkeit der Wehen bestimmt. Völlige Konzentration auf die Atmung und ein starkes Konzentrieren, zum Beispiel auf ein Bild an der Wand, können eine Frau von ihren Schmerzen ablenken. Anhängerinnen der Psychoprophylaxe leugnen das Vorhandensein der Wehenschmerzen nicht. Die Technik ermöglicht aber, mit ihnen besser fertig zu werden; und manche Frauen sollen ihre Wehen dabei sogar schon vergessen haben.

Mehrere umfangreiche Studien haben den medizinischen Nutzen der Lamaze-Methode bestätigt. Bei einer 1978 an der Northwestern University durchgeführten Untersuchung wurde festgestellt, daß die nach der Lamaze-Methode vorbereiteten Frauen 75% weniger Kaiserschnitte hatten und bei ihren Babys 80% seltener Fetal distress auftrat als in einer Kontrollgruppe, die nicht auf die Geburt vorbereitet worden war. In der »Lamaze-Gruppe« waren 25% weniger Fälle von Kindstod zu beklagen; und auch der Anteil an Infektionen und Dammrissen bei den Müttern war bedeutend kleiner. Andere Studien haben ergeben, daß bei nach Lamaze trainierten Frauen das erste Wehenstadium (die Zeit vom Einsetzen regelmäßiger Kontraktionen bis zur vollen Eröffnung des Muttermunds) kürzer war, und daß sie bedeutend weniger Narkotika brauchten als eine andere Gruppe, bei der diese Methode nicht angewandt wurde. Auf den ersten Blick mögen diese Statistiken recht eindrucksvoll erscheinen. Ein Mangel ist jedoch allen diesen Berichten gemein, nämlich daß die Frauen in der Lamaze-Gruppe sich von denen in der Kontrollgruppe stark unterschieden. Diejenigen, die an Geburtsvorbereitungskursen teilnahmen, sind oft weniger ängstlich und besser über den Geburtsvorgang informiert als die Frauen, die keinen Wert auf eine natürliche Geburt legen. Die Angst vor der Geburt intensiviert den Wehenschmerz und regt die Freisetzung von Substanzen an (Katecholamine), die die Blutgefäße verengen, so daß weniger Sauerstoff zu Fetus und Plazenta gelangt. Das kann bei den Frauen in der Kontrollgruppe zu einer größeren Häufigkeit von Fetal distress führen. Die ängstliche Frau, die an keinem Geburtsvorbereitungskurs teilgenommen hat, verlangt auch eher während der beschwerlichen Wehen nach schmerzstillenden Medikamenten.

Es wurde viel über die möglicherweise schädlichen Wirkungen der Hyperventilation bei der Atmung nach Lamaze geschrieben, aber ich halte die Schilderungen dieser Gefahr für reichlich übertrieben. Es stimmt, daß übermäßig schnelles Atmen zu Erschöpfung, Schwindel, Muskelkrämpfen und sogar einer Verminderung der Sauerstoffzufuhr zum Baby führen kann. Derartige Fälle sind jedoch äußerst selten. Überdies kann der Arzt oder die Krankenschwester das Problem ganz einfach lösen, indem man die Frau in eine Tüte atmen läßt. Das sich darin sammelnde Kohlendioxid wird die Symptome rasch verschwinden lassen.

Sanfte Geburt

Was versteht man unter einer »sanften Geburt«?

Die wenigsten Ärzte versetzen dem Neugeborenen heute noch einen kräftigen Klaps aufs Hinterteil oder heben es an den Knöcheln in die Höhe. Dank des Einflusses eines französischen Gynäkologen namens Frédéric Leboyer wird der Klaps aufs Hinterteil durch die humanere und natürlichere »sanfte Geburt« ersetzt.

In seinem Buch »Geburt ohne Gewalt« (1974) vertritt Leboyer die These, daß die Geburt für ein Baby ein gewaltsames Erlebnis sei, das durch die Behandlung im Kreißsaal noch verschlimmert werde, durch laute Geräusche, grelles Licht, zu frühes Abklemmen der Nabelschnur und kräftiges Absaugen der Sekretionen aus dem Mund des Babys. Leboyer empfiehlt, den Kreißsaal abzudunkeln, ihn warm und ruhig zu halten und das Neugeborene sofort auf den Bauch seiner Mutter zu legen, wobei dieser Hautkontakt durch gleichzeitige sanfte Massage des Babys verstärkt wird. Die Nabelschnur wird etwa 5 Min. später gekappt, wenn sie zu pulsieren aufgehört hat. Danach wird das Baby in ein lauwarmes Bad gehoben, was laut Dr. Leboyer einer sanften Rückkehr in das gewichtslose Dasein im Fruchtwasser gleicht.

Es war nur natürlich, daß die medizinische Fachwelt mit bissigen Bemerkungen auf Leboyers unwissenschaftliches Buch reagierte, aber Behauptungen, daß gedämpftes Licht und unterbliebenes Absaugen das Baby gefährden, ließen sich nicht erhärten. Überdies ist Leboyer ja kein Gegner vernünftiger medizinischer Versorgung, soweit diese notwendig ist.

Die wenigen bislang veröffentlichten Berichte über die Bewertung der Leboyer-Methode haben ihre Ungefährlichkeit bestätigt. Dr. David A. Kliot und Dr. Max I. Lilling vom Brookdale Hospital Medical Center in New York, die Hunderte von Geburten nach Leboyer geleitet haben, halten diese Methode für ebenso sicher wie traditionelle Entbindungen und attestieren ihr außerdem medizinische Vorteile. Der Bauch der Mutter erwies sich als ebenso zuverlässige Wärmequelle wie der in vielen Kreißsälen benutzte Heizstrahler. Außerdem stellten die Ärzte fest, daß durch die Bauchlage des Babys auf dem Leib der Mutter und gleichzeitige Massage seines Rückens die Möglichkeit der Einatmung von Sekretionen und Schleim in Mund, Nase, Rachen und Lungen verringert und ein Saugapparat zur Entfernung von Sekretionen selten benötigt wurde. Durch die haltungsbedingte Entwässerung wurde der Nasenrachenraum wirksam gereinigt.

Wenngleich es viele vorteilhafte Wirkungen bringt, wenn das Baby unmittelbar nach der Geburt auf den Bauch der Mutter gelegt wird, muß doch darauf hingewiesen werden, daß dies den Nachteil hat, daß das Baby eines Teils des Blutes, das ihm zukommen sollte, beraubt wird. Die Blutübertragung von der Plazenta über die Nabelschnur zum Baby unmittelbar nach der Geburt kann nur erfolgen, wenn das Baby 1 bis 3 Min. lang tiefer als die Plazenta gehalten wird. Da das Blut in der Schnur nicht aufwärts fließen kann, hat das auf den Bauch seiner Mutter gelegte Neugeborene auch dann keine therapeutischen Vorteile, wenn mit dem Abklemmen der Schnur gewartet wird, bis das Pulsieren ganz aufgehört hat. Man hat errechnet, daß ein unter das Niveau der Plazenta gehaltenes Baby zusätzlich 40 bis 60 ml Blut erhält, das entspricht einem um 15% höheren Anteil an roten Blutkörperchen. Auf die meisten gesunden voll ausgetragenen Babys hat das frühe Abklemmen der Nabelschnur oder ihre Lage auf dem Bauch der Mutter keine Wirkung. Einem frühgeborenen Kind sollte jedoch der Vorteil der plazentaren Infusion gewährt werden, indem man es tiefer als die Plazenta hält, bis das Pulsieren in der Nabelschnur aufgehört hat.

Die natürliche Fortsetzung der »sanften Geburt« sind sofortiges Anlegen des Babys und enger Kontakt zwischen Mutter und Kind in den ersten Stunden und Tagen des Lebens. Tierversuche und Verhaltensbeobachtungen bei Menschen unterstreichen die Bedeutung einer frühen Mutter-Kind-Bindung, die durch engen körperlichen und emotionalen Kontakt unmittelbar nach der Geburt erzeugt wird. Blickkontakt, Fühlkontakt, Liebkosungen und Wortkontakt verstärken diese Beziehung. Die routinemäßige Augenbehandlung mit Silbernitrat behindert die Mutter-Kind-Bindung und sollte nach der Geburt um mindestens eine Stunde verschoben werden, es sei denn, es liegt eine neuere positive Gonorrhökultur aus dem Gebärmutterhals vor, oder die Fruchtblase ist schon vor längerer Zeit geplatzt.

Hausgeburt und Klinikgeburt im Beisein der Familie

Welches sind die Vor- und Nachteile einer Hausgeburt?

Die Anzahl der Frauen, die ihre Kinder zu Hause bekommen, ist in den letzten Jahren bedeutend gestiegen. Dr. Warren H. Pearse vom American College of Obstetricians and Gynecologists bezeichnet diesen Trend als »Muttertrauma« und »Kindsmißhandlung«. Eine neuere Statistik aus Kalifornien nennt 20 Kindestode auf 1000 Geburten in Kliniken und 42,3 auf 1000 zu Hause. Die Totgeburtenrate betrug 9,9 auf 1000 in Kliniken und 25 auf 1000 zu Hause.

Die Gefahren für ein Baby bei einer Hausgeburt liegen auf der Hand, wenn man bedenkt, daß ein Drittel der Neugeborenen, die auf die Intensivstation kommen, Kinder von gesunden Müttern sind, bei denen während der Wehen Komplikationen oder unvorhergesehene Probleme auftraten. (Bei schätzungsweise 7,5 bis 10% anscheinend normalen Schwangerschaften kommt es zu Komplikationen.) Der Transport eines kranken Kindes vom Heim zur Klinik kurz nach der Geburt erhöht die Gefahr für das Baby. Ein Arzt, der eine langjährige Erfahrung mit Hausgeburten hat, schätzte kürzlich, daß selbst bei sorgfältiger Überwachung 20% der Frauen, die eine Hausgeburt wünschen, während der Entbindung ins Krankenhaus eingeliefert werden müssen.

Einige Befürworter der Hausgeburt erkennen ihre Gefahren, behaupten jedoch, daß gefährliche Komplikationen stets vorhersehbar seien. Weit gefehlt! Notfälle wie vorzeitige Lösung der Plazenta, geplatzte Gebärmutter, Zervikal- und Vaginalrisse und nachgeburtliche Blutungen infolge Nichtzusammenziehens der Gebärmuttermuskeln treten oft plötzlich auf und sind, wenn sie nicht unverzüglich im Krankenhaus behandelt werden, für die Frau lebensgefährlich. Wie geschickt und erfahren Schwester, Hebamme oder Arzt auch sein mögen, die einer Frau bei der Hausgeburt zur Seite stehen, das Fehlen eines Laboratoriums, einer Blutbank, eines Überwachungsgerätes und spezieller Wiederbelebungsapparaturen bedeutet eine unnötige Gefahr für Mutter und Kind.

Gibt es einen Mittelweg zwischen Haus- und Klinikgeburt?

Paare, die eine Hausgeburt wünschen, wollen dadurch der unpersönlichen Atmosphäre eines Krankenhauses und dem autoritären Auftreten von Ärzten und Personal entgehen. Sie haben etwas dagegen, daß jede Wehe routinemäßig elektronisch überwacht wird. Lieber gehen sie das Risiko einer Hausgeburt ein, als daß sie sich in die typische Krankenhausatmosphäre mit ihrer zunehmenden Automatisierung und Mechanisierung begeben. Befürworter der Hausgeburt glauben fest daran, daß dieses Erlebnis den Eltern, dem Neugeborenen und seinen Geschwistern einmalige psychologische Vorteile bringt. Sie sind überzeugt, daß die Bindung zwischen Mutter und Kind sich zu Hause in einer entspannten Atmosphäre leichter entfalten kann.

Um diesem Trend zur Hausgeburt entgegenzuwirken, versuchen manche Krankenhäuser einen Mittelweg und bieten innerhalb der Klinik eine heimische Atmosphäre an. Bei diesem Konzept wird die ganze Familie am Geburtserlebnis beteiligt. Es gibt hübsch eingerichtete Entbindungszimmer, die Wohn- oder Schlafzimmern ähneln, und in manchen Kliniken gibt es Warteräume für die Familie, wo sich die Patientinnen im frühen Wehenstadium mit ihren Angehörigen unterhalten können.

Wenn ein Vater die Nabelschnur abklemmt und -schneidet und das Baby nach der Entbindung badet, trägt dies dazu bei, daß er sich am Geburtsvorgang beteiligt fühlt. Ist die Entbindung unkompliziert, ist es völlig ungefährlich, wenn er unter Anleitung des Geburtshelfers das Baby aus dem Geburtskanal holt, was vermutlich ein großartiger Augenblick im Leben eines jungen Vaters ist.

»Rooming-in« bedeutet, daß Mutter und Neugeborenes in demselben Zimmer zusammenbleiben und das Baby nicht von der Mutter getrennt im Säuglingszimmer untergebracht wird. Um Enttäuschungen zu vermeiden, erkundigen Sie sich vor der Entbindung nach den »Rooming-in«-Möglichkeiten der Klinik, in der Sie entbinden wollen.

Wie kann ich mir die Einlieferung ins und die Entlassung aus dem Krankenhaus so leicht wie möglich machen?

Um nicht durch die unbekannte Krankenhausatmosphäre aus der Ruhe gebracht zu werden, sollten Sie und Ihr Partner sich die Klinik vor dem errechneten Geburtstermin anschauen und sich die Entbindungsräumlichkeiten zeigen lassen.

Während manche Frauen die Tage nach der Entbindung im Krankenhaus ausgesprochen genießen, möchten andere so bald wie möglich in die vertraute Atmosphäre nach Hause zurückkehren. Um letzteren entgegenzukommen, bieten immer mehr Krankenhäuser die sogenannte ambulante Entbindung an, bei der die Mutter mit ihrem Kind das Krankenhaus fast unmittelbar nach der Geburt verlassen kann. Zuvor sollte aber das Baby gründlich untersucht werden; außerdem muß es in den ersten Lebenstagen täglich überwacht werden. Die Mutter muß zu Hause unbedingt die Möglichkeit haben, sich ausgiebig auszuruhen.

Wie stehen Sie zur Anwesenheit von Geschwistern bei der Entbindung?

Zunächst war ich begeistert von der Idee, andere Kinder bei der Geburt anwesend sein zu lassen, aber inzwischen halte ich nicht mehr soviel davon. Die anderen Kinder sind ausgesprochen verstört durch die Schmerzen, die ihre Mutter erleidet, und kleine Kinder sind oft völlig unfähig, den Geburtsvorgang zu begreifen.

Die Hebamme

Was sind die Kompetenzen einer Hebamme?

Die moderne Geburtshilfe hat nichts mehr mit jener zur Zeit der Jahrhundertwende zu tun, als Babys zu Hause von »Omas« und einer Versammlung nicht ausgebildeter Personen entbunden wurden. Das Unvermögen dieser Personen spiegelte sich in der unglaublichen Anzahl von Mutter- und Kindestoden wieder. Die Hebammen von heute sind gut ausgebildete und hoch qualifizierte Fachleute.

Die (im Krankenhaus angestellten) Hebammen leiten unkomplizierte Entbindungen unter Aufsicht eines Geburtshelfers. Dies gilt für alle Entbindungen, ob sie nun im Krankenhaus oder zu Hause stattfinden. Hebammen können Lokalanästhetika bei einer Vaginalentbindung verabreichen, führen aber keine komplizierten Entbindungen durch. Sie sind ausgebildet, die Pflege nach der Geburt zu übernehmen.

Eine Hebamme bietet oft wertvolle seelische Unterstützung, die ein Arzt nicht immer geben kann. Die Mehrheit der Hebammen sind Frauen. Schwangere in den Wehen sehen in der Hebamme oft eine Freundin und nicht eine Respektsperson. Eine gute Hebamme kann mit Berühren, Streicheln und Unterstützung beim Pressen die Wehen oft erleichtern helfen, ohne daß große Mengen von Analgetika erforderlich sind.

Wenn Sie nicht stillen möchten

Was kann eine Frau, die ihr Baby nicht stillen möchte, gegen Schwellung der Brust und Milchbildung tun?

Brustschwellung kann meistens durch einfache Maßnahmen wie das Tragen eines festen BHs, Eispackungen und Analgetika behoben werden. Entgegen der weitverbreiteten Meinung geht die Brustschwellung durch Verminderung der Flüssigkeitsaufnahme nicht zurück. Das Unbehagen ist zwischen dem zweiten und vierten Tag nach der Geburt am stärksten. Alle Symptome verschwinden gewöhnlich gegen Ende der ersten Woche nach der Geburt, vorausgesetzt, daß die Brüste nicht durch Pumpen stimuliert werden.

Eine der aufregendsten pharmakologischen Entdeckungen der letzten Jahre war die Synthese von Bromocriptin (Pravidel®). Das Medikament bringt die Milchproduktion innerhalb kürzester Zeit vollständig zum Versiegen.

Um die Milchbildung nach der Geburt zu verhindern, wird 14 Tage lang zweimal täglich eine 2,5 mg Tablette Pravidel eingenommen. Wenn nötig, kann das Medikament noch weitere sieben Tage genommen werden. Da bei 28% der Frauen, die nach der Geburt Pravidel nahmen, ein anomales Absinken des Blutdrucks festgestellt wurde, sollte die erste Tablette frühestens vier Stunden nach der Entbindung genommen werden, und auch nur dann, wenn der Zustand der Frau nach der Entbindung stabil ist. Während Östrogenpräparate (s. u.), wenn sie nützen sollen, unmittelbar nach der Entbindung genommen werden müssen, bleibt Bromocriptin auch dann wirksam, wenn es Tage, Wochen oder Monate nach der Geburt genommen wird. Ein weiterer Vorteil von Bromocriptin ist, daß es nicht, zu einer Vermehrung der Blutgerinnungsfaktoren oder anomalem Anstieg von Gebärmutterblutungen führt.

Bislang wurden Hunderte von Frauen nach der Geburt mit ausgezeichnetem Erfolg mit Pravidel behandelt. Dennoch ist Bromocriptin nicht ohne nachteilige Wirkungen. Zu der bereits erwähnten 28%igen Häufigkeit von Blutdruckabfall kann es Kopfweh (10%), Schwindel (8%), Übelkeit (7%), Erbrechen (3%), Müdigkeit (1%), Ohnmacht (0,7%), Diarrhö (0,4%) und Leibkrämpfe (0,4%) verursachen. Milchbildung und leichtes Anschwellen der Brüste können wieder auftreten, wenn das Bromocriptin abgesetzt wird.

Wenn eine Frau Bromocriptin nimmt, um die Milchbildung im Kindbett zu verhindern, setzen Ovulation und Empfängnisbereitschaft früher als normal wieder ein. Deshalb muß sie unbedingt ein empfängnisverhütendes Mittel benutzen, und zwar auch dann, wenn der Geschlechtsverkehr schon in der zweiten oder dritten Woche nach der Geburt wieder aufgenommen wird.

Das Medikament Metergolin hat sich zur Vorbeugung und Behandlung von nachgeburtlicher Milchbildung als vielversprechend erwiesen. Es lindert auch Brustschmerzen und Schwellungen. Fünf bis zehn Tage lang oral genommen, hat Metergolin eine Erfolgsquote von 95 bis 100% erzielt. Im Gegensatz zu Pravidel sind mit Metergolin offenbar keine unangenehmen Nebenwirkungen verbunden. Man darf auf weitere Studien hinsichtlich seiner Unbedenklichkeit und Wirksamkeit gespannt sein.

Es gibt gewisse Beweise für die Vermutung, daß Vitamin B6 (Pyridoxin) die Freisetzung von Prolaktin hemmen und so die Milchabsonderung vermindern kann. Einige wenige Wissenschaftler haben sogar stillenden Frauen längeren Gebrauch von Multivitaminpräparaten, die Pyridoxin enthalten, verboten. Zu diesem Thema sind weitere Forschungen notwendig, bevor man endgültige Schlüsse ziehen kann. Fest steht aber, daß Pyridoxin als Laktationshemmer nicht geeignet ist.

Wie sicher oder wirkungsvoll sind Östrogene oder andere Hormonpräparate für die Hemmung der Milchbildung?

Wenngleich Hormonpräparate häufig verwendet wurden, um die Schwellung der Brüste und die Milchbildung nach der Geburt zu hemmen, sind sie doch zu diesem Zweck denkbar ungeeignet. Östrogene sind nach wie vor die meistverschriebenen Medikamente, selbst wenn sie die Schwellung der Brüste nur bei 25% der nichtstillenden Frauen verhindern und die Milchbildung nicht hemmen. Diese Medikamente können das Risiko für eine anomale Blutgerinnung und die Bildung von Blutgerinnseln (Thromben) in Bein- und Beckenvenen erhöhen. In ganz seltenen Fällen können abgelöste Gerinnsel zu lebenswichtigen Organen wandern, etwa in die Lungen, und zum Tod führen (Embolie). Man schätzt, daß nach der Geburt genommenes Östrogen die Todesrate um 1 bis 2 auf 100000 Frauen erhöhen kann. Das mag zwar nicht viel scheinen, aber ich finde, daß auch nur ein einziger vermeidbarer Tod genügen sollte, um die Ärzte davon abzuhalten, diese Hormone zur Unterdrückung der Milchbildung zu verschreiben.

Stillen

Wie steht es mit den Mythen, die mit dem Stillen verbunden sind?

Nicht jede Frau möchte ihr Kind stillen, und diese Entscheidung muß respektiert werden. Leider basiert diese negative Einstellung häufig auf Fehlinformationen und unbegründeten Ängsten. Beispielsweise glauben viele Frauen, daß Stillen zur Erschlaffung der Brüste und übermäßiger Gewichtszunahme führt. Beides ist unwahr. Es ist vielmehr erwiesen, daß stillende Frauen das meiste von ihrem Schwangerschaftsfett schneller verlieren als nichtstillende.

Die Quantität der Muttermilch hängt von guter Ernährung und ausreichender Kalorienaufnahme ab. Eine ausgewogene Nahrungsaufnahme mit etwa 500 zusätzlichen Kalorien täglich ermöglicht die Erzeugung von genügend Muttermilch für die Bedürfnisse eines durchschnittlich großen Babys. Die verbreitete Annahme, daß mindestens 1000 Kalorien zusätzlich jeden Tag verzehrt werden müssen, ist schlichtweg falsch.

Die Qualität der Muttermilch variiert zwar von einer Frau zur anderen, interessanterweise bleibt sie aber bei ein und derselben Frau ziemlich konstant, auch wenn sich die Quantität verändert.

In den ersten beiden Tagen nach der Geburt tritt aus den Brüsten der Frau das Kolostrum (Vormilch) aus. Dieses unterscheidet sich deutlich von der späteren Milch, da es dunkelgelb und nicht so süß ist. Es ist jedoch reich an Antikörpern zur Bekämpfung von Infektionen, enthält Proteine und Salze und hat beim Baby eine abführende Wirkung. Häufige Darmentleerung trägt dazu bei, das Pigment Bilirubin aus dem Körper zu entfernen und die Anfälligkeit des Babys für Gelbsucht in den ersten Lebenstagen zu verringern. Das Kolostrum verschwindet gewöhnlich innerhalb von vier bis fünf Tagen und wird durch die nahrhaftere Muttermilch ersetzt.

Es ist ein verbreiteter Irrglaube, daß eine stillende Frau große Mengen Wasser trinken soll, um eine ausreichende Milcherzeugung zu erzielen. In Wirklichkeit kann eine übermäßige Flüssigkeitsaufnahme die Milchmenge verringern, weil dadurch ein komplexer Mechanismus in der Hirnanhangsdrüse in Gang gesetzt wird. Es ist auch nicht nötig, täglich einen Liter Milch zu trinken. Eine Frau, die keine Milch mag, kann den Kalziumbedarf mit anderen Molkereiprodukten abdecken (siehe Kapitel 8).

Stillende Mütter werden oft angewiesen, ihre Kinder mindestens zehn Minuten an jeder Brust saugen zu lassen. Eine 1979 in England durchgeführte Studie hat jedoch ergeben, daß 80 bis 90% des Nährwerts der Milch während der ersten vier Minuten aufgenommen werden. Innerhalb der ersten zwei Minuten werden meistens über 50% des gesamten Nährwertgehalts aufgenommen. Diese Statistik soll die Frauen keineswegs dazu anhalten, ihre Kinder schnell zu stillen – die unermeßlichen emotionalen Vorzüge des Stillens lassen sich wissenschaftlich ohnehin nicht exakt ermitteln.

Manche Frauen lehnen das Stillen ab, weil sie fürchten, ihre Brüste seien zu klein, um genügend Milch produzieren zu können. Größere Brüste sind deshalb groß, weil sie mehr Fett, nicht weil sie mehr Drüsengewebe enthalten. Die Milch wird vom Drüsengewebe erzeugt, und dieses funktioniert bei einer Frau mit kleinen Brüsten genau so gut wie bei einer mit üppigen.

Es gibt nur ganz wenige Fälle, in denen das Stillen aus medizinischen Gründen unterbleiben muß.

Die Vorbereitung der Brüste geschieht am besten schon während der Schwangerschaft. Für Frauen mit speziellen Problemen wie Hohlwarzen gibt es Brusthütchen und andere Hilfsmittel.

Was raten Sie einer arbeitenden Frau, die ihr Baby stillen möchte?

Zeitmangel wird oft als Grund angeführt, warum arbeitende Mütter nicht stillen wollen. Doch selbst eine Arbeit, die sie ganz in Anspruch nimmt, sollte eine Frau nicht vom Stillen abhalten. Viele arbeitende Frauen sagen sogar, daß die Zeit, die sie beim Stillen ihres Babys verbringen, der geruhsamste und erfreulichste Teil des Tages ist. Denjenigen, die das Glück haben, in der Nähe ihrer Wohnung zu arbeiten, ist es oft möglich, in der Mittagspause zu stillen; Teilzeitjobs und gleitende Arbeitszeit lassen einen größeren Spielraum für einen Stillplan. Diejenigen, die tagsüber nicht nach Hause können, können ihr Baby kurz vor dem Weggehen und gleich nach der Rückkehr stillen. Somit braucht vielleicht tagsüber nur eine einzige Flasche zugefüttert werden. Es ist aber wichtig, daß diese Mütter ab und zu eine Pause machen, um die Milch aus ihren Brüsten zu drücken, damit sie nicht übervoll werden. Schmerzhaftes Anschwellen der Brüste und Austreten von Milch können so vermieden und die laufende Milcherzeugung kann erhalten bleiben, was das Risiko eines Milchstaus oder einer Infektion der Brust vermindert. Das Ausdrücken von Hand ist wohl die beste Methode, aber man kann auch eine kleine Pumpe benutzen. Viele Frauen sammeln ihre Milch lieber in sterilen Behältern, damit ihr Babysitter sie am nächsten Tag zufüttern kann. Wenn Sie das auch wollen, denken Sie daran, daß ausgedrückte oder abgepumpte Milch gekühlt gehalten werden muß.

Welches sind, abgesehen von den emotionalen, die medizinischen Vorteile des Stillens?

Aufgrund neuer Forschungsergebnisse, die beweisen, daß eine Mutter vorübergehend, aber wirksam, Immunität auf ihren Säugling übertragen kann, hat die American Academy of Pediatrics den Wert des Stillens enthusiastisch betont. Dieselbe Idee war Jahre vorher verworfen worden. Durch die Ergebnisse einer 1977 durchgeführten Studie wurde sie zu neuem Leben erweckt. In dieser Studie wurde das Vorkommen schwerer Krankheiten zwischen 164 gestillten und 162 mit Fertignahrung gefütterten Kindern verglichen. In der ersten Gruppe gab es keine schweren und keine lebensgefährlichen Krankheiten. Dagegen bekamen 5 mit Fertignahrung gefütterte Babys Lungenentzündung, eines bekam Meningitis (Hirnhautentzündung), und eines starb an plötzlichem Kindstod. Ein häufigeres Vorkommen von plötzlichem Kindstod bei Flaschenkindern wurde durch andere Studien bestätigt. Botulismus, eine tödliche Krankheit, die durch einen bakteriellen Organismus namens Clostridium botulinum verursacht wird, ist ebenfalls wahrscheinlicher bei einem Kind, das nicht gestillt wird. Interessant ist, daß die Krankheit bei Flaschenkindern in früherem Alter ausbricht und wahrscheinlich ernster ist, wenn der Milchfertignahrung Eisen zugefügt wird.

Bei ausgiebig gestillten Kindern kommt es auch seltener zu allgemein verbreiteten Leiden wie Koliken, Hautausschlägen, Infektionen der Ohren und oberen Luftwege. In einer 1979 im *Journal of Pediatrics* veröffentlichten Studie wurde berichtet, daß Mittelohrentzündungen, schwere Diarrhö und Erbrechen in der mit der Flasche gefütterten Gruppe etwa doppelt so häufig waren. Infektionen der tiefen Atemwege kamen bei den mit Fertignahrung gefütterten Kindern fünfmal häufiger vor, und Einweisung ins Krankenhaus und Krankheitshäufigkeit insgesamt waren auf das Dreifache erhöht.

Die Muttermilch enthält eine Menge krankheitsbekämpfender Antikörper. Drei Typen von Antikörpern, die Immunglobuline G, A und M, sind besonders wichtig. Sie schützen gegen eine Vielzahl von Infektionskrankheiten, bis das Neugeborene im Alter von drei Monaten selbst Immunglobuline bilden kann. Kinderlähmung, Mumps, Grippe, Keuchhusten, Diphtherie und Salmonellose sind nur einige von diesen Krankheiten. Es ist erwiesen, daß einige Antikörper mit der Muttermilch aufgenommen werden und sich dann im Darm ansiedeln, wo sie den empfindlichen Gastrointestinaltrakt des Neugeborenen gegen eine Vielzahl von bakteriellen Infektionen schützen. Es ist bekannt, daß Muttermilch außer Antikörpern auch große Freßzellen enthält, die schädliche Bakterien und Viren gleichsam auffressen und somit unschädlich machen. In der Muttermilch festgestellte lebende weiße Blutkörperchen namens Lymphozyten wurden einst für ein Zeichen einer kürzlich abgelaufenen Infektion gehalten. Neue Studien haben jedoch ergeben, daß deren Vorhandensein wichtig sein könnte für die Widerstandsfähigkeit eines Babys gegen Infektionen.

Muttermilch enthält eine Substanz namens Bifidusfaktor, welche das Wachstum des gutartigen Bakteriums Lactobacillus bifidus begünstigt. Dies ist eine Erklärung für die größere Widerstandskraft von gestillten Kindern gegen Darminfektionen. Muttermilch enthält außerdem viele bakterienbekämpfende Wirkstoffe wie Lysozym, Laktoperoxidase, Laktoferrin sowie die Komplementfaktoren C3 und C4.

Die Schutzwirkung der Muttermilch ist übrigens für Frühgeborene besonders wichtig.

Das Stillen schützt außerdem vor Lebensmittelallergien, Asthma und allergischen Hautausschlägen in der Kindheit. Das gilt vor allem, wenn die Stillzeit mindestens sechs Monate beträgt. Kuhmilch enthält eine Menge fremder Proteine (Allergene), die bei Kindern allergische Reaktionen hervorrufen können. Der Hauptschuldige dabei ist vermutlich ein Protein namens Betalaktoglobulin. Laktalbumin ist das Hauptprotein in der Muttermilch und wird gut vertragen.

Eine 1979 am Kinderkrankenhaus der Universität von Helsinki in Finnland durchgeführte Studie hat ergeben, daß ausgiebiges Stillen über mehr als sechs Monate im Vergleich zur Ernährung mit Fertigkost mit einer merklich geringeren Häufigkeit und Schwere von allergischen Reaktionen während dieser Zeit verbunden war. Bei Babys, die mindestens sechs Monate lang ausschließlich gestillt wurden, traten bis zum Alter von einem Jahr keine Lebensmittelallergien und bis zum Alter von drei Jahren keinerlei Ekzeme auf. Dies war besonders wichtig in Familien mit Erballergien. Die Forscher empfahlen daraufhin für diese anfälligen Kinder besonders langes Stillen. Außerdem rieten sie, allergene Nahrungsmittel wie Fisch, Zitrusfrüchte, Schokolade, Eier, Erdnüsse, Honig und Tomaten zumindest in den ersten drei Lebensjahren zu meiden.

Durch ihren Nährstoffgehalt ist die Muttermilch für die speziellen Bedürfnisse des Neugeborenen ideal. Sie enthält im Durchschnitt 8% Protein, 55% Fett und 37% Kohlenhydrate. Dieses Verhältnis bleibt konstant und wird durch die Ernährung der Mutter nicht beeinflußt. Muttermilch enthält nur ⅓ soviel Protein wie Kuhmilch, aber mehr braucht ein Baby für ein normales Wachstum nicht. Ausscheiden von überschüssigem Protein belastet nur die Nieren des Neugeborenen. Die geringe Proteinmenge wird durch die bessere Qualität der Muttermilch ausgeglichen. Das Hauptprotein in der Muttermilch ist Laktalbumin; Kuhmilch dagegen enthält das Protein Kasein im Überfluß. Dieses bildet im Magen eines Babys oft große und harte Gerinnsel, die die Verdauung erschweren.

Laktose, das in der Muttermilch enthaltene Kohlenhydrat, regt das Bakterienwachstum im Darm des Babys an und trägt so zum Schutz vor Darmkrankheiten bei. Laktose liefert außerdem Energie, fördert die Erzeugung bestimmter Vitamine und hilft bei der Absorbierung von Mineralien aus den Darmwegen.

Muttermilch enthält weniger Natrium und Phosphor als Kuhmilch und hat ein besseres Phosphor-Calcium-Verhältnis. Dies verhindert eine Überlastung der Nieren des Babys und vermindert den Bedarf des Babys für andere Flüssigkeiten als Muttermilch. Der geringe Salzgehalt kann von Vorteil sein, weil eine hohe Salzzufuhr in der Kindheit im späteren Leben zu hohem Blutdruck führen kann.

Zwar enthält Muttermilch eine Menge Fette, aber sie enthält auch die Enzyme namens Lipase, die zur Verdauung und Absorbierung der Fette beitragen. Das in der Kuhmilch enthaltene Fett dagegen ist für den Organismus eines Babys schwer zu absorbieren. Muttermilch enthält mehr Cholesterin als Kuhmilch oder Fertignahrung. Viele Ernährungswissenschaftler glauben, daß ein Kind diesen höheren Cholesteringehalt benötigt, um Enzymsysteme anzuregen, die Cholesterin während des ganzen Lebens verstoffwechseln (metabolisieren). Man hat die Theorie aufgestellt, daß bei Erwachsenen, die als Kinder gestillt wurden, die Häufigkeit von Krankheiten der Herzkranzgefäße geringer ist als bei Personen, die mit Milch oder Fertigkost ernährt wurden. Zwar gibt es keine Langzeitstudien zur Stützung dieser Theorie, aber Forscher der Harvard School of Public Health haben den Cholesteringehalt bei Männern und Frauen untersucht, die als Kinder län-

Tabelle 7. Vergleich des Vitamingehalts in Muttermilch und frischer Kuhmilch

	Muttermilch +	Kuhmilch +
Vitamin A	150 USP*	100 USP*
Karotinoide	27 µg	38 µg
B Vitamine		
Thiamin	16 µg	42 µg
Riboflavin	43 µg	157 µg
Nikotinsäure	172 µg	85 µg
Pyridoxin	11 µg	48 µg
Panthotensäure	196 µg	350 µg
Folsäure	0,18 µg	0,23 µg
Cholin	9 µg	13 µg
Inositol	39 µg	13 µg
Biotin	0,4 µg	3,5 µg
B_{12}	0,04 µg	0,41 µg
Vitamin C	4,3 µg	1,8 µg
Vitamin D	0,4–10,0 USP*	0,3–4,0 USP*
Vitamin K	26 Dam-Glavind Einheiten	100 Dam-Glavin Einheiten

\+ Vitamingehalt in 100 ml
* United States Pharmacopoeia (amerikanisches Maß)

ger als zwei Monate ausschließlich gestillt worden waren. Diese Personen wiesen erstaunlicherweise einen geringeren Cholesterinspiegel auf als diejenigen, die nicht gestillt worden waren.

Der Vitamin- und Mineralstoffgehalt der Muttermilch hängt davon ab, wieviele von diesen Nährstoffen eine Frau mit ihrer täglichen Kost zu sich nimmt. In Tabelle 7 werden die relativen Mengen dieser Vitamine in Mutter- und Kuhmilch verglichen. Manche Ärzte empfehlen jedoch, daß gestillten Kindern zusätzlich Vitamine verabreicht werden sollen (ausführliche Erörterung siehe unten).

Babys mit geringem Geburtsgewicht sollten unbedingt gestillt werden. Bei einer Frühgeburt hat die Muttermilch einen höheren Natrium- und Stickstoffgehalt und ist besser auf die Ernährungsbedürfnisse des frühgeborenen Kindes abgestimmt. Stickstoff, aufgenommen in Form von Protein, Harnstoff und Aminosäuren versorgt das schnellwachsende frühgeborene Kind mit größeren Mengen derjenigen Verbindungen, die für den Aufbau von Gewebeprotein notwendig sind. Die Milch von Müttern Frühgeborener enthält etwa 30% mehr Fett als diejenige von Müttern voll ausgetragener Kinder. Dieser höhere Energiegehalt ermöglicht es dem Frühgeborenen, Protein und andere Nährstoffe der Muttermilch besser für das Wachstum auszunutzen.

Neben all diesen Vorzügen des Stillens darf man nicht vergessen, daß das Stillen unmittelbar nach der Entbindung zur Freisetzung von Oxytozin beiträgt. Dies wiederum hilft beim Zusammenziehen der Uterusmuskeln und reduziert so das Vorkommen von nachgeburtlichen Blutungen. Durch Stillen bildet sich die Gebärmutter auch schneller zurück. Die begrenzte Tauglichkeit des Stillens als eine Methode zur Empfängnisverhütung wurde bereits früher erörtert.

Kann Stillen auch schädlich sein?

Nicht alle Kinderärzte stimmen überein, daß Muttermilch die beste Ernährung sei. Manche Ärzte haben von Mängeln an Vitamin D, Vitamin K, Eisen und Fluor bei gesunden Kindern berichtet, die mehrere Monate lang ausschließlich mit Muttermilch ernährt wurden. In einem 1978 im *New England Journal of Medicine* veröffentlichten Bericht empfahl man für alle Säuglinge zusätzliche Gaben von Eisen, Vitamin K und Vitamin D.

Darüber hinaus warnten sie vor einem ernsten Vitamin-B12-Mangel bei gestillten Kindern von Vegetarierinnen. Da ein Mangel an Vitamin B12 unter Umständen lebensgefährlich sein kann, sollte man die Ernährung dieser Babys durch dieses Vitamin ergänzen. Gestillte Babys von Vegetarierinnen sollten außerdem Eisen, Vitamin K und Vitamin D erhalten.

Der Calcium-, Phosphor- und Eisengehalt ist in Muttermilch besonders niedrig, was für Säuglinge mit geringem Geburtsgewicht ernsthafte Probleme mit sich bringen kann. Deshalb empfehlen viele Kinderärzte, die Ernährung Frühgeborener durch diese Grundstoffe zu ergänzen. Der Natriummangel in der Muttermilch kann für frühgeborene Kinder besonders gefährlich sein, weil sie dadurch eine anomal niedrige Natriumkonzentration im Blut haben können (Hyponaträmie). Bei frühgeborenen Kindern, die gestillt werden, sollte der Natriumgehalt im Blut sorgfältig überwacht, und bei einem Mangel sollte die Kost mit Natrium ergänzt werden.

Wenn bei einem gesunden Neugeborenen kurzfristig Gelbsucht auftritt, spricht man von physiologischer Gelbsucht. Sie ist selten ernst und verschwindet meistens bis zum siebten Lebenstag. Bei einem gestillten Kind kann die Gelbsucht in seltenen Fällen intensiver und länger auftreten. Man glaubt, daß dies auf die Wechselwirkung zwischen einer stoffwechselwirksamen Substanz des Hormons Progesteron in der Muttermilch und einem Enzym im Baby zurückgeht. Falls die Gelbsucht besorgniserregend wird, wird das Stillen für drei oder vier Tage unterbrochen, damit sich die Gelbsucht rasch zurückbilden kann und die Leber des Babys Zeit hat, den Farbstoff besser zu verarbeiten.

Praktisch alle einer Mutter verabreichten Medikamente gelangen in unterschiedlichen Konzentrationen in die Muttermilch. Manche werden für den Säugling zu einem ernsthaften Problem (siehe Kapitel 7). Um die Konzentration von Medikamenten auf ein Minimum zu reduzieren – selbst wenn sie ungefährlich sind –, nehmen Sie die Arznei 15 Min. nach dem Stillen oder drei bis vier Stunden vor dem nächsten Stillen, damit genügend Zeit bleibt, daß sich der Gehalt des Medikamentes im Blut und damit in der Muttermilch zurückbilden kann. Alkohol, Drogen, bestimmte Viren und Umweltgifte können durch die Muttermilch auf das Kind übertragen werden. Die Wirkungen wurden in früheren Kapiteln ausführlich erörtert. Trotz dieser Nachteile besteht jedoch kein Zweifel, daß für die Mehrzahl gesunder Frauen die Vorzüge des Stillens die Risiken bei weitem überwiegen.

Gibt es Medikamente zur Vermehrung der Muttermilchmenge?

Es gibt einige die Laktation anregende Mittel, darunter Antidepressiva und Tranquilizer wie Chlorpromazin (Megaphen®) und Thioridazin (Melleril®) (siehe Kapitel 7). Es kommt nicht selten vor, daß sich bei nichtschwangeren Frauen nach längerem Gebrauch dieser Arzneien Milch bildet.

Das Antidepressivum Sulpirid wurde von Ärzten der medizinischen Fakultät der Universität von Osaka in Japan erforscht. In ihren 1979 und 1982 veröffentlichten Berichten schilderten sie, daß die Milchmenge bei mit Sulpirid behandelten Frauen schon am zweiten Tag nach der Geburt merklich anstieg. Diese Ergebnisse sind ermutigend, lassen aber zwei wichtige Fragen unbeantwortet. Eine Sorge ist, daß Antidepressiva wie Sulpirid in die Muttermilch gelangen. Man weiß noch nicht, wie sich das auf den Säugling auswirkt. Zudem ist noch nicht erwiesen, daß die durch Sulpirid bewirkte größere Milchmenge über einen längeren Zeitraum erhalten werden kann. Ob Sulpirid oder ein chemisch verwandtes Mittel gynäkologisch nützlich sind, wird sich erst nach ausgiebigen klinischen Versuchen herausstellen. Nebenwirkungen bei der Mutter wie Müdigkeit und Benommen-

heit können ebenfalls vom Gebrauch abschrecken.
Außer seiner Wirkung auf die Uterusmuskeln stimuliert Oxytozin bestimmte Zellen in der Brust, sich zusammenzuziehen. Dies verursacht ein Ausspritzen der Milch aus der Brustwarze und hilft so, den Stillprozess in Gang zu setzen.

Nach der Geburt

Welche Empfindungen können in der Zeit nach der Geburt auftreten?

Bei den meisten Frauen hält die Euphorie, die sie im Augenblick der Geburt empfinden, auch in der Zeit nach der Geburt an. Aber es sind immerhin 40%, bei denen das Hochgefühl der Geburt oft Depressionen unterschiedlichen Grades weicht, die sich gewöhnlich in den drei bis sieben Tagen nach der Geburt durch sogenannte »Heulperioden« ohne offensichtlichen Grund ausdrükken, denen eine schnelle Erholung ohne weitere Probleme folgt. Bei einigen bedauernswerten Frauen können die Depressionen auch tiefer sein, länger als zwei Wochen anhalten und ernste psychische Störungen verursachen, die fachlicher Hilfe bedürfen. Das Wiederholungsrisiko für Nachgeburtsdepressionen bei folgenden Schwangerschaften wird auf 25 bis 33% veranschlagt.
Trotz intensiver Forschung bleibt die Ursache der Nachgeburtsdepressionen ein Rätsel. Manche Psychiater schreiben diese Zustände den zahlreichen plötzlichen physischen, sozialen und psychischen Veränderungen zu, die sich nach der Geburt eines Kindes einstellen. Andere Ärzte glauben, die Depressionen werden durch das starke Absinken der Konzentration im Blut zirkulierender weiblicher Hormone verursacht, in Verbindung mit einer Verminderung der Blutmenge nach der Geburt. Hinzu kommt eine Vielzahl von physischen Unannehmlichkeiten wie Dammschnitt und Hämorrhoidenschmerzen, »Nachwehen«, die durch die nachgeburtlichen Gebärmutterkontraktionen verursacht werden, Anschwellen der Brust und Schlafmangel – alles Faktoren, die zu diesem Problem beitragen. Man nimmt an, daß Frauen, die aus medizinischen Gründen in den ersten beiden Lebenstagen von ihrem Kind getrennt werden, für nachgeburtliche Depressionen besonders anfällig sind, weil ihnen die Gelegenheit genommen wurde, in dieser kritischen Zeit eine enge Bindung zu ihrem Kind zu entwickeln.
Interviews mit Frauen, die an nachgeburtlichen Depressionen leiden, enthüllen eine breite Skala von Sorgen. Das am häufigsten angeführte Problem sind Diskussionen mit dem Ehemann oder Partner. Für manche erweist sich die Realität, 24 Stunden täglich für ein forderndes und empfindliches Baby zu sorgen, als schwieriger als erwartet, während sich andere wegen der Veränderung ihres Körpers Sorgen machen. Manche Frauen fühlen sich isoliert, weil plötzlich das Baby im Mittelpunkt der Aufmerksamkeit steht.
Auch Frauen, bei denen ein Kaiserschnitt vorgenommen wurde, sind für Depressionen besonders anfällig. Oft haben sie das Gefühl, versagt und ihren Mann um das Geburtserlebnis gebracht

zu haben. Oft werden in den Krankenhäusern durch Kaiserschnitt entbundene Babys isoliert. Wenn das Baby gesund und eine Frau beim Kaiserschnitt bei Bewußtsein ist, sollte man ihr erlauben, ihr Baby so bald wie möglich nach Beendigung der Operation bei sich zu haben.

Die Nachgeburtsdepressionen setzen meistens im Krankenhaus ein und können sich verschlimmern, wenn die Frau nach Hause kommt und sich plötzlich der Belastung durch Haushaltspflichten, unerwartete Gäste, einen fordernden Gatten und zuwenig Schlaf gegenübersieht. Von all diesen Faktoren ist Schlafmangel vermutlich der gewichtigste Grund für nachgeburtliche Erschöpfung. Deshalb ist es wichtig, daß Sie schlafen, wann immer das Baby schläft, und sich tagsüber hinlegen, wenn Ihr Baby keine Zuwendung verlangt.

Interessanterweise leidet auch eine bedeutende Zahl von Vätern in dieser Zeit an Depressionen. Viele sind frustriert wegen ihrer Unfähigkeit, beim Umgang mit dem neuen Baby zu helfen. Andere leiden unter ihrer Hilflosigkeit, wenn sie sich um das Baby kümmern wollen, und einige sind deprimiert wegen der Probleme, die ihre Frauen bei der Fürsorge für das Kind haben, während wieder andere darunter leiden, daß sie so wenig Zeit für das Kind haben.

Die nachgeburtlichen Depressionen können verhindert und ihre Intensität und Dauer erheblich vermindert werden. Das wichtigste ist, daß Sie eine Hilfe im Haushalt, beim Einkaufen und Kochen haben, damit Sie sich in den ersten zwei oder drei Wochen zu Hause ganz dem Baby widmen können. Scheuen Sie nicht davor zurück, um Hilfe zu bitten – durch stillschweigendes Leiden ist nichts gewonnen. Sprechen Sie mit Ihrem Partner offen über Ihre Gefühle. Nur durch Kommunikation können die Probleme und Depressionen in den Tagen nach der Geburt behoben werden.

Wenn nach den ersten Wochen Freunde, Verwandte und andere Helfer abgereist sind, können Sie sich dennoch Muße verschaffen, indem Sie eine Babysitter-Gruppe mit anderen jungen Müttern bilden. Solche Gruppen können aus einer Handvoll Frauen aus der Nachbarschaft bestehen, die Kinder in ungefähr dem gleichen Alter haben. Bei den Zusammenkünften können zahlreiche Themen, die sich mit den physischen und seelischen Belangen der Mutterschaft befassen, diskutiert werden. Dadurch erkennen Sie, daß Sie mit Ihren Problemen nicht allein sind. Waren Sie vor der Geburt vielleicht stolz darauf, die perfekte Köchin, Hausfrau und Geliebte zu sein, so müssen Sie sich nun damit abfinden, daß die begrenzte Zeit Sie an der Erreichung unrealistischer und nicht notwendiger Ziele hindert. Machen Sie Ihrem Partner klar, daß er nicht mehr von Ihnen verlangen darf, als Sie geben können, und daß er sich an der Hausarbeit beteiligen muß. Selbstbewußtes Auftreten ist der Schlüssel zur Vorbeugung und Heilung von nachgeburtlichen Depressionen.

Wie halten es die meisten Frauen in der Nachgeburtszeit mit der Sexualität?

Die Frauen zeigen in der Zeit nach der Geburt die unterschiedlichsten sexuellen Reaktionen. Bei den wenigsten kehrt das Interesse an der Erotik schon innerhalb von vier Wochen zurück; wundern Sie sich nicht, wenn es sechs bis zwölf Wochen dauert, bis Ihr Geschlechtstrieb sein altes Maß wie vor der Schwangerschaft erreicht (siehe Kapitel 4). Ein Hindernis für ein vollkommenes sexuelles Vergnügen in den ersten Wochen nach der Geburt ist die Angst der Frau, daß ihr Dammschnitt nicht komplett verheilt ist. Zudem kommt es in den ersten drei Monaten bei stillenden Frauen leicht zu Schmerzen beim Geschlechtsverkehr, weil ihr Vaginalgewebe infolge Östrogenmangels dünn und empfindlich ist. Manche Ärzte verschreiben zur Behebung dieses Problems eine zweimal wöchentlich aufzutragende Östrogensalbe; ich halte jedoch nichts von dieser Therapie, weil beträchtliche Mengen des Hormons durch die Scheidenwand aufgenommen werden und in Blutkreislauf und Muttermilch gelangen können. Statt dessen sollten Sie lieber ein Gleitmittel benutzen. Das ist zwar nicht so wirksam wie Östrogensalbe, ist aber meiner Meinung nach sicherer.

Neben den physischen und hormonalen Veränderungen, die in der Nachgeburtszeit auftreten, kann eine Vielfalt anderer Faktoren den Geschlechtstrieb einer Frau dämpfen, zum Beispiel Müdigkeit, Ängstlichkeit, Schlafmangel, ein schreiendes Baby und finanzielle Sorgen. Geduld, Liebe, Verständnis und Zeit werden viele nachgeburtliche sexuelle Probleme lösen.

Wann kann nach der Geburt der Geschlechtsverkehr wieder aufgenommen werden?

Im Gegensatz zu dem, was die meisten Ärzte empfehlen, gibt es keinen wissenschaftlichen Beweis, daß ein Paar die üblichen sechs Wochen warten muß, bevor es den Geschlechtsverkehr wieder aufnimmt. Nach einer unkomplizierten vaginalen Entbindung ohne Risse und ohne Episiotomie kann der Geschlechtsverkehr ohne Bedenken nach zwei Wochen wieder aufgenommen werden. Die Naht einer Episiotomie oder eines Risses löst sich gewöhnlich nach drei Wochen vollständig auf. Dann kann man es vorsichtig mit dem Verkehr versuchen, und wenn es nicht unangenehm ist, gibt es keinen Grund zur Enthaltsamkeit. Ein Kaiserschnitt braucht gewöhnlich zwei Wochen, bis er verheilt ist, und wenn es keine ungewöhnlichen medizinischen Komplikationen gibt, dürfte der Geschlechtsverkehr zu dieser Zeit unbedenklich sein.

Nichtkoitale Liebestechniken sollten vorsichtig betrieben werden. Der Mund enthält eine Vielzahl von möglicherweise schädlichen Bakterien, die, wenn sie in einen Riß von Vagina, Harnröhre oder Vulva gelangen, eine Infektion verursachen können. Wenn Sie früher als drei Wochen nach der Geburt oral-genitalen Verkehr haben möchten, rate ich Ihnen, Vulva und Vagina mit einem Handspiegel sorgfältig zu untersuchen, ob es Anzeichen für einen nicht verheilten Riß gibt. Wenn Sie das nicht können, suchen Sie Ihren Frauenarzt auf. Manche Ärzte glauben, daß Bakterien aus dem Mund eines Mannes beim Liebesspiel in die Brustwarze einer stillenden Mutter gelangen können, aber es ist wissenschaftlich nicht erwiesen, daß dies eine Brustentzündung verursachen kann.

Muß man vor der sechs Wochen nach der Geburt erfolgenden Nachuntersuchung ein Empfängnisverhütungsmittel nehmen?

Ich muß gestehen, daß ich keine Frau kenne, die vor ihrer Nachuntersuchung nach sechs Wochen schwanger geworden ist, und viele Studien haben bestätigt, daß der Eisprung selten vor der fünften Woche nach der Geburt stattfindet. Es gibt jedoch eindeutige Beweise, daß bei einer nichtstillenden Frau schon 28 Tage nach der Entbindung einer voll ausgetragenen Schwangerschaft ein Eisprung stattfinden kann. Wenn Sie schon vor Ihrer Sechswochen-Nachuntersuchung eine Periode haben sollten, ist sie meistens anovulatorisch, das heißt, ihr geht kein Eisprung voraus, und es besteht kein Schwangerschaftsrisiko. Aufgrund von Statistiken hat man geschätzt, daß 5% der stillenden und 15% der nichtstillenden Frauen um die sechste Woche nach der Geburt einen Eisprung haben. Um die 12. Nachgeburtswoche steigt das theoretische Empfängnisrisiko auf 25 bzw. 40% und in der 24. Woche auf 65% für stillende und 75% für nichtstillende Frauen. In Wirklichkeit ist die Zahl der Frauen, die wieder schwanger werden, jedoch viel geringer, weil die meisten Paare in dieser Zeit irgendeine Art von Empfängnisverhütung anwenden. Wenn man dies berücksichtigt, werden nur 1% stillende und 3% nichtstillende Mütter innerhalb von drei Monaten nach der Entbindung wieder schwanger. Nach sechs Monaten steigt die Empfängnisquote auf 5 bzw. 15%.

Neuere Studien lassen vermuten, daß häufiges Stillen mit mehr als 5 Mahlzeiten in 24 Stunden, davon eine nachts, den Eisprung für ein Jahr oder länger hemmen kann. Diese Art der Empfängnisverhütung erfordert weitere Auswertungen von vielen stillenden Frauen, bevor sie befürwortet werden kann. Bis dahin rate ich meinen Patientinnen zu traditionelleren Methoden der Empfängnisverhütung, wenn sie den Geschlechtsverkehr vor der Nachuntersuchung wieder aufnehmen.

Welche Methode der Empfängnisverhütung kann ich vor der Sechswochen-Nachuntersuchung anwenden?

Da das Schwangerschaftsrisiko in den ersten Wochen nach der Geburt minimal ist, bieten Kondome und Vaginalspermizide in Form von rezeptfreien Aerosolen (Schaumsprays), Gelees, Tabletten, Cremes und Zäpfchen ausreichenden und leicht anzuwendenden Schutz. Wenn Sie sich für ein Kondom entscheiden, vergewissern Sie sich, daß es angefeuchtet ist, damit das empfindliche Scheidengewebe nicht gereizt wird.

Alle samenabtötenden Mittel müssen tief in die Scheide eingeführt werden, so nahe wie möglich am Gebärmutterhals, wenn sie wirksam sein sollen. Dies geschieht am besten innerhalb von 30 Min. vor dem Geschlechtsverkehr, und vor jedem weiteren Koitus muß abermals ein Spermizid eingeführt werden. Ein empfängnisverhütender Schaum ist wohl das beste Vaginalspermizid, weil er schneller in der Scheide verteilt wird und den Gebärmutterhals rasch abschirmt, so daß Verkehr und Ejakulation gleich nach dem Einführen erfolgen können. Cremes oder Gelees brauchen etwas mehr Zeit, um sich Ihrer Körpertemperatur anzupassen und zu schmelzen, und Zäpfchen oder Tabletten brauchen mindestens 10 Min., um sich vollständig aufzulösen. Da die intravaginale Verteilung von Gelees, Tabletten und Zäpfchen teilweise vom Stoßen des Penis abhängt, ist das Schwangerschaftsrisiko größer, wenn ein Mann rasch nach dem Eindringen ejakuliert. Schaum schmiert auch nicht so wie andere Vaginalspermizide. Er tropft auch während des Verkehrs nicht so leicht aus der Scheide.

Kann man während der frühen Nachgeburtszeit ein Diaphragma benutzen?

Nein. Benutzen Sie Ihr altes Diaphragma nicht vor Ihrer Sechswochen-Nachuntersuchung, weil es aufgrund Ihrer veränderten Anatomie und der größeren Empfindlichkeit Ihres Vaginalgewebes schwer einzusetzen sein und Ihren Gebärmutterhals vielleicht nicht ganz bedecken wird. Lassen Sie bei Ihrer Sechswochen-Untersuchung die Größe Ihres Diaphragmas von Ihrem Arzt überprüfen, denn es ist gut möglich, daß Sie ein größeres brauchen als früher. Wenn Sie vorhaben abzunehmen, muß die Größe Ihres Diaphragmas nach 10 bis 13 Pfd. Gewichtsverlust neu überprüft werden.

Wenn Sie noch nie ein Diaphragma benutzt haben, kann der Arzt die korrekte Größe bei der Nachuntersuchung messen. Das Messen selbst dauert nur ein paar Minuten, aber Ihr Arzt muß sich die Zeit nehmen, Ihnen die Handhabung genau zu erklären. Üben Sie das Einsetzen ohne Hilfe und lassen Sie von Ihrem Arzt prüfen, ob Sie es richtig gemacht haben. Wenn es nicht auf Anhieb gelingt, üben Sie es zu Hause, gehen Sie dann wieder zu Ihrem Arzt, um sicher zu gehen, daß Sie das Diaphragma richtig eingesetzt haben. Vergessen Sie nicht, während dieser Zeit andere Empfängnisverhütungsmittel zu benutzen.

Was ist eine Muttermundkappe, und wie wirkungsvoll ist sie als empfängnisverhütendes Mittel in der Zeit nach der Geburt?

Eine Muttermundkappe sieht aus wie ein kleines Diaphragma, aber sie sitzt direkt auf dem Muttermund statt an der Scheidenwand. Da sich der Muttermund während der ersten beiden Monate nach der Geburt zurückbildet, wäre es unsinnig, sich in dieser Zeit eine Muttermundkappe anpassen zu lassen. In einigen Berichten werden für Muttermundkappen die gleichen Schwangerschaftsquoten genannt wie für Diaphragmen. Andere Berichte weisen darauf hin, daß sich die Schwangerschaftsquoten erhöhen können, weil die Kappen während des Geschlechtsverkehrs verrutschen und selbst beim richtigen Gebrauch Schwierigkeiten auftreten können.

Welche Probleme können auftreten, wenn ich in der Nachgeburtszeit die Pille nehme?

Neben der Sterilisierung erreicht keine andere Methode der Empfängnisverhütung die Wirksamkeit der oralen Verhütungsmittel. Wenn Sie nicht stillen und Ihr Arzt keinen medizinischen Hinderungsgrund für die Verschreibung der Pille sieht, können Sie sie vom Zeitpunkt Ihrer Sechswochen-Nachuntersuchung an nehmen. So gut wie alle Antibabypillen enthalten Östrogen in Kombination mit einer synthetischen Progesteron-ähnlichen chemischen Substanz namens Gestagen. Minipillen enthalten nur Gestagen. Durch das Östrogen in den kombinierten Antibabypillen kann die Muttermilchmenge reduziert werden. Zudem kann eine kleine Menge Östrogen in die Muttermilch gelangen und in seltenen Fällen beim Säugling zu einer Vergrößerung der Brust führen. Die lediglich Gestagen enthaltende Minipille dagegen hat offenbar keine nachteilige Einwirkung auf die Muttermilchmenge. Deshalb verordnen viele Frauenärzte stillenden Frauen die Minipille zur Empfängnisverhütung. Andere Ärzte zögern damit, weil es keine umfangreichen Studien gibt, die beweisen, daß kleine Mengen des über längere Zeit mit der Milch aufgenommenen Gestagens für einen Säugling harmlos sind. Gestagene ähneln in der chemischen Struktur dem männlichen Hormon Testosteron. Man hat die Theorie aufgestellt, daß es, wenn es in die Muttermilch gelangt, eine Maskulinisierung des weiblichen Säuglings bewirken kann. Minipillen mindern anscheinend zwar die Milchmenge nicht, aber es gibt Statistiken, die beweisen, daß sie die Grundzusammensetzung der Milch verändern und eine Minderung des Protein-, Milchfett-, Laktose-, Phosphor-, Calzium-, Magnesium- und Zinkgehalts bewirken. Aus diesen Gründen sollten Minipillen von stillenden Müttern nicht genommen werden.

Was halten Sie von einer Spirale zur Empfängnisverhütung in der Nachgeburtszeit?

Eine Spirale wird zur Empfängnisverhütung in die Gebärmutter eingeführt, wo sie längere Zeit bleiben kann. Die Kupfer-7-Spirale ist die gebräuchlichste. Unmittelbar nach der Geburt ist sie aber nicht zu empfehlen, weil sie eine Menge Komplikationen mit sich bringen kann, darunter Perforation der vergrößerten und weichen Gebärmutter, Nachgeburtsblutungen, Infektionen sowie Ausstoßung. Bis vor kurzem waren die Arzte allgemein der Ansicht, daß eine Spirale nicht vor der achten Woche nach der Geburt eingesetzt werden sollte, eine 1982 an der University of Southern California School of Medicine durchgeführte Studie hat jedoch ergeben, daß die Komplikationshäufigkeit bei Frauen, denen eine Kupfer-7-Spirale zwischen der vierten und achten Woche nach der Geburt eingesetzt worden war, nicht höher war als bei denen, die bis nach der achten Woche gewartet hatten. Die Verfasser dieses Berichtes haben meine Meinung bestätigt, daß die Spirale unbedenklich bei der Sechswochen-Nachuntersuchung eingesetzt werden kann.

Die Vorzüge der Spirale sind ihre extrem niedrige Schwangerschaftsquote von 2 auf 100 Frauen, und daß man nicht vor jedem Geschlechtsakt Vorsichtsmaßnahmen treffen muß. Bevor Sie sich jedoch eine einsetzen lassen, sollten Sie genau über die zwar sehr seltenen, aber ernsten Komplikationen im Bilde sein. Das Infektionsrisiko ist beispielsweise kleiner als 3%, aber wenn eine Infektion auftritt, kann sie sehr schlimm sein. Symptome für die Möglichkeit einer Beckeninfektion sind leichte Unterleibsschmerzen, eine Temperatur über 37,5 °C, übelriechender gelblicher Ausfluß, Frösteln und Schmerzen beim Geschlechtsverkehr. Leider sind diese Infektionen manchmal schon weit fortgeschritten, bevor die Frau überhaupt irgendwelche Symptome bemerkt. Leichte Symptome wie Müdigkeit und grippeähnliche Beschwerden sind ebenfalls ein Alarmzeichen. Im Zweifelsfall suchen Sie sofort Ihren Arzt auf.

Was raten Sie Paaren, die eine Sterilisation wünschen?

Eine Frau mag unmittelbar nach neun beschwerlichen Schwangerschaftsmonaten und schmerzhaften Wehen eine Tubenligatur wünschen. Untersuchungen haben jedoch ergeben, daß sie diesen Entschluß womöglich später bedauert. In einer Studie mußte bei Frauen, die sich nach der Geburt sterilisieren lassen wollten, die Operation aus unterschiedlichen Gründen verschoben werden, und eine beträchtliche Anzahl von ihnen wünschte die Operation bei späterer Gelegenheit nicht mehr. Deshalb sollte die Operation nicht durchgeführt werden, wenn auch nur die Spur eines Zweifels besteht. Durch Warten ist nichts verloren.

Eine Tubenligatur unmittelbar nach der Geburt ist überaus einfach durchzuführen. Unter Voll- oder Teilnarkose wird ein etwa 2 cm langer Schnitt unmittelbar unter dem Nabel gemacht und ein kleines Stück jedes Eileiters abgebunden und abgetrennt. Wenn eine Tubenligatur unmittelbar nach der Entbindung oder am Tag danach durchgeführt wird, kann eine Frau nach drei bis fünf Tagen entlassen werden.

Viele Ärzte führen statt der traditionellen Tubenligatur heute die Tubensterilisation mittels eines Laparoskops durch, das durch den Nabel eingeführt wird. Mit diesem Instrument kann der Arzt die Eileiter durch Verkochen oder das Anbringen von Spezialklemmen blokkieren. Nach meiner Erfahrung mit dieser Technik haben die Patientinnen bedeutend weniger Beschwerden und einen kürzeren Krankenhausaufenthalt als diejenigen, bei denen die Tubenligatur auf traditionelle Art vorgenommen wird. Zudem hat die neue Methode den Vorzug, daß keine sichtbare Narbe zurückbleibt. Ein weiterer großer Vorteil der Laparoskopie gegenüber der herkömmlichen Tubenligatur ist der, daß sie am zweiten oder dritten Tag statt unmittelbar nach der Entbindung vorgenommen werden kann. Damit bleibt einer Frau mehr Zeit, um zu entscheiden, ob sie die Operation wirklich will. So kann ein voreiliger und tragischer Entschluß abgewendet werden.

Vasektomie ist das Beschneiden der Vasa deferentia, der Samenleiter des

Mannes. Die Vasektomie ist die einfachste und sicherste bekannte Methode zur Verhinderung einer unerwünschten Schwangerschaft. Sie kann in der Arztpraxis bei örtlicher Betäubung durchgeführt werden. Die Häufigkeit von Komplikationen ist bei der Tubenligatur weitaus höher als bei der Vasektomie.

Allzuoft wird die Vasektomie noch mit Skepsis und Furcht betrachtet, und es gibt weitverbreitete Irrtümer über die Operation. Viele Leute glauben fälschlicherweise, daß die Vasektomie schlimme Wirkungen mit sich bringt, wie etwa die Unfähigkeit zu ejakulieren, Verlust der Zeugungsfähigkeit, Unfähigkeit zum Orgasmus zu kommen, Haarausfall, vorzeitiges Altern und eine Veränderung der Stimmlage. Man hat sogar behauptet, daß die Vasektomie Hautkrankheiten, Nieren-, Lungen- und Leberleiden, Narkolepsie (unwiderstehlicher Schlafdrang) und multiple Sklerose verursacht. Dieser Irrglaube hat leider so manchen Mann davon abgehalten, diese simple und relativ harmlose Prozedur vornehmen zu lassen.

Welche Übungen empfehlen Sie zur Verbesserung der körperlichen Fitness in der Nachgeburtszeit?

Es gibt keinen wissenschaftlichen Beweis, daß Sport während Schwangerschaft und Nachgeburtszeit für erschlaffende Brüste oder für Blasen- bzw. Gebärmuttervorfall verantwortlich ist. Diese gehen eher auf Fettleibigkeit und schwachen Muskeltonus zurück als auf irgendeine Sportart. Da jedoch die Aktivitäten der meisten Frauen im letzten Schwangerschaftsdrittel stark abnehmen, ist es klug, alle früheren Sportarten allmählich und vorsichtig wieder aufzunehmen, bis die Kondition von vor der Schwangerschaft erreicht ist.

Wenn Sie Ihre vorgeburtlichen Übungen (siehe Kapitel 3) nach der Entbindung weitermachen, werden Sie Muskeltonus und Kraft erhöhen. Sie können mit den Übungen am Tag nach der Geburt beginnen und Häufigkeit und Intensität mit jedem folgenden Tag steigern. Wenn Schwangerschaft und Entbindung kompliziert waren oder Sie einen Kaiserschnitt hatten, sollten Sie vor der Aufnahme körperlicher Konditionsübungen Ihren Frauenarzt um Rat fragen.

Nachwort

Im 11. Kapitel habe ich die neuen Konzepte des familienbezogenen Geburtserlebnisses erwähnt. Leider geht diese Neuerung mehr auf die Patientinnen als auf Frauenärzte zurück. Statt eine Veränderung herbeizuführen, haben viele Ärzte sich ihr widersetzt und sich geweigert, ihre eingeführten Konzepte der Patientenbetreuung aufzugeben. Das ist bedauerlich, weil die Frauen von heute eine menschlichere medizinische Betreuung fordern und die Unpersönlichkeit, die in vielen Arztpraxen und Kliniken vorherrscht, ablehnen. Die zunehmende Zahl von Hausgeburten sollte nicht als Verirrung betrachtet werden, sondern als Versagen der Medizin, das korrigiert werden muß. Statt die Hausgeburt zu verurteilen, wären die Frauenärzte gut beraten, wenn sie herausfinden würden, was so viele Paare an der Hausgeburt so attraktiv finden.

Die Hauptursache der wachsenden Skepsis unter den Frauen ist die Unfähigkeit ihrer Ärzte, mit ihnen zusammenzuarbeiten. Die Gynäkologen waren nicht bereit, von ihrem Podest zu steigen und ihr Wissen mit ihren Patientinnen zu teilen. Ein Arzt, der aufmerksam zuhört, ausführlich erklärt, zu Fragen ermuntert, irrige Annahmen berichtigt und die Patientin samt ihrer Familie in die Entscheidungen, die ihr Wohlergehen betreffen, einbezieht, wird große Dankbarkeit ernten.

Glossar

Abort:
vorzeitiger Verlust der Frucht
Abruptio placentae:
vorzeitige Ablösung der Plazenta, verursacht durch eine Blutung zwischen Plazenta und Uteruswand
Adnexitis:
Entzündung der Eileiter und Eierstöcke
Amenorrhö:
Ausbleiben der monatlichen Regelblutung
Anenzephalie:
Schädeldecke und ausgedehnte Teile des Gehirns fehlen; schwere Mißbildung
Anilingus:
Erregung der erogenen Zonen des Anus mit der Zunge
Antazida:
Pharmaka zur Neutralisation der Magensäure
Antikonvulsiva:
Pharmaka zur Behandlung und Vorbeugung von Krampfanfällen
Apgar-Index:
Punkteschema zur Beurteilung des Zustands eines Neugeborenen
Arterie:
Blutgefäß, das das sauerstoffreiche Blut transportiert
asymptomatisch:
ohne Symptome
Atemdepression:
Unterdrückung der Atmung
Azidose:
Übersäuerung des Blutes
Carcinoma in situ:
beginnender, zwar noch sehr kleiner, aber bereits manifester Krebs
Cerclage:
Kreisnaht um den Muttermund bei Zervixinsuffizienz
Chloasma:
scharf begrenzte, unregelmäßig gestaltete gelblichbraune Flecken im Gesicht, die mit Vorliebe in der Schwangerschaft auftreten
Chromosom:
Träger der Erbmasse
Cunnilingus:
Erregung der erogenen Zonen der Geschlechtsteile mit der Zunge
Diabetes:
Zuckerkrankheit
Diarrhö:
Durchfall
Dysplasie:
Gewebe beginnt krebsig zu entarten; Vorstufe zum Krebs
Elektrolyt-Haushalt:
Gleichgewicht der verschiedenen Elektrolyte; Elektrolyte sind Verbindungen (Säuren, Basen, Salze), die in wäßriger Lösung in Ionen zerfallen

Embolie:
körpereigene oder körperfremde Partikel (z. B. Blutgerinnsel) werden mit dem Blutstrom verschleppt und verstopfen Arterien, die unter Umständen lebenswichtig sein können
Embryo:
die Frucht während der ersten 3 Schwangerschaftsmonate, der Zeit, in der die Organe gebildet werden
Episiotomie:
Dammschnitt
Extrauterin-Gravidität:
Die befruchtete Eizelle nistet sich außerhalb der Gebärmutter ein und wächst dort (z. B. im Eileiter); dies kann für die Schwangere sehr gefährlich werden
Fellatio:
Einführen des Penis in den Mund der Frau
Fetal distress:
Atemnot des Fetus bzw. Sauerstoffunterversorgung desselben
Fetus:
die Frucht nach Abschluß der Organentwicklung, also nach dem 3. Schwangerschaftsmonat
Galaktorrhö:
Milchfluß
Gonorrhö:
Tripper
Hepatom:
Lebertumor
Hydrozephalus:
Wasserkopf
Hyperglykämie:
zu hoher Blutzucker
Hypertonie:
zu hoher Blutdruck
Hypothalamus:
Teil des Zwischenhirns; leitet die wichtigsten Regelvorgänge im Organismus
Hypotonie:
zu niedriger Blutdruck
Hysterektomie:
Herausoperieren der Gebärmutter
Immunglobuline:
Proteine, die Krankheitserreger abwehren
Infarkt:
Der Verschluß einer Arterie (z. B. Embolie oder »Verkalkung«) bewirkt, daß das von ihr versorgte Gebiet abstirbt; dann spricht man je nach Lokalisation von Herzinfarkt, Hirninfarkt, Niereninfarkt etc.
Inkubationszeit:
Zeitspanne zwischen dem Kontakt mit einem Krankheitserreger und dem Auftreten der ersten Symptome
intrakraniell:
im oder in den Schädel
Kochsalzlösung, hypertone:
hochkonzentrierte Kochsalzlösung
Kolitis:
Entzündung des Dickdarms
Krankheiten, immunologische:
Krankheiten des Abwehrsystems
Kürette:
löffelartiges Instrument mit scharfem Rand zum Ausschaben der Gebärmutterschleimhaut
Laparoskop:
röhrenförmiges Instrument zur Inspektion der Bauchhöhle
Leukämie:
Krankheit der weißen Blutkörperchen
Ligament:
Band
Liquor:
wäßrige Flüssigkeit, die Gehirn und Rückenmark umspült

Lumbalanästhesie:
siehe Spinalanästhesie
Makrophagen:
große, bewegliche Zellen, die zum Abwehrsystem gehören
Mekonium:
Kindspech
Meningitis:
Hirnhautentzündung
Menstruation:
Monatsblutung
Metabolismus:
Um- und Abbauvorgänge im Organismus
Mikrozephalie:
zu kleiner Schädel
Neuralrohrdefekt:
Mißbildung der embryonalen Anlage des Nervensystems
NGU:
nichtgonorrhoische Urethritis; Harnröhrenentzündung, die nicht durch die Erreger der Gonorrhö verursacht wird
Östrogene:
weibliche Geschlechtshormone
Petit mal:
»kleiner« epileptischer Anfall, der mit mehr oder minder starker Bewußtseinstrübung einhergeht
PGU:
postgonorrhoische Urethritis; Harnröhrenentzündung nach einer Gonorrhö
Plazenta:
Mutterkuchen
Placenta praevia:
Plazenta bedeckt den inneren Muttermund ganz oder teilsweise
Präeklampsie:
zu hoher Blutdruck, Eiweiß im Urin und Ödeme nach der 20. Schwangerschaftswoche
Rektum:
Mastdarm
Releasing-Hormon:
Hormon, das ein anderes freisetzt
Respiratory distress:
Atemnot
Ruptur:
Riß
Salpingitis:
Entzündung des Eileiters
Schwangerschaft, ektopische:
Extrauterin-Gravidität
Schwangerschaftstoxikose:
schwangerschaftsbedingte Krankheit
Soor, Candidiasis:
Pilzerkrankung
Spekulum:
trichterförmiges Instrument zur Untersuchung der Scheide und des Muttermundes
Spermien:
Samenzellen des Mannes
Spermizide:
samenabtötende Mittel
Sphinkter ani:
Schließmuskel des Afters
Spina bifida:
angeborene Spaltbildung der Wirbelsäule
Spinalanästhesie:
Injektion einer anästhesierenden Lösung in den Liquor, der das Rückenmark umgibt. Man unterscheidet eine hohe Spinalanästhesie und eine tiefe. Diese heißt auch Lumbalanästhesie.
Sterilisation:
Unfruchtbarmachung
Stethoskop:
Instrument zum Abhören von Herztönen oder Bauchgeräuschen etc.
Testosteron:
männliches Geschlechtshormon

Thrombophlebitis:
Venenentzündung, die mit einer Thrombose einhergeht
Tuben:
Eileiter
Tubenligatur:
Abbinden der Eileiter
Urethritis:
Harnröhrenentzündung
Uterus:
Gebärmutter
Vagina:
Scheide
Vene:
Blutgefäß, das das sauerstoffarme Blut transportiert
Zervix:
Gebärmutterhals

Personen- und Sachregister